Probability at Saint-Flour

For further volumes:
http://www.springer.com/series/10212

Saint-Flour Probability Summer School

Founded in 1971, the Saint-Flour Probability Summer School is organised every year by the mathematics department of the Université Blaise Pascal at Clermont-Ferrand, France, and held in the pleasant surroundings of an 18th century seminary building in the city of Saint-Flour, located in the French Massif Central, at an altitude of 900 m.

It attracts a mixed audience of up to 70 PhD students, instructors and researchers interested in probability theory, statistics, and their applications, and lasts 2 weeks. Each summer it provides, in three high-level courses presented by international specialists, a comprehensive study of some subfields in probability theory or statistics. The participants thus have the opportunity to interact with these specialists and also to present their own research work in short lectures.

The lecture courses are written up by their authors for publication in the LNM series.

The Saint-Flour Probability Summer School is supported by:

- Université Blaise Pascal
- Centre National de la Recherche Scientifique (C.N.R.S.)
- Ministère délégué à l'Enseignement supérieur et à la Recherche

For more information, see back pages of the book and
http://math.univ-bpclermont.fr/stflour/

Jean Picard
Summer School Chairman
Laboratoire de Mathématiques
Université Blaise Pascal
63177 Aubière Cedex
France

Alano Ancona • K. David Elworthy
Michel Émery • Hiroshi Kunita

Stochastic Differential Geometry at Saint-Flour

Springer

Alano Ancona
Université Paris Sud
Département de Mathématiques
Orsay, France

K. David Elworthy
Institute of Mathematics
University of Warwick
Coventry, UK

Michel Émery
Université de Strasbourg
Institut de Recherche
Mathématique Avancée
Strasbourg, France

Hiroshi Kunita
Department of Mathematics
Kyushu University
Fukuoka, Japan

Reprint of lectures originally published in the Lecture Notes in Mathematics volumes 1427 (1990), 1362 (1988), 1738 (2000) and 1097 (1984).

ISBN 978-3-642-34170-0
Springer Heidelberg New York Dordrecht London

Library of Congress Control Number: 2012951922

Mathematics Subject Classification (2010): 60G48; 60H05; 58J65; 58J65; 60J45; 31C12; 31C35; 60H20; 60J60; 58J65

Printed on acid-free paper

Springer is part of Springer Science+Business Media (www.springer.com)

Preface for Saint Flour collections

The *École d'Été de Saint-Flour*, founded in 1971, is organised every year by the *Laboratoire de Mathématiques* of the *Université Blaise Pascal* (Clermont-Ferrand II) and the *CNRS*. It is intended for PhD students, teachers and researchers who are interested in probability theory, statistics, and in applications of stochastic techniques. The summer school has been so successful in its 40 years of existence that it has long since become one of the institutions of probability as a field of scholarship.

The school has always had three main simultaneous goals:

1. to provide, in three high-level courses, a comprehensive study of 3 fields of probability theory or statistics;
2. to facilitate exchange and interaction between junior and senior participants;
3. to enable the participants to explain their own work in lectures.

The lecturers and topics of each year are chosen by the Scientific Board of the school. Further information may be found at http://math.univ-bpclermont.fr/stflour/

The published courses of Saint-Flour have, since the school's beginnings, been published in the *Lecture Notes in Mathematics* series, originally and for many years in a single annual volume, collecting 3 courses. More recently, as lecturers chose to write up their courses at greater length, they were published as individual, single-author volumes. See www.springer.com/series/7098. These books have become standard references in many subjects and are cited frequently in the literature.

As probability and statistics evolve over time, and as generations of mathematicians succeed each other, some important subtopics have been revisited more than once at Saint-Flour, at intervals of 10 years or so.

On the occasion of the 40th anniversary of the *École d'Été de Saint-Flour,* a small ad hoc committee was formed to create selections of some courses on related topics from different decades of the school's existence that would seem interesting viewed and read together. As a result Springer is releasing a number of such theme volumes under the collective name "Probability at Saint-Flour".

Strictly speaking the Saint-Flour course by Jean-Michel Bismut, "Mécanique aléatoire", from 1982 could have been included in this collection. The editors have decided against this because J-M. Bismut's LNM volume 866, published one year earlier with the same title, is available (ISBN 978-3-540-10840-5) and provides much more comprehensive coverage of this topic than his Saint-Flour notes.

Jean Bertoin, Erwin Bolthausen and K. David Elworthy

Jean Picard, Pierre Bernard, Paul-Louis Hennequin
(current and past Directors of the *École d'Été de Saint-Flour*)

September 2012

Table of Contents

THEORIE DU POTENTIEL SUR LES GRAPHES ET LES VARIETES

A. ANCONA

Originally published in: *École d'Été de Probabilités de Saint-Flour XVIII-1988*,
Lecture Notes in Mathematics, Vol. **1427**, 1–112, DOI: 10.1007/BFb0103041,

TABLE DES MATIERES

A. ANCONA : "THEORIE DU POTENTIEL SUR LES GRAPHES ET LES VARIETES

5

Avant-Propos

On s'est proposé de présenter quelques aspects de la théorie du Potentiel associée à la donnée d'un opérateur différentiel L , d'ordre 2 et strictement elliptique, sur une variété différentielle connexe M ; on a surtout eu en vue l'étude de certaines propriétés globales du couple (M,L) (ou ce qui revient au même, de certaines propriétés asymptotiques de la diffusion associée à L , lorsque celle-ci existe), le plus souvent en relation avec la donnée d'une métrique sur M. Afin d'alléger, on supposera toujours M de classe C^∞ et séparable, L à coefficients localement höldériens dans toute carte locale et la fonction L(1) bornée (notation : $L \in \mathfrak{L}(M)$). Le lecteur pourra d'ailleurs supposer s'il le souhaite que L est de classe C^∞. On considérera aussi l'opérateur de la chaleur $\mathfrak{C}=L-\partial_t$ sur $M \times \mathbb{R}$ et la théorie du Potentiel correspondante ; à la fin du chapitre 2 , on trouvera un exemple montrant bien l'intérêt de ce point de vue.

Le chapitre 1 est un chapitre de référence , exposé en partie, et au cours de la progression dans le chapitre 2 lors du cours oral. Il contient un résumé des propriétés essentielles des objets fondamentaux des théories du Potentiel associées à L ou $\mathfrak{C}$ (fonctions harmoniques, fonctions caloriques , semi-groupe de la chaleur , fonction de Green) ainsi qu'une présentation succincte de la théorie des fonctions surharmoniques associées. Le cours proprement dit ne commence donc qu'au chapitre 2.

L'auteur tient à remercier l'ensemble du public de l'Ecole pour l'atmosphère chaleureuse et détendue qui a entouré l'exposé du cours ; une bonne part de ces remerciements va tout naturellement à P.L.Hennequin organisateur de l'Ecole , dont l'amicale (mais ferme) pression a très largement contribué à l'existence de cette rédaction définitive du cours .

I. Quelques éléments fondamentaux de théorie du Potentiel sur les variétés

On va commencer par un résumé des propriétés basiques (surtout locales) des fonctions L-harmoniques ou $\mathcal{T}$-harmoniques (rappel: $\mathcal{T}$ est l'opérateur de la chaleur correspondant à L), et de celles du noyau de la chaleur associé à L sur M

1. Fonctions harmoniques, fonctions caloriques, noyau de la chaleur.

A. fonctions L-harmoniques Une fonction réelle $f \in C^2(U)$, U ouvert de M, est L-harmonique sur U si $L(f)=0$ sur U Rappelons que ces fonctions obeissent à trois principes clefs : 1) Principe du minimum : on dira qu'un ouvert relativement compact ω de M est un petit ouvert de M , si $\omega \neq M$ et s'il existe $u \in C^2(\omega)$ telle que $L(u) \leq 0$ sur ω et $\inf_{x \in \omega} u(x) > 0$. Ces ouverts qui forment une base de la topologie de M vérifient le principe du minimum : si $s \in C^2(\omega)$, si $L(s) \leq 0$ sur ω et si $\liminf_{y \to x} s(y) \geq 0$, $\forall x \in \partial\omega$, alors $s \geq 0$ sur ω . (Le principe du minimum "fort" de Hopf dit même qu'une telle s ne peut atteindre un minimum nul sur ω connexe sans être identiquement nulle-cf [G-T]-). 2) Existence d'une base de petits ouverts Dirichlet-réguliers (ouverts dits réguliers) Par exemple , si l'ouvert U est "petit" et vérifie une propriété de cône extérieur, U est régulier (voir [G-T]): pour toute $f \in C(\partial U)$, il existe une unique $g \in C(\overline{U})$ harmonique sur U et telle que $g=f$ sur ∂U On peut noter que ce principe contient le suivant: une fonction u sur un ouvert U de M qui est limite uniforme d'une suite de fonctions harmoniques sur U est elle même harmonique . 3) Principe de Harnack: si U est un domaine de M, si $a \in U$ alors $\mathcal{H} = \{u;\ u \text{ harmonique} \geq 0 \text{ sur } U,\ u(a)=1\}$ est compact pour la topologie de la convergence uniforme sur tout compact de U. Cet énoncé comprend deux ingrédients : les inégalités de Harnack (voir [Ser] , ou le théorème de Harnack-Moser [G-T]) et les estimées de Schauder intérieures (si $x: U \to \mathbb{R}^d$ est une carte de M, K un compact dans U, si L est à coefficients C^α dans U, $0 < \alpha \leq 1$, on a pour toute L-solution u sur U une estimée de la forme: $\sum_{i,j} \|D_{x_i x_j} u\|_{\alpha;K} \leq c\, \|u\|_{\infty;U}$, où on note $\|f\|_{\alpha;K} = \sup\{\ |f(P)|;\ P \in K\ \} + \sup\{\ (\ |f(P)-f(Q)|\ )/|x(P)-x(Q)|^\alpha;\ P,Q \in K\ \}$; en particulier les L-solutions sur U sont localement $C^{2,\alpha}$; voir un énoncé plus précis dans [G-T]).

B. Fonctions $\mathfrak{T}$-harmoniques (ou L-caloriques) : Ce sont les fonctions u de classe $C^{2;1}(U)$, U ouvert de $M\times\mathbb{R}$, qui sont solutions de l'équation $\mathfrak{T}(u)=0$ sur U , (rappel : $\mathfrak{T}=L_x-\partial_t$ si on note (x,t) le point courant de $M\times\mathbb{R}$; u est $C^{2;1}$ sur U si u est deux fois continuement différentiable par rapport à x et une fois continuement différentiable par rapport à t). On a trois principes analogues à ceux du cas elliptique 1. Principe du minimum parabolique: même énoncé que dans le cas elliptique, mais de plus (a) tous les ouverts relativement compacts de $M\times\mathbb{R}$ sont "petits" et (b) pour chaque ouvert U relativement compact de $M\times\mathbb{R}$, chaque point $\xi_0=(x_0,t_0)\in U$ et chaque fonction $u\in C^{2,1}(U)$ telle que $\mathfrak{T}(u)\leq 0$ sur U, on a $u(\xi_0)\geq 0$ dès que la restriction de u à $\{t<t_0\}\cap U$, admet une limite inférieure ≥ 0 sur $\partial U\cap\{t\leq t_0\}$ (voir [Fri]). Le principe du minimum fort pour $\mathfrak{T}$ dit que si u atteint un minimum nul en ξ_0 alors u est nulle au voisinage de ξ_0 dans $U\cap\{t\leq t_0\}$ [Fri]. 2. Existence d'une base d'ouverts Dirichlet-réguliers , mais les "cylindres" $V\times]a,b[$ ne sont pas réguliers . Pour que l'ouvert relativement compact $U\subset M\times\mathbb{R}$ soit régulier , il suffit par exemple qu'il vérifie une propriété de cône extérieur "descendant en t" ([Fri]). Conséquence : si u est calorique sur $U\cap\{t>t_0\}$ et s'annule pour $t=t_0$ alors u prolongée par zéro sur $U\cap\{t\leq t_0\}$ est calorique.

3. Principe de Harnack parabolique: Si U est un ouvert de $M\times\mathbb{R}$, si $\xi_0=(x_0,t_0)\in U$, et si on désigne par W l'ensemble des points $\xi\in U$, $\xi\neq\xi_0$, accessibles dans U à partir de ξ_0 par un chemin strictement descendant en t, alors $\mathcal{H}=\{$ u calorique ≥ 0 sur U, $u(\xi_0)=1\}$ est relativement compact dans $C^{2;1}(W)$. Les inégalités de Harnack paraboliques disent que pour chaque $\xi\in W$, il existe une constante $c>0$ telle que $u(\xi)\leq c\,u(\xi_0)$, pour toute u calorique >0 sur U (Voir par exemple [F-S] ,§3 dont la méthode s'applique sans modification à notre cadre, compte tenu des estimées locales du noyau de la chaleur de [Fri]) . Les inégalités de Schauder intérieures disent que si Ω est un domaine de $M\times\mathbb{R}$, $x:U\to\mathbb{R}^d$ carte de M sur la projection de Ω sur M, et K un compact de Ω, on a l'estimée : $\|D^2_x u\|_{\alpha,K}\leq c(K,\Omega,L)\,\|u\|_{\infty,\Omega}$ pour toute $\mathfrak{T}$-solution u sur Ω , pourvu que L ait des coefficients C^α sur U [Fri] ; ici la norme $\|.\|_{\alpha,K}$ est définie à partir de la distance parabolique $d_p((x,t),(x',t'))=d(x,x')+|t-t'|^{1/2}$. Combinant cet énoncé avec les inégalités de Harnack paraboliques , on

obtient le principe de Harnack parabolique

C. Noyau de la chaleur. Noyaux de Green. . Il existe un semi-groupe $\{T_t\}_{t\geq 0}$ de noyaux positifs sur M tel que $T_0=Id$, et tel que pour toute $\varphi\in C_0(M)$, $(x,t)\to T_t(\varphi)(x)$ est continue sur $M\times\mathbb{R}_+$, égale à $\varphi(x)$ pour $t=0$, et L-calorique sur $M\times\mathbb{R}_+^*$. De plus , si $\varphi\geq 0$, $T_t(\varphi)(x)$ est la plus petite fonction positive ayant ces propriétés et égale à $\varphi(x)$ pour $t=0$.

Fixons une densité σ sur M (c'est à dire une mesure ≥ 0 admettant une densité C^∞ strictement positive dans toute carte locale). Il existe alors une fonction ≥ 0 $(x,y,t)\to p_t(x,y)$ sur $M\times M\times\mathbb{R}$, qui vaut 0 pour $t\leq 0$, est continue en $(x,y,t)\notin\{x=y ; t=0\}$, calorique en (x,t) sur $(M\times\mathbb{R})\setminus\{(y,0)\}$ et telle que $T_t(x,dy)=p_t(x,y)\, d\sigma(y)$, pour $t>0$, $x\in M$. On sait que la densité $p_t^V(x,y)$ relative à un ouvert V relativement compact et de classe C^2 dans M s'annule sur ∂V (uniformément en x et y variables dans deux compacts disjoints de $\overline{U}$) et que p_t^V croit vers p_t lorsque V croit vers M. ([Az], [Cha] , [Dyn] , [Fri]).

Le noyau de Green pour $\mathfrak{T}$ est le noyau $\Gamma(x,t;y,s)=p_{t-s}(x,y)$ (Γ est nul pour $t\leq s$). Il inverse $\mathfrak{T}$ au sens suivant: pour φ höldérienne et à support compact sur $M\times\mathbb{R}$, la fonction $\Gamma(\varphi)$: $(x,t)\to\Gamma(\varphi)(x,t)=\int_{M\times\mathbb{R}}\Gamma(x,t;y,s)\,\varphi(y,s)\,d\sigma(y)\,ds$, est de classe $C^{2,1}$ et vérifie $\mathfrak{T}(\Gamma(\varphi))=-\varphi$. ([Fri]) . Grâce aux estimées de Schauder intérieures , cette propriété s'étend au cas plus général où φ est positive, localement höldérienne sur $M\times\mathbb{R}$ et telle que $\Gamma(\varphi)$ soit localement bornée.

Le noyau résolvant de niveau $\lambda\in\mathbb{R}$ est le noyau $V_\lambda=\int_0^\infty \exp(-\lambda t)\,T_t\,dt$ et la fonction de Green (pour L) de niveau λ (relativement à σ) est la fonction $(x,y)\to G_\lambda(x,y)=\int_0^\infty \exp(-\lambda t)\,p_t(x,y)\,dt$ (elle peut être égale à $+\infty$ sur $M\times M$). G_0 est la fonction de Green de L sur M (relativement à σ) (et G_λ la fonction de Green de $L-\lambda$).

Le théorème suivant caractérise le cas où $G=G_0$ est non dégénéré. On note selon l'usage $G_\lambda(\varphi)$ au lieu de $V_\lambda(\varphi)$.

Théorème 1

Les propriétés suivantes sont équivalentes : **a)** Il existe $\varphi\geq 0$ continue $\varphi\not\equiv 0$ telle que $G(\varphi)\not\equiv\infty$ b) il existe $x_0,y_0\in M$; $x_0\neq y_0$, tels que $G(x_0,y_0)<\infty$ c) $\forall y\in M$,

$x \to G(x,y)$ est une L-solution de classe C^2 pour $x \neq y$, et $G(x,y)$ est finie continue en (x,y) pour $x \neq y$ d) Il existe une fonction $s>0$ de classe C^2 sur M, telle que $L(s) \leq 0$, $L(s) \not\equiv 0$

Si une de ces propriétés a lieu, et si $\varphi \in C^\alpha{}_0(M)$ (φ holdérienne d'ordre α à support compact), $0<\alpha\leq 1$, alors $u=G(\varphi)$ est une solution (de classe C^2) de l'équation $L(u) = -\varphi$ sur M

<u>Indications</u> Supposons le b). D'après le principe de Harnack, on aura pour $x_1 \neq y_0$, $p_t(x_1,y_0) \leq c\, p_{t+1}(x_0,y_0)$, $c=c(x_1,x_0,y_0)$; d'où $G(x_1,y_0)<\infty$; comme c reste borné au voisinage de x_1, on voit que $x \to G(x,y_0)$ est localement bornée sur $M\backslash\{y_0\}$. Si on utilise les estimées de Schauder intérieures et les inégalités de Harnack (paraboliques), on obtient un contrôle des dérivées d'ordre 2 en x, d'ordre 1 en t de $p_t(x,y_0)$ par $p_{t+1}(x_0,y_0)$. Ce qui suffit pour voir que $x \to G(x,y_0)$ est une L-solution hors de y_0. Pour pouvoir déplacer ensuite le point y_0, on utilise le principe du maximum parabolique pour voir que $p_t(x,y_1) \leq c\, p_{t+1}(x,y_0)$, $\forall x \in M$, $\forall t \geq 1$, tels que $d(x,y_1) \geq \varepsilon$ (Approcher $p_t(x,y_1)$ par le $p_t^V(x,y_1)$ relatif à un ouvert $V \subset\subset M$ très régulier, $V \uparrow M$ et remarquer que $p_t^V(x,y_1) \leq p_t(x,y_1) \leq c\, p_{t+1}(x,y_0)$, pour $d(x,y_1)^2+t^2=\varepsilon^2/4$.). Ce qui donne $G(x,y_1)<\infty$. Cet argument montre aussi que l'intégrale $\int_0^\infty p_t(x,y)\, dt$ converge uniformément pour x,y variant dans deux compacts disjoints. D'où b)$\Rightarrow$c)

Si c) a lieu, $G(\varphi)=\int_0^\infty P_t(\varphi)\, dt$, (pour φ hölderienne à support compact sur M) est aussi le Γ-potentiel $\Gamma(\Psi)$ où $\Psi(x,t)=\varphi(x)$; en reprenant l'argument précédent on a $P_t(\varphi)(x) \leq c\, p_{t+1}(x,y_0)$, pour $x \in K$ compact, $t \geq \varepsilon$ de sorte que $\Gamma(\Psi)$ est localement bornée, donc de classe $C^{2,1}$ telle que $\mathfrak{T}(\Gamma(\Psi))=-\Psi$. $G(\varphi)$ est donc de classe C^2 telle que $L(G(\varphi))=-\varphi$. En particulier c)$\Rightarrow$d).

Enfin, si d) a lieu, $(x,t) \to s(x)$ est une $\mathfrak{T}$-sursolution et d'après le principe du maximum parabolique, $P_t(\varphi)(x) \leq s(x)$, $\forall \varphi \in C_0^+(M)$, $\varphi \leq s$ Un passage à la limite donne alors $P_t(s) \leq s$, $\forall t \geq 0$, et on a nécessairement $P_t(s)<s$ (principe du minimum fort pour $\mathfrak{T}$). Posant $\varphi=\varepsilon^{-1}(s-P_\varepsilon(s))$, on a, pour tout $A>0$:

$$\int_0^A P_t(\varphi)\, dt = \varepsilon^{-1} \int_0^\varepsilon \{P_t(s) - P_{A+t}(s)\}\, dt \leq s$$

Par conséquent $G(\varphi)=\int_0^\infty P_t(\varphi)\, dt$ est fini, alors que φ est continue >0.

<u>Théorie adjointe</u>: (en supposant, pour simplifier, L assez régulier). Notons

$\hat{p}_t(x,y)=p_t(y,x)$, $\hat{G}_s(x,y)=G_s(y,x)$ et soit $\hat{L}$ l'opérateur elliptique adjoint de L relativement à la densité σ (L'opérateur $\hat{L}$ est caractérisé par les relations : $\int L(\varphi)\,\Psi\, d\sigma = \int \varphi\, \hat{L}(\Psi)\, d\sigma$, $\forall \varphi,\Psi \in C_0^2(M)$). Alors, $\hat{p}_t(x,y)$ (resp. $\hat{G}(x,y)$) est le noyau de la chaleur (resp. la fonction de Green) de $\hat{L}$ relativement à σ (ref. [Fri] , [Cha])

<u>Remarques</u> : 1) les estimées standard du p_t relatif à un petit voisinage V de $x\in M$, montrent que $G(x,x)=\infty$; si $G\not\equiv\infty$, et si φ est une carte sur un voisinage de $\overline{V}$, $G(y,z)$ est, si $d\geq 3$, de l'ordre de $|\varphi(y)-\varphi(z)|^{2-d}$, si d=2 de l'ordre de $-\log|\varphi(y)-\varphi(z)|$,($y,z\in V$). 2) Soit g la fonction de green relative à un domaine borné très régulier U de M. Si $G\not\equiv\infty$, alors $x\rightarrow g(x,y)$ s'annule sur ∂U, $\forall y\in U$ (l'intégrale $\int_0^\infty p_t^U(x,y)\,dt$ converge uniformément pour x,y décrivant des compacts disjoints de $\overline{U}$). De plus , si $G\not\equiv\infty$, $x\rightarrow G(x,y)-g(x,y)$ admet un prolongement harmonique en y (considérer $G(\varphi)-g(\varphi)$, $\varphi\in C_0^\infty(U)$, ≥ 0, $\int \varphi\, d\sigma = 1$ et $supp(\varphi)\searrow\{y\}$: c'est une suite de fonctions harmoniques sur U qui converge uniformément sur ∂V , pour V petit voisinage de y , et donc aussi d'après le principe du minimum sur V tout entier).

2. Fonctions L-surharmoniques et $\mathcal{L}$-surharmoniques.

On va présenter la théorie des fonctions surharmoniques associée à L ou à $\mathcal{L}=L-\partial_t$. On exposera surtout la théorie elliptique, en indiquant lorsqu'il y a lieu les differences importantes avec le cas parabolique. On renvoie à [Bre1], [Bau], [C.C] pour des exposés systématiques dans des cadres variés (et abstraits) de la théorie locale du Potentiel, à [Doo.1] , [B.G], [Dyn] pour des approches via la théorie des processus de Markov.

<u>Noyau et mesure harmonique</u>: on note pour U régulier $x\in U$, μ_x^U la mesure harmonique de x dans U ; c'est l'unique mesure de Radon positive sur ∂U telle que la solution H_f^U du problème de Dirichlet sur U correspondant à la donnée frontière $f\in C(\partial U)$, vérifie l'identité

$$H_f^U(x)= \int f(y)\, d\mu_x^U(y) \quad ,\forall f\in C(\partial U)$$

Cette formule permet de donner un sens à H_f^U pour toute f borélienne bornée (ou seulement minorée). Si f est s.c.i , $f: \partial U\rightarrow]-\infty,+\infty]$, H_f^U est sci sur $\overline{U}$ (on pose $H_f^U=f$ sur ∂U) . <u>La principe de Harnack entraine que pour f bornée , H_f^U est harmonique sur U</u>. (Il suffit même pour la théorie elliptique, que H_f^U soit finie en point si U est connexe. Dans le cas parabolique, et si U est un ouvert régulier de

$M\times\mathbb{R}$, il suffit que H_f^U soit finie sur une partie dense de U). <u>Dans le cas elliptique</u>, les μ_y^V sont équivalentes à μ_x^V pour y dans V_x, la composante de x dans V, (d'après les inégalités de Harnack) ; on a donc $\mathrm{supp}(\mu_x^U) = \partial V_x$.

Voici alors une première définition des fonctions surharmoniques.

<u>Définition 2</u>

On dit qu'une fonction $u : U \to]-\infty,+\infty]$ est surharmonique sur l'ouvert U de M si elle est sci et si pour chaque ouvert régulier $V \subset\subset U$, on a $u \geq H_u^V$ sur V.

<u>Exemples</u>: 1. Si $u \in C^2(U)$, u surharmonique $\Leftrightarrow L(u) \leq 0$. 2. La constante $+\infty$

On définit de même les fonctions $\mathcal{T}$-surharmoniques sur un ouvert de $M\times\mathbb{R}$.

La proposition suivante montre en particulier que la surharmonicité est une propriété locale.

<u>Proposition 3</u>

Soit $u : U \to]-\infty,+\infty]$ une fonction sci sur l'ouvert U de M. Les deux propriétés suivantes sont équivalentes: a) u est surharmonique et b) chaque point $x \in U$ admet une base de voisinages réguliers V tels que

$$u(x) \geq H_u^V(x) = \int u \, d\mu_x^V$$

Il faut établir b$\Rightarrow$a. Il suffit de voir que pour tout V régulier$\subset\subset U$, et toute φ finie continue sur ∂V telle que $\varphi \leq u$, , on a $u \geq H_\varphi^V$ sur V. Cette propriété résulte du lemme suivant

<u>Lemme 4</u>

Soit u une fonction sci $>-\infty$ vérifiant le b de la proposition 3 dans l'ouvert connexe régulier V. Si u est ≥ 0 hors d'un compact K de V, u est ≥ 0 sur V.

<u>Indication</u>. Raisonner par l'absurde, et considérer l'ensemble compact $\{x \in V;\ u(x) + \alpha H_1^V(x) = 0\} \subset V$, où $\alpha = -\inf\{u/H_1^V\} > 0$; utiliser dans le cas elliptique la propriété $\mathrm{supp}(\mu_x^W) = \partial W$, pour tout W régulier, $W \subset\subset U$, $x \in W$ pour obtenir une contradiction On obtient de la même manière le principe du minimum suivant: <u>s'il existe s surharmonique continue minorée par une constante >0 sur l'ouvert U, alors toute u surharmonique sur U telle que $\liminf_{x\to\infty_U} u(x) \geq 0$ est ≥ 0</u>

Observons aussi la propriété suivante (spéciale au cas elliptique): une fonction surharmonique $\geqslant 0$ sur l'ouvert connexe U ne peut s'annuler sans être $\equiv 0$.

Exemples: a) (Une densité σ étant fixée sur M) Pour chaque $y \in M$, la fonction $x \to G(x,y)$ est surharmonique : elle est en effet s.c.i $\geqslant 0$ (et même continue à valeurs dans $]0,\infty]$), harmonique pour $x \neq y$ (si $G \not\equiv \infty$), et elle vérifie evidement le critère de la proposition 3 en $x=y$ puisque $G(x,x)=\infty$. On en déduit que tout potentiel de Green $G_\mu(x)=\int G(x,y)\, d\mu(y)$,μ mesure $\geqslant 0$ sur M, est surharmonique sur M. (Utiliser la définition et Fubini).

b) Si $G \not\equiv \infty$, $\varphi \geqslant 0$ mesurable bornée et à support compact, $G(\varphi)$ est finie continue : prenant $\Psi \in C_0^1(M), \Psi \geqslant \varphi$, $G(\varphi)+G(\Psi-\varphi)$ est continue,et $G(\varphi),G(\Psi-\varphi)$ sont sci$\geqslant 0$. Donc, $G(\varphi)$ est continue. On peut aussi établir ce résultat directement, par découpage standard de l'intégrale $G(\varphi)$ en tenant compte de l'estimée de G donnée plus haut. Cette méthode montre d'ailleurs que le potentiel adjoint $\hat{G}(\varphi)$ est également fini continu.

c) De même, on vérifie que la fonction $(x,t) \to \Gamma(x,t;y,s)=p_{t-s}(x,y)$ (qui vaut 0 pour $t \leqslant s$) est pour (y,s) fixé dans $M \times \mathbb{R}$, $\mathfrak{T}$-surharmonique sur $M \times \mathbb{R}$. On en déduit que $\Gamma_\mu(x,t)=\int p_{t-s}(x,y)\, d\mu(y,s)$ est $\mathfrak{T}$-surharmonique sur $M \times \mathbb{R}$ (pour toute mesure $\geqslant 0$ μ sur $M \times \mathbb{R}$).

Opérations sur les fonctions surharmoniques: a) stabilité par enveloppe inférieure (finie) b) L'enveloppe supérieure d'une suite croissante de fonctions surharmoniques est encore surharmonique. c) Si $\{s_j\}_{j \in J}$ est une famille de fonctions surharmoniques sur M, telle que $s=\inf\{ s_j ; j \in J \}$ est localement minorée, alors $\hat{s}$ la régularisée sci de s est aussi surharmonique. ($\hat{s}$ est la plus grande minorante sci de s). **d) (troncature)** Soient s surharmonique sur M et $V \subset M$ un ouvert régulier. La fonction s_V qui vaut s sur $M \setminus V$, et H_s^V sur V est surharmonique sur M. . Notons que d'après la propriété de Harnack, s_v est harmonique sur V dès que s_V est finie sur une partie dense de V. (il suffit dans le cas elliptique et si V est connexe , que s soit finie en un point de V).

Exercice : 1. s_V est fonction décroissante de V et $s(x)=\sup \{s_V(x);$ V voisinage régulier de x, $V \subset U \}$.

On dira qu'une fonction surharmonique s sur l'ouvert U est non dégénérée si pour tout $V\subset\subset U$ régulier s_V est harmonique sur V ; d'apres le principe de Harnack , s est non dégénérée si et seulement si elle est finie sur une partie dense de U. (Dans le cas elliptique et si V est un domaine, il suffit même que s soit finie en un point) . Notation: $s\in S(U)$.

Exercice. Disons que le fermé F de M est polaire s'il existe $s \in S_+(M)$ telle que $s=+\infty$ sur F. Alors, toute fonction u surharmonique $\geqslant 0$ sur $M\backslash F$ se prolonge (d'une manière unique) en une fonction surharmonique $\hat{u}$ sur M: il suffit de prendre pour $\hat{u}$ la régularisée s.c.i de $\inf\{u_n\}$ où $u_n=u+2^{-n}s$ sur $M\backslash F$, $u_n=+\infty$ sur F. (Vérifier d'abord que chaque u_n est surharmonique grâce à la proposition 3). Extension immédiate au cas où F est localement polaire. Cas particulier : F réduit à un point.

Réduite C'est une opération fondamentale: si φ est une fonction sur M, on note $R(\varphi)$ l'enveloppe inférieure des fonctions surharmoniques minorées par φ^+. $R(\varphi)$ et $\hat{R}(\varphi)$ sont respectivement la réduite et la réduite régularisée de φ. Si φ est sci, $\hat{R}(\varphi)=R(\varphi)$. On ne s'intéressera ici qu'au cas particulier suivant : $\varphi= \mathbb{1}_A.s$, avec A partie de M et s surharmonique. On note alors la reduite R_s^A (réduite de s sur A). Si A est ouvert, c'est une fonction surharmonique (minimum parmi les surharmoniques $\geqslant 0$ majorant s sur A).

Proposition 5

Soient $s\in S_+(M)$, $A\subset M$. Alors, R_s^A est harmonique sur $M\backslash \bar{A}$. Si $A\subset B$, $R_s^A \leqslant R_s^B$

Preuve: il suffit d'observer que si V est un ouvert régulier $\subset M\backslash A$, on a

$$R_s^A = \inf \{ \sigma_V \,;\, \sigma \text{ surharmonique}, \sigma\leqslant s, \text{ et } \sigma=s \text{ sur } A\}$$

et que la famille des σ_V est une famille filtrante décroisante de fonctions harmoniques sur V.

Application. Si M est non compacte et s'il existe $s\in S_+(M)$,$s>0$, il existe aussi h harmonique >0 sur M: il suffit de poser $u_j = \lambda_j R_s^{U_j}$, où les $M\backslash U_j$ forment une suite exhaustive de compacts, $\lambda_j>0$ tels que $u_j(O)=1$, O fixé dans M, puis d'extraire de la suite $\{u_j\}$ une sous-suite convergente. (Si M est compacte et si $S_+(M)$ n'est pas réduit à O, la même méthode montre qu'il existe , pour chaque

point $x \in M$, une fonction $u \in S_+(M)$, harmonique et >0 sur $M \setminus \{x\}$).
En particulier, dès que $S_+(M) \neq \{0\}$, on a le principe du minimum relatif à tout ouvert relativement compact distinct de M.

Corollaire 6

a) si on pose $h_s = \lim \{ R_s^{X \setminus F} ; F \text{ compact}, F \uparrow M \}$, h_s est la plus grande minorante harmonique de s sur M. C'est aussi la plus grande minorante sous-harmonique de s.

b) L'application $s \to h_s$ est additive (et homogène) sur le cône $S_+(M)$

---

a) se déduit immédiatement du principe du minimum (en supposant $S_+(M) \neq \{0\}$

b) Soit ω un ouvert de M de complémentaire compact K. Si $s_1, s_2 \in S_+(M)$, on a évidemment $R_{s_1+s_2}^{\omega} \leqslant R_{s_1}^{\omega} + R_{s_2}^{\omega}$. D'autre part, si $\omega' = M \setminus K'$, K' voisinage compact de K, $R_{s_1+s_2}^{\omega} \geqslant R_{s_1}^{\omega'} + R_{s_2}^{\omega'}$ en appliquant le principe du minimum dans l'intérieur de K'. En faisant tendre ω' vers ω, on obtient l'égalité $R_{s_1+s_2}^{\omega} = R_{s_1}^{\omega} + R_{s_2}^{\omega}$; un nouveau passage à la limite donne $h_{s_1+s_2} = h_{s_1} + h_{s_2}$.

Remarque 1. Plus généralement, si u est sous-harmonique sur M, majorée par s sur le complémentaire d'un compact propre de M, on a $u \leqslant s$.

2. (Méthode du Balayage de Poincaré) Partons de $s \in S_+(M)$; on construit facilement une suite V_j d'ouverts réguliers tels que (i) $\{V_j\}$ est une base d'ouverts de M, 2) chaque ouvert de la suite est répété une infinité de fois dans la suite. On voit alors facilement que $(....((s_{V_1})_{V_2})....)_{V_n}$ décroit vers une fonction harmonique qui n'est autre que h_s.

Corollaire 7. Le cône H_+ des fonctions harmoniques $\geqslant 0$ sur M est complétement réticulé pour son ordre propre (toute famille d'éléments de H_+ admet dans H_+ un plus grand minorant).

(on traite d'abord le cas de deux éléments u,v en prenant la plus grande minorante harmonique de $\inf\{u,v\}$). ■

3. Potentiels.

Définition 8.

On appelle potentiel sur M tout fonction surharmonique ≥ 0 non dégénérée sur M, dont la plus grande minorante harmonique est 0.

Exemples. a) Toute $s \in S_+(M)$ majorée par un potentiel est un potentiel. Il suffit même que s soit majorée par un potentiel sur le complémentaire d'un compact propre de M. b) S'il existe un potentiel $p>0$, $s'=R_s^{\omega}$ est un potentiel, pour tout ouvert relativement compact ω de M et toute $s \in S_+(M)$. s' est même majorée par λp, $\lambda>0$ grand, hors d'un voisinage de $\overline{\omega}$. (Fixons un voisinage ω' relativement compact de $\overline{\omega}$ et soit $\lambda>0$ tel que $\lambda p>s'$ sur $\partial\omega'$; la fonction u qui vaut s' sur ω', et $\inf(\lambda p,s')$ hors de ω' est surharmonique ; elle est donc égale à s' et on a $s' \leq \lambda p$ sur $M \setminus \omega'$).

Proposition 9

a) L'ensemble des potentiels sur M forment un cône convexe de fonctions sci ≥ 0.
b) (Décomposition de Riesz) Toute fonction surharmonique non dégénérée s'écrit d'une manière unique comme somme p+h avec $p \in \mathcal{P}$ et h harmonique ≥ 0. c) La somme $\pi = \sum p_n$ d'une série de potentiels est un potentiel si elle est non dégénérée.

---

a) résulte de la linéarité de $s \to h_s$ ($\mathcal{P}=\{s \in S(M);\ h_s=0\}$) b) L'existence dans b) vient en prenant $h=h_s$, $p=s-h_s$. Si $s=p+h=p'+h'$, on aurait $p'=p+h''$ avec h'' harmonique et $h'' \leq p'$ Puisque p' est un potentiel on doit avoir $h'' \leq 0$. On a de même $h'' \geq 0$ en considérant p. c) Soit h une minorante harmonique positive de π. On a $h - \sum_{j \geq m} p_j \leq \sum_{j<m} p_j$. Comme le second membre est un potentiel, (somme finie), et le premier est sous harmonique, on a $h \leq \sum_{j \geq m} p_j$; faisant tendre m vers l'infini, on obtient h=0 sur une partie dense de M donc partout. (Autre preuve : considerer la méthode du balayage de Poincaré)

Conséquence: Si $S_+(M)$ est de dimension ≥ 2, il exite un potentiel >0 On peut en effet trouver $s,s' \in S_+(M)$, $a,b \in M$ avec $s(a)<s'(a)$, $s'(b)<s(b)$ et alors $\inf\{s,s'\}$ est surharmonique non harmonique.

Mentionnons enfin un principe du minimum particulièrement bien adapté aux potentiels et d'usage très commode en raison de son caractère "global".

Proposition 10

Si p est un potentiel sur M qui est harmonique hors du fermé F de M, continu en chaque point de ∂F et si s est surharmonique ≥ 0 sur M, $s \geq p$ sur ∂F, alors $s \geq p$ sur $M \setminus F$.

Il suffit de noter (à l'aide du critère de la proposition 2) que la fonction $\sigma = \sup(0, p-s)$ sur $M \setminus F$, $\sigma = 0$ sur F , est sous-harmonique ≥ 0 sur M, majorée par p. Donc $\sigma \leq 0$, et $p \leq s$ sur $M \setminus F$.

Application: (additivité de la réduite) Si $s_1, s_2 \in S_+(M)$, et si ω est un ouvert de M, on a $R_{s_1+s_2}^{\omega} = R_{s_1}^{\omega} + R_{s_2}^{\omega}$. On peut supposer qu'il existe un potentiel >0. Le premier membre est évidemment inférieur ou égal au second Le principe du minimum donne d'autre part , $R_{s_1+s_2}^{\omega} \geq R_{s_1}^{\omega'} + R_{s_2}^{\omega'}$ pour ω' relativement compact , $\overline{\omega'} \subset \omega$. Un passage à la limite permet de conclure. Remarquons que pour s_j continues (finies), on étend par approximation cette propriété à toute partie A de M: $R_{s_1+s_2}^{A} = R_{s_1}^{A} + R_{s_2}^{A}$ (il n'est pas difficile de voir à partir de la définition de la réduite que la réduite sur A de $s \in S_+(M)$ finie continue, est l'enveloppe inférieure des R_s^{ω}, ω ouvert $\supset A$). La formule est en fait vraie pour $s_j \in S_+(M)$ quelconques, mais la preuve est plus délicate et utilise d'une manière ou d'une autre une propriété de capacitabilité. Par exemple, celle-ci: si les $f_j \in S_+(M)$ sont finies continues et croissent vers f, alors $R_f^A = \sup R_{f_j}^A$. (cf. le paragraphe 5) .

Exemples 11. a) Si $G \not\equiv \infty$, chaque fonction $x \to G(x,y)$ est un L-potentiel sur M. G est en effet l'enveloppe supérieure de la suite des fonctions de Green G_j relatives à une suite exhaustive $\{U_j\}$ d'ouverts de classe C^3; pour chaque j , avec $y \in U_j$, $x \to G_j(x,y)$ s'annule sur ∂U_j et si h est une minorante harmonique de $G(.,y)$ sur M, on aura par le principe du minimum $G(x,y) - G_j(x,y) \geq h(x)$ ce qui impose $h=0$.

On voit de même (toujours si $G \not\equiv \infty$) que pour toute mesure positive μ à support compact sur M, le potentiel de Green $G\mu$ est aussi un L-potentiel . Une application de la proposition 9 montre ensuite que la même conclusion a lieu pour toute mesure de Radon μ positive sur M dès que $G\mu \not\equiv \infty$.

b) On a les propriétés analogues pour les Γ potentiels sur $M \times \mathbb{R}$.

4. Représentation intégrale des L- (ou 𝔏) potentiels

Il s'agit (pour la théorie elliptique) de l'énoncé suivant. L'énoncé parabolique analogue est vrai et peut être établi de la même manière .

Théorème 12. Soit p un potentiel sur M. Il existe une mesure positive μ sur M et une seule telle que $p=G\mu$.

Commencons par compléter la caractérisation du cas $G \not\equiv \infty$ donnée par le théorème 1

Théorème 13

Les propriétés suivantes sont équivalentes. **a)** Il existe un L-potentiel >0 sur M **b)** il existe une fonction surharmonique ≥ 0 non dégénérée et non harmonique sur M **c)** l'une des quatre propriétés équivalentes du théorème 1 a lieu.

---

a)⟺b) d'après la propriété de décomposition de Riesz. Si c) a lieu alors pour toute φ höldériennne à support compact sur M , on peut trouver $s \in C^2(M)$, ≥ 0 et telle que $Ls=-\varphi$; s est donc surharmonique et b) a lieu. Inversement, s'il existe un potentiel p>0 sur M, montrons qu'on peut construire un potentiel de classe C^2 strictement >0 sur M ; soient $x_o \in M$, U, V deux domaines très réguliers contenant x_o , $\overline{U} \subset V$ avec $M \setminus \overline{U}$ connexe. La fonction $q=p_V$ est un potentiel >0 harmonique sur V ; la réduite $\pi = R_q^U$, est un potentiel, harmonique hors de ∂U , continu (grace à la régularité de U) et $\pi < q$ sur $M \setminus \overline{U}$, puisque $M \setminus \overline{U}$ est connexe et $q \not\equiv \pi$. Prenons $\varphi \in C^\infty(\mathbb{R}_+, \mathbb{R})$, concave croissante, =1 sur $[1-\delta/2, \infty[$, $= (1-2\delta/3)^{-1}t$, pour $t<1-\delta$, où $\delta>0$ et $1-\delta > \sup\{\pi(x)/q(x);\ x \in \partial V\}$. Alors $x \to q(x)\ \varphi(\pi(x)/q(x))$ est de classe C^2 sur M, surharmonique (écrire φ comme enveloppe inférieure d'une suite de fonctions affines $\{f_n\}$, $f_n(x)=a_n x+b_n$ avec $a_n, b_n>0$) . C'est donc une fonction du type cherché.

Faisons maintenant le lien entre fonctions surharmoniques et fonctions excessives pour le semi-groupe de la chaleur.

Proposition 14

Supposons l'existence d'un potentiel >0. Il y a identité entre les fonctions L-surharmoniques $\geqslant 0$ sur M et les fonctions excessives par rapport à la résolvante $(V_\lambda)_{\lambda \geqslant 0}$ (ou au semi-groupe T_t).

Soit s (V_λ)-excessive ; d'après une propriété générale des résolvantes achevées ([Me]) s est enveloppe supérieure d'une suite croissante de fonctions u_j de la forme $u_j = V(f_j)$, f_j borelienne $\geqslant 0$. Comme chaque u_j est L-surharmonique, s est L-surharmonique.

Inversement, soit s surharmonique $\geqslant 0$. Alors, s vérifie la propriété suivante: $\forall f, g$ borélienne$\geqslant 0$, la relation $s + V(g) \geqslant V(f)$ sur l'ensemble $\{f>0\}$ entraine $s+V(g) \geqslant V(f)$ partout sur M. On peut se ramener en effet par approximation au cas f bornée s.cs à support compact K, l'inégalité ayant lieu sur K. Alors V(f) est continue et pour tout $\varepsilon > 0$, on a $(1+\varepsilon)(s+V(g)) \geqslant V(f)$ au voisinage de K et on conclut avec le principe du maximum. On sait qu' alors s est surmédiane ([Me]) et comme s est sci et la résolvante fortement continue (sur les $\varphi \in C_o$ et pour la convergence compacte) s est excessive.

Corollaire 15. Deux fonctions surharmoniques égales presque partout sur M sont égales.

Corollaire 16. Si p est un potentiel à support harmonique compact $K \subset \omega$, ω ouvert, il existe une suite $\{\varphi_n\}$ de fonctions boréliennes $\geqslant 0$ à support dans $\overline{\omega}$ telles que $V(\varphi_n) \leqslant p$ et $p = \lim_{n\to\infty} V(\varphi_n)$.

On sait qu'il existe des $f_j \geqslant 0$ mesurables telles que p soit l'enveloppe supérieure de la suite croissante $V(f_j)$; posons $\varphi_j = \mathbb{1}_\omega f_j$; quitte à extraire une sous-suite on peut supposer que $V(f_j - \varphi_j)$ converge uniformément sur tout compact de ω (vers une fonction harmonique sur ω). Alors, $\pi = \liminf_{j\to\infty} V(\varphi_j) = \sup_N \{\inf\{V(\varphi_j) ; j \geqslant N\}$ est un potentiel majoré par p et tel que $p - \pi$ est harmonique au voisinage de K ;

$p-\pi$ est donc aussi sous-harmonique sur M. D'où $p-\pi \leq 0$ et $p=\pi$. A fortiori, on a $p = \lim_{j\to\infty} V(\varphi_j)$.

Preuve du théorème 12 : A) Unicité supposons $p=G\mu=G\nu$, où p est un potentiel, et où μ, ν sont des mesures ≥ 0 distinctes sur M. En remplacant μ par $(\mu-\nu)^+$ et ν par $(\nu-\mu)^+$, on peut supposer μ et ν étrangères; on a alors $\mu=\sum_{j\geq 1}\mu_j$ et $\nu=\sum_{j\geq 1}\nu_j$ où les mesures μ_j, ν_k sont à support compacts deux à deux disjoints, et des décompositions correspondantes de p , $p=\sum_j p_j = \sum_j q_j$ en somme de potentiels. $\sum_{j\geq m} q_j + \sum_{j<m} q_j - p_1$ est surharmonique et d'après l'hypothèse sur les supports , il en va de même pour $\sum_{j\geq m} q_j - p_1$; faisant tendre alors m vers l'infini, on voit que $p_1=0$. De même $p_j=0$, pour tout j, ce qui est absurde. On montre exactement de la même manière une propriété un peu plus forte: Si $G\mu=G\nu$ sur un ouvert ω de M alors $\mu=\nu$ sur ω.

B) Existence pour p harmonique hors d'un compact K de M. On sait que p est l'enveloppe supérieure d'une suite $p_n=V(f_n)=G(f_n\sigma)$, $f_n \geq 0$ nulles hors d'un compact fixe . Les mesures $f_n\sigma$ sont bornées sur tout compact et on peut donc supposer que $f_n\sigma$ converge vaguement vers une mesure μ. D'après le lemme de Fatou, on a $G\mu \leq p$; en utilisant la continuité de $\hat{V}(\varphi)$ pour φ mesurable bornée à support compact , on a $\int G_\mu \varphi \, d\sigma = \int p \varphi \, d\sigma$. D'où $G_\mu=p$ presque partout et $G_\mu=p$.

C) Existence dans le cas général. Considérons les potentiels $\pi_j=R_p^{\omega j}$, où ω_j est une suite d'ouverts relativement compacts croissants fortement vers M. On a $\pi_j=G_{\mu_j}$, μ_j portée par $\overline{\omega}_j$, et d'après le A, $\mu_j=\mu_k$ sur $\omega_{\min(j,k)}$. Si μ est la mesure sur M qui coincide avec μ_j sur ω_j on voit que $G\mu \leq p$ et que $p-G\mu$ est harmonique. D'où $p=G\mu$.

5. Formule de dualité. Balayage

On suppose le couple (M,L) Greenien (c'est à dire $G \not\equiv \infty$) et on suppose que L admet un adjoint $\hat{L}$ de classe $\mathfrak{L}(M)$, relativement à une densité σ sur M.

5.1 Formule de dualité de Hunt : Si $A \subset M$, si $G\mu$ (resp. $G\nu$) est un potentiel (resp. un potentiel adjoint) engendré par une mesure ≥ 0 μ (resp. ν), alors

$$\int_M R^A{}_{G\mu} \, d\nu = \int_M {}^*R^A{}_{\hat{G}\nu} \, d\mu$$

*R désignant l'opération de réduction adjointe , et on a la formule analogue avec les réduites régularisées. Pour $A=\omega$ ouvert, la preuve est élémentaire ; en effet si $\overline{\omega'}\subset\subset\omega$, si on note $G\lambda'=R^{\omega'}_{G\mu}$, il vient

$$\int_M R^{\omega'}_{G\mu}\, d\nu = \int_M G\lambda'\, d\nu = \int_M \hat{G}\nu\, d\lambda' = \int_M {}^*R^{\omega}_{\hat{G}\nu}\, d\lambda' .$$

Mais , notant $^*R^{\omega}_{\hat{G}\nu}=\hat{G}\alpha$, on a

$$\int_M {}^*R^{\omega}_{\hat{G}\nu}\, d\lambda' = \int_M \hat{G}\alpha\, d\lambda' = \int_M G\lambda'\, d\alpha \leq \int_M G\mu\, d\alpha = \int_M {}^*R^{\omega}_{\hat{G}\nu}\, d\mu$$

D'où $\int_M R^{\omega'}_{G\mu}\, d\nu \leq \int_M {}^*R^{\omega}_{\hat{G}\nu}\, d\mu$; un passage à la limite facile donne la formule.

<u>5.2. Balayage</u>. Si la mesure ≥ 0 μ sur M est telle que $\hat{G}\mu\not\equiv\infty$, on définit sa balayée sur $A\subset M$, comme la mesure≥ 0 $\lambda=b_A(\mu)$ telle que $\hat{G}\lambda = {}^*R^A_{\hat{G}\mu}$ p.p .

<u>Propriétés</u> . **a)** Pour tout potentiel p sur M , on a $\int p\, db_A(\mu) = \int R_p^A(x)\, d\mu(x)$. Un passage à la limite (facile si A est ouvert) étend cette formule à tout p surharmonique ≥ 0 sur M . **b)** si $A=V^c$ $\mu=\delta_x$, $x\in V$ ouvert régulier on voit que $b_A(\delta_x)$ est la mesure harmonique de x dans V (le théorème de Stone -par exemple- assure la densité dans $C(\partial V)$ des p-q, p,q potentiels continus sur M) **c)** si μ est portée par le compact K ,si $K\subset\omega\subset\omega'$, $A=M\setminus\omega$, $A'=M\setminus\omega'$ alors $b_{A'}(\mu)= b_{A'}.b_A(\mu)$ **d)** En général, $\mu_x=b_A(\delta_x)$ dépend "harmoniquement" de x dans $M\setminus\overline{A}$, au sens que pour toute $f\geq 0$ borélienne sur M , $x\to\langle\mu_x,f\rangle$ est localement ou bien harmonique ou bien $+\infty$ (combiner le b et le c).

<u>Conséquence</u>: la propriété a) donne immédiatement en prenant $\mu=\delta_a$ la propriété d'additivité des réduites régularisées pour les potentiels (mais on a admis le théorème de Hunt).

6. Opérateurs adaptés . Modèles discrets.

On suppose désormais que M est une variété Riemannienne complète. On obtiendra des liens significatifs entre la géométrie de M et le comportement de la théorie du Potentiel attachée à L lorsque pour un certain $r_0>0$, les couples $(B(x,r_0), L_{|B(x,r_0)})$, x parcourant M, sont en un sens convenable , uniformément semblables à la boule unité de $\mathbb{R}^n$ munie du Laplacien (ou du mouvement brownien). Ici, il faut tenir compte à la fois de la métrique et de L. La définition suivante donne un exemple simple d'un type d'adéquation possible entre M et L.

Définition 17

On dira que (M,L) est <u>très adapté</u> si il existe r_0, α et λ positifs et pour chaque $m\in M$ un difféomorphisme $\theta: B(m,r_0)\to U$, U ouvert de $\mathbb{R}^n$, tels que

1. $M^{-1}\, d(x,y) \leqslant |\theta(x)-\theta(y)| \leqslant M\, d(x,y) \quad ,\forall x,y\in B(m,r_0)$
2. L'opérateur L' transporté de L par θ vérifie des conditions d'ellipicité et de α-Hölder-continuité des coefficients uniformes par rapport à $m\in M$.

La propriété 1 dit que θ est uniformément bi-lipschitzienne. Lorsque pour chaque $m\in M$, il existe une carte θ vérifiant 1 ci-dessus, on dit que M est à géométrie bornée (Ceci est en particulier réalisé lorsque les courbures sectionnelles de M sont bornées et que le rayon d'injectivité est minoré sur M; on peut alors prendre pour θ l'inverse de l'exponentielle en m- pourvu qu'on identifie le plan tangent M_m à $\mathbb{R}^n$ à l'aide d'une isométrie quelconque). Lorsqu'on s'interesse à l'opérateur Δ de Laplace-Beltrami sur M, on a de bonnes propriétés d'uniformité du couple (M,L) sous des hypothèses beaucoup plus faibles et la définition 3 n'est pas très adéquate.

Trés souvent, il suffit que le couple (M,L) soit <u>Harnack-uniforme</u>: il existe $r_0>0$ et $c>0$, tels que pour toute L-solution $\geqslant 0$ sur une boule $B=B(x,r)$, $x\in M$, $r\leqslant r_0$, on a $c^{-1}(y)\leqslant u(x) \leqslant c\, u(y)$, $\forall y\in B(x,r/2)$. Dans le cas $L=\Delta$, (ou $L=\Delta+\lambda I$), il suffit d'après un résultat de Yau que M soit complète, à courbure de Ricci minorée [Y], [C.Y]. On a d'ailleurs sous la même hypothèse des inégalités de Harnack paraboliques uniformes analogues, et a priori plus fortes [L.Y]. On dira alors que (M,L) est strictement Harnack uniforme.

On dira que (M,L) est adapté si 1) M est à géométrie bornée 2) (M,L) est Harnack-uniforme.

Si le rayon d'injectivité de M est minoré et si toutes les courbures sectionnelles de M sont bornées, si $L=\Delta+B.\nabla+\gamma$, où B est un champ de vecteurs borné sur M, γ une fonction bornée sur M, B et γ mesurables, alors (M,L) est adapté. La propriété de Harnack uniforme vient du théorème de Moser (voir [G.T]).

Analogue discret On appelle graphe (connexe) tout ensemble X dénombrable muni d'une relation binaire Γ symétrique et reflexive telle que $\forall a,b \in X$, $\exists x_0=a, x_1, \dots, x_m=b$, et $x_j \Gamma x_{j+1}$. On a une métrique naturelle sur X en posant $d(a,b)= \inf \{ m \geq 0 ; \exists x_0=a, x_1, \dots, x_m=b$, et $x_j \Gamma x_{j+1} \}$. On obtient l'analogue discret d'une variété à géométrie bornée, et on dit alors que le graphe est à géométrie bornée, si $\sup_{a \in X} |\{x; x \Gamma a\}| < \infty$.

Si P est un noyau de transition sur le graphe X, $P: X \times X \rightarrow \mathbb{R}_+$, on dira que P est adapté si : $\exists c \geq 1$, $m \geq 1$ avec 1) $P(x,y)=0$ si $d(x,y)>c$ 2) $\sum_{j \leq m} P^j(x,y) \geq c^{-1}$ si $d(x,y) \leq 1$, 3) $P1 \leq c$. Alors, X est nécesairement à géométrie bornée.

On remarquera que sur tout graphe à géométrie bornée, il existe un noyau de transition symétrique, markovien adapté.

Un exemple standard important est fourni par les groupes finiment engendrés Soit G un tel groupe, Γ un système fini de générateurs qu'on peut supposer symétrique et contenant l'élément neutre. A chaque Γ est attaché une structure de graphe naturelle invariante à gauche : x est voisin de y ssi $y^{-1}x \in \Gamma$. Toute marche droite définie par une mesure de probabilité μ telle que le demi-groupe engendré par supp(μ) est G, définit une marche adaptée sur G considéré comme graphe.

Un autre exemple est fourni par l'approximation discrète des variétés riemanniennes à géométrie bornée: si M est une telle variété on appelera approximation discrète de M tout graphe X plongé dans M tel qu'on ait les estimées $c^{-1} d_M(x,y) \leq d_X(x,y) \leq c\, d_M(x,y)$, $\forall x,y \in X$, et $\sup_{x \in M} d(x,X) \leq c$ pour une certaine constante $c>0$. Il existe toujours une telle approximation (pour M à géométrie bornée): il suffit de prendre une partie maximale $X \subset M$ telle que $d(x,y) \geq 1$, $\forall x,y \in M$, $x \neq y$ et de munir X de la relation $x \Gamma y \Leftrightarrow d_M(x,y) \leq 3$.

Il est facile de voir qu'inversement tout graphe à géométrie bornée est l'approximation discrète d'une variété Riemannienne à géométrie bornée.

Revêtements. Soient M ,N deux variétés Riemanniennes; une application de classe C^∞ $\pi: M \rightarrow N$ est un revêtement Riemannien si 1) π est un revêtement: chaque point $m_0 \in N$ admet un voisinage ouvert ω tel que π induise une homéomorphie de chaque composante connexe de $\pi^{-1}(\omega)$ sur ω. 2) π est une

23

isométrie locale. Le groupe du revêtement G est le groupe des difféomorphismes γ de M tel que $\pi \circ \gamma = \pi$ (γ est alors une isométrie); le revêtement est dit galoisien , ou régulier si G opére transitivement sur chaque fibre $\pi^{-1}(m_0)$, $m_0 \in N$.

Inversement si on se donne une variété riemannienne M et un groupe G d'isométries de M qui opère librement et proprement ($\forall x_0 \in M$, $\exists \omega$ voisinage ouvert de x_0 tel que les $\gamma(\omega)$, $\gamma \in G$, sont deux à deux disjoints), on obtient un revêtement galoisien en considérant l'application canonique π: $M \to N = M/G$, (M/G munie de la structure riemannienne telle que π soit une isométrie locale).

Soit H un sous-groupe distingué du groupe G du revêtement riemanien régulier $\pi : M \to N$. L'application naturelle $\hat{\pi}$: $M/H \to N$ est alors un revêtement galoisien de N .

Si π: $M \to N$ est un revêtement riemannien co-compact (c'est à dire que N est compacte), alors M est à géométrie bornée et tout opérateur elliptique du type $\pi^*(L)$, L elliptique régulier sur N est évidemment adapté sur M. Chaque fibre $\pi^{-1}(m_0)$, munie de la structure de graphe: "$x \Gamma y$"$\Leftrightarrow$"$d(x,y) \leq 2\mathrm{diam}(N)+1$" , est une approximation discrète de M. Supposons π Galoisien de groupe G et soit Γ un système générateur symétrique de G. Si on plonge G dans M selon $\gamma \to \gamma(x_0)$, $x_0 \in M$ fixé, (G, d_Γ) devient une approximation discrète de M.

24

II. Frontière de Martin

Ce chapitre est consacré à l'exposé de la théorie de Martin pour le cas d'une paire greenienne (M,L) où L est un opérateur elliptique sur la variété M de classe $\mathfrak{L}(M)$ (voir p.1) ; on suivra au début la méthode mise au point par Gowrisankaran [Gow] (et simplifiée par D.Sibony [Sib]) à la suite des travaux de M.Brelot , L.Naim et J.L.Doob ([Na] , [Doo1] , [Doo2]). Comme on le verra , cette méthode a le double avantage de la simplicité et de la généralité (elle est valable pour des théories du Potentiel bien plus générales que celles considérées ici) ; elle aboutit à la construction d'une frontière abstraite Δ_1 de M, pour laquelle une version convenable du théorème de Fatou est automatique . La construction de Martin (paragraphe 2) dépend de la fonction de Green et donne à la fois un autre mode de construction de la frontière Δ_1 , et une compactification de M. On donnera ensuite des interprétations probabilistes , puis les extensions au cas de la théorie du Potentiel par rapport à l'opérateur de la chaleur ; le chapitre s'achève par une application de la théorie aux fonctions harmoniques sur une variété produit $M=M_1\times M_2$ (relativement à un opérateur L du type $L=L_1\oplus L_2$, $L_j\in\mathfrak{L}(M_j)$).

L'ensemble des matières présentées est très classique (mis à part la section 5) mais mérite probablement d'être mieux connu (indépendamment des théories de compactification à la Martin beaucoup plus générales). L'adaptation, très facile, au cas des chaines irréductibles (adaptées ou non) sur un graphe sera omise. On renvoie à Doob [Doo1] ,[Doo2] pour une présentation plus probabiliste et à [Re], [K.S] pour une étude systématique pour les chaines de Markov . [Me], [K.W] développent une théorie "générale" (voir aussi [Wil]) .

1. Frontière fine. Effilement minimal. Théorème de Fatou

Commençons par un rappel des propriétés clefs qui importeront ici (voir le chapitre I) : 1) Le cône $\mathcal{S}_+$ des fonctions surharmoniques positives (non dégénérées) sur M est somme directe du cône $\mathcal{P}$ des potentiels et de celui, noté

$\mathcal{H}_+$ des fonctions harmoniques ≥ 0 sur M. (Théorème de Riesz). **2)** On a la propriété d'additivité de la réduite: $R_s^{\omega} + R_{s'}^{\omega} = R_{s+s'}^{\omega}$, $\forall s,s' \in \mathcal{S}_+$, ω ouvert de M. **3)** $\mathbb{P}$ est une face de $\mathcal{S}_+$ (si $s \in \mathcal{S}_+$ est majoré par un potentiel $p \in \mathbb{P}$ alors $s \in \mathbb{P}$) ; d'autre part, une somme , majorée dans $\mathcal{S}_+$, d'une série de potentiels est un potentiel. **4)** Le cône $\mathcal{H}_+$ est réticulé pour son ordre propre, et admet une base compacte $\mathbb{K}_0 = \{u \in \mathcal{H}_+ ; u(O) = 1\}$, $O \in M$ étant un point de normalisation (fixé dans la suite).

On utilisera en fait 2) et 3) sous la forme (en partie) améliorée suivante: soient K un espace compact (métrisable), μ une mesure de Radon positive sur K et $\omega \to h_\omega = h(.,\omega)$ une application continue de K dans $\mathcal{H}_+$ (le cône des fonctions L-harmoniques ≥ 0). Alors, la fonction $H : x \to H(x) = \int_K h(x,\omega)\, d\mu(\omega)$ est harmonique sur M et on a :

__Lemme 1.1__

Soit U un ouvert de M. L'application $\Phi : \omega \to R_{h_\omega}^U(x)$ est s.c.i sur K et on a la formule: $R_H^U(x) = \int R_{h_\omega}^U(x)\, d\mu(\omega)$, $\forall x \in M$, De plus R_H^U est un potentiel si et seulement si $R_{h_\omega}^U$ est un potentiel pour μ-presque tout ω.

Si $\omega_j \to \omega$, $s = \sup_{N \geq 1} \{ \inf\{R_{h_{\omega_j}}^U ; j \geq N\}\}$ est surharmonique≥ 0 , minorée par h_ω sur U, donc minorée par $R_{h_\omega}^U$ sur M ; ce qui montre que Φ est sci. Il s'ensuit aisément que $x \to s_U(x) = \int R_{h_\omega}^U(x)\, d\mu(\omega)$ est surharmonique (sci d'après le lemme de Fatou, et vérifiant les inégalités de "moyenne" d'après Fubini), minorée par R_H^U par définition de la réduite. D'autre part , une application du principe du minimum de R.M.Hervé (chap.I, Prop.10.) donne $s_{U'} \leq R_H^U$, pour U' relativement compact et ouvert dans U. D'où la formule en faisant tendre U' vers U.

La plus grande minorante harmonique u_s de $s = R_H^U$ peut être obtenue par la méthode du balayage de Poincaré. Chaque balayage commute avec l'intégration (Fubini) ; d'où , par passage à la limite , $u_s = \int u_\omega\, d\mu(\omega)$, où u_ω est la plus grande minorante harmonique de $R_{h_\omega}^V$.

__Remarque__: Le lemme précédent n'est qu'un cas particulier de formules de désintégration beaucoup plus générales. Le lemme s'étend en particulier à toute partie U de M, et en remplacant les réduites par les réduites régularisées.

Définition 1.2. Une fonction h harmonique >0 sur M est dite minimale si toute fonction harmonique ⩾0 sur M et majorée par h est proportionnelle à h. Si on suppose h normalisée, soit h(O)=1, h est minimale si et seulement si h est un point extrêmal de $\mathbb{K}_0$. (Les génératrices {th; t⩾0} engendrées par les minimales h sont les génératrices extrêmales de $\mathcal{H}_+$).

On appelle frontière de Martin minimale de M l'ensemble Δ_1 des génératrices extrêmales de $\mathcal{H}_+$. Si on identifie Δ_1 à l'ensemble des points extrêmaux de $\mathbb{K}_0$, la théorie de la représentation intégrale de Choquet [Cho] dit que Δ_1 est un G_δ de $\mathbb{K}_0$ (muni de la convergence uniforme sur les compacts de M) et que pour chaque $u\in\mathcal{H}_+$, il existe une <u>unique</u> mesure de Borel positive et finie μ_u sur Δ_1, telle que $u(x)=\int_{\Delta_1} K_\zeta(x)\, d\mu_u(\zeta)$, $\forall x\in M$, K_ζ désignant l'élément de la génératrice ζ appartenant à $\mathbb{K}_0$. La topologie de Δ_1 ne dépend pas du point de référence O∈M choisi ; par contre μ_u et K_ζ en dépendent. Remarquons que d'après la théorie de la représentation intégrale l'unicité de μ se déduit de la propriété de treillis pour $\mathcal{H}_+$: deux fonctions harmoniques ⩾0 h et h' admettent une plus grande minorante harmonique commune: la plus grande minorante harmonique de la fonction surharmonique inf(h,h').

Définition 1.3. Soient h une minimale et A⊂M. On dit que A est h-effilé, ou que A est effilé au sens minimal en h, si $R_h^A \not\equiv h$.

<u>On a l'alternative suivante (due à Brelot). Ou bien $R_h^A\equiv h$, ou bien $\hat{R}_h^A$ est un potentiel (a fortiori $R_h^A\not\equiv h$) et on peut alors trouver un ouvert U⊃A qui est aussi h-effilé</u>.

Supposons en effet $R_h^A\not\equiv h$, et plus précisement $R_h^A(a) < (1-\varepsilon)\, h(a)$, ε>0, pour un a∈M ; il existe donc $s\in\mathcal{S}_+$ telle que s⩾h sur A et s(a) ⩽ (1-ε) h(a); de la définition de la réduite ,il découle aussitôt que U={ s > (1-ε/2) h } est un voisinage ouvert de A tel que $R_h^U(a) \leqslant (1-\varepsilon)(1-\varepsilon/2)^{-1}\, h(a) < h(a)$. U est donc encore h-effilé.

Montrons que R_h^U est un potentiel ; sa décomposition de Riesz s'écrit, puisque h est minimale $R_h^U = \lambda h + p$, $0\leqslant\lambda<1$. Comme R_h^U est stable par réduction sur U, on a , en itérant la réduction sur U , et par additivité de la réduite: $R_h^U = \lambda^2 h + \lambda p + R_p^U$. Mais, $\lambda p + R_p^U$ est un potentiel et par conséquent $\lambda^2 = \lambda$ d'après l'unicité de la décomposition de Riesz. D'où $\lambda = 0$, et la propriété de Brelot est établie.

Propriétés 1.4

a) Tout ensemble h-effilé est contenu dans un ouvert h-effilé. b) La réunion d'un nombre fini d'ensemble h-effilés est h-effilée. Si A est effilé, il en est de même pour $A \cup K$, pour tout compact K de M. c) Si $\{A_j\}$ est une suite de parties h-effilées de M, il existe des compacts $K_j \subset M$ tels que la réunion des $A_j \setminus K_j$, $j \geq 1$, soit h-effilée.

Donnons tout de suite l'interprétation probabiliste qui sera approfondie plus loin. A est effilé minimal en h, si et seulement si le h-processus (diffusion attachée à $L_h = h^{-1} L(.h)$) quitte p.s A à partir d'un temps $t < \zeta^-$ (ζ désignant le temps de vie du h-processus)

Définition 1.5

On dit que $f: M \to \mathbb{R}$ admet la limite fine ℓ en $\zeta \in \Delta_1$, si f admet la limite ℓ le long du filtre des parties de complémentaire ζ-effilé (ou K_ζ effilé).

En utilisant la propriété c) ci-dessus, on montre aisément qu'il existe alors une partie fermée et h-effilée F de M telle que $\lim_{x \to \infty_M,\, x \notin F} f(x) = \ell$.

Voici une première partie du théorème de Fatou abstrait :

Proposition 1.6

Si p est un potentiel, v une fonction harmonique >0, alors p/v tend finement vers 0 μ_v-pp sur Δ_1.

Preuve.

D'après l'additivité de la réduite généralisée (lemme 1.1) on a , si $U = [p > \varepsilon v]$

$$R_v^U(x) = \int_{\Delta_1} R_{K_\zeta}^U(x)\, d\mu_v(\zeta)$$

Comme R_v^U est un potentiel, il en va de même pour $R_{K_\zeta}^U$ μ_v-pp (lemme 1.1); U est donc effilé en ζ pour μ_v-presque tout $\zeta \in \Delta_1$. D'où la proposition puisque ε est arbitraire.

Lemme 1.7

Soient u et v deux fonctions harmoniques positives sur M . a) Si u et v n'admettent pas de minorante harmonique >0 commune, alors u/v tend finement vers 0 μ_v-pp sur Δ_1 b) si $\mu_u=\mu_v$ sur l'ensemble mesurable $A\subset\Delta_1$, alors u/v tend finement vers 1 μ_v-pp sur A.

Preuve.a) Il suffit d'appliquer la proposition 1.6 à p= inf(u,v) et v.

b) Décomposons u en $u=u_1+u_2$, avec $\mu_{u_1}= \mathbb{1}_A\, \mu_v$; en appliquant le a) à u_2/u_1 , on obtient que u/u_1 tend finement vers 1 en μ_v-presque tout point de A ; comme il en va de même pour v/u_1 , on a bien la propriété voulue .

Théorème 1.8 (Fatou-Doob-Naim)

Soient $u\in\mathcal{S}_+$,$v\in\mathcal{H}_+$. Alors u/v admet une limite fine en μ_v presque tout point de Δ_1, et cette limite coincide μ_v.pp avec la densité de Radon-Nikodym $f= d\mu_w/d\mu_v$, où w désigne la partie harmonique de u dans sa décomposition de Riesz .

Décomposons u en $u=p+u_1+u_2$ avec p potentiel, u_1 harmonique >0 de mesure associée sur Δ_1 singulière par rapport à μ_v et u_2 harmonique >0 de mesure associée sur Δ_1 égale à $f\mu_v$. D'après les deux énoncés précédents $(p+u_1)/v$ tend finement vers 0 μ_v-pp. Il suffit donc de considérer u_2 et on est ramené au cas où u est harmonique et où $\mu_u=f\mu_v$. Pour $\varepsilon>0$ fixé , décomposons Δ_1 selon les $A_k=[k\varepsilon\leqslant f<(k+1)\varepsilon]$, $k\in\mathbb{N}$, et introduisons la fonction harmonique $w=w_\varepsilon$ de mesure associée $(\sum k\varepsilon\, \mathbb{1}_{A_k}).\mu_v$; d'après le lemme 1.7, w/v admet une limite fine μ_v pp, égale à $\sum k\varepsilon\, \mathbb{1}_{A_k}$ et $w\leqslant u\leqslant w+\varepsilon v$. D'où le théorème , d'après l'arbitraire sur $\varepsilon>0$.

On obtient ainsi un théorème de Fatou abstrait. Le problème est ensuite de concrétiser ce résultat en obtenant des limites "au bord" (ou à l'infini) suivant des filtres ayant une définition géométrique simple. C'est par exemple ce qu'on entreprendra plus loin lorsque M est hyperbolique (Chapitre V).

<u>Corollaire 1.9</u> (Problème de Dirichlet fin)

Supposons $\mathbb{1}$ harmonique et soit λ la mesure associée sur Δ_1. Pour toute $f \in L^\infty(\lambda)$, il existe une unique fonction harmonique bornée H_f sur M admettant la limite fine $f(\zeta)$ en λ-presque tout point ζ de Δ_1.■

Il suffit en effet de poser $H_f = u_{f\lambda}$.

On dit que λ est la mesure harmonique (relative à la frontière fine) du point de référence O, puisqu'on a $H_f(0) = \int_{\Delta_1} f \, d\lambda$. On note aussi $\lambda = \mu_0$. On a la formule de passage suivante pour $x, y \in M$: $\mu_x(d\zeta) = K_\zeta(x)\,(K_\zeta(y)^{-1})\,\mu_y(d\zeta)$.

<u>Corollaire 1.10</u>

Si $L\mathbb{1}=0$, une fonction surharmonique <u>bornée</u> s est un potentiel si et seulement si elle admet la limite fine zéro λ-pp sur Δ_1.■

Mentionnons encore la conséquence suivante de l'additivité de la réduite:

<u>Proposition 1.11</u>

Supposons $L\mathbb{1}=0$; soient A une partie de M, A' l'ensemble des points de Δ_1 où A n'est pas effilé. Alors A' est un G_δ et la plus grande minorante harmonique de $\hat{R}_1^A$ est la fonction harmonique positive sur M associée à la mesure $\mu = \mathbb{1}_{A'} \cdot \lambda$ (solution du problème de Dirichlet associé à $\mathbb{1}_{A'}$). De plus, $\hat{R}_1^A$ tend finement vers 0 (resp. vers 1) en λ-presque tout point $\zeta \in \Delta_1 \setminus A'$ (resp. en λ-presque tout point $\zeta \in A'$).■

Preuve rapide pour le cas $A=\omega$ ouvert: $\zeta \to R_{K_\zeta}^{\omega}(x)$ est sci pour tout $x \in M$, et $A' = \{\zeta \in \Delta_1 ;\ R_{K_\zeta}^{\omega} = K_\zeta\}$ est donc un G_δ ; d'autre part, $R_1^{\omega} = \int R_h^{\omega}\, d\lambda(h) = \int_{A'} h\, d\lambda(h) + \int_{A'^c} R_h^{\omega}\, d\lambda(h)$ et la dernière intégrale est un potentiel (lemme 1.1). Le reste découle du théorème de Fatou (th. 1.8) et du corollaire 1.10.

<u>Un exemple</u> Supposons M complète (les boules fermées de M de rayon fini sont compactes) et supposons (M,L) adapté. Soit X une partie discrète de M telle que $\sup_{z \in M} d(z,X) \leq C = C(X) < \infty$. Alors, pour toute $h \in \Delta_1$ (normalisée en $0 \in M$), et tout $\rho > 0$, $B = \cup_{x \in X} B(z,\rho)$ n'est pas h-effilé. (on montre en utilisant les inégalités de Harnack uniformes que $R_h^B \geq ch$, pour un $c > 0$). D'où $R_u^B = u$, pour toute u

harmonique >0 sur M (ce qui peut aussi s'établir directement sans difficulté).

2. Compactification de Martin.

On va maintenant décrire la méthode de Martin qui permet d'identifier la frontière fine à un morceau d'une frontière de M relative à une compactification de M. Cette méthode montre aussi que chaque minimale est une limite de potentiels créés par des masses ponctuelles.

On désigne par G le noyau de Green de (M,L) (on a supposé (M,L) greenienne) et on pose , le point de normalisation $O \in M$ étant fixé : $K_X(y) \equiv K(X,y) = G(y,X)/\ G(O,X)$, pour $y \in M$, $X \in M \setminus \{O\}$.

K est le noyau de Martin de (M,L). On dira qu'une suite $\{X_j\}$ de points de M tendant vers l'infini dans M converge vers un point Martin si la suite $\{K_{X_j}\}$ converge simplement sur M (nécessairement vers une fonction harmonique ≥ 0 sur M, normalisée en O). Toute suite tendant vers l'infini dans M admet d'après le principe de Harnack une sous-suite convergeant vers un point Martin.

Il est facile de voir qu'il existe une compactification métrisable $\hat{M} = M \cup \Delta$ de M , unique à équivalence près , ayant la propriété suivante: une suite $\{X_j\}$ de points de M converge vers un point de Δ si et seulement si elle converge vers un point Martin, deux suites convergeant vers le même point $\zeta \in \Delta$ si et seulement si elles définissent la même fonction harmonique Il est de plus évident que cette compactification ne dépend pas du choix de O. On l'appelle la L-compactification de Martin de M.

Pour $\zeta \in \Delta$, on notera K_ζ la fonction harmonique attachée au point Martin ζ . La compactification est telle que $X \to K_X \in C(M, \overline{\mathbb{R}}_+)$ est continue sur $\hat{M} \setminus \{O\}$ (pour la convergence compacte sur $C(M, \overline{\mathbb{R}}_+)$). Il est clair que $\zeta \to K_\zeta$ est un homéomorphisme de Δ sur une partie du convexe compact $\mathbb{K}_0$ du paragraphe précédent. On va d'abord voir que Δ contient la frontière minimale, puis comparer convergence dans $\hat{M}$ et convergence fine vers un point $\zeta \in \Delta_1$.

Théorème 2.1 (Martin)

a) Pour toute fonction harmonique minimale h sur M , h normalisée en O, il existe un unique $\zeta\in\Delta$ tel que $K_\zeta=h$. Si on note Δ_1 l'ensemble des points Martin ainsi obtenus, Δ_1 est un G_δ de Δ (en général distinct de Δ).

b) Pour tout $\zeta\in\Delta_1$ et tout voisinage ω de ζ dans $\hat{M}$, $M\setminus\omega$ est effilé en ζ.

c) Un point $\zeta\in\Delta$ est minimal si et seulement si $R_{K_\zeta}^{\omega\cap M}\equiv K_\zeta$ pour tout voisinage ω de ζ dans $\hat{M}$. Si $\zeta\in\Delta\setminus\Delta_1$, $\lim_{\omega\downarrow\{\zeta\}} R_h^{\omega\cap M}=0$ pour toute $h\in\mathcal{H}_+$. ■

<u>Preuve</u>. a) Soit $h\in\mathbb{K}_0$; pour tout compact K de M, la réduite R_h^U de h sur l'intérieur U de K est un potentiel (puisque majorée par un potentiel). D'après le théorème I.12 de représentation intégrale des potentiels, il existe une mesure ≥ 0 μ_K portée par ∂K telle que

$$\forall x\in U \qquad h(x) = R_h^U(x)=\int G(x,y)\,d\mu_K(y) = \int K_Y(x)\,d\nu_K(Y)$$

avec $\nu_K= G(0,.)\,\mu_K$. Il est clair que si $0\in U$, $\|\nu_K\|=h(0)=1$. On peut donc prendre une suite exhaustive de compacts K_j telle que ν_{K_j} admette une limite vague μ portée par Δ. Passant à la limite dans la formule ci-dessus on obtient : $\forall x\in M$, $h(x) = \int_\Delta K_Y(x)\,d\mu(Y)$.

Si h est minimale, μ doit être une masse de Dirac, soit $K_Y=h$ pour μ presque tout $Y\in\Delta$.

b) Prenons $\zeta\in\Delta_1$, V un voisinage fermé de ζ dans $\hat{M}$, $\omega=M\setminus V$. Si, notant $h=K_\zeta$, $R_h^\omega=h$, on aura aussi $h=\lim R_h^{\omega\cap U}$, lorsque U relativement compact dans M croit vers M. $R_h^{\omega\cap U}$ est un potentiel qui est harmonique hors de $\partial(\omega\cap U)$ et égal à h sur $\omega\cap U$. Reprenant la méthode du a, on obtient que $h = \int K_X\,d\mu(X)$, avec μ portée par $F\cup(\partial\omega\cap M)$, où F est la fermeture de $\Delta\setminus V$. h étant harmonique sur M, μ est portée par F. Enfin, comme h est minimale, il existe $\zeta'\in F$ avec $K_{\zeta'}=K_\zeta$, ce qui est absurde.

c) Si $\zeta\in\Delta_1$, et si ω est un voisinage ouvert de ζ, $\omega\cap M$ ne peut être effilé en ζ : d'après le point précédent, M serait effilé en ζ. Si $\zeta\in\Delta_0=\Delta\setminus\Delta_1$, et si $h\in\mathcal{H}_+$, on a $h=\int_\Delta K_\xi\,d\mu(\xi)$, avec une μ ne chargeant pas $\{\zeta\}$. Si ω est un voisinage ouvert de ζ, on a la formule $R_h^\omega=\int_{\Delta_1} R_{K_\xi}^\omega\,d\mu(\xi)$. D'après le b), pour chaque $\xi\in\Delta_1$, $R_{K_\xi}^\omega$ décroit vers 0 lorsque $\omega\downarrow\zeta$. D'où $R_h^\omega\to 0$ et la dernière assertion du c.

<u>Corollaire 2.2</u>

Supposons $L(1)=0$; il existe alors une fonction s surharmonique ≥ 0 ($\not\equiv\infty$) sur M tel que $\lim_{x\to\zeta} s(x)=\infty$, $\forall\zeta\in\Delta_0=\Delta\setminus\Delta_1$.

Preuve: Soient K un compact $\subset\Delta_0$, λ la mesure associée à 1 sur Δ_1. $R_1^{\omega} = \int R_{K_\zeta}^{\omega}\, d\lambda(\zeta)$ décroit vers 0 lorsque ω ouvert$\supset$K décroit vers K. On peut donc choisir des ω_j tels que $\sum_{j\geq 1} R_1^{\omega_j}(0) < \infty$, et obtenir une fonction surharmonique $s= \varepsilon \sum_j R_1^{\omega_j}$, non dégénérée tendant vers $+\infty$ en tout point de K, et arbitrairement petite en 0. Δ_0 étant un K_σ, une nouvelle sommation fournit la fonction voulue.∎

Notons enfin la propriété générale (et souvent utile) suivante

Remarque 2.3. Tout point minimal $\zeta\in\Delta_1$ admet un système fondamental de voisinages ouverts V dans $\hat{M}$ tels que $V\cap M$ soit connexe.

Preuve. Soient V un voisinage ouvert de ζ dans $\hat{M}$ (avec $0\notin \overline{V}$) et U_1, U_2 deux ouverts formant une partition de $V\cap M$ avec $\zeta\in\overline{U}_1$; montrons qu'alors $\zeta\notin\overline{U}_2$ (fermetures dans $\hat{M}$). Pour $X\in U_1$, la réduite v_X du noyau-Martin K_X sur $M\setminus\overline{U}_1$ admet une représentation intégrale $v_X=\int K_Z\, d\mu_X$ où μ_X est une probabilité portée par $\partial U_1\cap M$. Faisant tendre X vers ζ, on obtient $v_\zeta \leq \int K_Z\, d\mu(Z)$ pour une probabilité μ sur $\hat{M}$ ne chargeant pas ζ (v_ζ=la réduite de K_ζ sur $M\setminus\overline{U}_1$). Comme $\mu(\{\zeta\})=0$ et $\|\mu\|=1$, la partie harmonique de $\int K_Z\, d\mu(Z)$ ne peut majorer K_ζ sur M, et $M\setminus\overline{U}_1$ est donc effilé en ζ. Il ne peut en aller de même pour $M\setminus\overline{U}_2$ et on doit donc avoir $\zeta\notin\overline{U}_2$ (fermeture dans $\hat{M}$). (Signalons que l'argument de [Anc.3], lemme 28 est incorrect en présence de points non minimaux sur Δ) ∎

Exemples euclidiens 2.3 : Prenons pour M un ouvert Ω de $\mathbb{R}^n$. a) Si Ω est lipschitzien et borné et si $L=\Delta$ (l'opérateur de Laplace usuel), Hunt et Wheeden [H.W] ont montré que le L-compactifié de Martin s'identifie naturellement à la fermeture $\overline{\Omega}$ du domaine, la frontière se réduisant à sa partie minimale. Le théorème de Fatou se concrétise avec des limites non-tangentielles usuelles. Ces résultats s'étendent à des opérateurs elliptiques généraux sur Ω, à l'aide d'un principe de comparaison ,appelé principe de Harnack à la frontière dont on reparlera plus loin.([Anc1], [Anc.5]). b) Prenons pour Ω le complémentaire dans une boule ouverte B_1 d'une boule $\overline{B}_2\subset\overline{B}_1$, $\overline{B}_2$ tangente à ∂B_1 en un point P. On peut montrer que le Δ-compactifié de Martin de Ω se projette naturellement sur $\partial\Omega$, le

33

point P correspondant à une sphère S_{n-2} de points Martins minimaux , et que sur le reste de $\partial\Omega$ la correspondance est bijective.(Exemple de Bouligand , [Mar]) c) Pour $\Omega=\mathbb{C}\setminus\{\cup_{j\in\mathbb{Z}}[2j+1,2j+2]\}$ il existe une unique fonction harmonique symétrique sur Ω nulle sur $\partial\Omega$, et cette fonction correspond à un point non minimal ζ de la frontière de Martin de Ω ([Anc2] , [Ben] ; pour d'autres exemples voir [Mar] , [Bre2], [Anc5]) .

3. Interprétations probabilistes

On suppose $L(1)=0$, et pour simplifier, que le temps de vie de la diffusion $(\Omega,\mathcal{F},\{\xi_t\},\{P_x\}_{x\in M})$ (avec $\Omega=C(\mathbb{R}_+,M)$, $\xi_t(\omega)=\omega(t)$) associée à L est infini (on peut toujours se ramener à ce cas quitte à multiplier l'opérateur par une fonction >0 ce qui n'affecte pas $\mathcal{S}_+$, $\mathcal{H}_+$ ou la frontière de Martin) . Voici d'abord une version probabiliste du théorème de Fatou .

Théorème 3.1

a) Lorsque $t\to\infty$, $\xi_t(\omega)$ admet presque sûrement une limite $\xi_\infty(\omega)\in\Delta_1$. Pour tout potentiel p sur M, $p(\xi_t)\to 0$ ps.

b) Sous P_{x_0} , la distribution de $\xi_\infty(\omega)$ est μ_{x_0} , la mesure harmonique de x_0 sur Δ_1 pour le problème de Dirichlet fin . De plus, pour toute f borélienne bornée sur Δ_1, $\lim_{t\to\infty} H_f(\xi_t) = f(\xi_\infty(\omega))$ ps , et $H_f(x)=E_x(f(\xi_\infty))$, pour tout $x\in M$.

c) L'application $\omega\to\xi_\infty(\omega)$ induit un isomorphisme de la tribu stationnaire $\mathcal{S}$ sur $\mathcal{B}or(\Delta_1)$ (modulo μ_0)

O désigne toujours un point de référence fixé dans M.

La preuve repose sur le fait que pour toute s surharmonique ≥ 0 ($\not\equiv\infty$) et tout $x\in M$, $s(\xi_t)$ est une P_x-surmartingale (intégrable et presque sûrement continue) qui converge donc P_x-p.s (ref. [B.G] , [Dyn]); si de plus s est un potentiel $s(\xi_t)$ converge ps vers 0, puisque $E_x(s(\xi_t)) = P_t(s)(x)$ et que $P_t(s)$ décroit vers 0 pour $t\to\infty$ (une minorante de p invariante par le semi-groupe $\{P_t\}$ est une minorante harmonique et doit donc être nulle) .

a. Il s'ensuit que ξ_t tend p.s vers l'infini dans M (puisque $\inf_{x\in K} s(x)>0$ pour tout compact $K\subset M$) et ,d'après le 2.2, que les points d'accumulation (pour t tendant vers $+\infty$) de $\{\xi_t\}$ sur la frontière Δ dans $\hat{M}$ sont p.s contenus dans la frontière minimale Δ_1 .

D'autre part , si ω et ω' sont deux ouverts de $\hat{M}$ de fermetures disjointes et voisinages respectifs des compacts $K,K'\subset\Delta$, $p=\inf(R_1^{\omega},R_1^{\omega'})=\inf(s,s')$ est un potentiel (prop.1.11, 1.10) et donc $\lim_{t\to\infty} p(\xi_t)=0$ p.s ; de plus $s(\xi_t)$ et $s'(\xi_t)$ convergent p.s pour $t\to\infty$, et $s(\xi_t)$ ne peut converger que vers 1 si ξ_t admet un point d'accumulation dans K. Donc, presque sûrement ξ_t ne peut avoir de points d'accumulation pour $t\to\infty$ à la fois sur K et sur K'. Faisant parcourir à (K,K') l'ensemble des couples disjoints $(\bar{\omega}_i, \bar{\omega}_j)$ obtenus à partir d'une suite $\{\omega_j\}$ formant une base d'ouverts de $\hat{M}$, on obtient que p.s ξ_t n'admet qu'un point d'accumulation sur Δ et que ce point est sur Δ_1. Le a) est ainsi établi.

b. Prenons $f=\mathbb{1}_A$, A borélien$\subset\Delta_1$, et $u=H_f$. L'ensemble $\{u>\varepsilon\}$ est effilé μ_0-pp sur $A'=\Delta_1\setminus A$ (théorème de Fatou) et donc pour tout voisinage ouvert ω de A, $\omega^c\cap\{u>\varepsilon\}$ est effilé en μ_0-presque tout point de Δ_1, ce qui signifie que la réduite de 1 sur cet ensemble est un potentiel (prop.1.11). ξ_t doit donc éviter cet ensemble pour t grand. On voit alors que <u>si A est compact</u>, on a presque sûrement $\lim_{t\to\infty} u(\xi_t)=0$ pour $\xi_\infty\notin A$. Pour $A\subset\Delta_1$ borélien quelconque et $x\in M$ fixé, on peut écrire $f=\mathbb{1}_K+g$, avec K compact$\subset$A et $H_g(x)$ arbitrairement petit. Comme $H_g(x)=E_x(\lim_{t\to\infty}H_g(\xi_t))$, on obtient sans difficulté que P_x-ps $u(\xi_t)\to 0$ lorsque $\xi_\infty\notin A$.

En appliquant ce résultat à $u'=\mathbb{1}-u$, on trouve finalement que $\lim_{t\to\infty}u(\xi_t)= f(\xi_\infty)$ p.s. Le cas f quelconque s'obtient ensuite par encadrement uniforme de f par des fonctions étagées. Le reste de b) est conséquence du théorème des martingales : $u(x)=E_x(\lim_{t\to\infty}u(\xi_t))$.

c) est maintenant une conséquence immédiate du théorème des martingales et de la correspondance standard entre fonctions $\mathcal{A}$ mesurables bornées (mod. l'égalité p.s) et fonctions harmoniques bornées.

<u>Corollaire 3.2</u> Si (M,L) est (strictement) Harnack-uniforme $(\Delta_1, \mathcal{B}or(\Delta_1))$ (modulo les μ_0-négligeables) est isomorphe à la tribu asymptotique.

On sait, d'après la loi 0-2 de Derrienic ([Der1]) que les tribus asymptotiques et stationnaires sont indistinguables dès qu'on a $\sup_{x\in M}\alpha(x)<2$, où $\alpha(x) = \lim_{t\to\infty}\int_M |p_{t+1}(x,y)-p_t(x,y)|\,d\sigma(y)$. Ce qui découle évidemment des inégalités de Harnack. (On peut d'ailleurs directement voir comme en 5.1 que toute fonction calorique bornée sur $M\times]-\infty,0[$ est indépendante de t).

L'interprétation de l'effilement (déjà amorcée) est donnée par les deux énoncés suivants.

36

<u>Corollaire 3.3</u>

Soient A une partie de M, B l'ensemble des points de Δ_1 où A est effilé. Sur l'ensemble $\{\xi_\infty \in B\}$, on a p.s $\lim_{t\to\infty} \mathbb{1}_A(\xi_t) = 0$. En particulier, A est absorbant pour $\{\xi_t\}$ (i.e $\forall\omega$, $\xi_t(\omega)\in A$ pour t assez grand, ps) si et seulement si $M\setminus A$ est ζ-effilé pour μ_0-presque tout $\zeta\in\Delta_1$ ($0\in M$ quelconque).

Il suffit d'écrire $R_1^A = p + H_f$, avec p potentiel et $f=\mathbb{1}_A$. (prop. 1.10) et d'appliquer ensuite le théorème précédent.

<u>Application</u>. Soit $\varphi : M \to \overline{\mathbb{R}}$ une fonction borélienne sur M. $\varphi(\xi_t)$ admet presque sûrement une limite pour $t\to\infty$ si et seulement si φ admet une limite fine en μ_0-presque tout point de la frontière fine Δ_1. ∎

On peut supposer φ bornée (remplacer φ par $\mathrm{Arctg}(\varphi)$). Pour établir que la condition est nécessaire, on observe que $\Phi(\omega)=\limsup_{t\to\infty}\varphi(\xi_t(\omega))$ est $\mathcal{A}$-mesurable et donc de la forme $\Phi(\omega)=f(\xi_\infty(\omega))$ P_0-p.s ; remplacant φ par $\varphi - H_f$ on est ramené au cas où $\lim_{t\to\infty}\varphi(\xi_t(\omega)) = 0$ P_0-p.s. Il reste alors à appliquer le corollaire 3.3 aux ensembles $\{ |\varphi|>\varepsilon \}$.

De même, pour vérifier que la condition est suffisante, on se ramène au cas où φ tend finement vers 0 μ_0-p.p sur Δ_1, puis on applique le 3.3. ∎

Interprétons maintenant pour $\zeta\in\Delta_1$, le K_ζ-processus comme le processus ξ_t conditionné à sortir en ζ de M. Rappelons que le semi-groupe de transition du K_ζ-processus est défini par les densités : $p_t^h(x,y) = h^{-1}(x)\, p_t(x,y)\, h(y)$, (où $h=K_\zeta$, et où p_t désigne la densité du semi-groupe défini par L par rapport à une densité σ fixée sur M). Ce processus est aussi engendré par l'opérateur relativisé L_h. Il s'agit de vérifier la relation suivante: pour $0<s_1<s_2<\ldots<s_n$, Φ borélienne positive sur M^n, on a :

$$E_x(\Phi(\xi_{s_1},\ldots,\xi_{s_n}) \mid \xi_\infty) =$$

$$\int K_{\xi_\infty}(x)^{-1} p_{s_1}(x,x_1)\, p_{s_2-s_1}(x_1,x_2)\ldots p_{s_n-s_{n-1}}(x_{n-1},x_n)\, K_{\xi_\infty}(x_n)\, \Phi(x_1,\ldots,x_n)\, d\sigma(x_1)\ldots\ldots d\sigma(x_n) \quad P_x\text{-p.s}.$$

La vérification est élémentaire (utiliser $\mu_y(d\zeta)= K_\zeta(y)\,(K_\zeta(x))^{-1}\,\mu_x(d\zeta)$).

Notons enfin qu'en appliquant le théorème 3.1 à l'opérateur relativisé L_h ($h\in\Delta_1$), on montre : (i) la diffusion ξ^h_t relative à $L_h=h^{-1}L(h.)$ tend dans $\hat{M}$ vers ζ presque sûrement (ii) une partie $A\subset M$ est h-effilée ssi $T=\sup\{t;\ \xi^h_t\in A\}$ est presque sûrement strictement inférieur au temps de vie de ξ^h_t.

4. Frontière de Martin parabolique.

Presque tout ce qui précède s'étend à la théorie du potentiel par rapport à l'opérateur de la chaleur $\mathbf{\mathcal{C}}=L-\partial_t$ sur $M\times\mathbb{R}$ avec des modifications que nous allons en partie préciser. On notera en lettres grasses les objets associés à la théorie parabolique.

On définit comme dans le cas elliptique la frontière abstraite Δ_1 comme l'ensemble des génératrices extrêmales du cône $\mathcal{H}_+$ des $\mathcal{C}$-solutions ≥ 0 sur M. $\mathcal{H}_+$ n'est plus à base compacte, mais il est néanmoins réunion de ses chapeaux compacts du type $\mathbb{K}_\mu=\{\ h\in\mathcal{H}_+;\ \int h\, d\mu \leq 1\ \}$ pour μ mesure de probabilité à support $M\times\mathbb{R}$ (il suffit de considérer les μ discrètes de support rencontrant $\{t\geq T\}$ $\forall T\in\mathbb{R}$). Ce qui suffit pour assurer que chaque élément $h\in\mathcal{H}_+$ admet une "unique" représentation intégrale à l'aide de minimales. La définition et les principales propriétés de l'effilement , ainsi que le théorème de Fatou s'étendent alors sans difficulté au cadre parabolique.

La méthode de Martin s'étend également à condition de prendre quelques précautions Nous nous contenterons ici du résultat suivant.

Théorème 4.1

Soit u une fonction calorique ≥ 0 minimale sur $M\times\mathbb{R}$. Il existe alors une suite $X_j=(x_j,t_j)$ de points de $M\times\mathbb{R}$ tendant vers l'infini et des $\lambda_j\geq 0$ tels que : $u(X)=\lim_{j\to\infty} \lambda_j\, \Gamma(X,X_j)$. (on a $\limsup_{j\to\infty} t_j< +\infty$, puisque sinon $u\equiv 0$).

(Rappel: $\Gamma((x,t;(y,s))=p_{t-s}(x,y)$ et donc $\Gamma((x,t;(y,s))=0$ si $t\leq s$).

Comme $u\not\equiv 0$, on peut supposer $u((0,o))\neq 0$

1. Soient $K_j= \overline{B}(0,j)\times[-j,+j[\ \subset M\times\mathbb{R}$, et U_j l'intérieur de K_j , $j\geq 1$, la réduite $R_u^{U_j}$ est un potentiel et elle est identique à u sur U_j . Il existe donc une mesure ≥ 0 μ_j

portée par ∂U_j et telle que pour tout $X\in U_j$

$$u(X) = \int \Gamma(X,Z)\ d\mu_j(Z)$$

2. Notons P_j le point $(0,j)$ de $M\times\mathbb{R}$ et choisissons des coefficients $\lambda_j>0$ tels que $\sum_{j\geq 1} \lambda_j\, u(P_{j+k}) < \infty$ pour tout $k\geq 0$ et $\sum_{j\geq 1} \lambda_j\, u(P_j) = 1$; notons pour toute fonction $h\geq 0$ sur $M\times\mathbb{R}$, $\ell(h) = \sum_{j\geq 1} \lambda_j\, h(P_j)$. Alors, $\ell(\Gamma(.,Z))<\infty$ pour tout $Z=(z,t)\in M\times\mathbb{R}$: si $u(Z)>0$ on peut majorer le $\mathfrak{T}$-potentiel $\Gamma(.,Z)$ par un multiple de u sur la frontière d'un petit voisinage de Z , majoration qui s'étend ensuite par le principe du maximum hors de ce voisinage, d'où l'assertion . En général, on peut toujours trouver $Z'=(z,t+k)$,k entier ≥ 1, tel que $u(Z')>0$. Comme $\Gamma_Z(P_j) = \Gamma_{Z'}(P_{j+k})$, on a d'après l'argument précédent $\sum \lambda_j \Gamma_Z(P_j) \leq C^{ste} \sum \lambda_j\, u(P_{j+k})$. D'où la propriété voulue.

3. On peut donc introduire les potentiels normalisés $\Gamma_\ell(.,Z)=\Gamma(.,Z)/\ell(\Gamma_Z)$ et écrire $u(X) = \int \Gamma_\ell(X,Z)\ d\nu_j(Z)$ sur U_j , avec ν_j mesure de probabilité sur ∂U_j . D'après le principe de Harnack parabolique, de toute suite d'éléments $Z_k=(x_k,t_k)$ tendant vers l'infini dans $M\times\mathbb{R}$, on peut extraire une sous-suite telle que $\Gamma_\ell(.,Z_k)$ converge uniformément sur tout compact de $M\times\mathbb{R}$ vers une fonction calorique ≥ 0 sur $M\times\mathbb{R}$. (Noter que si $\lim t_k=+\infty$, on obtient la fonction nulle) .On en déduit une compactification $\hat{\Omega}$ de $\Omega=M\times\mathbb{R}$ dont la frontière est formée de fonctions caloriques ≥ 0 sur Ω et qui est telle que la convergence de Z vers un point frontière h entraîne celle de $\Gamma_\ell(.,Z)$ vers $h(.)$ (en convergence compacte) . Prenant alors une valeur d'adhérence vague des ν_j dans $\hat{\Omega}$, on obtient une mesure μ sur un ensemble compact K de fonctions caloriques ≥ 0 sur Ω , avec $u(X) = \int_K h(X)\ d\mu(h)$, $X\in\Omega$. (A priori $\ell(h)\leq 1$ pour $h\in K$).

4. Utilisons enfin la minimalité de u : μ doit être portée par des fonctions proportionnelles à h. Donc K contient une homothétique de h ; c'est l'assertion voulue.

5. Deux illustrations

Dans cette partie, toutes les variétés sont des variétés riemanniennes. Le théorème suivant est dû pour l'essentiel à Koranyi et Taylor (cf [K.T], [Fr])

Théorème 5.1 (Koranyi-Taylor)

Si le couple (M,L) est (strictement) Harnack-uniforme, alors a) les fonctions caloriques minimales sur $M \times \mathbb{R}$ sont les fonctions $h(x,t) = e^{\lambda t} v(x)$ où $\lambda \in \mathbb{R}$, et où v est une fonction $(L-\lambda I)$-harmonique minimale sur M, et b) Toute fonction u calorique ≥ 0 sur $M \times]0,\infty[$, qui s'annule pour t=0 est identiquement nulle.

Le b) -et des variantes avec des hypothèses de croissance- ont été beaucoup étudiés dans le cas classique $M = \mathbb{R}^n$; Aronson a considéré le cas des opérateurs à structure divergence de Moser. (voir aussi, pour le cas du Laplacien, le résultat d'unicité de Karp-Li [K. L] lorque u est bornée et que la croissance de M est au plus expônentielle quadratique, et celui de Li-Yau [L.Y] lorsque la courbure de Ricci de M est minorée). Remarque: l'ensemble des λ possibles est un intervalle $[\lambda_1(L), +\infty[$.

a) Soit h $\mathfrak{C}$-minimale ; d'après Harnack, on a $h(x,t-\tau) \leq c_\tau h(x,t)$, pour tout $\tau > 0$, $(x,t) \in M \times \mathbb{R}$, c_τ=constante >0. Donc, par minimalité, $h(.,.-\tau) = \alpha(\tau) h(.)$ avec $\alpha(\tau) > 0$ continu en τ. Comme $\alpha(\tau+\tau') = \alpha(\tau)\alpha(\tau')$, on a $\alpha(t) = e^{-\lambda t}$ pour un $\lambda \in \mathbb{R}$ ($\lambda < 0$ éventuellement !!). Prenant t=0, on a donc $h(x,\tau) = e^{\lambda\tau} v(x)$, et il est clair que v doit être $L-\lambda I$ minimale. Inversement, toute fonction u de ce type doit être $\mathfrak{C}$-minimale : sinon, elle est barycentre non trivial de telles fonctions; par injectivité de la transformation de Laplace (ou mieux par un argument de croissance élémentaire) on voit que l'exposant λ dans la désintégration est constant égal à celui de u. La conclusion est alors évidente.

b) Prolongeons u par 0 sur $\{t \leq 0\}$. Il est bien connu que u est alors calorique (de classe C^2) (En utilisant le principe du maximum parabolique, on voit aisement que u doit coincider sur $\omega = B(x,\rho) \times]-1,+1[$ avec la solution du problème de Dirichlet sur ω pour la donnée frontière u). u est donc de la forme : $u(x,t) = \int_A e^{-\lambda_\alpha t} v_\alpha(x)\, d\nu(\alpha)$, où ν est une mesure de sous-probabilité sur l'ensemble A (du type G_δ) des points extrêmaux d'un $\mathbb{K}_\mu$ du §4, et où $\alpha \to \lambda_\alpha$, $\alpha \to v_\alpha$ sont continues et v_α une $(L-\lambda_\alpha)$-solution ≥ 0. Une telle fonction ne peut évidemment pas s'annuler pour $t \leq 0$ sans être identiquement nulle.

40

Corollaire 5.2

Sous les hypothèses précédentes on a: 1. pour toute fonction harmonique ≥ 0 sur M $P_t(u)=u$, $\forall t>0$ 2. Toute fonction calorique bornée sur $M\times\mathbb{R}$ est indépendante de t.

On va appliquer la théorie de Martin (et le résultat précédent) à l'étude des fonctions harmoniques positives sur une produit de deux variétés. Commençons par la variante suivante d'un résultat de Freire [Fr] (dont on suit la méthode inspirée de Molchanov [Mol] qui a traité le cas discret).

Théorème 5.3

Soient M_j $(j=1,2)$ deux variétés, $L_j \in \mathcal{L}(M_j)$ et supposons les (M_j,L_j) (strictement) Harnack-uniformes. Formons le produit $M=M_1\times M_2$ et sur M l'opérateur $L=L_1 \oplus L_2$ (somme de L_1 et de L_2 agissant respectivement sur chaque facteur). Alors, les fonctions L-harmoniques minimales sur M sont de la forme $u_1 \otimes u_2$, où u_j est $(L_j-\lambda_j I)$-minimale, et $\lambda_1+\lambda_2=0$.

Preuve. L'idée clef de la preuve est le passage à l'opérateur de la chaleur combiné avec la formule $p_t((x,x'),(y,y'))=p^1{}_t(x,y)\, p^2{}_t(x',y')$, $x,x'\in M_1$, $y,y'\in M_2$, $t>0$, p_t (resp. $p^j{}_t$) désignant la densité du noyau de la chaleur pour L sur M (resp. pour L_j sur M_j).

Soit u une fonction L-harmonique minimale sur M, normalisée en $O=(O_1,O_2)\in M$, $O_j\in M_j$. On verra plus bas que u est limite, indépendante de t, d'une suite de noyaux caloriques $w_i(x,t) = \alpha_i\, p_{t-\tau_i}(x,\xi_i)$, $\alpha_i \in \mathbb{R}_+^*$ et (ξ_i,τ_i) tendant vers l'infini dans $M\times\mathbb{R}$, (le temps τ_i correspondant doit tendre vers $-\infty$). On peut alors écrire $w_i = w'_i \times w''_i$, avec w'_i proportionnel à un potentiel calorique sur $M_1\times\mathbb{R}$, de pôle tendant vers l'infini et $\sup_i w_i(O_1,1)<\infty$, et de même pour w'' sur $M_2\times\mathbb{R}$. Une utilisation de Harnack (non uniforme) montre ensuite que $u(x)= a_1(x_1,t)\, a_2(x_2,t)$ avec a_j calorique sur $M_j\times\mathbb{R}$. Fixant alors $t=0$ (par exemple), on voit que u est un produit tensoriel de deux fonctions de classe C^2 et >0 sur M_1, M_2 respectivement. Ce qui entraîne que chacune de ces fonctions est propre pour l'opérateur correspondant. Enfin la minimalité de u entraine immédiatement celle de u_j comme fonction $(L-\lambda_j I)$-harmonique sur M_j.

Montrons alors le point admis (noter qu'il n'est pas clair a priori que $(x,t)\rightarrow u(x)$ est minimale sur $M\times\mathbb{R}$ pour $\mathcal{T}=\partial_t-L$) : considérons d'abord une fonction L-calorique minimale $v(x,t)$ sur $M\times\mathbb{R}$. L'argument précédent s'appliquant à v (Th.4.1), on voit comme ci-dessus que v est de la forme $v(x,t)=v_1(x_1,t)\,v_2(x_2,t)$, avec v_j L_j-calorique ; v étant minimale, chaque v_j l'est ; en appliquant le théorème de Koranyi-Taylor à chaque v_j on voit que v est de la forme $(x,t)\rightarrow\exp(\lambda t)\,f(x)$, avec $\lambda\in\mathbb{R}$ et f $(L-\lambda)$-harmonique>0 sur M. Il s'ensuit que (M,L) vérifie toutes les conclusions du théorème 5.1 (reprendre la preuve du théorème) et, en particulier, que $(x,t)\rightarrow u(x)$ est $\mathcal{T}$-minimale sur $M\times\mathbb{R}$ CQFD. ∎

Le théorème précédent admet une réciproque. On va en donner une preuve tres simple s'appuyant sur l'énoncé direct (Une preuve différente de nature probabiliste a été donnée par J. Taylor [Tay], et la dernière version de l'article Freire, [Fr], contient aussi un résultat analogue).

<u>Théorème 5.4</u>

Reprenons les hypothèses et les notations du théorème 5.3. Toute fonction u >0 sur $M=M_1\times M_2$ de la forme $u=u_1\otimes u_2$ avec u_j $(L_j-\lambda_j I)$-minimale sur M_j, j=1,2 et $\lambda_1+\lambda_2=0$, est L-harmonique minimale sur $M_1\times M_2$. ∎

Ce théorème est conséquence immédiate de l'énoncé suivant:

<u>Théorème 5.5</u>

Toute fonction u harmonique positive sur M pour l'opérateur $L=L_1\oplus L_2$ qui est majorée sur M par une fonction v séparément harmonique (i.e $v(x_1,x_2)$ est L_1-harmonique en x_1 et L_2-harmonique en x_2) est également séparément harmonique ∎

La preuve suivante, plus simple que l'argument d'une version antérieure de cet exposé, m'a été indiquée par B. Davies (qui a utilisé une suggestion de T Lyons). On sait que u admet une représentation intégrale

$$u(x_1,x_2)= \int_F K_{1,\zeta}(x_1)\ K_{2,\zeta}(x_2)\ d\mu(\zeta)$$

où F désigne la frontière minimale de M ; $K_{j,\zeta}$ est une fonction $(L-\lambda_j(\zeta))$-minimale sur M_j normalisée en O_j, $\zeta \to K_{j,\zeta}$ continue sur F (pour la convergence compacte sur M_j), λ_j est continue sur F ,et $\lambda+\lambda_2=0$.

Appliquant le noyau de la chaleur $P_{1,t}$ relatif à M_1 à u et v considérées comme fonctions de $x_1 \in M_1$ et tenant compte de la formule précédente, il vient:

$$\int \exp(\lambda_1(\zeta)\, t)\, K_{1,\zeta}(x_1)\ K_{2,\zeta}(x_2)\ d\mu(\zeta) \leqslant v(x_1,x_2)$$

On a utilisé de manière essentielle le principe d'unicité positif du corollaire 5.2. Faisant tendre t vers $+\infty$, on voit que $\lambda_1(\zeta) \leqslant 0$ μ-p.p. On montre de même que $\lambda_2(\zeta) \leqslant 0$ μ-p.p ; finalement, $\lambda_1=\lambda_2=0$ μ-p.p et u est bien séparément harmonique.

En particulier, on obtient pour le Laplacien la propriété suivante.

<u>Corollaire 5.9</u>

Si M_1 et M_2 sont des variétés riemanniennes complètes à courbures de Ricci minorées, toute fonction harmonique bornée sur $M_1 \times M_2$ est séparément harmonique.

Cet énoncé fournit une extension du théorème de forte harmonicité de Furstenberg pour les fonctions harmoniques sur les espaces symétriques : si M est une variété riemannienne globalement symétrique et si u est une fonction harmonique bornée sur M, alors u possède la propriété de moyenne (voir [Fur], [Gui2]); dans le cas où M est le produit de deux espaces hyperboliques (simplement connexes et à courbures sectionnelles constantes) on obtient un cas particulier du corollaire précédent.

III. Récurrence, transience et coercivité des graphes et des variétés

1. L'alternative

L'alternative récurrence/transience est certainement la mieux connue et la plus simple dans le cas d'une chaine de Markov irreductible. Commencons par rappeler la version potentialiste de l'alternative dans ce cas ; soient X un ensemble dénombrable , $P: X \times X \to \mathbb{R}_+$ un noyau irréductible (c'est à dire tel que $G(x,y) = \sum_{n \geq 0} P^n(x,y)$ soit strictement positif , quels que soient x et y dans X). On renvoie à [Me] et [Rev] pour la théorie élémentaire du Potentiel définie par un tel noyau .

Proposition 1.1

Les propriétés suivantes sont équivalentes: a) Il existe une fonction P-excessive s sur X, (soit $s \geq 0$ et $Ps \leq s$ sur X) telle que $Ps \not\equiv s$ (donc aussi $s \not\equiv 0$, $s \not\equiv +\infty$, et même $0 < s < \infty$) , b) Il existe un P-potentiel π strictement positif sur X (π est excessive finie sans minorante P-invariante $\not\equiv 0$) , c) $G \not\equiv \infty$, d) $G < \infty$ sur $X \times X$. ■

On notera que l'irréductibilité entraine les inégalités suivantes : pour s excessive sur X , $s(x) \geq c_{x,y}\, s(y)$, $x,y \in X$, avec $c_{x,y}$ réel >0 et on a des inégalités analoques pour les fonctions excessives relativement au noyau adjoint $\hat{P}$ de P. De là , facilement c)$\Leftrightarrow$d) ; avec le théorème de décomposition de Riesz , on voit que a)$\Leftrightarrow$b) ; on conclut alors sans difficulté (Rappel: les P-potentiels sont les fonctions π de la forme $\pi = G(\varphi)$, $\varphi \geq 0$ sur X, $G(\varphi) < \infty$, et on a $\varphi = (I-P)\pi$).

Complétons l'énoncé par l'interprétation probabiliste standard : Si $P\mathbb{1} = \mathbb{1}$, si $\{\omega_n\}$ est la chaine de Markov canonique associée à P, on a les équivalences: a)$\Leftrightarrow$ "$\omega_n \to \infty_X$ ps"$\Leftrightarrow$" $\pi_x = P_x(\exists n \geq 1,\ \omega_n = x) < 1$, $\forall x \in X$". Si au contraire a) n'a pas lieu, (cas récurrent), alors ω_n visite chaque point de X une infinité de fois p.s. (∞_X désigne le point à l'infini de X).

La proposition analogue pour les variétés est la suivante (cf. Chap.I, Théorèmes I et 13)

Proposition 1.2

Soient M une variété (connexe) et $L\in\mathfrak{L}(M)$. Les propriétés suivantes sont équivalentes: a) Il existe une fonction s L-surharmonique >0 sur X, non dégénérée et non harmonique b) Il existe un L-potentiel >0 sur M c) La L-fonction de Green G est finie hors de la diagonale de $M\times M$ d) $G\not\equiv\infty$. ∎

Lorsque (M,L) vérifie les propriétés de l'énoncé on dit que (M,L) est transient. Sinon, on dit que (M,L) est récurrent. Une variété riemannienne est dite transiente (resp. récurrente) si M munie de son opérateur de Laplace-Beltrami l'est.

On rappelle que dans le cas récurrent, le cône des fonctions L-surharmoniques >0 non dégénérées est, ou bien vide, ou bien réduit à un rayon puisqu'à partir de deux fonctions harmoniques positives non proportionnelles f et g, on peut construire une fonction surharmonique non harmonique(prendre $h=\inf(\lambda f,g)$ $\lambda>0$ tel que g-f s'annule sans être identiquement nul). Il existe donc au plus une fonction harmonique >0 sur M (à multiplication par un scalaire >0 près). Cette dernière propriété n'entraine pas en général la récurrence. (Exemple: $M=\mathbb{R}^n$, $L=\Delta$, $n\geq 3$).

Signification probabiliste. si $L\mathbb{1}=0$, si $\xi=\{\xi_t\}$ est la diffusion canonique sur M associée à L, et si τ désigne le temps de vie de ξ, alors : a) équivaut à l'assertion " $\lim_{t\to\tau_-}\xi_t=\infty_M$", et a) a cetainement lieu si $\tau<\infty$ p.s. D'autre part, (M,L) est récurrente ssi $\tau=\infty$ et si pour tout ouvert non vide U de M, $\{t\in\mathbb{R}_+;\ \xi_t\in U\}$ est non borné p.s.

2. Critère de la norme de Dirichlet

Ce critère -qui fait plus ou moins partie du folklore de la théorie des espaces de Dirichlet- ([B.D], [Den], [Fu])- permet d'établir sans difficulté plusieurs propriétés (non triviales a priori) de stabilité de la transience. Une autre approche peut être basée sur un lemme hilbertien de Baldi-Lohoué-Peyrière ([B.L.P]) (mais son maniement est plus délicat pour le passage du discret au continu). Elle a été abondamment utilisée par N.Varopoulos dont on retrouvera ici quelques résultats.

A) Cas d'une chaine sur un graphe: Soient X un graphe, P une fonction de transition adaptée sur X. On suppose P auto-adjoint par rapport à une mesure $\sigma>0$

sur X , soit $P(x,y)\,\sigma_x = \sigma_y\,P(y,x)\quad \forall x,y \in X^2$, si $\sigma_x=\sigma\{x\}$ (ou encore $\langle P\varphi,\Psi\rangle_\sigma$ est symétrique en $\varphi,\Psi\in C_0(X)$, où $C_0(X) = \{f{:}X\to\mathbb{R}\ ;\ X\setminus f^{-1}(0)\ \text{fini}\}$). On associe à P la forme de Dirichlet, $a(\varphi,\Psi)=\langle(I-P)\varphi,\Psi\rangle_{L^2(\sigma)}$, pour $\varphi,\Psi\in C_0(X)$ Un calcul élémentaire montre l'identité suivante (pour $u\in C_0(X)$):

$$a(u,u)= \langle (\mathbb{1}-P\mathbb{1})\,u\,,\,u\rangle + (1/2)\iint (\sigma_y^{-1}P(x,y))\,(u(x)-u(y))^2\,d\sigma(x)d\sigma(y)\quad (*)$$

Théorème 2.1

1) Il existe une fonction P-excessive finie ssi $a(\varphi,\varphi)\geq 0,\ \forall\varphi\in C_0(X)$

2) Les assertions suivantes sont équivalentes : a) (X,P) est transient . b) Il existe $x_0\in X$ et $c>0$, tels que $\varphi(x_0)^2 \leq c\,a(\varphi,\varphi)\ \ \forall\varphi\in C_0^{+}(X)$. c) Il existe $\alpha{:}X\to\mathbb{R}_+$ sur X, $\alpha>0$ et telle que $\int\alpha\,\varphi^2\,d\sigma \leq c\,a(\varphi,\varphi),\ \forall\varphi\in C_0(X)$

Preuve de l'implication a⇒c du 2) : Observons que si $P\mathbb{1}\leq\mathbb{1}$, $P\mathbb{1}\not\equiv\mathbb{1}$, on a aussitôt la propriété b , en utilisant la formule (*) ci-dessus.

Dans le cas général, il existe par hypothèse une fonction excessive π, telle que $0<\pi<\infty$, et $P(\pi)<\pi$ partout (prendre le potentiel d'une fonction >0 assez petite à l'infini). Considérons le noyau relativisé: $P_\pi(x,y)=\pi(x)^{-1}\,P(x,y)\,\pi(y)$ (on a $P_\pi(\varphi) = \pi^{-1}\cdot P(\pi\varphi)$, $\forall\varphi\geq 0$ sur X) et la mesure $\sigma_\pi=\pi^2\,\sigma$. P_π est auto-adjoint relativement à σ_π , $P_\pi(\mathbb{1}) < \mathbb{1}$ partout sur X , et la forme de Dirichlet associée à (P_π,σ_π) est $a_\pi(\varphi,\varphi) = a(\pi\varphi,\pi\varphi)$.

Or , d'après la formule (*) appliquée à P_π, a_π, σ_π , on a , pour $\varphi\in C_0(X)$:

$$\int \alpha(x)\,\varphi(x)^2\,d\sigma_\pi(x) \leq a_\pi(\varphi,\varphi)=a(\pi\varphi,\pi\varphi)\qquad (\alpha=\pi^{-1}(\pi-P\pi))$$

soit évidemment la propriété c du 2).

Montrons alors que b⇒a dans le (2). Soit U une partie finie de X contenant x_0 ; appliquons l'hypothèse à la fonction suivante (N entier fixé)

$$g(x)=g_{U,N}(x)= \textstyle\sum_{0\leq j\leq N} P_U^{\,n}(x,x_0)$$

où $P_U(x,y)=0$ si x ou $y\notin U$, et $P_U(x,y)=P(x,y)$ sinon.

On obtient (puisque $(I-P_U)g=\mathbb{1}_{\{x_0\}} - P_U^{\,n+1}(.,x_0)$)

$$g(x_0)^2 \leq C \langle (I-P)g,g\rangle_\sigma \leq C \langle (I-P_U)g,g\rangle_\sigma \leq C'\,g(x_0)$$

Par conséquent $g(x_0)\leq C$. Faisant alors croitre U vers X , puis N vers l'infini, on a $G(x_0,x_0)<\infty$, et P est transiente.

On a ainsi établi le 2). L'équivalence du 1) s'en déduit facilement en considérant les noyaux $(I-\varepsilon)P$, $\varepsilon>0$ petit, (voir la fin de la preuve du théorème 2.4 plus bas).

Remarques 2.2. a) Le théorème précédent s'applique à tout noyau de transition irréductible P sur un espace discret X, symétrique par rapport à une mesure de base σ sur X, en posant $a_P(\varphi\varphi)=\sum_{x\in X}[\varphi(x)-P(\varphi)(x)]\varphi(x)\,\sigma(x)$. Il suffit de justifier lorsque P est sous-markovien l'identité (*) avant la preuve du théorème, ce qui est élémentaire par exemple en approximant P par une suite croissante de noyaux P_j sur X, à support fini dans X×X. La preuve précédente peut être ensuite reprise mot pour mot. b) La preuve de l'implication b⇒a du 2) n'utilise pas la symétrie de P (si on note $a_P(\varphi,\Psi)=\langle(I-P)\varphi,\Psi\rangle_{L^2(\sigma)}$).

B. Enoncés analogues dans le cadre des variétés.

On considère un couple standard (M,L), ($L\in\mathfrak{L}(M)$), L étant auto-adjoint par rapport à une densité σ sur M (soit $\int L(\varphi)\,\Psi\,d\sigma=\int L(\Psi)\,\varphi\,d\sigma\quad\forall\varphi,\Psi\in C^2{}_0(M)$). La forme de Dirichlet attachée à L et σ est définie par : $a_L(\varphi,\Psi)=-\int_M L(\varphi)\,\Psi\,d\sigma$ pour $\varphi,\Psi\in C^2{}_0(M)$. Comme pour le cas discret ,on utilisera une autre expression de a_L. Pour cela , on observe que pour $\varphi\in C_0{}^2(M)$, on a ponctuellement sur M:

$$L(\varphi^2)=2\,\varphi\,L(\varphi)+2\,\alpha_L(d\varphi,d\varphi)+\gamma\,\varphi^2$$

où $\gamma=-L(\mathbb{1})$, et où α_L est la forme quadratique définie positive induite par L sur le plan cotangent au point considéré (α_L est définie au point $m_0\in M$ par $\alpha_L(df,dg)=(1/2)\,L(fg)$ si f,g sont C^2 au voisinage de m_0 et s'annulent en m_0 ; en coordonnées locales $\alpha_L(u,v)=\sum a_{ij}\,u_iv_j$ si $L(\varphi)=\sum a_{ij}\,u_{ij}+\ldots$) . D'où on tire

$$a(\varphi,\varphi)=-\int L(\varphi)\,\varphi\,d\sigma=\int\gamma\,\varphi^2\,d\sigma+\int\alpha_L(d\varphi,d\varphi)\,d\sigma\quad(*)$$

où $\gamma=L(\mathbb{1})$ (on a utilisé le caractère auto-adjoint de L)

On a alors le théorème suivant dont la preuve - hormis un petit détour technique - imite complètement celle du théorème 2.1 .

Théorème 2.3

1°) Il existe une fonction L-surharmonique >0 (et $\not\equiv\infty$) si et seulement si $a_L(\varphi,\varphi)\geq 0$, pour toute $\varphi\in C_0{}^2(M)$.

2°) Les propriétés suivantes sont équivalentes: a) "(M,L) est transient", b) "Il existe un ouvert non vide de M, et un nombre C>0 tels que $(\int_U \varphi\, d\sigma)^2 \leq C\, a_L(\varphi,\varphi)$, pour toute $\varphi \in C_o^2(M)$, $\varphi \geq 0$", et c) " Il existe $\beta \in C(M)$, $\beta>0$ sur M, et une constante c>0 telles que $(\int \beta\, \varphi^2\, d\sigma) \leq c\; a_L(\varphi,\varphi)$, $\forall \varphi \in C_o^2(M)$.

Preuve: (indications) On commence par établir dans le 2°) l'implication a⇒c. Si L est transiente, on peut construire un potentiel $\pi = G(\varphi)$ de classe C^2 en prenant $\varphi \in C^1(M)$, >0, décroissant suffisamment vite à l'infini pour que $G(\varphi) \not\equiv \infty$. On relativise alors avec π, comme dans le cas discret, en posant $L_\pi = \pi^{-1} L(\pi.)$ et $\sigma_\pi = \pi^2 \sigma$. En écrivant la formule (*) pour L_π et σ_π on voit que

$$a_L(\pi\varphi,\pi\varphi) = a_\pi(\varphi,\varphi) \geq \int \gamma_\pi\, \varphi^2\, d\sigma_\pi$$

pour toute $\varphi \in C_o^2(M)$, avec $\gamma_\pi = -\pi^{-1} L(\pi) > 0$. D'où l'assertion.

Pour l'implication b⇒a de 2°), on peut supposer U relativement compact non vide. Soient $\varphi \in C_o^\infty(U)$, $\varphi \geq 0$, $\varphi \not\equiv 0$, Ω un ouvert de classe C^2 tel que $\bar{U} \subset \Omega \subset \bar{\Omega} \subset\subset M$ et, T>0. Considérons la fonction $\Psi = \int_0^T P_t(\varphi)\, dt$, où P_t désigne le semi-groupe de la chaleur pour Ω (et L) et prolongeons Ψ par 0 sur $M \backslash \Omega$.

Ψ est de classe $C^{2,\alpha}$ sur Ω, mais a priori seulement lipschitzienne sur M entier. On peut néanmoins lui appliquer l'hypothèse (lemme 2.4) et écrire:

$$[\int_U \Psi(x)\, d\sigma(x)]^2 \leq C \int_\Omega (-L(\Psi))\Psi\, d\sigma$$

Or, $-L(\Psi)(x) = \int_0^T -\partial_t(P_t(\varphi))(x)\, dt = \varphi(x) - P_T\varphi(x) \leq \varphi(x)$ sur Ω et donc sur M entier.

D'où $$|\int_U \Psi(x)\, d\sigma(x)|^2 \leq C \int_U \Psi\varphi\, d\sigma$$

et a fortiori $\int_U \Psi\, d\sigma \leq C'$ avec C' indépendant de T et de Ω. En faisant tendre T vers l'infini, et Ω vers M, on obtient alors que $\int_U G(\varphi)\, d\sigma < \infty$ ce qui entraine la transience.

C. La double implication du 1) résulte alors du 2) en considérant $L-\varepsilon I$, pour $\varepsilon>0$ petit. Par exemple, si a est positive, l'application du 2°) à $L-\varepsilon I$, $\varepsilon>0$, montre que le noyau de Green G_ε de $L-\varepsilon I$ existe pour tout $\varepsilon>0$. Fixant $O \in M$, $P \in M$, $P \neq O$, on peut extraire une sous-suite convergente de la suite $\pi_\nu = G_{\varepsilon_\nu}(.,O)/G_{\varepsilon_\nu}(P,O)$, et obtenir une fonction s, L-harmonique >0 sur $M \backslash \{O\}$ (on utilise l'uniformité en ε des estimées de Harnack et de Schauder locales pour $L-\varepsilon I$, $|\varepsilon| \leq 1$). Il ne reste plus qu'à prolonger s en une fonction surharmonique >0 sur M (Chap.I, §2, Exercice 2))

Le lemme classique suivant complète la preuve du théorème.

Lemme 2.4

Supposons qu'on ait : $|\int \varphi \, d\sigma|^2 \leq c \, a_L(\varphi,\varphi)$ pour toute φ de classe C^2 et à support compact dans l'ouvert relativement compact Ω de M (et une constante $c>0$). Alors , la même inégalité est vraie pour toute $\varphi \in C(\overline{\Omega})$, nulle sur $\partial\Omega$, positive et de classe C^2 sur Ω, et telle que $L(\varphi) \in L^1(\Omega)$.

Indication: On approche φ par des fonctions de la forme $\theta_\varepsilon(\varphi)$, où $\theta_\varepsilon(t)= \varepsilon\, \theta(t/\varepsilon)$, avec θ: $\mathbb{R} \to \mathbb{R}_+$ convexe croissante , à support dans $[1,\infty[$,de classe C^∞, et égale à $t-2$ pour $t \geq 3$.

Le corollaire suivant fournit un autre critère; on se limite pour simplifier à $L=\Delta$.

Remarques 2.5 1.Dire que la variété riemannienne M est transiente, c'est exactement dire qu'on peut identifier le complété H de $C_0^1(M)$ muni de la norme de Dirichlet à un espace de (classe de) fonctions $\subset L^1_{loc}(M)$ avec injection continue. Cet espace est un espace de Dirichlet de Beurling-Deny [B.D] . On peut aussi montrer que M est récurrente si et seulement si il existe une suite croissante (φ_ν) d'éléments positifs de $C_0^\infty(M)$ convergeant simplement vers 1, mais de norme de Dirichlet tendant vers 0 (Par exemple , si M est récurrente non compacte, et si U_j est une exhaustion de M par des ouverts très réguliers relativement compacts , la réduite Ψ_j de 1 sur $U=U_1$ relativement à U_j, (tend simplement en croissant vers 1 et son énergie tend vers 0; on obtient φ_ν en régularisant convenablement Ψ_ν).

2. Mentionnons aussi le critère de Lyons-Royden ([Lyo.2] pour les graphes, [L.S] pour les variétés riemanniennes): Pour que M soit transiente , il faut et il suffit qu'il existe un champ de vecteurs C^1 tel que $V \in L^2(M)$, avec $\operatorname{div}(V) \in L^1(\Omega)$, $\operatorname{div}(V) \not\equiv 0$. On peut facilement déduire cet énoncé du critère de Dirichlet (théorème 2.3) et de la remarque précédente.

3. Application à la stabilité de la transience.

A) Graphes.

Ici, symétrique voudra dire auto-adjoint par rapport à la mesure naturelle sur le graphe X. Sur un graphe à géométrie bornée, il existe toujours un noyau de transition symétrique , markovien et adapté. On ne considère dans la suite que de tels graphes. Le phénomène décrit par le théorème suivant a été -dans le cadre des marches sur les groupes- découvert dans [B.LP] , puis approfondi par Varopoulos [Var.1]

Théorème 3.1.

a) Sur un graphe donné, ou bien toutes les marches adaptées symétriques markoviennes sont récurrentes ou bien elles sont toutes transientes.

b) Soient X, X' deux graphes et φ: X→X' une application C-lipschitzienne propre : $d(\varphi(x),\varphi(y)) \leq C\, d(x,y)$ et $\mathrm{Card}(\varphi^{-1}(x))\leq C$, pour $x,y\in X$. (C constante >0). Si X est transient, alors X' l'est aussi. Si de plus, $\sup_{x\in X'} d(x',\varphi(X))<\infty$, et $[C^{-1}d(x,y) - C] \leq d(\varphi(x),\varphi(y))$ $\forall x,y\in X$, alors X est transient si et seulement si X' l'est (φ est alors une quasi-isométrie).

c) Soit X un graphe transient. Toute fonction de transition P sur X, qui est sous-markovienne ainsi que sa transposée, et telle que $\sum_{j\leq N} P^j(x,y) \geq C>0$, pour $x,y\in X$, $d(x,y)\leq 1$ (C,N constantes >0) est transiente.

---

a) est conséquence immédiate du critère de Dirichlet discret (Th. 2.1) puisque les normes de Dirichlet des marches adaptées symétriques et markoviennes sont équivalentes à la norme de Dirichlet du graphe : $\|\varphi\|_D{}^2= \sum_{d(x,y)=1} |\varphi(x)-\varphi(y)|^2$, $\varphi\in C_0(X)$. Pour le b) il suffit de noter que la norme de Dirichlet du graphe source est majorée par un multiple de celle du graphe image (et d'utiliser le critère de Dirichlet) . Lorsque $\sup_{x\in X'} d(x',\varphi(X)) =C_1$, $C_1<\infty$, on peut construire π: X'→X avec $d(\varphi(\pi(x')), x')\leq C_1$, $\forall x'\in X'$, et il est clair que π est lipschitzienne propre, d'où la deuxième assertion du b) .

Quant au c) il résulte des remarques suivantes: si $P1\leq 1$ et $\hat{P}1\leq 1$, la forme $a(\varphi,\varphi) = \langle(I-P)\varphi,\varphi\rangle$ est minorée par un multiple de la forme de Dirichlet du graphe (a est aussi la forme de Dirichlet de $(P+P^t)/2$); d'où une inégalité du type

$\varphi(x_0)^2 \leqslant c\, a(\varphi,\varphi)$, $\forall\varphi\in C_0(X)$. Le théorème 2.1 ci-dessus (voir la remarque 2 qui le suit) montre alors que P est transiente.∎

En particulier

Corollaire 3.2

Soient X un graphe (connexe, infini) et Y une partie de X telle que $d(x,Y)\leqslant C$, $\forall x\in X$ pour une constante $C>0$. On munit Y de la structure de graphe connexe (et à géométrie bornée) définie par la relation : $x\Gamma x' \Leftrightarrow d_X(x,x')\leqslant 2C+1$. Alors, Y est transient si et seulement si X l'est.

Exemple : Les groupes finiment engendrés. Soit G un tel groupe A chaque système fini de générateurs Γ de G, symétrique et contenant l'élément neutre, est attaché une structure de graphe naturelle invariante à gauche : x est voisin de y ssi $y^{-1}x\in\Gamma$. Fixant un tel Γ, toute marche droite définie par une mesure de probabilité μ telle que le demi-groupe engendré par supp(μ) est G, définit une marche adaptée sur G considéré comme graphe. (cf. Chap.I.6); le noyau de transition associé est sous-markovien et de transposé sous-markovien On en déduit l'alternative: ou bien toutes les marches droites adaptées sur G sont transientes (et on dit que G est transient) ou bien, toutes les marches droites définie par une mesure de probabilité symétrique sont récurrentes. (cf. [B.L.P] , [Var.1]) .

Si G est récurrent, tout sous-groupe finiment engendré de G est aussi récurrent (Th.3.1 b.) et la réciproque est vraie pour les sous groupes d'indice fini (Cor. 3.2 ; noter qu'un sous-groupe d'indice fini d'un groupe finiment engendré est aussi finiment engendré)

On donnera plus loin la caractérisation des groupes récurrents: ce sont tout simplement les extensions finies de {0}, $\mathbb{Z}$, et $\mathbb{Z}^2$ Ce sont aussi les groupes à croissance au plus quadratique .

B. Cas des variétés

Voici un analogue de la proposition 3.1 . Les preuves sont des adaptations immédiates de ce qui précède . Le a) est établi dans Lyons-Sullivan [L.S] en utilisant le critère de transience de Royden-Lyons [L.S]

Proposition.3.3

Soit M_1 une variété riemannienne transiente. Alors a) toute variété riemanienne quasi-isométrique à M_1 est aussi transiente , b) tout opérateur L sur M sous-markovien et auto-adjoint pour une densité (uniformément) équivalente au volume riemannien de M est aussi transient , et c) pour tout champ de vecteurs B de classe C^1 sur M de divergence $\geqslant 0$, l'opérateur $\Delta + B.\nabla$ est transient sur M .∎

Ici on appelle C-quasi-isométrie de M sur M_1 toute application $\varphi: M \to M_1$ qui est un C^1 difféomorphisme surjectif tel que $C^{-1}\, d(x,y) \leqslant d(\varphi(x),\varphi(y)) \leqslant C\, d(x,y)$, $\forall x,y \in M$. (Une définition "plus faible" suffirait pour le a)

C Approximation discrète des variétés.

L'énoncé suivant est de même nature que les précédents. Sous cette forme il est dû à Varopoulos . Le critère de Dirichlet racourcit sensiblement la méthode originale [Var.1] .

Soient M une variété Riemannienne à géométrie bornée , et X une approximation discrète de M, c'est à dire une partie discrète de M telle que (i) $d(x,y) \geqslant 2c_1$ si $x,y \in X$, $x \neq y$ et (ii) $d(x,X) \leqslant c_2$ $\forall x \in M$ où $c_1 \leqslant c_2$ sont deux constantes >0 . Munissons X d'une structure de graphe connexe et à géométrie bornée en décidant que les points x et y de X sont voisins dans X ssi $d_M(x,y) \leqslant 2\, c_2 + 1$.) (Pour $x \in X$, $\sum_{d_\Gamma(x,y)\leqslant 1} \mathrm{vol}(B(y;c_1)) \leqslant \mathrm{vol}B(x,4c_2) \leqslant C^{ste}$,d'où $\mathrm{card}\{y; d_\Gamma(x,y) \leqslant 1\} \leqslant C^{ste}$ et X est donc à géométrie bornée) . Il est clair que la métrique de X et celle de M sont équivalentes au sens que $c^{-1}\, d_M(x,y) \leqslant d_X(x,y) \leqslant c\, d_M(x,y)$ pour un $c>0$ convenable et tous les $x,y \in X$.

Théorème 3.4 [Var.1]

M est transiente si et seulement si X est transient.

Preuve. Quitte à enrichir X, on peut d'après la proposition 3.2 supposer c_2 très petit devant le rayon $r_0 > 0$ intervenant dans la définition de la géométrie bornée.

On construit aisément une partition C_0^∞ de l'unité $\{\varphi_x\}_{x\in X}$ sur M telle que: $\varphi_x = 1$ sur $B(x, c_1/4)$, $\mathrm{supp}(\varphi_x) \subset B_M(x, 4c_2)$, et $|\nabla\varphi_x| \leqslant C$, C indépendant de x. Posons pour $f \in C_0(X)$, $\hat{f} = \sum_{x\in X} f(x)\,\varphi_x$. Alors , $\hat{f} \in C_0^\infty(M)$ et $\nabla\hat{f} = \sum_{x\in X} (f(x)-f(x_0))\ \nabla\varphi_x$ (pour tout $x_0 \in X$).

D'où $|\nabla\hat{f}| \leqslant C \sup\{\, |f(x_0)-f(z)| \,;\, d(x_0,z) \leqslant 5c_2 \}$ sur $B(x_0,c_2)$, et

$$\int |\nabla\hat{f}|^2\, d\sigma \leqslant \sum_{x\in X} \int_{B(x,c_2)} |\nabla\hat{f}|^2\, d\sigma \leqslant C^2 \sum_{d_\Gamma(x,y)\leqslant 5} |f(x)-f(y)|^2$$
$$\leqslant C^2\,(5\times N) \sum_{d_\Gamma(x,y)\leqslant 1} |f(x)-f(y)|^2 = C'\,\|f\|_X^{\,2}$$

où $N = \sup_{x\in\Gamma} [\ \mathrm{card}(\{y\in X; d_\Gamma(x,y)\leqslant 5\})]$

Comme d'autre part, $\int_{B(x,c_1)} |\hat{f}|\, d\sigma \geqslant c\,|f(x)|$, pour $x\in X$, on voit , d'après le critère de Dirichlet , que "M transiente" $\Rightarrow$"X transient".

Inversement supposons X transient, et soit $\varphi \in C_0^\infty(M)$. Associons à φ une fonction. f sur X en posant $f(x) = \int_{B(x,c)} \varphi\, d\sigma \,/\, \sigma(B(x,c))$, $c = 2c_2$, $x\in X$. Le lemme élémentaire suivant montre alors que $\|f\|_X^{\,2} \leqslant C \int_M |\nabla\varphi|^2\, d\sigma$ (C constante >0). Du critère de Dirichlet pour X, on passe alors sans difficulté à celui relatif à M , et M est donc bien transiente.

<u>Lemme 3.5</u> . Soit $\sigma = \rho\, dx$ une densité sur la boule unité B de $\mathbb{R}^n$ telle que $C^{-1} \leqslant \rho \leqslant C'$, pour une constante C>0 , et soient A_1 et A_2 deux parties boréliennes de B de volumes $\geqslant \varepsilon > 0$. Si $\varphi \in C_0^\infty(B)$ et si on note $a_j = (\int_{A_j} \varphi\, \rho\, dx)/(\int_{A_j} \rho\, d\sigma)$, on a $|a_1 - a_2| \leqslant C' \int_B |\nabla\varphi|\, dx$ $(C' = C'(\varepsilon, n, C))$.

<u>Preuve</u>. Notons μ, ν les mesures $(\rho.dx)_{|A_j}$ normalisées. On a

$$|a_1 - a_2| = |\iint (\varphi(x)-\varphi(y))\, d\mu(x) d\nu(y)\,| \leqslant \iiint_{0\leqslant t\leqslant 1} |d\varphi(x+t(y-x))|\, dt\, d\mu(x)\, d\nu(y)$$
$$\leqslant C \int_B\int_B\int_{0\leqslant t\leqslant 1} |d\varphi(x+t(y-x))|\, dt\, dx\, dy = 2\,C \int_B\int_B\int_{1/2\leqslant t\leqslant 1} |d\varphi(x+t(y-x))|\, dt\, dx\, dy$$
$$\leqslant 2\,C \int_{1/2}^{1} dt\, \{ \int_B dx\, t^{-n} \int_{B(x(1-t),t)} |d\varphi(v)|\, dv \leqslant C' \ (\int |\nabla\varphi|\, dx) \quad \text{CQFD} .$$

L'énoncé précédent a été motivé par l'étude de la transience des revêtements co-compacts (Guivarc'h, Lyons-Sullivan , Varopoulos) . Il donne en effet presqu'immédiatement le résultat suivant.

<u>Corollaire 3.6</u>

Soit π M$\rightarrow$N un revêtement Riemannien régulier d'une variété N compacte. Soit $X = \pi^{-1}(x_0)$ une fibre du revêtement munie de la structure de graphe : x et y sont

53

voisins ssi $d_M(x,y) \leqslant 2\,\mathrm{diam}(N) + 1$. X est un graphe connexe qui est transient ssi M l'est. Si on suppose le revêtement galoisien, alors M est transiente ssi le groupe du revêtement est transient.

Il faut observer que dans le cas galoisien la structure de graphe de G (pour un système générateur symétrique et fini fixé) induit sur X une métrique équivalente à celle de M (Lemme de Milnor) .

4. Application à la caractérisation des groupes récurrents

Cette caractérisation (théorème 4.1 ci-dessous) très longtemps conjecturée a été d'abord établie sous diverses hypothèses restrictives : groupes linéaires (Guivarc'h, [G.K.R]), groupes résolubles [Var.2] . La preuve due à Varopoulos combine deux ingrédients : formes de Dirichlet et croissance du groupe ; il faut aussi utiliser le (difficile) théorème de Gromov sur les groupes à croissance polynomiale pour conclure (sinon, on n'a qu'une forme affaiblie de la conjecture).

Théorème 4.1 [Var.3]

Soit G un groupe finiment engendré. Alors G est récurrent si et seulement si G est une extension finie de {0}, $\mathbb{Z}$, ou $\mathbb{Z}^2$, ou encore si et seulement si G est à croissance au plus quadratique

Fixons un système générateur $\Gamma=\{\gamma_1,\dots,\gamma_m\}$, tel que $\Gamma=\Gamma^{-1}$, et $e\in\Gamma$; notons $|x|$ la longueur de $x\in G$ relativement à Γ , $|x|=\inf\{ n ; x=g_1\dots g_n , g_j\in\Gamma \}$, et $d(x,y)=|y^{-1}x|$ la distance invariante à gauche associée à la structure de graphe définie par Γ

Soient $\|.\|_D$ la norme de Dirichlet de ce graphe ,

$$\|\varphi\|_D^2 = \sum_{d(x,y)\leq 1}|\varphi(x)-\varphi(y)|^2 ,$$

et pour μ mesure de probabilité symétrique sur G, $\|.\|_{D,\mu}$ la norme de Dirichlet correspondante:

$$\|\varphi\|_{D,\mu}^2 = \sum_{x,y\in G} \mu(y^{-1}x)\ |\varphi(x)-\varphi(y)|^2 \quad , \varphi\in C_0(G)$$

Lemme 4.2

Pour μ comme ci-dessus et en désignant par σ_μ le moment d'ordre 2 de μ ($\sigma_\mu= \sum_{g\in G} |g|^2 \mu(g)$) on a : $\|\varphi\|_{D,\mu}^2 \leq \sigma_\mu \|\varphi\|_D^2$, $\forall\varphi\in C_0(G)$

On a $\|\varphi\|_{D,\mu}^2 = \sum_{y,g\in G} \mu(g)\ |\varphi(yg)-\varphi(y)|^2$ et si $g=g_1\dots g_k$,$k=|g|$,$g_j\in\Gamma$

$$|\varphi(yg)-\varphi(y)| \leq \sum_{0\leq j<k} |\varphi(yg_1\dots g_j)-\varphi(yg_1\dots g_{j+1})|$$

D'où, d'après l'inégalité de Schwarz,

$$|\varphi(yg)-\varphi(y)|^2 \leq k \sum_{0\leq j<k} |\varphi(yg_1\dots g_j)-\varphi(yg_1\dots g_{j+1})|^2$$

En ajoutant ,à g fixé ,

55

$$\sum_{y\in G} |\varphi(yg)-\varphi(y)|^2 \leqslant |g| \sum\sum_{y\in G,\, 0\leqslant j<k} |\varphi(yg_1 \ldots g_j)-\varphi(yg_1 \ldots g_{j+1})|^2$$

et $\sum_{y\in G} |\varphi(yg)-\varphi(y)|^2 \leqslant |g| \sum_{0\leqslant j<k} \sum_{y\in G} |\varphi(yg_1 \ldots g_j)-\varphi(yg_1 \ldots g_{j+1})|^2$

$$\leqslant |g|^2 \, \|\varphi\|_D^{\ 2}$$

Il ne reste plus qu'à ajouter ces inégalités, g décrivant G..

Le lemme montre que si on trouve μ admettant un moment σ_μ fini et telle que $|\varphi(e)|^2 \leqslant c \, \|\varphi\|_{D,\mu}^{\ 2}$,$\forall\varphi\in C_0(G)$,pour une constante $c>0$, on aura le même type d'inégalité pour la marche standard attachée à Γ, ce qui équivaut à la transience de G . Donc s'il existe une mesure de probabilité symétrique μ sur G , de support G, transiente et telle que $\sigma_\mu<\infty$, alors G est transient (voir la remarque après le th. 2.1).

Notons $\gamma(t)=\mathrm{card}\{ g\in G \; ; \; |g|\leqslant t \}$, $B_j= \{g \; ; \; |g| \leqslant j \}$ et introduisons une mesure de probabilité μ sur G en posant $\mu(g) = \sum_{j\geqslant 1} \lambda_j \, \gamma(j)^{-1} \, \mathbb{1}_{B_j}(g)$, $\lambda_j >0$, $\sum\lambda_j=1$. La deuxiéme étape de la preuve consiste en le lemme suivant.

<u>Lemme 4.3</u>

On peut choisir les λ_j de telle sorte que 1°) $\sigma_\mu<\infty$ et 2°) il existe des constantes c_1 et $c_2>0$ telles que pour $a\geqslant 2$ et $n>a$, on a :

$$\mu^n(e) \leqslant c_1 \{ \exp(-c_2 a) + a [\gamma(c_1 \sqrt{n} / \sqrt{a} \, (\log n)^{3/4})]^{-1} \}$$

Il va suffire de prendre $\lambda_j=j^{-3} \, (\log(j))^{-3/2}$, pour $j\geqslant 2$ et λ_1 tel que la somme $\sum_{j\geqslant 1} \lambda_j$ soit égale à 1 . Il est clair qu'alors

$$\sigma_\mu = \sum |g|^2 \mu(g) \leqslant \sum_{1\leqslant j<\infty} \lambda_j \, j^2 < \infty .$$

On a (en observant que $(\alpha+\beta)^{*n}(e) \leqslant \|\alpha\|_1^{\ n} + n \max_{g\in G} \beta(g)$, pour α,β mesures $\geqslant 0$ sur G , telles que $\|\alpha+\beta\|_1 \leqslant 1$)

$$\forall\, n,p\geqslant 2, \quad \mu^{*n}(e) \leqslant (\sum_{1\leqslant j<p} \lambda_j)^n + n \, (\sum_{j\geqslant p} \gamma(j)^{-1} \lambda_j)$$

$$\leqslant (1-\rho_p)^n + n \, \gamma(p)^{-1} \, \rho_p ,$$

où $\rho_p=\sum_{j\geqslant p} \lambda_j \sim p^{-2}(\log(p))^{-3/2}$

Donc $\quad \mu^{*n}(e) \leqslant \exp(-C'np^{-2} \, (\log(p))^{-3/2}) + Cn \, p^{-2} \, (\log(p))^{-3/2} \, \gamma(p)^{-1}$

pour C,C' constantes >0 convenables. Prenons $a\geqslant 2$, $n>a$ et choisissons p tel que $a \, p^2 \, \log(p)^{\ 3/2} \leqslant n < a \, (p+1)^2 \, \log(p+1)^{\ 3/2}$. Alors , $p \, \log(p)^{3/4} \sim (n/a)^{1/2}$ (uniformément en n et a)

Comme $\mathrm{Log}(p) + (3/4) \, \mathrm{Log}(\mathrm{Log}(p))=(1/2)\log(n/a)+O(1)$, on voit aisément que p $\geqslant$

$c\,(n/a)^{1/2}\,(\mathrm{Log}(n/a))^{-3/4}$, d'où le lemme.

__Corollaire__ 4.4

Supposons que $\gamma(t) \geq c\,t^{2+\varepsilon}$, $\forall t \geq 1$ pour un c et un $\varepsilon>0$. Alors, pour tout $\varepsilon'<\varepsilon/2$, $\mu^{*n}(e) = O(n^{-1-\varepsilon'})$ et μ est transiente.

Il suffit de prendre dans le lemme précédent $a= [(1+\varepsilon')/ c_2]\,\mathrm{Log}(n)$.

En combinant avec le lemme 4.2 on obtient

__Corollaire 4.5__

Si l'hypothèse du lemme précédent est vérifiée, G est transient.

Pour parvenir à la conclusion du théorème 4.1, il reste à dire que si G est à croissance polynomiale (c'est à dire que $\gamma(t)=O(t^A)$ pour un $A\geq 1$) alors G est extension finie d'un groupe nilpotent N (théorème de Gromov, [Gr.2]) . En fait, il nous faut un peu plus : si le groupe G est tel que $\liminf_{t\to\infty} (\gamma(t)/t^A) <\infty$ pour un $A\geq 1$, G est extension finie d'un groupe nilpotent (ce qui ressort aussi de la preuve de [Gr.2]) . De plus pour un groupe nilpotent N muni d'un système fini de générateurs , $\gamma(t)=|\{x\in N;\ |x|\leq t\}|$ est exactement de l'ordre de t^d où $d=d(N)=\sum_{j\geq 0} (j+1)\, d(N_j/N_{j+1})$, où $\{N_j\}$ désigne la suite centrale dérivée de G , ($N_0=N$, $N_1=[N,N_0]$,...$N_{j+1}=[N,N_j]$,...) et où $d(N_j/N_{j+1})$ désigne le rang du quotient du groupe abélien N_j/N_{j+1} par son sous-groupe de torsion ([Ba]). Le cas $d<3$ n'est réalisé que si N est abélien, et de "dimension" au plus 2.

__5. Groupes non moyennables, graphes et variétés coercives__.

On va maintenant considérer une notion beaucoup plus forte que la transience. Commencons par des rappels sur la notion de groupe moyennable (ref. [Gre]).

Un groupe discret G est dit moyennable s'il admet une moyenne à gauche , c'est à dire s'il existe une application linéaire $\lambda:\ell^\infty(G)\to\mathbb{R}$ croissante, invariante à gauche et telle que $\lambda(\mathbb{1})=1$. Il revient au même de dire que toute action (par applications affines continues) de G sur un convexe compact non vide d'un espace localement convexe admet au moins un point fixe. On déduit facilement de ce critère (ou plus directement!) que tout sous-groupe et tout quotient d'un groupe moyennable est moyennable; de même si H est un sous-groupe distingué de G et si H et G/H sont moyennables alors G est moyennable. Comme tout groupe abélien est moyennable (théorème de Markov-Kakutani !), on voit que tout groupe résoluble est moyennable. A l'opposé, on a le groupe libre à deux générateurs qui n'est pas moyennable.(voir le 5.5)

Il est intéressant d'observer que l'hypothèse "G non moyennable" admet d'une part une traduction spectrale très commode due à Kesten , et d'autre part une interprétation géométrique remarquable.

Rappelons d'abord deux critères de moyennabilité (la preuve est très simple [Gre]) :

<u>Proposition 5.1.</u>

Soit G un groupe discret. Les propriétés suivantes sont équivalentes: 1) G est moyennable 2) Il existe une suite de probabilités λ_n sur G telle que pour tout $g\in G$, $\|\lambda_n - g(\lambda_n)\|_1$ tend vers 0 pour $n\to\infty$ (critère de Reitter) 3) Pour tout $\varepsilon>0$, et tout K fini, $K\subset G$, il existe A fini non vide dans G tel que: $\forall g\in K$ card($A\Delta g(A)$) $\leqslant \varepsilon$ card(A) (critère de Fölner).

Le propriété du critère de Fölner admet une interprétation géométrique ayant un sens dans tout graphe . Dans ce cadre plus général , elle est équivalente comme on va le voir avec une propriété spectrale (théorème de Kesten pour le cas des groupes) . On donnera ensuite la propriété analogue pour les variétés.

Soit X un graphe (à géométrie bornée); notons $\|.\|_D$ la norme de Dirichlet du graphe, $\|.\|_2$ la norme ℓ^2 ($\|u\|_D{}^2 = \sum_{d(x,y)\leqslant 1} |u(x)-u(y)|^2$, $\|u\|_2{}^2 = \sum |u(x)|^2$ si $u\in C_0(X)$).

Le rayon spectral du noyau P désignera le rayon spectral de P comme opérateur sur $\ell^2(X)$, donc la norme de P si P est symétrique. Pour $A\subset X$, on note $\partial A=\{b\in A;\ \exists c\notin A,\ d(b,c)=1\}$

<u>Proposition 5.2.</u>

Les propriétés suivantes sont équivalentes: 1) Il existe $c=c(X)>0$ tel que $\|u\|_2$

$\leqslant c\ \|u\|_D$, $\forall u \in C_0(X)$ (inégalité de Poincaré) 2) $\exists c=c(X)>0$ tel que , pour tout A fini$\subset$X, $|A| \leqslant c\ |\partial A|$ (inégalité isopérimétrique) 3) Pour tout noyau de transition P markovien symétrique et adapté sur X , le rayon spectral r(P) de P est strictement inférieur à 1 . 4) Il existe un noyau de transition markovien symétrique et adapté sur X tel que r(P)<1.

__Remarque 5.3__. D'après les résultats précédents sur la transience, r(P)<1 équivaut pour P symétrique , à l'assertion: $\exists \varepsilon>0$ tel que $(1+\varepsilon)P$ est transient.

__Preuve__. 1)$\Rightarrow$2) en appliquant 1) à $\mathbb{1}_A$. Supposons 2) ; on obtient par la formule de la coaire une inégalité analogue à (2) au niveau des fonctions :

$$\sum_X |u(x)| \leqslant c \sum_{d(x,y)=1} |u(x)-u(y)| \quad \forall u \in C_0(X)$$

(on peut supposer $u \geqslant 0$. Il suffit alors d'écrire u comme une combinaison à coefficients positifs d'indicatrices variant toutes dans le même sens, c'est à dire attachées à des parties deux à deux comparables par inclusion) . En appliquant l'inégalité à u^2 et avec l'inégalité de Schwarz , on obtient 1) . Donc, 1)$\Leftrightarrow$2).

1)$\Rightarrow$3) : la forme de Dirichlet a_P de P est équivalente à $\|.\|_D$ et vérifie donc $a_P(u,u)=\langle(I-P)u,u\rangle \geqslant c\ \langle u,u\rangle$, $\forall u \in C_0(X)$, de sorte que la norme de P comme opérateur sur $\ell^2(X)$ (ou r(P)) est strictement inférieure à 1). Enfin, si r(P)<1, on retrouve de même la condition 1).

__Définition 5.4.__ On dira que le graphe X est coercif s'il vérifie l'une des propriétés équivalentes de la proposition 5.2 .

__Remarque__ (utile pour les groupes) . Si X est coercif, et si P est un noyau de transition sur X adapté , __sous-markovien et d'adjoint sous-markovien__ , P est de rayon spectral <1 . L'identité $\langle(I-P)u\ ,\ u\rangle = \sum_X \gamma(x)\ u(x)^2 + (1/2) \sum_{X\times X} P(x,y) (u(x)-u(y))^2$, $u \in C_0(X)$, $2\ \gamma(x) = 2- P(\mathbb{1})- \hat{P}(\mathbb{1})$, montre que $\langle P(u),u\rangle \leqslant (1-\delta)\ \|u\|_2^2$, $\forall u \in C_0(X)$, pour un $\delta>0$. On voit en particulier que pour $\varepsilon>0$ assez petit le noyau $(1+\varepsilon)P$ est transient .

On observera que si X est le graphe associé à un groupe G et un système générateur fini, symétrique de G, (2) signifie d'après le critère de Fölner que G est non moyennable.

On a donc le corollaire suivant.

Corollaire 5.5. Si G est un groupe non moyennable, alors pour toute mesure de probabilité μ adaptée sur G (supp(μ) fini et G est le demi-groupe engendré par supp(μ)) le rayon spectral de μ est < 1 et a fortiori $\limsup_{n\to\infty}\{\mu^{*n}(e)\}^{1/n} < 1$. Si inversement il existe une telle mesure μ qui soit de plus symétrique G est non moyennable.

Exemples. a) Le groupe libre à 2 générateurs G=L(a,b) est non moyennable : considérons le noyau standard : $P(x,y)=1/4$ si $y^{-1}x\in\{a, a^{-1}, b, b^{-1}\}$, $P(x,y)=0$ sinon. Notons $|x|$ la "longueur" de $x\in G$. On vérifie immédiatement que $x\to\exp(-|x|)$ est $(1+\varepsilon)P$ surharmonique pour $\varepsilon>0$ assez petit. b) Ce raisonnement montre plus généralement qu'un graphe X qui est un arbre et dont chaque point admet au moins 3 voisins est coercif.

Voici alors l'analogue pour les variétés de la proposition 5.2.

Théorème 5.6

Soit M une variété Riemannienne à géométrie bornée (ou même seulement à courbure de Ricci minorée). Les propriétés suivantes sont équivalentes: 1) $\exists\varepsilon>0$ tel que $\Delta+\varepsilon I$ soit transient. 2) $\exists C>0$ tel que $\int\varphi^2\,d\sigma \leq C\int|\nabla\varphi|^2\,d\sigma$, $\forall\varphi\in C_0^\infty(M)$ (Inégalité de Poincaré) 3) $\exists C>0$ tel que $\int\varphi\,d\sigma \leq C\int|\nabla\varphi|\,d\sigma$, $\forall\varphi\in C_0^\infty(M)$ et 4) $\exists C>0$ tel que pour tout ouvert Ω de M de classe C^2 et relativement compact Ω, on a $\mathrm{vol}_d(\Omega) \leq C\,\mathrm{vol}_{d-1}(\partial\Omega)$. ($d=\dim(M)$).

Preuve. Elle est modelée sur celle présentée plus haut pour les graphes; l'implication 2)$\Rightarrow$4) (ou 2) présente une difficulté technique de nature locale. Le recours aux fonctions propres permet de court-circuiter cette difficulté (et de voir que le théorème est vrai sous la seule hypothèse que la courbure de Ricci de M est minorée)

1)$\Leftrightarrow$2) d'après le critère de transience de Dirichlet (écrire la forme de

Dirichlet de $\Delta+\varepsilon I$!). 4) $\Rightarrow$3)$\Rightarrow$2) : on peut se restreindre à $\varphi \geq 0$ et utiliser la formule de la co-aire (ref [Chav]) $\varphi(x)=\int_0^{+\infty} \mathbb{1}_{A_\lambda}(x)\, d\lambda$, $A_\lambda=\{x \in M;\ \varphi(x)>\lambda\}$. D'après le théorème de Sard $\nabla\varphi$ ne s'annulle pas sur A_λ pour presque tout λ et les A_λ sont C^∞ λ.ps. On en déduit avec 4)

$$\|\varphi\|_1 \leq C \int_0^{+\infty} \mathrm{vol}_{d-1}(\partial A_\lambda)\, d\lambda = C \int_M |\nabla\varphi|\, d\sigma_M$$

d'après la formule de décomposition en tranches $|\nabla\varphi|\, d\sigma_M = d\sigma_{\varphi=\lambda}\, d\varphi$ sur l'ouvert $\nabla\varphi \neq 0$. Ce qui prouve 3). On passe de 3) à 2) avec l'inégalité de Schwarz et en appliquant 3) à φ^2.

Reste à voir 2$\Rightarrow$4). Soit Ω un domaine régulier relativement compact de M. Prenons $x_0 \in M$ à distance ≥ 1 de $\overline{\Omega}$ et notons G la fonction de Green de $\Delta+\varepsilon I$ de pôle x_0, $\varepsilon>0$ tel que $\Delta+\varepsilon I$ est transient. On a

$$\int_\Omega \Delta(\log G)\, d\sigma = \int \{ G^{-1} \Delta G - G^{-2} |\nabla G|^2 \}\, d\sigma_M \leq -\varepsilon\, \mathrm{vol}_d(\Omega)$$

puisque $\Delta G = -\varepsilon G$ sur Ω. D'autre part d'après la formule de Green

$$\int_\Omega \Delta(\log G)\, d\sigma = \int_{\partial\Omega} G^{-1} \nabla G . \nu\, d\sigma_{d-1} \quad (\nu \text{ normale extérieure})$$

Mais, d'après les inégalités de Harnack infinitésimales de Yau (chapitre I, [Y], [C.Y],) on a $|\nabla G| \leq C\, G$ sur $M \setminus B(x_0, 1)$. (Sous l'hypothèse de géométrie bornée on pourrait se ramèner à "Harnack-Moser" et à une estimée intérieure standard sur le gradient des solutions des équations elliptiques sous forme divergence à coefficients lipschitziens voir [G-T]). D'où la conclusion :

$$\mathrm{vol}_d(\Omega) \leq \varepsilon^{-1} C\, \mathrm{vol}_{d-1}(\partial\Omega)$$

On dira que M est coercive si elle vérifie la propriété 2 du théorème précédent. (Inégalité de Poincaré). Une terminologie plus usuelle est " M admet une première valeur propre >0". La proposition suivante dit que le mouvement brownien sur une telle variété part assez vite à l'infini (propriété introduite et étudiée sous une forme plus précise par Guivarc'h dans le cadre des groupes de Lie [Gui.3]) :

<u>Proposition 5.7</u>.

Si la variété riemannienne M (à courbure de Ricci minorée) est coercive, alors le mouvement brownien ξ_t sur M a la propriété de fuite suivante:

$$\liminf_{t\to\infty} t^{-1} d(\xi_0, \xi_t) > 0 \text{ p.s.}$$

On obtient une preuve très courte en se ramenant à un argument de martingale.

Il existe par hypothèse $\lambda>0$ et une fonction $u>0$ et de classe C^2 sur M vérifiant $\Delta u+\lambda u=0$. Alors, $[\partial_t+\Delta]\,[e^{\lambda t}u(x)]=0$ et $[e^{\lambda t}\,u(\xi_t)]_{t>0}$ est une P_x-martingale positive (pour $x\in M$); donc, $e^{\lambda t}\,u(\xi_t)$ admet pour $t\to\infty$ une limite finie P_x-ps. D'après les inégalités de Harnack, $u(z)\geq c\exp(-\alpha\, d(z,x))$ (c,α constantes >0) ; on a donc $\limsup_{t\to\infty}\exp[\,\lambda t-\alpha d(\xi_t,x)]<\infty$, ce qui n'est possible que si $\liminf_{t\to\infty} t^{-1}\, d(\xi_t,x)\geq\lambda\,\alpha^{-1}$ P_x-ps.

Remarque. Si M est à courbure de Ricci minorée (ou à géométrie bornée) on a toujours $\limsup_{t\to\infty} t^{-1}\, d(\xi_o,\xi_t)<\infty$ p.s.

Mentionnons pour terminer le lien suivant entre le cadre discret et celui des variétés.

Proposition 5.8

Soit M une variété riemannienne complète et à géométrie bornée et soit X une approximation discrète de M (i.e X est un graphe plongé dans M tel que $c_1\, d_M(x,y)\leq d_X(x,y)\leq c_2 d_M(x,y)$, $\forall x,y\in X$ et $\sup_{x\in X} d(x,X)<\infty$). Alors X est coercif si et seulement M est coercive .

L'argument est similaire à celui utilisé pour le théorème 3.4 et sera donc omis . (Pour passer de la coercivité de X à celle de M , l'argument du théorème 3.4 donnera l'inégalité de Poincaré L^1 sur M : $\int|\varphi|\,d\sigma\leq c\int|\nabla\varphi|\,d\sigma$ $\forall\varphi\in C_0(M)$. En remplacant φ par φ^2 et en utilisant l'inégalité de Schwarz, on obtiendra l'inégalité L^2).

Corollaire 5.9 (Brooks)

Un revêtement galoisien $\pi\; M\to N$ d'une variété riemannienne compacte est coercif si et seulement si le groupe du revêtement est non moyennable. ∎

Ainsi, le groupe du revêtement universel d'une variété compacte à courbure négative est non moyennable. En fait, des hypothèses bien plus faibles sur N suffiraient .

Compléments

1. Croissance des variétés et récurrence : Cheng et Yau ont montré qu'une variété riemannienne complète telle que, pour un point x_0 de M et tout $r \geq 1$, on a $|B(x_0,r)| \leq Cr^2$ (C constante >0) est récurrente. Varopoulos a étendu à la dimension $n \geq 3$ une condition suffisante de récurrence due à Ahlfors et voisine de la précédente. Fernandez a obtenu une condition nécessaire. ([C.Y], [Var], [Fer]).

2. Théorème de Lyons-Mckean sur les enroulements du Brownien plan. Considérons le Brownien plan X_t issu d'un point $a \in \mathbb{C}$ et fixons deux boules fermées B et B', de centre a, $B \subset B'$. Soit T_k les temps successifs de retour dans B après passage dans $\partial B'$, et γ_k le chemin fermé obtenu en fermant l chemin brownien $t \to X_t$; $0 \leq t \leq T_k$ par le rayon aX_{T_k}. On fixe un nombre fini de points de $\mathbb{C}$, $\alpha_1, \ldots \alpha_\nu$, pris en dehors de B' et on s'interesse à la trivialité homotopique ou homologique de γ_k dans $\mathbb{C} \setminus \{\alpha_1, \ldots \alpha_\nu\}$ lorsque $k \to \infty$. γ_k est homotope à 0 dans $N_k = \mathbb{C} \setminus \{\alpha_1, \ldots \alpha_\nu\}$ pour une infinité de k, presque surement, si et seulement si le revêtement universel $\pi: M_k \to N_k$ est récurrent. Comme M_k est conforme au plan si k=1 et au disque si $k \geq 2$, on voit que du point de vue homotopie, dès que $k \geq 2$, la classe d'homotopie de γ_k tend vers l'infini dans le groupe d'homotopie de N_k. La trivialité homologique équivaut à la récurrence du revêtement quotient de M_k par le groupe des commutateurs de $\pi_1(N_k)$, $\pi_0 : M_k / [\pi_1(N_k), \pi_1(N_k)] \to N_k$. Le théorème de Lyons-Mckean dit que ce revêtement est récurrent si $k \leq 1$, transient sinon. Le cas intéressant est le cas k=2. (cf [L.M], et [Var.1] pour une approche par discrétisation).

3. Renvoyons enfin à [Var.5] pour une autre utilisation des propriétés de stabilité des formes de Dirichlet. On obtient en particulier la stabilité par quasi-isométrie de certaines estimées de la valeur centrale du noyau de la chaleur.

IV. Propriété de Liouville

1.Deux théorèmes de discrétisation

Il va s'agir pour l'essentiel d'idées introduites par Lyons-Sullivan [L.S] . On considère une variété riemannienne M transiente, une partie discrète X de M ayant les propriétés suivantes pour un certain $\delta>0$: **1)** $\forall x,y\in X$, $x\neq y$ $d(x,y)\geqslant 4\,\delta$ **2)** Les boules $B(x,2\delta)$ sont uniformément quasi-isométriques à la boule unité de $\mathbb{R}^d$. ($d=\dim(M)$). On se limitera dans ce chapitre à la théorie du Potentiel par rapport à l'opérateur de Laplace Beltrami sur M .

Disons que X est *-récurrent si en outre l'ensemble $F=\cup B(x,\delta)$ a la propriété suivante : la fonction constante $\mathbb{1}$ est stable par réduction sur F , soit $R_{\mathbb{1}}^F\equiv\mathbb{1}$ (ou encore: pour tout $x\in M$, le mouvement Brownien sur M issu de x rencontre F p.s). On a alors le théorème suivant .

Théorème 1.1

Il existe un noyau de transition markovien $P:M\times X\to\mathbb{R}_+$, strictement >0 et tel que 1°) pour toute fonction harmonique bornée f sur M et tout $x\in M$ on a $f(x) = \sum_{y\in X} P(x,y)\, f(y)$ 2°) inversement, pour toute fonction bornée P-invariante φ sur X, la formule $f(x)=\sum_{y\in X} P(x,y)\,\varphi(y)$ définit une fonction harmonique f sur M qui prolonge φ. De plus, le noyau P est compatible avec toutes les isométries de M laissant X invariant.

L'énoncé présenté ici améliore celui de [LS] sur un point : $f\to f_{|X}$ est surjectif . Ce qui est rendu possible par une modification convenable de la construction de P.

Introduisons les notations suivantes: $B_x=\overline{B}(x,\delta)$, $B'_x=\overline{B}(x,\delta/2)$ $(x\in X)$, $F=\cup_{x\in X}B_x$, $F'=\cup_{x\in X}B'_x$ et $F'_x=\cup[B(y,\delta/2)\,;\, y\in X,\, y\neq x\,]$, $\rho_x=$ la mesure harmonique de x dans B_x . On note enfin $\mathfrak{M}(Y)$,$Y\subset M$, l'ensemble des mesures positives sur Y de potentiel $G\mu$ non identiquement $+\infty$.

Rappels sur le balayage: (Chap.I §5). Si $\nu\in\mathfrak{M}(M)$ et si $Z\subset M$, on appelle balayée de ν sur Z l'unique mesure positive ν' sur M telle que $G_{\nu'}\equiv\hat{R}^Z_{G\nu}$; ν' est portée par

$\bar{Z}$ et si $\nu=\delta_a$, Z fermé , $a\notin Z$, ν' est la mesure harmonique de δ_a dans $M\setminus Z$. Une propriété caractéristique est que pour s surharmonique ≥ 0 sur M , on a $\int \hat{R}_s^Z d\nu = \int s\, d\nu'$. On va combiner et itérer deux opérations sur $\mathfrak{M}(\partial F)$ pour construire P . Commencons par noter le lemme suivant.

Lemme 1.1

Il existe $\varepsilon>0$, tel que pour toute mesure positive μ portée par B'_x $(x\in X)$, la balayée μ' de μ sur ∂B_x vérifie $\varepsilon \|\mu\| \rho_x \leq \mu' \leq \varepsilon^{-1} \|\mu\| \rho_x$

Si $\mu=\delta_z$,$z\in B(x,\delta/2)$, c'est une conséquence des inégalités de Harnack. Pour le cas général, il suffit de noter que $\mu'= \int \delta_z'\, d\mu(z)$ (linéarité du balayage).

On notera $\mathfrak{M}_\varepsilon(\partial F)$ l'ensemble des $\mu\in\mathfrak{M}(\partial F)$ dont la restriction μ'_x à chaque ∂B_x , $x\in X$,vérifie le double encadrement de l'énoncé.

Notons aussi la traduction suivante de l'hypothèse "X est *-récurrent".

Lemme 1.2

Pour toute fonction harmonique positive et bornée h sur M, on a $h=R^F_h=R_h^{F_x}$

On peut appliquer la théorie de la frontière de Màrtin: la propriété $R_h^F \equiv h$ signifie que F est non effilé presque partout sur la frontière minimale pour la mesure λ_h associée à h sur la frontière minimale (pour un point de normalisation donné) . Donc , puisque $R_{\mathbb{1}}^F \equiv \mathbb{1}$, F est non effilé $\lambda_{\mathbb{1}}$-pp, et a fortiori λ_h-pp , puisque $\lambda_h \leq \|h\|_\infty \lambda_{\mathbb{1}}$. D'autre part, si s est surharmonique ≥ 0 sur M et majore l'harmonique minimale h sur F', on va voir que s majore un multiple de h sur F . Ce qui prouve que le h-effilement minimal de F_x équivaut à celui de F.

Pour vérifier l'assertion sur s , il suffit (d'après Harnack) de voir que la réduite $R_1^{B'_x}$ est supérieure à une constante sur $A_x=\partial B(x,3\delta/2)$. Mais ceci est vrai même pour la réduite relative à $B(x,2\delta)$, puisque d'après les estimées du noyau de la chaleur, celui q_t de $B(x,2\delta)$, vérifie $q_1(y,z)\geq c>0$ pour $z\in B'_x$, $y\in A_x$. (on peut aussi bien utiliser une minoration analogue du noyau de Green) ∎.

Dans la suite H_b désigne le cône des fonctions harmoniques ≥ 0 et bornées sur M.

Corollaire 1.3.

Pour toute $\mu\in\mathfrak{M}(X)$ de balayée μ' sur F'_x et toute $h\in H_b$ on a $\langle\mu',h\rangle = \langle\mu,h\rangle$ ∎

Introduisons maintenant les deux opérations mentionnées plus haut:

a) le balayage régularisé: Si $\mu \in \mathfrak{M}(\partial F)$, notons $\mu = \sum_{x\in X} \mu_x$, $\mathrm{supp}(\mu_x) \subset B_x$. En balayant d'abord μ_x sur F'_x, on obtient $\mu_x' = \sum_{y\in X} \mu_{xy}$, $\mathrm{supp}(\mu_{xy}) \subset B_y$, puis par balayage de μ'_{xy} sur ∂B_y on obtient μ''_{xy} portée par ∂B_y.

On pose $\mathfrak{B}(\mu) = \sum_{y\in X} \mu''_{xy}$

b) Pour $\mu \in \mathfrak{M}_\varepsilon(\partial F)$, $\mu = \sum_{x\in X} \mu_x$, on note $\mathfrak{T}(\mu) = \sum_{x\in X} (\varepsilon/2)\, \mu(\partial B_x)\, \delta_x$ et on pose $R(\mu) = \sum_{x\in X} [\mu_x - (\varepsilon/2)\, \mu(\partial B_x)\, \rho_x]$

On a alors :

Lemme 1.4

Il existe un noyau Λ: $\mathfrak{M}(\partial F) \to \mathfrak{M}(X)$ tel que 1°) $\forall h \in H_b$, $\forall \mu \in \mathfrak{M}(\partial F)$ on a $\langle \mu, h\rangle = \langle \Lambda(\mu), h\rangle$ et 2°) $\forall \mu \in \mathfrak{M}(\partial F)$, $\Lambda(\mu) = \mathfrak{T}(\mathfrak{B}(\mu)) + \Lambda(R(\mathfrak{B}(\mu)))$.

On pose $\lambda_1 = \mathfrak{T}(\mathfrak{B}(\mu))$, $\mu_1 = R(\mathfrak{B}(\mu))$,

puis $\lambda_2 = \mathfrak{T}(\mathfrak{B}(\mu_1))$, $\mu_2 = R(\mathfrak{B}(\mu))$

et on définit ainsi de proche en proche des $\lambda_j \in \mathfrak{M}(X)$, et des $\mu_j \in \mathfrak{M}(\partial F)$. D'après une propriété du balayage rappelée au début, on voit que

$$\langle \lambda_1 + \lambda_2 + \ldots + \lambda_n, h\rangle + \langle \mu_n, h\rangle = \langle \mu, h\rangle$$

De plus $\|\mathfrak{T}(\mathfrak{B}(\mu_j))\| \geq \varepsilon_0 \|\mathfrak{B}(\mu_j)\| = \varepsilon_0 \|\mu_j\|$ et a fortiori

$$\|\mu_{j+1}\| \leq (1-\varepsilon_0)\, \|\mu_j\|$$

Il suffit donc de poser $\Lambda(\mu) = \sum \lambda_j$

<u>Remarque</u>: Si on note $V(x,.) = \Lambda(\varepsilon_x)$, on définit un noyau V de X dans ∂F tel que $\mu V = \Lambda(\mu)$ pour toute $\mu \in \mathfrak{M}(\partial F)$. Ce qui justifie l'emploi du mot noyau pour l'opérateur linéaire Λ.

1.5 Preuve du théorème.

Pour $x \in M$ désignons par ρ_x la mesure obtenue en balayant successivement δ_x sur $\partial F'$ puis sur ∂F. (Pour $x \in F'$, il revient au même de balayer une fois sur ∂F). Posons $P(x,y) = \Lambda(\rho_x)[y]$ pour $x, y \in X$. Il est clair que P est markovien puisque Λ et le balayage sur F ou F' préservent la masse totale ; et si $h \in H_b$, $x \in M$ on a $h(x) = \langle \rho_x, h\rangle = \langle \Lambda(\rho_x), h\rangle = P(h)(x)$ (Lemme 1.4).

Soit maintenant φ une fonction P invariante bornée sur X; posons $h(x)=P(\varphi)(x)$ pour $x\in M$, ce qui définit un prolongement borné de φ. On va voir que cette fonction est harmonique sur M.

Il est clair que h est harmonique en dehors de la réunion des sphères $B'_a=B(a,\delta/2)$, $a\in X$: en effet $h(x)=\langle\Lambda(b(\rho'_x)),h\rangle=\int\langle\Lambda(b(\delta_z)),h\rangle\, d\rho'_x(z)$, b désignant le balayage sur ∂F et ρ'_x la balayée de δ_x sur $\partial F'$. Cette formule fait apparaître f comme solution du problème de Dirichlet sur $M\backslash\partial F'$ pour la donnée "au bord" (soit $\partial F'$) : $z\rightarrow\langle\Lambda(\rho_z),h\rangle$.

Pour obtenir l'harmonicité de h au voisinage de $\partial F'$ on note d'abord l'identité suivante.

<u>Lemme 1.6</u>

Pour toute $\nu\in\mathfrak{M}(\partial F)$ et toute fonction $\varphi\geq 0$, P-invariante et bornée sur X, on a $\langle\Lambda(\nu),\varphi\rangle=\langle\Lambda(\mathfrak{B}(\nu)),\varphi\rangle$ (φ P-invariante bornée)

Reprenons la première étape de la construction de $\Lambda(\nu)$; on a

$$\lambda_1=\sum_x(\varepsilon/2)\,\|\mathfrak{B}(\nu)_{|\partial B_x}\|\,\delta_x \qquad \mu_1=\mathfrak{B}(\nu)-\sum_x(\varepsilon/2)\,\|\mathfrak{B}(\nu)_{|\partial B_x}\|\,\rho_x$$

et $\Lambda(\nu)=\lambda_1+\Lambda(\mu_1)$; donc

$$\Lambda(\nu)=\lambda_1+\Lambda(\mathfrak{B}(\nu))-\sum_x(\varepsilon/2)\,\|\mathfrak{B}(\nu)_{|\partial B_x}\|\,\Lambda(\rho_x)$$

L'identité voulue est donc conséquence de la formule $\langle\Lambda(\rho_x),\varphi\rangle=\varphi(x)$ pour $x\in X$ qui n'est rien d'autre que l'hypothèse sur φ !.

Montrons alors l'harmonicité de h sur la boule $B(x,\delta)$, $x\in X$: pour y dans cette boule, décomposons la balayée de δ_y sur $\partial F'$ en $\alpha_y+\beta_y$, avec $\mathrm{supp}(\alpha_y)\subset\partial B'_x$, $\mathrm{supp}(\beta_y)\subset\partial F'\backslash\partial B_x$. Donc, $\rho_y=b(\alpha_y)+b(\beta_y)$, b=balayage sur ∂F. (β_y est nulle si $y\in B(x,\delta/2)$).

A l'aide du lemme 1.6, on modifie l'expression de $h=P(\varphi)$. On a

$h(y)=\langle\Lambda(\rho_y),\varphi\rangle=\langle\Lambda(b(\alpha_y)),\varphi\rangle+\langle\Lambda(b(\beta_y)),\varphi\rangle=\langle\Lambda(b(\beta_y))+\Lambda[\mathfrak{B}(b(\alpha_y))],\varphi\rangle$
$\quad=\langle\Lambda\,[b\beta_y+\mathfrak{B}(b(\alpha_y))],\varphi\rangle$

Notant b_1 l'opération de balayage sur $\cup_{z\in X,z\neq x}\partial B'_z$, on a :

$$b(\beta_y)+\mathfrak{B}(b(\alpha_y))=b(\beta_y)+b\,b_1b(\alpha_y)=b(\beta_y+b_1b\alpha_y)=b(\nu_y)$$

où ν_y est exactement la balayée de δ_y sur $\cup_{z\in X,z\neq x}\partial B'_x$.

On a donc $h(y)=\langle\Lambda(b\nu_y),\varphi\rangle=\int\langle\Lambda(b\varepsilon_z),\varphi\rangle\, d\,\nu_y(z)$, formule qui montre que h est harmonique sur l'intérieur de $B(x,\delta)$.

Remarque: La fin du raisonnement aurait été simplifiée si on avait remplacé l'opération de "double balayage" $\mathfrak{B}$ par un simple balayage, ce qui est possible mais compliquerait un peu le début du raisonnement.

Terminons par une variante du théorème 1 autorisant une représentation discrète de toutes les fonctions harmoniques >0.

Théorème 1.7

Supposons de plus que $\sup_{x\in M} d(x,X)<\infty$. On a alors par restriction à X une bijection entre le cône H_+ des fonctions harmoniques ≥ 0 sur M et celui des fonctions P-invariantes ≥ 0. Si $h\in H_+$, on a $h(x)=\sum_{y\in X} P(x,y)\, h(y)$, $x\in M$.

La preuve s'obtient en adaptant celle du théorème 1. Il faut observer que la nouvelle hypothèse permet maintenant d'écrire $R_u^{F'_x} \equiv u$ pour toute $u\in H_+$ et donc $u(z)=\int u(y)\, d\mu_z(y)$ si μ_z est la balayée de δ_z sur F'_x. D'autre part, on a pour toute h harmonique >0 sur M, avec les notations du lemme $\int h\, d\mu \leq (1-\varepsilon) \int h\, d\lambda_n$ pour $\varepsilon>0$ assez petit ce qui permet d'étendre le lemme 3.

On peut aussi montrer, mais c'est assez technique que P admet un moment exponentiel fini, uniformément sur M, i.e qu'il existe $\varepsilon>0$ et $C>0$ tels que pour tout $x\in M$ on ait $\sum_{y\in X} \exp(\varepsilon\, d(x,y))\, P(x,y) \leq C$.

On observera qu'a priori le noyau P n'est pas symétrique, de sorte qu'on perd un renseignement précieux en passant de M au modèle discrétisé (X,P). On a néanmoins la propriété de centrage suivante dans le cas d'une action de groupe abélien.

Placons nous dans les conditions du théorème 2 et supposons que X est l'orbite de $x_0\in M$ pour un groupe Γ d'isométries de M agissant librement sur X D'après la compatibilité de la construction de P avec le groupe des isométries de M, P est invariant à gauche. Il existe donc une mesure de probabilité μ sur Γ chargeant tous les points de Γ et telle que pour toute h harmonique≥ 0 sur M on ait

$$h(gx_0)=\sum_\gamma \mu(\gamma)\, h(g\gamma(x_0))\ ,\ g\in\Gamma$$

On a alors la propriété de symétrie suivante:

<u>Proposition 1.8</u>

Dans les conditions précédentes et si Γ est abélien, $\gamma\to\gamma^{-1}$ opère sur les fonctions μ-harmoniques $\geqslant 0$ sur Γ, ce qui entraine que les constantes sont les seules fonctions harmoniques >0 sur M.

<u>Preuve</u>. On remarque que la fonction de Green G de M vérifie l'identité (grâce au caractère abélien du groupe Γ) $G(\gamma x_0,\gamma' x_0) = G(\gamma^{-1}x_0,\gamma'^{-1}x_0)$. On voit alors qu'à chaque point minimal ζ de la frontière de Martin de M on peut en associer un autre "symétrique" ζ', avec $K_\zeta(\gamma x_0)=K_{\zeta'}(\gamma^{-1}x_0)$. Il faut observer ici que si une suite $\{x_j\}$ converge vers un point minimal, toute suite y_j telle que $\sup_j d(x_j,y_j)<\infty$ converge vers le même point minimal (utiliser Harnack), de sorte qu'on obtient tout point minimal de M par une suite extraite de X. D'où la première assertion. L'autre vient de ce qu'on sait que les fonctions μ-harmoniques minimales sur Γ sont les homomorphismes $c: \Gamma\to\mathbb{R}_+^*$ vérifiant $1=\sum_\Gamma \mu(\gamma)\, c(\gamma)$ ([C.D]). En écrivant ceci pour $c':\gamma\to c(\gamma^{-1})$, en ajoutant et en tenant compte de l'inégalité $x+x^{-1}>2$ pour $x>0$, $x\neq 1$, on conclut que $c(\gamma)=1$, $\forall\gamma\in\Gamma$. Ce qui prouve que les seules fonctions μ-harmoniques >0 sur Γ sont les constantes. Le théorème 1.7 permet d'étendre cette conclusion à M.

<u>2. Application à la propriété de Liouville</u>

On va donner deux énoncés. Le premier est dû à Lyons et Sullivan [L.S] ; la méthode de preuve est à peu près celle de à [L.S] à ceci près que la proposition 1.8 nous permet immédiatement de conclure dans le cas abélien.

<u>Théorème 2.1.</u> ([L.S])

Soient N une variété riemannienne récurrente, et $\pi: M\to N$ un revêtement galoisien de N . Si le groupe de Galois du revêtement est nilpotent, alors M a la propriété de Liouville (Toute fonction harmonique bornée sur M est constante).

<u>Preuve</u>. Prenons $x_0\in M$, B une boule dans N de centre $\pi(x_0)$ et de rayon 2δ suffisamment petit pour que π induise un isomorphisme de chaque composante

de $\pi^{-1}(B)$ sur B . Notant $X=\pi^{-1}(\pi(x_0))$ on voit qu'on est dans les conditions du théorème 1; en effet, si $F=\pi^{-1}(\pi(B(x_0,2\delta))$, la réduite de 1 sur F est invariante par le groupe du revêtement Γ. Elle peut donc s'écrire $s\circ\pi$, pour une fonction surharmonique positive s sur N , et s doit être constante. X est donc bien *-récurrent. D'après le théorème 1,(et identification de X à Γ par l'application $\gamma\to\gamma(x_0)$) il existe sur le groupe Γ une mesure de probabilité μ chargeant tous les points et telle que pour toute $h\in H_b$, on a $\varphi(\gamma)=\sum_{g\in\Gamma}\mu(g^{-1}\gamma)\,\varphi(g)$, si $\varphi:g\to h(gx_0)$. Mais alors d'après un théorème de Margulis/Choquet-Deny (voir plus bas), φ est constante et donc aussi h .■

Le résultat suivant est dû à Guivarc'h [Gui.1] qui l'a établi par une méthode "Fourier"; il a été retrouvé (indépendemment) par une toute autre voie par Lyons-Sullivan. La preuve ici est immédiate grâce à la proposition 1.8.

Théorème 2.2

Sous les hypothèses du théorème 1 , et si de plus N est compacte, alors M a la propriété de Liouville forte : toute fonction harmonique >0 sur M est constante.

Preuve. Avec les mêmes notations que précédemment, il suit du théorème de Margulis que si h est harmonique >0 sur M, on a $h(\gamma'\gamma x_0)=h(\gamma\gamma' x_0)$ $\forall\gamma,\gamma'\in\Gamma$. Comme x_0 est arbitraire, on voit que h est invariante par l'action du groupe des commutateurs $\Gamma_1=[\Gamma,\Gamma]$ .On peut donc passer au quotient par Γ_1, et on est ramené au cas d'un revêtement abélien co-compact . La proposition 1.8 permet de conclure.

Théorème 2.3 [Marg]

Soient G un groupe nilpotent , et P un noyau de transition induit par une mesure de probabilité μ sur G : $Pf(x)=\sum\mu(g)\,f(xg)$. Si $\sum_{n\geq 1}P^n(x,y)>0$, alors toute fonction f P-invariante >0 vérifie $f(xy)=f(yx)$, $\forall x,y\in G$ et induit donc une fonction f' sur le groupe abélien $A=G/[G,G]$, qui est invariante pour le noyau associé à la mesure image de μ par l'application canonique $\pi:G\to A$.

---

a) Observons d'abord que si h est P-excessive (resp. P-invariante), $g\in G$ alors h_g: $x\to h(gx)$ est encore P-excessive (resp. P-invariante) ; d'autre part en multipliant à droite , on a une propriété de type-Harnack ; la fonction ${}_gh: x \to h(xg)$ est comparable à h : $f(x)=P^n(f)(x) \geq P^n(x,xg)\, f(xg)= P^n(e,g)\, f(xg)$, P étant invariant à gauche; d'où , en prenant un n convenable $f(x) \geq C_g f(xg)$

b) L'ensemble $\mathbb{K}$ des fonctions P-excessives ≥ 0 sur G , prenant une valeur ≤ 1 en e forment un convexe compact métrisable pour la topologie de la convergence simple sur G . L'ensemble $\mathbb{I}$ des fonctions P-invariantes de $\mathbb{K}$ est héréditaire vers le bas. On en déduit aisémment que si on écrit (appliquant la théorie de Choquet) un point h de $\mathbb{I}$ comme barycentre d'une mesure de probabilité portée par l'ensemble des points extrêmaux de $\mathbb{K}$, cette mesure doit être portée par $\mathbb{I}$. On voit ainsi qu'il suffit d'établir le théorème pour f P-invariante minimale telle que f(e)=1.

c) L'argument standard de Choquet-Deny donne alors ici que si g est un élément du centre Z(G) , alors $x \to f_g(x)=f(gx)$ est proportionnelle à f (puisque $f_g/f = {}_gf/f$ est borné). Pour g central, on a donc $f(gx)=c(g)f(x)$ où $c: Z(G) \to \mathbb{R}_+^*$ est un homomorphisme et faisant x=e, on a c(g)=f(g).

d) Le point suivant est de voir que f=1 sur $Z(G) \cap [G,G]$. Observons que cela est évident s'il existe un homorphisme $\ell\; Z(G) \to \mathbb{R}_+^*$ coincidant avec c sur Z(G). Or, un tel homorphisme ℓ existe toujours ; il suffit par exemple de poser $\ell(g) = \Lambda\, [{}_gf/f]$, où Λ est une moyenne bi-invariante sur G (G est moyennable et on a dit que ${}_gf/f$ est bornée) .(Cet argument est inspiré de [L.S])

Notant $G_0=G \supset G_1=[G,G] \supset G_2=[G,G_1] \supset \ldots \supset G_{j+1}= [G,G_j] \supset \ldots \supset G_n=\{e\}$, $G_{n-1} \neq \{e\}$ la série centrale descendante, et supposant $n \geq 2$, il est clair que $Z(G) \cap [G,G] \supset G_{n-1}$. On a donc que f=1 sur le dernier terme $\neq \{e\}$ de la série $\{G_j\}$ si G n'est pas abélien.

e) On peut alors itérer en passant au quotient par le sous-groupe distingué G_{n-1} si $n \geq 3$. f induit une fonction f' sur G/G_{n-1} invariante pour la mesure projetée de μ sur G/G_{n-1} et on peut appliquer à f' et G/G_{n-1} ce qui a été obtenu en c) . D'où f=1 sur G_{n-2} (qui a pour image dans G/G_{n-1} le dernier terme $\neq \{e\}$ de la série centrale descendante de G/G_{n-1}). On voit qu'au bout d'un nombre fini d'étapes (ou en raisonnant par récurrence sur n) on obtient f=1 sur G_1 .

Voici une condition suffisante simple d'existence de fonctions harmonique bornée non triviale sur un revêtement.

Proposition 2.4

S'il existe un groupe G d'isométries de M, non moyennable, et opérant librement et proprement sur M, il existe aussi des fonctions harmoniques bornées non triviales sur M

Preuve. D'après le théorème 1.1, il suffit de montrer que si le groupe discret G est non moyennable il existe des fonctions P-invariantes bornées non triviales sur G, pour toute fonction de transition markovienne P invariante à gauche sur G. Fixons un ultrafiltre $\mathcal{U}$ tendant vers $+\infty$ sur $\mathbb{N}$ et associons à chaque $f\in\ell^\infty(G)$, la fonction

$$\Lambda(f) = \lim_{\mathcal{U}} n^{-1} (f+P(f)+\dots+P^n(f))$$

Il est clair que $\Lambda(f)$ est P-invariante et que Λ commute avec les translations à gauche sur G. S'il n'y a pas de fonctions harmoniques bornées non triviales, les fonctions $\Lambda(f)$ sont constantes et Λ induit donc une application $\lambda:\ell^\infty(G)\to\mathbb{R}$ qui est manifestement une moyenne à gauche sur G. Ce qui contredit l'hypothèse sur G. (Cette preuve est essentiellement celle de [LS]).

Autre forme de l'énoncé. Si π M→N est un revêtement Riemannien, galoisien et co-compact et si la première valeur propre de M est >0, il existe des fonctions harmoniques bornées non triviales sur M.

Remarques 1. Contrairement à la récurrence la propriété de Liouville n'est pas invariante par quasi-isométrie. T.Lyons a construit deux variétés Riemanniennes M_1 et M_2 de dimension 2, complètes, à géométrie bornée et quasi-isométriques telles que a) M_1 admette des fonctions harmoniques bornée non triviales et b) toute fonction harmonique >0 sur M_2 est constante [Lyo.1]. Des exemples antérieurs avaient montré que la frontière de Martin des domaines plans pouvait être instable par affinité.

2. On pourrait penser que sur toute variété Riemannienne à géométrie bornée admettant une première valeur propre >0 (mais pas nécessairement revêtement d'une variété compacte) il existe des fonctions harmoniques bornées non

constantes. Il n'en est rien car on peut montrer que les variétés construites par Lyons sont à première valeur propre >0.

3. Entropie et propriété de Liouville

On présente maintenant deux résultats de Kaimanovich [Kai] sur les revêtements Liouville. Les preuves proposées ici s'appuient sur la technique de discrétisation , combinée à une utilisation essentielle du critère entropique d'Avez caractérisant la propriété de Liouville pour les marches sur les groupes. [Av], [V.K] ; on évite ainsi l'emploi de l'entropie du revêtement [Kai], [Var.4] , dont la théorie est comparativement à son analogue pour les marches sur les groupes , plutôt technique et délicate.

Théorème 3.1

Soit $\pi: M \to N$ un revêtement riemannien, co-compact et régulier. On suppose que M est à croissance sous-exponentielle ($\lim_{\rho\to\infty} \rho^{-1} \mathrm{Log}|B(a,\rho)| = 0$, pour $a \in M$). Alors , toute fonction harmonique bornée sur M est constante.

Le théorème de discrétisation 1.7, ramène à ceci (compte tenu des remarques après l'énoncé de 1.7) : soient G un groupe finiment engendré, Γ un système générateur fini symétrique de G et $|g| = \inf\{ k;\ \exists\, g_1,\dots,g_k \in \Gamma,\ g = g_1 \dots g_k \}$. Soit μ une mesure de probabilité sur G, telle que $\mu(g) \geq c \exp(-\alpha|g|)$, $\forall g \in G$, et $\sum_{g\in G} \exp(\varepsilon|g|)\,\mu(g) < \infty$, pour un α et un $\varepsilon>0$. Si G est à croissance sous-exponentielle alors toute fonction μ-harmonique bornée sur G est constante. (G à croissance sous-exponentielle signifie: $\forall \delta>0$, $\exists C_\delta >0$, tel que $|\{x \in G;\ |x| \leq n\}| \leq C_\delta\, e^{\delta n}$).

Notons que l'entropie $H(\mu) = -\sum_{g\in G} \mu(g) \log(\mu(g))$ et que le moment d'ordre 1 de μ , $\sum \mu(g)\,|g|$ sont finis. Il s'ensuit d'une part , que l'entropie h de la μ-marche droite $\{\xi_n\}$ (issue de e) existe et vérifie la propriété de Shannon , [K.V] ,

$$h = -\lim_{n\to\infty} n^{-1} \mathrm{Log}(\mu_n(\xi_n)) \quad \text{p.s}$$

D'autre part , on a l'estimation $|\xi_n| = O(n)$ p.s . Pour $\varepsilon>0$ donné , un C convenable et tout n assez grand, on aura donc avec une probabilité $\geq 1/2$

$$|\xi_n| \leq C n \quad \text{. et} \quad \mu_n(\xi_n) \leq \exp(-n(h-\varepsilon))$$

D'où en ajoutant et fixant $\delta>0$, $1/2 \leq C_\delta \exp(-n(h-\varepsilon)) \exp(C n\delta)$. Ce qui n'est possible que si l'entropie h est nulle. D'où ,d'après le critère entropique d'Avez , le résultat .

Avant d'énoncer le théorème suivant, rappelons qu'un groupe G est polycyclique [Hall] , [Seg] s'il existe une chaine ascendante $G_0=\{e\}\subset G_1 \subset G_2 \subset \ldots \subset G_n = G$ de sous-groupes de G avec G_j distingué dans G_{j+1} et G_{j+1}/G_j abélien finiment engendré (ou cyclique). Ces groupes sont aussi les groupes résolubles dont tous les sous-groupes sont finiment engendrés . Tout groupe nilpotent finiment engendré est polycyclique [Segal].

Théorème 3.2

Si le goupe G du revêtement riemannien régulier et co-compact $\pi: M\to K$, est polycyclique , M a la propriété de Liouville.

La méthode de démonstration est celle de Kaimanovich. Signalons aussi la méthode différente d'Alexopoulos [Al]e pour la propriété de Liouville des marches symétriques sur les groupes polycycliques .

On utilisera la propriété suivante : il existe un sous-groupe G' distingué de G tel que 1) G/G' est fini 2) G'=NA où N est un sous-groupe distingué finiment engendré et nilpotent et A un groupe libre abélien finiment engendré (i.e $A=\mathbb{Z}^d$) tel que $A\cap N=\{e\}$ (voir [Seg])

En remplacant π par le revêtement $\pi': M\to M/G'$, on se ramène au cas G=G'. On utilise ensuite le théorème de discrétisation qui ramène maintenant à ceci (avec les mêmes notations que plus haut): on a une mesure de probabilité μ sur G d'entropie finie telle que $\sum_g \exp(\varepsilon|g|)\,\mu(g)<\infty$, dont la projection μ' sur A a, a fortiori, aussi un moment d'ordre exponentiel fini ; de plus μ' est centrée , sinon il existerait une fonction harmonique positive non constante sur M, N invariante et qui passerait au quotient M/N , qui est un revêtement abélien co-compact .

Notons $\xi_p=x_1x_2\ldots x_p=\nu_p\, s_p$, $p\geq 1$,$s_p\in A$, $n_p\in N$, la marche aléatoire droite sur G correspondant à μ ; s_p est la marche droite sur A pour μ' , et $|s_p|=o(p)$ p.s ; d'autre part $|\xi_p|_G=O(p)$ ps. On voit donc que $|\nu_p|_G=O(p)$ p.s . et d'après le lemme suivant que $\mathrm{Log}(|\nu_p|_N)=o(p)$ p.s.

Mais N étant nilpotent finiment engendré, N est à croissance polynomiale. On obtient ainsi qu'avec une probabilité $\geqslant 1/2$, ξ_p appartient (pour p grand) à une partie B_p de G dont le cardinal est inférieur à p^m pour un certain m.

On peut alors , comme dans la proposition précédente, combiner l'expression type Shannon de l'entropie H de la marche et le critère entropique d'Avez pour en déduire le théorème. ■

Lemme 3.4

Il existe $\alpha > 0$, tel que: $x \in G,\ n \in N \Rightarrow |x^{-1}nx|_N = |Ad(x)n|_N \leqslant |n|_N \exp(\alpha|x|_G)$. ■

C'est à peu près immédiat : par composition d'automorphismes intérieurs , on se ramène à $|x|_G = 1$, et il suffit alors de dire que les différentes longueurs sur N sont équivalentes.

Lemme 3.5

Si $\nu = a_1 n_1 a_2 n_2 \ldots\ldots a_p n_p$, $n_j \in N$, $\beta = \max_{j \leqslant n} |n_j|_G$ et $\mu = \max_{j \leqslant n} \{ |a_1 \ldots a_j|_G \}$

alors, $$|\nu|_N \leqslant p\,\beta\, \exp\{\alpha\, \mu\}$$

Il suffit d'écrire, $n = (a_1 n_1 a_1^{-1}) \ldots (a_1 \ldots a_j n_j a_j^{-1} \ldots a_1^{-1}) \ldots (a_1 \ldots a_p\, n a_p^{-1} \ldots a_1^{-1})$ et d'appliquer le lemme précédent.

V. Théorie du Potentiel en Géométrie hyperbolique

Les résultats centraux de ce chapitre sont présentés au §5-§6 (Th.5.2, Th.6.1). La propriété de la fonction de Green qui est dégagée est essentiellement équivalente à une propriété de l'allure des fonctions harmoniques ≥ 0 , appelée principe de Harnack à la frontière (ou à l'infini) (voir le 7.4 et l'interprétation probabiliste au 5.3) . L'intérêt de ce principe est apparu lors de l'étude de la frontière de Martin des domaines de Lipschitz ou plus généralement dans l'Analyse sur les domaines peu réguliers de $\mathbb{R}^n$ ([H.W], [Anc.1] , [K.J] , et références de [Anc.5]). L'extension (et la détermination de la frontière de Martin) pour une variété de Cartan-Hadamard à courbures sectionnelles bornées et ≤ -1, munie de son opérateur de Laplace-Beltrami , est due à Anderson et Schoen [A.S] . La méthode de [Anc.3] permet d'étendre le résultat d'Anderson-Schoen à tout opérateur adapté , et rattache simplement ce résultat à une propriété clef de la géométrie hyperbolique (une autre approche est proposée par Y.Kifer [Kif]). Ce qui donne une méthode suffisamment souple pour s'adapter aux modèles discrets [Anc.4] , et pour redonner et étendre les résultats euclidiens standards.

La première section est pratiquement indépendante du reste et peut être omise . Elle sert surtout à expliquer comment l'hyperbolicité apparaît classiquement en géométrie riemannienne et à fournir des exemples pour la suite. On présentera ensuite (§2,3) l'hyperbolicité au sens de Gromov [Gr.1] , quelques propriétés fondamentales qui s'y rattachent et la compactification géométrique "naturelle" d'une variété hyperbolique. C'est dans ce cadre qu'on établira ensuite les estimées de la fonction de Green et la détermination de la frontière de Martin pour un opérateur adapté sur un espace hyperbolique; ce qui aura au moins l'avantage de ramener à sa plus simple expression le bagage de géométrie différentielle requis.

I. Rappels sur la courbure. Variétés de Cartan-Hadamard

Soit (M,g) une variété Riemannienne que nous supposerons complète (c'est à dire telle que les boules fermées de M sont compactes dans M). On sait alors que deux points distincts de M peuvent être joints par (au moins) une géodésique minimisante, et que pour tout $m \in M$, l'application exponentielle en m est une application de classe C^∞ de M_m (le plan tangent en m) sur M ; $\exp_m(u)$ est par définition $\gamma_u(1)$,si γ_u $\mathbb{R} \to M$ désigne la géodésique issue de m et de vitesse initiale $\gamma'_u(0)=u$ ($\|\gamma'_u\|$=Cste). Exp_m n'est pas en général un difféomorphisme de M_m sur M, mais c'est toujours un difféomorphisme local en 0 et la carte exponentielle permet de considerer M_m muni de g_m comme l'espace euclidien tangent à M en m.

La connexion riemannienne ∇ permet de dériver les champs de vecteurs sur M: si Y est un champ de vecteurs au voisinage de $m \in M$, et si X est un vecteur tangent en m, $\nabla_X Y$ est le vecteur de M_m qui coincide avec la dérivée directionnelle usuelle à l'origine du champ $[d(\exp_m)]^{-1}(Y)$ dans l'espace euclidien tangent M_m. ∇ vérifie plusieurs propriétés naturelles comme par exemple l'identité $X\langle Y,Z\rangle = \langle \nabla_X Y, Z\rangle + \langle Y, \nabla_X Z\rangle$ pour Y,Z champs de vecteurs au voisinage de m, $X \in M_m$. Il y a toutefois une distorsion par rapport au cas euclidien qui est mesurée par le tenseur de courbure riemannien R: pour X,Y,Z champs de vecteurs au voisinage de $m \in M$, on pose $R(X,Y)Z = \nabla_X \nabla_Y Z - \nabla_Y \nabla_X Z - \nabla_{[X,Y]} Z$; la valeur de ce vecteur au point m ne dépend que des valeurs de X,Y,Z en m .Si X,Y sont deux vecteurs indépendants en m, la courbure sectionnelle de M en m relative au plan $P \subset M_m$ engendré par X,Y est $K_P(m) = - \langle R(X,Y)X,Y\rangle / |X \wedge Y|^2$ (qui ne dépend que de P).

Une première interprétation intuitive de $K_P(m)$ est la suivante: soit $S(m,\rho)$ le "cercle" $\{x \in \exp_m(P);\ d(x,m)=\rho\}$. Alors la longueur de $S(m,\rho)$ admet le développement limité : $|S(m,\rho)| = 2\pi\rho - K_P(m)\ \rho^3/6 + \rho^3 \varepsilon(\rho)$, $\rho \to 0$. La courbure sectionnelle mesure donc la tendance des géodésiques issues de m dans la "direction"P à plus (courbure<0) ,ou à moins (courbure>0) s'ecarter que dans le cas euclidien.

Une interpretation plus profonde de la courbure est obtenue avec les champs de Jacobi: soit $F : [a,b] \times [-\varepsilon,+\varepsilon] \to M$ une application C^∞ telle que γ_s: $t \to F(t,s)$ est une géodésique (de "vitesse" constante pouvant dépendre de s). On dit que $\{\gamma_s\}$ est une variation de géodésiques autour de γ_0 . Si on pose $J_t = \partial_s F(t,0)$,$T=\gamma'_0$, J est un champ de vecteurs le long de γ_0 dont une propriété caractéristique est de vérifier l'équation de Jacobi : $\nabla_T \nabla_T J = -R(T,J)T$ [en particulier $\langle \nabla_T \nabla_T J, J\rangle = -K_P\ |J|^2$ (si

$\|T\|=1$, et si P est le plan engendré par J et T)]. Les champs de Jacobi le long d'une géodésique γ dépendent donc linéairement de J(0) et J'(0) et forment un espace vectoriel de dimension $2\times\dim(M)$. Deux points a et b de γ sont dits conjugués si on peut trouver un champ de Jacobi le long de γ, non identiquement nul et s'annulant en a et b. (Il est équivalent de dire que l'exponentielle $\exp_{\gamma(a)}$ n'est pas de rang maximum au point de M_a correspondant à $\gamma(b)$ par relèvement de γ).

Le théorème de comparaison de Rauch donne une interprétation de la courbure à l'aide du comportement des champs de Jacobi.

<u>Théorème de Rauch.</u> (voir [C.E])

Soient M_1, M_2 deux variétés Riemanniennes, γ_1 $[a,b]\to M_1$, γ_2 $[a,b]\to M_2$ deux arcs géodésiques (unitaires) de M_1, M_2 respectivement et soient J_1, J_2 deux champs de Jacobi le long de γ_1, γ_2 respectivement et perpendiculaires à ces géodésiques. On suppose : a) il n y a pas de $t\in]a,b]$ conjugué à a pour γ_j, $j=1,2$ b) $J_i(a)=0$ $i=1,2$, c) $\|J_1'(a)\|=\|J_2'(a)\|$, d) pour chaque $t\in]a,b]$, et tout couple de plans P_j $j=1,2$ contenus dans $M_{\gamma j(t)}$ respectivement, la courbure sectionnelle de M_1 selon P_1 est majorée par celle de M_2 selon P_2. Alors, on a $\|J_1(b)\|\geq\|J_2(b)\|$ ∎

<u>Conséquences</u> : a) Si la variété riemannienne M est à courbures sectionnelles ≤ 0, il ne peut y avoir de points conjugués le long d'une géodésique de M (Comparer avec $\mathbb{R}^n$). b) Si M est simplement connexe et à courbure sectionnelle ≤ 0, l'exponentielle $\exp_m$ en tout point $m\in M$ est un difféomorphisme de M_m sur M qui augmente les distances (Hadamard). c) Sous les mêmes hypothèses si ABC est un triangle géodésique de M, si on fixe l'angle au sommet en A et la longueur des côtés AB, AC, le côté BC est alors d'autant plus long que les courbures sectionnelles de M sont plus négatives. En particulier, deux variétés riemanniennes M_1 et M_2, complètes, simplement connexes et à courbures sectionnelles constantes égales à $-a^2$ $(a\geq 0)$ sont isométriques.

On appelle variété de Cartan-Hadamard toute variété riemannienne simplement connexe, complète, et à courbures sectionnelles ≤ 0. Remarquons que deux géodésiques dans une telle variété admettent au plus un point commun.

Exemples: 1) Si on munit le plan d'une métrique ayant en coordonnées polaires l'expression $ds^2 = dr^2 + g(r,\theta)^2\, d\theta^2$, $g \geq 0$, la courbure est donnée par $K = -(\partial_r{}^2 g)/g$. La métrique d'une surface de Cartan-Hadamard M est donc de cette forme (en coordonnées polaires relatives à l'un quelconque de ses points) avec g convexe par rapport à r.

2) En particulier, la métrique du plan hyperbolique de courbure $-a^2$ est donné en coordonnées polaires par la formule $ds^2 = dr^2 + a^{-2}\, sh(ar)^2\, d\theta^2$. Pour a=1, on obtient avec le changement de variable radial $z = th(r/2)\, e^{i\theta}$ le disque hyperbolique avec la métrique $ds = 2(1-|z|^2)^{-1}\, |dz|$.

3) En prenant pour M le demi-espace $\{x_n > 0\}$ de $\mathbb{R}^n$ muni de la métrique $ds^2 = a^{-2} x_n{}^{-2} \{ \sum dx_i{}^2 \}$ on obtient une réalisation de la variété de Cartan-Hadamard à courbure sectionnelle constante $-a^2$ notée $H_n(-a^2)$. Les géodésiques de $H_n(-a^2)$ sont les demi-cercles orthogonaux au plan $x_n = 0$.

Soit M une variété de Cartan-Hadamard dont les courbures sectionnelles sont comprises entre $-b^2$ et $-a^2$, $0 \leq a \leq b$. On déduit du théorème de comparaison de Rauch l'encadrement suivant de la hessienne de $r = d(O,x)$, pour $X \in M_x$ orthogonal à Ox:

$$a\ \coth(ar)\, |X|^2 \leq D^2 r(X,X) = \langle \nabla_X(\mathrm{grad}(r)), X\rangle \leq b \coth(br)\, |X|^2$$

Par conséquent, le Laplacien Δ de r vérifie sur $M\backslash\{O\}$:

$$a(n-1)\coth(ar) \leq \Delta r \leq b\,(n-1)\coth(br)$$

Cette formule montre immédiatement que pour $a > 0$, la première valeur propre de M est strictement >0 et plus précisément minorée par $(n-1)^2 a^2/4$; un calcul simple montre en effet que $x \to e^{-\alpha r}$ est surharmonique relativement à $\Delta + \varepsilon I$ pour $0 < \alpha < (n-1)^2 a^2/4$ et $\varepsilon > 0$ petit. (il y a un problème facile à lever en O).

La sphère à l'infini de M [E.O] . Si M est de Cartan-Hadamard , il existe une compactification géométrique naturelle de M qui consiste à rajouter à M l'ensemble des directions à l'infini. La construction est basée sur la notion de géodésiques asymptotes : deux géodésiques orientées γ_1 et γ_2 de M (de vitesses unitaires) sont dite asymptotes pour $t \to \infty$, si $d(\gamma_1(t), \gamma_2(t))$ reste borné pour $t \to \infty$; on montre qu'étant donné une géodésique (orientée) de M, de chaque point $O \in M$ part une unique géodésique asymptote à la première. La sphère à l'infini $S_\infty(M)$ de M est l'ensemble des classes définies par la relation "γ_1 et γ_2 sont asymptotes". Il existe une unique topologie sur $MUS_\infty(M)$ qui est telle que pour chaque $O\in M$, l'application $u\to \exp_o((1-|u|)^{-1}u)$ définie sur la boule $\overline{B}=\{u\in M_o\ ;\ |u|\leq 1\}$ (avec le prolongement naturel pour $|u|=1$) soit une homéomorphie de $\overline{B}$ sur $MUS_\infty(M)$. (Cette topologie ne dépend pas de O) . On obtient ainsi une compactification "géométrique" naturelle de M.

2. Variétés et graphes hyperboliques

L'essentiel de ce paragraphe et du suivant est -à la présentation près- emprunté à Gromov [Gr.1] . L'intérêt de l'hyperbolicité de Gromov sera pour nous d'une part la simplicité (on n'aura recours qu'à très peu de géométrie riemannienne), et d'autre part la possibilité de constuire une théorie complétement parallèle pour le cas des chaines de Markov sur les graphes.

Soit M une variété Riemannienne complète. Pour $O,x,y\in M$, on pose

$$(x,y)_O=(1/2)\ \{d(O,x)+d(O,y)-d(x,y)\}$$

$(x,y)_O$ mesure donc le coût imposé par un détour par O pour aller de x à y. D'autres interprétations seront données par la suite.

Définition 2.1 On dira que M est hyperbolique s'il existe une constante $\delta\geq 0$ tels que , pour tout $O,x,y,z\in M$ on a : $(x,z)_O \geq \min((x,y)_O,(y,z)_O) - \delta$.

On dira aussi que M est δ-hyperbolique. On définit de façon analogue la notion de graphe hyperbolique, et en particulier celle de groupe hyperbolique (un système symétrique de générateurs étant choisi) . Tous les développements suivants s'adaptent immédiatement à ce cadre discret, mais on se limitera ici une fois pour toutes à celui des variétés. (Gromov considère dans [Gr.1] des espaces métriques généraux).

2.2. Remarque. Observons que , quitte à remplacer δ par 2δ ,il suffit de vérifier la propriété de la définition pour un point de référence O fixé.

Preuve. Si $O',x,y,z\in M$ on a l'identité $(x,z)_{O'} = (x,z)_O + d(O,O') - (O',z)_O- (O',x)_O$

et de même $(x,y)_{O'} = (x,y)_O + d(O,O') - (O',y)_O-(O',x)_O$

$$(y,z)_{O'} = (y,z)_O + d(O,O') - (O',z)_O-(O',y)_O$$

Il suffit donc que l'on ait ou bien $(x,y)_O-(O',y)_O \leqslant (x,z)_O -(O',z)_O +2\delta$, ou bien l'inégalité analogue obtenue en permutant x et z. On est ainsi ramené à vérifier que : $\min \{ (x,y)_O+(O',z)_O , (y,z)_O +(O',x)_O \} \leqslant (x,z)_O + (O',y)_O +2\delta$

Il suffit alors d'utiliser la formule élémentaire , pour $a,b,c,d\in\mathbb{R}$,

$$\min (a+d, b+c) \leqslant \max (\min(a,b), \min(c,d)) + \max (\min(b,d), \min(a,c))$$

et de tenir compte deux fois de la δ-hyperbolicité relativement à O. (preuve de la formule élémentaire: on peut supposer $a=0\leqslant b,c,d$, et noter alors que $\min(c,d) + \min(b,d) = \min (2d,b+c,b+d,c+d) \geqslant \min(d,b+c)$).

Exemples 1. Un graphe X qui est un arbre est 0-hyperbolique .

2. $\mathbb{R}$, $\mathbb{R}\times K$ avec K variété riemannienne compacte .

Dans la suite, on appellera segment de M joignant $A,B\in M$ tout segment géodésique joignant A à B et de longueur minimum (donc égale à d(A,B)). On notera AB un tel segment bien qu'en général il puisse exister plusieurs segments joignant A à B.

Un triangle géodésique ABC de M est la donnée de trois segments AB, BC, CA , le diamètre de ce triangle est celui de la réunion de ces trois segments. Si on désigne par A' le point de BC tel que $BA'=(A,C)_B$ (ou $CA'=(A,B)_C$), et par B',C' les points analogues sur CA, et AB , on a AB'=AC', BA'=BC', CA'=CB'. L'hyperbolicité équivaut à une propriété remarquable des configurations de ce type.

Proposition 2.3 (Critère des triangles fins)

Si M est δ-hyperbolique, alors pour tout triangle géodésique ABC de M, on a avec les notations précédentes diam(A'B'C') $\leqslant 8\delta$. Inversement , s'il existe une constante $C>0$ telle que pour tout triangle géodésique ABC de M, il existe A",B",C" sur BC, CA, AB respectivement avec diam(A"B"C")$\leqslant$ C , alors M est hyperbolique (pour une constante $\delta=\delta(C)\geqslant 0$).

Preuve. Si M est δ-hyperbolique, on a

$$AC'=(B,C)_A \geqslant \min\{ (B,A')_A ,(A',C)_A \} -\delta =(1/2) (AA'+AC') -\delta$$

D'où, $AA' \leqslant AC' +2\delta$. Comme $AA' \geqslant AB - BA'=AC'$, on obtient

$$AC'\leqslant AA'\leqslant AC'+2\delta.$$

Maintenant, $(A,B)_{A'} \geq \min\{ (B,C')_{A'},(C',A)_{A'}\} - \delta = \min\{ A'C'/2, A'C'/2\} - \delta$

soit, puisque $2(A,B)_{A'}=A'A-AC' \leq 2\delta$, $2\delta \geq A'C' -2\delta$, puis $A'C' \leq 4\delta$.

De même, B'A' et C'B' sont de longueurs majorées par 4δ

Réciproque: Soient $O,x,y,z \in M$, Oy un segment, u (resp.w) sur ce segment et à distance des segments Ox et xy (resp. Oz, zy) majorée par C. Supposons par exemple $d(O,u) \leq d(O,w)$.

On a alors, puisque $d(O,x) \geq d(O,u)+d(u,x)-2C$ et de même pour $d(O,z)$,

$$(x,z)_O \geq (1/2) \{ d(O,u) + d(O,w)+ d(u,x) + d(w,z)) -d(x,z) -4C \}$$

Comme $d(x,z) \leq d(x,u) +d(u,w)+d(w,z)$ on obtient

$$(x,z)_O \geq (1/2) \{ d(O,u) + d(O,w) -d(w,u) -4C \} = d(O,u)-2C$$

Mais, par ailleurs, il est clair que

$$(x,y)_O \leq (1/2)\{ d(O,u)+d(u,x)+d(O,y)-d(x,u)-d(u,y)+4C) \leq d(O,u)+ 2C$$

Ce qui prouve que $(x,z)_O \geq (x,y)_O - 4C \geq \min\{ (x,y)_O, (y,z)_O \} - 4C$. M est donc δ-hyperbolique avec $\delta=4C$ ▪

2.4. Application

1. Le disque hyperbolique $H_2(-1)$ est hyperbolique au sens de la définition 2.1 pour vérifier le critère des triangles fins, il suffit de prendre un disque de rayon maximal inscrit dans le triangle géodésique ABC donné. D'après la formule de Gauss-Bonnet (pour le triangle), l'aire du disque est majorée par π et a fortiori son rayon est majoré par 1. En prenant les trois points de contacts avec les côtés on voit que le critère d'hyperbolicité est satisfait. Comme dans l'espace hyperbolique de dimension n, chaque triangle géodésique est contenu dans une surface isométrique à $H_2(-1)$, on voit que $H_n(-1)$ est également hyperbolique.

2. Toute variété de Cartan-Hadamard à courbure $\leq -a^2, a>0$ est hyperbolique. On peut le voir en adaptant le raisonnement précédent. Soit ABC un triangle géodésique non dégénéré ; la surface Σ obtenue en réunissant les arcs géodésiques joignant A à BC est régulière hors de A et à courbure $\leq -a^2$ (d'après le lemme de Synge). Prenant encore un disque de rayon maximal R dans Σ , on voit en utilisant la formule de Gauss-Bonnet que l'aire du disque est majorée par πa^{-2} ; comme l'aire est au moins πR^2 (théorème de comparaison de Rauch), on voit que

$R \leqslant a^{-1}$. Enfin, on montre aisément que D doit toucher chacun des côtés de ABC .

On suppose désormais que M est δ-hyperbolique. Voici (sous cette hypothèse) une autre interprétation de $(x,y)_0$

Proposition.2.5

Soit σ un segment géodésique joignant x à y et O∈M ; on a

$$(x,y)_0 \leqslant d(O,\sigma) \leqslant (x,y)_0 + 2\delta$$

Reprenons les notations de la proposition 2.3 et désignons par H un point du segment BC à distance minimum de A On a vu que $d(A,A') \leqslant (B,C)_A + 2\delta$. D'autre part, $(B,C)_A \leqslant 1/2\,[\,2\,AH + HB + HC - BC] \leqslant d(A,H)$.. D'où l'assertion.

Remarque 2.6. On a $d(A',H) \leqslant 20\,\delta$, de sorte que d(H,AB) et d(H,AC) sont bornés par des constantes absolues . Soit en effet A" le point de A'H tel que $HA'' = (A,A')_H = (1/2)\,HA' - \varepsilon$, $0 \leqslant \varepsilon' \leqslant 2\delta$; on sait que A" est à distance de AH et de AA' inférieure à $4\,\delta$ (voir la proposition 2.3). Comme H est sur BC à distance minimum de A, on doit donc avoir $A''H \leqslant 8\delta$. D'où l'assertion .

Ainsi ,pour tout triangle géodésique ABC, et tout H∈BC tel que d(A,H)=d(A,BC) on a $d(H,AB) \leqslant C(\delta)$, $C(\delta) = 24\,\delta$.

Le lemme suivant donne une propriété d'écartement des géodésiques.

Lemme 2.7

Soient PQ un segment de M, A,B deux points de M et A'∈PQ (resp. B'∈PQ) minimisant d(A,X), pour X∈PQ (resp. d(B,X) pour X∈PQ) . Soit enfin O le milieu de A'B'. Si $d(A',B') > 52\,\delta$, alors $d(O,AB) \leqslant 4\delta$ et on a

$$d(A,B) \geqslant d(A,A') + d(B,B') + d(A',B') - 200\,\delta$$

D'après ce qui a été dit plus haut, un segment OA passe à une distance $\leqslant \delta' = 24\,\delta$ de A' , et de même pour B' et un segment OB. D'autre part, $(A',B')_0 = 0$. D'où, d'après l'hyperbolicité,

$$0 \geqslant \min(\,(A,A')_0,(A,B)_0,(B,B')_0\,) - 2\delta \geqslant \min[\,d(A',O) - \delta',(A,B)_0] - 2\delta$$

Ce qui entraine $(A,B)_0 \leqslant 2\delta$, soit $d(O,AB) \leqslant 4\,\delta$. L'autre inégalité en découle (compte tenu de $d(A',OA) \leqslant 24\,\delta$, $d(B',OB) \leqslant 24\,\delta$).

On va utiliser le lemme pour établir l'importante propriété suivante de stabilité des géodésiques en géométrie hyperbolique.

<u>Théorème 2.8</u>.

Soit $\varphi: [a,b] \to M$ une C-quasi-géodésique , $C \geqslant 1$, c'est à dire que $C^{-1}|t-s| \leqslant d(\varphi(t),\varphi(s)) \leqslant C\,|t-s|$, $\forall t,s \in [a,b]$. Il existe alors une constante $C'=C'(\delta,C)>0$ telle que $d(\varphi(t),\sigma) \leqslant C'$, $\forall t \in [a,b]$, σ désignant un segment joignant les points $P=\varphi(a)$ et $Q=\varphi(b)$. ∎

Soit R un nombre >0 grand devant δ et C à fixer ultérieurement et soit $U=\{x \in M;\ d(x,\sigma)<R\}$. Soit $[a',b']$ un intervalle non vide maximal sur lequel φ est à valeurs dans U^c (en supposant qu'il y en ait) ; on peut alors choisir des points $A_j=\varphi(t_j)$, $t_0=a'<t_1<\ldots<t_m=b'$ et des points $H_j \in \sigma$ minimisant la distance $d(A_j,\sigma)$, tels que $d(H_j,H_{j+1}) \leqslant 2\delta'$, et <u>si $m \geqslant 2$</u> $d(H_j,H_{j+1}) \geqslant \delta'$, $j=0,\ldots,m-1$ où $\delta'=200.\delta$. Supposons $m \geqslant 2$. D'après le lemme 2.7, $d(A_j,A_{j+1}) \geqslant 2R-\delta'$ et par conséquent $|t_{j+1}-t_j| \geqslant C^{-1}(2R-\delta')$. En ajoutant, on a $C\,d(A_0,A_m) \geqslant |a'-b'| \geqslant C^{-1}\,m\,(2R-\delta')$. Comme $d(H_0,H_m) \leqslant 2m\delta'$, on a aussi $d(A_0,A_m) \leqslant 2R+2m\delta'$.

D'où, $m\,(2R-(2C^2+1)\delta') \leqslant 2C^2R$.

Fixons donc $R=(C^2+1)\delta'$. Alors $m \leqslant m_0=2C^2\,(C^2+1)$ (même si $m=1$) et l'arc $\varphi([t_0,t_m])$ est d'après la propriété de quasi-géodésique de diamètre $\leqslant C^2\,d(A_0,A_m) \leqslant C^2 \times 2m_0\delta' = C_1$. Finalement, on voit que toute la quasi-géodésique est à distance $\leqslant R+C_1$ de σ . CQFD .

<u>Variante</u>. On a un énoncé analogue pour une C-quasi-géodésique discrète, c'est à dire une suite de points $\{x_j\}_{1\leqslant j\leqslant m}$ avec $C^{-1}\,|j-k| \leqslant d(x_j,x_k) \leqslant C\,|j-k|$ pour $1 \leqslant j<k \leqslant m$.

<u>Corollaire 2.9</u>

Si M' est une variété quasi-isométrique à M, M' est aussi hyperbolique.∎

<u>Preuve</u>: Il suffit de remarquer que si φ est une quasi-isométrie de M sur M', l'image réciproque d'une géodésique de M' est une C-quasi-géodésique de M , avec

$C=C(\varphi,\delta)$. En utilisant le théorème précédent , on voit que le critère des triangles fins est vérifié dans M'.

Corollaire 2.10

Soit X une partie discrète de M munie d'une structure de graphe connexe telle que $C^{-1}\, d_X(x,y) \leqslant d(x,y) \leqslant C\, d_X(x,y)$, $\forall x,y \in X$. X est alors un graphe hyperbolique.■

Le raisonnement est similaire à celui du corollaire précédent.

En particulier, si X est une partie discrète de M telle que $d(x,y) \geqslant c_1 > 0$ pour $x \neq y$, $x,y \in X$ et si deux points quelconque de X peuvent être joints par une chaine de points de X de pas $\leqslant c_2$, on voit que X muni de la structure de graphe correspondant à la relation $d(x,y) \leqslant 2c_2$ est un graphe hyperbolique.

Exemple 2.11: a) L'invariance par quasi-isométrie de l'hyperbolicité des graphes montre que l'hyperbolicité d'un groupe discret finiment engendré ne dépend pas du système générateur choisi pour l'interpréter comme un graphe.

b) Le groupe de Galois du revêtement universel d'une variété compacte N à courbure <0 est hyperbolique (d'après le corollaire 2.10).

Terminons ce paragraphe avec un autre lemme concernant l'écartement mutuel de deux géodésiques dans M .

Lemme 2.12

Soient AB et CD deux segments de M, et $P \in AB$ tel que $\min [d(P,A),d(P,B)] > \max [d(A,C),d(B,D)] + 2\delta$. Alors $d(P,CD) \leqslant 4\delta$.

Preuve. On a $2\,(A,C)_P = d(P,C)+d(P,A)-d(A,C) \geqslant 2\,[\, d(P,A)-d(A,C)\,] > 4\delta$. De même, $(B,D)_P > 2\delta$ et d'après l'hyperbolicité de X, $0=(A,B)_P \geqslant \min \{ (A,C)_P, (C,D)_P , (D,B)_P \} - 2\delta$; d'où $(C,D)_P \leqslant 2\delta$ et la conclusion d'après le 2.5.

3. Géodésiques asymptotes. Compactification de M

M est toujours supposée complète et δ-hyperbolique pour un $\delta>0$ fixé ; on fixe aussi un point de référence O dans M . Cette section est consacrée à la construction d'une compactification géométrique naturelle de M , et à l'étude de quelques unes de ses propriétés. Cette compactification (due à Gromov) étend aux variétés hyperboliques la compactification par la sphère à l'infini des variétés de Cartan-Hadamard.

Pour établir le théorème de compactification 3.2 plus bas, et aussi pour parvenir à l'un des résultats centraux de ce chapitre, on utilisera des configurations géométriques du type suivant: Soient $\gamma:[0,T]\to M$ un arc géodésique (minimisant et de vitesse unitaire) issu de $O=\gamma(0)$, $S\in]0,T[$, $U=\{x\in M ; (x,\gamma(S))_O>S-3\delta\}$ et $V=\{x\in M; (x,\gamma(T))_O>T-3\delta\}$. Une telle configuration jouit des propriétés suivantes.

Scholie 3.1

Si $T-S \geq 4\delta$, alors (i) $\overline{V}\subset U$, (ii) si $x\in V$, et si σ est un segment géodésique joignant O à x, on a $d(\gamma(T),\sigma) \leq 9\delta$, (iii) si $x\in V$ et si $y\in M\setminus U$, on a $(x,y)_O\leq S-\delta$, et tout segment géodésique σ joignant x à y vérifie $d(\gamma(T),\sigma) \leq 17\delta$.

Preuve (i) Si $x\in \overline{V}$ on a $(x,\gamma(T))_O\geq T-3\delta$ et d'après l'hyperbolicité de M,

$$(x,\gamma(S))_O \geq \min\{ (x,\gamma(T))_O, (\gamma(T),\gamma(S))_O \} -\delta \geq \min\{ T-3\delta, S\} - \delta = S-\delta$$

D'où $(x,\gamma(S))_O > S-3\delta$ et $x\in U$.

(ii) Si $x\in V$, comme $(x,\gamma(T))_O > T-3\delta$, on voit en appliquant la proposition 2.3 à un triangle de sommet O, $\gamma(T)$ et x (et admettant σ et $\{\gamma(s);0\leq s\leq T\}$ comme côtés) que $d(\gamma(T),\sigma) \leq 9\delta$.

(iii) On a $S-3\delta \geq (y,\gamma(S))_O \geq \min\{ (y,x)_O, (x,\gamma(T))_O, (\gamma(T),\gamma(S))_O\} - 2\delta$

et $S-3\delta \geq (y,\gamma(S))_O \geq \min\{ (y,x)_O, T-3\delta, S\} - 2\delta$

D'où, puisque $T-S \geq 4\delta$, $S-3\delta \geq (y,\gamma(S))_O \geq (y,x)_O -2\delta$ et on a $(y,x)_O \leq S-\delta$.

Pour prouver la dernière assertion, on peut supposer que $S=T-4\delta$ et que $y\in\partial U$. Comme tout segment Ox (resp. Oy) passe à une distance de $\gamma(T)$ (resp. $\gamma(S)$) inférieure à 9δ (d'après le (ii)), on voit que

$$\begin{aligned}(y,x)_{\gamma(T)} &= (1/2)\{ d(\gamma(T),x)+d(\gamma(T),y)-d(x,y) \}\\ &\leq (1/2)\{ d(O,x)-d(O,\gamma(T))+18\delta + d(O,y)-d(O,\gamma(T))+22\delta -d(x,y) \}\\ &\leq (y,x)_O - T + 20\delta\end{aligned}$$

et en utilisant le (iii) on obtient $(y,x)_{\gamma(T)} \leq S - T + 19\delta = 15\delta$. On conclut enfin avec la proposition 2.5 ∎

Passons maintenant à la définition et la construction de la compactification "géométrique" de M.

Théorème 3.2 [Gr.1]

Il existe une unique compactification métrisable $\overline{M}=M\cup\partial M$ de M telle qu'une suite $\{x_j\}$ de points de M converge vers un point de ∂M si et seulement si $\lim_{j,k\to\infty}(x_j,x_k)_O=\infty$. ■

Remarque: cette compactification est indépendante du choix de O, puisque si $O'\in M$, on a pour $x,y\in M$, $(x,y)_O+d(O,O')\geq(x,y)_{O'}\geq(x,y)_O-d(O,O')$.

Preuve. Il s'agit de construire $\overline{M}$, l'unicité étant évidente.

a) On définit la frontière ∂M en prenant le quotient de l'ensemble de toutes les suites $\{x_j\}$ vérifiant la condition de l'énoncé par la relation $\sim$ telle que $\{x_j\}\sim\{y_j\}$ si et seulement si $\lim_{j,k\to\infty}(x_j,y_k)_O=\infty$. On voit, en utilisant l'hyperbolicité de M, qu'il s'agit bien d'une relation d'équivalence, et que $\{x_j\}\sim\{y_j\}$ dés que $\lim_{m\to\infty}(x_{j_m},y_{j_m})_O=\infty$ pour une suite d'entiers j_m tendant vers $+\infty$. Pour U ouvert de M, notons $\hat{U}$ la partie de $\overline{M}=M\cup\partial M$ obtenue en complétant U avec les $\zeta\in\partial M$ qui ne sont pas associés à une suite d'éléments de $M\setminus U$; les parties de $\overline{M}$ de la forme $\hat{U}\cup\omega$, U,ω ouverts de M constituent un système de parties stable par intersection finie. On munit $\overline{M}$ de la topologie dont ce système est une base d'ouverts. Il est clair qu'une suite $\{x_j\}_{j\geq1}$ appartenant à la classe $\zeta\in\partial M$ tend vers ζ dans $\overline{M}$.

Notons maintenant, et avant de poursuivre la démonstration du théorème 3.1, le lemme suivant.

Lemme 3.3

Soient $\zeta\in\partial M$ et $O\in M$. Il existe (au moins) un rayon géodésique (minimisant) $\gamma:\mathbb{R}_+\to M$ tel que (i) $\gamma(0)=O$ et (ii) ζ est associé à $\{\gamma(t_j)\}_{j\geq1}$ pour $t_j>0, t_j\to\infty$. ■

Preuve du lemme. Soient $\{x_j\}\subset M$ une suite définissant ζ et $\gamma_j:[0,d_j]\to M$ des segments géodésiques (minimaux) joignant O à x_j ($d_j=d(O,x_j)$). Comme $\lim_{j,k\to\infty}(x_j,x_k)=\infty$, on doit avoir $d_j\to\infty$, et après extraction d'une sous-suite, on peut supposer que $\{\gamma_j'(0)\}$ converge dans M_O ; les γ_j convergent donc vers un rayon géodésique $\gamma:\mathbb{R}_+\to M$. Il est immédiat que $\gamma(t)$, $t\to\infty$, définit un point ζ' de ∂M et que $(\gamma(t),x_j)_O\to t$ pour $j\to\infty$, et t fixe. D'où $\{x_j\}\sim\{\gamma(j)\}_{j\geq1}$ et $\zeta'=\zeta$. ■

Fin de la preuve du 3.2

b) Posons, pour $a\in M$, $V_a=\{x\in M;\ (x,a)_O>d(O,a)-3\delta\}$. Soient $\zeta\in\partial M$ et $\{x_j\}\subset M$ une suite associée à ζ. Si U est un est un voisinage de ζ dans $\bar{M}$, alors U contient $\hat{V}_{x_j}$ pour j assez grand. Sinon on construirait dans $M\setminus U$ une suite $\{y_k\}$, $y_k \in M\setminus V_{x'_k}$, $x'_k = x_{j_k}$, et comme $(y_k, x'_k)_0 \to \infty$, $\{y_k\}$ est associée à ζ ce qui est absurde.

D'autre part, si $\gamma: \mathbb{R}_+ \to M$ est un rayon géodésique comme dans le lemme on a $x_k \in V_{\gamma(t)}$, pour $k\to\infty$ et t fixe. En effet, si $x_k \notin V_{\gamma(t)}$, et si $s \geq t+4\delta$, on a $(x_k, \gamma(s))_0 \leq t-\delta$ (scholie) et on a par ailleurs $\lim_{k,s\to\infty} (x_k, \gamma(s))_0 = \infty$.

Les $\{\hat{V}_{\gamma(t)}\}_{t>0}$ forment donc une base de voisinages ouverts de ζ dans $\bar{M}$. Il en résulte en particulier qu'une suite $\{z_j\} \subset M$ tend vers ζ dans $\bar{M}$, si et seulement si elle est associée à ζ.

c) Notons aussi que $\hat{V}_t$ contient la fermeture de $\hat{V}_{t+s}$ dans $\bar{M}$ si $s \geq 4\delta$: d'après le scholie , on a l'inclusion voulue pour la fermeture dans M de V_{t+s} et d'autre part $(y,x)_0 \leq t-\delta$, pour $y \in M\setminus V_t$ et $x \in V_{t+s}$; il en résulte que $M\setminus V_t$ et V_{t+s} ne peuvent pas avoir de point adhérent commun sur ∂M.

d) On voit alors facilement que $\bar{M}$ est un espace régulier à base dénombrable donc métrisable. De plus, toute suite $\{x_j\} \subset M$ admet une sous-suite convergente dans $\bar{M}$: on peut en effet supposer que $d(O, x_j) \to \infty$ et que les segments Ox_j convergent vers une demi-géodésique minimisante $\gamma: \mathbb{R}_+ \to M$. $\gamma(t)$ tend pour $t\to\infty$ vers un point ζ de ∂M et comme $(\gamma(t), x_j)_0 \to t$ pour $j\to\infty$, t fixe, on a $x_j \to \zeta$. Ce qui prouve la compacité de $\bar{M}$. ∎

On va voir maintenant que la frontière ∂M peut en gros s'interpréter comme ensemble des extrêmités des demi-géodésiques minimisantes issues de O.

__Définition 3.4__

On dit que deux demi-géodésiques minimisantes (ou rayons géodésiques) γ, γ' $\mathbb{R}_+ \to M$ sont asymptotes si $\liminf_{t\to\infty} d(\gamma(t), \gamma'(t)) < \infty$.

On a alors les propriétés suivantes.

__Proposition 3.5.__

1) Si γ et γ' sont asymptotes, on a $\limsup_{t\to\infty} d(\gamma(t), \gamma'(\mathbb{R}_+)) \leq \delta'$ pour un $\delta' > 0$ ne dépendant que de δ. Si de plus $\gamma(0) = \gamma'(0)$, alors $d(\gamma(t), \gamma'(t)) \leq \delta'$, $\forall t \geq 0$.

2) Tout rayon géodésique (minimisant) converge vers un point de $\partial\bar{M}$ et deux rayons convergent vers le même ζ si et seulement si ils sont asymptotes.

88

3) Si $\gamma:\mathbb{R}_+\to M$ est une géodésique (minimisante) tendant vers ζ, et si on pose $V_j=\{x\in M;\ (x,\gamma(4\delta j))_0 \geq 4j\delta-\delta\}$,les $\hat{V}_j$ décroissent et forment un système fondamental de voisinages de ζ dans $\overline{M}$

4) Enfin , tout point $\zeta\in\partial\overline{M}$ est l'extrêmité d'au moins un rayon issu de O.

<u>Preuve</u>: 1) La première assertion est une conséquence immédiate du lemme 2.12 appliqué aux segments géodésiques $\gamma(o)\gamma(t_j)$ et $\gamma'(o)\gamma'(t'_j)$ avec t_j , t'_j grands , tels que $\sup(d(\gamma(t_j),\gamma'(t'_j)) <\infty$. Si $\gamma'(o)=\gamma(o)$, on obtient , en utilisant le résultat précédent et à nouveau le lemme 2.12, $d(\gamma(t),\gamma'(\mathbb{R}_+)) \leq 4\delta$ pour tout $t\geq 6\delta$; d'où l'assertion.

2) Supposons que les demi-géodésiques minimisantes γ et γ' convergent vers $\zeta\in\partial M$, γ issue de O. Alors , $\lim_{t,t'\to\infty} (\gamma(t),\gamma'(t'))_0\to\infty$, et pour $t\geq 0$ fixé, t' assez grand , $(\gamma(t),\gamma'(t'))_0\geq\min\{(\gamma(t'),\gamma'(t'))_0,(\gamma(t),\gamma(t'))_0\}-\delta \geq t-\delta$; en particulier $O\gamma'(t')$ passe à une distance $\leq \delta'$ de $\gamma(t)$ (revoir la preuve de la propriété des triangles fins) . Il s'ensuit que $d(\gamma(t),\gamma'(t'))\leq d(\gamma(O),\gamma'(t'))-t-2\delta'$ et le "produit" $(\gamma'(O),\gamma'(t'))_{\gamma(t)}$ est donc majoré par $(\gamma'(o),\gamma'(t'))_0 + 2\delta' \leq d(O,O') +2\delta'$, où $O'=\gamma'(O)$. D'où , d'après le lemme 2.5, $d(\gamma(t),\gamma'(\mathbb{R}_+))\leq C$.

Les propriétés 3) et 4) ont été établies au cours de la preuve de la proposition 3.2 . ∎

On va maintenant revenir à la théorie du Potentiel sur une variété riemannienne M relativement à un opérateur $L\in\mathfrak{L}(M)$ (opérateur strictement elliptique d'ordre 2 et à coefficients localement höldériens sur M). On suppose dans toute la suite que les deux conditions (H1) et (H2) suivantes ont lieu , pour certaines constantes strictement positives r_0, τ, C_1 et C_2 . Ces conditions disent qu'en un sens convenable , sur les boules de M de rayon $r_0 >0$ (fixe assez petit) la géométrie et l'opérateur L ont uniformément le comportement standard .

(H1) $\forall m\in M$, $\exists\theta\ B(m,r_0)\to\mathbb{R}^d$ ($d=\dim(M)$) tel que , $\forall x,y\in B(m,r_0)$

$$C_2^{-1}\, d(x,y) \leq |\theta(x)-\theta(y)|\leq C_2\, d(x,y)$$

(M est donc en un certain sens à géométrie bornée . On ne fait pour l'instant pas d'autre hypothèse sur la géométrie de M ; l'hyperbolicité s'introduira naturellement plus loin)

(H2) Pour tout $x_0\in M$, et tout t, $0\leq t\leq\tau$ la fonction de Green g_t relative à

89

$B=B(x_0,r_0)$ pour l'opérateur L+tI vérifie

$\forall x,y\in B(x_0,r_0/2)$, $C_1 \leq g_t(x,y)$, et , si de plus $d(x,y)\geq r_0/4$, $g_t(x,y) \leq C_2$

Ces hypothèses entraînent des inégalités de Harnack uniformes . Elles sont satisfaites lorsque (M,L) est un couple très adapté. (Chap.1).

On supposera aussi que L admet un adjoint $\hat{L}\in\mathfrak{L}(M)$ (qui vérifie automatiquement (H2)) . Cette hypothèse est de pure commodité , la théorie du Potentiel fournissant de toute facon une théorie adjointe à celle de L .

Exemple : (Rappel) Ces hypothèses sont satisfaites si M vérifie (I) et si $L=\Delta$, ou plus généralement $L=\Delta + B.\nabla + \gamma$, avec B champ de vecteurs borélien borné sur M et γ fonction mesurable bornée sur M. Cela résulte des travaux de Stampacchia sur les opérateurs à elliptiques à structure divergence . Pour rester dans le cadre qu'on s'est imposé ici, il faut supposer B et γ localement holdériens mais cette hypothèse n'est pas essentielle pour la suite.

4. Estimées préliminaires de la résolvante.

Les trois sections suivantes sont empruntées à [Anc.3] .

On suppose , outre (H1) et (H2) que L est faiblement coercif au sens suivant : il existe ε, $0<\varepsilon<(1/2)$, tel que

(*) $\forall\, t< 2\varepsilon$, L+tI admet une fonction de Green G^t sur M.

Autrement dit , $L_t=L+tI$ est transient pour au moins un $t>0$. On observera que pour tout $t<2\varepsilon$, L_t vérifie les mêmes hypothèses que L (avec de nouvelles constantes τ,ε) .

Proposition 4.1

Il existe une constante $c=c(M,L)>0$ telle que pour tout $x,y\in M$ avec $d(x,y)=1$ on a: $c^{-1} \leq G(x,y) \leq c$.

La borne inférieure résulte aussitot de l'hypothèse H2 par un argument de comparaison (et les inégalités de Harnack); pour cette estimée, on peut d'ailleurs supposer $d(x,y)\leq 1$.

Si φ désigne l'indicatrice de $B(x,\rho)$, $\rho=\min\{r_0, 1/3\}$, on a d'après l'équation résolvante:

$$\int \varphi\, G^{\varepsilon}(\varphi)\, d\sigma = \int \varphi\, G(\varphi)\, d\sigma + \varepsilon \int \varphi\, G(G^{\varepsilon}(\varphi))\, d\sigma . \qquad (1)$$

Toutes les intégrales dans cette relations sont finies; en effet , en utilisant la minoration précédente et l'équation résolvante, on a (en posant $B=B(x,\rho)$):

$$\int_B G^{\varepsilon}(z,\zeta)\, d\sigma(\zeta) \leq c' \int_B G^{\varepsilon}(z,\zeta)\, G(\zeta,y)\, d\sigma(\zeta) \leq (c'/\varepsilon)\, G^{\varepsilon}(z,y) \qquad (2)$$

Ce qui montre que $G^{\varepsilon}(\varphi)$ est bornée sur B. La relation (1) donne alors à l'aide du théorème de Fubini:

$$\int_M \varphi\, G(\varphi)\, d\sigma = \int_M G^{\varepsilon}(\varphi)\, [\, \varphi - \varepsilon\, \hat{G}(\varphi)\,]\, d\sigma .$$

Il s'ensuit que , dans cette relation , l'intégrale à droite est positive et il existe donc au moins un point $x_1 \in B$ tel que $\varphi(x_1) - \varepsilon \hat{G}(\varphi)(x_1) \geq 0$; soit $\int_B G(z,x_1)\, d\sigma(z) \leq 1/\varepsilon$. Cette inégalité entraîne à son tour qu'il existe $x_2 \in B$ tel que $d(x_1,x_2)\geq \rho/4$ et

$$G(x_1,x_2) \leq \varepsilon^{-1}\ |\, B(x,\rho)\backslash B(x_1,\rho/4)\, |^{-1}$$

Comme $B(x,\rho)\backslash B(x_1,\rho/4)$ contient une boule de rayon $\rho/8$, son volume est minoré par une constante (d'après H1) ; d'où $G(x_1,x_2)\leq c$, et d'après les inégalités de Harnack la proposition .

<u>Remarque</u>: En général, $G(x,y)$ n'est pas nécessairement borné pour $d(x,y)\geq 1$ (voir [Anc.4]). C'est évidemment le cas si $L\mathbb{1}\leq 0$, ou si L est auto-adjoint (noter qu'on suppose toujours (*)): on a alors même convergence exponentielle de G vers 0 , à l'infini dans M . (voir le 4.5 plus bas).

On va maintenant montrer que G est exponentiellement négligeable devant G^{ε} pour $d(x,y)\rightarrow\infty$ et ceci de facon uniforme.

<u>Lemme 4.2</u>

Il existe une constante $\delta=\delta(L,\varepsilon)$, $0<\delta<1$, telle que la L-mesure harmonique μ_x de x dans $B(x,1)$ et la mesure harmonique analogue $\mu_{x,\varepsilon}$ relative à $L+\varepsilon I$ vérifient:

$$\mu_x \leq (1-\delta)\, \mu_{x,\varepsilon}$$

91

Si g et g^ε désignent les fonctions de Green dans B relatives à L et L+εl, on a $g^\varepsilon_x = g_x + \varepsilon g(g_x)$. D'après l'hypothèse (H2) (et Harnack) g_x est minorée par une constante sur $B(x,\rho)$, $\rho=\min\{r_0, 1/3\}$; par conséquent , si $\omega = B(x,\rho)\backslash B(x,\rho/2)$,

$$g^\varepsilon_x(y) \geqslant g_x(y) + c\varepsilon \int_\omega g^\varepsilon_x(z)\, d\sigma(z)$$

D'où , on déduit facilement que $(1-c'\varepsilon)\, g^\varepsilon_x(y) \geqslant g_x(y)$ pour $y\in\partial B(x,\rho)$. Cette relation s'étend , d'après le principe du maximum , hors de $B(x,\rho)$. Mais les mesures harmoniques adjointes pour L et L+tl admettent sur $\partial B(x,1)$ des densités données par les dérivées conormales de g_x et g^ε_x ; on a donc $\hat{\mu}_x \leqslant (1-\delta)\, \hat{\mu}_{x,\varepsilon}$ avec $\delta = c'\varepsilon$. En passant aux adjoints on obtient le lemme.

<u>Proposition</u> 4.3

Il existe deux constantes $c,\alpha>0$ tels que :

$$\forall x,y\in M \ , \ G(x,y) \leqslant c\, e^{-\alpha d(x,y)}\, G^\varepsilon(x,y)$$

Montrons par récurrence sur k entier $\geqslant 1$, que $G(x,y) \leqslant (1-\delta)^{k-1}\, G^\varepsilon(x,y)$ pour $d(x,y)=k$ et δ donné par le lemme précédent. Pour k=1, c'est évident puisque $G \leqslant G^\varepsilon$; si l'assertion est vraie pour k , on a d'après le principe du maximum : $G(x,y) \leqslant (1-\delta)^{k-1}\, G^\varepsilon(x,y)$ pour $d(x,y) \geqslant k$. Prenant alors x,y tels que $d(x,y)=k+1$, il vient :

$$G_x(y) = \int_{\partial B(y,1)} G_x(z)\, d\mu_y(z) \leqslant (1-\delta)^{k-1} \int_{\partial B(y,1)} G^\varepsilon_x(z)\, d\mu_y(z)$$

$$\leqslant (1-\delta)^k \int_{\partial B(y,1)} G^\varepsilon_x(z)\, d\mu^\varepsilon_y(z) = (1-\delta)^k\, G^\varepsilon_x(y)$$

Ce qui prouve l'assertion. La proposition en découle immédiatement.

<u>Remarque</u>. La preuve montre que l'énoncé précédent s'étend aux fonctions de Green g et g^ε relatives à une boule $B(x,R)$, $R\geqslant 1$ avec des constantes indépendantes de R.

Passant ensuite aux dérivées conormales sur $\partial B(x,R)$, (et aux adjoints) on voit que les mesures harmoniques correspondantes μ^R_x et $\mu^R_{x,\varepsilon}$ vérifient l'estimée

$$\mu^R_x \leqslant c\, e^{-\alpha R}\ \mu^R_{x,\varepsilon}$$

où c,α ne dépendent que de L et ε . Nous utiliserons cette majoration sous la forme suivante .

<u>Corollaire 4.4</u>

Pour tout nombre $\eta>0$ donné, il existe un nombre $R=R(\eta,L,\varepsilon)$ tel que pour $x\in M$

92

et $r \geq R$, les mesures harmoniques μ^r_x, $\mu^r_{x,\varepsilon}$ de x relatives à $B(x,r)$,et L, $L+\varepsilon I$ respectivement vérifient $\mu^r_x \leq \eta\, \mu^r_{x,\varepsilon}$.

Notons enfin l'estimée suivante .

Corollaire 4.5

Si L est auto-adjoint , la fonction de Green tend vers 0 à l'infini. Plus précisément, on a pour $x,y \in M$, $d(x,y) \geq 2$

$$G(x,y) \leq c \exp(-\alpha d(x,y)) \quad , c=c(L), \alpha=\alpha(L)>0$$

Soient $x,y \in M$, $d(x,y) \geq 2$, et x' tel que $d(x,x')=1$. On voit aisément que

$$G(x,y)^2 = G(x,y)\, G(y,x) \leq c_1\, c\, G(x,y)\, G(y,x')$$
$$\leq c_2 \int G(x,z)\, G(z,x')\, d\sigma(z) \leq (c/\varepsilon)\, G^\varepsilon(x,x')$$

Ce qui montre que $G(x,y)$ est majoré par une constante $c=c(L)$ pour $d(x,y) \geq 1$, en appliquant le 4.1 à G^ε. Cette propriété est donc également vérifiée par G^ε (avec une autre constante). Utilisant alors la proposition 4.3, on obtient le corollaire.

5. Φ-chaines et inégalités de Harnack à l'infini

On introduit maintenant certains objets géométriques dans M dont on montrera ensuite qu'ils sont liés à une propriété remarquable de la fonction de Green de L. Ces objets apparaissent naturellement dans les variétés (ou les graphes) hyperboliques.

On fixe une fonction $\Phi:[0,\infty[\to\mathbb{R}_+$ croissante, telle que $\lim_{t\to\infty}\Phi(t)=+\infty$, et $c_o=\Phi(0)>0$.

Définitions 5.1

On appelle Φ-chaine dans M la donnée d'une suite décroissante d'ouverts de M, $U_1,U_2,\dots,U_m$ et d'une suite correspondante de points $x_1,x_2,\dots x_m$ dans M tels que :

a) $c_o\leqslant d(x_i,x_{i+1})\leqslant c_o^{-1}$, $1\leqslant i<m$, et $d(x_i,\partial\overline{U}_i)\leqslant c_o/4$ pour $1\leqslant i\leqslant m$

b) $\forall x\in\partial U_i$, $i=1,,\dots,m-1$ $\quad d(x,U_{i+1})\geqslant\Phi(d(x,x_i))$

On a donc une propriété d'écartement uniforme des ∂U_i.

On dira qu'une suite $\{x_j\}_{1\leqslant j\leqslant m}$ de points de M est une Φ-chaîne s'il existe des U_i correspondants. On pourra aussi considérer des Φ-chaines infinies $\{x_j\}_{1\leqslant j<\infty}$.

Remarques a) Si on pose $V_i=M\setminus\overline{U}_i$ alors $V_m,V_{m-1},\dots,V_1$ et les points $x_m,\dots,x_1$ forment une Ψ-chaine pour un Ψ ne dépendant que de Φ.

b) La suite $x_1,\dots\dots,x_m$ est une c-quasi-géodésique pour un $c>0$ ne dépendant que de Φ (et donc pas de m).

c) On ne peut construire dans l'espace euclidien $\mathbb{R}^n$, $n\geqslant 2$, une Φ-chaine infinie : soit $\{U_j,x_j\}_{1\leqslant j\leqslant m}$ une Φ-chaine de $\mathbb{R}^n$, $m=2p\geqslant 4$; si $x'_1\in\partial U_1$, $x'_m\in\partial U_m$, $|x'_j-x_j|\leqslant c_o$, on peut construire un chemin σ formé de deux segments consécutifs, joignant x'_1 à x'_m, de longueur inférieure au double de $d(x'_1,x'_m)$ et restant à distance $\geqslant c\,m$ de x_p, $c=c(c_o)>0$. Les régions $U_j\setminus U_{j+1}$, $|p-j|\leqslant c'm$ découpent alors sur σ des parties disjointes de longueurs au moins $(1/2)\,\Phi(c'm)$, pour $c'=c'(\Phi)>0$ assez petit ; mais alors $c_o^{-1}m+c_o\geqslant \mathrm{long}(\sigma)\geqslant 2^{-1}(c'm-1)\,\Phi(c'm)$, et m est donc majoré par une constante C(Φ).

Le théorème suivant donne comme on le verra un principe clef de la théorie du Potentiel en géométrie hyperbolique. L désigne toujours un opérateur elliptique d'ordre 2 sur M vérifiant (H1) et (H2) (fin du §3), de fonction de Green notée G.

Théorème 5.2

Si $x_1, x_2, \ldots, x_m$ est une Φ-chaine et si l'hypothèse (*) du §4 est vérifiée, on a

$$G(x_m,x_1) \leqslant c\, G(x_m,x_k)\, G(x_k,x_1)$$

pour tout k, $1<k<m$, avec une constante $c=c(\Phi, L)>0$.

La constante c dépend de Φ, de ε et des constantes apparaissant dans les hypothèses (H1) et (H2) mais c ne dépend ni de m, ni de k.

Remarque: L'inégalité opposée $G(x_m,x_1) \geqslant c\, G(x_k,x_1)\, G(x_m,x_k)$ avec une autre constante $c>0$ est vraie et s'établit facilement : il suffit de noter que $x \to G(x,x_1)$ est surharmonique $\geqslant 0$ sur M et majore le potentiel $x \to c'\, G(x_k,x_1)\, G(x,x_k)$ sur $\partial B(x_k,c_0)$ pour un $c'>0$ assez petit (d'après le 4.1). La majoration s'étend par le principe du maximum hors de $B(x_k,c_0)$ et en particulier pour $x=x_m$.

5.3. Interprétation probabiliste. Supposons $L1 \leqslant 0$ et soit ξ_t la diffusion associée à L. L'estimation du théorème est essentiellement équivalente à la propriété suivante où T désigne le temps d'atteinte de $B(x_m,c_0/2)$,

$$P_{x_1}(\, \exists t<T,\ \xi_t \in B(x_k,c_0) \mid T<\infty\,) \geqslant c$$

pour une certaine constante $c=c(\Phi,L)>0$.

Pour voir comment cette propriété découle du théorème 4.2, observons que cette probabilité conditionnelle est égale à $\pi = V'(x_1)/V(x_1)$ ou V est le potentiel capacitaire dans M de la boule $B=B(x_m,c_0/2)$ et V' la réduite sur $B'=B(x_k,c_0/2)$ et relativement au domaine $M\setminus\overline{B}$ de ce potentiel. Par conséquent, $\pi \geqslant c\, g(x_1,x_k)\, G(x_k,x_m)/G(x_1,x_m)$, si g désigne la L-fonction de Green dans $M\setminus\overline{B}$ (en utilisant le 4.1, pour comparer V à $G(.,x_m)$).

D'après le théorème 5.2, il suffit donc de voir que $g(x_1,x_k) \geqslant c'\, G(x_1,x_k)$ (1) pour une constante $c'=c'(\Phi,L)>0$.

a) Il est clair que $g(x_1,x_k) \geqslant G(x_1,x_k) - c\, G(x_m,x_k)\, G(x_1,x_m)$ pour une constante $c=c(L,c_0)>0$. D'après (encore) le théorème 5.2, il suffit que $G(x_k,x_m)\, G(x_m,x_k) \leqslant c''^{-1}$, où c'' est une constante >0 donnée ; mais d'après le 4.3, le 4.1 et l'équation résolvante, on a

$$G(x_k,x_m)G(x_m,x_k) \leqslant c' \exp(-2\alpha d(x_k,x_m))\, (G^{\varepsilon} \circ G^{\varepsilon})(x_k,x'_k)$$

$$\leq (2c'/\varepsilon) \exp(-2\alpha d(x_k,x_m))\, G^{3\varepsilon/2}(x_k,x'_k)$$
$$\leq c'' \exp(-2\alpha d(x_k,x_m))$$

où x'_k est un point de M tel que $d(x_k,x'_k)=c_0/4$.

D'où la propriété voulue pour m-k assez grand, $m-k \geq \mu(\Phi,L)$.

b) D'autre part, pour m-k uniformément majoré, on voit aisément que $x \to g(x,x_k)$ est minoré par une constante >0 sur $\partial B(x_m,c_0)$. Ce potentiel majore donc un multiple de $G(.,x_m)$ sur cette sphère et par le principe du maximum, cette minoration s'étend à $M \setminus B(x_m,c_0)$. D'où encore, la relation (1) $g(x_1,x_k) \geq c'\, G(x_1,x_k)$.

5.4. **Preuve du théorème 5.2.** elle est obtenue en deux étapes.

<u>Première étape</u> : On montre d'abord l'inégalité:

$$\forall z \in \partial U_k\ ,\ G(z,x_1) \leq c\, G(x_k,x_1)\, G^\varepsilon(z,x_{k-1})$$

pour $1<k<m$ et une constante $c=c(L,\varepsilon,\Phi)$ indépendante de k et m..

Il est clair que pour chaque k, il existe une meilleure constante $c=c_k$ pour laquelle cette estimée est vraie. On va essayer de contrôler c_{k+1} à l'aide de c_k. Notons d'abord qu'avec les inégalités de Harnack, et le principe du maximum on a, pour $z \in \overline{U}_k$:

$$G(z,x_1) \leq c' c_k\, G(x_{k+1},x_1)\, G^\varepsilon(z,x_k)$$

avec $c'=c'(L,\varepsilon,\Phi)$ indépendante de k, m .Prenons un rayon R fourni par le corollaire 4.4 et relatif à $\eta=c'^{-1}$. Si $B=B(y,R) \subset U_k$, on aura si μ (resp.μ^ε) est la mesure harmonique de y dans B relativement à L (resp. L+εI)

$$G(y,x_1)=\int_{\partial B} G(z,x_1)\, d\mu(z) \leq c'c_k\, G(x_{k+1},x_1) \int_{\partial B} G^\varepsilon(z,x_k)\, d\mu(z)$$
$$\leq c_k\, G(x_{k+1},x_1) \int_{\partial B} G^\varepsilon(z,x_k)\, d\mu^\varepsilon(z) = c_k\, G(x_{k+1},x_1)\, G^\varepsilon(y,x_k)$$

Mais, par définition d'une Φ-chaine, il existe C >0 tel que si $y \in \partial U_{k+1}$ et $d(y,x_{k+1}) > C$, on a $B(y,R) \subset U_k$; l'inégalité

$$G(y,x_1) \leq c_k\, G(x_{k+1},x_1)\, G^\varepsilon(y,x_k)$$

a lieu pour tous ces $y \in \partial U_{k+1}$. Si $y \in \partial U_{k+1}$ et $d(y,x_{k+1}) \leq C$, les inégalités de Harnack fournissent un C>0 (indépendant de k et m) tel que

$$G(y,x_1) \leq C\, G(x_{k+1},x_1)\, G^\varepsilon(y,x_k)$$

(et on pourrait ici remplacer à droite G^ε par G) . Finalement $c_{k+1} \leq \max(c_k,C)$ et l'inégalité anoncée a lieu pour tout $k \geq 1$ avec la constante $\max(c_1,C)$.

Deuxième étape. fin de la preuve du théorème.

Soit μ la balayée de δ_{x_m} sur $M\backslash U_k$; On a alors

$$G_{x_1}(x_m)=G(x_m,x_1) = \int_{\partial U_k} G(z,x_1)\, d\mu(z)$$

et d'après la première étape:

$$G(x_m,x_1) \leqslant c \int_{\partial U_k} G(x_k,x_1)\, G^{\varepsilon}(z,x_{k-1})\, d\mu(z) = c\, G(x_k,x_1) \int_M \hat{G}(\mu)\, d\lambda$$

si on note λ la mesure $\geqslant 0$ sur M telle que $G(\lambda)=G^{\varepsilon}_{x_{k-1}}$. Mais, par définition du balayage, $\hat{G}(\mu)$ est la coréduite (réduite pour l'adjoint $\hat{L}$ de L) de $\hat{G}_{x_m}$ sur $M\backslash U_k$ et en particulier $\hat{G}(\mu)\leqslant \hat{G}_{x_m}$. D'où

$$G(x_m,x_1) \leqslant c\, c\, G(x_k,x_1) \int_M G(x_m,z)\, d\lambda(z)$$

Appliquant à nouveau la première étape, (mais pour $\hat{L}$ et la chaine $M\backslash \overline{U}_m$, $M\backslash \overline{U}_{m-1},\ldots,M\backslash \overline{U}_1$, $x_m,\ldots x_1$.)

$$G(x_m,x_1) \leqslant c^2\, G(x_k,x_1) \int_M G(x_m,x_k)\, G^{\varepsilon}(x_{k+1},z)\, d\lambda(z)$$
$$=c^2\, G(x_k,x_1)\, G(x_m,x_k)\, [\int_M G^{\varepsilon}(x_{k+1},z)\, d\lambda(z)]$$

Il reste donc finalement à majorer l'intégrale $J= \int_M \hat{G}^{\varepsilon}(x_{k+1},z)\, d\lambda(z)$

En utilisant plusieurs fois l'équation résolvante, on obtient

$$\int G^{\varepsilon}(x_{k+1},z)\, d\lambda(z) = \int_M G(x_{k+1},z)\, d\lambda(z) + \varepsilon \int G^{\varepsilon}(x_{k+1},y) G(y,z)\, d\sigma(y)\, d\lambda(z)$$
$$= G^{\varepsilon}(x_{k+1},x_{k-1}) + \varepsilon\, (G^{\varepsilon}\circ G^{\varepsilon})(x_{k+1},x_{k-1}) \leqslant G^{\varepsilon}(x_{k+1},x_{k-1}) +2\, \varepsilon\, G^{3\varepsilon/2}(x_{k+1},x_{k-1})$$
$$\leqslant (2\varepsilon+1)\, G^{3\varepsilon/2}(x_{k+1},x_{k-1}).$$

On conclut donc grâce à la proposition 4.1 appliquée à $L+(3\varepsilon/2)I$.

6. Application aux variétés et graphes hyperboliques

On conserve les hypothèses précédentes sur M et L mais on suppose aussi désormais que M est δ-hyperbolique pour un certain $\delta>0$ (sections 2 et 3). En particulier, on suppose toujours que L est faiblement coercif (c'est à dire qu'il vérifie (*), §4) . Le résultat de la section précédente a alors l'expression suivante.

Théorème 6.1

Soient xz un segment géodésique de M et y un point sur ce segment tel que $\min[d(x,y),d(y,z)]\geqslant 1$. La fonction de Green G de L vérifie alors

$$c^{-1}\, G(x,y)\, G(y,z) \leqslant G(x,z) \leqslant cG(x,y)\, G(y,z) \quad \text{(pour une constante } c=c(L)>0\text{)}.$$

Compte tenu des inégalités de Harnack, et du théorème 5.2 , il suffit de voir que si $\gamma : [0\ ,\ 4m\delta\ ] \to M$, m entier≥ 2, est une géodésique minimisante de M (de vitesse unitaire) alors $x_1 = \gamma(4\delta)$,..., $x_j = \gamma(4j\delta)$...., $x_{m-1} = \gamma(4(m-1)\delta)$ forment une Φ-chaine de M pour une fonction Φ qui ne dépend que de δ .

Introduisons $O = \gamma(o)$, les points $x'_j = \gamma((4j+2)\delta)$, les régions $U_j = \{ x \in M\ ;\ (x,x'_j)_o > 4j\delta \}$, et vérifions les propriétés de la définition d'une Φ-chaine. Il est clair que $x_j = \gamma(4j\delta) \in \partial \overline{U_j}$ et évidemment $d(x_j, x_{j+1}) = 4\delta$.

D'après le scholie 3.1, un segment géodésique σ joignant un point $x \in \partial U_j$ à un point $z \in U_{j+1}$ passe à une distance de x'_{j+1} majorée par 17δ ; d'où $d(x_j,\sigma) \leq 23\ \delta$ et $d(x,z) \geq d(x,x_j) - 34\ \delta$.

D'autre part, les inégalités $(x,x'_j)_O = 4j\delta$ et $(z,x'_j)_O \geq 4j\delta + \delta$ impliquent évidemment que $d(z,x) \geq \delta/2$. On peut donc prendre $\Phi(t) = \max\{ t - 50\ \delta\ ,\ \delta/2 \}$.

On va appliquer l'estimation du théorème 6.1 à l'identification du L-compactifié de Martin avec le compactifié géométrique $\overline{M}$ du paragraphe 3 .

Théorème 6.2

Le L-compactifié de Martin de M s'identifie à $\overline{M}$ et la L-frontière de Martin est réduite à sa partie minimale. Si , le point de référence $O \in M$ ayant été fixé, on note K_ζ la minimale correspondante à $\zeta \in \partial \overline{M}$, l'application $(\zeta,x) \to K_\zeta(x)$ est continue sur $\partial \overline{M} \times M$.

La preuve fournira une caractérisation de la fonction K_ζ , comme la seule fonction harmonique positive sur M, normalisée en O et nulle en un sens convenable en tout point $\zeta' \in \partial M$, $\zeta' \neq \zeta$.

A) Fixons $\zeta \in \partial \overline{M}$, et une géodésique $\gamma : \mathbb{R}_+ \to M$ issue de O et tendant vers ζ. Notons $O_j = \gamma(4j\delta + 2\delta)$ et $V_j = \{ x \in M\ ;\ (x,O_j)_O > 4j\delta \}$. On sait que $\{V_j\}$ est une base décroissante du filtre induit sur M par les voisinages de ζ dans $\overline{M}$.

Si $P \in V_{j+1}$,$Q \in M \setminus V_j$ on a vu (scholie 3.1) que pour tout segment géodésique PQ , $d(O_j\ ,\ PQ) \leq\ 50\ \delta$. D'après le théorème précédent (et les inégalités de Harnack) on a donc pour une constante $c = c(M,L,\delta) > 0$: $c^{-1}\, G(Q,O_j) \leq G_P(Q) / G_P(O_j) \leq c\ G(Q,O_j)$

Si on tient compte de la double inégalité obtenue en faisant Q=O , on obtient, pour les noyaux de Green normalisés en O :

$$(1) \qquad c^{-2} K_{O_j}(Q) \leqslant K_P(Q) \leqslant c^2 K_{O_j}(Q) \qquad \forall P\in V_{j+1},\ \forall Q\in M\setminus V_j$$

Tous les K_P, P parcourant V_{j+1}, ont donc la même allure sur $M\setminus V_j$. En particulier toute fonction harmonique h limite d'une suite K_{P_ν} telle que $P_\nu \to \zeta$ dans $\overline{M}$ vérifie les estimées:

$$c^{-2} K_{O_j}(Q) \leqslant h(Q) \leqslant c^2 K_{O_j}(Q) \qquad \forall j\geqslant 2,\ \forall Q\in M\setminus V_j$$

Observons qu'il résulte de cette inégalité que chaque point $\zeta'\in\partial\overline{M}$ distinct de ζ admet un voisinage V (dans $\overline{M}$) tel que h se laisse majorer par un multiple d'un K_{O_j} sur $V\cap M$, et donc aussi (d'après le principe Harnack) par un multiple de G_O (la constante de multiplicité dépendant du point ζ' considéré).

B). Soit $\mathcal{H}_\zeta$ le cône des fonctions L-harmoniques $\geqslant 0$ sur M qui peuvent être majorées par un multiple de G_o au voisinage de chaque point $\zeta'\in\partial\overline{M}$, $\zeta'\neq\zeta$. Pour $h\in\mathcal{H}_\zeta$ et $j\geqslant 2$, la réduite u de h sur ∂V_{j+1} est égale à h sur $M\setminus V_j$ d'après le principe du maximum (il s'agit toujours du principe du maximum du chap.1, prop.10. Il faut noter que d'après l'hypothèse sur h la réduite de h sur $M\setminus\overline{V}_{j+2}$ est un potentiel). De plus, u est un potentiel et on a $u=G\mu$ avec μ portée par ∂V_{j+1}. Par intégration des inégalités (1) ci-dessus, on obtient alors:

$$(2) \qquad c^{-2} h(O)\, K_{O_j}(y) \leqslant h(y) \leqslant c^2 h(O)\, K_{O_j}(y) \qquad ,\ \forall y\in M\setminus V_j$$

On peut alors comparer deux éléments h,h' de $\mathcal{H}_\zeta$ et obtenir

$$c^{-4} h(O)\, h'(y) \leqslant h'(O)\, h(y) \leqslant c^4 h(O)\, h'(y) \qquad \forall y\in M$$

Le cône $\mathcal{H}_\zeta$ a donc la propriété que chacun de ses éléments est majoré par un multiple de tout autre élément non nul.

C. Il est alors élémentaire que $\mathcal{H}_\zeta$ est unidimensionnel; ce cône est non réduit à $\{0\}$ d'après la partie A de la preuve ; pour $u,v\in\mathcal{H}_\zeta$, $u,v>0$, on doit avoir $u=\lambda v$, où $\lambda=\sup\{u(x)/v(x)\ ;\ x\in M\}$, puisque par le choix de λ $u-\lambda v$ ne peut être minoré par un multiple de v. Notons h_ζ l'unique élément de $\mathcal{H}_\zeta$ tel que $h(O)=1$.

<u>Conclusion</u>: On voit donc que lorsque le point P de M tend vers ζ dans $\overline{M}$, les K_P convergent simplement vers la fonction harmonique h_ζ et que h_ζ est minimale (puisque toute harmonique$\geqslant 0$ plus petite appartient à $\mathcal{H}_\zeta$). Si ζ,ζ' sont deux points distincts de $\partial\overline{M}$, on a $h_\zeta \not\equiv h_{\zeta'}$ (sinon, h_ζ serait majoré par un multiple de G_O au voisinage de $\partial\overline{M}$, donc sur M entier et G_O admettrait une minorante harmonique positive).

On a donc exhibé une bijection naturelle continue de $\overline{M}$ sur $\hat{M}$, et montré que la frontière de Martin $\partial\hat{M}$ de M est réduite à sa partie minimale . Le théorème est établi.

<u>Remarque</u>: Notons une estimation souvent utile de la minimale K_ζ le long d'un rayon géodésique Γ joignant O à ζ . On a avec une constante c=c(L,M):

$$c^{-1} \leqslant G(0,x)\, K_\zeta(x) \leqslant c \text{ , pour } x \in \Gamma .$$

En effet si on écrit l'inégalité (2) ci-dessus avec $h=K_\zeta$ et si on fait x=0, on obtient $c^{-2} \leqslant G(0,0_j)\, K_\zeta(0_j) \leqslant c^2$. D'où l'assertion pour $x=0_j$; le cas des autres points s'en déduit évidemment à l'aide des inégalités de Harnack.

<u>Corollaire 6.3</u>

Si L1=0, la L-diffusion ξ_t admet presque sûrement une limite $\xi_\infty \in \partial\overline{M}$ pour $t \to \infty$.■

On va maintenant combiner l'approche abstraite du chapitre 2 , avec les estimées précédentes pour obtenir un thèorème de Fatou-Doob avec des ensembles "non-tangentiels" définis géométriquement.

Soient ρ>0 , $\gamma\ \mathbb{R}_+ \to M$ une demi-géodésique minimisante issue de O et aboutissant en $\zeta \in \partial\overline{M}$, et $C(\zeta,\rho) = \{ x \in M \ ; \ d(x,\gamma(\mathbb{R}_+)) < \rho \}$. Un ensemble non-tangentiel en $\zeta \in \partial\overline{M}$ est par définition un ensemble contenu dans un C(ζ,ρ) ; on dira qu'une fonction f: $M \to \mathbb{R}$ admet la limite non-tangentielle $\ell \in \mathbb{R}$ en ζ si pour tout ρ>0, f(x) tend vers ℓ lorsque x tend vers ζ dans $\hat{M}$ tout en restant dans une région C(ζ,ρ) .

Le résultat anoncé va découler du lemme suivant.

<u>Lemme 6.4</u>

Pour tout ρ>0 et pour toute suite $\{x_j\}_{j\geqslant 1}$ de points de M, tendant vers l'infini et telle que $d(x_j,\gamma(\mathbb{R}_+))$ reste borné pour $j \to \infty$, l'ensemble $A = \cup_{j\geqslant 1} B(x_j,\rho)$ n'est pas effilé minimal en ζ.

Si L(𝟙)=0 , cet énoncé signifie que la L-diffusion $\{\xi_t\}_{t\geqslant 0}$, conditionnellement à "$\xi_\infty = \zeta$" , doit presque sûrement rencontrer une infinité de boules $B(x_j,\rho)$.

Notons $h=K_\zeta$ $B=B(x_j,\rho)$ pour un j fixé et montrons que $R_h^B(0)$ est minorée par une constante indépendante de j (Si $L(\mathbb{1})=0$, cela revient à dire que pour la L-diffusion ξ_t issue de 0 et conditionnellement à "$\xi_\infty = \zeta$" , la probabilité de rencontrer la boule B est minorée par cette constante).

D'après la remarque suivant le théorème 6.2 (et les inégalités de Harnack) on voit que h est sur ∂B du même ordre que $G(0,x_j)^{-1}$; d'où d'après la proposition 4.1 $h(x) \geqslant c\, G(x,x_j)/G(0,x_j)$ pour $x \in \partial B$ et une constante $c=c(L,\rho)>0$. A fortiori , d'après le principe du maximum la réduite $v=R_h^B$ vérifiera la même minoration hors de B . Faisant x=0, on obtient $v(0) \geqslant c$. Ce qui prouve l'assertion.

Le lemme s'en déduit sans difficulté puisque si A est effilé minimal en ζ, on a a fortiori , si $A_t = A \cap \{x;\, d(0,x) \geqslant t\}$, $\lim_{t\to\infty} R_{K_\zeta}^{A_t}(x) = 0$.

Considérons maintenant deux fonctions L-harmoniques >0 sur M, notées u et v , et de mesures associées sur $\partial \overline{M}$ notées μ et ν respectivement On a

$$u(x) = \int_{\partial M} K_\zeta(x)\, d\mu(\zeta) \quad \text{et} \quad v(x) = \int_{\partial M} K_\zeta(x)\, d\nu(\zeta)$$

Désignant par $f \in \mathcal{L}^1(\nu)$ une densité de Radon-Nikodym de μ par rapport à ν ($\mu = f\nu + \mu_s$ avec μ_s singulière par rapport à ν) voici la version "géométrique" anoncée du théorème de Fatou général du chapitre 2 .

__Théorème 6.5__

Pour ν-presque tout $\zeta \in \partial M$, le quotient u/v tend non-tangentiellement au point ζ vers $f(\zeta)$.

Il suffit de montrer que la convergence fine de $g=u/v$ vers $\ell \in \mathbb{R}$, en $\zeta \in \partial \overline{M}$ fixé , entraîne la convergence "non-tangentielle" vers ℓ (Ce type de démarche a été introduit par Brelot-Doob dans le cas du demi-espace [Bre.Do]). Sinon, on trouverait $r>0$, $\alpha>0$ et des points $z_j \in C(\zeta,r)$, $z_j \to \zeta$, tels que $|u(z_j)/v(z_j) - \ell| \geqslant \alpha$. D'après les inégalités de Harnack, on a , quitte à remplacer α par $\alpha/2$ la même inégalité sur $B(z_j , \rho)$ pour un $\rho>0$ indépendant de j . L'hypothèse de convergence fine entraine alors l'effilement en ζ de la réunion de ces boules $B(z_j,\rho)$; ce qui contredit le lemme précédent ∎

Corollaire 6.6

Supposons $L1=0$ et soit σ la mesure associée à la fonction harmonique $\mathbb{1}$ sur $\partial\overline{M}$. Toute fonction harmonique bornée sur M qui admet une limite radiale nulle σ-pp sur $\partial\overline{M}$ est identiquement nulle.■

On va enfin appliquer les résultats précédents à la résolution du problème de Dirichlet sur M (et pour la compactification $\overline{M}$). Pour l'opérateur de Laplace-Beltrami sur une variété de Cartan-Hadamard à courbures sectionnelles comprises entre deux constantes négatives, une propriété équivalente de convergence angulaire du Brownien a été donnée par Prat ; Anderson, et Sullivan ont également résolu le problème de Dirichlet dans ce cas. ([Pra], [And], [Sul.2], voir aussi la méthode très simple de [A.S])

Théorème 6.7

Si $L\mathbb{1}=0$, et si on suppose L auto-adjoint (ou si on suppose seulement que G_0 tend vers 0 à l'infini), il existe pour chaque $\varphi\in C(\partial\overline{M})$ une et une seule fonction $F\in C(\overline{M})$, telle que $F_{|\partial M}=\varphi$ et $L(F)=0$ sur M.

Preuve. Il suffit de recopier la preuve classique élémentaire de résolution du problème de Dirichlet pour une boule de $\mathbb{R}^n$ à l'aide du noyau de Poisson. On pose

$$F(x)=\int_{\partial M} K_\zeta(x)\ \varphi(\zeta)\ d\mu(\zeta)\quad , x\in M$$

où μ est la mesure représentative de $\mathbb{1}$ sur ∂M (on a fixé un point de normalisation O). Vérifions que F(x) tend vers $\varphi(\zeta)$ lorsque $x\to\zeta$. Le procédé usuel de découpage en deux morceaux de l'intégrale conduit au résultat à condition de savoir que pour $\varphi\geq 0$ nulle au voisinage de $\zeta_o\in\partial M$, on a bien $\lim_{x\to\zeta_o}F(x)=0$. Il suffit d'utiliser le fait que pour tout voisinage ouvert U de ζ_o, l'intégrale $\int_{\partial M\setminus U} K_\zeta(x)\ \varphi(\zeta)\ d\mu(\zeta)$ est majorée pour x au voisinage de ζ_o par un multiple de G_0 (voir la preuve du théorème 6.2, fin de la partie A).

7. Autres exemples d'applications

Indiquons pour terminer et sans entrer dans les démonstrations quelques applications du principe de Harnack à l'infini.

1. Un critère d'effilement de type Wiener. Allure du Brownien à l'infini

C'est une généralisation d'un critère classique pour le demi-espace (Mme Lelong, [Lel], [Aik]). On renvoie à [Anc.4] pour une preuve et des compléments (dans le cadre des graphes discrets hyperboliques) et d'autres références. On conserve les hypothèses et les notations du paragraphe précédent.

Théorème 7.1

Soient $\zeta \in \partial\overline{M}$, γ une géodésique joignant le point O à ζ, $x_k = \gamma(4k\delta)$, $U_k = \{x \in M; (x,x_k)_O \geq (4k-2)\delta\}$ et $V_k = U_{k+1} \setminus U_k$. Soit A une partie de M, $A_j = A \cap V_j$. Alors A est effilé en ζ (relativement à L) si et seulement si la série $\sum_j R^{A_j}_{K_\zeta}(O)$ converge. Si L est auto-adjoint, cette condition équivaut à la convergence de la série $\sum R^{A_j}_{g_j}(x_j)$ où $g_j = G(.,x_j)$. ■

En d'autres termes, si $L\mathbb{1}=0$, la L-diffusion ξ_t conditionnée à sortir de M en ζ, finit par éviter A pour t grand, si et seulement si les probabilités $\pi_j = E_{x_j}(\exists t>s>0 ; \xi_s \in A_j \text{ et } \xi_t \in B(x_j,\delta))$ forment une série convergente.

On peut utiliser ce résultat pour étendre à notre cadre un critère d'effilement de A.Beurling concernant le disque, et généralisé à la boule unité de $\mathbb{R}^d$ par Mazja et Dahlberg, (voir [Anc.4]).

Allure du Brownien à l'infini

On suppose $L\mathbb{1}=0$ et L auto-adjoint ; en particulier la fonction de Green décroit exponentiellement : $G(x,y) \leq \varepsilon^{-1} \exp(-\varepsilon d(x,y))$, pour $d(x,y) \geq 1$ et un $\varepsilon>0$ (voir le 4.5). L'énoncé suivant dit qu'en un certain sens la trajectoire de la diffusion ξ_t associée à L est (presque sûrement) assez proche de tout rayon géodésique $\xi_0\xi_\infty$.

Lemme 7.2

Il existe $C_0=C(L)$ tel que si $\zeta \in \partial\overline{M}$ et si $F_\varepsilon = \{x \in M; d(x,O\zeta) \geq (C_0+\varepsilon)\operatorname{Log}(d(O,x))\}$, F_ε est L-effilé minimal en ζ. ■

C'est une application simple du critère précédent, compte tenu de la décroissance exponentielle de la fonction de Green. On en déduit la propriété suivante.

Théorème 7.3

Il existe une constante $C_1>0$ telle que pour chaque $\zeta\in\partial\overline{M}$,

$$P_0\{\ d(\xi_t, O\zeta)\leqslant C_1 \operatorname{Log}(t) \text{ pour t assez grand} \mid \xi_\infty=\zeta\ \}=1 .$$

On a donc presque sûrement $d(\xi_t,\xi_o\xi_\infty)=O(\operatorname{Log}(t))$ pour $t\to\infty$. ■

Rappelons que la coercivité (hypothèse (*) §4) assure que presque sûrement Chap. III)

$$0 < \beta \leqslant \liminf_{t\to\infty} t^{-1}\ d(\xi_t,\xi_o) \leqslant \limsup_{t\to\infty} t^{-1}\ d(\xi_t,\xi_o) <\beta' < \infty$$

où β,β' désignent deux constantes >0 (voir le chapitre 3) . De sorte que P_x-ps, une projection m_t de ξ_t sur un rayon minimisant $O\xi_\infty$ est à une distance d'ordre exactement t de O. Lorsque M est un revêtement co-compact , et $L=\Delta$, une application standard du théorème sous-additif de Kingmann assure que le rapport $d(\xi_t,\xi_o)/t$ tend p.s vers une constante $\alpha=\alpha(M)>0$. On obtient alors que P_x-p.s $d(\xi_t, \gamma_{\xi_\infty}(\alpha t))=o(t)$, où γ_{ξ_∞} désigne un rayon joignant x à l'infini . On sait aussi que pour $M=H_2(-1)$ (le disque hyperbolique) $(d(\xi_o,\xi_t)-t)/\sqrt{t}$ tend en loi vers une variable normale sur $\mathbb{R}$ (ref. [Pi]). Le mouvement brownien tend donc à plutôt osciller le long de la géodésique $O\xi_\infty$ qu'à s'en écarter .

2. Le principe de Harnack à la frontière

On se place toujours dans les hypothèses du §6, mais on suppose pour alléger que $L1=0$. Soient $A\in M$ à distance au moins $12\times\delta$ de O (point de référence), et A_1 un point d'un segment OA à distance 4δ de O. Posons $U=\{x\in M;\ (x,A_1)_0 > d(x,A_1)-3\delta\ \}$, $V=\{x\in M;\ (x,A)_0 > d(x,A)-3\delta\ \}$.

On a alors la propriété suivante: si u et v sont deux fonctions harmoniques >0 sur U , u nulle à l'infini (soit sur $\partial M\cap\overline{U}$), il vient

$$u(x)/u(A) \leqslant\ c\ v(x)/v(A) \qquad \forall x\in V$$

La constante $c>0$ ne dépend que du couple (M,L). (voir [A.S], et pour une réduction au théorème 5.2 [Anc.3]).

Une simple itération permet d'obtenir l'énoncé plus précis suivant : supposons $d(O,A)\geqslant 8k\delta$, (k entier $\geqslant 2$); soient , sur un segment OA fixé, A_j tel que $d(O,A_j)=8j\delta$, $1\leqslant j\leqslant k$, et soit $U_j=\{x\in M;\ (x,A_j)_0 > d(x,A_j)-3\delta\ \}$. Si u,v sont harmoniques >0 sur U_s , $1\leqslant s<k$, nulles sur $\overline{U_s}\cap\partial\overline{M}$, alors on a l'estimée:

$$\forall x\in U_k \qquad u(x)/u(A_k) \leqslant\ (1+C\ \beta^{k-s})\ v(x)/v(A_k)$$

avec $C=C(L,\delta)$, $0<\beta=\beta(L,\delta)<1$. (voir l'argument dans [A.S]).

3. Mesure harmonique et propriétés ergodiques des géodésiques sur les variétés à courbures négatives

Soient N une variété à courbures sectionnelles comprises entre deux constantes <0, $\pi:M\to N$ le revêtement universel riemannien de N, et Γ le groupe du revêtement. Pour $Q\in M$, la mesure harmonique μ_Q de Q sur $S_\infty(M)$ se transporte radialement en une probabilité μ_Q sur S_Q, la sphère unité du plan tangent M_Q ; la mesure $d\pi(\mu_Q)$ sur S_P la sphère unité du plan tangent à N en $P=\pi(Q)$ ne dépend que de P et sera notée m_P. On a alors le théorème suivant qui étend des résultats de Hopf, Tsuji et Sullivan pour le disque hyperbolique (voir [Sul.1]).

<u>Théorème 7.4</u>

A. <u>Les propriétés suivantes sont équivalentes</u>:

(1) N est récurrente.

(2) Pour chaque $P\in N$, m_P-presque toute demi-géodésique issue de P a une image partout dense dans N

(3) Pour tout $Q\in M$, $\Gamma(Q)=\{\gamma(Q);\gamma\in\Gamma\}$ s'accumule "non tangentiellement" en μ_Q-presque tout point de $S_\infty(M)$

(4) L'action de Γ sur $S_\infty(M)\times S_\infty(M)$ est ergodique pour la mesure $\mu_Q\otimes\mu_Q$ (ce qui ne dépend pas de $Q\in M$).

B. <u>Les deux propriétés suivantes sont équivalentes</u>.

(1) N est transiente.

(2) Pour chaque $P\in N$, m_P-presque toute demi-géodésique issue de P tend vers l'infini dans N (ou est dépourvue de points d'accumulation dans N) ■

<u>Indications</u> : a) L'équivalence de 1 et 3 dans le A vient de ceci : N est récurrente si et seulement si toute fonction surharmonique >0 Γ-invariante sur M est minorée par une constante >0, donc si et seulement si la réduite de $\mathbb{1}$ sur l'ensemble $\cup_\Gamma B(\gamma(x_o),\varepsilon_o)$ est encore $\mathbb{1}$ pour un (ou tout) x_o et un (ou tout) $\varepsilon_o>0$.

D'autre part la réunion $A=\cup_j B_j$ d'une suite de boules de rayon fixe dans M est non effilée μ_O-pp (i.e la réduite de $\mathbb{1}$ sur A vaut $\mathbb{1}$) si et seulement si pour μ_O presque tout point $\zeta\in S_\infty(M)$, A rencontre chaque région admissible $C(\zeta,\rho)=\{x\in M;$

d(x,Oζ)<ρ} pour tout (ou pour un) ρ>0. Le lemme 6.4 fournit une implication; par ailleurs, si $L \subset S_\infty(M)$ est un compact de mesure $\mu_0(L)$ non nulle, et si $\omega_\rho = \cup_{\zeta \in L} C(\zeta,\rho)$,ρ>0, alors L est de mesure harmonique non nulle dans ω_ρ. Il suffit d'observer que pour $x \notin \omega_\rho$, la fermeture du cône géodésique $C_{x,\varepsilon}$ de sommet x, d'angle au sommet ε, et direction u_x (vecteur unitaire en x, sur la géodésique Ox) est disjointe de L pour ε>0 assez petit (fonction de a,b, et ρ) ; comme la mesure harmonique de $S_\infty(M) \cap \overline{C}_{x,\rho}$ en x est minorée par une constante α(ρ,a,b)>0, il en va de même pour celle de $S_\infty(M) \setminus L$.

b) L'équivalence du 2 avec le 1 ou le 3 est alors évidente.

c) Pour obtenir 1⇒4 (dans le A) on peut (grace au principe de Harnack au bord) adapter la méthode de Sullivan (voir [Sul.1]) sans aucune difficulté. On est ramené à montrer que si N est récurrente, la somme $\sum_{\gamma\in\Gamma} G(\gamma(x),y)\, K_\zeta(\gamma(0))$ vaut $+\infty$ pour μ-presque tout $\zeta \in S_\infty(M)$ (quels que soient x,y∈M), en notant G la fonction de Green de M , K le noyau de Poisson de M. Or, il existe un ensemble plein $A \subsetneq S_\infty(M)$ tel que , ∀x∈M , $\{\gamma(x)\}_{\gamma\in\Gamma}$ s'accumule non tangentiellement en chaque ζ∈A; mais d'après la remarque après le théorème 6.2, les produits $G(\gamma_j(x),y)\, K_\zeta(\gamma_j(0))$ sont minorés par une constante >0 , si $\gamma_j(x)$ tend non-tangentiellement vers ζ. D'où l'assertion voulue.

Pour 4⇒1, on peut considérer les boules $B_\gamma = B(\gamma(0),\varepsilon)$; si 1 est en défaut, l'ensemble $\Phi = \{(\zeta,\zeta') \in S_\infty(M) \times S_\infty(M);\ \zeta\zeta'$ ne rencontre aucune B_γ , $\gamma\in\Gamma$ } est de mesure $\mu_0 \otimes \mu_0(\Phi)$ non nulle si ε est assez petit (car $\cup_\Gamma B_\gamma$ est tangentiel pour un compact $L \subset S_\infty(M)$ de μ_0-mesure >0) et Φ est Γ-invariant tel que $0 < \mu_0 \otimes \mu_0(\Phi) < 1$.

d) Pour le B il suffit d'observer que pour tout potentiel p sur N, p∘π est un potentiel sur N . Donc pour x∈N , on a pour m_x-presque tout $u \in S_x$, $\lim_{t\to\infty}$ { inf{ p(y); $|y - \gamma_{x,u}(t)| \leq 1$} } =0 puisque le <u>potentiel</u> p∘π tend finement vers 0 en presque tout $Q \in S_\infty(M)$. Si N est transiente , on peut prendre un potentiel p>0 sur N, et on voit que $\gamma_{x,u}(t)$ tend vers l'infini m_x-p.s (puisque p est minorée par un nombre >0 sur tout compact) .

<u>Remarque 1</u>. On peut améliorer la dernière partie du théorème en montrant la propriété suivante: si N est transiente, si P∈N, alors m_P-presque toute demi-

106

géodésique issue de P tend dans le compactifié de Martin $\hat{N}$ vers un point minimal de la frontière de Martin $\partial\hat{N}$.

Indication. Pour $x\in N$ et chaque fonction surharmonique ≥ 0 sur N, on a pour m_p-presque tout $u\in S_x$, $\limsup_{t\to\infty} [\inf\{ s(y); |y-\gamma_{x,u}(t)|\leq 1\}]<\infty$ puisque $s\circ\pi$ admet une limite fine en μ_0-presque tout $Q\in S_\infty(M)$ (Lemme 6.4). En particulier, si p est un potentiel, cette limite supérieure vaut 0 m_p-p.p. On en déduit que $\gamma_{x,u}(t)$, $t\to\infty$, ne peut pas s'accumuler en un point de $\Delta_0(N)$ (pour presque tout u), en utilisant le corollaire 2.2, Chap.2. On adapte ensuite aisément le raisonnement tenu pour le mouvement brownien dans le théorème 3.1 (partie a) du Chap.2 pour obtenir le résultat voulu. ■

Remarque 2. Il est aisé de construire une mesure de Radon λ sur le complémentaire Z de la diagonale de $S_\infty(M)\times S_\infty(M)$, équivalente à $\mu_0\otimes\mu_0$ et invariante par l'action de toute isométrie de M (O point fixé de M); il suffit d'utiliser le noyau θ de Naim [Na] : soit $\theta(x,y) = G(x,y) / G(x,0)G(0,y)$, pour $x,y\in M\setminus\{0\}$; on montre sans difficulté, en utilisant le principe de Harnack à l'infini précisé (voir ci-dessus), que θ se prolonge par continuité à Z, en une fonction continue strictement positive. On vérifie ensuite que $\lambda=\theta\,\mu_0\otimes\mu_0$ est invariante par l'action de toute isométrie de M.

Renvoyons aussi aux travaux récents de F.Ledrappier, et Kifer-Ledrappier pour une étude plus complète de l'ergodicité de l'action de Γ dans le cas co-compact, et des propriétés de dimension de la mesure harmonique. [K-L], [Led.1], [Led.2].

4. Opérateurs uniformément elliptiques dans des domaines de $\mathbb{R}^n$

Le point ici est que la théorie du Potentiel associée à un tel opérateur sur un domaine Lipschitzien rentre dans le cadre considéré aux paragraphes 5 et 6 pourvu que quelques hypothèses standard soient vérifiées.

Soient Ω un domaine de $\mathbb{R}^n$ à frontière non vide et L un opérateur elliptique sur Ω du type suivant:

$$L(u) = \sum a_{ij}\, u_{ij} + \sum b_i\, u_i + \gamma\, u$$

avec des coefficients a_{ij} vérifiant la condition de Hölder

$$\sum_{ij} \delta(x)^\alpha\, \|a_{ij}\|_{\alpha;B(x,\delta/2)} \leq C \qquad (1)$$

107

et des coefficients b_i, γ mesurables sur Ω et tels que

$$\sum \delta(x)\,|b_i(x)| + \delta(x)^2\,|\gamma(x)| \leqslant C \qquad (2)$$

On suppose en outre l'opérateur uniformément elliptique sur Ω : pour tout $x\in\Omega$, et out $\xi\in\mathbb{R}^n$, $\sum a_{ij}(x)\,\xi_i\xi_j \geqslant \lambda\,|\xi|^2$. C, λ, α sont des constantes >0 et on a noté $\delta(x)=d(x,\mathbb{R}^n\backslash\Omega)$, $\|f\|_{\alpha;\omega}=\sup\{\,|f(x)-f(y)|\,/\,|x-y|^{\alpha}\ ;\ x,y\in\omega\,\}$. On supposera aussi, mais ce n'est pas essentiel, les b_i et γ localement höldériens.

On munit Ω d'une structure de variété Riemannienne complète en prenant la métrique $ds^2 = \bar{\delta}(x)^{-2}\,(\sum dx_i^{\,2})$, où $\bar{\delta}$ désigne une approximation C^∞ de δ, telle que $C^{-1}\,\delta(x) \leqslant \bar{\delta}(x) \leqslant C\,\delta(x)$ et $|\nabla\,\bar{\delta}(x)| \leqslant C$ sur Ω, pour une constante C>0.

La variété M ainsi obtenue est à géométrie bornée et $\mathfrak{L}=\delta^2 L$ est un opérateur elliptique sur M qui vérifie les hypothèses H1) et H2) du §3. D'autre part, si Ω est Lipschitzien borné et étoilé, M est quasi-isométrique au disque hyperbolique. M est donc une variété hyperbolique. De même en dimension 2, si Ω est un domaine de Jordan, le théorème 1/4 de Koebe dit que toute application conforme f du disque sur Ω est une quasi-isométrie du disque hyperbolique sur M. On en déduit:

<u>Théorème 7.4</u> Si Ω vérifie l'une des deux hypothèses précédentes, et s'il existe une $(L+\varepsilon\delta^{-2})$-sursolution >0 sur Ω pour un $\varepsilon>0$, alors la L-frontière de Martin de Ω s'identifie naturellement à la frontière topologique de Ω dans $\overline{\mathbb{R}^n}$.■

La condition de l'énoncé sur L est automatiquement satisfaite si $L1 \leqslant 0$, et si $\sum |b_i| = o(\delta^{-1})$. D'autre part, dans le cas d'un domaine lipschitzien on déduit également des théorèmes généraux obtenus plus haut un théorème de type Fatou pour la convergence non-tangentielle naturelle.

Remarquons aussi que ces énoncés s'étendent sans difficulté aux ouverts lipshitziens non nécessairement étoilés.

5. <u>Une application au cas non-uniformément elliptique</u>

Prenons maintenant le domaine $\Omega=B(0,1)$ (la boule unité de $\mathbb{R}^n$) et un opérateur strictement elliptique L sur Ω à coefficients de classe C^1. On suppose qu'au voisinage de chaque point $P\in\partial\Omega$, L peut se mettre sous la forme:

$$L = \sum \delta^{2\alpha_i} Z_i^{\,2} + \sum b_i\,\delta^{\alpha_i} Z_i$$

où $(Z_1,Z_2,\ldots,Z_n)$ est un repère mobile de classe C^1 sur $\overline{\Omega}$ au voisinage de P tel que

a) $\forall x \in \partial\Omega$, les $Z_j(x)$ sont tangents à $\partial\Omega$, pour $1 \leq j \leq n-1$, et b) $\alpha_n = 1$, $\alpha_j \geq (1/2)$ $\sup\{\alpha_k\}$, pour $1 \leq j \leq n$ c) les b_j sont boréliens bornés. (Rappel: $\delta(x) = d(x, \partial\Omega)$ pour $x \in \Omega$)

Soit g une métrique sur Ω pour laquelle les repères $(\delta^{\alpha_1} Z_1, \ldots, \delta^{\alpha_n} Z_n)$ sont orthornormaux au voisinage de $\partial\Omega$ (on peut prendre la métrique définie par 2 $g(d\varphi, d\varphi) = L(\varphi^2) - 2\varphi L(\varphi)$). $M = (\Omega, g)$ est à géométrie bornée et L est adapté à cette métrique ; on montre aussi (mais c'est assez technique) que M admet "beaucoup" de Φ-chaines (§.5) de telle sorte que reprenant les arguments utilisés plus haut pour le cas hyperbolique on a l'énoncé suivant [Anc.3].

<u>Théorème 7.5</u>:

Supposons que L vérifie la condition (*) (Il suffit par exemple que Z_n étant rentrant on ait $b_n < 1 - \varepsilon$, $\varepsilon > 0$, au voisinage de P dans la représentation locale de L donnée plus haut). Alors le L-compactifié de Martin de Ω s'identifie naturellement à $\overline{\Omega}$, et on a pour L une version du théorème de Fatou-Doob en prenant pour régions d'approche non-tangentielle en $P \in \partial\Omega$ les ensembles $\Omega_P(r) =$ $\{ P + \sum_{j \leq n} v_j Z_j(P)\ ;\ v_n > 0\ ,\ |v_j| < r_j\ \ \delta^{\alpha_j}(P + v_n Z_n)\ ,\ 1 \leq j < n \}$ où $r = (r_1, r_2, \ldots r_{n-1})$, les $r_j > 0$ et assez petits.∎

109

Références Bibliographiques

Aik] H. Aikawa , On the thinness in a Lipschitz domain , Analysis, 5 ,1985, 345-382 .

Ale] G. Alexopoulos , Fonctions harmoniques bornées sur les groupes résolubles, C.R.Acad .Sci. Paris, 305, 1987, 777-779

[Anc.1] A. Ancona , Principe de Harnack à la frontière et théorème de Fatou pour un opérateur elliptique dans un domaine lipschitzien, Ann Inst.Fourier, XVIII, 4, 1978, 169-213

[Anc.2] A. Ancona , Une propriété de la compactification de Martin d'un domaine euclidien, Ann. Inst. Fourier, XIX, 4, 1979 , 71-90.

[Anc.3] A. Ancona , Negatively curved manifolds,elliptic operators and the Martin Boundary, Annals of Maths, 125, 1987, 495-536 .

[Anc.4] A. Ancona , Positive harmonic functions and hyperbolicity, Potential Theory, Prague 1987 , Springer Lecture notes n°1344, 1-23.

[Anc.5] A. Ancona ; Régularité d'accès des bouts et frontière de Martin des domaines euclidiens , J. Math. Pures et Ap. , 63 , 1984 ,215-260 .

[And] M.T. Anderson, The Dirichlet problem at infinity for manifolds of negative curvature, J. Diff. Geo. 18, 1983, 701-721 .

[A.S] M.T. Anderson and R. Schoen , Positive harmonic functions on complete manifolds of negative curvature, Ann. of Maths 121, 1985, 429--461.

[Av] A. Avez, Harmonic functions on groups , Differential Geometry and relativity, Reidel, 1976, 27-32.

[Az] R. Azencott , Behavior of diffusion semi-groups at infinity , Bull. Soc. Math. France, 102, 1974, 193-240 .

[BLP] P.Baldi, N.Lohoué, J.Peyrière , Sur la classification des groupes récurrents, C.R.A.S Paris , t. 285, 1103-1104 , 1977 .

[Ba] H. Bass , The degree of polynomial growth of finitely generated nilpotent groups , Proc. Lond. Math. Soc. , 25, 1972, 603-614.

[Bau] H. Bauer , Harmonishe raume und ihre Potential Theorie , Lecture Notes 22, 1966. Springer .

[Ben] M. Benedicks, Positive harmonic functions vanishing on the boundary of certain domains of R^n . Ark. för Math. 18, 1, 1980,53-72 .

[B.D] A.Beurling, J.Deny , Dirichlet spaces, Proc. Nat. Acad. Sc., 45, 208-215, 1959 .

[B.G] R. M. Blumenthal and R. K. Getoor ,Markov processes and Potential theory ,1968 , Academic Press , New-York and London .

[Bre1] M. Brelot , Axiomatique des fonctions harmoniques , Les Presses de l'Université de Montréal , 1969.

[Bre2] M. Brelot , Sur le principe des singularités positives et la topologie de R.S.Martin , Ann. Univ. Grenoble, XIII ,23, 1947-48 ,113-142 .

[Br.Do] M.Brelot et J.L.Doob, Limites angulaires et limites fines , Ann. Inst. Fourier 13 , 2, 1963, 395-415 .

[Broo] R. Brooks , The fundamental group and the spectrum of the laplacian, Comm. Math. Helv.56, 1981 , 581-598 .

[Cha] I. Chavel , Eigenvalues in Riemannian geometry , Academic Press Inc., 1984

[C.E] J. Cheeger and D.Ebin , Comparison theorems in Differential geometry, North Holland Publ. Co , Amsterdam, 1975

[C.G.T] J. Cheeger , M. Gromov , M. Taylor , Finite propagation speed, kernel estimates for func

110

tions of the Laplace operator and the geometry of complete manifolds, J. Diff. Geo. , 17, 1983, 15-53 .

[C.Y] S.Y.Cheng and S.T.Yau , Differential equations on Riemannian manifolds and their geometric applications, Comm. Pure Appl. Math., XXVIII, 1975, 333-354.

[C.L.Y] S.Y.Cheng, P.Li and S.T.Yau , On the upper estimate of the heat kernel of a complete Riemannian manifold, Amer. J. Math., 103, 1981, 1021-1063.

[Cho] G. Choquet , Lectures on Analysis , tome 2 , W. A. Benjamin Inc , 1969 .

[C.D] G.Choquet, J.Deny , Sur l'équation de convolution $\mu=\mu*\sigma$, C.R. Acad. Sci. 250,1960 ,799-801.

[C.C] C.Constantinescu, A.Cornea, Potential theory on harmonic spaces , 1972, Springer Verlag.

[Dav] E. B. Davies , Heat kernels and spectral theory , Cambridge tracts in Mathematics, n°92, 1989.

[Den] J.Deny , Méthodes hilbertiennes en théorie du Potentiel, Cours de Stresa , C.I.M.E, Jul. 1969.

[Der.1] Y.Derriennic, Lois " zéro ou deux " pour les processus de Markov. Applications aux marches aléatoires , Ann. Inst. Poincaré, XII,2, 1976, 111-129.

[Der.2] Y. Derriennic , Quelques applications du théorème ergodique sous-additif . Astérisque , 74 , 183-201 .

[Doo.1] J. L. Doob , Classical Potential theory and its probabilistic counterpart , Springer Verlag , New-York, 1984 .

[Doo.2] J. L. Doob, Conditionned Brownian motion and the boundary limits of harmonic functions ,Bull. Soc. Math. de France, 85, 1957 ,431-458 .

[Dyn] E. Dynkin , Markov Processes , Springer Verlag , Vol. 1 - 2 ,New-York , 1965 .

[E.O] P.Eberlein and B. O'Neill, Visibility manifolds, Pac. J. of Math. 46 , 1973, 45-109 .

[F.S] E. B. Fabes and D. W. Stroock, A new proof of Moser's parabolic Harnack inequality via the old ideas of Nash, Arch. Rat. Mech. Anal., 96, 327-338.

[Fer] J.L.Fernandez , On the existence of Green's function in Riemannian manifolds, Proc of the A.M.S, 96,2, 1986, 284-286.

[Fre] M. Freire , Positive harmonic functions on product of manifolds, Preprint.

[Fri] A. Friedman , Partial Differential Equations of Parabolic type, Englewood Cliffs, NJ, Prentice Hall , 1964 .

[Fu] M.Fukushima , Dirichlet forms ans Markov processes , North-Holland , 1980 .

[Fur] H. Furstenberg , A Poisson formula for semi-simple Lie Groups, Ann. of Math.77,2, 1963, 335-386 .

[G-T] D. Gildbarg and N. S. Trudinger, Elliptic partial differential equations of the second order,2nd edition , Springer, New-York,1983 .

[Gow] K. Gowrisankaran , Fatou-Doob limit theorems in the axiomatic setting of Brelot, Ann. Inst. Fourrier , XVI, 2, 1966, 465-467 .

[Gre] F. P. Greenleaf , Invariant means on topological groups , Van Nostrand, 1969 .

[Gr.1] M. Gromov, Hyperbolic groups , Essays in group theory, M.S.R.I Publications, 8, 1987 , 75-263 .

[Gr.2] M. Gromov, Groups of polynomial growth and expanding maps, Publications de l' I.H.E.S, 53 ,1981 , 53-78 .

[Gui.1] Y. Guivarc'h , Mouvement brownien sur les revêtements d'une variété compacte, C.R.Acad. Sc. Paris ,892, 1981,851-853.

[Gui.2] Y. Guivarc'h , Sur la représentation intégrale des fonctions harmoniques et des fonctions propres positives dans un espace Riemannien symétrique, Preprint, Université de

111

Rennes 1 .

[Gui.3] Y. Guivarc'h , Sur la loi des grands nombres et le rayon spectral d'une marche aléatoire, Astérisque 74, 1980 (Journées sur les marches aléatoires , Nancy 1979) .

[G.K.R] Y.Guivarc'h, M.Keane, B.Roynette, Marches aléatoires sur les groupes de Lie, Lecture Notes in Mathematics, 624, Springer Verlag .

[Her] R. M. Hervé, Recherches sur la théorie des fonctions surharmoniques et du potentiel, Ann. Inst. Fourier, XII, 1962, 415-471 .

[H.W] R.A.Hunt, R.L.Wheeden, Positive Harmonic functions on Lipschitz doamins , Trans. Amer. Math. Soc., 147 ,1970, 507-527 .

[J.K] D.Jerison , C.Kenig , Boundary behavior of harmonic functions in non-tangentially accessible domains, Advances in Math. ,46 , 1982, 80-147 .

[Kai] V.A.Kaimanovich , Brownian motion and harmonic functions on covering manifolds. An entropy approach, Soviet Math. Dokl. 33,(3),1986, 812-816 .

[K.V] V. A. Kaimanovich and A. M. Vershik , Random walks on discrete groups: Boundary and entropy, Ann. Proba. 11, 3 , 1983, 457-490.

[K.L] L. Karp and P. Li , The heat equation on complete Riemannain manifolds .Pretirage.

[Kif] Y.Kifer, Brownian motion and positive harmonic functions on complete manifolds of non positive curvature, Pitman Research Notes in Math. Series, 150 , 1986, 187-232.

[K-L] Y.Kifer, F.Ledrappier , Hausdorff dimension of harmonic measures on negatively curved manifolds, à paraitre in Trans. Amer. Math. Soc. .

[K.T] A. Koranyi and J. Taylor , Minimal solutions of the heat equation and uniqueness of the positive Cauchy problem on homogeneous spaces, Proc.Amer.Math.Soc., 94, 1985 , 273-278.

[K.W] H.Kunita , T.Wanatabe, Markov processes and Martin boundaries, Ill. J. Math. , 9, 1965 .

[Led.1] F.Ledrappier , Propriété de Poisson et courbure négative, C.R.Acad.Sci. Paris, 305, 1987 , 191-194 .

[Led.2] F.Ledrappier , Ergodic properties of brownian motion on covers of compact negatively curved manifolds , Bol. Soc. Bras. Mat. ,19 ,1988, 115-140 .

[Lel] J. Lelong-Ferrand, Etude au voisinage d'un point frontière des fonctions surharmoniques positives dans un demi-espace, Ann. Sc. Ec. Norm. Sup., 66, 1949, 125-159.

[L.Y] P. Li and S. T. Yau , On the parabolic kernel of the Schrodinger operator, Acta Math., 156, 1986 , 153-201.

[Lyo 1] T.J. Lyons ,Instability of the Liouville property for quasi-isometric Riemannian manifolds and reversible Markov chains, J. Diff. Geo. 26, 1987, 33-66 .

[Lyo 2] T.J. Lyons , A simple criterion for transience of a reversible markov chain , Ann. Proba. 11, 1983, 393-402.

[L.M] T. Lyons and H. P. McKean , Winding of Plane brownian motion, Advances in Math., 51 , 1984 , 212 , 225 .

[L.S] T. Lyons and D. Sullivan , Function theory ,random paths and covering spaces, J. Diff. Geo , 19, 1984 , 299-323 .

[Marg] G. A. Margulis , Positive harmonic functions on nilpotent groups, Doklady Akad ,166 , 5 , 1966 ,1054-1057 , et Sov. Math. 7, 1966, 241-243 .

[Mar] R. S. Martin, Minmal positive harmonic functions, Trans.Amer.Soc, 49, 1941,137-172.

[Me] P. A. Meyer , Probabilités et Potentiel ,Hermann Act. Sci. Indus., 1318, 1966

[Mol] S.A.Molchanov, On Martin Boundaries for the direct product of Markov chains, Theor. Prob. and Appl. 12 , 1967, 307-310 .

[Na] L. Naim , Sur le rôle de la frontière de Martin en theorie du Potentiel , Ann. Inst. Fourier , 7 ,

112

1957 , 183-281

[Pi] M. A. Pinsky , Stochastic Riemannian Geometry, Probabilistic Methods in Analysis and related topics , Bharucha-Reid Ed. , Acad. Press , New-York , 199-236

[Pra] J.J.Prat, Etude aymptotique et convergence angulaire du mouvement Brownien sur une variété à courbure négative, C.R.acad. Sci. 290, 1975, 1539-1542 .

[Rev] D. Revuz, Markov chains , North Holland , Amsterdam 1975 .

[Seg] D.Segal, , Polycyclic groups ,Cambridge tracts in Math., 82, Cambridge University Press, 1983.

[Ser] J. Serrin , On the Harnack inequality for linear elliptic equations, J. Anal. Math. , 4 ,1956, 292-308 .

[Sib] D.Sibony , Théorème de limites fines et problème de Dirichlet , Ann. Inst. Fourier , XVIII (2) 1968,121-134 .

[Sul.1] D. Sullivan, On the ergodic theory at infinity of an arbitrary discrete group of hyperbolic motions , Riemann surfaces and Related Topics, Proc. of the 1978 Stony Brooks Conference .

[Sul.2] D. Sullivan, The Dirichlet problem at infinity for a negatively curved manifold, J. Diff. Geo. 18, 1983, 723-732.

[Tay] J.C. Taylor, Product of minimals are minimals. A paraitre.

[Var.1] N. T. Varopoulos, Brownian motion and random walks on manifolds, Ann. Inst. Fourier,34, 1984, 243-269.

[Var.2] N. T. Varopoulos, Random walks on soluble groups, Bull. Sci. Math.107, 1983 , 337-344.

[Var.3] N. T. Varopoulos, Theorie du Potentiel sur des groupes et des variétés, C. R. Acad. Sci. Paris, 302, 1986 ,203-205.

[Var.4] N. T. Varopoulos, Information theory and harmonic functions, Bull. Sci. Math. 110 ,n°4 , 1986 ,347-389 .

[Var.5] N. T. Varopoulos, Isoperimetric inequalities and Markov chains, J.Func.Anal., 63, 1985, 215-239

[Var.6] N. T. Varopoulos,Potential theory and diffusion on Riemannian manifolds, Conference in Harmonic Analysis in Honor of Antoni Zygmund, Wadsworth, Belmont, California, 183 .

[Wil] R. Williams , Diffusions , Markov processes and Martingales , J. Willey , 1979

[Yau] S.T.Yau, Harmonic functions on complete Riemannian manifolds, Comm. Pure Appl. Math., XXVIII,1975, 201-228 .

GEOMETRIC ASPECTS OF DIFFUSIONS ON MANIFOLDS

David ELWORTHY

Originally published in: *École d'Été de Probabilités de Saint-Flour XV-XVII–1985-87*,
Lecture Notes in Mathematics, Vol. **1362**, 277–425, DOI: 10.1007/BFb0086183,

D. ELWORTHY : "GEOMETRIC ASPECTS OF DIFFUSIONS ON MANIFOLDS"

Introduction

CHAPTER I : STOCHASTIC DIFFERENTIAL EQUATIONS AND MANIFOLDS

CHAPTER II : SOME DIFFERENTIAL GEOMETRY FOR PRINCIPAL BUNDLES AND CONSTRUCTIONS OF BROWNIAN MOTION

CHAPTER III : CHARACTERISTIC EXPONENTS FOR STOCHASTIC FLOWS

INTRODUCTION

A. There were three main aspects of the theory of diffusions on manifolds presented in this course: the theory of characteristic exponents for stochastic flows; the use of the Feynman-Kac formula for the solution to the heat equation for forms to obtain geometric results, in particular on the shape of the manifold at infinity; and a technique for obtaining exact and asymptotic expansions of heat kernels. A proof of the Gauss-Bonnet-Chern theorem was given as an application of the third, and also to emphasize the fact that Malliavin calculus is not needed for probabilistic proofs of the Atiyah-Singer index theorem.

The first two aspects concern long term behaviour and the third short time behaviour.

Since the participants could not be expected to have a thorough knowledge of differential geometry, quite a lot of time was devoted to a quick course in Riemannian geometry via connections on the frame bundle. Apart from the intuitive understanding this gives to the notion of parallel translation along the paths of a diffusion, needed for the Feynman-Kac formula for forms, it allows for a global formalism and is anyway intrinsically involved in the main example considered in the discussion of characteristic exponents. Also the fermionic calculus for differential forms was described, both in order to give a proof of the Weitzenbock formula: which is a basic result needed to be able to obtain a Feynman-Kac formula, and in order to give the 'supersymmetric' proof of the Gauss-Bonnet-Chern theorem. This was taken from [33].

Probabilistically it was assumed that the participants had a reasonable understanding of stochastic differential equations in $\mathbb{R}^n$, driven by Brownian motion, and with smooth coefficients. The existence theorem for solutions of such equations on manifolds (up to an explosion time) was proved by embedding the manifold in some $\mathbb{R}^n$ and then using existence results for $\mathbb{R}^n$. See also [107].

B. Not surprisingly, perhaps, it was not possible to cover everything in these lecture notes during the 15 hours of the course. The main sections missed out were those relating to the geometry of submanifolds of $\mathbb{R}^n$: II §7, III §3; the section on moment exponents III §5; and much of V §2.

C. Acknowledgements. I would like to thank the participants for their encouragement and helpful suggestions, as well as for their help in pointing out the numerous errors in the first version of these notes. I am particularly grateful to Monique Poitier for this. From my point of view the whole summer school was extremely enjoyable as well as being very stimulating, and I am very pleased to be able to express my admiration of Professor Hennequin's efforts which made this possible. I would also like to thank Steve Rosenberg for permission to use some unpublished joint work in Chapter IV and to thank David Williams for pointing out a mistake in my original version of Chapter VI §2C.

This final camera ready version was prepared by Peta McAllister from the original version typed by Terri Moss: the difficulties they had from a combination of my writing and changing technology were considerable, and I owe them a big debt of thanks for their patience, skill and speed.

Some of the work reported in the course was supported in part by the U.K. Science and Engineering Research Council.

CHAPTER 1

STOCHASTIC DIFFERENTIAL EQUATIONS AND MANIFOLDS

§1. Some notation, running hypotheses, and basic facts about manifolds

A. We will use invariant notation as much as posssible: if U is open in a Banach space E and F is some other Banach space then the first derivative of a function $f : U \to F$ will be written

$$Df : U \to \mathbb{L}(E,F)$$

and the second

$$D^2f : U \to \mathbb{L}(E,E;F)\text{ , etc.,}$$

where $\mathbb{L}(E,F)$ and $\mathbb{L}(E,E;,F)$ are the spaces of continuous linear and bilinear maps into F respectively. Sometimes we write

$$df : U \times E \to F$$

for

$$(x,v) \to Df(x)(v)$$

with

$$(df)_x \text{ for } Df(x).$$

For continuous semi-martingales z_1, z_2 with values in finite dimensional normed spaces E^1, E^2 and for bilinear $B_t : E^1 \times E^2 \to F$ it will be more convenient to use

$$\int_0^T B_t(dz_{1,t}, dz_{2,t}) \text{ for } \Sigma_{i,j} \int_0^T B_t^{ij}\, d\langle z_1^i, z_2^j\rangle_t$$

or for some corresponding expression involving the tensor quadratic variation. Here the i,j refer to co-ordinates with respect to bases of E^1, E^2 respectively. Thus

$$D^2f(x)(dz_{1,t}, dz_{2,t}) = \Sigma_{i,j}\ \partial^2 f/\partial x^i \partial x^j\ d\langle z^i{}_1, z^j{}_2\rangle_t$$

for $E = E^i = \mathbb{R}^n$.

B. Our manifolds M will be C^∞, connected, and of finite dimension n, unless clearly otherwise. They will always be metrizable. The manifold structure is determined by some C^∞ *atlas* $\{(U_\alpha, \varphi_\alpha) : \alpha \in A\}$ where A is some index set, $\{U_\alpha : \alpha \in A\}$ is an open cover, and each φ_α is a homeomorphism of U_α onto some open subset of $\mathbb{R}^n$, such that on their domain of definition in $\mathbb{R}^n$ each coordinate change $\varphi_\alpha \circ \varphi_\beta^{-1}$ is C^∞. The pairs $(U_\alpha, \varphi_\alpha)$ are C^∞ *charts*, as are any other such which when added to the original atlas still keeps it a C^∞ atlas. For $0 \le r \le \infty$ maps $f : M \to N$ of manifolds are C^r if each $\theta_p \circ f \circ \varphi_\alpha^{-1}$ is C^r on its domain of definition when $(U_\alpha, \varphi_\alpha)$ is a chart for M and (V_p, θ_p) one for N. The map is a C^r diffeomorphism if it is a homeomorphism and both it and its inverse are C^r. The spaces $\mathbb{R}^n$ are considered as C^∞ manifolds by taking $\{(\mathbb{R}^n, \text{identity map})\}$ as atlas, and similarly for open sets U of $\mathbb{R}^n$. A subset N of $\mathbb{R}^{n+p}$ is an n-dimensional C^∞ submanifold if there is a family of C^∞ charts $\{(U_\beta, \varphi_\beta) : \beta \in B\}$ for $\mathbb{R}^m$ such that U_β covers M and $\varphi_\beta^{-1}(\mathbb{R}^n \times \{0\}) = N \cap U_\beta$ for each $\beta \in B$ (writing $\mathbb{R}^{n+p} = \mathbb{R}^n \times \mathbb{R}^p$). Then $\{(U_\beta \cap N, \varphi_\beta|U_\beta \cap N) : \beta \in B\}$ forms an atlas for N, making it a C^∞ manifold.

A C^∞ map $f : M \to \mathbb{R}^{n+p}$ is an embedding if its image $N := f(M)$ is a C^∞ submanifold of $\mathbb{R}^{n+p}$ and f gives a diffeomorphism of M onto N.

C. A tangent vector at $x \in M$ can be considered as an equivalence class of smooth curves

$$\sigma : (-\varepsilon,\varepsilon) \to M$$

some $\varepsilon > 0$ with $\sigma(0) = x$ where $\sigma_1 \sim \sigma_2$ if $d/dt\, \varphi_\alpha(\sigma_1(t))$ and $d/dt\, \varphi_\alpha(\sigma_2(t))$ agree at $t = 0$ for some (and hence all) charts $(U_\alpha, \varphi_\alpha)$ with $x \in U_\alpha$. The set of all such forms the *tangent space* T_xM to M at x. Any chart around x gives a bijection

$$T_x\varphi_\alpha : T_xM \to \mathbb{R}^n$$

which is used to give T_xM a vector space structure (independent of the choice of chart). When M is $\mathbb{R}^n$ itself, or an open subset of $\mathbb{R}^n$, the tangent space is naturally identified with $\mathbb{R}^n$ itself. A C^r map $f : M \to N$ of manifolds $r \ge 1$ determines a linear map

$$T_xf : T_xM \to T_{f(x)}N$$

(obtained by considering the curves $f \circ \sigma$ for example).

The disjoint union TM of all tangent spaces $\{T_xM : x \in M\}$ has a projection $\tau : TM \to M$ defined by $\tau^{-1}(x) = T_xM$. This is the tangent bundle : it is a C^∞ 2n-dimensional manifold with atlas

$$\{(\tau^{-1}(U_\alpha), T\varphi_\alpha) : \alpha \in A\}$$

where

$$T\varphi_\alpha(v) = (\varphi_\alpha(x), T_x\, \varphi_\alpha(v)) \in \mathbb{R}^n \times \mathbb{R}^n$$

for $v \in T_xM$, for $\{(U_\alpha, \varphi_\alpha) : \alpha \in A\}$ an atlas of M. Our C^r map $f : M \to N$ determines a C^{r-1} map $Tf : TM \to TN$ where Tf restricts to T_xf on T_xM. The assignment of Tf to f is functorial. Note that for U open in $\mathbb{R}^n$ we can identify

TU with $U \times \mathbb{R}^n$.

For $f : M \to \mathbb{R}$ write $df : TM \to \mathbb{R}$ for $v \to T_{\tau(v)}f$.

D. When $f : M \to \mathbb{R}^{n+p}$ is an embedding each $T_xf : T_xM \to \mathbb{R}^{n+p}$ is injective, and $Tf : TM \to \mathbb{R}^{n+p} \times \mathbb{R}^{n+p}$, namely $v \to (x, T_xf(v)$ for $v \in T_xM$, is an embedding. This is used to identify T_xM with its image in $\mathbb{R}^{n+p}$.

Now suppose M is a closed submanifold of $\mathbb{R}^{n+p}$ (i.e. a closed subset, not necessarily compact): the identity map is an embedding and we make the above identifications. There is the *normal bundle* $\nu(M)$ to M:

$$\nu(M) = \{(x,v) \in M \times \mathbb{R}^{n+p} : v \perp T_xM\}.$$

Then $\nu(M)$ has the obvious projection onto M with fibres $\{\nu_x(M) \; : x \in M\}$ linear spaces of dimension p. By considering the map

$$P : M \times \mathbb{R}^{n+p} \to T_xM$$

$$P(x,v) = P_x(v) \in T_xM$$

where P_x is the orthogonal projection of $\mathbb{R}^{n+p}$ onto T_xM, use of the implicit function theorem shows that $\nu(M)$ is a submanifold of $\mathbb{R}^{n+p} \times \mathbb{R}^{n+p}$.

Next we will construct a *tubular neighbourhood* of M in $\mathbb{R}^{n+p}$: this will be used to save worrying about details in the proof of the existence of solutions of S.D.E. The exponential map of $\mathbb{R}^{n+p}$ is the map

$$\exp : T\mathbb{R}^{n+p} = \mathbb{R}^{n+p} \times \mathbb{R}^{n+p} \to \mathbb{R}^{n+p}$$

$$\exp(x,v) = x + v.$$

Restrict it to $\nu(M)$ to get $\psi : \nu(M) \to \mathbb{R}_{n+p}$, say. Differentiate at (x,0) to get $T_{(x,0)}\psi : T_{(x,0)}\, \nu(M) \to \mathbb{R}^{n+p}$. Now $T_{(x,0)}\, \nu(M)$ consists of the direct sum of T_xM (the "horizontal" part) and the tangent space to $\nu_x(M)$ at 0 which can be identified with $\nu_x(M)$ itself since it is a linear space. With this identification

$$T_{(x,0)}\psi(v,w) = v + w$$

so that $T_{(x,0)}\psi$ is a linear isomorphism. The inverse function theorem (applied in charts) implies then that ψ restricts to a C^∞ diffeomorphism of a neighbourhood of (x,0) in $\nu(M)$ onto an open neighbourhood of x in $\mathbb{R}^{n+p}$. Piecing these together for different x in M we see there is an open neighbourhood of the zero section $\{(x,0) \in \nu(M) : x \in M\}$, which is mapped diffeomorphically onto an open neighbourhood of M in $\mathbb{R}^{n+p}$. In particular (using a C^∞ partition of unity on M) there is a smooth function $a : M \to (0, \infty)$ such that ψ gives a diffeomorphism $\psi : \{(x,v) \in \nu(M) : |v| < a(x)\} \to N_a(M)$ where $N_a(M) = \bigcup_{x \in M} \{y \in \mathbb{R}^{n+p} \text{ s.t. } |y-x| < a(x)\}$. This will be called the *tubular neighbourhood of* M *radius* a. Note that on $N_a(M)$ the map giving the distance squared from M

$y \to d(y,M)^2$

is C^∞ since $d(y,M) = |\text{projection on the second factor of } \psi^{-1}(y)|$. Examples to think of are the spheres S^n in $\mathbb{R}^{n+1}$ and the surface of revolution $z = (x^2 + y^2)^{-1}$, for x,y positive, in $\mathbb{R}^3$.

§2. Stochastic differential equations on M

A. For a probability space $(\Omega,\mathcal{F},\mathbb{P})$ consider a filtration $\{\mathcal{F}_t : t \geq 0\}$, assuming for simplicity that each $\mathcal{F}_t$ contains all sets of measure zero in $\mathcal{F}$.

Let $Y : M \times \mathbb{R}^m \to TM$ be C^2 with each $Y(x)(-) := Y(x,-)$ linear from $\mathbb{R}^m$ into T_xM. For $t_0 \geq 0$ let $\{z_t, t \geq t_0\}$ be a continuous semi-martingale on $\mathbb{R}^m$ and let

$u : \Omega \to M$

be $\mathcal{F}_{t_0}$-measurable. By a *solution to the stochastic differential equation*

$$dx_t = Y(x_t) \circ dz_t \qquad t \geq t_0 \tag{1}$$

with $\quad x_{t_0} = u$

we mean a sample continuous, adapted process,

$x_t : \Omega \to M \qquad t_0 \leq t < \xi$

where $\xi : \Omega \to [0,\infty]$ is a stopping time such that for any C^3 map $f : M \to \mathbb{R}$ and stopping time T with $t_0 \leq T < \xi$ there is the Ito formula

$$f(x_T) = f(u) + \int_{t_0}^{T} T_{x_s} f(Y(x_s) \circ dz_s) \quad \text{a.s.} \tag{2}$$

where $\circ$ denotes Stratonovich integral.

B. The pair (Y,z) will be called a stochastic dynamical system (S.D.S.). Write $[t_0,\xi) \times \Omega$ for $\{(t,\omega) \in [t_0,\infty) \times \Omega : t < \xi(\omega)\}$. When $M = \mathbb{R}^n$ this is equivalent to the usual definition and there is the basic existence and uniqueness theorem:

<u>Existence and Uniqueness Theorem for $\mathbb{R}^n$</u>

Given z, Y, and u as above for $M = \mathbb{R}^n$ *there is a unique maximal solution to* (1)

$x_t : \Omega \to M \qquad t_0 < t < \zeta$

defined up to an explosion time ζ *which is almost surely positive. On* $\{\zeta < \infty\}$, *as* $t \uparrow \zeta(\omega)$ *so* $x_t(\omega) \to \infty$ *in* $\mathbb{R}^n$ a.s.

Uniqueness holds in the sense that if $\{y_t : t_0 \leq t < \xi\}$ *is any other solution starting from* u *at time* t_0 *then* $\xi \leq \zeta$ *almost surely and* $x \,|\, [t_0,\xi) \times \Omega = y$ *almost surely.* Indeed this is easily deduced from the usual case of an Ito equation with globally Lipschitz coefficients: for $R = 1,2,\ldots$ take a C^∞ map φ_R :

$\mathbb{R}^n \to \mathbb{R}(>0)$ identically one on the ball $B(0;R)$ about 0 radius R and with compact support. Set $Y_R = \varphi_R Y$. In its Ito form

$$dx_t = Y_R(x_t) \circ dz_t$$

has Lipschitz coefficients and has a solution x^R, say, defined for all $t \geq t_0$, starting at u at time t_0. If S_R is its first exit time from $B(0;R)$ then $x_{R'}$ agrees with x_R up to time S_R if $R' > R$, and so a limiting solution x to (1) can be constructed as required.

C. **Existence and uniqueness theorem for M:** We will now see why the same holds for a general manifold M. The straightforward proofs of this tend to be either tedious or unsatisfying, so we will try to avoid tedium by some geometrical constructions.

First of all for there to be uniqueness there clearly has to be an ample supply of C^3 functions f. Since we will have to use that fact we may as well use a strong form of it, namely: *Whitney's embedding Theorem. There is a* C^∞ *embedding* $\varphi : M \to \mathbb{R}^{n+p}$ *of* M *onto a closed submanifold of* $\mathbb{R}^{n+p}$ *where* $p = n + 1$.

The exact codimension p will not be important, and the proof then, for some p, is a straighforward argument using partitions of unity and the implicit function theorem.

Taking such an embedding φ, identify M with its image, so that we can consider it as a submanifold of $\mathbb{R}^{n+p}$. It is easy, using C^∞ partitions of unity to extend Y to a C^2 map $\bar{Y} : \mathbb{R}^{n+p} \times \mathbb{R}^m \to \mathbb{R}^{n+p} \times \mathbb{R}^{n+p}$. However we will do a more explicit extension below. Since a C^2 function on $\mathbb{R}^{n+p}$ restricts to a C^2 function on M a solution to (1) is a solution to

$$dx_t = \bar{Y}(x_t) \circ dz_t \qquad (\bar{1})$$

in $\mathbb{R}^{n+p}$ (strictly speaking, if x_t satisfies $(\bar{1})$ then $\varphi(x_t)$ satisfies (1) since $f \equiv \bar{f} \circ \varphi$ is C^3). Thus uniqueness holds for (1) since it does for $(\bar{1})$. Conversely any C^3 map $f : M \to \mathbb{R}$ can be extended to a C^3 map $\bar{f} : \mathbb{R}^{n+p} \to \mathbb{R}$, so a solution to $(\bar{1})$ which lies on M for all time must solve (1). To prove existence of a maximal solution it is enough therefore to show that if $\{x_t : t_0 \leq t < \xi\}$ is the maximal solution to (1) with $x_{t_0} = u$ for $u : \Omega \to M$ then x_t lies in M almost surely for all t. In fact it is enough to do that for just one extension $\bar{Y}$. In particular take a tubular neighbourhood of M radius $a : M \to \mathbb{R}(>0)$ as described in §1D; choose $R > 0$ and let

$a_R = \inf\{a(x) : x \in M \cap B(0;R+1)\} > 0.$

Choose smooth $\lambda : \mathbb{R}^{n+p} \to \mathbb{R}(\geq 0)$ with support in $B(0;\mathbb{R}+1)$ and identically one on $B(0,R)$, and smooth $\mu : [0,\infty) \to \mathbb{R}(\geq 0)$ with $\mu(x) = 1$ for $|x| \leq \frac{1}{2} a_R^2$ and, $\mu(x) = 0$ for $|x| > a_R^2$.

Let $\pi : N_a(M) \to M$ map a point to the nearest point of M to it. Using the identification ψ of $N_a(M)$ with part of $\nu(M)$ this is seen to be C^∞. Define $Y_R : \mathbb{R}^{n+p} \times \mathbb{R}^m \to \mathbb{R}^{n+p}$ by

$$Y_R(x)(e) = 0 \text{ for } x \notin N_a(M),\ e \in \mathbb{R}^m$$

$$Y_R(x)(e) = \lambda(x)\mu(d(x,M)^2)\, Y(\pi(x))(e) \quad \text{for } x \in N_a(M),\ e \in \mathbb{R}^m.$$

Define $f : \mathbb{R}^{n+p} \to \mathbb{R} \geq 0$ by $f(x) = \lambda(x)\mu(d(x,M)^2)$.

Inside $B(0;R)$ the map f is constant on the level sets of $d(-,M)$ while $Y_R(x)(e)$ is tangent to these sets. Therefore

$$Df(x)\,(Y_R(x)e) = 0 \qquad x \in B(0,R),\ e \in \mathbb{R}^m$$

and so any solution $\{x_t : t_0 \leq t < S\}$ to (I) starting on M satisfies $f(x_t) = 0$ almost surely until it first exits from $B(0;R)$. It therefore stays on M almost surely until this time. Since R was arbitrary we are done:

The uniqueness and existence up to an explosion time result of §2B *holds exactly as stated when* $\mathbb{R}^n$ *is replaced by a manifold* M.

D. It is now easy to see:

If N *is a closed submanifold of* M *and* $Y(x)e$ *lies in* T_xN *for all points* x *of* N *then any solution to* (1) *which starts on* N *almost surely stays on* N *for its lifetime.*

Indeed we now know there is a solution to the restriction of (1) to N which exists until it goes out to infinity on N, or for all time. This solves (1) on M and is certainly maximal: it must therefore be the unique maximal solution to (1).

E. Usually our equations will be of the form

$$dx_t = X(x_t) \circ dB_t + A(x_t)dt \tag{1)'$$

where $X : M \times \mathbb{R}^m \to TM$ is as Y was before, $\{B_t : t \geq 0\}$ is a Brownian motion on $\mathbb{R}^m$, and A is a vector field on M, so $A(x) \in T_xM$ for each $x \in M$. This fits into the scheme of (1) with $z_t = (B_t,t) \in \mathbb{R}^m \times \mathbb{R} = \mathbb{R}^{m+1}$ and $Y(x)(e_1,r) = X(x)(e_1) + rA(x)$ when $(e_1,r) \in \mathbb{R}^m \times \mathbb{R}$. However in this case it is of course only necessary to assume that X is C^2 and A is C^1.

For an orthonormal base $e_1,\dots,e_m$ of $\mathbb{R}^m$ write B_t as $\sum_{r=1}^m B^r{}_t\, e_r$, so the

$\{B^r_t : t \geq 0\}$, $r = 1,2,\ldots,m$ are independent Brownian motions on $\mathbb{R}$. Let $X^1,\ldots,X^m$ be the vector fields

$$X^p(x) = X(x)(e_p) \qquad p = 1,\ldots,m.$$

Then (2) becomes

$$dx_t = \sum_p X^p(x_t) \circ dB^p_t + A(x_t)dt \tag{2}$$

§3. An Ito formula

A. We will need (2) in Ito form. One version using covariant derivatives will be given below in § 2 of Chapter II. However it will be useful to have a form which does not depend on a choice of connection for M e.g. when we need to consider equations on principal bundles it would be a nuisance to have to describe some way of covariant differentiation of vector fields on principal bundles.

For equation (1) and each $e \in \mathbb{R}^m$ let

$$(t,x) \to S(t,x)e$$

be the flow of the vector field $Y_e := Y(-)(e)$ on M, defined on some neighbourhood of $\{0\} \times M$ in $\mathbb{R} \times M$.

A vector field, e.g. Y_e, acts on $f : M \to \mathbb{R}$ to give

$$Y_e f : M \to \mathbb{R}$$

by $\quad Y_e f(x) = df(Y_e(x))$.

Thus, for our C^2 function f

$$d/dt\, f(S(t,x)e) = df(Y_e(S(t,x)e)) = Y_e f\,(S(t,x)e) \tag{3}$$

and

$$d^2/dt^2\, f(S(t,x)e) = Y_e\, Y_e f(S(t,x)e). \tag{4}$$

At $t = 0$ this gives linear and bilinear maps which we write

$$d/dt\, f\circ S(t,x)\big|_{t=0} \in \mathbb{L}(\mathbb{R}^m;\mathbb{R})$$

and

$$d^2/dt^2\, f\circ S(t,x)\big|_{t=0} \in \mathbb{L}(\mathbb{R}^m, \mathbb{R}^m;\mathbb{R})$$

<u>Proposition 3A</u> (Global Ito formula) *For a solution* $\{x_t : 0 \leq t < \xi\}$ *of* (1), *if* $f : M \to \mathbb{R}$ *is* C^2 *and* T *is a stopping time less than* ξ *then, using Ito integrals, almost surely:*

$$f(x_T) = f(x_0) + \int_0^T d/dt\, f\circ S(t,x_r)|_{t=0}(dz_r) + \tfrac{1}{2}\int_0^T d^2/dt^2\, f\circ S(t,x_r)|_{t=0}(dz_r,dz_r) \quad (5)$$

In another form: if $e_1,\dots,e_m$ *is a base for* $\mathbb{R}^m$ *and*

$$z_t = \sum_p z^p{}_t\, e_p, \text{ with } Y^p = Y(-)e_p$$

then

$$f(x_T) = f(x_0) + \int_0^T \sum_p Y^p f(x_r) dz^p{}_r + \tfrac{1}{2}\int_0^T \sum_p Y^p Y^q f(x_r)\, d\langle z^p, z^q\rangle_r \qquad (6)$$

Proof. If f is C^4 the Stratonovich correction term for (2) is

$$\tfrac{1}{2}\int_0^T \sum_{p,q} dv^p{}_t\, dz^q{}_t \text{ where } v^p{}_t = df(Y^p(x_t)) = Y^p f(x_t),$$

and (6), and hence (5), follows by calculating $dv^p{}_t$ using (2) applied to $Y^p(t)$. For f only C^2 the easiest way to proceed is to embed M in some $\mathbb{R}^{n+p}$, extend f to some C^2 function $\bar{f}$, extend Y to $\bar{Y}$ as before and write

$$dy_t = \bar{Y}(y_t)\circ dz_t$$

in Ito form. Then apply the usual Ito formula to $\bar{f}$ to obtain (6) after restriction. //

B. For equation (2)'

$$dx_t = X(x_t)\circ dB_t + A(x_t)dt$$

form (6) becomes

$$f(x_T) = f(x_0) + \int_0^T df(X(x_r))\circ dB_r + \int_0^T \mathcal{A}f(x_r)dr \qquad (6)'$$

where

$$\mathcal{A}f = \tfrac{1}{2}\sum_{p=1}^m X^p X^p f + Af.$$

Using the results for $\mathbb{R}^{n+p}$ after embedding M in $\mathbb{R}^{n+p}$ we see *the solutions of* (2)' *form a Markov process with differential generator* $\mathcal{A}$.

C. A sample continuous stochastic process $\{y_t : 0 \le t < S\}$ on M is a *semi-martingale* if $\{f(y_t) : 0 \le t < \xi\}$ is a semi-martingale in the usual sense whenever $f : M \to \mathbb{R}$ is C^2, (Schwartz [90]). The above formulae show that *our solutions* x_t *to* (1) *are semi-martingales.* There is also the converse result, observed by Schwarz in [90], every continuous semi-martingale y on M is the solution of some equation like (1): indeed given y take some embedding $\varphi : M \to \mathbb{R}^{n+p}$, some p. Let $z_t = \varphi(y_t)$. Then z is a semi-martingale, and if $P : M \times \mathbb{R}^{n+p} \to TM$ is the orthogonal projection map, as in §10, then y is a solution to

$$dx_t = P(x_t) \circ dz_t \tag{7}$$

One easy way to see this is to use the projection $\pi : N_a(M) \to M$ of a tubular neighbourhood as in §1D: then, for $x_t = y_t$, equation (7) is the differential form of the equation $\pi(z_t) = z_t$.

D. For a C^1 map $f : M \to N$ of manifolds, stochastic dynamical systems (X,z) on M and (Y,z) on N are said to be *f-related* if $T_x f(X(x)e) = Y(f(x))e$ for $x \in M$ and $e \in \mathbb{R}^m$. The corresponding result for O.D.E. together with equation (5) immediately shows that *if* f *is* C^2 and $\{x_t : 0 \le t < \xi\}$ *is a solution to* $dx_t = X(x_t) \circ dz_t$ then $\{f(x_t) : 0 \le t < \xi\}$ is a solution to $dy_t = Y(y_t) \circ dz_t$ on N. For a C^3 map f it is immediate from the definition.

§4. Solution flows

A. Flows of stochastic dynamical systems were discussed in Kunita's Stochastic Flow course in 1982 , [67], and I do not want to go into a detailed discussion of their existence and properties. However I would like to describe briefly a method which gives the main properties of these flows rather quickly, and also mention some rather annoying gaps in our knowledge. The first problem is to find nice versions of the map

$$(t,x,\omega) \to F_t(x,\omega) \in M \qquad \omega \in \Omega$$

which assigns to $x \in M$ the solution to the S.D.E. starting at x at time 0. In fact throughout this section we assume $z_t = (B_t,t) \in \mathbb{R}^{m+1}$ so that we are really dealing with (1)'.

B. For M compact, or more generally for Y of compact support, or for $M = \mathbb{R}^n$ with Y having all derivatives bounded it is not difficult to show that Totoki's extension of Kolmogorov's theorem can be used to obtain a version of F such that

(i) For all $x \in M$, $\{F_t(x,-) : t \ge 0\}$ solves $dx_t = Y(x_t) \circ dz_t$ with $F_0(x,-) = x$.

(ii) Each map $[0,\infty) \times M \to M$ given by

$$(t,x) \to F_t(x,\omega) \text{ is continuous.}$$

This was the method used by Blagovescenskii and Freidlin, for example see

[43], [59], [9], [67], [78]. The extension of Kolmogorov's theorem used is:

Let (M,d) *be a complete metric space. Suppose for* $x : [0,1] \times \dots \times [0,1]$ (p-times) $\to \mathfrak{L}^0(\Omega,\mathcal{F};M)$ *there exists* $\alpha, \beta, \gamma > 0$ *such that for all* $\delta > 0$ *and* s,t *in* $[0,1]^p$

$$\mathbb{P}\{d(x_s,x_t) > \delta\} \le \beta\delta^{-\alpha} |s-t|^{p+\gamma}$$

then x *has a sample continuous version.*

The necessary estimates are most easily obtained by embedding M in some $\mathbb{R}^{n+p}$ and extending Y as before.

C. For M compact it is possible to obtain differentiability, diffeomorphism, and composition results by considering an induced stochastic differential equation on the Hilbert manifold of H^s diffeomorphisms of M for $s > \frac{1}{2}n + 3$: the solution of this equation starting at the identity map being a version of F_t, see [43]. Rather than discuss the Hilbert manifold structure of these groups of diffeomorphisms it is possible to embed M in some $\mathbb{R}^{n+p}$ and extend the S.D.S. over $\mathbb{R}^{n+p}$ as before, to have compact support. A flow for the extended system will restrict to one for the system of M. For the extended system we consider the space of diffeomorphisms of class H^s of $\mathbb{R}^{n+p}$ which are the identity outside of a fixed bounded domain U, containing the support of the extended system. We will describe this rather briefly, see [240] for details.

Suppose therefore there is the system on $\mathbb{R}^n$

$$dx_t = Y(x_t) \circ dz_t$$

where Y has compact support in U, for U open, bounded, and with smooth boundary.

For $s > n/2$ set

$H^s{}_U(\mathbb{R}^n; \mathbb{R}^p) = \{f \in H^s(\mathbb{R}^n;\mathbb{R}^p)$ with $\operatorname{supp} f \subset U\}$ where $H^s(\mathbb{R}^n;\mathbb{R}^p)$ is the completion of the space $C^\infty{}_0(\mathbb{R}^n; \mathbb{R}^p)$ of C^∞ functions with compact support under $\langle\ \ \rangle_s$ where

$$\langle f,g\rangle_s = \sum_{|\alpha|\le s} \int_{\mathbb{R}^n} \langle D^\alpha f(x), D^\alpha g(x)\rangle dx$$

where the sum is over multi-indices $\alpha = (\alpha_1,\dots,\alpha_n)$ with $D^\alpha = \partial^{|\alpha|}/(\partial x_1{}^{\alpha_1} \dots \partial x_n{}^{\alpha_n})$. Because $s \ge n/2$ the evaluation map $x \to f(x)$ is continuous on H^s and so $H^s{}_U$ is a well defined closed subspace of H^s.

For $s > n/2 + 1$ set

$\mathfrak{D}^s{}_U = \{f : \mathbb{R}^n \to \mathbb{R}^n$ s.t. f is a C^1 diffeomorphism and $\mathrm{id}-f \in H^s{}_U(\mathbb{R}^n;\mathbb{R}^n)\}$ where

Id refers to the identity map. Since diffeomorphisms are open in the C^1 topology $\mathfrak{D}^s{}_U$ is an open subset of the affine subspace $Id + H^s{}_U(\mathbb{R}^n;\mathbb{R}^n)$. It is therefore a Hilbert manifold with chart $f \to f - Id$. Moreover

1. $\mathfrak{D}^s{}_U$ is a topological group under composition
2. For $h \in \mathfrak{D}^s{}_U$ right multiplication

$$R_h : \mathfrak{D}^s{}_U \to \mathfrak{D}^s{}_U$$
$$f \to f \circ h$$

is C^∞.

3. For $k = 0,1,2,...$ composition

$$\varphi_k : \mathfrak{D}^{s+k}{}_U \times \mathfrak{D}^s{}_U \to \mathfrak{D}^s{}_U$$
$$(f,h) \to f \circ h$$

is C^k.

4. For $k = 1,2,...$ inversion $h \to h^{-1}$ considered as a map

$$\mathfrak{I}_k : \mathfrak{D}^{s+k}{}_U \to \mathfrak{D}^s{}_U$$

is C^k.

Now define the right invariant stochastic dynamical system

$$dh_t = \Upsilon(h_t) \circ dz_t$$

on $\mathfrak{D}^s{}_U$, always assuming $s > n/2 + 1$, by taking

$$\Upsilon(h) : \mathbb{R}^m \to T_h\, \mathfrak{D}^s{}_U \simeq H^s{}_U \qquad h \in \mathfrak{D}^s{}_U$$

to be

$$\Upsilon(h)(e) = \varphi_2(Y(-)(e),h)$$

treating $x \to Y(x)(e)$ as in $H_U{}^{s+2}$. Thus Υ is C^2 by (3) above. We see

$$\Upsilon(Id)(e) = Y(-)(e)$$

and

$$\Upsilon(h)(e) = DR_h(Id)(\Upsilon(Id)e) \qquad h \in \mathfrak{D}^s{}_U$$

so that Y is right invariant.

<u>**Proposition 4C.**</u> *The solution* h_t *to* $dh_t = \Upsilon(h_t) \circ dz_t$ *starting from* Id *exists for all time, and* $F_t(-,\omega) \equiv h_t(\omega)(-)$ *gives a flow for our equation on* $\mathbb{R}^n$ *lying in* $\mathfrak{D}^s{}_U$. *In particular there is a* C^∞ *version of this flow, such that* $t \to F_t(-,\omega)$ *is almost surely continuous into the* C^∞ *topology.*

<u>**Proof**</u>: A maximal solution certainly exists up to some predictable stopping time ξ say, with $\xi > 0$ almost surely: the theory for equations of this type on open subsets of a Hilbert space goes through just as in finite dimensions,

provided one always uses uniform estimates, i.e. uses basis free notation). Choose a predictable stopping time T with $0 \le T \le \xi$. By the right invariance of the system, for $h' \in \mathfrak{D}^s{}_U$

$$(s,\omega) \to h_s(\omega).h'$$

is a solution starting at h', so

$$(s,\omega) \to h_{s-T(\omega)}(\theta_T(\omega))h_{T(\omega)}(\omega)$$

where θ_T is the shift, is equivalent to $h_s(\omega)$ for $s > T(\omega)$. Thus

$$\xi(\omega) \ge T(\omega) + T(\theta_T(\omega)).$$

Iterating this

$$\xi(\omega) \ge \sum_{k=0}^{\infty} T(\theta_{kT}(\omega)).$$

Since $\{T\circ\theta_{kT}\}_{k=0}^{\infty}$ is an i.i.d. sequence we see $\xi = \infty$ almost surely. To see that $h_t(\omega)(x_0)$ is a solution to the equation on $\mathbb{R}^m$ starting at x_0 observe that the two equations are f-related for f the evaluation map $f(h) = h(x_0)$, and use the result of §3D. Finally since $s > n/2 + 1$ was otherwise arbitrary we see that almost surely $s \to h_s(\omega)$ lies in the space of continuous maps into

$\bigcap_{s=1}^{\infty} \mathfrak{D}^s{}_U$ with its induced topology: but this is just a subset of the space of C^∞ diffeomorphisms, with its relative topology. //

By embedding we deduce the existence of a C^∞ flow of diffeomorphisms $F_t(-,\omega) : M \to M$ continuous in t into the C^∞ topology when M is compact.

Results like those of Bismut and of Kunita on the stochastic differential equations for the inverses of the flows and compositions are easily obtained via the infinite dimensional Ito formula, see [24].

D. For non-compact manifolds M we can embed M and approximate the extended S.D.S. by equations with compactly supported coefficients as in §1F. This gives [66], [24a] Kunita's results on the existence of partial flows:

There is an explosion time map $\zeta : M \times \Omega \to (0,\infty]$ *and a partially defined flow* F *for* $dx_t = Y(x_t) \circ dz_t$ *such that if*

$$M(t)(\omega) = \{x \in M : t < \zeta(x,\omega)\} \qquad \omega \in \Omega$$

then for all $\omega \in \Omega$

(i) $M(t)(\omega)$ *is open in* M i.e. $\zeta(-,\omega)$ *is* l.s.c.

(ii) $F_t(\omega) : M(t)(\omega) \to M$ *is defined and is a* C^∞ *diffeomorphism onto an open subset of* $\mathbb{R}^n$

(iii) *For each* x *in* M, $\zeta(x)$ *is a stopping time and* $\{F_t(x,-) : 0 \le t < \zeta(x)\}$ is *a maximal solution. Moreover if* K *is compact in* M, *if* $\zeta(K)(\omega) = \inf \{\zeta(x)(\omega) : x \in K\}$ *then on* $\zeta(K)(\omega) < \infty$, *for any* $x_0 \in M$, $\sup_{x \in K} d(x_0, F_t(x,w)) \to \infty$ *almost surely as* $t \uparrow \zeta(K)(\omega)$.

(iv) *the map* $s \to F_s(-)(\omega)$ *is continuous from* $[0,t]$ *into the* C^∞ *topology of functions on* $M(t)(\omega)$.

When we can choose $\xi \equiv \infty$ the system is said to be *strongly complete,* or *strictly conservative.* The standard example of a system which is complete but not strongly complete is

$$dx_t = dB_t$$

on $M = \mathbb{R}^2 - \{0\}$. It is complete since Brownian motions starting outside of 0 in $\mathbb{R}^2$ almost surely never hit 0. However the flow would have to be

$$F_t(x,\omega) = x + B_t(\omega)$$

so that

$$\xi(x,\omega) = \inf\{t : B_t(\omega) = -x\}.$$

Using the fact that the solution to a complete system exists for all time even when starting with a given random variable $x_0 : \Omega \to M$ (independent of the driving motion of course) it follows [27] that given completeness

$$\mu \otimes \mathbb{P}\{(x,\omega) : \xi(x,\omega) < \infty\} = 0$$

for all Borel measures μ on M. In particular for almost all $\omega \in \Omega$ each open set $M(t)(\omega)$ has full measure in M.

Even when the system is strongly complete the maps $F_t(-,\omega)$ may not be surjective: the standard example is the 2-dimensional Bessel process on $M = (0,\infty)$, see [43], [44], [59]. It seems difficult to decide when strong completeness holds. It depends on Y, not just on the generator $\mathcal{A}$: as observed by Carverhill the Ito equation

$$dz_t = (z_t/|z_t|)\, dB_t$$

on $\mathbb{C} - \{0\}$ is strongly complete (using complex multiplication for B a Brownian motion on $\mathbb{C} \simeq \mathbb{R}^2$), yet its solutions are just Brownian motions on $\mathbb{R}^2 - \{0\}$. A general problem is therefore to find conditions on $\mathcal{A}$ and M which ensure that there exists a choice of Y, giving a diffusion with generator $\mathcal{A}$, which is strongly complete. Anticipating some concepts from the next chapter: for a complete Riemannian manifold M does a lower bound on the Ricci curvature ensure strong completeness of the canonical SDS on

M? What conditions on M ensure that it admits a strongly complete SDS with $= \frac{1}{2}\Delta$? More generally is strong completeness of Y implied by the existence of a uniform cover for Y in the sense of [43], [24a] ?

. Assume now that the system is complete. Even if it is not strongly complete we can formally differentiate solutions in the space directions, to get "derivatives in probability" rather than almost sure derivatives, [43]. This was done for $M = \mathbb{R}^n$ in [57] to get L^2-derivatives given strong conditions on Y. These agree with the almost sure derivatives in the derivatives of the flow $F_t(-,\omega)$ where the latter exists, and we will write them here as $T_{x_0}F_t(-,\omega) : T_{x_0}M \to T_{x_t(\omega)}M$, as if the flow did exist.

For $v \in T_{x_0}M$ set $v_t = T_{x_0}F_t(v,-)$. Then, either by embedding in some $\mathbb{R}^{n+p}$ or by arguing directly, $\{v_t : t \geq 0\}$ satisfies an equation

$$dv_t = \delta Y(v_t) \circ dz_t$$

on TM, where now $\delta Y : TM \times \mathbb{R}^m \to T(TM)$ and is given by

$$\delta Y(v)e = \alpha\, TY_e(v)$$

for $Y_e = Y(-)e : M \to TM$ and $\alpha : TTM \to TTM$ the involution which over a chart which represents TU as $U \times \mathbb{R}^n$ and so TTU as $(U \times \mathbb{R}^n) \times (\mathbb{R}^n \times \mathbb{R}^n)$ is given by $(x,u,v,\omega) \to (x,v,u,\omega)$.

Thus in these co-ordinates

$$\delta Y((x,u))e = (x,u,Y(x)e,DY_e(x)(u)).$$

CHAPTER II

SOME DIFFERENTIAL GEOMETRY FOR PRINCIPAL BUNDLES AND CONSTRUCTION OF BROWNIAN MOTION

§1. Connections on principal bundles and covariant differentiation

A. A Lie group G is a C^∞ manifold with a group structure such that the maps

$$G \times G \to G \qquad \text{and} \qquad G \to G$$
$$(g_1, g_2) \to g_1 g_2 \qquad\qquad g \to g^{-1}$$

are C^∞. Standard examples include the circle S^1, the three sphere S^3 (the multiplicative group of quaternions with unit norm), orthogonal groups O(n) which have SO(n) as connected component of the identity, and non-compact groups $(\mathbb{R}^n, +)$ and GL(n).

A *right action* of G on a manifold M is a C^∞ map $M \times G \to M$ usually written $(x,g) \to x.g$ such that $x.1 = x$ (for 1 the identity element), and $(x.g_1).g_2 = x.(g_1.g_2)$. Examples are the action of G on itself by right multiplication. The natural action of GL(n) on $\mathbb{R}^n$ is a *left action*, defined similarly. Note that $x \to x.g$ is a diffeomorphism of M, which we will write as $R_g : M \to M$, with $L_g : M \to M$ for a left action.

Let g be the tangent space to G at 1. Then the left action gives a diffeomorphism (trivialization of TG)

$$Y : G \times g \to TG$$
$$Y(g)(v) = T_1 L_g(v).$$

Thus a semi-martingale z on g gives an S.D.E. on G.

The map $v \to Y_v := Y(-)(v)$ gives a bijection between g and the space of left-invariant vector fields on G. For any two vector fields X^1, X^2 on a manifold M there is another vector field $[X^1, X^2]$, the *Lie bracket*, determined by $[X^1, X^2]f = X^1X^2f - X^2X^1f$ for $f : M \to \mathbb{R}$ a C^2 function. This gives a Lie algebra structure. For a Lie group the bracket of two left invariant vectors remains left invariant, so there is an induced Lie bracket on g s.t.

$$Y_{[v_1,v_2]} = [Y_{v_1}, Y_{v_2}].$$

Let $\{\sigma(t) : t \in \mathbb{R}\}$ be the curve in G with $\sigma(0) = 1$ and $d\sigma/dt = Y_v(\sigma(t))$.
t is a 1-parameter subgroup and usually written $\sigma(t) = \mathrm{Exp}(tv)$. This etermines

$$\mathrm{Exp} : g \to G$$

y $v \to \mathrm{Exp}\, v$, not to be confused with other exponential maps (e.g. in §1D and 2B below).

. A principal G-bundle over M is a map $\pi : B \to M$ of differentiable manifolds vhich is surjective, where B has a right G-action s.t. $\pi(b.g) = \pi(b)$ all $b \in B$, $\in G$, and such that there is an open cover $\{U_\alpha : \alpha \in A\}$ of M for which there xist C^∞ diffeomorphisms (local trivializations)

$$\theta_\alpha : \pi^{-1}(U_\alpha) \to U_\alpha \times G$$

of the form

$$\theta_\alpha(b) = (\pi(b), \theta_{\alpha,x}(b)) \qquad x = \pi(b)$$

vith

$$\theta_{\alpha,x}(b.g) = \theta_{\alpha,x}(b).g.$$

The simplest example is the product bundle $M \times G$ with obvious right action. An important example is the full *linear frame bundle* of M, $\pi : GLM \to M$, where GLM consists of all linear isomorphisms $u : \mathbb{R}^n \to T_xM$ for some $x \in M$, with π mapping u to the relevant x. The right action is just composition $u.g(e) = u(ge)$ for $e \in \mathbb{R}^n$. Each element u is called a *frame* since it can be identified with the base $(u_1,\dots,u_n)$ of T_xM where $u_p = u(e_p)$ for $e_1,\dots,e_n$ the standard base for $\mathbb{R}^n$.

Given principal bundles $\pi_i : B_i \to M$ with groups G_i for $i = 1,2$ a C^∞ homomorphism is a C^∞ map $h : B_1 \to B_2$ such that $h(b_1.g_1) = h(b_1).h^0(g_1)$ for some smooth group homomorphism $h^0 : G_1 \to G_2$. Thus every principal bundle is by definition locally isomorphic to the trivial (:= product) bundle, (with h^0 = identity map).

C. For a principal G-bundle $\pi : B \to M$ the tangent space TB has a naturally defined subset : the *vertical tangent bundle,* or *bundle along the fibres,*

$$VTB = \{v \in TB : T\pi(v) = 0\}.$$

A *connection on* B is an assignment of a complementary "horizontal" tangent bundle, HTB, invariant under the action of G. One way to do this is to take a g-valued 1-form $\tilde{\omega}$ i.e.

$$\tilde{\omega} : TB \to g$$

is smooth, and each restriction $\tilde{\omega}_b : T_bB \to g$, $b \in B$ is linear, with

(i) $\tilde{\omega} \circ TR_g = ad(g^{-1}) \circ \tilde{\omega}$ $\qquad g \in G$ (8)

where $ad(g^{-1}) : g \to g$ is the *adjoint action*, namely the derivative at 1 of the map $G \to G$, $a \to g^{-1}ag$, and

(ii) $\tilde{\omega}(A^*(b)) = A$ $\qquad b \in B, A \in g$ (9)

where A^* is the (vertical) vector field on B defined by

$$A^*(b) = d/dt\,(b.\exp tA)\,|_{t=0}.$$

Such an $\tilde{\omega}$ is called a *connection form.* Given such,one can define a horizontal tangent bundle by

$$HTB = \{v \in TB : \tilde{\omega}(v) = 0\}.$$

Then

(a) $T_bB = HT_bB \oplus VT_bB$ $\qquad$ each $b \in B$

and

(b) $TR_g(HT_bB) = HT_{b.g}B$ $\qquad b \in B, g \in G.$

Conversely given HTB satisfying (a) and (b) and smooth there exists a connection form inducing it. It is easy to construct connections by partitions of unity: but without additional structure there is no canonical choice.

For each trivialization $(U_\alpha, \theta_\alpha)$ there is a local section

$$s_\alpha : U_\alpha \to \pi^{-1}(U_\alpha) \subset B$$

$$s_\alpha(x) = \theta^{-1}{}_{\alpha,x}(1)$$

This can be used to pull back a connection form $\tilde{\omega}$ to a g-valued 1-form $\tilde{\omega}_\alpha = s_\alpha{}^*(\tilde{\omega})$ given by the composition $\tilde{\omega}_\alpha = \tilde{\omega} \circ Ts_\alpha : TU_\alpha \to g$. For a connection on GL(M) the components of this will give the *Christoffel symbols:* indeed a chart $(U_\alpha,\varphi_\alpha)$ for M determines a trivialization which maps u to $(T_x\varphi_\alpha) \circ u : \mathbb{R}^n \to \mathbb{R}^n$ for a frame u at x. Then $s_\alpha(x) = (T_x\varphi_\alpha)^{-1} : \mathbb{R}^n \to T_xM$. Define

$$\Gamma : \varphi_\alpha(U_\alpha) \to \mathbb{L}(\mathbb{R}^n;g) = \mathbb{L}(\mathbb{R}^n;L(\mathbb{R}^n;\mathbb{R}^n))$$

by

$$\Gamma(\varphi_\alpha(x))v = s_\alpha{}^*(\tilde\omega)(T_x\varphi_\alpha{}^{-1}(v)) \qquad v \in \mathbb{R}^n \tag{10}$$

iving the classical Christoffel symbols $\Gamma^i{}_{jk}$

$$\Gamma^i{}_{jk}(y) = \langle\Gamma(y)(e_j)(e_k),e_i\rangle \tag{11}$$

vhere $e_1,\dots,e_n$ is the standard base for $\mathbb{R}^n$. The connection is *torsion free* if $\Gamma(y)(v_1)(v_2) = \Gamma(y)(v_2)(v_1)$ or equivalently if $\Gamma^i{}_{jk} = \Gamma^i{}_{kj}$.

2. Horizontal lifts, Covariant derivatives, geodesics and a second form of the Ito formula.

A. A connection for $\pi : B \to M$ determines a horizontal lifting map

$$H_b : T_{\pi(b)}M \to T_bB$$

vhich is the inverse of the restriction of $T_b\pi$ to HT_bB, a linear isomorphism. t also gives a way of horizontally lifting smooth curves in M to curves in B; a smooth curve σ in B is *horizontal* if $\dot\sigma(t) \in HTB$ for all t or equivalently if $\tilde\omega(\dot\sigma(t)) = 0$ all t:

For a piecewise C^1 *curve* $\sigma : [0,T) \to M$ and $b_0 \in \pi^{-1}(\sigma(0))$ *there exists a unique horizontal curve* $\sigma^\sim$ *in* B *with* $\sigma^\sim(0) = b_0$ *and* $\pi(\sigma^\sim(t)) = \sigma(t)$ *for all* t (i.e. $\sigma^\sim$ is a *lift* of σ).

In fact given a trivialization (U_α,θ_α), while $\sigma(t)$ is in U_α, for $\sigma^\sim$ to be a lift $\theta_\alpha(\sigma^\sim(t))$ has to have the form

$$\theta_\alpha(\sigma^\sim(t)) = (\sigma(t),g(t)) \in U_\alpha \times G$$

and then it will be horizontal if and only if

$$d/dt\, g(t) = -\, TR_{g(t)}\,(\tilde\omega_\alpha(\sigma(t))(\dot\sigma(t))) \tag{12}$$

so that local existence and uniqueness follow immediately from standard O.D.E. theory on G. To see how (12) arises note that the axioms for $\tilde\omega$ imply that for (v,A) in $T_{(x,a)}(U_\alpha \times G)$

$$\tilde\omega\circ(T\theta_\alpha)^{-1}(v,A) = ad(a^{-1})\tilde\omega_\alpha(x)v + TL_{a^{-1}}A \tag{13}$$

Note that by uniqueness and invariance, if $g \in G$ the horizontal lift of σ starting at $b_0.g$ is just $t \to \sigma^\sim(t)g$.

The only real difficulty in extending this construction to lifts of semi-martingales y_t (e.g. by treating (12) as a Stratonovich S.D.E. when $\sigma(t)$ is replaced by y_t) is to make sure the lifted process does not explode before the original one does see [77], [34], and [43] p. 175. However we will not need this.

B. For simplicity restrict attention now to an *affine connection* for M i.e. a connection on GLM. Given a piecewise C^1 curve $\sigma : [0,T] \to M$ and a vector $v_0 \in T_{\sigma(0)}M$ define the *parallel translate*

$$//_t(v_0) \in T_{\sigma(t)}M \qquad 0 \le t \le T$$

of v_0 along σ by

$$//_t(v_0) = \sigma^\sim(t) b_0^{-1}(v_0) \tag{14}$$

where $\sigma^\sim(t)$ is the horizontal lift of σ through $b_0 \in \pi^{-1}(\sigma(0))$, the result being independent of the choice of b_0.

Then $//_t : T_{\sigma(0)}M \to T_{\sigma(t)}M$ is a linear isomorphism.

If we now have *vector field* W *along* σ i.e. $W : [0,T] \to TM$ with $W(t) \in T_{\sigma(t)}M$ for each t, define its covariant derivative along σ by

$$DW/\partial t = //_t \, d/dt \, (//_t^{-1} W(t)) \tag{15}$$

Thus W is *parallel along* σ i.e. $W(t) = //_t W(0)$ iff $DW/\partial t \equiv 0$.

Over a chart $(U_\alpha, \varphi_\alpha)$ for M, with induced trivialization of $\pi^{-1}(U_\alpha)$, using the same notation as for (12)

$$T_{\sigma(t)} \varphi_\alpha (DW/\partial t) = g(t) \, d/dt \, (g(t)^{-1} v(t))$$

where $v(t) = T_{\sigma(t)} \varphi_\alpha (W(t))$, and so by (12) the local representative $T_{\sigma(t)} \varphi_\alpha (DW/\partial t)$ is given by

$$dv/dt + \Gamma(\sigma_\alpha(t))(\dot\sigma_\alpha(t))(v(t)) \tag{16}$$

for $\sigma_\alpha(t) = \phi_\alpha(\sigma(t))$ or, if $\partial/\partial x^1, \dots, \partial/\partial x^n$ denote the vector fields over U_α given by $T_x\varphi_\alpha (\partial/\partial x^i) = e_i$, the i-th element of the standard base of $\mathbb{R}^n$ and if $W(x) = \Sigma\, W^i(x)\, \partial/\partial x^i$, and

$$DW/\partial t = \Sigma\, (DW/\partial t)^i \, \partial/\partial x^i \quad \text{etc.,}$$

then

$$(DW/\partial t)^i = dW^i/dt + \Gamma^i{}_{jk}(\sigma_\alpha(t))(\dot\sigma(t)^j) W^k(t) \tag{17}$$

summing repeated indices.

By definition a curve σ in M is a *geodesic* if its velocity field $\dot\sigma$ is parallel along σ i.e.

$$D/\partial t \, \dot\sigma \equiv 0.$$

Substitution of this into (17) gives the classical local equations. The existence heory for such equations shows that for each $v_0 \in T_{x_0}M$ there exists a unique geodesic $\{\gamma(t) : 0 \leq t < t_0\}$ for some $t_0 > 0$ with $\gamma(0) = x_0$ and $\dot\gamma(0) = v_0$. If we can take $t_0 = \infty$ for all choices of v_0 so geodesics can be extended for all time he connection is said to be *(geodesically) complete*: (note that no metric is nvolved so far). The geodesic γ above is often written $\gamma(t) = \exp_{x_0} tv_0$ and there is the *exponential map* defined on some domain $\mathfrak{D}$ of TM

$\exp : \mathfrak{D} \to M \times M$

$\exp v = (x, \exp_x v)$

when $v \in T_xM$. A use of the inverse function theorem shows that there is an open neighbourhood $\mathfrak{D}_0$ of the *zero section* $Z[M]$ = image of $Z : M \to TM$ given by $Z(x) = 0 \in T_xM$, such that exp maps $\mathfrak{D}_0$ diffeomorphically onto an open neighbourhood of the diagonal in $M \times M$. In particular each $\exp_x : T_xM \to M$ is a local diffeomorphism near the origin. The inverse determines a chart (U, φ) around x by $\varphi = \exp_x^{-1} : U \to T_xM \cong \mathbb{R}^n$. These are *normal* (or *geodesic*, or *exponential*) coordinates about x. If γ is a geodesic in M from x then its local representative in this chart, $\{\varphi(\gamma(t)) : 0 \leq t < t_0\}$, say, is just the 1/2 ray segment $\{tv : 0 \leq t < t_0\}$, where $v = \dot\gamma(0)$. In particular we see from (15) and (16) that *for a torsion free connection, at the centre of normal coordinates the Christoffel symbols (for that coordinate system) vanish.*

C. Let $\mathbb{L}(TM;TM) = \bigcup_{x\in M} \mathbb{L}(T_xM;T_xM)$. It has a natural C^∞ manifold structure with charts induced by the charts of M, and a smooth projection onto M, as do the other tensor bundles e.g. the cotangent bundle $T^*M = \bigcup \{\mathbb{L}(T_xM;\mathbb{R})\}$, the exterior bundles $\Lambda^p TM$, and the bundles of p-linear maps $\mathbb{L}(TM,\ldots,TM;\mathbb{R}) \approx \bigotimes^p T^*M$.

Note that a frame u at x determines an isomorphism

$\rho_{\mathbb{L}}(u) ; \mathbb{L}(\mathbb{R}^n;\mathbb{R}^n) \to \mathbb{L}(T_xM; T_xM)$

$\rho_{\mathbb{L}}(u)(T) = uTu^{-1}$

and similarly for the other bundles mentioned:

$\rho^*(u) : \mathbb{R}^{n^*} \to T^*_xM$ given by $\rho^*(u)(\ell) = \ell \circ u^{-1}$,

and also

$$\rho_{\wedge}(u)(v_1 \wedge \ldots \wedge v_p) = (uv_1) \wedge \ldots \wedge (uv_p)$$

and

$$\rho_{\otimes}(u)T = T(u^{-1}(-),\ldots,u^{-1}(-)).$$

These equations also determine representations of $GL(n)$ on $\mathbb{L}(\mathbb{R}^n,\mathbb{R}^n)$, $\wedge TM$, etc. which will also be denoted by $\rho_{\mathbb{L}}$, $\rho_{\wedge}$, etc.

D. A vector field A on M determines a map

$$A^{\sim} : GLM \to \mathbb{R}^n$$

by

$$A^{\sim}(u) = u^{-1} A(\pi(u))$$

Similarly a section B of $\mathbb{L}(TM;TM)$, i.e. a map $B:M \to \mathbb{L}(TM;TM)$ such that $B(x) \in \mathbb{L}(T_xM;T_xM)$ each x, gives

$$B^{\sim} : GLM \to \mathbb{L}(\mathbb{R}^n; \mathbb{R}^n)$$

by

$$B^{\sim}(u) = \rho_{\mathbb{L}}(u)^{-1} B \tag{18}$$

etc.

The *covariant derivative* ∇A of A is the section of $\mathbb{L}(TM;TM)$ defined by

$$\nabla A(x)(v) = u\, dA^{\sim}(v^{\sim}) \tag{19}$$

where $v^{\sim}$ is the horizontal lift $H_u v$ of v to HT_uGLM, for $v \in T_xM$. This is often written $\nabla A(v)$ or $\nabla_v A$.

Covariant derivatives of other tensor fields e.g. Sections B of $\mathbb{L}(TM;TM)$ are defined similarly: ∇B is the section of $\mathbb{L}(TM;\mathbb{L}(TM;TM))$ given by

$$\nabla B(x)(v) = \rho_{\mathbb{L}}(u)\, dB^{\sim}(v^{\sim}) \in \mathbb{L}(T_xM;T_xM) \tag{20}$$

for $v^{\sim}$ as before. In particular the higher order covariant derivatives are defined this way, e.g.

$$\nabla^2 A = \nabla(\nabla A)$$

is a section of

$$\mathbb{L}(TM;\mathbb{L}(TM;TM)) \cong \mathbb{L}(TM,TM;TM).$$

For a chart $(U_\alpha, \varphi_\alpha)$ for M around a point x, using the induced trivialization of $\pi^{-1}(U_\alpha)$ our tensor field C, say, when lifted looks like a map $\tilde{C}'$ on $U_\alpha \times GL(n)$ given by $\tilde{C}'(x,g) = \rho(g)^{-1}\, C'(x)$ where C' is C in our coordinate system, and ρ is the relevant representation, e.g. $\rho(g) = g$ for vector fields, $\rho = \rho_{\mathbb{L}}$ etc. In these coordinates $v^{\sim} = (v, -\Gamma(x)(v))$ so $\nabla C(x)(v)$ is given by

$$dC'(v) + d_I\rho(\Gamma(x)(v))C'(x) \tag{21}$$

where $d_I\rho$ means the differential of ρ at the identity e.g. $d_I\rho^*(\Gamma(x)(v) = (\Gamma(x)v)^*$.

In particular if our vector field A is given over U_α by

$A = \Sigma A^i \partial/\partial x^i$, etc.

then, summing repeated suffices, if $x_\alpha = \varphi_\alpha(x)$

$$[\nabla A(v)]^i = dA^i(v) + \Gamma^i{}_{jk}(x_\alpha)(v^j)(A^k(x))$$
$$= (\partial A^i/\partial x^j)\, v^j + \Gamma^i{}_{jk}(x_\alpha)(v^j)(A^k(x)) \qquad (22)$$

where formally $\partial A^i/\partial x^j : U_\alpha \to \mathbb{R}$ means the result of acting on A^i by the vector field $\partial/\partial x^j$: in practice everything is transported to the open set $\varphi_\alpha(U_\alpha)$ of $\mathbb{R}^n$ in order to do the computations so that $\partial A^i/\partial x^j$ is computed as $\partial/\partial x^j\, A^i(\varphi_\alpha(x^1,\ldots,x^n))$" in the sense of elementary calculus).

Comparing (17) and (22) one sees that if V is a vector field taking value v at the point x, and if σ is an integral curve of V, so $\dot\sigma(t) = V(\sigma(t))$, with $\sigma(0) = x$ then

$$DA/\partial t|_{t=0} = \nabla A(v) = \nabla_v A \qquad (23)$$

Note that if V is a vector field we can form a new vector field $\nabla_V A$ or $\nabla A(V)$ by

$$\nabla_V A(x) := \nabla A(V(x))$$

we see from (22), or by working at the centre of normal coordinates that *for a torsion free connection*

$$\nabla_V A - \nabla_A V = [V,A] \qquad (24)$$

D. Covariant differentiation behaves similarly to ordinary differentiation. For example if α is a 1-form (i.e. a section of T^*M) and A is a vector field then for $v \in T_xM$

$$d(\alpha(A(\cdot)))(v) = \nabla_v\alpha(A(x)) + \alpha(\nabla_v A(x)) \qquad (25)$$

One way to see this is to write $\alpha(A(\pi(u))) = (\alpha_x \circ u) \circ u^{-1}A(\pi(u))$ for $u \in GLM$, $x = \pi(u)$. Then differentiate both sides in the direction $H_u(v)$.

E. Using the notation of §3A of Chapter I

$$d^2/dt^2\, f(S(t,x)e) = d/dt\, df(Y_e(S(t,x)e)) = d(df(Y_e(-))(d/dt\, S(t,x)e)$$

which at $t = 0$

$$= \nabla(df)(Y_e(x),(Y_e(x)) + df(\nabla Y_e(Y_e(x)))$$

by (25). Thus for any affine connection, (5) can be written

$$f(x_T) = f(x_s) + \int_s^T df(X(x_r)dz_r)$$

$$+ \tfrac{1}{2} \int_s^T \{\nabla(df)(Y(x_r)dz_r)(Y(x_r)dz_r) + df(\nabla Y(Y(x)dzr)dzr)\} \qquad (26)$$

which for equation (2)', gives the generator $\mathbb{A}$ in the form

$$\mathbb{A}f = \tfrac{1}{2} \sum_{p=1}^{m} \{\nabla(df)(X^p(x))(X^p(x)) + df(\nabla X^p(X^p(x)))\} + df(A(x)). \qquad (27)$$

Non-degeneracy of the S.D.S. (2') i.e. surjectivity of each $X(x) : \mathbb{R}^m \to T_xM$ is equivalent to ellipticity of $\mathbb{A}f$: the symbol of $\mathbb{A}$ is just $\Sigma\, X^p \otimes X^p$ as a section of $TM \otimes TM$, or $X(\cdot) \circ X(-)^*$ as a section of $\mathbb{L}(T^*M;TM)$).

§3. Riemannian metrics and the Laplace-Beltrami operator

A. A Riemannian metric on M assigns an inner product $\langle\, ,\, \rangle_x$ to each tangent space T_xM of M, depending smoothly on x. Over a chart $(U_\alpha, \varphi_\alpha)$ if $u = u^i\, \partial/\partial x^i$, $v = v^i\, \partial/\partial x^i$ are tangent vectors then define the $n \times n$-matrix $G(x) = [g_{ij}(x)]_{i,j}$ by

$$\langle u,v\rangle_x = g_{ij}(x)u^i v^j \qquad (28)$$

The inner product determines a metric d in the usual sense on M, compatible with its topology, by letting d(x,y) be the infimum of the lengths of all piecewise C^1 curves from x to y, where the length $\ell(\sigma)$ is

$$\ell(\sigma) = \int_a^b |\dot\sigma(t)|_{\sigma(t)}\, dt$$

for $|u|_x = \langle u,u\rangle_x^{\frac{1}{2}}$ as usual, and σ is defined on [a,b]. The Riemannian manifold (i.e. M together with $\{\langle\, ,\, \rangle_x : x \in M\}$) is (metrically) *complete* if it is complete in this metric.

For a submanifold M of $\mathbb{R}^m$ the standard inner product of $\mathbb{R}^m$ restricts to n inner product $\langle \, , \rangle_x$ on each T_xM considered as a subset of $\mathbb{R}^m$, thereby etermining a Riemannian structure on M. It is a highly non-trivial result, the lash embedding theorem, that for every Riemannian metric on a manifold M here is an embedding into some $\mathbb{R}^m$ such that the induced metric agrees with he given one i.e. an *isometric embedding.* (In general a smooth map $f : M \to N$ f Riemannian manifolds is *isometric* if $\langle T_xf(u), T_xf(v)\rangle_{f(x)} = \langle u,v\rangle_x$ for all $x \in M$ and $u, v \in T_xM$; it is *an isometry* if it is also a diffeomorphism of M onto N. Thus an isometric map need not preserve distance.)

B. Given such a metric one can consider *orthonormal frames:* these are somorphisms

$$u : \mathbb{R}^n \to T_xM$$

preserving the inner products, $\langle u(e),u(e')\rangle_x = \langle e,e'\rangle_{\mathbb{R}^n}$. The space OM of such frames is a subset of GLM, and keeping $\pi : OM \to M$ to denote the projection it forms a principal bundle with group O(n): it is a subbundle of GLM in the obvious sense.

A connection on OM is called a Riemannian connection. $\tilde{\omega}$ will take values in the Lie algebra *o(n)* of O(n) which can be identified with the space of skew-symmetric n × n-matrices. It can be extended over all of GLM by the action of GL(n) on GLM, insisting on condition (i) for a connection form (or (b) for the corresponding horizontal subspaces). Thus it determines a connection on GLM and so local coordinates have associated Christoffel symbols, which can be used to compute covariant derivatives.

An important point is that for this induced connection on GLM, given a curve σ in M, the horizontal lift $\sigma^\sim$ of σ to GLM starting from an orthonormal frame stays in OM and is the same as the horizontal lift for the original connection on OM. An immediate consequence (from the definitions, equations (14) and (15)) is that parallel translation preserves inner products:

$$\langle //_tv, //_tv'\rangle_{\sigma(t)} = \langle v,v'\rangle_{\sigma(o)} \qquad (29)$$

for $v, v' \in T_{\sigma(o)}M$, and for vector fields W, W' along σ

$$d/dt \langle W(t),W'(t)\rangle_{\sigma(t)} = \langle DW/\partial t, W'(t)\rangle_{\sigma(t)} + \langle W(t), DW'/\partial t\rangle_{\sigma(t)}. \qquad (30)$$

Consequently, by (23), if W_1, W_2 are vector fields and $v \in T_xM$ then

$$d\langle W_1(-),W_2(-)\rangle_{(-)}(v) = \langle \nabla W_1(v), W_2(x)\rangle_x + \langle W_1(x), \nabla W_2(v)\rangle_x \qquad (31)$$

C. The metric gives an identification of T_xM with its dual $T_x{}^*M$ by

$v \to v^* = \langle v, - \rangle_x$. In local coordinates $(U_\alpha, \varphi_\alpha)$ let $\varphi_\alpha(y) = (x^1(y), \ldots, x^n(y))$ for $y \in U_\alpha$ then $\{d_y x^1, \ldots, d_y x^n\}$ form the dual basis to $\{\partial/\partial x^1, \ldots, \partial/\partial x^n\}$, (strictly speaking evaluated at y). If $v = v^i \, \partial/\partial x^i$ at y then $v^* = v_i \, d_y x^i$ where

$$v_i = g_{ij}(y) v^j \tag{32}$$

Write $\ell \to \ell^*$ for the inverse of this isomorphism also.

By choosing the vector field A such that for given $x \in M$ and $v \in T_x M$, $A(x) = v$ and $\nabla A(x) = 0$, equation (25) shows that for a 1-form α

$$(\nabla_v \alpha)^\# = \nabla_v \alpha^\#. \tag{33}$$

Similarly ∇_v commutes with the 'raising and lowering of indices' on other tensor fields.

The *gradient*, grad f, or ∇f, of a C^1 function $f : M \to \mathbb{R}$ is the vector field $(df)^*$ so

$$\langle \nabla f(x), v \rangle_x = df(v) \tag{34}$$

all $v \in T_x M$. In local coordinates $\nabla f(x) = \nabla f(x)^i \, \partial/\partial x^i$ where

$$\nabla f(x)^i = g^{ij}(x) \, \partial f/\partial x^j \tag{35}$$

where $[g^{ij}(x)]_{i,j}$ is the inverse matrix $G(x)^{-1}$ to $[g_{ij}(x)]$.

D. There will be many Riemannian connections for a given metric. However it turns out that there is a unique one which is also torsion free. This is called the *Levi-Civita connection.* It can be defined in terms of the Christoffel symbols by

$$\Gamma^\ell_{ij} = \sum_k \tfrac{1}{2} g^{k\ell}(\partial/\partial x^i \, g_{jk} + \partial/\partial x^j \, g_{ik} - \partial/\partial x^k \, g_{ij}) \tag{36}$$

It is this connection which is usually refered to when considering covariant derivatives etc. for Riemannian manifolds.

E. A Riemannian metric determines a measure on M, temporarily to be denoted by μ, such that if $(U_\alpha, \varphi_\alpha)$ is a chart then the push forward μ_α of $\mu | U_\alpha$ by φ_α is equivalent to Lebesgue measure on the open set $\varphi_\alpha(U_\alpha)$ of $\mathbb{R}^n$ with $\mu_\alpha(dx) = \sqrt{\det G(\varphi_\alpha^{-1}(x))} \, \lambda(dx)$ where λ is Lebesgue measure and G is the local representative of the metric. We shall usually just write dx for $\mu(dx)$ or $\lambda(dx)$ and write $g_\alpha(x)$ or $g(x)$ for $\det G(x)$. Note $\sqrt{g}(x) = |\det T_y \varphi_\alpha^{-1}|$ for $y = \varphi_\alpha(x)$, where 'det' refers to the determinant obtained by using $\langle \, , \rangle_x$ and

$, \rangle_{\mathbb{R}^n}$.

For a C^1 vector field A on M, the *divergence*, $\operatorname{div} A : M \to \mathbb{R}$, is given by

$$\operatorname{div} A(x) = d/dt \det T_x F_t \big|_{t=0} \tag{37}$$

where

$$(t,x) \to F_t(x) \in M$$

s the solution flow of A, on its domain of definition in $\mathbb{R} \times M$. It represents he rate of change of volume by the flow. It is given by

$$\operatorname{div} A(x) = \operatorname{trace} \nabla A(x). \tag{38}$$

From (37), using the change of variable formula for Lebesgue measure one gets he *divergence theorem*

$$\int_M \operatorname{div} A(x)\, dx = 0 \tag{39}$$

for M compact, and more generally. Since, by (22), if $f : M \to \mathbb{R}$,

$$\operatorname{div} fA(x) = \langle \nabla f(x), A(x) \rangle_x + f(x) \operatorname{div} A(x) \tag{40}$$

we see from this that div and $-\nabla$ are formal adjoints.

The *Laplace-Beltrami* operator Δ on C^2 functions $f : M \to \mathbb{R}$ is defined by

$$\Delta f = \operatorname{div} \nabla f$$

or equivalently

$$\Delta f = \operatorname{trace} \nabla df = \Sigma \ \nabla(df)(e_i)(e_i)$$

where $e_1, \ldots, e_n$ are orthonormal. It determines a self-adjoint operator Δ on $L^2(M;\mathbb{R})$, [52], [91]. In local coordinates it has the formula

$$\Delta f(x) = g^{ij}(x)\, \partial^2 f/\partial x^i \partial x^j - g^{ij}(x)\, \Gamma^k{}_{ij}(x)\, \partial f/\partial x^k \tag{41a}$$

and

$$\Delta f(x) = g(x)^{-\frac{1}{2}}\, \partial/\partial x^i \{g(x)^{\frac{1}{2}} g^{ij}(x)\, \partial f/\partial x^j\} \tag{41b}$$

which are easily seen using (21) and (38) for (41a), and (35) and (37) for (41b).

§4. Brownian motion on M and the stochastic development

A Let M be a Riemannian manifold with its Levi-Civita connection. By a *Brownian motion* on M we mean a sample continuous process $\{x_t : 0 \le t < \xi\}$, defined up to a stopping time, which is Markov with infinitesimal generator $\frac{1}{2}\Delta$.

From the Ito formula (27) a solution of

$$dx_t = X(x_t) \circ dB_t + A(x_t)dt$$

is a Brownian motion if and only if

(i) $X(x) : \mathbb{R}^m \to T_xM$ is a projection onto T_xM for each x in M i.e. $X(x) \circ X(x)^* =$ identity; and

(ii) $A(x) = -\frac{1}{2}\sum_p \nabla X^p(X^p(x))$

When (i) but not (ii) holds we say that $\{x_t : 0 \le t < \xi\}$ is a *Brownian motion with drift*. The *drift* is the vector field $x \to A(x) + \frac{1}{2}\sum_p \nabla X^p(X^p(x))$.

B. Note, again from (27) for an arbitrary affine connection, that in general the generator $\mathcal{A}$ for our solution is elliptic if and only if each X(x) is surjective (in which case the S.D.E. is said to be *non-degenerate*). In this case each X(x) induces an inner product on T_xM, the quotient inner product, and so determines a Riemannian metric on M. Thus the *solutions to a non-degenerate* S.D.E. *are Brownian motions with drift for some (uniquely defined) metric on* M, and equivalently *any elliptic* $\mathcal{A}$ *can be written as* $\frac{1}{2}\Delta + B$ *for some first order operator* (i.e. *vector field*) B. Even working on $\mathbb{R}^n$, if one wishes to deal with elliptic generators $\mathcal{A}$, the differential geometry of the associated metric will not in general be trivial and can play an important role.

C. Although there always exist coefficients X and A satisfying (i) and (ii) there is no natural choice which can be applied to general Riemannian manifolds. However there is a canonical S.D.E. on the orthonormal frame bundle OM to M, and it turns out that the solutions to this project down to give Brownian motions on M. The construction, due to Eells and Elworthy, is as follows:

Define $X : OM \times \mathbb{R}^n \to TOM$ by

$$X(u)e = H_u(u(e)). \qquad (42)$$

For given u_0 in OM let $\{u_t : 0 \le t < \zeta\}$ be a maximal solution to

$$du_t = X(u_t) \circ dB_t \qquad (43)$$

where $\{B_t : 0 \le t < \infty\}$ is Brownian motion on $\mathbb{R}^n$, so now m = n. Set $x_t = \pi(u_t)$:

<u>Theorem 4C</u> $\{x_t : 0 \le t < \zeta\}$ *is a Brownian motion on* M, *defined up to its explosion time.*

Proof Suppose $g : M \to \mathbb{R}$ is C^2. Set $f = g \circ \pi : OM \to \mathbb{R}$. With the notation of the to formula (5), §3A, for $e \in \mathbb{R}^n$ and $u \in OM$ set

$$\gamma_t(u,e) = \pi(S(t,u)e). \tag{44}$$

Then $S(-,u)e$ is the horizontal lift of $\gamma_-(u,e)$ through u. Since

$$\dot\gamma_t(u,e) = T\pi(X(S(t,u)e)(e)) = (S(t,u)e)(e) \in T_{\gamma_t(u,e)}M$$

$\dot\gamma_t$ is parallel along γ_t and so $t \to \gamma_t(u,e)$ *is a geodesic in* M, see §2B; also $\dot\gamma_0 = u(e)$. Thus

$$d/dt\, f(S(t,u)e)|_{t=0} = d/dt\, g(\gamma_t(u,e))|_{t=0} = dg(u(e))$$

and

$$d^2/dt^2\, f(S(t,u)e)|_{t=0} = d/dt\, (dg(\dot\gamma_t(u,e)))|_{t=0}$$
$$= \nabla\, dg(\dot\gamma_t(u,e))|_{t=0} + dg(D/\partial t\, \dot\gamma_t(u,e)|_{t=0})$$
$$= \nabla\, dg(u(e))$$

since $D/\partial t\, \dot\gamma_t \equiv 0$.

Thus by (5)

$$g(x_T) = g(x_0) + \int_0^T dg(u_t \circ dB_t) + \tfrac{1}{2}\int_0^T \Delta g(x_t)dt \tag{45}.$$

That x_t is a Brownian motion can now be deduced from the martingale problem method, [92]. Alternatively, to show that x_t has the Markov property first prove that the distributions of $\{x_t : 0 \le t < \xi\}$ do not depend on the point $u_0 \in \pi^{-1}(x_0)$ in OM: having done this the Markov property is easily deduced from that of the solutions of our S.D.E. on OM, (e.g. see [43], §5C of Chapter IX). To see the lack of dependence up to distribution on u_0 observe that if $u'_0 \in \pi^{-1}(x_0)$ then there exists $g \in O(n)$ with $u'_0 = u_0.g$. By the equivariance under O(n) of the horizontal tangent spaces, condition (b) of §1C, $\{u_t.g : 0 \le t < \zeta\}$ satisfies

$$du'_t = X(u'_t) \circ dB'_t$$

where $B'_t = g^{-1}(B_t)$. By the orthogonal invariance of the distributions of Brownian motion, B'_t is again a Brownian motion and $u_t.g$ has the same distributions as the solution u'_t of $du'_t = X(u'_t) \circ dB_t$ from u'_0. Since $\pi(u_t.g) =$

$\pi(u_t)$ the required invariance for x_t follows.

The maximality of $\{x_t : 0 \le t < \zeta\}$ follows from that of $\{u_t : 0 \le t < \zeta\}$: if $u_t \to \infty$ in OM as $t \to \zeta(\omega)$ so does $\pi(u_t)$ since each $\pi^{-1}(x)$ is compact. //

D. Since each $X(u)e \in T_u OM$, the considerations of §2A suggest calling the solution $\{u_t : 0 \le t < \zeta\}$ the *horizontal lift* of the Brownian motion $\{x_t : 0 \le t < \zeta\}$ from u_0: in fact it is easy to see that it locally satisfies the local equations (12) considered as a Stratonovich equation with x_t replacing σ_t.

We can then define *parallel translation* along the sample paths of our Brownian motion

$$//_t(\omega) : T_{x_0}M \to T_{x_{t(\omega)}}M$$

by

$$//_t(\omega)v_0 = u_t(\omega)u_0^{-1}(v_0) \qquad \omega \in \Omega \qquad (46).$$

Also if $\{W_t : 0 \le t < \zeta\}$ is a vector field along $\{x_t : 0 \le t < \zeta\}$ i.e.

$$W_t(\omega) \in T_{x_t(\omega)}M \qquad \omega \in \Omega$$

then its covariant derivative along the Brownian paths is the vector field along $\{x_t : 0 \le t < \zeta\}$ given by

$$DW_t/\partial t = //_t \; d/dt\,(//_t^{-1} W_t) \qquad (47)$$

E. We shall not give the details but any Brownian motion on M from a point x_0 can be considered as obtained in the way described: as the *stochastic development* of a Brownian motion on $\mathbb{R}^n$. To do this we have to *anti-develop* our given Brownian motion on M. A simple way to do this is to express x_t as the solution of some S.D.E. $dx_t = Y(x_t) \circ dz_t$, as described in §3C of Chapter I. Take a horizontal lift $\tilde{Y}$ of Y to OM so $\tilde{Y}(u)e = H_u(Y(\pi(u))e)$ for $(u,e) \in OM \times \mathbb{R}^m$. Solve

$$du_t = \tilde{Y}(u_t) \circ dz_t \qquad (48)$$

from a given $u_0 \in \pi^{-1}(x_0)$. This is a candidate for a horizontal lift of $\{x_t : 0 \le t < \zeta\}$ (assuming it does live as long as x_t, which it does [34], [43]). For the solution set

$$B_t = \int_0^T u_t^{-1}(Y(x_t) \circ dz_t) \in \mathbb{R}^n \qquad (49)$$

One then has to use the martingale characterization of Brownian motion to how that B_t is a Brownian motion (or at least part of one). It is rather traightforward to see that $\{x_t : 0 \le t < \zeta\}$ is its stochastic development.

Note: we have used Y so that (48) and (49) can be used rather than iscussing equations like the stochastic versions of (12): however, even for eneral semi-martingales z, the above construction gives an 'anti-development' vith resultant $\mathbb{R}^n$-valued process (B_t in our case) which is independent of the hoice of Y. In fact the horizontal lift $\{u_t : 0 \le t \le \zeta\}$ given by (48) is ndependent of Y as is most easily seen by the uniqueness of solutions to the ocal equations (12). The horizontality can most easily be expressed by

$$\int_0^T \tilde{\omega}(\circ\, du_t) = 0 \qquad (50)$$

for any stopping time $\{0 \le T < \zeta\}$ where for an $\mathbb{R}^p$-valued 1-form $\theta: TN \to \mathbb{R}^p$ on some manifold N, and a continuous semimartingale $\{y_t : 0 \le t < \zeta\}$ in N we define

$$\int_0^T \theta(\circ\, dy_t) = \int_0^T \theta(Y(y_t) \circ dz_t) \qquad (51)$$

where T is a stopping time less than ζ and $dy_t = Y(y_t) \circ dz_t$ for some Y and z. This has to be shown to be independent of the choice of Y and z: but this is easily done either by working with local expressions or by embedding N in some $\mathbb{R}^q$ and extending θ and any suitable Y over $\mathbb{R}^q$.

Given the horizontal lift, parallel translation along sample paths, and covariant differentiation along the paths can be defined by (46) and (47). The integral (51) of a 1-form θ on M along the paths of x_t can be written

$$\int_0^T \theta(\circ\, dx_t) = \int_0^T \theta(u_t \circ dB_t) \qquad (52)$$

Note that this anti-development can be carried out for semi-martingales on M given any affine connection on M, as can the development itself: however a Riemannian connection was needed to construct Brownian motions since we needed the invariance of the distributions of B_t under the group O(n). See [70], [76] for other situations.

F. The classical *Cartan development* maps a smooth path $\{\sigma(t) : 0 \le t < \infty\}$ on $\mathbb{R}^n$ (or $T_{x_0}M$), starting at the origin, to a path in M starting at x_0. Mathematically it is just as described above with B_t replaced by $\sigma(t)$ in (43) to yield the deterministic equation

$$du/dt = X(u(t))\,(d\sigma/dt) \tag{53}$$

with $u(0) = u_0$ a given frame at x_0. The resulting path $x(t)$ on M, defined for all time, it turns out, if M is complete, is that which is obtained by the classical mechanical procedure of "placing M on a copy of $\mathbb{R}^n$ (by u_0), then rolling M along $\{\sigma(t) : 0 \le t < \infty\}$ without slipping and taking $x(t)$ to be the point of contact of M with $\mathbb{R}^n$ at time t". The frame $u(t) : \mathbb{R}^n \to T_{x(t)}M$ represents the way M is resting on $\mathbb{R}^n$ at time t. When trying to visualize, or sketch, the situation it becomes clear that the natural objects to use are affine frames, as in [64], rather than the linear frames which we have used.

§5. Examples: Spheres and hyperbolic spaces

A. A connected Riemannian manifold is *orientable* if its orthonormal frame bundle OM has two components. This is always true for M simply connected. An orientation is then the choice of one of these, to be called SOM: it will be a principal SO(n)-bundle whose elements can be called *oriented frames*. For example there is a natural choice when $M = S^n$ given by the inclusion of the tangent spaces T_xS^n into $\mathbb{R}^{n+1}$ and the natural orientation of $\mathbb{R}^{n+1}$.

B. The natural left action of $SO(n+1)$ on $\mathbb{R}^{n+1}$ restricts to one on S^n. If $N = (1,0,\dots,0)$ is the 'north pole' of S^n (with abuse of geography) the map of $SO(n+1)$ to S^n

$$\overset{p}{g \to g.N} \tag{54}$$

induces a diffeomorphism of the quotient space (with a natural differential structure which we do not need to examine)

$$\beta : SO(n+1)/SO(n) \to S^n.$$

In fact we will show that the oriented frame bundle SOS^n can be identified with $SO(n+1)$. However first we need some remarks about $SO(n+1)$ itself:

The Lie algebra $\underline{so}(n+1)$ will be identified with the space of skew-symmetric real matrices with $\underline{so}(n)$ contained in it as

$\underline{so}(n) = \left\{\begin{pmatrix}0 & 0\\0 & B\end{pmatrix}: B \text{ is } n\times n \text{ and } B^* = -B\right\}$

'here is then the vector space direct sum

$$\underline{so}(n+1) = \underline{so}(n) + \underline{m} \tag{55}$$

where

$\underline{m} = \{\underline{\xi} : \xi \in \mathbb{R}^n\}$

or $\underline{\xi} = \begin{pmatrix}0 & -\xi^t\\ \xi & 0\end{pmatrix}$

with ξ written as a column.

Define

$X : SO(n+1) \times \mathbb{R}^n \to TSO(n+1)$

by

$$X(A)\xi = T_1L_A(\underline{\xi}) \tag{56}$$

so $X(-)\xi$ is the left invariant vector field on SO(n+1) corresponding to the element $\underline{\xi}$ of $\underline{m}$. Next define

$\alpha : SO(n+1) \to SOS^n$

by

$$\alpha(A)(\xi) = T_A\, p(X(A)\xi) \qquad \xi \in \mathbb{R}^n$$
$$= T_1(p \circ L_A)\underline{\xi} \tag{57}$$

To see this is an orthonormal frame it is only necessary to check that

$T_1(p \circ L_A) : \underline{m} \to T_{A.N}S^n$

is an isometry where $\underline{m}$ is given the inner product induced by $\xi \to \underline{\xi}$. This is easy to check when A is the identity, and follows for general A by noting that SO(n+1) acts by *isometries* on S^n (i.e. the derivative $A_* : T_xS^n \to T_{A.x}S^n$ of $x \to Ax$ preserves the Riemannian metric for each $x \in S^n$). Similarly each $\alpha(A)$ has the correct orientation.

Finally observe that α is equivariant for the right SO(n) action, i.e. $\alpha(Ag) = \alpha(A)g$:

In fact if R_g denotes right multiplication by g

$p \circ L_A = (p \circ R_g{}^{-1}) \circ LA = p \circ L_A \circ R_g{}^{-1}$

for $g \in SO(n)$, so

$$\begin{aligned}\alpha(Ag)\xi &= T_1(p \circ L_{Ag})\xi \\ &= T_1(p \circ L_A R_g^{-1} L_g)\xi \\ &= T_1(p \circ L_A)(\mathrm{ad}g)^{-1}\xi \\ &= T_1(p \circ L_A)(g\xi)\end{aligned} \qquad (58)$$

(by an elementary computation). Thus $p : SO(n+1) \to S^n$ has a principal bundle structure isomorphic to $\pi : SOS^n \to S^n$ by α.

There is a canonical connection on $p : SO(n+1) \to S^n$ defined by

$$H_A\, SO(n+1) = T_1\, L_A[\underline{m}] \qquad A \in SO(n+1) \qquad (59)$$

To see this is a connection note that for $g \in SO(n)$

$$\begin{aligned}T_A R_g[H_A\, SO(n+1)] &= T_1\, L_{Ag}(\mathrm{ad}g)^{-1}\, [\underline{m}] \\ &= T_1\, L_{Ag}(\underline{m}) = H_{Ag}\, SO(n+1)\end{aligned}$$

since $\underline{m}$ is invariant under $\mathrm{ad}g$ for g in $SO(n)$. The connection form $\tilde{\omega}_0 : TSO(n+1) \to \mathbb{R}^n$ is given by $\tilde{\omega}_0(T_1 L_A(\underline{B} + \xi)) = \underline{B}$ for $A \in SO(n+1)$, $\underline{B} \in \underline{so}(n)$ and $\xi \in \underline{m}$.

An important property is that it is invariant under the automorphism σ_0 of $SO(n+1)$ given by $\sigma_0 = SAS$ where $S = \begin{pmatrix}-1 & 0 \\ 0 & I_n\end{pmatrix}$

This connection induces a connection on $\pi : SOS^n \to S^n$ via α, i.e. a Riemannian connection on S^n. In fact this is the Levi-Civita connection, a fact which is proved using the invariance under σ_0 just mentioned: see [64] page 303.

C. This situation works much more generally. Another important example is obtained by taking the Lorentz group $O(1,n)$ of linear transformations of $\mathbb{R}^{n+1}$ which preserve the quadratic form $\langle Sx,x\rangle$ for S as in §B above. This has 4 components: let G be its identity component,

$$G = \{A \in O(1,n) : \det A = 1 \text{ and } A_{11} \geq 1\}. \qquad (60)$$

Then the Lie algebra $\underline{g}$ of G is just $\underline{o}(n,1)$ where

$$\underline{o}(n,1) = \{A \in \mathbb{L}(\mathbb{R}^{n+1};\mathbb{R}^{n+1}) : A^tS + S^tA = 0\}. \qquad (61)$$

Let

$$M = \{x \in \mathbb{R}^{n+1} : \langle Sx,x\rangle = -1 \text{ and } x^1 \geq 1\}. \qquad (62)$$

Then the form $v \to \langle Sv,v\rangle$ induces a Riemannian metric on M by restricting it to each T_xM and G acts on the left on M, preserving this structure with

$p : G \to M$

[g]iven by $p(A) = A.N$ for $N = (1,0,\ldots,0)$, inducing a diffeomorphism of G/H with M [f]or

$$H = \{A \in G : A.N = N\} = \left\{\begin{pmatrix} 1 & 0 \\ 0 & B\end{pmatrix} : B \in SO(n)\right\}.$$

[W]e can identify H with $SO(n)$.

As before there is commutative diagram

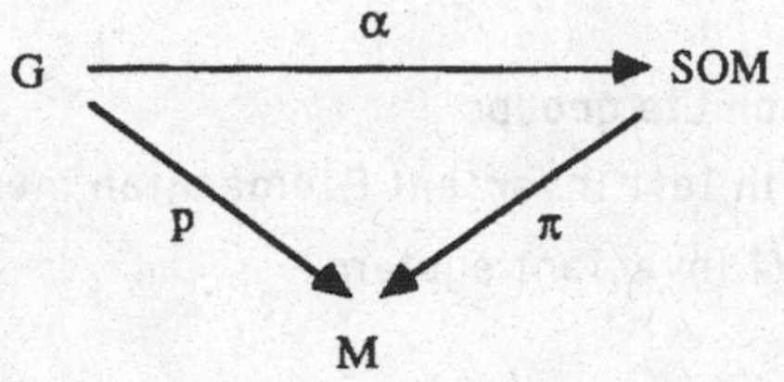

[w]ith α equivariant under the right action of $SO(n)$, so that p can be identified [w]ith the oriented frame bundle π. For G there is the splitting

$\underline{o}(1,n) = \underline{so}(n) + \underline{m}^*$

[f]or

$$\underline{m}^* = \{\xi^* : \xi \in \mathbb{R}^n\}, \text{ where } \xi^* = \begin{pmatrix} 0 & \xi^t \\ \xi & 0\end{pmatrix} \qquad (63)$$

Again there is a connection $\tilde{\omega}_0$ which induces the Levi-Civita connection for M, see [64], p. 303, and an involution σ_0.

The manifold M is *n-dimensional hyperbolic space* H^n, see Exercise (ii) at the end of §8 below and §4G of Chapter III.

The general situation where this works is that of a Riemannian *symmetric space* see [64], [65].

D. In these situations the stochastic development construction is equivalent to solving $dg_t = X(g_t) \circ dB_t$ for the X defined on G, (e.g. on $SO(n+1)$ for S^n), and projecting by p to get Brownian motion on M. Thus for our solution with $g_0 = 1$, $\{g_t . N : t \geq 0\}$ is a Brownian motion on M starting at N.

<u>Remark:</u>

It is shown in [43] p. 257 that when M is a Riemannian symmetric space, so we can identify M with G/H as above, Brownian motions on G themselves project to Brownian motions on M, so if $\{g_t : t \geq o\}$ is a B.M. on G from 1 then $\{g_t.N : t \geq N\}$ is one on M starting at N, where $N \in M$ is arbitrary.

Similarly, for example by the discussion of the $S(t,u)e$ in the proof of the Ito formula, Theorem 4C, the geodesics of M from a point N are given by $\{(\text{Exp}\,tA).N : t \in \mathbb{R}\}$ where Exp is the exponential map of the group G, see §1A, and A lies in a certain n-dimensional subspace of the Lie algebra of G : in particular for $M = S^n$ we need only take $A \in \underline{m}$, and for $M = H^n$ we can take $A \in \underline{m}^*$.

§6. Left invariant S.D.S. on Lie groups

A. For G a Lie group with left invariant Riemannian metric (i.e. each L_g is an isometry) there is the left invariant system

$$dg_t = X(g_t) \circ dB_t \tag{64}$$

where $n = m$ and $X(1) : \mathbb{R}^n \to T_1G$ is some isometry and $X(g)e = L_g(X(1)e)$ for $e \in \mathbb{R}^n$ and $g \in G$. The solutions will be Brownian motions if $\Sigma_p \nabla X^p(X^p(x)) = 0$; in particular if each $\nabla X^p(X^p(x)) = 0$. The latter means precisely that the integral curves of $d\sigma/dt = X^p(\sigma_t)$ are geodesics (just differentiate this equation along its solution). For a Lie group with both left and right invariant metric the inversing map $g \to g^{-1}$ is an isometry so that if $\{\gamma(t) : t \in \mathbb{R}\}$ is a geodesic so is $\{\gamma(t)^{-1} : t \in \mathbb{R}\}$, and therefore $\gamma(t)^{-1} = \gamma(-t)$. From this one can deduce that the geodesics are precisely the one-parameter groups, i.e. the solutions of $\dot{\sigma}(t) = X(\sigma(t))e$ for some e (e.g. see [79]). Thus in this bi-invariant case the solutions to (64) are Brownian motions.

The compact groups admit bi-invariant metrics, and conversely every G with a bi-invariant metric is a product $G' \times \mathbb{R}^k$ with G' compact.

B. Given a bi-invariant metric on G we have just persuaded ourselves that $\nabla A(A(x)) = 0$ for all left invariant vector fields. Therefore if B and C are both left invariant, by taking $A = B + C$ we obtain, using (24),

$$\nabla B(C(x)) = \tfrac{1}{2}[C,B](x) \tag{65}$$

§7. The Second Fundamental form and gradient S.D.S. for an embedded submanifold.

A. Suppose now that M is a submanifold of $\mathbb{R}^n$ with induced Riemannian metric. There is then a natural S.D.S. (X,B) on M where $\{B_t : t \geq 0\}$ is Brownian motion on $\mathbb{R}^m$ and X is just the orthogonal projection map P of §1D, Chapter I, as in the S.D.E. of equation (7)) so $X(x) : \mathbb{R}^m \to T_xM$ is the orthogonal projection.

Suppose $f : M \to \mathbb{R}$ is C^1. Let $f_0 : \mathbb{R}^m \to \mathbb{R}$ be some smooth extension. Using ∇_0 for the gradient operator on functions on $\mathbb{R}^m$ we have $df(v) = df_0(v)$ for $v \in T_xM$ and so $\nabla f(x) = X(x)(\nabla_0 f_0(x))$ for $x \in M$. Thus if $\varphi : M \to \mathbb{R}^m$ denotes the inclusion, writing $\varphi(x) = (\varphi^1(x),\dots,\varphi^m(x))$ we see

$$X^p(x) = \nabla\varphi^p(x) \qquad x \in M, p = 1,\dots,m. \tag{66}$$

For this reason our S.D.S. is often called the *gradient Brownian system* for the submanifold (or for the embedding φ). We will show that its solutions are Brownian motions on M. For this we need $\Sigma_p \nabla X^p(X^p(x)) = 0$ all $x \in M$, and so we will first examine how the covariant derivative for M is related to differentiation in $\mathbb{R}^m$.

B. Suppose Z is a vector field on M. Take some smooth extension which we will write $Z_0 : \mathbb{R}^m \to \mathbb{R}^m$. For $\nu_xM = (T_xM)^\perp$ in $\mathbb{R}^m$, as in §1D of Chapter I, there is a symmetric bilinear map

$$\alpha_x : T_xM \times T_xM \to \nu_xM$$

called the *second fundamental form* of M at x, such that Gauss's formula holds: for $v \in T_xM$

$$DZ_0(x)(v) = \nabla Z(v) + \alpha_x(Z(x),v) \tag{67}$$

One way to prove this is to *define* $\nabla Z(v)$ to be the tangential component of $DZ_0(x)(v)$ and write $\nu_x(Z_0,v)$ for its normal component. Then one can verify that $(Z,v) \to \nabla Z(v)$ satisfy the conditions which ensure it is the covariant differentiation operator for the Levi-Civita connection on M and furthermore show that $\nu_x(Z_0,v)$ has the given form for a symmetric α_x, e.g. see [65], pp. 10-13.

From this there is the bilinear map for each x in M:

$$A_x : T_xM \times \nu_xM \to T_xM$$

defined by

$$\langle A_x(u,\xi),v\rangle = \langle\alpha_x(u,v),\xi\rangle. \tag{68}$$

If $\xi : M \to \mathbb{R}^m$ is C^1 with $\xi(x) \in \nu_xM$ for all $x \in M$ and ξ_0 is a C^1 extension then Weingarten's formula gives

$$D\xi_0(x)(v) = -A_x(v,\xi(x)) + \text{a normal component} \qquad (69)$$

In fact for $x \in M$

$$\langle Z_0(x), \xi_0(x)\rangle = 0$$

for Z and Z_0 as before. Therefore if $v \in T_xM$

$$\langle DZ_0(x)v, \xi_0(x)\rangle + \langle Z_0(x), D\xi_0(x)v\rangle = 0$$

i.e.

$$\langle \alpha_x(Z_0(x),v),\xi_0(x)\rangle + \langle Z_0(x), \text{tangential component of } D\xi_0(x)v\rangle = 0$$ proving (69).

C. The following goes back to Ito's work published in 1950:

Proposition 7C. *The solutions of the gradient Brownian system for a submanifold* M *of* $\mathbb{R}^m$ *are Brownian motions on* M.

Proof For the constant vector fields $E^p(x) = (\delta^{1p},\dots,\delta^{mp})$, p = 1 to m on $\mathbb{R}^m$, $E^p(x) = X(x)E^p(x) + Q(x)E^p(x)$ for $Q(x) = 1d - X(x)$. Therefore differentiating and taking the tangential component, for $v \in T_xM$

$$0 = \nabla X^p(v) - A_x(v,Q(x)E^p(x)). \qquad (70)$$

Thus if we choose our orthonormal base $e_1,\dots,e_m$ of $\mathbb{R}^m$ so that $e_1,\dots,e_n$ are tangent to M at x

$$\nabla X^p(v) = 0 \qquad p = 1 \text{ to } n \qquad (71)$$

while

$$\nabla X^p(X^p(x)) = 0 \qquad p = n+1,\dots,m \qquad (71)'$$

because $X^p(x) = 0$ for such p.

Thus

$$\Sigma_p \nabla X^p(X^p(x)) = 0 \qquad (72)$$

as required. //

Note that if $X_0 : \mathbb{R}^m \to \mathbb{L}(\mathbb{R}^m,\mathbb{R}^m)$ extends X then the equation

$$dx_t = X_0(x_t) \circ dB_t$$

whose solutions lie on M when starting on M, has Ito form

$$dx_t = X_0(x_t)dB_t + \tfrac{1}{2}\,\Sigma_p DX_0{}^p(x_t)(X_0{}^p)(x_t))dt$$

and for $x \in M$

$$\Sigma_p DX_0{}^p(x)(X_0{}^p(x)) = \Sigma_p \alpha_x(X_0{}^p(x), X_0{}^p(x)) = \text{trace } \alpha_x$$

by (72) and (67). The standard example of this is the equation

$$dx_t = dB_t - \langle x_t, dB_t \rangle |x_t|^{-2} x_t - \tfrac{1}{2}(m-1)|x_t|^{-2}\, x_t dt \tag{73}$$

which gives Brownian motion on the sphere $S^{m-1}(r)$ of radius r if $x_0 \in S^{m-1}(r)$. For variations, extensions, and further references consult [95].

Note that from (70)

$$\operatorname{div} X^p(x) = \operatorname{trace} A_x(-, Q(x)E^p(x)) = \Sigma_{q=1}^m \langle \alpha_x(E^q(x), E^q(x)), Q(x)E^p(x)\rangle$$

$$= \Sigma_{q=1}^m \langle \operatorname{trace} \alpha_x, Q(x)E^p(x)\rangle \tag{74}$$

D. The *mean curvature normal* at x is $1/n$ trace $\alpha_x \in \nu_x M$. For a hypersurface $\nu_x M$ is a 1-dimensional subspace of $\mathbb{R}^m$ and a choice of orientation in νM (e.g. outward normal) gives the *mean curvature* as a real valued function on M.

Similarly for a hypersurface the second fundamental form can be treated as a real valued bilinear form on the tangent spaces to M. At a point x its eigenvalues are called the *principal curvatures* at x, and its eigenfunctions are the *principal directions at* x.

§8. Curvature and the derivative flow

A. Given intervals I and J of $\mathbb{R}$ and a piecewise C^1 map $u : I \times J \to M$, there are vector fields $\partial u/\partial s$ and $\partial u/\partial t$ over U (i.e. the derivatives with respect to the first and second variables respectively). Taking normal coordinates centred at a point u(s,t) it is immediate from (17) that

$$D/\partial t\ \partial u/\partial s = D/\partial s\ \partial u/\partial t \tag{75}$$

If $F_t : M \times \Omega \to M$, $t \geq 0$, is a smooth flow for our S.D.S. and $v \in T_x M$, choose $\sigma : [-1,1] \to \mathbb{R}$ with $\sigma(0) = x$ and $\dot\sigma(0) = v$. Then

$$T_x F_t(v) = \partial/\partial s\ F_t(\sigma(s)) \quad \text{a.s.} \tag{76}$$

Defining parallel translation via a horizontal lift as in §§4D, E, we can covariantly differentiate (76) in t using the analogue of (47) as definition, to get

$$Dv_t = D\partial/\partial s\ F_t(\sigma(s))$$

for $v_t = T_x F_t(v) : \Omega \to T_{x_t}M$, and so by the analogue of (75), proved in exactly the same way,

$$Dv_t = D/\partial s\ Y(F_t(\sigma(s))) \circ dz_t$$

i.e.

$$Dv_t = \nabla Y(v_t) \circ dz_t \tag{77}$$

For later use, and as an exercise, we will find an equation for $|v_t|^2$ assuming now that we have a Riemannian metric and are using its Levi-Civita connection. Certainly there is the Stratonovich equation

$$d|v_t|^2 = 2\langle v_t, \circ Dv_t\rangle_{x_t} = 2\langle v_t, \nabla Y(v_t) \circ dz_t\rangle_{x_t} \tag{78}$$

obtained, for example, by parallel translation back to x. A safe way to get the Ito form is to use the Ito formulae (5): let S(t,x)(e) denote the flow of Y(-)(e) and set $\delta S(t,v) = T_x(S(t,x)(e))(v)$ for $v \in T_xM$, so

$$D/\partial t\, \delta S(t,v) = \nabla Y(\delta S(t,v))(e).$$

Therefore

$$d/dt\, |\delta S(t,v)|^2 = 2\langle \delta S(t,v), \nabla Y(\delta S(t,v))e\rangle$$
$$= 2\langle v, \nabla Y(v)e\rangle \quad \text{at } t = 0$$

and, at t = 0,

$$d^2/dt^2\, |\delta S(t,v)|^2 = 2\langle \nabla Y(v)e, \nabla Y(v)e\rangle + 2\langle v, \nabla Y(\nabla Y(v)e)e\rangle$$
$$+ 2\langle v, \nabla^2(Y(x)e,v)e\rangle \tag{79}$$

where, for Z a vector field and $u \in T_xM$,

$$\nabla^2 Z(u,-) = \nabla_u(\nabla Z) : T_xM \to T_xM \tag{80}$$

Thus

$$d|v_t|^2 = 2\langle v_t, \nabla Y(v_t)dz_t\rangle + \langle \nabla Y(v_t)dz_t, \nabla Y(v_t)dz_t\rangle$$
$$+ \langle v_t, \nabla Y(\nabla Y(v_t)dz_t)dz_t\rangle + \langle v_t, \nabla^2 Y(Y(x_t)dz_t, v_t)dz_t\rangle \tag{81}$$

(To be convinced of the applicability of equation (5) observe that v_t is actually a solution of the S.D.E. on TM, $dv_t = \delta Y(v_t) \circ dz_t$, given in §4E, Chapter I.) We shall simplify (81) in §8C below.

B. The curvature R of an affine connection is a section of the bundle $\mathbb{L}(TM, TM; \mathbb{L}(TM;TM))$ so it can be considered as a map

$$R : TM \oplus TM \to \mathbb{L}(TM;TM)$$

where $TM \oplus TM = \bigcup\{T_xM \oplus T_xM : x \in M\}$, such that

$$u,v,w \to R(u,v)w$$

is tri-linear in $u,v,w \in T_xM$. It can be defined by

$$R(u,v)w = \nabla^2 W(u,v) - \nabla^2 W(v,u) \tag{82}$$

where W is a vector field such that W(x) = w at the given point x of M. We will ee below in §9C that this definition gives a result independent of the choice of such W. If U, V, W are all vector fields there is the new one R(U,V)W given by

$$x \to R(U(x), V(x))W(x)$$

so

$$R(U,V)W = \nabla_U \nabla_V W - \nabla_V \nabla_U W - \nabla_{[U,V]} W \qquad (83)$$

or a torsion free connection (using (24) and §1D, Chapter II).

From (82) R is anti-symmetric in its first two variables. For the Levi-Civita connection of a Riemannian metric it turns out that $\langle R(u_1,v_1)u_2,v_2\rangle_x$ is antisymmetric in u_1, v_1 and in u_2, v_2 and satisfies

$$\langle R(u_1,v_1)u_2,v_2\rangle_x = \langle R(u_2,v_2)u_1,v_1\rangle_x \qquad (84)$$

This is an automatic consequence of the skew-symmetry and the relation

$$R(u,v)w + R(v,w)u + R(w,u)v = 0 \qquad (85)$$

which can be proved by choosing vector fields U, V, W with U(x) = u, V(x) = v, W(x) = w and which commute i.e. [U,V] = [V,W] = [W,U] = 0. For details see e.g. [64] or [79] (where a different sign is used!).

For the Levi-Civita connection the *Riemannian curvature tensor* is defined by

$$R(v_1, v_2, v_3, v_4) = \langle R(v_1, v_2)v_4, v_3\rangle_x = -\langle R(v_1,v_2)v_3,v_4\rangle_x \qquad (86).$$

for $v_i \in T_xM$, (note the sign difference from [33]) and the *sectional curvature* $K_P(x)$ of a plane P in T_xM is

$$K_P(x) = R(v_1, v_2, v_1, v_2) \qquad (87)$$

where $\{v_1, v_2\}$ is an orthonormal base for P.

When M is a surface, i.e. n = 2, there is a unique P at x, namely $P = T_xM$, and then $K_P(x)$ coincides with the classical *Gaussian curvature* of M at x. For M a submanifold of $\mathbb{R}^3$ with induced metric it was Gauss's famous theorem aegregium which showed

$$K_P(x) = \lambda_1 \lambda_2 \qquad (87)$$

where λ_1, λ_2 are the principal curvatures at x (§7D), see [65] for example.

Continuing with the Riemannian case there is the Ricci curvature

$$\mathrm{Ric} : TN \oplus TN \to \mathbb{R}$$

$$\mathrm{Ric}(v_1,v_2) = \mathrm{trace}\,[v \to R(v,v_1)v_2] = \Sigma_j \langle R(e_j,v_1)v_2,e_j\rangle \qquad (88)$$

for $e_1,\ldots,e_n$ an o.n. base in T_xM. Clearly it is symmetric. Observe that Ric(v,v) is the sum of the sectional curvatures of any family of (n-1) mutually orthogonal planes P in T_xM containing v, provided $|v| = 1$. Thus bounds on the Ricci curvature are weaker assumptions than bounds on the sectional curvatures.

The Ricci curvature plays a very important role in the study of diffusions. An important result of differential geometry is that if *the Ricci curvature is bounded below* i.e. if there exists a constant C with

$\mathrm{Ric}(u,u) \geq C|u|^2$ for all $u \in TM$

then for any $x_0 \in M$ *if* $r(x) = d(x,x_0)$ *then* Δr *is bounded above uniformly at all points where r is differentiable* [101], [58]. From the Ito formula applied to r as if it were C^2 the result of S.-T. Yau that *a complete Riemannian manifold with Ricci curvature bounded below is stochastically complete* (i.e. its Brownian motion does not explode), is no surprise [43], p. 242: see [38] for an analytic proof, and [61] for a probabilistic version with an Ito formula for $r(x_t)$ involving a local time at the points where it is not differentiable.

Taking the trace of the Ricci curvature at x gives the *scalar curvature,* a real valued function $K : M \to \mathbb{R}$

$$K(x) = \Sigma_{i=1}^n \mathrm{Ric}(e_i,e_i) \tag{89}$$

Note that for a surface K(x) is twice the Gaussian curvature

$$\begin{aligned} K(x) &= \mathrm{Ric}(e_1,e_1) + \mathrm{Ric}(e_2,e_2) = 2\mathrm{Ric}(e_1,e_1) \\ &= 2K_P(x) \end{aligned} \tag{90}$$

A space is said to have *constant curvature* if all its sectional curvatures $K_P(x)$ are the same (it suffices to know they are independent of P for each $x \in M$ by a result of Schur, see [64]). If so

$$R(u,v)w = k\,(\langle w,v\rangle u - \langle w,u\rangle v) \tag{91}$$

where $k = K_P(x)$. For such a space of constant curvature k we see

$$\mathrm{Ric}(u,v) = (n-1)k\,\langle u,v\rangle_x \tag{92}$$

and

$$K(x) = n(n-1)k \tag{93}$$

C. We can now get improved formulae for the norms of the derivative flow. Suppose the original S.D.E. was $dx_t = X(x_t) \circ dB_t + A(x_t)dt$ with generator $\mathcal{A}$ =

$\Delta + Z$, where Z is a vector field and M is Riemannian. Write $A = W + Z$. Then, or each $x \in M$, by §4A

$$\tfrac{1}{2} \Sigma_p \nabla X^p(X^p(x)) + W(x) = 0$$

ifferentiating this in the direction of v, for $v \in T_{x_M}$

$$\Sigma_p \nabla^2 X^p(v, X^p(x)) + \Sigma_p \nabla X^p(\nabla X^p(v)) + 2\nabla W(v) = 0$$

vhence, by (82) and the definition (88) of Ric

$$\Sigma_p \langle \nabla^2 X^p(X^p(x),v),v\rangle + \mathrm{Ric}(v,v) + \langle \Sigma_p \nabla X^p(\nabla X^p(v)) + 2\nabla W(v),v\rangle = 0 \qquad (94)$$

Substituting in (81):

$$d|v_t|^2 = 2\langle v_t, \nabla X(v_t)dB_t\rangle + 2\langle v_t, \nabla Z(v_t)\rangle dt$$
$$- \mathrm{Ric}(v_t,v_t)dt + \Sigma_p \langle \nabla X^p(v_t), \nabla X^p(v_t)\rangle dt \qquad (95)$$

In particular we see $|v_t| \in L^2(\Omega, \mathcal{F}, \mathbb{P})$ provided the quadratic forms

$v \to 2\langle v, \nabla Z(v)\rangle - \mathrm{Ric}\,(v,v)$ and

$v \to |\nabla X^p(v)|^2$, $p = 1,2,\ldots,m$

for $v \in T_xM$ are bounded above uniformly over M. Equation (95) and the growth of $|v_t|$ will be examined in detail in special cases in Chapter III.

§9. Curvature and torsion forms

A. When trying to find a useful analogue of (95) for the canonical S.D.S. on the frame bundle of a Riemannian manifold we shall need the *curvature form*, so we will describe it here and use it to prove some of the basic results about curvature which were stated in §8.

First suppose we have a principal G-bundle $\pi : B \to M$ with a connection form $\tilde{\omega}$. This is a g-valued 1-form on B. As with a real valued one-form it has exterior derivative

$$d\tilde{\omega} : TB \oplus TB \to g$$
$$(v_1, v_2) \to d\tilde{\omega}(v_1, v_2)$$

which is antisymmetric , satisfying

$$d\tilde{\omega}(U(b),V(b)) = U(\tilde{\omega}(V))(b) - V(\tilde{\omega}(U))(b) - \tilde{\omega}([U,V](b)) \qquad (96)$$

for U,V vector fields, where $\tilde{\omega}(V)$ is the g-valued function on B, $b \to \tilde{\omega}(V(b))$, etc; see the discussion of differential forms in Chapter IV.

<u>N.B.</u> Here we are departing from the convention of Kobayashi and Nomizu

[64], which would have a factor of $\frac{1}{2}$ multiplying the right hand side of (96).

The curvature form is the 2-form $\underline{\Omega}$ given by

$$\underline{\Omega} : TB \oplus TB \to g$$

$$\underline{\Omega}(v_1,v_2) = d\tilde{\omega}(hv_1,hv_2) \qquad (97)$$

for v_1, $v_2 \in T_bB$ where $h : TB \to HTB$ is the projection onto the horizontal subspace. By the invariance property (8) of $\tilde{\omega}$, i.e. $\tilde{\omega} \circ TR_g = ad(g^{-1}) \circ \tilde{\omega}$, we have

$$\underline{\Omega}(T_b R_g(v_1), T_b R_g(v_2)) = ad(g^{-1})\underline{\Omega}(v_1,v_2) \qquad (98)$$

for $b \in B$, $g \in G$, and v_1, $v_2 \in T_bB$, because of the invariance of exterior differentiation under diffeomorphisms: in our case

$$d(\tilde{\omega} \circ TR_g)(v_1,v_2) = d\tilde{\omega}(TR_g(v_1),TR_g(v_2)).$$

B. To see the importance of $\underline{\Omega}$ suppose V_1, V_2 are horizontal vector fields on B so $V_i(b) \in HT_bB$ for each b. Then $\tilde{\omega}(V_i(b)) = 0$ for all b and so by (96):

$$\underline{\Omega}(V_1(b), V_2(b)) = -\tilde{\omega}([V_1,V_2](b)) \qquad (99)$$

Thus if $\underline{\Omega}$ vanishes identically the Lie bracket of horizontal vectors is horizontal: but this is precisely the classical necessary and sufficient condition of Frobenius' theorem for the integrability of $\{HT_bB : b \in B\}$ i.e. for the existence of a submanifold through each b of B with HT_bB as its tangent space. (In particular if this happens for a Levi-Civita connection the canonical S.D.S. will be far from hypo-elliptic).

C. Now suppose we have an affine connection, so $B = GLM$, or OM for the Riemannian case. Then there is the *canonical 1-form*

$$\theta : TB \to \mathbb{R}^n$$

$$\theta(v) = u^{-1}(T\pi(v)) \qquad v \in T_uB \qquad (100)$$

From this we obtain the torsion form

$$\Theta(v_1,v_2) = d\theta(hv_1,hv_2) \qquad v_i \in T_uB. \qquad (101)$$

It satisfies

$$\Theta(TR_g v_1, TR_g v_2) = g^{-1}\,\Theta(v_1,v_2) \qquad (102)$$

Because of (98) and (102) there exist

$$T : TM \oplus TM \to TM$$

bilinear and skew symmetric from $T_xM \oplus T_xM \to T_xM$ and

$$R : TM \oplus TM \to \mathbb{L}(TM;TM)$$

again bilinear and skew symmetric, defined by

$$T(v_1,v_2) = u\ \Theta(H_u v_1, H_u v_2) \qquad (103)$$

and

$$R(v_1,v_2)v_3 = u\,\Omega\,(H_u v_1, H_u v_2)u^{-1}(v_3) \qquad (104)$$

for $v_i \in T_xM$, $u \in \pi^{-1}(x)$, and H_u the horizontal lift operator.

These are the *torsion* and *curvature tensors* of our connection. We must show that this definition of R coincides with the one in §8:

Proposition 9C.

For T, R defined by (104), if V,W are vector fields on M and v_1,v_2 *tangent vectors at x to M*

(i) *If* $T \equiv 0$ *then*

$$\nabla^2 V(v_1,v_2) - \nabla^2 V(v_2,v_1) = R(v_1,v_2)V(x)$$

(ii) $[V,W](x) = \nabla W(V(x)) - \nabla V(W(x)) - T(V(x),W(x))$ (104a)

In particular the connection is torsion free iff $T \equiv 0$ *or equivalently* $\Theta \equiv 0$.

Proof

(i) Choose $u_0 \in \pi^{-1}(x)$ and define the vector field V_i on B by

$$V_i(u) = H_u(uu_0{}^{-1}v_i) \qquad i = 1,2.$$

If $T \equiv 0$ then

$$\begin{aligned} 0 = \Theta(V_1,V_2) &= d\theta(V_1,V_2) \\ &= V_1\theta(V_2) - V_2\theta(V_1) - \theta([V_1,V_2]) \\ &= -\theta([V_1,V_2]) \end{aligned}$$

since $\theta(V_i)$ is constant for each i. Thus $T\pi([V_1,V_2]) = 0$ and so $[V_1,V_2]$ is vertical. It follows that

$$[V_1,V_2](u_0) = A^*(u_0)$$

for

$$A = \tilde{\omega}([V_1,V_2](u_0)) = -\Omega(V_1(x),\ V_2(x))$$

(by equation (9) and (99)).

Now by the definition, (19), for $\tilde{V}(u) = u^{-1}V(\pi(u))$, etc.

$$\begin{aligned} \nabla^2 V(v_1,v_2) &= u_0\, d(\widetilde{\nabla V})(V_1(u_0))(u_0{}^{-1}v_2) \\ &= u_0\, V_1(\widetilde{\nabla V}(-)(u_0{}^{-1}v_2)) \\ &= u_0 V_1 V_2(\tilde{V})(u_0) \end{aligned} \qquad (105)$$

$$\begin{aligned} \text{Thus } \nabla^2 V(v_1,v_2) - \nabla^2 V(v_2,v_1) &= u_0[V_1,V_2]\tilde{V}(u_0) \\ &= u_0\, A^*\, \tilde{V}(u_0) \end{aligned}$$

$$= u_0' \, d/dt \, \tilde{V}(u_0 \exp tA) \,|_{t=0}$$
$$= u_0 \, d/dt \exp(-tA) u_0^{-1} V(x) \,|_{t=0}$$
$$= -u_0 A u_0^{-1} V(x)$$
$$= u_0 \underline{\Omega}(v_1, v_2) u_0^{-1} V(x)$$

as required.

Part (ii) can be proved similarly. //

D. **Example**

Let us compute the curvature of the sphere S^n using the identification of SOS^n with $SO(n+1)$ as in §5. Using the notation of §5 to compute $\underline{\Omega}$, because of left invariance it is enough to compute it at the point 1. For this let $\xi, \eta \in \mathbb{R}^n$ with corresponding $\underline{\xi}$ and $\underline{\eta}$ in $\underline{m}$. Take the left invariant vector fields U, V on SO(n+1) which are $\underline{\xi}$ and $\underline{\eta}$ at 1. Then

$$[U,V](1) = [\underline{\xi}, \underline{\eta}] = \underline{B} \in \underline{so}(n)$$

which confirms that [U,V] is vertical (cf. the proof of Proposition 9C). Therefore, by definition of the connection form $\tilde{\omega}_0$ and equation (99), if $\underline{\Omega}$ is the curvature form

$$\underline{\Omega}(\underline{\xi}, \underline{\eta}) = -\underline{B}.$$

Now if $v \in \mathbb{R}^n$, (identified with $(0,v)$ in $\mathbb{R}^{n+1}$) we see

$$[\underline{\xi}, \underline{\eta}]v = -\langle \eta, v \rangle \xi + \langle \xi, v \rangle \eta \qquad (106)$$

Also $T_1\pi : T_1 SO(n+1) \to T_N S^n \subset \mathbb{R}^{n+1}$ is just

$$A \to (0, \alpha)$$

where $\underline{\alpha}$ is the component of A in $\underline{m}$, since π maps g to g.N. Thus, if $v_i \in T_N S^n = \{0\} \times \mathbb{R}^n \subset \mathbb{R}^{n+1}$, for i = 1,2,3, the horizontal lift $H_1(v_i) = \underline{v}_i$ and

$$R(v_1, v_2)v_3 = \underline{\Omega}(\underline{v}_i, \underline{v}_i)v_3$$
$$= \langle v_2, v_3 \rangle v_1 - \langle v_1, v_3 \rangle v_2$$

which shows that S^n *has constant curvature* + 1, (c.f. equation (91)).

Exercises

(i) Check that the torsion form Θ vanishes identically, so that we have a complete proof that $\tilde{\omega}_0$ gives the Levi-Civita connection.

(ii) Do the same for hyperbolic space H^n, showing it has constant curvature - 1; (the difference is in the use of $\underline{\xi}^*$ given by (63) instead of $\underline{\xi}$)

§10. The derivative of the canonical flow

A. Let M be a Riemannian manifold with Levi-Civita connection. Suppose, for simplicity of notation, that its canonical S.D.S. (X,B) on OM is strongly complete with flow $\{F_t(u,\omega) : t \geq 0, u \in OM, \omega \in \Omega\}$. To get equations like those of §8A for T_uF_t we would need an affine connection for OM rather than just M. There are various candidates, e.g. see [77], but the computations get rather complicated and we will go by a direct method as in [43] (which in fact boils down to using the 'canonical flat connection' for OM).

The derivative flow lives on TOM. However there is a canonical trivialization of this tangent bundle: i.e. a diffeomorphism

$$\psi : TOM \to M \times \mathbb{R}^n \times \underline{o}(n)$$

which restricts to a linear isomorphism $\psi_u : T_uOM \to \{u\} \times \mathbb{R}^n \times \underline{o}(n)$ for each $u \in OM$. This is given for $V \in T_uOM$ by

$$\psi(V) = (u, \theta(V), \tilde{\omega}(V)) \qquad (107)$$

for θ, $\tilde{\omega}$ the fundamental form and connection form. Using this, for $V_0 \in T_{u_0}OM$ we will describe $TF_t(V_0)$ in terms of $\mathbb{R}^n$ - and $\underline{o}(n)$-valued processes $\xi_t = \theta(TF_t(V_0))$, $A_t = \tilde{\omega}(TF_t(V_0))$. This is similar to a procedure used in the Malliavin calculus [17], (although here we have differentiation with respect to the initial point, and there a 'differentiation' with respect to the basic noise $\{B_t : t \geq 0\}$ is being considered as in [42a])..

We will use the analogous notation to §8A so S(t,u)e gives the flow on OM of $u_t = X(u_t)(e)$ for $e \in \mathbb{R}^n$, and $\delta S(t,V)$ gives its derivative flow on TOM.

B. A vector field J along a geodesic γ in M is a *Jacobi field* if it satisfies

$$D^2J/\partial t^2 + R(J, d\gamma/dt)\, d\gamma/dt = 0 \qquad (108)$$

They arise as infinitesimal variations of geodesics, [79], (see the proof below) and as a method of computing derivatives of the exponential map.

<u>Lemma 10B.</u> *For* $V \in T_uOM$ *and fixed* e *in* $\mathbb{R}^n$ set $J(t,V) = T\pi(\delta S(t,V))$. *Then* $J(-,V)$ *is a Jacobi field with*

$$J(0,V) = T\pi(V)$$

and

$$D/\partial t\, J(t,V)|_{t=0} = u\, \tilde{\omega}(V)(e). \qquad (109)$$

Proof First recall from §4C, equation (44), that $t \to \pi(S(t,u)e) = \gamma_t(u,e)$ is a geodesic: so $J(-,V)$ is a vector field along a geodesic. Next take a horizontal path σ in OM with $\sigma(0) = u$ and $\dot\sigma(0) = hV$, and the path g in $O(n)$ given by

$$g(s) = \exp s\,\tilde\omega(V).$$

Set $\rho(s) = \sigma(s).g(s)$. Then $\dot\rho(0) = V$ so that

$$J(t,V) = \partial/\partial s\,(\pi S(t,\rho(s))e)|_{s=0}$$
$$= \partial/\partial s\,\gamma_t(\rho(s),e)|_{s=0}.$$

Therefore

$$D/\partial t\, J(t,V) = D/\partial s\;\; \partial/\partial t\,\gamma_t(\rho(s),e)|_{s=0} \qquad (110)$$

and by (82)

$$D^2/\partial t^2\, J(t,V) = D/\partial s\, D/\partial t\, \dot\gamma_t(\rho(s)),e)|_{s=0}$$
$$-R(J(t,V),\dot\gamma_t(u,e))\,\dot\gamma_t(u,e)$$

which shows J is a Jacobi field since $D/\partial t\;\partial/\partial t\,\gamma_t(\rho(s),e) = 0$ because γ is a geodesic.

Clearly $J(0,V) = T\pi(V)$ as claimed, and also by (110) and the proof of Theorem 4C:

$$D/\partial t\, J|_{t=0} = D/\partial s\,\rho(s)e|_{s=0} = D/\partial s\;\;\sigma(s).g(s)e|_{s=0}$$
$$= \sigma(s)\, d/ds\, g(s)e|_{s=0} = u\;\;\tilde\omega(V)e. \quad //$$

C. From the lemma we have

$$d/dt\,\theta(\delta S(t,V)) = d/dt\,(S(t,u)e)^{-1}\,T\pi(\delta S(t,V))$$
$$= (S(t,u)e)^{-1}\, D/\partial t\, J(t,V)$$
$$= \tilde\omega(V)e \qquad (111)$$

at $t = 0$, and, at $t = 0$,

$$d^2/dt^2\,\theta(\delta S(t,V)) = u^{-1}\, D^2/\partial t^2\, J(t,V)$$
$$= -u^{-1}\, R(T\pi V, ue)ue \qquad (112)$$

Now take any affine connection for the manifold OM which is torsion free (e.g. the Levi-connection for the metric on OM induced by ψ). For this

$$d/dt\,\tilde\omega\,(\delta S(t,V)) = \nabla\tilde\omega(X(S(t,u)e)e)(\delta S(t,V)) + \tilde\omega(D/\partial t\,\delta S(t,V)) \qquad (113)$$

However, by §8A,

$$D/\partial t\,\delta S(t,V) = \nabla X(\delta S(t,V))e$$

and also since $X(u)e$ is horizontal, $\tilde\omega(X(u)e) = 0$ for all $u \in OM$ whence

$$\nabla\tilde\omega(V)(X(u)e) + \tilde\omega(\nabla X(V)e) = 0 \qquad (114)$$

for all $V \in T_u OM$. Substituting in (113)

$$d/dt\, \tilde{\omega}(\delta S(t,V)) = \nabla\tilde{\omega}(X(S(t,u)e)e)(\delta S(t,V)) - \nabla\tilde{\omega}(\delta S(t,V))(X(S(t,u)e)e)$$

$$= d\tilde{\omega}(X(S(t,u)e)e,\ \delta S(t,V)) \qquad (115)$$

by (96) (choosing suitable U,V which commute at S(t,u)e).

To proceed further we need the first of the following, and we state the second in passing; they are valid for any affine connection, and the first for any connection on a principal bundle:

Structure Equations: For $V_1, V_2 \in T_u OM$

(i) $d\tilde{\omega}(V_1,V_2) = -[\tilde{\omega}(V_1), \tilde{\omega}(V_2)] + \underline{\Omega}(V_1,V_2)$

(ii) $d\theta(V_1,V_2) = -(\tilde{\omega}(V_1)\theta(V_2) - \tilde{\omega}(V_2)\theta(V_1)) + \Theta(V_1,V_2)$ (117)

<u>Proof</u> We prove only (i), for (ii) see [64] Theorem 2.4, Chapter III, (the $\frac{1}{2}$'s in [64] come from the different convention for exterior differentiation used there).

For (i): if both V_1, V_2 are horizontal the result is clear by definition of $\underline{\Omega}$. If both are vertical we can suppose $V_1 = A^*(u)$, $V_2 = B^*(u)$ at the given point u, for $A, B \in \underline{o}(n)$. Then

$$d\tilde{\omega}(A^*,B^*) = A^*\tilde{\omega}(B^*) - B^*\tilde{\omega}(A^*) - \tilde{\omega}([A^*,B^*]) = -[A,B] = -[\omega(A^*), \omega(B^*)]$$

since $\tilde{\omega}(B^*)$ and $\omega(A^*)$ are constant and $[A^*,B^*] = [A,B]^*$. This gives (i) in this case because $\underline{\Omega}(A^*,B^*) = 0$.

To complete the proof it is enough to suppose V_1 is horizontal, $V_1 = V(u)$ for some horizontal vector field V, say, and $V_2 = B^*(u)$ some $B \in \underline{o}(n)$. Again

$$d\tilde{\omega}(V_1,V_2) = V\,\tilde{\omega}(B^*(u)) - B^*\omega(V_1) - \tilde{\omega}([V,B^*](u)) = -\tilde{\omega}([V,B^*](u)).$$

Thus (i) is equivalent to $[V,B^*]$ being horizontal. However this is clear since $[V,B^*](u) = d/dt\, TW_t(V(u.\exp(-tB)))|_{t=0}$ where $W_t u = u.\exp(tB)$ and horizontality is preserved under right translation. //

Applying the first structure equation to (115):

$$d/dt\, \tilde{\omega}(\delta S(t,V)) = \underline{\Omega}(X(S(t,u)e)e,\ \delta S(t,V)) \qquad (118)$$

$$= (S(t,u)e)^{-1}R((S(t,u)e)e,\ J(t,V))S(t,u)e \qquad (119)$$

and so, at $t = 0$

$$d^2/dt^2\, \tilde\omega(\delta S(t,V)) = u^{-1}\, D/\partial t\, R((S(t,u)e)e,\, J(t,V))|_{t=0}\, u$$

$$= u^{-1}\, \nabla R(ue)(ue,\, u\theta(V))u$$

$$+ u^{-1}\, R(ue,\, u\, \tilde\omega(V)e)u \qquad (120)$$

since $D/t\,(S(t,u)e)e = 0$.

From these we have our equations, in Stratonovich form by (111) and (119):

$$d\xi_t = A_t \circ dB_t \qquad (121a)$$

$$dA_t = u_t^{-1}\, R(u_t \circ dB_t,\, u_t\, \xi_t)u_t \qquad (121b)$$

and in Ito form using (112) and (120), for $e_1,\dots,e_n$ an orthonormal base for $\mathbb{R}^n$:

$$d\xi_t = A_t\, dB_t - \tfrac{1}{2}\, u_t^{-1}\, \mathrm{Ric}(u_t\, \xi_t,-)^{*} \qquad (122a)$$

$$dA_t = u_t^{-1}\, R(u_t\, dB_t, u_t\xi_t)u_t + \tfrac{1}{2}\Big(u_t^{-1}\, \Sigma_i\, \nabla R(u_t e_i)(u_t e_i, u_t\xi_t)u_t$$

$$+\, u_t^{-1}\, \Sigma_i\, R(u_t e_i,\, u_t A_t e_i)u_t\Big)dt \qquad (122b)$$

(It is shown in [43] p. 168 that the covariant derivative of R can be replaced by a term in the covariant derivative of the Ricci tensor since for an orthonormal base $f_1,\dots,f_n$ for T_xM

$$\langle(\Sigma_i\, \nabla R(f_i)(f_i,w))v_1,v_2\rangle_x = \nabla \mathrm{Ric}(v_2)(v_1,w) - \nabla \mathrm{Ric}(v_1)(v_2,w) \qquad (123)$$

for all v_1, v_2, w in T_xM.)

Note that if dB_t is replaced by dt in (121a,b) we obtain the Jacobi field equation for $u_t\, \xi_t$. The fields $\{T\pi(TF_t(V)) : t \geq 0\}$ along the Brownian motion $\{\pi\, F_t(u) : t \geq 0\}$ have been called stochastic Jacobi fields, [71].

CHAPTER III: CHARACTERISTIC EXPONENTS FOR STOCHASTIC FLOWS

§1. The Lyapunov Spectrum

A. Suppose throughout this section that M is a compact connected Riemannian manifold with smooth S.D.S.

$$dx_t = X(x_t) \circ dB_t + A(x_t)dt$$

differential generator $\mathcal{A}$. Let $F_t : M \times \Omega \to M$, $t \geq 0$ denote its flow so for each $\omega \in \Omega$ we have a C^∞ diffeomorphism $F_t(-) : M \to M$, derivative $TF_t(-,\omega) : TM \to TM$. Let $(\Omega, \mathcal{F}, \mathbb{P})$ be the classical Wiener space of paths starting at 0 in $\mathbb{R}^m$ with $B_t(\omega) = \omega(t)$, and let $\theta_t : \Omega \to \Omega$ be the shift:

$$\theta_t(\omega)(s) = \omega(t+s) - \omega(t) \tag{124}$$

Then $\mathbb{P}$ is invariant under θ_t for $t \geq 0$.

A Borel probability measure ρ on M is *invariant* for our S.D.S. if

$$\mathbb{E}\, \rho \circ F_t(-,\omega)^{-1} = \rho \qquad t \geq 0 \tag{125}$$

Since M is compact there exists an invariant measure (e.g. see [102], XIII §4). The invariance of ρ depends only on $\mathcal{A}$, not on the choice of S.D.S. with $\mathcal{A}$ as generator. When $\mathcal{A}$ is elliptic then ρ is a smooth measure i.e. $\rho(dx) = \lambda(x)dx$ for some smooth λ where dx refers to the Riemannian volume element: it is also unique. This is because λ is a solution to the adjoint operator equation (e.g. see [59]).

Define

$$\Phi_t : M \times \Omega \to M \times \Omega$$

by

$$\Phi_t(x,\omega) = (F_t(x,\omega), \theta_t\omega).$$

Then for each $s,t \geq 0$

$$\Phi_t \Phi_s = \Phi_{t+s} \quad \text{a.s.}$$

since

$$F_t(F_s(x,\omega), \theta_s\omega) = F_{s+t}(x,\omega) \quad \text{a.s.}$$

Also if ρ is invariant for the S.D.S., then $\rho \otimes \mathbb{P}$ is invariant for Φ_t since if $f : M \times \Omega \to \mathbb{R}$ is integrable

$$\iint f(F_t(x,\omega),\theta_t\omega)\rho(dx)\,\mathbb{P}(d\omega)$$
$$= \iiint f(F_t(x,\omega_1),\theta_t\omega_2)\rho(dx)\,\mathbb{P}(d\omega_1)\mathbb{P}(d\omega_2)$$
(because $\theta_t\omega$ is independent of $F_t(x,\omega)$)
$$= \iint f(x,\omega)\,\rho(dx)\,\mathbb{P}(d\omega).$$

Say that ρ is *ergodic* if $\rho \otimes \mathbb{P}$ is ergodic for $\{\Phi_t : t \geq 0\}$ i.e. if the only measurable sets in $M \times \Omega$ which are invariant under $\{\Phi_t : t \geq 0\}$ have $\rho \otimes \mathbb{P}$-measure 1 or 0. This agrees with the definition in [102]. An ergodic decomposition for any invariant ρ is given in [102].

B. In this chapter we shall be mainly concerned with looking at special examples of the following version by Carverhill [20] of Ruelle's ergodic theory of dynamical systems:

Theorem 1B *Let ρ be an invariant probability measure for $\mathcal{A}$. Then there is a set $\Gamma \subset M \times \Omega$ of full $\rho \otimes \mathbb{P}$-measure such that for each $(x,\omega) \in \Gamma$ there exist numbers*
$$\lambda^{(r)}(x) < \dots < \lambda^{(1)}(x)$$
and an associated filtration by linear subspaces of T_xM
$$0 = V^{(r+1)}(x,\omega) \subset V^{(r)}(x,\omega) \subset \dots \subset V^{(1)}(x,\omega) = T_xM$$
such that if
$$v \in V^{(j)}(x,\omega) - V^{(j+1)}(x,\omega)$$
then
$$\lim_{t\to\infty} 1/t \log \|TF_t(v,\omega)\| = \lambda^{(j)}(x) \tag{126}$$
where $\|\ \|$ denotes the norm using the Riemannian metric of M. Moreover for $(x,\omega) \in \Gamma$ the multiplicities $m_j(x) := \dim V^{(j)}(x,\omega) - \dim V^{(j+1)}(x,\omega)$ do not depend on ω and if
$$\lambda_\Sigma(x) = \sum_j m_j(x)\,\lambda^j(x) \tag{127}$$
then
$$\lambda_\Sigma(x) = \lim\ 1/t \log \det T_xF_t(-,\omega). \tag{128}$$
(strictly speaking we should write $|\det T_xF_t(-,\omega)|$ here and below or use some other convention to ensure it is continuous in t with value 1 at $t = 0$).

Proof

Following [20] embed M in $\mathbb{R}^{n+p}$ for some p and extend X, A just as in §2C of

Chapter I to give X, A on $\mathbb{R}^{n+p}$ with compact support. Let $F_t(x,\omega)$ refer to the flow of this system, and Φ_t to the flow on $\mathbb{R}^{n+p} \times \Omega$; ρ remains an invariant measure on $\mathbb{R}^{n+p}$, concentrated on M.

Fix some time $T > 0$ and for $n = 0,1,2,\ldots$ set

$$G_n(x,\omega) = DF_T(\Phi_{nT}(x,\omega)) : \mathbb{R}^{n+p} \to \mathbb{R}^{n+p}$$

(where the D refers to differentiation in $\mathbb{R}^{n+p}$). Set

$$G^n(x,\omega) = G_{n-1}(x,\omega) \circ \ldots \circ G_0(x,\omega)$$

so

$$G^n(x,\omega) = DF_{nT}(x,\omega),$$

by the chain rule.

Fairly standard estimates show that both

$$\log^+ \|DF_T(x,\omega)\| \in L^1(M \times \Omega; \rho \otimes \mathbb{P}) \qquad (129)$$

and

$$\log^+ \|DF_T(x,\omega)^{-1}\| \in L^1(M \times \Omega; \rho \otimes \mathbb{P}) \qquad (130)$$

We can therefore apply the Oseledec multiplicative ergodic theorem, as in Ruelle [87], to $\{G_n(x,\omega)\}_{n=0}^{\infty}$ and obtain the theorem in a discrete time version, for X, A, and with the λ^j and m_j possibly depending on (x,ω).

To deduce the continuous time version from this as in [87] the integrability of $\sup_{0\le t\le T} \log \|DF_t(x,\omega)\|$ and of

$$\sup_{0\le t\le T} \log \|D(F_T(-,\omega) \circ F_t(-,\omega)^{-1})F_t(x,\omega)\|$$

are used. Having done this the filtrations for F_t on M are obtained by intersecting those for F with each T_xM. To show that the λ^j and m_j do not depend on ω as described, [24], use the fact that this is certainly true if ρ is ergodic (in which case they can be taken independent of x for suitable choice of Γ), and then the fact that, even if not ergodic, ρ can be decomposed into ergodic measures concentrated on disjoint subsets of M, [102]. //

C. When the system is non-degenerate ρ is ergodic, and unique, and Γ can be chosen so that the *exponents* λ^j and multiplicities m_j, and consequently the *mean exponent* $1/n\, \lambda_\Sigma$, are all independent of x.

D. When ρ is ergodic and an exponent λ^j is negative there is a *stable manifold theorem* due to Carverhill [20]. Its proof comes from Ruelle's in [87] for deterministic systems using the embedding method and regularity estimate, for T > 0,

$$\mathbb{E} \sup_{0 \le t \le T} \|F_t(-,\omega)\|_{C^2} < \infty$$

Theorem 1D (Stable manifold theorem) *For ergodic* ρ *with* $\lambda^{(j)} < 0$ *for some* j *the set* Γ *of Theorem* 1B *can be chosen so that for each* $(x,\omega) \in \Gamma$ *the set* $\mathcal{V}^{(j)}(x,\omega)$ *given by*

$$\mathcal{V}^{(j)}(x,\omega) = \{y: \limsup_{t \to \infty} 1/t \log d(F_t(x,\omega), F_t(y,\omega)) \le \lambda^{(j)}\} \tag{131}$$

is the image of $V^{(j)}(x,\omega)$ *under a smooth immersion tangent to the identity at* x. //

This means there is a smooth $f : V^{(j)}(x,\omega) \to M$ which has $T_v f$ injective for each v in $V^{(j)}(x,\omega)$ and has $T_0 f = 1d$, with $\mathcal{V}^{(j)}(x,\omega)$ as its image. It will be locally a diffeomorphism onto its image but not necessarily globally.

If $\lambda^{(1)} < 0$ we say the system is *stable.* In this case $\mathcal{V}^{(1)}(x,\omega)$ will be an open subset of M.

N.B. When M is compact any two Riemannian metrics $\{\langle -,- \rangle_x : x \in M\}$ $\{\langle -,- \rangle'_x : x \in M\}$ are equivalent: there exists c > 0 with $c^{-1}\langle u,u\rangle'_x \le \langle u,u\rangle_x \le c\langle u,u\rangle'_x$ for $u \in T_x M$. Consequently the Lyapunov spectrum and stable manifolds are independent of the choice of metrics. This would not be true if we allowed M to be non-compact e.g. as in [26], [27].

E. The first examples to be studied were the 'noisy North-South flow on S^1' (i.e. in stereographic projection so the North pole corresponds to ∞ and the South pole to 0 the equation is

$$dx_t = \varepsilon\, Y(x_t) \circ dB_t - dt$$

where $\{B_t : t \ge 0\}$ is one-dimensional and Y corresponds to the unit vector field on S^1), with variations [21], and gradient Brownian flows, canonical flows on the frame bundle, and some stochastic mechanical flows, [22]. The latter are usually flows on the non-compact space $\mathbb{R}^n$ of the form

$$dx_t = dB_t + \nabla \log \psi \, dt \qquad (132)$$

where ψ is a smooth L^2 function, with $\nabla\psi$ in L^2, which is positive (at least for the 'ground state' flow when it is the leading eigenfunction of Schrodinger operator $-\frac{1}{2}\Delta + V$, for V a real valued function). However the estimates still work to allow the exponents to be defined, [26], [27]; and something can be said even in some cases when ψ is time dependent (the quasi-periodic case, for ψ_0 a linear combination of eigenfunctions of our operator). For spaces of constant curvature, or more generally for Riemannian symmetric spaces, the frame bundle can be identified with $p : G \to M \approx G/H$ for some Lie group G as in §5 of Chapter II, and the study of the asymptotic behaviour of the canonical flow in this situation was begun by Malliavin and Malliavin in 1974/75 [71], [73]. We shall look at gradient flows and canonical flows, and for the latter look in detail at the situation for the hyperbolic plane. However we will mainly look at it directly rather than use the group theoretic approach because the latter is special to the case of symmetric spaces and so not likely to be much help in obtaining results for spaces with non-constant curvature. The group theoretic approach is carried through in detail in [10], where there is also a very nice analysis of gradient Brownian flows on spheres.

For more recent work see [63a], [63b].

§2. Mean exponents

A. The mean exponents λ_Σ are considerably easier to study than the actual exponents themselves. Since they are given by (128) :

$$\lambda_\Sigma(x) = \lim_{t\to\infty} 1/t \log \det T_x F_t(-,\omega)$$

their existence depends only on the usual additive ergodic theorem, rather than the more sophisticated multiplicative theorem

The covariant equation (77): $Dv_t = \nabla Y(v_t) \circ dz_t$ can be interpreted after parallel translation back to x_0 and the addition of an S.D.E. for the horizontal lift of x_t as an equation on $OM \times \mathbb{L}(\mathbb{R}^n;\mathbb{R}^n)$. To describe $\det TF_t$ we can therefore use the Ito formula, and with the notation used in §8A of Chapter II we must calculate $d/dt \log \det \delta S(t,-)$ at $t = 0$ and its second derivative. In fact it is a classical result for flows of ordinary differential equations, (the *continuity equation*), which is left as an exercise, that

$$d/dt \det \delta S(t,-) = \operatorname{div} Y_e(S(t,-)e).\det \delta S(t,-). \qquad (133)$$

where Y_e is the vector field $Y(-)e$. See Lemma 2B of Chapter V.

Thus, at $t = 0$;

$$d/dt \log \det \delta S(t,-) = \operatorname{div} Y_e$$

and

$$d^2/dt^2 \log \det \delta S(t,-) = \langle \nabla(\operatorname{div} Y_e), Y_e \rangle.$$

Consequently

$$\log \det T_x F_t = \int_0^t \sum \operatorname{div} X^p(x_s) dB^p_s + \int_0^t \operatorname{div} A(x_s) ds$$

$$+ \tfrac{1}{2} \int_0^t \sum d\langle \nabla \operatorname{div} X^p(x_s), X^p(x_s) \rangle ds \qquad (134)$$

Since M is compact Σ div $X^p(s)$ is bounded, so the Ito integral in (134) is a time changed Brownian motion $B_{\tau(t)}$, say with $\tau(t) \le$ const.t for all t. Therefore $t^{-1} B_{\tau(t)} \to 0$ as $t \to \infty$. Applying the ergodic theorem, with the notation of §1A, for ρ almost all x:

$$\lim 1/t \log \det T_x F_t = \int_{M\times\Omega} (\operatorname{div} A(x) + \tfrac{1}{2} \sum \langle \nabla \operatorname{div} X^p(x), X^p(x) \rangle) \, \rho(dx)\mathbb{P}(d\omega)$$

i.e.

$$\lambda_\Sigma = \int_M \operatorname{div} A(x)\, \rho(dx) + \tfrac{1}{2} \sum \int_M \langle \nabla \operatorname{div} X^p(x), X^p(x) \rangle \rho(dx) \qquad (135)$$

This is a special case of formulae by Baxendale for sums of the first k exponents in [12].

For a Brownian flow, i.e. when $\mathcal{A} = \frac{1}{2}\Delta$, the invariant measure ρ is just the normalized Riemannian measure. We can use the divergence theorem, equation (1.5), to dispose of the first term of (135). For the second term we can *integrate by parts*: in general if $f: M \to \mathbb{R}$ is C^1 and Z is a C^1 vector field applying the divergence thoerem to fZ together with the formula

$$\operatorname{div} fZ = f \operatorname{div} Z + \langle \nabla f, Z \rangle \qquad (136)$$

yields

$$\int_M f \operatorname{div} Z\, dx = - \int_M \langle \nabla f, Z \rangle dx \qquad (137)$$

Thus

$$\lambda_\Sigma = - (2|M|)^{-1} \int_M \Sigma (\operatorname{div} X^p(x))^2 dx \qquad (138)$$

where $|M|$ denotes the volume of M.

B. From (138) we see that in the Brownian case $\lambda_\Sigma \le 0$ with equality if and only if $\operatorname{div} X^p = 0$ for each p. More general results are obtained by Baxendale in [12a] and we consider a simple version of those, assuming now that $\mathcal{A}$ is non-degenerate.

For Borel probability measure λ, μ on a Polish space X define the *relative entropy* $h(\lambda;\mu) \in \mathbb{R} (\ge 0) \cup \{+\infty\}$ by $h(\lambda;\mu) = \infty$ unless $\mu \le \lambda$ and

$$\int_X d\mu/d\lambda \, |\log d\mu/d\lambda| \, d\lambda < \infty \qquad (140)$$

in which case

$$h(\lambda;\mu) := \int_X (d\mu/d\lambda \ \log d\mu/d\lambda) d\lambda$$

$$= \int_X (\log d\mu/d\lambda) \, d\mu \qquad (141)$$

To see that $h(\lambda;\mu) \ge 0$ observe that $x \to x \log x$ is convex on $(0;\infty)$ so by Jensen's inequality if $h(\lambda,\mu) < \infty$ then

$$h(\lambda;\mu) \ge (\int d\mu/d\lambda \, d\lambda) \ \log (\int d\mu/d\lambda \, d\lambda) = 0$$

with equality if and only if $\mu = \lambda$.

We shall be particularly interested in the case where $\lambda = \rho$, the invariant measure of our S.D.S. on M, and $\mu = \rho_t$ where ρ_t is the random measure on M defined by

$$\rho_t(\omega)(A) = \rho(F_t(-,\omega)^{-1}(A))$$

for A a Borel set in M and $\omega \in \Omega$.

Following Baxendale [12a] and LeJan [69] we will consider $h(\rho;\rho_t)$:

<u>Theorem 2B</u> *For a non-degenerate system*

$$\lambda_\Sigma = - 1/t \, \mathbb{E} h(\rho;\rho_t) \qquad (142)$$

Consequently $\lambda_\Sigma \le 0$ *with equality if and only if* ρ *is invariant under the sample flow* $\{t \to F_t(-,\omega): t \ge 0\}$ *for almost all* $\omega \in \Omega$.

<u>Proof</u>

Let λ denote the Riemannian measure of M, and for $t \ge 0$ abuse notation so that $\rho_t(dx)$ is written $\rho_t(x)dx$: by standard results, since $\mathcal{A}$ is elliptic, $\rho_t(-,\omega) : M \to \mathbb{R}$ is smooth and positive. Then $\rho_t(x) = \rho_0(y)(\det T_y F_t)^{-1}$ for $y = F_t^{-1}(x)$, and so

$$\mathbb{E} h(\rho;\rho_t) = \mathbb{E} \int (\log \rho_t(x) - \log \rho_0(x)) \rho_t(x) dx$$

$= \mathbb{E} \int (\log \rho_t(F_t(x)) - \log \rho_o(F_t(x)))\rho_o(x)dx$
$= \mathbb{E} \int (\log \rho_o(x) - \log \det T_xF_t - \log \rho_o(F_t(x)))\rho_o(x)dx$
$= - \mathbb{E} \int (\log \det T_xF_t)\rho_o(x)dx$
$= - t\lambda_\Sigma$ by (134) and (135). //

In [12a], Baxendale gives a formula for $h(\rho;\rho_t)$ analogous to (134) and using analogous computations which can be based on the continuity equation

$$d/dt \{\rho_o(S(t,x)e)\det \delta S(t,-)\} = \operatorname{div}(\rho_o Y(-)e)(S(t,x)e).\det \delta S(t,-) \quad (143)$$

See equation (285) in §2B of Chapter V below.

As he points out some non-degeneracy conditions are needed: in the completely degenerate case of an ordinary dynamical system, when ρ is the point mass at a source $\lambda_\Sigma > 0$, and when it is a point mass at a sink $\lambda_\Sigma < 0$, while in either case $h(\rho;\rho_t) = 0$.

C. For a gradient Brownian system (see §7 Chapter II) it is possible to get a neat upper bound. For $\varphi : M \to \mathbb{R}^m$ the isometric embedding, so that $X^p = \nabla\varphi^p$, equation (138) gives, by the Cauchy-Schwarz inequality,

$$\lambda_\Sigma = - 1/(2|M|) \int_M \Sigma_p (\Delta\varphi^p)^2 dx$$
$$\leq - 1/(2|M|) \Sigma (\int_M \varphi^p\Delta\varphi^p\, dx)^2 (\int_M (\varphi^p)^2\, dx)^{-1}.$$

By a translation in $\mathbb{R}^m$ we can assume that $\int \varphi^p\, dx = 0$ for each p, i.e. that φ^p is orthogonal in L^2 to the solutions to $\Delta f = 0$ (i.e. the constants, since M is compact). Therefore, with an integration by parts

$$\lambda_\Sigma \leq 1/(2|M|)\, \Sigma \int_M |X^p(x)|^2_x\, dx \int_M \varphi^p\, \Delta\varphi^p\, dx/\int_M(\varphi^p)^2 dx$$
$$\leq 1/(2|M|) \times (\text{leading eigenvalue of } \Delta) \int_M \Sigma_p |X^p(x)|^2\, dx.$$

Since $\Sigma_p |X^p(x)|^2 = n$ for all x, this yields Chappell's result [25]:

<u>Proposition 2C</u> Let μ be largest non-zero eigenvalue of Δ. Then

$$1/n\, \lambda_\Sigma \leq \tfrac{1}{2}\mu. \qquad (144)$$

Moreover there is equality if and only if $\frac{1}{2}\Delta\varphi^p = \mu\varphi^p$ *for each* p, [25], [22].

Such embeddings have been studied by Takahashi, see [65] Note 14. The simplest examples are the spheres S^n with their standard embeddings in $\mathbb{R}^{n+1}$. Another example is the torus in $\mathbb{R}^4$ which is the image of

$$\varphi : S^1(1/\sqrt{2}) \times S^1(1/\sqrt{2}) \to \mathbb{R}^4$$

$$\varphi(u,v) = (1/\sqrt{2}\cos u,\ 1/\sqrt{2}\sin u,\ 1/\sqrt{2}\cos v,\ 1/\sqrt{2}\sin v) \qquad (145)$$

Here $\lambda_\Sigma = -2$.

Note that by (74), in the gradient Brownian case, (138) is just

$$\lambda_\Sigma = -1/(2|M|)\int_M |\operatorname{trace}\alpha_x|^2\,dx \qquad (146)$$

For the sphere $S^n(r)$ of radius r in $\mathbb{R}^{n+1}$ this shows directly that

$$1/n\,\lambda_\Sigma = -\tfrac{1}{2}\,n/r^2 \qquad (147)$$

since

$$\alpha_x(v,v) = -\frac{1}{r}|v|^2\,(x/|x|) \qquad (148)$$

for $v \in T_xS^n(r)$.

§3. Exponents for gradient Brownian flows: the difficulties of estimating exponents in general

A. For a gradient Brownian flow, if $v_t = T_{x_0}F_t(v_0)$, equation (95) reduces, when $|v_0| = 1$, to

$$d|v_t|^2 = 2\langle v_t, \nabla X(v_t)dB_t\rangle - \operatorname{Ric}(v_t,v_t)dt + \Sigma_p\langle\nabla X^p(v_t),\nabla X^p(v_t)\rangle dt \quad (149)$$

giving

$$1/t\log|v_t| = 1/t\int_0^t\langle\eta_s,\nabla X(\eta_s)dB_s\rangle - 1/(2t)\int_0^t \operatorname{Ric}(\eta_s,\eta_s)ds$$

$$- 1/t\int_0^t \Sigma_p\langle\eta_s,\nabla X^p(\eta_s)\rangle^2\,ds$$

$$+ 1/(2t)\int_0^t\Sigma_p\langle\nabla X^p(v_s),\nabla X^p(v_s)\rangle ds \qquad (150)$$

where $\eta_s = v_s/|v_s|$ in the sphere bundle SM for $S_xM = \{v \in T_xM: |v|_x = 1\}$. By (70) for $v \in T_xM$

$$\nabla X^p(v) = A_x(v, e_p - X^p(x))$$

so

$$\Sigma_p\langle\eta_s,\nabla X^p(\eta_s)\rangle^2 = |\alpha_x(\eta_s,\eta_s)|^2$$

and

$$\Sigma_p|\nabla X^p(v)|^2 = |\alpha_x(\eta_s,-)|^2.$$

Thus

$$\lim \frac{1}{t} \log|v_t| = \lim \frac{1}{t} \int_0^t \{\tfrac{1}{2}|\alpha_x(\eta_s,-)|^2 - |\alpha_x(\eta_s,\eta_s)|^2 - \tfrac{1}{2} \operatorname{Ric}(\eta_s,\eta_s)\} ds \quad (151)$$

(almost surely).

This can be modified by the use of Gauss's theorem that for $v \in T_xM$

$$\operatorname{Ric}(v,v) = -|\alpha_x(v,-)|^2 + \langle \alpha_x(v,v), \operatorname{trace} \alpha_x \rangle \quad (152)$$

so as to get an expression entirely in terms of the second fundamental form and process $\{\eta_t : 0 \le t < \infty\}$.

For $S^n(r)$ in $\mathbb{R}^{n+1}$, if $u, v \in T_xS^n(r)$

$$\operatorname{Ric}(u,v) = \frac{(n-1)}{r^2} \langle u,v \rangle \text{ and } \alpha_x(u,v) = -\frac{1}{r} \langle u,v \rangle \frac{x}{r}$$

so

$$\lim_{t\to\infty} 1/t \log|v_t| = -\tfrac{1}{2} n/r^2.$$

Thus

$$\lambda^1 = -\tfrac{1}{2} n/r^2 \quad (153)$$

and so $\lambda^1 = 1/n\, \lambda_\Sigma$ by (147). This shows that all the exponents for the spheres are the same. Bougerol [19] has shown that among all hypersurfaces it is only the spheres which possess this property.

B. The process $\{\eta_t : 0 \le t < \infty\}$ is given by an S.D.S. on SM. In fact this is just $d\eta_t = P(\eta_t)\delta X(\eta_t) \circ dB_t$ where $P(\eta)$ is the orthogonal projection in T_xM of T_xM onto TS_xM. By compactness of SM it will possess ergodic probability measures which project onto ρ. If ν is one of these we get for ν-almost all v_0

$$\lim 1/t \log|v_t| = \int_{SM} \{\tfrac{1}{2}|\alpha_x(\eta,-)|^2 - |\alpha_x(\eta,\eta)|^2 - \tfrac{1}{2} \operatorname{Ric}(\eta,\eta)\}\nu(d\eta) \quad (154)$$

As the right hand side of (154) varies over the ergodic measures ν which project onto ρ it gives a subset of the set Lyapunov exponents, sometimes called the Markovian, or deterministic, spectrum. They correspond to elements of the filtration which are non-random: see [23], [62] for details. In particular the top exponent λ^1 lies in this set.

Thus if the integrand of (154) is strictly negative for all $\eta \in SM$ the top exponent will be negative. Using (152) it is straightforward to see that this holds for hypersurfaces if the principal curvatures $\ell_1(x),\dots,\ell_n(x)$ at each point x satisfy

$$l_j(x) > \frac{1}{n}(\tfrac{1}{2} + \varepsilon)(l_1(x) + \dots + l_n(x)) \qquad x \in M,\ j = 1,\dots,n$$

for some $\varepsilon > 0$, see [26]. This is a convexity condition. It seems reasonable to guess that $\lambda^1 < 0$ when M is the boundary of a convex domain.

B. Formula (150) is a version of Carverhill's version of Khasminski's formula (see his article in [B]). From it we get more general versions of (151) and (154). A major difficulty in extracting information from (154) is the lack of knowledge of the behaviour of the invariant measures ν, in particular lack of knowledge about their supports (one cannot expect the infinitesimal generator of $\{\eta_t : t \geq 0\}$ to be elliptic or even hypoelliptic in general). Control theory gets involved here: see the article by Arnold et al in [B], and also more recent work by L. Arnold and San Martin.

C. Rather than considering the process $\{\eta_t : t \geq 0\}$ on SM it is often more convenient to take its projection onto the projective bundle PM which is simply the quotient of SM obtained by identifying antipodal points in each fibre S_xM. It is shown in [12a] that given ellipticity of $\mathcal{A}$ (for example) there is an invariant measure ν for this process such that with ν_t its shift by the flow of the process on PM

$$\mathbb{E}\{h(\nu;\nu_1) - h(\rho;\rho_1)\} \leq n\,\lambda_1 - \lambda_\Sigma \qquad (155)$$

where h is the relative entropy as in §2B. Using this Baxendale showed that all the exponents are equal given some non-degeneracy of $\mathcal{A}$ (e.g. ellipticity), if and only if there is a Riemannian metric such that the sample flows $F_t(-,\omega)$ are conformal diffeomorphisms. See also [19].

D. For gradient Brownian flows the exponents and their multiplicities are geometric invariants of the embedding of M into $\mathbb{R}^m$. We have seen that in general there are non trivial filtrations of tangent spaces T_xM. These are dependent on the embedding and the particular sample path: it is rather difficult to imagine what, necessarily long time, property of the sample path will determine the position of say $V^{(2)}(x,\omega)$ in T_xM.

§4. Exponents for canonical flows

A. Consider the canonical flow on the orthonormal frame bundle OM of the Riemannian manifold M, (or on SOM if M is orientable, for some orientation). There is a natural metric on OM defined by requiring that the trivialization ψ of TOM, given by equation (107) in §9 Chapter II gives isometries $\psi_u : T_uOM \to \mathbb{R}^n \times \underline{o}(n)$ for each $u \in OM$. Here the inner product on $\underline{o}(n)$ is taken to be

$$\langle A,B\rangle = -\tfrac{1}{2}\,\text{trace}\,AB \tag{156}$$

for $A,B \in \underline{o}(n)$ identified as skew-symmetric matrices. The factor of $\frac{1}{2}$ has some advantages e.g. if $e \in \mathbb{R}^n$

$$|Ae| \le |A|\,|e| \tag{157}$$

with this definition. (A disadvantage is that it was not used in [24]). The corresponding measure on OM is sometimes called the Liouville measure. Since $T_u\pi : T_uOM \to T_{\pi(u)}M$ is an isometry on the horizontal subspace H_uOM and vanishes on its orthogonal complement, we see $T\pi$ maps the Liouville measure onto the Riemannian measure of M. Also by the invariance $\varpi\circ TR_g = \text{ad}(g^{-1})\circ\varpi$ of connection forms and the invariance under $\text{ad}(g^{-1})$ of the given inner product on $\underline{o}(n)$ it follows that the Liouville measure is invariant under the right action of O(n) on OM.

It is a standard result, observed by Malliavin, that the canonical flow has sample flows $F_t(-,\omega)$ which preserve the Liouville measure. Rather than check that div $X^p = 0$ for each p we can see this from the Stratonovich equations (121a) and (121b)

$$d\xi_t = A_t \circ dB_t$$

$$dA_t = u_t^{-1} R(u_t \circ dB_t, u_t\,\xi_t)u_t$$

of §9C Chapter II for $\xi_t = \theta(\delta F_t(V))$, $A_t = \varpi(\delta F_t(V))$. Indeed the equation for ξ_t involves only A_t and conversely, so the trace of the right hand side considered as a linear transformation of (ξ_t,A_t) vanishes identically. Therefore the Stratonovich equation for det $\delta F_t(-)$ shows that the determinant is identically 1, and so the Liouville measure is preserved.

Our Lyapunov spectrum will be taken with this as basic measure. However in general it will not be ergodic: for example it will not be if M is the product $M_1 \times M_2$ of two Riemannian manifolds, or when M is flat (i.e. has vanishing curvature). In the latter case we noted in §9B of Chapter II that OM is foliated by horizontal submanifolds: each of these will be invariant under the flow. More generally the *holonomy bundle*, see [64], is invariant.

C. Since the system can degenerate we must first show that the exponents $\lambda^{(r)}(u) < \ldots < \lambda^{(1)}(u)$ can be taken to be independent of $u \in OM$. Here, and for the rest of this discussion of canonical flows we are following [24]. To do this observe (as in the proof of Theorem 4C, Chapter II) that for $g \in O(n)$

$$F_t(u,\omega)\cdot g = F_t(u\cdot g, g^{-1}\omega) \tag{158}$$

and so for $V \in TOM$

$$TR_g(TF_t(V,\omega)) = TF_t(TR_g(V), g^{-1}\omega) \tag{159}$$

The measure one subset Γ of $OM \times \Omega$ in Theorem 1B, consisting of points for which convergence to the exponents occurs can therefore be taken to be invariant under $(u,\omega) \to (u\cdot g, g^{-1}\omega)$ for $g \in O(n)$, with corresponding invariance for the filtrations i.e. $V^{(j)}(u,\omega) = V^{(j)}(u\cdot g, g^{-1}\omega)$, and so for the exponents: $\lambda^{(j)}(u\cdot g) = \lambda^{(j)}(u)$, since they are non-random. Thus we obtain maps $\lambda^{(j)}{}_o : M \to \mathbb{R}$ with $\lambda^{(j)}{}_o(\pi(u)) = \lambda^{(j)}(u)$ for u in OM, defined almost surely. These are measurable. Also since each $\lambda^{(j)}$ is invariant under $\Phi_t: OM \times \Omega \to OM \times \Omega$, we have

$$\begin{aligned}\lambda^{(j)}(u) &= \mathbb{E}\,\lambda^{(j)}(F_t(u,\omega)) = \mathbb{E}\,\lambda^{(j)}{}_o(\pi\, F_t(u,\omega))\\ &= P_t\,\lambda^{(j)}{}_o(x)\end{aligned}$$

for $x = \pi(u)$, where $\{P_t : t \geq 0\}$ is the heat semigroup for M (solving $\partial/\partial t = \frac{1}{2}\Delta$). Thus $P_t\,\lambda^{(j)}{}_o$ is independent of t, and so $\lambda^{(j)}{}_o$ is constant (for example by the ergodicity of the Riemannian measure: but this itself is usually proved by observing that $P_t f$ independent of t implies $\Delta P_t f = 0$ for $t > 0$, since $P_t f$ is C^2 for $t > 0$, which implies $P_t f$ is constant for each positive t, which implies by strong continuity of P_t in t that f is constant).

D. From our equations (122a,b) for $\xi_t = \theta(\delta F_t(V_o)) \in \mathbb{R}^n$ and $A_t = \tilde{\omega}(\delta F_t(V_o)) \in o(\underline{n})$ we could write down an expression for $\log|\delta F_t(V_o)| = \frac{1}{2}\log(|\xi_t|^2 + |A_t|^2)$. However that does not seem very illuminating, and we shall resist doing so (but see equation (172) below when $\dim M = 2$). To start with we shall just consider the horizontal component ξ_t. For this set $v_t = T\pi(\delta F_t(V_o))$, so $v_t = u_t(\xi_t)$ and $v_t \in T_{x_t}M$ for $x_t = \pi(u_t)$ the Brownian motion induced on M. In particular $|v_t|_{x_t} = |\xi_t|$. By (122a)

$$|\xi_t|^2 = |\xi_0|^2 + 2 \int_0^t \langle \xi_s, A_s dB_s \rangle - \int_0^t \mathrm{Ric}(v_s, v_s) ds + 2 \int_0^t |A_s|^2 ds \quad (160)$$

$$\log |\xi_t| = \log |\xi_0| + \int_0^t \langle \xi_s / |\xi_s|, A_s / |\xi_s| dB_s \rangle - \tfrac{1}{2} \int_0^t \mathrm{Ric}(v_s/|v_s|, v_s/|v_s|) ds$$
$$+ \int_0^t |A_s|^2 / |\xi_s|^2 ds - \int_0^t |A_s \xi_s|^2 / |\xi_s|^4 ds \quad (161)$$

(at least until the first hitting time τ of 0 by ξ_t).

Therefore by (157) and the observation that $|Ae| = |A|\,|e|$ when $n = 2$

$$\log |\xi_t| \ge \log |\xi_0| + M_t - \tfrac{1}{2} \int_0^t \mathrm{Ric}\,(v_s/|v_s|, v_s/|v_s|) ds \quad (162)$$

with equality when $n = 2$, where $\{M_t : t \ge 0\}$ is the local martingale

$$M_t = \int_0^t \langle \xi_s / |\xi_s|, A_s / |\xi_s| dB_s \rangle \quad (163)$$

Now $\{M_t : T \ge 0\}$ is a time changed Brownian motion and for ξ_t to vanish in finite time τ (assuming $\xi_0 \neq 0$), we would have to have $\underline{\lim}_{t \to \tau-} M_t = -\infty$. Then $\overline{\lim}_{t \to \tau-} M_t = \infty$ and so

$$\overline{\lim}_{t \to \tau-} \log(|\delta F_t(V_0)|) \ge \overline{\lim}_{t \to \tau-} \log |\xi_t| = \infty$$

which cannot be true for finite τ. Thus $|\xi_t|$ never vanishes and (161) holds for all time.

<u>Theorem 4D</u> [24]. *Let* $\overline{\mathrm{Ric}}(x) = \sup\{\mathrm{Ric}(v,v) : v \in T_x M$ *and* $|v| = 1\}$ *for each* $x \in M$. *Then the top exponent* λ^1 *of the canonical flow satisfies*

$$\lambda^1 \ge \overline{\lim}_{t \to \infty} 1/t \log |v_t| \ge -1/(2|M|) \int_M \overline{\mathrm{Ric}}(x) dx \quad (164)$$

<u>Proof:</u> Since M_t is a time changed 1-dimensional Brownian motion

$$\underline{\lim}_{t \to \infty} 1/t\, M_t \le 0 \le \overline{\lim}_{t \to \infty} 1/t\, M_t$$

Therefore by (162)

$$\overline{\lim}_{t \to \infty} 1/t \log |v_t| \ge \overline{\lim}(-1/(2t) \int_0^t \mathrm{Ric}(v_s/|v_s|, v_s/|v_s|)) ds)$$
$$\ge -\underline{\lim}\, 1/(2t) \int_0^t \overline{\mathrm{Ric}}(x_s) ds$$
$$= -1/(2|M|) \int_M \overline{\mathrm{Ric}}(x) dx$$

almost surely, by the ergodic theorem, since ($1/|M| \times$ the Riemannian measure) is ergodic for Brownian motion. //

Remark 4D For dim M = 2 the Ricci curvature is essentially the Gaussian curvature $K_p(x)$ for each x. The Gauss-Bonnet theorem states that

$$1/(2\pi) \int_M K_p(x)dx = \chi(M) \tag{165}$$

where $\chi(M)$ is the Euler characteristic of M, a topological invariant (e.g. $\chi(S^2) = 2$, $\chi(S^1 \times S^1) = 0$). It is proved in Chapter VI below. From this, (162), and the argument above: *if dim M = 2 then for* $\rho \otimes \mathbb{P}$ *almost all* (x,ω)

$$\lambda^1 \geq \overline{\lim}_{t\to\infty} 1/t \log |v_t| = \overline{\lim}_{t\to\infty} 1/t\, M_t - (\pi/|M|)\,\chi(M)$$
$$\geq -(\pi/|M|)\,\chi(M) \tag{166}$$

Also

$$\underline{\lim}_{t\to\infty} 1/t \log |v_t| = \underline{\lim}\, 1/t\, M_t - (\pi/|M|)\,\chi(M) \leq -(\pi/|M|)\,\chi(M) \tag{167}$$

(The $\frac{1}{2}$ in the corresponding formula in [24] should not be there).

From (167) we get

$$\lambda^1 = \underline{\lim}\, 1/(2t) \log(|\xi_t|^2) + |A_t|^2 = \underline{\lim}\, 1/t\,(\log|\xi_t| + \tfrac{1}{2}\log(1 + |A_t|^2/|\xi_t|^2))$$
$$\leq -(\pi/|M|)\chi(M) + \overline{\lim}\, 1/(2t)\log(1 + |A_t|^2/|\xi_t|^2).$$

Since $\lambda^1 \geq 0$ this shows: *for dim* M = 2

$$\overline{\lim}\, 1/t \log(1 + |A_t|^2/|\xi_t|^2) \geq (2\pi/|M|)\,\chi(M). \tag{168}$$

E. Next we consider the case dim M = 2 in more detail.
Write k(x) for the Gauss curvature $K_p(x)$ (with $P = T_xM$) so that

$$\text{Ric}\,(u,u) = |u|^2\, k(x) \tag{169a}$$

and

$$R(u,v)w = k(x)\{\langle w,v\rangle u - \langle w,u\rangle v\} \tag{169b}$$

for u,v,w in T_xM. The following formulae are given for completeness. They come from (160) and (122b): the rather straightforward proof is left an exercise; there are details in [24] (using the scalar curvature S(x) = 2k(x))

$$|\xi_t|^2 = |\xi_0|^2 + 2\int_0^t \langle \xi_s, A_s dB_s\rangle - \int_0^t k(x_s)\,|\xi_s|^2\,ds + 2\int_0^t |A_s|^2\,ds \tag{170a}$$

$$|A_t|^2 = |A_0|^2 - 2\int_0^t k(x_s)\langle \xi_s, A_s dB_s\rangle - 2\int_0^t k(x_s)\,|A_s|^2\,ds$$
$$+ \int_0^t dk(u_s A_s \xi_s)ds + \int_0^t k(x_s)^2\,|\xi_s|^2 ds \tag{170b}$$

The following formulae from [24] are useful:

Proposition 4E

For dim M = 2 *there is the Stratonovich equation*

$$d|A_t|^2 + k(x_t) \circ d|\xi_t|^2 = 0 \tag{171}$$

and the Ito equation

$$|A_t|^2 + k(x_t)|\xi_t|^2 = |A_o|^2 + k(x_o)|\xi_o|^2 + \int_o^t |\xi_s|^2\, dk(u_s dB_s)$$
$$+ \tfrac{1}{2}\int_o^t |\xi_s|^2\, \Delta k(x_s)ds - \int_o^t dk(u_s A_s \xi_s)ds \tag{172}$$

Proof The Stratonovich equations (121a,b):

$$d\xi_t = A_t \circ dB_t \text{ and } dA_t = u_t^{-1} R(u_t \circ dB_t, u_t\xi_t)u_t$$

give

$$d|\xi_t|^2 = 2\langle \xi_t, A_t \circ dB_t\rangle \tag{173}$$

$$d|A_t|^2 = -\text{ trace } A_t\, u_t^{-1} R(u_t \circ dB, u_t\xi_t)u_t$$

$$= \sum_{p=1}^n \langle u_t^{-1}R(u_t \circ dB_t, u_t\xi_t)u_t e_p, A_t e_p\rangle$$

$$= \sum_{p=1}^n k(x_t)\,\{\langle u_t e_p u_t, \xi_t\rangle\langle u_t \circ dB_t, u_t A_t e_p\rangle - \langle u_t\, e_p,\, u_t \circ dB_t\rangle\langle u_t\, \xi_t, u_t\, A_t\, e_p\rangle\}$$

$$= -\,2k(x_t)\langle \xi_t, A_t \circ dB_t\rangle \tag{174}$$

Equation (171) follows immediately. On integrating it by parts and then using the Ito formula for $k(x_t)$ (and hoping the use of d for stochastic differentials as in $d(k(x_t))$ and for ordinary differentials as in dk will not cause confusion):

$$|A_t|^2 + k(x_t)|\xi_t|^2 - |A_o|^2 + k(x_o)|\xi_o|^2$$
$$= \int_o^t \{d|A_s|^2 + k(x_s) \circ d|\xi_s|^2 + |\xi_s|^2 \circ d(k(x_s))\}$$
$$= \int_o^t |\xi_s|^2 \circ d(k(x_s))$$
$$= \int_o^t |\xi_s|^2\, dk(u_s \circ dB_s) + \tfrac{1}{2}\int_o^t |\xi_s|^2\, \Delta k(x_s)ds + \tfrac{1}{2}\int_o^t d|\xi_s|^2 dk(u_s dB_s)$$

giving (172) by (173). //

Theorem 4E

When dim M = 2 *and* $k(x) > 0$ *for all* x

$$\lambda^1 \le 1/(4|M|)\int_M \{|\nabla k(x)|/\sqrt{k(x)} + |\Delta k(x)|/k(x)\}dx \tag{175}$$

Proof

Since $k(x) > 0$ we can take $\sqrt{\{|A|^2 + k(x)\,|\xi\,|^2\}}$ as the norm of (ξ, A) when computing the exponents. Write it as $\|(\xi, A)\|$. By (172)

$$\log \|(\xi_t,A_t)\| = \log \|(\xi_0,A_0)\| + \tfrac{1}{2}\int_0^t |\xi_s|^2/\|(\xi_s,A_s)\|^2\, dk(u_s dB_s)$$
$$+ 1/4 \int_0^t |\xi_s|^2/\|(\xi_s,A_s)\|^2\, \Delta k(x_s)ds - \tfrac{1}{2}\int_0^t dk(u_s A_s \xi_s)ds/\|(\xi_s,A_s)\|^2 ds$$
$$- 1/4 \int_0^t |\xi_s|^4\, |(dk)_{x_s}|^2/\|(\xi_s,A_s)\|^4 ds \qquad (176)$$

Since

$$|dk(u_s A_s \xi_s)| = \langle \nabla k(x_s), u_s A_s \xi_s\rangle \le |\nabla k(x_s)|\,|A_s|\,|\xi_s|$$
$$\le \tfrac{1}{2}|\nabla k(x_s)|\sqrt{k(x_s)}^{-1}\|(\xi_s,A_s)\|^2 \qquad (177)$$

and the coefficient of the Ito integral in (176) is bounded, the ergodic theorem gives the result. //

This corrects the upper bounds in [24]. It must be possible to do better.

F. Next we consider the case of constant curvature. An important point here, and later, is the idea of a *covering* $p : \mathbb{M} \to M$. This is a C^∞ map of manifolds which is surjective and such that each $x \in M$ has a connected open neighbourhood U with p mapping each component of $p^{-1}(U)$ diffeomorphically onto U. The typical examples are $p : S^1 \to S^1$ given by $p(e^{i\theta}) = e^{2i\theta}$ and $p:\mathbb{R} \to S^1$ given by $p(\theta) = e^{i\theta}$. The covering is *Riemannian* if $\mathbb{M}$ and M are Riemannian and $T_z p : T_z\mathbb{M} \to T_{p(z)}M$ preserves the inner product. Clearly if M is Riemannian and p is a covering map then we can define a Riemannian metric on $\mathbb{M}$ so that p becomes Riemannian. In general coverings have the *path lifting property*: if $\sigma : [a,b) \to M$ is a continuous path and $z \in p^{-1}(\sigma(a))$ then there is a unique continuous $\sigma^\sim : [a,b) \to \mathbb{M}$ with $\sigma^\sim(a) = z$ and $p \circ \sigma^\sim = \sigma$. The lifting gives a continuous map from the space of continuous paths in M starting from $\sigma(a)$ to the corresponding space of paths from z in $\mathbb{M}$. Thus stochastic processes can be lifted from M to $\mathbb{M}$. Also it is easy to construct an S.D.S. $(\tilde{Y},z)$ p-related to a given one (Y,z) on M.

For a Riemannian covering a Brownian motion on $\mathbb{M}$ maps by p to a Brownian motion on M: to see this choose an S.D.S. (Y,z) on M which has Brownian motions as its solutions. The lift $(\tilde{Y},z)$ will then have Brownian motions on $\mathbb{M}$ as its solutions since the condtions of §4A Chapter II for this to happen are purely local, and locally $(\tilde{Y},z)$ and (Y,z) are the same, as are $\mathbb{M}$ and M. Since $(\tilde{Y},z)$ and (Y,z) are p-related the result follows by §3D Chapter 1. (For a generalization of this see [43], p. 256.) Since curvature is a local property p will also map the curvature tensors of M to that of M.

Given the equation $dx_t = X(x_t) \circ dB_t + A(x_t)dt$ on a compact Riemannian M and a Riemannian covering $p : M \to M$, it is immediate that the Lyapunov filtrations and any stable manifolds lift to corresponding objects for the lift of the SDS : the filtration of T_zM will map by T_zp to the filtration for $T_{p(z)}M$ and will exist when the latter exists, with the same exponents, and p will map stable manifolds to stable manifolds as a covering. In particular M need not be compact.

The other two main ingredients we need are:

(i) there exists a covering $p : M \to M$ with M simply connected, and this is essentially unique

(ii) if M is simply connected and of constant curvature k then: M is isometric to $\mathbb{R}^n$ if k = 0, to S^n if k = 1, and to hyperbolic space H^n if k = 1. (e.g. see [64]).

If we now note that for a Riemannian covering $p : M \to M$ the map $u \to Tp \circ u$: $OM \to OM$ is also a covering, we see that to investigate the Lyapunov exponents and stable manifolds when M has constant curvature k = +1 or k = -1 it suffices to take $M = S^n$ or $M = H^n$.

G. Suppose now that M has constant curvature k. Equations (173) (174) are valid with $k(x_p)$ replaced by k, because of formula (9) for the curvature. Thus, [24],

$$d|A_t|^2 + k\, d|\xi_t|^2 = 0$$

whence

$$|A_t|^2 + k|\xi_t|^2 = |A_0|^2 + k|\xi_0|^2 \qquad (178)$$

When k > 0 we see immediately that $\lambda^1 = 0$, whence $\lambda^1 = \lambda_\Sigma$, and so *all the exponents vanish given constant positive curvature.*

For k < 0 we see that except perhaps for some exceptional V_0

$$\lambda^1 = \lim_{t\to\infty} 1/t \log|\xi_t| = \lim_{t\to\infty} 1/t \log|A_t|$$

and in particular these limits exist.

From (164) this yields

$$\lim_{t\to\infty} 1/t \log |\xi_t| \geq -(n-1)k/2 > 0$$

so that almost surely

$$\lim_{t\to\infty} |A_t|^2/|\xi_t|^2 = -k + \lim_{t\to\infty} (|A_0| + k|\xi_0|^2)/|\xi_t|^2 = -k$$

From (161) (162) we see immediately that *if* dim M = 2 *then for* $k < 0$

$$\lambda^1 = -\tfrac{1}{2}k \qquad (179)$$

G. For constant negative curvature since $\lambda^1 > 0$ and $\lambda_\Sigma = 0$ there must be some negative exponent and correspondingly some stable manifolds. We will investigate these for $k = -1$ and dim $M = 2$ following [24]. By the discussion in the previous paragraph we need only take M to be the hyperbolic plane H^2, even though it is not compact.

In §5C of Chapter II we described H^2 as the hyperboloid $\{(t,x,y) \in \mathbb{R}^3 : t \geq 1$ and $x^2 + y^2 - t^2 = -1\}$ with Riemannian metric induced from the Lorentz metric of $\mathbb{R}^3$.

Writing $N = (1,0,0)$ the tangent space $T_N H^2$ can be identified with $\{0\} \times \mathbb{R}^2$ in $\mathbb{R}^3$. For $v = (v^1, v^2)$ in $\mathbb{R}^2$ the path $\gamma_v : \mathbb{R} \to H^2$ given by

$$\gamma_v(\alpha) = (\cosh(|v|\alpha), v^1/|v| \sinh(|v|\alpha), v^2/|v| \sinh(|v|\alpha))$$

has

$$\frac{d}{d\alpha}\gamma_v(\alpha) = (|v| \sinh(|v|\alpha), v^1\cosh(|v|\alpha), v^2 \cosh(|v|\alpha))$$

so that

$$\left|\frac{d}{d\alpha}\gamma_v(\alpha)\right|_{\gamma_v(\alpha)} = |v|.$$

Differentiating this we see $D/\partial\alpha \; d/d\alpha \; \gamma_v(\alpha)$ is orthogonal to $d/d\alpha \; \gamma_v(\alpha)$ and so vanishes by symmetry. Thus γ_v is a geodesic through N and using our identification of $T_N H^2$ with $\mathbb{R}^2$

$$\exp_N v = \gamma_v(1).$$

For $V \in T_v\mathbb{R}^2 \approx \mathbb{R}^2$, with $v \neq 0$

$$D\exp_N(v)(V) = \big(\langle v,V\rangle/|v| \sinh|v|, (\sinh|v|)DP(v)(V) + (\langle v,V\rangle/|v|)(\cosh|v|)(v/|v|)\big) \in \mathbb{R} \times \mathbb{R}^2$$

where $P : \mathbb{R}^2 - \{0\} \to S^1$ is $P(v) = v/|v|$. Thus

$$|D \exp_N(v)(V)|^2 = \langle V,P(v)\rangle^2 + |DP(v)(V)|^2(\sinh|v|)^2$$

since $DP(v)V$ is orthogonal to v in $\mathbb{R}^2$. This gives the induced metric in the chart given by $\exp_N$ i.e. in normal co-ordinates at N

$$\langle V,W\rangle_v = \langle V,P(v)\rangle\langle W,P(v)\rangle + \sinh(|v|)^2\langle DP(v)V,DP(v)W\rangle_{\mathbb{R}^2} \quad (180)$$

which is most easily considered in polar co-ordinates: in classical notation

$$ds^2 = dr^2 + (\sinh r)^2 d\theta^2 \ . \quad (181)$$

(One way to see this is to interpret (18)) as meaning that if a curve σ in M is given in normal co-ordinates by $\sigma(t) = (r_t \cos\theta_t \, , r_t \sin\theta_t)$ then $|\dot\sigma(t)|^2_{\sigma(t)} = \dot r_t^2 + (\sinh r_t)^2 \dot\theta_t^2)$.)

Let D^0 be the open unit disc in $\mathbb{R}^2$. Define $f : D \to \mathbb{R}^2$ by

$$f(r,\theta) = (2 \tanh^{-1} r, \theta)$$

in polar co-ordinates. The metric (181) on $\mathbb{R}^2$ induces the metric

$$ds^2 = 4(1-r^2)^{-2} (dr^2 + r^2 d\theta^2) \quad (182)$$

on D^0 , or in Cartesian co-ordinates

$$ds^2 = 4(1-r^2)^{-2} (dx^2 + dy^2). \quad (183)$$

The disc with this metric is the Poincaré disc model of H^2. It represents N as $(0,0)$, but since the subgroup G of the Lorentz group acted transitively on the hyperboloid as isometries we can compose $\exp_N \circ f : D^0 \to H^2$ with an isometry to get an isometry which maps $(0,0)$ to any given point of H^2.

There is also the representation of H^2 by the upper $\frac{1}{2}$-plane $U = \{(x,y) : y > 0\}$ in $\mathbb{R}^2$. For this choose some point c of S^1. Then there is an analytic diffeomorphism $d^c : U \to D^0$

$$d^c(z) = c(z-i)/(z+i) \quad (184)$$

which maps the closure $\bar U$ to the closed disc D with the point at infinity in U mapped to c. The metric induced on U is

$$ds^2 = y^{-2}(dx^2 + dy^2) \quad (185)$$

The disc model shows how to talk about "points at infinity" on H^2 : they can be taken to be the points of S^1. For $c \in S^1$ write U^c for U when d^c has been used to give it its metric.

H. Since any $p \in H^2$ can be identified with $(0,0)$ in D we can identify the points of 'the circle at ∞', N_∞, in H^2 with $\frac{1}{2}$ rays γ emanating from p and parametrized by arc length. The Buseman function of such γ corresponding to c is

$$\beta_p(c,-) : H^2 \to \mathbb{R}$$

for

$$\beta_p(c,z) = \lim_{t\to\infty} [t - d(z,\gamma(t))] \tag{186}$$

(Since $t \to t - d(z,\gamma(t))$ is increasing and bounded above by $d(z,p)$ this limit exists). This is sometimes given the opposite sign.

In the model U^c with $p = (0,1)$ we have $\gamma(t) = (0,e^t)$ and if $z = (x,y) \in U^c$ then

$$t - \log y \le d(z,\gamma(t)) \le t - \log y + e^{-2t}|x|$$

since log y is the distance of z from the line $\{(\alpha,1) : \alpha \in \mathbb{R}\}$. Thus in this case

$$\beta_p(c,z) = \log y \tag{187}$$

<u>Lemma 4H</u> [24]

Let $\{z_t : t \ge 0\}$ *be a Brownian motion starting from* p. *Then with probability* 1

$$\text{(i)}\quad z_\infty(\omega) = \lim_{t\to\infty} z_t(\omega) \in N_\infty \textit{ exists}$$

and

$$\text{(ii)}\quad \lim_{t\to\infty} 1/t\, \beta_p(z_\infty(\omega), z_t(\omega)) = \tfrac{1}{2} \tag{188}$$

Proof Part (i) is a very special case of Prat's result for not necessarily constant curvature. In our case it follows because in D^0 our Brownian motion is just the time change of an ordinary Brownian motion in $\mathbb{R}^2$, and the latter almost surely leaves D^0 in finite time.

For (ii) it is enough to show that

$$\mathbb{P}\{1/t\, \beta_p(c,z_t(\omega)) \to \tfrac{1}{2} \mid z_\infty(\omega) = c\} = 1.$$

To condition z to tend to c we can use the Doob h-transform. Now, as described in [81] 2X9 the standard Brownian motion $\mathbb{R}^2$ conditioned to exit from D^0 at a point c of S^1 is the h-transform of that Brownian motion, h-transformed by the Poisson kernel

$$h(z) = (1 - |z|^2)/|c-z|^2 \qquad |z| < 1.$$

This means it has the law of the diffusion process with generator $\frac{1}{2}\Delta + \nabla \log h$ for Δ, ∇ the Euclidean operators. Since time changing commutes with our conditioning the hyperbolic Brownian motion of M conditioned to tend to c as $t \to \infty$ is a diffusion process with generator $\frac{1}{2}\Delta + \nabla \log h$ where now Δ and ∇ refer to the hyperbolic metric.

In the model U_c the Laplacian is given, for $x^1 = x$, $x^2 = y$, by

$$\Delta f(z) = \sum_{j=1}^{2} g(z)^{-1/2}\ \partial/\partial x^i\ \{g(z)^{\frac{1}{2}}\ g^{ij}(z)\ \partial f/\partial x^j\}$$

$$= y^2\ (\partial^2 f/\partial x^2 + \partial^2 f/\partial y^2) \tag{189}$$

while h is represented by $\tilde{h}$ for $h = \tilde{h} \circ d^c$ i.e.

$$\tilde{h}(z) = 1/4(|z+i|)^2 - |z-i|^2) = y \quad \text{for } z = x + iy.$$

Thus

$$\nabla \log \tilde{h}(z) = (0,\ y^2.\ 1/y) = (0,y)$$

and the conditioned diffusion can be represented by $z_t = (x_t, y_t)$ for

$$dx_t = y_t\ dB^1{}_t,\ dy_t = y_t\ dB^2{}_t + y_t\ dt \tag{190}$$

where $\{(B^1{}_t, B^2{}_t) : t \geq 0\}$ is a Brownian motion on $\mathbb{R}^2$. Then $y_t = y_0 \exp(B^2{}_t + \frac{1}{2} t)$ and so (ii) follows by (187). //

We can now give the basic result from [24] on the stable manifolds of the canonical flow on OM for hyperbolic space:

__Theorem 4H__ [24] *For* $M = H^2$ *take* $u \in OM$. *Let* $F_t(-,\omega): OM \to OM$ *be the canonical flow. Then for almost all* $\omega \in \Omega$ *the following holds:*

The limit $c(\omega) = \lim_{t\to\infty} \pi F_t(u,\omega)$ *exists in* N_∞ *and if* $\Upsilon(u,\omega)$ *is the submanifold of* OM *given by* $\{Tg \circ u$ s.t. $g: U^c \to U^c$ *is a horizontal translation*$\}$ *then for* $u' \in \Upsilon(u,\omega)$

$$\lim_{t\to\infty} 1/t \log d(F_t(u,\omega),\ F_t(u',\omega)) = -\tfrac{1}{2} \tag{191}$$

and for all other frames u'

$$\varliminf_{t\to\infty} 1/t \log d(F_t(u,\omega),\ F_t(u',\omega)) \geq 0 \tag{192}$$

__Proof:__ Choose $\omega \in \Omega$ so that the conclusions of Lemma 4H are true, and so that the flow $F_t(-,\omega)$ exists and satisfies $F_t((Tg)\circ u,\omega) = Tg \circ F_t(u,\omega)$ for all isometries g of M. The latter is possible either by general principles, because the canonical S.D.S. is invariant under the action of such Tg, or by noting the special properties of the flow $F_t(-,\omega)$ on OM when OM, or rather SO(M), is identified with our subgroup G of the Lorentz group: see Remark 4H(i) below. Then $c = z_\infty(\omega)$ exists. We will work in U^c.

It is necessary only to consider oriented frames i.e. restrict ourselves to the component SOM of OM. Such a frame at $(x,y) \in U^c$ can be identified with a tangent vector to U^c of unit Euclidean length. Using this we shall write frames as $(x,y,\lambda) \in U^c \times S^1$. Let $\tilde{d}$ be the metric on SOM which is the product of the Euclidean metric on U^c with the standard one for S^1. Over the compact subset W of U^c

$$W = \{(x,y) \in U^c : |x| + |1-y| \le \tfrac{1}{2}\}$$

this will be equivalent to the standard metric of OM described previously (or to any other metric).

Set $(x_t,y_t,\lambda_t) = F_t(u,\omega)$.

If $u' \in \Upsilon(u,\omega)$ there exists $a \in \mathbb{R}$ with

$$F_t(u',\omega) = (x_t + a, y_t,\lambda_t) \qquad t \ge 0$$

Horizontal translation in U^c is an isometry and so is the dilation $(x,y) \to (\alpha x, \alpha y)$ for $\alpha > 0$. Therefore

$$\begin{aligned} d(F_t(u,\omega), F_t(u',\omega)) &= d((0,y_t,\lambda_t), (a,y_t,\lambda_t)) \\ &= d((0,1,\lambda_t), (a/y_t, 1, \lambda_t)) \end{aligned} \qquad (193)$$

since isometries on M induce isometries on OM. For sufficiently large t both $(0,1)$ and $(ay_t^{-1},1)$ lie in W, and so d may be replaced by $\tilde{d}$ in estimating (193) for such t. However

$$\tilde{d}((0,1,\lambda_t), (a/y_t, 1, \lambda_t)) = |a|/|y_t| \qquad (194)$$

and by Lemma 4H(ii) and equation (187)

$$\lim_{t\to\infty} 1/t \log (|a|/|y_t|) = -\tfrac{1}{2}$$

This proves (191).

For (192) first suppose $u' = (\alpha x_0, \alpha y_0, \lambda_0)$ for some $\alpha > 0$, $\alpha \neq 1$ where u =

(x_0,y_0,λ_0). Then $F_t(u',\omega) = (\alpha x_t, \alpha y_t, \lambda_t)$, giving (by a horizontal translation)

$$d(F_t(u,\omega), F_t(u',\omega)) \geq d((0,,\alpha y_t), (0,y_t))$$
$$= d((0,\alpha), (0,1))$$

from which (192) follows.

Combining this with (191) we see the same holds for any u' which is obtained from u by the action of the isometries of M generated by the horizontal translations and the dilations $(x,y) \to (\alpha x, \alpha y)$ of H^c. These isometries correspond to a subgroup G_c, say, of G when we use the identification of SOM with our subgroup G of the Lorentz group. The group G itself was identified with isometries of M in the hyperboloid model and in this model it is easy to see that G_c is precisely the subgroup of G which leaves the point at infinity c fixed (the latter subgroup is just the natural embedding in G of the identity component of the Lorentz group of the 1 + 1-dimensional space time acting in the plane orthogonal to c in $\mathbb{R}^3$: this is two dimensional as is G_c and the former is known to be connected).

For other u' in SOM = G there is the isometry corresponding to $g = u'u^{-1}$ which sends u to u'. Since $F_t(u',\omega) = g\, F_t(u,\omega)$ and g is not in G_c

$$\lim_{t\to\infty} F_t(u',\omega) \neq c.$$

Consequently

$$d(F_t(u,\omega), F_t(u',\omega)) \geq d(\pi\, F_t(u,\omega), \pi F_t(u',\omega))$$
$$\geq d(\pi\, F_t(u,\omega), \{(x,1): x \in \mathbb{R}\})$$

or sufficiently large t. This is just $\beta_p(c,\pi,F_t(u,\omega))$ for p = (0,1) by (187). Thus in this case, by (188)

$$\underline{\lim}\ 1/t \log d(F_t(u,\omega), F_t(u',\omega)) \geq \tfrac{1}{2}. \ //$$

This theorem, together with the fact that we know there must be at least one negative exponent with corresponding stable manifolds, shows that there is precisely one, namely $-\frac{1}{2}$, and that the stable manifold through u is $\mathcal{V}(u,\omega)$. Consequently the multiplicity of the exponent $-\frac{1}{2}$ is $\dim \mathcal{V}(u,\omega)$ i.e. 1. Since dim OM = 3, and $\lambda_\Sigma = 0$ and $\lambda^1 = \frac{1}{2}$ by (179), because $2(\frac{1}{2}) + (-\frac{1}{2}) = \frac{1}{2} \neq 0$ there must be another exponent. It can only have multiplicity 1 and it must be 0. Thus *the exponents for the canonical flow on* H^2 *are* $-\frac{1}{2}, 0, \frac{1}{2}$.

As for the filtration of T_uM we know that $V^{(3)}(u,\omega) = T_u\mathcal{V}(u,\omega)$. It will now be no surprise that $V^{(2)}(u,\omega)$ is the tangent to the orbit of G_c (i.e. the tangent to the coset $G_c u$ in G): for a proof see [24]. More detailed information 'stability' properties of the flow can be found in [24] and [10], especially the latter.

Remark 4H(i) Identifying SOM with G the canonical S.D.E. becomes a left invariant stochastic differential equation

$$du_t = X(u_t) \circ dB_t$$

with $X(1)(\xi) = \xi$ for ξ in $\mathbb{R}^2$ as in equation (56) of Chapter II §5B. The flow is then $F_t(u.\omega) = u.g_t(\omega)$ where $(g_t : t \geq 0)$ is the solution starting from 1. Equation (178) showing that $|A_t|^2 - |\xi_t|^2$ is constant follows from the invariance of the Cartan-Killing form: see [64] p. 155. The metric we have taken on SOM corresponds to a left invariant metric on G so our exponents are measuring how right multiplication by $g_t(\omega)$ spreads out or contracts the space (at least infinitesimally). Use of the Lie group structure of G gives a good way to obtain the result about the exponents given above and especially for their higher dimensional analogues. This is carried out in [10]. See [71] , [73] for earlier work for symmetric spaces.

The vanishing of the exponents for S^n comes out particularly simply by the corresponding representation of SOS^n as $SO(n+1)$. This time the metric on $SO(n+1)$ is bi-invariant and so $F_t(-,\omega)$ consists of isometries: this is the reason for the constancy of $|\xi_t|^2 + |A_t|^2$ in equation (178) for k = 1.

Remark 4H(ii) The projections onto M of the stable manifolds $\mathcal{V}(u,\omega)$ are *horocycles.* In the disc model the horocycle $H_p(c)$ for $p \in M$ and c on the circle at infinity is the circle tangent to S^1 at c which goes through p. The horocycles are precisely the level surfaces of the Buseman functions defined by (186). Equivalently they can be defined as the boundary of the *horoballs* defined as the union $\bigcup_{t>0} B_t(\gamma(t))$ of balls radius t about $\gamma(t)$ for γ a unit speed geodesic. These definitions make sense in greater generality: in particular for simply connected manifolds of non-positive curvature. For more details see [2], [8]. However there is no reason to believe that stable manifolds for the canonical flows of these more general manifolds project onto these horocycles.

Remark 4H(iii) For results about the non-triviality of the spectrum for the canonical flow when $M \neq S^n$ see [24a].

Remark 4H(iv) The characteristic exponents for the geodesic flow on the unit sphere bundle in TM have been studied a lot [2], [106]. The results are analogous for constant negative curvature: especially for dim M = 2 when the bundle SOM can be identified with the sphere bundle. See also [105].

§5. Moment exponents

In this section we no longer require M to be compact.

A. Consider a process $\{x_t : t \geq 0\}$ on M and a process $\{v_t : t \geq 0\}$ on some space B with projection $p : B \to M$ such that $p(v_t(\omega)) = x_t(\omega)$ for $t \geq 0$. If the fibres $p^{-1}(x)$ of B are normed vector spaces for each $x \in M$ we can consider

$$\nu_q := \overline{\lim_{t\to\infty}}\, 1/t \log \mathbb{E}|v_t|^q \tag{195}$$

for $q \in \mathbb{R}$. Typical cases of interest are:

(i) $B = M \times \mathbb{R}$ and p the projection with v_t defined by

$$dv_t/dt = V(x_t)v_t \tag{196}$$

for given v_0, for $V : M \to \mathbb{R}$. We should then write ν_p as $\nu_p(v_0)$ etc. This is the situation of the "Kac-functionals" studied extensively in [15], [54], [55] especially in the non-compact case, i.e. the behaviour as $t \to \infty$ of

$$1/t \log \mathbb{E}\, e^{\int_0^t V(x_s)ds} \qquad (\text{for } v_0 \neq 0).$$

(ii) The analogue of (i) for $B = M \times \mathbb{R}^n$ and $V : M \to \mathbb{L}(\mathbb{R}^n; \mathbb{R}^n)$

(iii) $p : B \to M$ the tangent bundle or a tensor bundle like $\Lambda^p T^*M$ with v_t defined by a covariant equation

$$Dv_t/\partial t = V(x_t)v_t \tag{197}$$

where $V(x) \in \mathbb{L}(p^{-1}(x), p^{-1}(x))$ for each x in M. One could equally well take other vector bundles over M with a linear connection: this would then include (ii) as the special case of the trivial bundle.

(iv) $v_t = T_{x_0}F_t(v_0)$ where $\{F_t(-,\omega) : t \geq 0, \omega \in \Omega\}$ is the flow of an S.D.E. on M.

The last example is somewhat more complicated than the previous ones since the equation for v_t is a stochastic differential equation in general. We shall look in more detail at situations related to cases (i) and (iii) in the next chapter. Case (ii) was investigated in [3]: there is the following general result essentially taken from there as in [8]. In case (iv) it relates these moment exponents to the Lyapunov exponents of the flow.

<u>Proposition 5A</u>

Let ν^- and ν_- be the random variables

$$\nu^- = \overline{\lim}_{t\to\infty} \; 1/t \log |v_t|$$

and

$$\nu_- = \underline{\lim}_{t\to\infty} \; 1/t \log |v_t|$$

Then

(i) $q \to \nu_q$ *is convex*

(ii) $q \to 1/q\, \nu_q$ *is increasing*

Also if $\mathbb{E}|\nu^-| < \infty$ and $\mathbb{E}|\nu_-| < \infty$

(iii) $\nu_q \geq \underline{\lim}\; 1/t\, \mathbb{E}\, |v_t|^q \geq q\, \mathbb{E}\nu_- \qquad q \geq 0$

$\nu_q \geq q\, \mathbb{E}\, \nu_- \qquad q \geq 0$

(iv) $$\frac{d}{dq^-}\nu_q\Big|_{q=0} \leq \mathbb{E}\, \nu_- \leq \frac{d}{dq^+}\nu_q\Big|_{q=0} .$$

<u>Proof</u> [3] Part (i) comes from the convexity of $q \to \log \mathbb{E}\, |Z|^q$ for any random variable Z and (ii) comes from the monotonicity of $q \to (\mathbb{E}|Z|^q)^{1/q}$ for $q > 0$ and of $q \to (\mathbb{E}(1/|Z|)^{-q})^{-1/q}$ for $q < 0$. Also by Jensen's inequality

$$1/t \log \mathbb{E}\, |v_t|^q \geq \mathbb{E}\; 1/t \log |v_t|^q = q\, \mathbb{E}\; 1/t \log |v_t|$$

if $\log |v_t|$ is integrable, so that (iii) and hence (iv) follows by Fatou's lemma. //

B. To show one reason for studying the moment exponents let us go back to the canonical flow on OM of a Riemannian manifold. Assume it is stochastically complete so the solutions of the canonical S.D.E. exist for all time. There is then the formal derivative flow which can be represented by $(\xi_t, A_t) \in \mathbb{R}^n \times \underline{o}(n)$, as before, satisfying (121a,b) and (122a,b). Using the notation of §4 set $v_t = u_t \xi_t$. We can consider a 1-form φ on M as a section of T^*M or as $\varphi : TM \to \mathbb{R}$ with the restrictions $\varphi_x : T_xM \to \mathbb{R}$ linear. The element in T_xM dual to φ_x will be written φ_x^*.

<u>Lemma 5B</u>

For a C^2 *1-form* φ *on* M

$$\varphi(v_t) = \varphi(v_0) + \int_0^t \nabla\varphi(u_s dB_s)v_s + \int_0^t \varphi(u_s A_s dB_s)$$

$$+ \tfrac{1}{2}\int_0^t (\text{trace } \nabla^2\varphi(v_s)ds - \text{Ric}(\varphi^*_{x_s}, v_s))ds$$

$$+ \int_0^t \sum_{i=1}^n d\varphi(u_s e_i, u_s A_s e_i)ds \tag{198}$$

<u>Proof</u> Coming back to the $S(t,u)e$ and $\delta S(t,V)e$ notation of §9B Chapter II recall that by Lemma 9B of Chapter II if $J(t,V) = T\pi(\delta S(t,V))$ then $J(-,V)$ is a Jacobi field with $D/\partial t\, J(t,V) = u\tilde{\omega}(V)e$ at $t = 0$. Therefore, with $\gamma(t) = \pi S(t,u)e$,

$$d/dt\, \varphi(T\pi\delta S(t,V)) = \nabla\varphi(\dot{\gamma}(t))(J(t,V)) + \varphi(D/\partial t\, J(t,V))$$
$$= \nabla\varphi(ue)(T\pi V) + \varphi(u\tilde{\omega}(V)e)$$

at $t = 0$; and, at $t = 0$,

$$d^2/dt^2\, \varphi(T\pi\delta S(t,V)) = \nabla^2\varphi(ue,ue)(T\pi V) + 2\nabla\varphi(ue)(u\tilde{\omega}(V)e)$$
$$- \varphi(R(T\pi V,ue)ue).$$

Now for an orthonormal basis $e_1,\dots,e_n$ of $\mathbb{R}^n$ if $f_i = ue_i$ and S is the skew adjoint operator $u\tilde{\omega}(V)u^{-1}$

$$\Sigma_i\, \nabla\varphi(ue_i)(u\tilde{\omega}(V)e_i) = \Sigma_i\, \nabla\varphi(f_i)(Sf_i) = \Sigma_i\, \langle\nabla\varphi^*(f_i),Sf_i\rangle$$
$$= -\text{ trace } S\nabla^*\varphi = -\text{ trace}(\nabla^*\varphi)S$$
$$= -\ \Sigma_i\, \langle(\nabla\varphi^*)S f_i, f_i\rangle = -\Sigma\, \nabla\varphi(Sf_i)f_i$$
$$= -\Sigma\, d\varphi(Sf_i,f_i) - \Sigma\, \nabla\varphi(f_i)Sf_i\ .$$

Thus (198) holds by Ito's formula. //

The *(de Rham-Hodge) Laplacian* $\Delta\varphi$ of a 1-form φ satisfies the *Weitzenbock formula*

$$\Delta\varphi = \text{trace } \nabla^2\varphi - \text{Ric}(-,\varphi^*) \tag{199}$$

(with non-standard sign conventions), see Proposition 3D of Chapter V, below, for the proof. The following result is discussed in [75], [43], [77].

<u>Theorem 5B</u> *Suppose the family* $\{\varphi_t : t \geq 0\}$ *of 1-forms on* M *satisfies:*

(i) φ_t *is* C^2 *on* M *and* C^1 *in* t, *with the partial derivatives jointly continuous,*

(ii) $\partial\varphi_t/\partial t = \frac{1}{2}\Delta\varphi_t \qquad t > 0$

(iii) $d\varphi_t = 0$ $\qquad t > 0$

(iv) φ_t *is bounded uniformly in* $t \in [0,T]$ *each* $T > 0$.

Assume M *is stochastically complete and* $|v_t|$ *lies in* L^1 *for each* t *where* $v_t = u_t\,\xi_t$ *for* $\xi_0 = u_0^{-1}v_0$ *any frame* u_0 *at* x_0, *and* $A_0 = 0$.

Then

$$\varphi_t(v_0) = \mathbb{E}\varphi_0(v_t) \qquad v_0 \in T_{x_0}M,\ t \geq 0\,.$$

<u>Proof</u> Set $\psi_t = \varphi_{T-t}$ for $0 \leq t \leq T$ and apply the time dependent version of Lemma 5B to ψ_t. //

Note that (iv) holds automatically if M is compact as does the integrability of $|v_t|$. It is also true that $d\varphi_0 = 0$ implies $d\varphi_t = 0$ when (ii) is satisfied, at least for M compact. Furthermore, as we will see below, $\Delta\varphi = 0$ implies $d\varphi = 0$ for M compact. Thus

<u>Corollary 5B(i)</u>. *If* M *is compact and* $\underline{\lim}_{t\to\infty}\, \mathbb{E}\,|v_t| = 0$ *there are no harmonic* 1*-forms except* 0. //

Note that from the analogue of (170a) for constant curvature k if we substitute $k|\xi_s|^2 + |A_s|^2 = 0$ we see

$$\mathbb{E}|v_t|^2 = \mathbb{E}|\xi_t|^2 = e^{-3kt}\,|v_0|$$

and so the conditions of 5B(i) hold if $k > 0$. By (160) we have

$$\mathbb{E}\,|v_t|^2 = |\xi_0|^2 - \int_0^t \mathbb{E}\,\mathrm{Ric}\,(v_s,v_s)ds + \int_0^t \mathbb{E}\,|A_s|^2\,ds$$

so its hypotheses cannot hold if $\mathrm{Ric}\,(v,v) < \alpha|v|^2$, for all v, for some $\alpha < 0$. On the other hand if the Ricci curvature is strictly positive everywhere Bochner's theorem implies that there are no non-zero harmonic 1-forms. This will be discussed in detail below.

C. For more about moment exponents and also their relationships with large deviation theory see [3], [4], [11], [13], [25], [45].

CHAPTER IV. THE HEAT FLOW FOR DIFFERENTIAL FORMS AND THE TOPOLOGY OF M.

§1. A Class of semigroups and their solutions.

A. Let $p : B \to M$ be some tensor bundle over a Riemannian manifold M e.g. $B = TM, T^*M, \Lambda^p TM$, or a trivial bundle $M \times \mathbb{R}^n$, with induced inner product on each $B_x := p^{-1}(x)$ (in fact any Riemannian vector bundle with a Riemannian connection would do). For $x \in M$ suppose we have a linear map $J_x : B_x \to B_x$ depending measurably on x. Let $\{x_t : t \geq 0\}$ be Brownian motion on M from the point x_0: we will assume M is stochastically complete.

For $v_0 \in B_{x_0}$ define the process $\{v_t ; t \geq 0\}$ over $\{x_t : t \geq 0\}$ by

$$Dv_t/\partial t = J_{x_t}(v_t) \tag{200}$$

as in equation (47). Assuming J is bounded above (i.e. the map j defined below is bounded above) the solution of (200) will exist for all time and

$$d/dt\, |v_t|^2 = 2 \langle J_{x_t}(v_t), v_t \rangle_{x_t} \tag{201}$$

$$\leq 2\, j(x_t)\, |v_t|^2 \tag{202}$$

if $j(x) = \sup \{\langle J_x v, v\rangle : v \in B_x \text{ and } |v| = 1\}$.

Thus $$|v_t| \leq e^{\int_0^t j(x_s)ds} . \tag{203}$$

By a $C^{2,1}$ section $\{\varphi_t : t \geq 0\}$ of B^* we mean a time dependent section of the dual bundle to B: so $\varphi_{t,x} \in \mathbb{L}(B_x;\mathbb{R})$ for $x \in M$ and the map $\varphi_{\cdot} : B \times [0,\infty) \to \mathbb{R}$ given by $(v,t) \to \varphi_t(v)$ has two partial derivatives in the first variable and one in t, all of them continuous. The following can be considered as a uniqueness result:

<u>**Proposition 1A.**</u> *Suppose* $\{\varphi_t : t \geq 0\}$ *is a* $C^{2,1}$ *section of* B^* *such that*

$$\partial\varphi_t/\partial t = \tfrac{1}{2}\, \text{Trace}\, \nabla^2\varphi_t + J^*(\varphi_t) \tag{204}$$

with φ_t *bounded* (i.e. $\{|\varphi_{t,x}| : x \in M\}$ *bounded*) *uniformly on each* $0 \leq t \leq T$, *for* $T > 0$. *Then if* J *is bounded above, and* $v_0 \in B_{x_0}$ *some* $x_0 \in M$

$$\varphi_t(v_o) = \mathbb{E}\,\varphi_o(v_t) \qquad (205)$$

where $\{v_t : t \geq 0\}$ *is the solution to* (200).

__Proof:__ To interpret (200) we can suppose $x_t = \pi(u_t)$ for $\{u_t : t > 0\}$ a solution to the canonical S.D.E. on OM. For $S(t,u)e$ as before (e.g. §9A Chapter II) and $\gamma_t = \pi S(t,u)e$ suppose

$$D/\partial t\; v_t(e) = J_{\gamma_t}(v_t(e))$$

with $v_o(e) = w_o$ some $w_o \in B_{\gamma_o}$. Then for $\psi : B \to \mathbb{R}$ of class C^2 and linear on the fibres, if $x = \pi(u) = \gamma_o$

$$d/dt\;\; \psi(v_t(e)) = \nabla\psi(\dot\gamma_t)(v_t(e)) + \psi(J_{\gamma_t}(v_t(e)))$$

$$= \nabla\psi(u(e))(w_o) + \psi(J_x(w_o)) \text{ at } t = 0 \qquad (206)$$

and, at $t = 0$,

$$d^2/dt^2\; \psi(v_t(e))$$

$$= \nabla^2\psi(ue,ue)(w_o) + 2\nabla\psi(ue)(J_x(w_o)) + \psi(\nabla J(ue)(w_o)) + J_x(J_x(w_o))\quad (207)$$

if J is differentiable. At first sight it is not obvious how to interpret this to obtain the Ito formula for $\psi(v_t)$ using Proposition 3A of Chapter I. In fact our system does fit into that result but with $z_t = (B_t,t)$, and as a system on OM × B_{x_0}, namely

$$du_t = X(u_t) \bullet dB_t$$

$$dw_t = //_t^{-1}\, J_{\pi(u_t)}\, (//_t w_t)dt$$

where $//_t$ is parallel translation of the tensors along $\{\pi(u_s) : 0 \leq s \leq t\}$: (this is $\rho(u_o\, u_t^{-1})$ for a suitable representation ρ of $O(n)$ on B_{x_0}). Thus the terms above without adequate e's will have a 'dt' in Ito's formula and the terms involving ∇J will have a '$dt\, dB^i_t$' and so not appear. The assumption of differentiability of J is therefore not needed (remember the global Ito formula depends on local formulae, the way we are working out its coefficients is just formalism: a method of obtaining a formula whose coefficients have geometric content). Thus

$$\psi(v_t) = \psi(v_o) + \int_0^t \nabla\psi(u_s dB_s)(v_s) + \int_0^t \left(\tfrac{1}{2}\text{ trace }\nabla^2\psi(v_s) + \psi(J_{x_s}(v_s))\right)ds\,. \quad (208)$$

Alternatively this can be derived from the Stratonovich equation

$$\psi(v_t) = \psi(v_0) + \int_0^t \nabla\psi(u_s \circ dB_s)(v_s) + \int_0^t \psi(J_{x_s}(v_s))ds \qquad (209)$$

The result follows by applying the time dependent form of (208) with $\psi_t = \varphi_{T-t}$ where $T > 0$. //

Versions of (208) for more general systems than (200) are given in [14].

B. After a 'Feynman-Kac type' formula here is a 'Girsanov-Cameron-Martin' formula. Let A and Z be C^1 vector fields on M. Let $\{x_t : t \geq 0\}$ denote Brownian motion on M from x_0 with drift A , assumed non-explosive, and $\{u_t : t \geq 0\}$ its horizontal lift to OM: so we can take it that

$$du_t = X(u_t) \circ dB_t + \tilde{A}(u_t)dt \qquad (210)$$

for (X,B) the canonical S.D.S. on OM and $\tilde{A}$ the horizontal lift of A, with $\pi(u_t) = x_t$. Let M_t be the process on $\mathbb{R}$ given by $M_0 = 1$ and

$$dM_t = M_t\langle Z(x_t), u_t \circ dB_t\rangle - \tfrac{1}{2} M_t \{\operatorname{div} Z(x_t) + |Z(x_t)|^2\}dt \qquad (211)$$

so

$$M_t = \exp\{\int_0^t \langle Z(x_s), u_s \circ dB_s\rangle - \tfrac{1}{2}\int_0^t \{\operatorname{div} Z(x_s) + |Z(x_s)|^2\}ds \qquad (212)$$

In the more familiar Ito formalism

$$dM_t = M_t\langle Z(x_t), u_t\, dB_t\rangle_{x_t} \qquad (213)$$

and

$$M_t = \exp\{\int_0^t \langle Z(x_s), u_s\, dB_s\rangle - \tfrac{1}{2}\int_0^t |Z(x_s)|^2 ds\} \qquad (214)$$

Proposition 1B *Suppose $\{\varphi_t : t \geq 0\}$ is a $C^{2,1}$ section of B^* such that*

$$\partial\varphi_t/\partial t = \tfrac{1}{2}\operatorname{trace} \nabla^2\varphi_t + \nabla\varphi_t(A) + \nabla\varphi_t(Z) + J^*(\varphi_t) \qquad (215)$$

and φ_t is bounded uniformly on $0 \leq t \leq T$ for each $T > 0$. Then with the assumptions and notation above, if also the process with generator $\tfrac{1}{2}\Delta + A + Z$ is complete and if J is bounded above

$$\varphi_t(v_0) = \mathbb{E} M_t \varphi_0(v_t)$$

for each x_0 in M and $v_0 \in B_{x_0}$ where $\{v_t : t \geq 0\}$ satisfies the covariant equation along the paths of $\{x_t : t \geq 0\}$

$$Dv_t/\partial t = J(v_t)\,. \qquad (216)$$

Proof. First consider the case $B = M \times \mathbb{R}$ with p the projection and $J \equiv 0$. This is the classical theorem: for $\varphi : M \to \mathbb{R}$ which is C^2 and bounded the Ito formula for $M_t\varphi(x_t)$ shows $Q_t\varphi$ defined by $Q_t\varphi(x_0) = \mathbb{E}M_t\varphi(x_t)$ is a minimal semigroup on L^∞ with differential generator $\frac{1}{2}\Delta + A + Z$; there is a unique such semi-group so the change of probability to $\mathbb{P}^\sim$ with $\mathbb{P}^\sim = M_T\mathbb{P}$ (on paths ω restricted to $0 \le t \le T$) *is* a change to a probability measure and under $\mathbb{P}^\sim$ the process $\{x_t : 0 \le t \le T\}$ has generator $\frac{1}{2}\Delta + A + Z$.

Now Proposition 1A extends with essentially the same proof to the case where the process $\{x_t : t \ge 0\}$ has a drift. Applying this to $\{x_t : t \ge 0\}$ under the probability $\mathbb{P}^\sim$ gives (215). //

Note:

(i) Under the completeness conditions $\{M_t : t \ge 0\}$ is a martingale.

(ii) we can allow A and Z to be time dependent provided their sum A + Z is not.

C. A case which we will be particularly interested in is B = TM and $J(v) = \mathrm{Ric}(v,-)^*$. From the Weitzenbock formula (199) proved later (Chapter V, §3), and elliptic regularity which shows that solutions to the heat equation for forms are $C^{2,1}$ (in fact C^∞) we have from Proposition 1A and Yau's result on the stochastic completeness of M when M is complete with Ricci curvature bounded below:

Theorem 1C. *If* M *is complete with Ricci curvature bounded below then any solution* $\{\varphi_t : t \ge 0\}$ *to the heat equation for* 1*-forms*

$$\partial\varphi_t/\partial t = \tfrac{1}{2}\Delta\varphi_t$$

with φ_t *uniformly bounded on compact intervals* $[0,T]$ *of* $\mathbb{R}$ *is given by*

$$\varphi_t(v_0) = \mathbb{E}\varphi_0(v_t)$$

where $\{v_t : t \ge 0\}$ *satisfies the covariant equation along Brownian paths*

$$Dv_t/\partial t = -\tfrac{1}{2}\mathrm{Ric}(v_t,-)^*. \ //$$

We will discuss the analogous situation for p-forms p > 1 later.

§2. The top of the spectrum of Δ

A. For complete M it is a standard result that Δ is essentially self-adjoint on the space of C^∞ functions with compact support (as is trace ∇^2 acting on sections of B^* as in §1 and the de Rham-Hodge Laplacian on forms, [91]). Since, for f of compact support,

$$\int_M f\Delta f = -\int_M \langle \nabla f, \nabla f\rangle \le 0,$$

Δ is non-positive and so there is a semi-group induced on $L^2(M)$ by $\frac{1}{2}\Delta$ which we will write $\{e^{\frac{1}{2}t\Delta} : t \ge 0\}$. This semigroup restricted to $L^\infty \cap L^2$ extends to a contraction semigroup on $L^\infty(M)$, e.g. see [86] p.209. By elliptic regularity and the simplest case of Proposition 1A, this implies that

$$e^{\frac{1}{2}t\Delta} f(x_0) = \mathbb{E}f(x_t) \tag{217}$$

for $f \in L^\infty \cap L^2$. We will not distinguish between Δ and its (self adjoint) closure.

There is the heat kernel $p_t(x,y)$ for $t > 0$ and $x,y \in M$. It satisfies

$$p_t(x,y) = \lim_{i\to\infty} p_t^{D_i}(x,y) \tag{218}$$

where $\{D_i\}_{i=1}^\infty$ is an increasing sequence of bounded domains in M with smooth boundaries whose union is M and where $p_t^{D_i}(x,y)$ denotes the heat kernel in D_i with Dirichlet boundary conditions. Equation (218) holds because the corresponding result holds for the transition probabilities of Brownian motion on M and the Brownian motions in D_i killed on the boundary.

For an incomplete manifold (218) can be taken as the *definition* of $p_t(x,y)$, each D_i having compact closure.

B. Since Δ is a negative operator $\lambda_0 := \sup\{\lambda \in \operatorname{Spec}\Delta\} \le 0$. When M is compact or has finite volume $\lambda_0 = 0$ since the constants lie in L^2. There are various characterizations of $\lambda_0(M)$ e.g. see [93]: in particular

$$\lambda_0(M) = -\inf\{\int_M |\nabla\varphi|^2 / \int_M |\varphi|^2 : \varphi \text{ is } C^\infty \text{ with compact support}\}.$$

Let $\{D_i\}_{i=1}^\infty$ be an exhaustion of M by pre-compact domains with smooth boundaries as before. The spectrum of the Laplacian with Dirichlet boundary conditions for functions on D_i is discrete. Let $\lambda_0(D_i)$ be the first eigenvalue, so $\lambda_0(D_i) < 0$. Then

$$\lambda_0(D_i) = -\inf\{\int_{D_i} |\nabla\varphi|^2 / \int_{D_i} |\varphi|^2 : \varphi \text{ is } C^\infty \text{ with compact support in } D_i\}$$

e.g. see [28]. Thus $\{\lambda_0(D_i)\}_{i=1}^{\infty}$ is increasing and

$$\lambda_0(M) = \lim_{i\to\infty} \lambda_0(D_i).$$

It is shown in [31], see also [93], that if $p \in D_1$ and $h^i : D_i \to \mathbb{R}$ satisfies $h^i(p) = 1$ and $\Delta h^i = \lambda_0(D_i)h^i$ then on any compact set in M the sequence $\{h^i\}_{i=1}^{n}$ has a uniformly convergent subsequence giving a limit $h : M \to \mathbb{R}$ which is positive and satisfies $\Delta h = \lambda_0(M)h$. A smooth function h is a *λ-harmonic function* if $\Delta h = \lambda h$. A basic result [93] is (for non-compact M):

There are positive λ-harmonic functions if and only if $\lambda \geq \lambda_0(M)$.

Note that for $\lambda \neq \lambda_0$ such functions cannot be in L^2.

C. The *Green's region* consists of those λ with

$$g^\lambda(x,y) = \tfrac{1}{2}\int_0^\infty e^{-\frac{1}{2}\lambda t}\, p_t(x,y)dt < \infty$$

for all x,y with $x \neq y$. From functional analysis if $\lambda > \lambda_0$ then λ lies in the Green's region. See [6], [93]. On the other hand if $\lambda < \lambda_0(M)$ then $\lambda < \lambda_0(D_i)$ for some D_i. Writing λ^i for $\lambda_0(D_i)$ and Δ^i for the Dirichlet Laplacian for D^i, if λ were in the Green's region this would imply from

$$h^i(x) = e^{-\frac{1}{2}\lambda^i t}\, e^{\frac{1}{2}t\Delta^i} h^i(x)$$

that

$$h^i(x) = 1/t\int_0^t h^i(x)ds = 1/t\int_0^t e^{-\frac{1}{2}\lambda^i s}\left(\int_M p^{D_i}{}_s(x,y)h^i(y)dy\right)ds$$

$$\leq 1/t\int_0^t e^{-\frac{1}{2}\lambda s}\left(\int_{D_i} p_s(x,y)h^i(y)dy\right)ds$$

$$= \int_{D_i} (1/t \int_0^t e^{-\frac{1}{2}\lambda s} \, p_s(x,y) h^i(y) ds) dy$$

$$\to 0 \text{ as } t \to \infty.$$

Thus [93], *the Green's region consists of* $[\lambda_0(M),\infty)$ *or* $(\lambda_0(M),\infty)$.

Given a positive λ-harmonic function $h:M \to \mathbb{R}\,(>0)$ we can *h-transform* Brownian motion, and the heat semigroup P_t. For this define, for measurable $f : M \to \mathbb{R}$, the function $P^h{}_t f:M \to \mathbb{R}$ by

$$P^h{}_t\, f(x) = 1/h(x)\, e^{-\lambda t/2}\, P_t(hf)(x) \tag{219}$$

when it exists. This gives a semigroup with differential generator $\mathcal{A}^h$ where

$$\mathcal{A}^h f(x) = \tfrac{1}{2}\Delta f(x) + \langle \nabla \log h(x), \nabla f(x) \rangle_x \tag{220}$$

so the corresponding Markov process is Brownian motion with drift $\nabla \log h$; this is *the* h-*transformed Brownian motion on* M. The fundamental solution is given by

$$p_t{}^h(x,y) := 1/h(x)\, e^{-\lambda t/2}\, p_t(x,y) h(y) \tag{221}$$

From general results about transience and the existence of Green's operators in [6], or from [93], we see λ is *in the Green's region if and only if the* h-*transformed Brownian motion is transient.*

D. The following result from [93] will be very useful, as will its method of proof which comes from [46]. See also [85]

Proposition 2D *If* λ *belongs to the Green's region then for every* $x_0 \in M$ *and compact set* K *of* M, *if* $\{x_t : t \geq 0\}$ *is Brownian motion from* x_0

$$\lim_{t\to\infty} e^{-(\lambda/2)t}\, \mathbb{P}\{x_t \in K\} = 0\,. \tag{222}$$

Proof Choose a λ-harmonic function $h : M \to \mathbb{R}(>0)$. Let $\{y_t : t \geq 0\}$ be the h-transformed Brownian motion from x_0. It is transient and so $\lim_{t\to\infty} \mathbb{E}\, \chi_K(y_t) = 0$

i.e. $\lim_{t\to\infty} P^h{}_t(\chi_K)(x_0) = 0$

By definition of $P^h{}_t$ this means $\lim_{t\to\infty} e^{-\frac{1}{2}\lambda t}\, \mathbb{E} h(x_t)\chi_K(x_t) = 0$

which gives (222) since h is bounded away from 0 on K.

Corollary 2D *For* K *compact and* $\{x_t : t \geq 0\}$ *Brownian motion on* M

$$\varlimsup_{t\to\infty} 1/t \log \mathbb{P}\{x_t \in K\} \leq \tfrac{1}{2}\lambda_0(M) \tag{223}$$

Proof By (222) if $\lambda > \lambda_0(M)$ then $\varlimsup_{t\to\infty} 1/t \log \mathbb{P}\{x_t \in K\} \leq \frac{1}{2}\lambda$. //

§3. Bochner theorems for L^2 harmonic forms

A. There is a wide literature in differential geometry relating curvature conditions on M to the existence of functions, forms or tensors, of particular kinds e.g. see [14], of these Bochner's theorem has been particularly important: the simplest case of it says that if the Ricci curvature of M is positive definite and M is compact then there are no harmonic 1-forms. The importance is because of Hodge's theorem which states, in particular, that the dimension of the space of harmonic 1-forms is the 1st Betti number of M when M is compact i.e. it is the dimension of the first cohomology group $H^1(M;\mathbb{R})$ of M with real coefficients. This case of Bochner's theorem is very simple from what we have done in Theorem 1C with equation (202). It is also almost immediate functional analytically from Weitzenbock's formula and the following. Let $C_0^\infty \mathbb{L}(TM; T^*M)$ be the space of C^∞ sections of the tensor bundle over M whose fibres consists of $\mathbb{L}(T_xM; T_x{}^*M)$ for x in M, with corresponding notation for other spaces of sections.

Lemma 3A *Let* $\nabla^* : C_0^\infty \mathbb{L}(TM; T^*M) \to C_0^\infty(T^*M)$ *be the formal adjoint of* $\nabla : C_0^\infty T^*M \to C_0^\infty \mathbb{L}(TM; T^*M)$. *Then for* $\varphi \in C_0^\infty \mathbb{L}(TM;T^*M)$,

$$(\nabla^*\varphi)_x = -\,\text{trace}\,(\nabla\varphi)_x = -\sum_{i=1}^n \nabla\varphi(e_i)(e_i) \tag{224}$$

where $e_1,\ldots,e_n$ *is an orthonormal base for* T_xM.

Proof Given $\varphi \in C_0^\infty \mathbb{L}(TM; T^*M)$ and $\psi \in C_0^\infty(T^*M)$ there is the one-form given by $v \mapsto \langle\varphi_x(v),\psi_x\rangle$ for $v \in T_xM$ with corresponding vector field $x \mapsto \langle\varphi_x(-), \psi_x\rangle^{\#}$. By the divergence theorem

$$0 = \int_M \operatorname{div} \langle \varphi_-(-), \psi_- \rangle^* = \int_M \operatorname{trace} \nabla \langle \varphi_-(-), \psi_- \rangle^*$$

$$= \int_M \sum_i \{ \langle \nabla\varphi(e_i)(e_i), \psi \rangle + \langle \varphi(e_i), \nabla\psi(e_i) \rangle \}.$$

But $\sum_i \langle \varphi(e_i), \nabla\psi(e_i) \rangle = \langle \varphi, \nabla\psi \rangle$ and so (224) follows. //

From Lemma 3A the Weitzenbock formula (199) can be written

$$\Delta\varphi = -\nabla^*\nabla\varphi - \operatorname{Ric}(\varphi^*,-) \tag{225}$$

for a 1-form φ. Thus if φ has compact support and is smooth

$$\langle \Delta\varphi, \varphi \rangle_{L^2} = -\langle \nabla\varphi, \nabla\varphi \rangle_{L^2} - \int_M \operatorname{Ric}(\varphi^*, \varphi^*) \tag{226}$$

from which Bochner's theorem for compact M with $\operatorname{Ric}(v,v) > 0$ for all $v \neq 0$ follows. In fact it clearly extends to the case of non-compact M if we consider only L^2 forms φ (and are careful about the existence of $\nabla\varphi$ in L^2 if $\Delta\varphi = 0$). See [39], for example, for generalities about L^2 harmonic forms etc.

B. The following is an improved version of the L^2 Bochner theorem, taken from [46]. The case of strict equality can also be fairly easily obtained analytically, using the method of domination of semi-groups (a direct parallel of the proof given here) as in [40] §4. For $x \in M$ set $\underline{\operatorname{Ric}}(x) = \inf \{\operatorname{Ric}(v,v) : |v| = 1, v \in T_xM\}$.

<u>Theorem 3B</u> [46]. *Assume* M *is complete with* $\underline{\operatorname{Ric}}(x) \geq \lambda_0(M)$ *for all* $x \in M$ *and also either:*

(i) $\underline{\operatorname{Ric}}(x) > \lambda_0(M)$ *for some* $x \in M$ or

(ii) $\lambda_0(M)$ *is in the Green's region.*

Then there are no L^2 *harmonic* 1-*forms except* 0.

Before giving the proof we need a few more facts about the Laplacian on forms. It is usually defined (although with the opposite sign) on smooth forms by

$$\Delta = -(d\delta + \delta d) \tag{227}$$

where d is exterior differentiation and δ is the L^2 adjoint of d. These are discussed in more detail later, and the Weitzenbock formula proved. For the moment simply observe that if φ is a sufficiently regular one-form then

$$\langle\Delta\varphi,\varphi\rangle_{L^2} = -\langle d\varphi,d\varphi\rangle_{L^2} - \langle\delta\varphi,\delta\varphi\rangle_{L^2} \tag{228}$$

since dd = 0. Thus Δ is a negative operator. It is essentially self adjoint on C_0^∞ and so there is a naturally defined semigroup $\{e^{\frac{1}{2}t\Delta} : t > 0\}$. By regularity theory, if the Ricci curvature is bounded below, Theorem 1C identifies $e^{\frac{1}{2}t\Delta}\varphi$ with $P_t\varphi$, when φ is in $L^2 \cap L^\infty$, for $P_t\varphi(v_0) = \mathbb{E}\varphi(v_t)$ with the notation of Theorem 1C. See [91a] and the discussion in [46].

When we wish to distinguish between the Laplacian on forms and on functions we will use Δ^1 and Δ^0, with $P^1{}_t$ and $P^0{}_t$ for the corresponding probabilistically defined semigroup.

<u>Proof of Theorem 3B.</u> Suppose there is a non-zero L^2 harmonic 1-form φ_0. Choose a smooth $\mu : M \to \mathbb{R}(\geq 0)$ with support in some compact set K such that $\varphi := \mu\varphi_0$ is not identically zero. The space of L^2 harmonic 1-forms is closed in L^2 (it is $\{\varphi \in L^2 : e^{t\Delta}\varphi = \varphi$ for all $t > 0\}$). Let H be the projection in L^2 onto it. Then $H\varphi \neq 0$ since

$$\langle H\varphi, \varphi_0\rangle_{L^2} = \langle\varphi,\varphi_0\rangle_{L^2} = \int_M \mu\langle\varphi_0,\varphi_0\rangle > 0.$$

By abstract operator theory $e^{\frac{1}{2}t\Delta}\varphi \to H\varphi$ in L^2 as $t \to \infty$. A subsequence therefore converges almost surely on M, say on some subset M_0 of M. Choose $x_0 \in M_0$. Set $v_0 = (H\varphi)^*{}_{x_0} \in T_{x_0}M$. Then

$$\overline{\lim_{t\to\infty}}\, (e^{\frac{1}{2}t\Delta}\varphi)(v_0) > 0 \tag{229}$$

Set $C = \inf \underline{Ric}(x)$. For $Dv_t/\partial t = -\frac{1}{2}\,Ric(v_t,-)^*$ along Brownian paths, by Theorem 1C and estimate (202), equation (229) gives

$$0 < \overline{\lim_{t\to\infty}}\, \mathbb{E}\varphi(v_t) \leq \overline{\lim_{t\to\infty}}\, |\varphi|_{L^\infty}\, \mathbb{E}(\chi_K(x_t)|v_t|)$$

$$\leq |\varphi|_{L^\infty}\, \overline{\lim}\, e^{-\frac{1}{2}Ct}\, \mathbb{P}\{x_t \in K\} \tag{230}$$

which implies C is not in the Green's region by Proposition 2D. By assumption

$C \geq \lambda_0(M)$. Therefore $C = \lambda_0(M)$ and $\lambda_0(M)$ is not in the Green's region i.e. (ii) does not hold.

To contradict (i) assume it holds and take a λ_0-harmonic function $h : M \to \mathbb{R}(>0)$ for $\lambda_0 = \lambda_0(M) = C$. Let $z_t = x^h{}_t$, the h-transformed Brownian motion starting at x_0. Its generator is $\frac{1}{2}\Delta + \nabla \log h$. Since λ_0 is not in the Green's region $\{z_t : t \geq 0\}$ is recurrent and hence complete and we can apply the Girsanov theorem, Proposition 1B, to $P^1{}_t(\varphi)$ to get

$$e^{-\frac{1}{2}t\Delta}\,\varphi(v_0) = \mathbb{E}\, M_t\, \varphi(v_t)$$

where $\{v_t : t \geq 0\}$ satisfies $Dv_t/\partial t = -\frac{1}{2}\operatorname{Ric}(v_t,-)^*$ along the paths of $\{z_t : t \geq 0\}$ and

$$M_t = \exp\{-\int_0^t \langle \nabla \log h(z_s), u_s \circ dB_s\rangle - \frac{1}{2}\int_0^t (-\Delta \log h(z_s)ds + |\nabla \log h(z_s)|^2)ds$$

$$= \exp\{-\log h(z_t) + \log h(x_0) + \frac{1}{2}\int_0^t |\nabla \log h(z_s)|^2 ds + \frac{1}{2}\int_0^t \Delta \log h(z_s)ds\}$$

$$= h(x_0)h(z_t)^{-1}\, e^{\frac{1}{2}\lambda_0 t} \tag{240}$$

since $\Delta \log h = h^{-1}\Delta h - |\nabla \log h|^2 = \lambda_0 - |\nabla \log h|^2$. Here u_t refers to the horizontal lift of $\{z_t : 0 \leq t < \infty\}$.

Take a bounded open set V of M with $\underline{\operatorname{Ric}}(x) > \delta + C$ for x in V, some $\delta > 0$. Let $A_t = \{s \in [0,t] : z_s \notin V\}$ and $B_t = \{s \in [0,t] : z_s \in V\}$. Then

$$\exp\{-\frac{1}{2}\int_0^t \underline{\operatorname{Ric}}(z_s)ds\} \leq \exp\{-\frac{1}{2}C|A_t| - \frac{1}{2}(C+\delta)|B_t|\}$$

$$\leq \exp\{-\frac{1}{2}Ct - \frac{1}{2}\delta|B_t|\}$$

where $|A_t|$, $|B_t|$ denote the Lebesgue measures of the random sets A_t, B_t.

Consequently

$$0 < \overline{\lim_{t\to\infty}}\ \mathbb{E}\, M_t \varphi(v_t)$$

$$\leq |\varphi|_{L^\infty}\, h(x_0)(\inf\{h(x) : x \in K\})^{-1} \lim\ \mathbb{E}\exp(-\frac{1}{2}\delta|B_t|)$$

since $\lambda_0 = C$. However $|B_t| \to \infty$ as $t \to \infty$ almost surely by the recurrence of $\{z_t : 0 \leq t < \infty\}$ (e.g. see [5] proof of Lemma 1), so this is impossible. Thus (i) cannot hold either. //

<u>Corollary 3B</u> *If* M *is complete and has a non-trivial* L^2 *harmonic one-form then*

$$\lambda_0(M) \geq \inf_x \underline{Ric}(x) \tag{241}$$

with strict inequality if either Ric is non-constant or $\lambda_0(M)$ *is in the Green's reason.* //

This compares with Cheng's estimate for λ_0 when $\inf \underline{Ric}(x) < 0$, [30]:

$$\lambda_0(M) \geq 1/4\,(n-1) \inf_x \underline{Ric}(x) \tag{242}$$

and improves it for $n > 5$ given some non-trivial L^2 harmonic 1-form

These results are discussed in relation to quotients of hyperbolic spaces in [46].

<u>Remark 3B</u>

(i) Corresponding results for p-forms can be proved in the same way given the Weitzenbock formula for the Laplacian on p-forms (see below), and similarly for the Dirac operator, [46]. The discussion in §1 shows how to formulate a general theorem.

(ii) For compact manifolds Theorem 3B reduces to the classical Bochner theorem. Note that the flat torus $S^1 \times S^1$ has $\lambda_0(M) = \underline{Ric}(x) = 0$ for all x but has harmonic 1-forms, e.g. $d\theta_1$ and $d\theta_2$ where (θ_1, θ_2) parametrize $S^1 \times S^1$ by angle. Thus some additional conditions like (i) or (ii) are needed.

§4. de Rham cohomology, Hodge theory, and cohomology with compact support.

A. Let A^p be the space of C^∞ p-forms on M. (See Chapter V, §3.) Exterior differentiation d gives a map

$$d : A^p \to A^{p+1}$$

and the p-th de Rham cohomology group $H^p(M;\mathbb{R})$ is defined by

$$H^p(M;\mathbb{R}) = \frac{\ker(d : A^p \to A^{p+1})}{\operatorname{Im}(d : A^{p-1} \to A^p)} \tag{243}$$

It is a classical result that it is isomorphic to any of the standard cohomology groups with real coefficients (e.g. simplicial or singular). The de Rham-Hodge

Laplacian on p-forms, Δ, or Δ^p to be precise, is given by

$$\Delta^p = -(d\delta + \delta d) \tag{244}$$

where δ is the formal adjoint of d in the L^2 sense. On the space A_0^p of p-forms with compact support it is known to be essentially self-adjoint, e.g. see [91], and so we can take its closure which will be self-adjoint. This will still be written as Δ^p. There is then the corresponding heat semigroup $e^{\frac{1}{2}t\Delta^p}$ acting on the space $L^2 A^p$ of L^2 p-forms since Δ^p is non-negative by the same argument as for Δ^1 ; see equation (228).

Let $H = H^p : L^2 A^p \to L^2 A^p$ be the projection onto the space of harmonic p-forms. Then, as before, $e^{\frac{1}{2}t\Delta} \to H$ strongly on $L^2 A^p$. For $\varphi \in L^2 A^p$ set

$$G\varphi = \int_0^\infty (e^{\frac{1}{2}t\Delta} - H)\varphi \, dt.$$

Then, leaving aside rigour for the moment,

$$\Delta G\varphi = \int_0^\infty \Delta e^{\frac{1}{2}t\Delta}\varphi \, dt = \int_0^\infty \partial/\partial t(e^{\frac{1}{2}t\Delta}\varphi)dt = H\varphi - \varphi.$$

Thus we have the decomposition for $\varphi \in L^2 A^p$

$$\varphi = -\Delta G\varphi + H\varphi \tag{245}$$

From (244) we may believe the *Hodge decomposition theorem*, at least for compact manifolds (when Δ^p has discrete spectrum): any $\varphi \in A^p$ has a decomposition into three orthogonal summands

$$\varphi = H\varphi + d\alpha + \delta\beta \tag{246}$$

for $\alpha \in L^2 A^{p-1}$ and $\beta \in L^2 A^{p+1}$. In particular if $d\varphi = 0$ then $\varphi = H\varphi + d\alpha$ since $\langle\varphi, \delta\beta\rangle_{L^2} = \langle d\varphi, \beta\rangle_{L^2} = 0$. Thus we have Hodge's theorem: *every cohomology class has a unique harmonic representative.* In particular the p-th Betti-number β_p

$$\beta_p := \dim H^p(M;\mathbb{R}) = \dim \text{(space of harmonic p-forms)}$$

when M is compact.

For non-compact manifolds the heat equation method outlined above was used by Gaffney to get a version of Hodge's theorem [53]; see also [37], [38].

B. The operators d and δ can be restricted to the space A_0^p to give the *cohomology groups* $H^p_K(M;\mathbb{R})$ of M *with compact support* by the analogue of (243). There is a natural inclusion

$i_p : H^p_K(M;\mathbb{R}) \to H^p(M;\mathbb{R})$

whose kernel has elements $[\varphi]_K$ represented by forms $\varphi \in A_0^p$ with $\varphi = d\alpha$ some α in A_0^p. If $\varphi' = d\alpha'$ is also in A_0^p then $[\varphi']_K = [\varphi]_K$ if and only if $\alpha = \alpha'$ outside of some compact set.

In the special case $p = 1$ this gives a linear surjection

$$\mathcal{E}(M) \overset{d_*}{\to} \ker i_1$$

where $\mathcal{E}(M)$ is the quotient of the vector space of bounded C^∞ functions $f : M \to \mathbb{R}$ with $df \in A^1{}_0$ by the space $A^0{}_0$ of C^∞ functions with compact support. The kernel of this map consists of $\{[f] : f \text{ is constant}\}$ and so we have an exact sequence

$$0 \to \mathbb{R} \to \mathcal{E}(M) \overset{d_*}{\to} H^1{}_K(M;\mathbb{R}) \overset{i_1}{\to} H^1(M;\mathbb{R})$$

The *set of ends* EndM of M is the projective limit of the inverse system whose terms are the sets of connected components of M-K as K ranges over all compact subsets of M, directed by inclusion. Thus an end is an indexed set $\{\mathcal{E}_K : K \text{ compact}\}$ such that $\mathcal{E}_K$ is a component of M-K and if $K \subset K'$ then $\mathcal{E}_{K'} \subset \mathcal{E}_K$. They can be thought of as the components of M at infinity and we will say that a continuous path $\sigma : [0,\infty) \to M$ *goes out to infinity through the end* $\mathcal{E}$ or '$\lim_{t\to\infty} \sigma(t) = \mathcal{E}$' if for each compact K there exists t_K with $\sigma(t) \in \mathcal{E}_K$ for $t > t_K$.

There is a natural map $j : \mathcal{E}(M) \to \mathbb{R}^{\mathrm{End}(M)}$ given by $j([f])(\mathcal{E}) = \lim_K \{f(x) : x \in \mathcal{E}_K\}$ which is clearly injective. Thus M is connected at infinity (i.e. has a unique end) iff $\mathcal{E}(M) = \mathbb{R}$.

C. A simple example is that of the cylinder $M = S^1 \times \mathbb{R}$. This has two ends, so $\mathcal{E}(M) \approx \mathbb{R} \oplus \mathbb{R}$. If it is parametrized by (θ,x) where θ represents the angle, there is the one form $d\theta$ which determines the generator of $H^1(M;\mathbb{R})$, which is isomorphic to $\mathbb{R}$ since M is homotopy equivalent to S^1. Now $[d\theta]$ clearly does not lie in the image of i_1 (otherwise it would have to be exact outside a compact set i.e. equal to df, for some function f, on the complement of some compact set). Therefore $H^1{}_0(M;\mathbb{R}) \approx \mathbb{R}$ generated by $[df]$ where $f(x) = +1$ for $x > 1$ and $f(x) = -1$ for $x < -1$.

D. The relevance of these concepts to L^2 harmonic form theory and Brownian motion comes from the Hodge decomposition for $\varphi \in A_0^p$, [37], with $d\varphi = 0$, which gives

$$\varphi = H\varphi + d\alpha$$

for $\alpha \in A^{p-1}$. From this we see that if *there are no non-trivial* L^2 *harmonic* p-*forms then the map*

$$i_p : H^p{}_0(M;\mathbb{R}) \to H^p(M;\mathbb{R})$$

is identically zero. The point is that the latter is a topological condition independent of the Riemannian metric (and in fact even of the differentiable structure). From Corollary 3B we can now say that if i_1 is not identically zero then $\lambda_0(M) \geq \inf_x \underline{Ric}(x)$; see [46] for some examples. This relationship between L^2 harmonic forms and i_1 was exploited by Yau [10] for complete manifolds with non-negative Ricci curvature. Using properties of such manifolds (in particular the Gromoll-Cheeger splitting theorem) he was able to give conditions for the vanishing of ker i_1 and hence for $H^1{}_0(M;\mathbb{R})$ itself rather than just its image in $H^1(M;\mathbb{R})$. Analogous results for $\underline{Ric}(x) > \lambda_0(M)$ are given in [46], but different methods are needed, and additional conditions of 'bounded geometry' appear to be needed for these methods to work. One such result is described next.

§5. Brownian motion and the components of M at infinity

A. It is shown in [46] that if M has bounded sectional curvatures and a positive injectivity radius (i.e. there exists $r > 0$ such that $\exp_x : T_xM \to M$ is a diffeomorphism of the ball of radius r about 0 onto some open set in M for each $x \in M$) e.g. if M covers a compact manifold, then $Ric(x) > \lambda_0(M)$ for all x implies that M is connected at infinity, and so by the previous discussion $H^1_0(M;\mathbb{R}) = 0$. The proof uses some Green's function estimates by Ancona. Here we will discuss another result from [46] which is very similar but has a slightly different emphasis.

Theorem 5B [46]. *Let* M_0 *be a compact Riemannian manifold. Assume there exist* $\varepsilon > 0$ *with*

$$\int_{M_0} \underline{Ric}(x)f(x)^2dx > -\int_{M_0} |\nabla f(x)|^2dx + \varepsilon \tag{247}$$

for all C^∞ *functions on* M_0 *with* $|f|_{L^2} = 1$. *Then every covering manifold* M *of* M_0 *is connected at infinity* (i.e. *has at most one end*). *Moreover* $H^1_0(M;\mathbb{R}) = 0$ *and* M, *with covering Riemannian structure, has no non-trivial harmonic 1-forms* in L^2.

Note: The condition on M_0 is precisely the condition that the top of the spectrum of Δ-$\underline{Ric}$ is negative.

Proof: To show connectness at infinity take $f : M \to \mathbb{R}$ smooth and bounded with df having compact support. It suffices to show that such a function f is constant outside of any sufficiently large compact set.

Let U_1, U_2 be among the unbounded components of M-supp(df). For $p : M \to M_0$ the covering map, take $x_0 \in M$ and choose $(x_i)_{i=1}^\infty$ in U_1 and $(y_i)_{i=1}^\infty$ in U_2 with $x_i \to \infty$ and $y_i \to \infty$ and $p(x_i) = x_0$, $p(y_i) = x_0$ for each i. (We can assume M non-compact of course.) Take a finite set of generators for the fundamental group $\pi_1(M_0,x_0)$ and let $g_1,\dots,g_r$ denote them together with their inverses. Choose smooth loops $\gamma_1,\dots,\gamma_r$ at x_0, with each γ_j in the class g_j and with $|\dot\gamma_j(s)| = 1$ for all s and j e.g. the γ_j could be geodesics. Take a shortest path α from x_i to x_{i+1}. Then $p \circ \alpha$ is a loop at x_0 and we can write its homotopy class $[p \circ \alpha]$ as a product $g_{j_1} \cdots g_{j_s}$ for some s. Lift γ_{j_s} to a path in M starting from x_i and lift the other corresponding paths in turn to start where the previous lift ended and so give a continuous piecewise C^1 path from x_i to x_{i+1}. Do the same for x_1 to y_1 and y_i to y_{i+1} for each i. Let $\sigma : (-\infty,\infty) \to M$ be the curve obtained from the union of these lifts: it is piecewise C^1 and satisfies $|\dot\sigma_s| = 1$ for all s where $\dot\sigma(s)$ is defined and there exists $T \in \mathbb{R}$ such that $\sigma(s) \in U_1$ if $s < -T$ and $\sigma(s) \in U_2$ if $s > T$.

Let $\mathfrak{D}$ be the set of all open subsets of M on which p is injective. For compact K in M let c(K) be the minimum number of elements in $\mathfrak{D}$ needed to cover K, and suppose $U_1,\ldots,U_c$ are in $\mathfrak{D}$ and cover K. Then

$$\int_{-\infty}^{\infty} \chi_K(\sigma(s))ds \le \sum_{j=1}^{c} \int_{-\infty}^{\infty} \chi_{U_j}(\sigma(s))ds$$

Now the intersection of the curve σ with U_j decomposes into portions $P_1,\ldots,P_r$ where each P_i consists of pieces which come from lifts of γ_i. Since p is injective on U_j it maps each P_i injectively into γ_i. Therefore

$$\int_{-\infty}^{\infty} \chi_{U_j}(\sigma(s))ds \le \sum_{i=1}^{r} \int_{-\infty}^{\infty} (\chi_{P_i}(\sigma(s)))ds$$

$$\le \sum_{i=1}^{r} \ell(\gamma_i)$$

where $\ell(\gamma_i)$ is the length of γ_i. Thus for any compact K in M

$$\int_{-\infty}^{\infty} \chi_K(\sigma(s))ds \le c(K) \sum_{i=1}^{r} \ell(\gamma_i). \tag{248}$$

We can now show that $\int_\sigma P_t^1(df)$ exists for $t \ge 0$ and converges to zero as $t \to \infty$. To do this take a smooth flow of diffeomorphisms on M_0 of Brownian motions, $F^0{}_t(-,\omega) : M_0 \to M_0$ for $t > 0$, $\omega \in \Omega$, e.g. a gradient Brownian flow as in Chapter III. This is possible because M_0 is compact. It lifts to a smooth Brownian flow of diffeomorphisms $F_t(-,\omega) : M \to M$, $t \ge 0$, $\omega \in \Omega$. Set $K = \text{supp}(df)$. Then by (202) and Theorem 1C

$$\left|\int_\sigma P_t^1(df)\right| \le \int_{-\infty}^{\infty} |P^1{}_t(df)|(\dot\sigma_s)ds$$

$$\leq \int_{-\infty}^{\infty} \mathbb{E}\Big(|df|(F_t(\sigma(s)))\exp\{-\int_0^t \underline{\mathrm{Ric}}\,(F_r(\sigma(s))dr\}\Big)ds$$

$$\leq |df|_{L^\infty} \int_{-\infty}^{\infty} \mathbb{E}\Big(\chi_K(F_t(\sigma(s)))\exp\{-\int_0^t \underline{\mathrm{Ric}}\,(F_r(\sigma(s))dr\}\Big)ds \qquad (249)$$

where $K = \mathrm{supp}\,(df)$.

To avoid worrying about regularity properties stemming from the possible lack of smoothness of $\underline{\mathrm{Ric}}$ choose a smooth map $\rho_0 : M_0 \to \mathbb{R}$ with $\underline{\mathrm{Ric}}(x) \geq \rho_0(x)$ for all x and such that condition (247) holds for $\underline{\mathrm{Ric}}$ replaced by ρ_0. Let ν denote the top of the spectrum of $\Delta - \rho_0$ on M_0. The revised condition (247) implies that $\nu < 0$. From Perron-Frobenius theory (e.g. see [86]) there is a strictly positive $h_0 : M_0 \to \mathbb{R}\,(> 0)$ with

$$\Delta h_0(x) - \rho_0(x)h_0(x) = \nu h_0(x)$$

for $x \in M_0$.

Let $h = h_0 \circ p : M \to \mathbb{R}(> 0)$ and $\rho = \rho_0 \circ p$. There is a flow for the h_0-transformed Brownian motion on M_0 and a lift of it to a flow $F^h{}_t$, $t \geq 0$, say, on M of h-transformed Brownian motions. By the Girsanov theorem using the analogous computation as that which led to (240), from (249) we get

$$\Big|\int_\sigma P^1_t(df)\Big| \leq |df|_{L^\infty} \int_{-\infty}^{\infty} \Big(\mathbb{E}\,\chi_K(F^h{}_t(\sigma_s))e^{\frac{1}{2}\nu t}\, h(\sigma_s)/(h(F^h{}_t(\sigma_s)))$$

$$\exp\{-\int_0^t (\underline{\mathrm{Ric}} - \rho)(F^h{}_r(\sigma_s))dr\}\Big)ds$$

$$\leq \mathrm{const.}\; e^{\frac{1}{2}\nu t} \int_{-\infty}^{\infty} \mathbb{E}\,\chi_{K_t}(\sigma_s)ds$$

where K_t is the random compact set $(F^h{}_t)^{-1}(K)$. However $c(K_t) = c(K)$ since $\mathfrak{D}$ is invariant under those diffeomorphisms of M which cover diffeomorphisms of M_0. Therefore

$$|\int_\sigma P_t^1(df)| \le \text{const. } e^{\frac{1}{2}\nu t} c(K) \sum_{i=1}^r \ell(\gamma_i)$$

$$\to 0 \text{ as } t \to \infty.$$

Thus

$$\lim_{t\to\infty} \int_\sigma P_t^1(df) = 0.$$

On the other hand, by the compactness of M_0, all the curvature tensors and their covariant derivatives are bounded on M_0, so by Theorem 5B of Chapter III, $P^1{}_s\,\Delta(df) = P^1{}_s\,d(\Delta f) = dP^0{}_s\,\Delta f$ (or alternatively by [52], $P^1{}_s\,\Delta\,df = \Delta P^1{}_s\,df = -(d\delta + \delta d)P^1{}_s\,df = dP^0{}_s\,\Delta f$). Therefore

$$\int_\sigma (P_t\,df - df) = \lim_{R\to\infty} \int_{-R}^{R} \{d \int_0^t P^0{}_s(\Delta f)ds\}\, \dot\sigma(\tau)d\tau$$

$$= \lim_{R\to\infty} \{\int_0^t P^0{}_s(\Delta f)(\sigma(R))ds - \int_0^t P^0{}_s(\Delta f)(\sigma(-R))ds\}$$

$$= 0$$

by dominated convergence and the 'C^0-property' of the semigroup $\{P^0{}_t : t \ge 0\}$. This last property says that $P_t(g)(x) \to 0$ as $x \to \infty$ for each t whenever g is continuous with $g(x) \to 0$ as $x \to \infty$. It was shown by Yau to hold for complete manifolds with Ricci curvature bounded below, e.g. see [100]. Alternatively it follows rather easily from the existence of a Brownian flow of diffeomorphisms [46].

Thus

$$0 = \lim_{t\to\infty} \int_\sigma P_t^1\,df = \int_\sigma df = \lim_{R\to\infty} f(\sigma(R)) - \lim_{R\to\infty} f(\sigma(-R)),$$

and so $f|U_1 = f|U_2$, proving the first part of the theorem.

Next we observe that M has no non-trivial harmonic forms in L^2 by arguing by contradiction as in the proof of Theorem 3B but using the h-transform this time for h as above. The triviality of $H^1{}_0(M;\mathbb{R})$ follows from the discussion in §4. //

CHAPTER V HEAT KERNELS: ELEMENTARY FORMULAE, INEQUALITIES, AND SHORT TIME BEHAVIOUR

§1. The elementary formula for the heat kernel for functions.

A. We will be following [47] and [81] fairly closely in this section. For a Riemannian manifold M and continuous $V : M \to \mathbb{R}$, bounded above there is a continuous map

$$(t,x,y) \to p_t(x,y)$$
$$(\mathbb{R} > 0) \times M \times M \to \mathbb{R}$$

such that the minimal semigroup $\{P_t : t \geq 0\}$ for $\frac{1}{2}\Delta + V$ has

$$P_t f(x) = \int_M p_t(x,y) f(y) dy \qquad t > 0 \tag{250}$$

for bounded measurable f. This is the fundamental solution. If $\{D_i : i = 1 \text{ to } \infty\}$ is an increasing sequence of domains exhausting M, with smooth boundaries, and if $p_t^{D_i}(x,y)$ denotes the fundamental solution to the equation

$$\partial f_t/\partial t = \tfrac{1}{2}\Delta f_t + V f_t \tag{251}$$

on D_i with Dirichlet boundary conditions then

$$p_t(x,y) = \lim_{i\to\infty} p_t^{D_i}(x,y) \tag{252}$$

and the right hand side is an increasing limit. This is clear from the Feynman-Kac formula, or alternatively we can define $p_t(x,y)$ by (252), with compact D_i, and then P_t by (250). In either case in order to obtain an expression for $p_t(x,y)$ it will be enough to find one for the fundamental solutions on each D_i, with D_i compact, and then take the limit.

B. To obtain exact formulae for these fundamental solutions we will need some rather strong conditions on the domains, and on M. However these conditions will turn out to be irrelevant when the asymptotic behaviour of $p_t(x,y)$ as $t \downarrow 0$ is being considered, at least for generic x and y and complete M. To describe these conditions we need to look in slightly more detail at the exponential map.

First suppose M is complete. For $p \in M$ let

$U(p) = \{v \in T_pM : d(\exp_p v, p) = |v|\}$

and let $\partial U(p)$ be its boundary and $U^\circ(p)$ its interior. The following facts can be found in [16], [29], [63]: The image Cut(p) of $\partial U(p)$ is a closed subset of M known as the *cut locus* of p, moreover:

(a) $U^\circ(p)$ is star shaped from the origin in T_pM

(b) $\exp_p$ maps $U^\circ(p)$ diffeomorphically onto the open subset M - Cut(p) of M.

<u>Example 1:</u> $M = S^1$. Here the exponential map wraps $T_pS^1 \approx \mathbb{R}$ around S^1 as a covering map (it is locally a diffeomorphism), and Cut(p) is the point antipodal to p.

<u>Example 2.</u> $M = S^n$ for $n > 1$. This is quite different from $M = S^1$ since the exponential map is no longer a local diffeomorphism: it maps the whole sphere radius π to the antipodal point of p. Again Cut(p) is this antipodal point.

<u>Example 3</u>. Real projective space: $M = \mathbb{RP}(n)$. This is the quotient space of S^n under the equivalence relation $x \sim y$ if x is antipodal to y. It is given the differentiable structure and Riemannian metric which makes the projection $p : S^n \to \mathbb{RP}(n)$ a Riemannian covering. If $x \in \mathbb{RP}(n)$ corresponds to the North (and therefore the South) pole of S^n then Cut(x) is the image under p of the equator, a copy of S^{n-1}. Thus Cut(x) is a submanifold, isometric to $\mathbb{RP}(n-1)$, in $\mathbb{RP}(n)$. It has co-dimension one and so will almost surely be hit by Brownian paths from x in $\mathbb{RP}(n)$.

<u>Example 4.</u> $M = H^n$, hyperbolic space. In §4G of Chapter III we saw that there are global exponential co-ordinates about a general point p. Thus $\mathrm{Cut}(p) = \emptyset$.

<u>Example 5.</u> Complete manifolds with non-positive sectional curvatures ("Cartan-Hadamard manifolds"). The Cartan-Hadamard theorem e.g. [65], [79] states that for such manifolds (e.g. $M = S^1$) each exponential map $\exp_p : T_pM \to M$ is a covering map. In particular it is a local diffeomorphism. (To prove this see Exercise 1A below.) It follows that if M is simply connected then $\exp_p$ is a diffeomorphism and $\mathrm{Cut}(p) = \emptyset$ for each p in M.

When $\mathrm{Cut}(p) = \emptyset$, so that there exists a global exponential chart about p, the point p is said to be a *pole* of M. If so, M is diffeomorphic to $\mathbb{R}^n$ and so is essentially $\mathbb{R}^n$ with a different metric. The images under $\exp_p : T_pM \to M$ of a point v such that the derivative $T_v \exp_p$ of $\exp_p$ at v is singular is called a *conjugate point* of p along the geodesic $\{\exp_p tv : 0 \le t < \infty\}$, and v itself is said to be conjugate to p in T_pM.

__Exercise 1A__ Show that the derivative of $\exp_p$ at v in the direction w is given by

$$T_v \exp_p(w) = J_1$$

where $\{J_t : 0 \le t \le 1\}$ is a vector field along $\{\exp tv : 0 \le t \le 1\}$ with $J_0(0) = 0$ and $DJ_t/\partial t|_{t=0} = w$. (Here T_vT_pM is identified with T_pM using the vector space structure of T_pM). Hint: look at the proof of Lemma 9B of Chapter III. Thus v is conjugate to p in T_pM if and only if there is a non-trivial Jacobi field along $\{\exp tv : 0 \le t \le 1\}$ which vanishes at t = 0 and at t = 1. See [65], [79] for example.

A basic result is that $x \in \mathrm{Cut}(p)$ if and only if either x is the first conjugate point to p along some geodesic from p, or there exist at least two minimizing geodesics from p to x. For example when $M = S^n$ and p and x are antipodal then both possibilities hold.

If $r : M \to \mathbb{R}$ is given by $r(x) = d(x,p)$ then r is C^∞ on $M - (\mathrm{Cut}(p) \cup \{p\})$ since there

$$r(x) = |\exp_p^{-1}(x)|_p \qquad (253)$$

B. Suppose now that D is a domain in M - Cut(p) with $D \subset W$ for W open with $\bar{W}$ compact and in M-Cut(p). We can use $\exp_p^{-1}$ to identify M-Cut(p) with the star-shaped open set U° of T_pM, and give U° the induced Riemannian metric. Then D and W are considered as sets in T_pM. Using spherical polar coordinates in T_pM the Riemannian metric at a point v has the form

$$ds^2 = dr^2 + \sum_{i,j=1}^{n-1} \tilde{g}_{ij}(v)d\sigma^i\, d\sigma^j \qquad (254)$$

where $\sigma^1,\dots,\sigma^{n-1}$ refer to coordinates on the sphere S^{n-1}. Since the space of Riemannian metrics on any manifold (and on S^{n-1} in particular) is a convex set in a linear space, it is easy to first modify $\tilde{g}_{ij}$ outside of W, if necessary so that it extends to a metric on the whole of S^{n-1} for each sphere in T_pM about p which intersects W, and then modify this family of metrics (one for each relevant radius |v|) outside of D and extend so that we obtain a Riemannian metric on the whole of T_pM of the form

$$ds^2 = dr^2 + \sum_{i,j=1}^{n-1} h_{ij}(v)d\sigma^i\, d\sigma^j \qquad (255)$$

which agrees with the original one on D and agrees with the standard Euclidean one coming from $\langle\,,\,\rangle_p$ on T_pM outside of some compact set.

This gives T_pM a Riemannian structure for which it is complete since the geodesics from p are easily seen to be the straight lines from p, by the distance minimizing characterization of geodesics, and the existence of all geodesics from some point for all time is known to be equivalent to metric completeness. The point p is now a pole and the curvature tensors are all C^∞ with compact support. Moreover the heat kernel for the Dirichlet problem in D is unchanged since all these modifications took place outside of D. We can therefore assume that M was T_pM with this metric.

C. Assuming the metric and manifold M has been changed in this way, and M identified with T_pM,

$$p_t^D(x,p) = \lim_{\lambda\downarrow 0} \int_M (2\pi\lambda)^{-n/2}\, p_t^D(x,y)\exp\{-d(y,p)^2/(2\lambda)\}\theta_p(y)dy \qquad (256)$$

where dy refers to the Lebesgue measure of T_pM, identified with M, using $\langle\,,\,\rangle_p$, and θ_p is the volume element from the Riemannian metric (255): in terms of our original metric it is given on T_pM by

$$\theta_p(v) = |\det{}_M T_v \exp_p|$$

and is known sometimes as *Ruse's invariant*. See [16] for more details about it.

Thus

$$p_t^D(x,p) = \lim_{\lambda\downarrow 0} P_t^D f_\lambda(x) \qquad (257)$$

where $\{P_t^D : t \geq 0\}$ is the Dirichlet semigroup for $\frac{1}{2}\Delta + V$ and

$$f_\lambda(x) = (2\pi\lambda)^{-n/2} \exp\{-r(x)^2/(2\lambda)\}.$$

To evaluate $P_t^D f_\lambda$ we will use the Girsanov theorem. Fix $T > 0$ and for $\lambda \geq 0$ let $\{z^\lambda{}_t : 0 \leq t < T + \lambda\}$ be a Brownian motion on M from a point x_0 of D with time dependent drift $Z^\lambda{}_s$ for $Z^\lambda{}_s = \nabla Y^\lambda{}_s$ with

$$Y^\lambda{}_s(x) = -\, r(x)^2/(2(\lambda+T-s)) - \tfrac{1}{2}\log\theta_p(x) \quad 0 \leq s < T + \lambda$$

Now if $f: M \to \mathbb{R}$ is smooth with $f(x) = F(r(x))$ for some smooth $F: (0,\infty) \to \mathbb{R}$, by equation (4) for Δ in local coordinates, we have

$$\Delta f(x) = \partial^2 F/\partial r^2 + \Big((n-1)/(r(x)) + \partial/\partial r\,(\log \theta_p)(x)\Big)\partial F/\partial r \qquad (258)$$

In particular

$$\Delta r = (n-1)/r + \partial/\partial r \log \theta_p. \qquad (259)$$

By Ito's formula for $r^\lambda{}_t = r(z^\lambda{}_t)$ we have

$$r^\lambda{}_t = r(x_0) + \int_0^t dr(u^\lambda{}_s\, dB_s) + \int_0^t \partial/\partial r \;\; Y^\lambda{}_s(z^\lambda{}_s)ds + \tfrac{1}{2}\int_0^t \Delta r(z^\lambda{}_s)ds$$

$$= r(x_0) + \int_0^t dr(u^\lambda{}_s\, dB_s) - \int_0^t r^\lambda{}_s/(\lambda+T-s)ds + \tfrac{1}{2}\int_0^t (n-1)/(r^\lambda{}_s)ds \qquad (260)$$

where $\{u^\lambda{}_s ; 0 \le s < T + \lambda\}$ is the horizontal lift of $\{z^\lambda{}_s : 0 \le s < t\}$ to the frame bundle OM and $\{B_s : 0 \le s < \infty\}$ is a Brownian motion (which can be taken to be independent of λ by taking the canonical construction of $z^\lambda{}_s$ from an S.D.E. on OM).

Since $|dr| = 1$ and $u^\lambda{}_s(\omega)$ is an orthonormal frame the martingale term in (260) is just a 1-dimensional Brownian motion, so $\{r^\lambda{}_t : 0 \le t < T + \lambda\}$ satisfies a stochastic differential equation which is essentially independent of the manifold M. In fact from Ito's formula it satisfies essentially the same equation (to be precise it is a weak solution of the same equation) as for the radial distance $\{|x^\lambda{}_s| : 0 \le s < T + \lambda\}$ where $\{x^\lambda{}_s : 0 \le s \le T + \lambda\}$ is the Euclidean Brownian bridge from x_0 to 0 in $\mathbb{R}^n \approx T_pM$ in time $T + \lambda$, given by

$$x^\lambda{}_s = x_0 - s x_0/(T+\lambda) + (s-T-\lambda)\int_0^s d\beta_t/(t-T-\lambda) \qquad (261)$$

where $\{\beta_s : 0 \le s < \infty\}$ is Brownian motion on $\mathbb{R}$, e.g. see [59]. This Brownian bridge is itself equal in law to

$$s \to x_0 + B_s - s\,(B_{T+\lambda} + x_0)\,(T+\lambda)^{-1} \qquad 0 \le s \le T + \lambda \qquad (262)$$

Thus $\{r^\lambda{}_s : 0 \le s < T + \lambda\}$ is equal in law to $\{|x^\lambda{}_s| : 0 \le s \le T + \lambda\}$. In particular it is non-explosive: as $s \uparrow T + \lambda$ so it converges to p (now identified with the origin).

Lemma 1C *As $\lambda \downarrow 0$ so $\{z^\lambda_s : 0 \le s \le T\}$ converges in law to the process $\{z_s : 0 \le s \le t\}$ which is sample continuous, agrees with z^0_s for $0 \le s < t$ and has $z_T = p$. Furthermore $\{z_s : 0 \le s \le T\}$ has radial component $\{r(z_s) : 0 \le s \le t\}$ which has the same distributions as the radial component of the Euclidean Brownian bridge in $\mathbb{R}^n$ starting from a point distance $r(x_0)$ from 0 and ending at 0 in time T.*

Proof Let $dx_t = X(x_t) \circ dB_t + A(x_t)dt$ be a smooth stochastic differential equation on M whose solutions are Brownian motions on M and, identifying M with T_pM and so with $\mathbb{R}^n$, such that A has compact support and $X(x) = 0$ outside some compact set. Then we can represent $\{z^\lambda_t : 0 \le t < T + \lambda\}$ as the solution to

$$dz^\lambda_t = X(z^\lambda_t) \circ dB_t + A(z^\lambda_t)dt + Z^\lambda_t(z^\lambda_t)dt. \qquad (263)$$

Fix $t_0 \in (0,T)$. Then $\{z^\lambda_t : 0 \le t \le t_0\}$ converges uniformly in probability to $\{z^0_t : 0 \le t \le t_0\}$. (Indeed we can choose versions so that it converges almost surely since the coefficients of (260) have derivatives bounded uniformly on $[0,t_0]$.) Now suppose $0 < \varepsilon < 1$ and $\delta > 0$. Set $\varepsilon_1 = \min\{\varepsilon/3, \varepsilon\delta/18\}$ and choose $\delta_1 > 0$ such that

$$\mathbb{P}\{r^0_s < \varepsilon_1 \text{ for } t-\delta_1 \le s \le T\} > 1-\varepsilon_1 > 1 - \varepsilon/3,$$

(which is possible by the continuity of r^0_s at $s = T$).

Take $\delta_2 > 0$ such that for $0 < \lambda < \delta_2$

$$\mathbb{P}\{|z^\lambda_s - z_s| \le \delta \text{ for } 0 \le s \le T-\delta_1\} \ge 1-\varepsilon/3$$

and such that

$$\mathbb{E}[\sup\{r^\lambda_s \wedge 1 : T-\delta_1 \le s \le T\}] \le \varepsilon_1 + \mathbb{E}[\sup\{r^0_s \wedge 1 : T-\delta_1 \le s \le T\}]$$

(which is possible because $r^\lambda_s \to r^0_s$ in probability uniformly on $[0,T]$).

Then, for $0 < \lambda < \delta/2$

$$\mathbb{E}[\sup\{r^\lambda_s \wedge 1 : T-\delta_1 \le s \le T] \le 2\varepsilon_1 + (1-\varepsilon_1)\varepsilon_1 \le 3\varepsilon_1$$

whence

$$\mathbb{P}[\sup\{r^\lambda_s \wedge 1 : T-\delta_1 \le s \le T\} > \delta/2] \le 6\varepsilon_1/\delta \le \varepsilon/3$$

and so

$$\mathbb{P}\{|z^\lambda_s - z_s| \le \delta \text{ for } 0 \le s \le T\} \ge 1-\varepsilon/3 - \varepsilon/3 - \varepsilon/3 = 1-\varepsilon.$$

This prove uniform convergence of $\{z^\lambda_s : 0 \le s \le T\}$ to $\{z_s : 0 \le s \le T\}$ in probability.

If $x_0 = p$, we should have been a bit more careful because of the singularity of the distance function at p, but this is no problem since it is only the convergence for t near T that causes any difficulties. //

The process $\{z_t : 0 \le t \le T\}$ will be called the *semi-classical bridge from* x_0 *to* p *in time* T. In [42] it was called the *Brownian-Riemannian bridge* but this suggestion by K.D. Watling seems preferable. In particular it emphasizes the fact that it will not in general coincide with Brownian motion from x_0 conditioned to arrive at p at time T .

D. The following comes from [81], following earlier results with more restrictive conditions in [42], [43].

Theorem 1D *Suppose* $\mathbb{M}$ *is a Riemannian manifold which has a pole* p *in the sense that its exponential map* $\exp_p$ *maps an open star-shaped region of* T_pM *diffeomorphically onto* $\mathbb{M}$. *Let* M *be some open subset of* $\mathbb{M}$ *(possible* $M = \mathbb{M}$) *with* $p \in M$. *Then for* $V : M \to \mathbb{R}$ *bounded above and continuous, the fundamental solution to the minimal semigroup for* $\frac{1}{2}\Delta + V$ *on* M *is given by*

$$p_t(x_0,p) = (2\pi t)^{-n/2}\,\theta_p(x_0)^{-\frac{1}{2}}\; e^{-d(x_0,p)^2/(2t)}$$

$$\mathbb{E}[\chi_{\{t<\tau\}}\exp\{\int_0^t (\tfrac{1}{2}\,\theta_p^{\frac{1}{2}}(z_s)\Delta\theta_p^{-\frac{1}{2}}(z_0) + V(z_s))ds\}] \qquad (264)$$

where $\{z_s : 0 \le s \le t\}$ *is the semi-classical bridge in* M *from* x_0 *to* p *in time* t, *defined up to its explosion time* τ. *In particular the expectation on the right hand side of* (264) *is finite.*

Remark: By the 'semi-classical bridge' here we mean a process which is a Brownian motion with drift $\{Z^0{}_s : 0 \le s \le t\}$, Z^0 as before, in the interval $\{0 \le s \le t \wedge \tau\}$ where τ is its explosion time in M (so that if $\tau < t$ it either goes out to infinity or leaves M as $s \uparrow \tau$), and which is sample continuous with value p at time t if $t < \tau$.

Proof: Choose a nested sequence of domains $\{D^i\}_{i=1}^{\infty}$ with smooth boundaries, such that D_i is compact, both p and x_0 lie in D_1, and M is the union of the D_i. Let $p^i{}_t(x_0,p)$ be the Dirichlet fundamental solution for $\partial f/\partial t = \frac{1}{2}\Delta f_t + Vf_t$ in D_i.

Let $\tau^\lambda{}_i$ be the explosion time from D_i of the Brownian motion with drift

$\{Z^\lambda_s : 0 \le s < T + \lambda\}$ starting from x. While we obtain an expression for $p^i_t(x_0,p)$ we can assume $\mathbb{M}$ modified outside of D_i as in §1B. Thus τ^λ_i is the first exit time from D_i of $\{z^\lambda_s : 0 \le s \le T + \lambda\}$.

By (257) and the Girsanov theorem

$$p^i_T(x_0,p) = \lim_{\lambda\downarrow 0} \mathbb{E}[\chi_{\{T\le\tau^\lambda_i\}} M^\lambda_T f_\lambda(z^\lambda_T) \exp\{\int_0^T V(z^\lambda_s)ds\}] \quad (265)$$

where

$$M^\lambda_T = \exp\{\int_0^T -\langle Z^\lambda_s(z^\lambda_s), u^\lambda_s \bullet dB_s\rangle$$

$$-\tfrac{1}{2}\int_0^T (-\mathrm{div}\, Z^\lambda_s(z^\lambda_s) + |Z^\lambda_s(z^\lambda_s|^2)ds\}$$

for $\{u^\lambda_s : 0 \le s < T + \lambda\}$ the horizontal lift of $\{z^\lambda_s : 0 \le s < T + \lambda\}$ in OM from some frame u_0 at x_0; see equation (212).

Since $Z^\lambda_s = \nabla Y^\lambda_s$, writing θ for θ_p:

$$M^\lambda_T = \exp\Big(-Y^\lambda_T(z^\lambda_T) + Y^\lambda_0(x_0)$$

$$+\int_0^T \{((\partial/\partial s\, (Z^\lambda_s))(z^\lambda_s) + \tfrac{1}{2}|Z^\lambda_s(z^\lambda_s)|^2 + \tfrac{1}{2}\Delta Y^\lambda_s(z^\lambda_s)\}ds\Big)$$

$$= \theta(z^\lambda_T)^{\frac{1}{2}}\theta(x_0)^{-\frac{1}{2}} \exp\Big(\tfrac{1}{2}\int_0^T \theta^{\frac{1}{2}}(z^\lambda_s)\ \Delta\theta^{-\frac{1}{2}}(z^\lambda_s)\, ds$$

$$-\tfrac{1}{2} r(x_0)^2/(\lambda+T) + r(y^\lambda_T)^2/(2\lambda) - n/2\int_0^T ds/(\lambda+T-s))ds\Big)$$

since $\qquad -\Delta\,\tfrac{1}{2}\log\theta(x) = \theta^{\frac{1}{2}}(x)\Delta\theta^{-\frac{1}{2}}(x) - |\nabla\log\theta^{\frac{1}{2}}(x)|^2$

and $\qquad -\Delta r^2 = -2 - 2(n-1) - 2r\,\partial/\partial r \log\theta$ by (258).

Thus $p^i_T(x_0,p) = \lim_{\lambda\downarrow 0} \theta(z^\lambda_T)^{\frac{1}{2}}\theta(x_0)^{-\frac{1}{2}} \lambda^{n/2}/(\lambda+T)^{n/2}\ 1/(2\pi\lambda)^{n/2}$

$$\exp\{-\tfrac{1}{2}r(x_0)^2/(\lambda+T)\}\ \mathbb{E}\chi_{\{T<\tau^\lambda_i\}}\exp\int_0^T V_{eff}(z^\lambda{}_s)ds \qquad (266)$$

where

$$V_{eff}(x) = V(x) + \tfrac{1}{2}\,\theta^{\frac{1}{2}}(x)\Delta\,\theta^{-\frac{1}{2}}(x) \qquad (267)$$

To treat this limit carefully let C be the space of continuous paths $\sigma : [0,T] \to \mathbb{M}^+$, where $\mathbb{M}^+$ is the one point compactification of $\mathbb{M}$, with $\sigma(0) = x_0$. Let $\xi : C \to \mathbb{R} \cup \{\infty\}$ be the first exit time from D_i. Let $\mathbb{P}^\lambda$, $\mathbb{P}$ be probabilities induced on C by $\{z^\lambda{}_s : 0 \le s \le T\}$ and $\{z_s : 0 \le s \le T\}$. By Lemma 1C, $\mathbb{P}^\lambda \to \mathbb{P}$ narrowly (= 'weakly'). Since D_i is compact and has smooth boundary

$$\sigma \to \chi\{T<\xi\}(\sigma)\exp\int_0^T V_{eff}(\sigma(s))ds$$

is bounded and Riemann integrable for $\mathbb{P}$ in the sense that it is continuous except on a set of $\mathbb{P}$-measure zero (this is because there is probability zero of the path of a non-degenerate diffusion hitting ∂D_i without leaving D_i). It follows, e.g. see [88] p. 375, that

$$p^i{}_T(x_0,p) = \theta(x_0)^{-\frac{1}{2}}(2\pi T)^{-n/2}\exp\{-r(x_0)^2/(2T)\}\ \mathbb{E}\chi_{\{T<\tau_i\}}\exp\int_0^T V_{eff}(z_s)ds \qquad (268)$$

If we now let $i \to \infty$ the left hand side of (268) converges and the term under the expectation on the right hand side is positive and non-decreasing in i. The theorem follows. //

<u>Remark 1D.</u> The above proof shows that the upper bound on V was not essential provided we know that $p_t(x_0,p)$ exists and is given as the limit of the Dirichlet heat kernels.

<u>Corollary 1D</u>. (i) [47] *For a complete manifold* M, *if* $x_0 \notin \mathrm{Cut}(p)$, *then*

$$p_t(x_0,p) \ge (2\pi t)^{-n/2}\,\theta_p(x_0)^{-\frac{1}{2}}\,e^{-d(x_0,p)^2/(2t)}\,\mathbb{E}\chi_{\{t<\tau\}}\exp\int_0^t V_{eff}(z_s)ds \qquad (269)$$

where Veff *is in* (267) *and* τ *is now the first exit time of the semi-classical bridge from* M - Cut(p).

Proof: Replace both $\mathbb{M}$ and M in the theorem by M-Cut(p) respectively and observe that $p_t(x_0,p)$ is greater than the corresponding value of the kernel for M-Cut(p). //

Corollary 1D was used to get results about the limiting behaviour as $t \downarrow 0$ of the trace, $\int_M p_t(x,x)dx$, in [47]. It is especially useful for small t since in the limit it becomes an equality as in Corollary 1D(iii) below. When Cut(p) is codimension 2 it has capacity zero (the Brownian motion never hits it, e.g. see [51]) and so fundamental solutions at (x_0,p) for M and M-Cut(p) are the same if $x_0 \notin$ Cut(p). Thus:

Corollary 1D(ii) c.f. [81]. *If* M *is complete and* Cut(p) *has codimension* 2 (*or capacity zero more generally*) *then if* $x_0 \notin$ Cut(p) *there is equality in* (269). //

The following is a well known result with both analytical and probabilistic proofs e.g. see [7], [17], [59a], [80], [84].

Corollary 1D (iii) *Suppose* M *is complete and* $x_0 \notin$ Cut(p). *Then as* $t \downarrow 0$

$$p_t(x_0,p) = (2\pi t)^{-n/2}\, e^{-d(x_0,p)^2/(2t)}\, \theta_p(x_0)^{-\frac{1}{2}}(1 + o(t)) \qquad (270)$$

Proof: First choose a compact domain D with smooth boundary in M which contains the geodesic of shortest length from x_0 to p. We need now quote the result that as $t \downarrow 0$

$$p_t(x_0,p) = p^D{}_t(x_0,p)(1 + O(t^k)) \qquad (271)$$

for k = 1,2,... . For this see [7], [80], or [33] when $x_0 = p$, (the $O(t^k)$ can be replaced by $O(\exp(-\delta/t))$ for some $\delta > 0$). Thus we need only examine the behaviour of $p^D{}_t(x_0,p)$ as $t \downarrow 0$. Choosing D with D inside M-Cut(p) we can therefore modify M outside of D as in §1B, so that p is a pole and it is flat outside of a compact set, and also we modify V outside D to give it compact support. Following this we can use (271) in the reverse direction and consider $p_t(x_0,p)$ for the modified M. For this we have

$$p_t(x_0,p) = (2\pi t)^{-n/2}\, \theta_p(x_0)^{-\frac{1}{2}}\, e^{-d(x_0,p)^2/(2t)}\, \mathbb{E}\, e^{\int_0^t V_{eff}(z_s)ds}$$

and so the result follows since V_{eff} is now bounded on M. //

The following corollary was noted in [42], [43]. It can be compared with the trace formula and asymptotics in [28], [32], [94] for example. When M is complete and p has no conjugate points then $\exp_p : T_pM \to M$ is a covering map and if T_pM is given the induced metric to make it a Riemannian manifold, M_0, say, the origin 0 is a pole. If $x_0 \in M$ there are at most countably many points x^{γ}_0 in M_0 with $\exp_p(x^{\gamma}_0) = x_0$, one for each geodesic γ from x_0 to p: we take γ to be the geodesic $t \to \exp_p tx^{\gamma}_0$ in the reverse direction. For fixed t there is a semi-classical bridge in M_0 from each x^{γ}_0 to 0 in time t. Let $\{z^{\gamma}_s : 0 \le s \le t\}$ be its image in M under $\exp_p$. This will be called the "*semi-classical bridge from* x_0 *to* p *along the geodesic* γ, *in time* t". There is also a corresponding $\theta^{\gamma}_p(x_0)$ which is just $\theta_0(x^{\gamma}_0)$ evaluated in M_0.

<u>**Corollary 1D(iv)**</u>. *Suppose* M *is complete and the point* p *has no conjugate points. Then*

$$p_t(x_0,p) = (2\pi t)^{-n/2} \sum_{\gamma} \theta^{\gamma}_p(x_0)^{-\frac{1}{2}} e^{-\ell(\gamma)^2/2t}\, \mathbb{E}e^{\int_0^t (V(z^{\gamma}_s) + \alpha^{\gamma}_s)ds} \qquad (272)$$

where the sum is over all geodesics γ *from* x_0 *to* p, *with* $\ell(\gamma)$ *the length of* γ, *and* $\{z^{\gamma}_s : 0 \le s \le t\}$ *the corresponding semi-classical bridge; also* $\{\alpha^{\gamma}_s : 0 \le s \le t\}$ *is* $\frac{1}{2}\theta_0(x^{\gamma}_s)^{\frac{1}{2}}\, \Delta\theta_0^{-\frac{1}{2}}(x^{\gamma}_s)$ *where* θ_0 *is Ruse's invariant in* T_pM *from* 0 *computed using its induced metric and* x^{γ}_s *is the semi-classical bridge in* T_pM *from* x^{γ}_0 *to* p *in time* t.

<u>**Proof.**</u> Let U be a sufficiently small open neighbourhood of x_0 so that its inverse image under $\exp_p$ consists of open neighbourhoods U^{γ} of x^{γ}_0 in T_pM. Let f be the characteristic function of U and f^{γ} that of U^{γ}. Then for the semigroups $\{P_t : t \ge 0\}$ and $\{\tilde{P}_t : t \ge 0\}$ for $\frac{1}{2}\Delta + V$ and $\frac{1}{2}\Delta + V \circ \exp_p$ on M and T_pM respectively we see

$$P_t f(p) = \sum_{\gamma} \tilde{P}_t f^{\gamma}(p) \qquad (273)$$

by the Feynman-Kac formula since Brownian motion on T_pM from 0 covers Brownian motion from p in M. Because U^{γ} is mapped isometrically to U it has the same volume as U and so we can let U be a ball radius ε about x_0 and let $\varepsilon \downarrow 0$ to obtain

$$p_t(p,x_0) = \sum_{\gamma} \tilde{p}_t(p,x^{\gamma}_0)$$

in the obvious notation. However $p_t(p,x_0) = p_t(x_0,p)$ and similarly for $\tilde{p}_t(p,x^{\gamma}{}_0)$, and so the corollary follows from the theorem. //

Note: The Cartan-Hadamard theorem assures us that the hypotheses on p and M in Corollary 1D(iv) are always true when M is a complete manifold with all sectional curvatures non-positive.

Example 1D (i) [92], [93]. The simplest non-trivial example of a manifold with a pole is n-dimensional hyperbolic space H^n. From §4G of Chapter III, equation (181), we see that

$$\theta_p(x_0) = (\sinh r(x_0)/(r(x_0)))^{n-1} \tag{274}$$

from which, using (258), we have

$$\tfrac{1}{2}\theta^{\frac{1}{2}}(x_0)\Delta\theta^{-\frac{1}{2}}(x_0) = -\tfrac{1}{8}(n-1)^2 + \tfrac{1}{8}(n-1)(n-3)(r(x_0)^{-2} - (\sinh r(x_0))^{-2}) \tag{275}$$

When n = 3 and V ≡ 0 we can deduce the well known formula for the heat kernel of H^3:

$$p_t(x,y) = (2\pi t)^{-3/2}\, e^{-t/2}\, e^{-d(x,y)^2/(2t)}\ d(x,y)/(\sinh d(x,y)) \tag{276}$$

with corresponding exact formulae for non-simply connected 3-manifolds of constant negative curvature obained by using Corollary 1D(iv). The heat kernel for the hyperbolic plane H^2 is computed analytically in [28]. For a recurrence relation between the kernels for hyperbolic spaces of different dimensions see [28], with [35] for more details.

Example 1D(iii) [81], [83], [49]. For $M = S^{n-1}$ note that if p is the North pole, say, in polar coordinates (r,σ) in $\mathbb{R}^{n-1}$ (so $\sigma \in S^{n-2}$) the exponential map is essentially the map $(r,\sigma) \to (\cos r, (\sin r,\sigma)) \in \mathbb{R} \times \mathbb{R}^{n-1}$. In particular it maps the sphere about 0 radius r to an embedding in $\mathbb{R}^n$ onto an isometric copy of the sphere in $\mathbb{R}^{n-2}$ radius sin r. Thus the metric in normal polar coordinates is

$$ds^2 = dr^2 + (\sin r)\ (\text{standard metric of } S^{n-2}).$$

Thus

$$\theta_p(x_0) = (\sin r(x_0)/(r(x_0))^{n-1} \tag{277}$$

and

$$\tfrac{1}{2}\theta^{\frac{1}{2}}(x_0)\,\Delta\theta^{-\frac{1}{2}}(x_0) = \tfrac{1}{8}\ (n-1)^2 + \tfrac{1}{8}\ (n-1)(n-3)(1/r^2 - 1/\sin^2 r) \tag{278}$$

for $r = r(x_0)$.

Again n = 3 is an especially nice case. Since Cut(p) has co-dimension 2 we can use Corollary 1D(ii) to get, for $V \equiv 0$, if x is not antipodal to y

$$p_t(x,y) = (2\pi t)^{-n/2} (r/\sin r)\, e^{\frac{1}{2}t}\, e^{-r^2/(2t)}\, \mathbb{P}\{t < \tau\}$$

where $r = d(x,y)$ and where τ is the first hitting time of Cut(y) by the semi-classical bridge from x to y in time t. However as we saw in Lemma 1C the radial distributions of this bridge are the same as those of a Brownian bridge $\{\beta_s : 0 \le s \le t\}$, say, in $\mathbb{R}^3$ from a point distance r from 0, to 0, in time t. Thus, [81],

$$p_t(x,y) = (2\pi t)^{-n/2} (r/\sin r)\, e^{\frac{1}{2}t}\, e^{-r^2/2t}\, \mathbb{P}\{\sup_{0 \le s \le t}|\beta_s| \le \pi\} \quad (279)$$

This formula is discussed in [83]. In [43] it is used to obtain the exact formula, for x,y not antipodal,

$$p_t(x,y) = (2\pi t)^{-3/2} e^{\frac{1}{2}t} \Sigma_\gamma\, \ell(\gamma)/(\sin \ell(\gamma))\; e^{-\ell(\gamma)^2/(2t)} \quad (280)$$

where the sum is over all geodesics γ from x to y and $\ell(\gamma)$ is the length of γ. Note the similarity here with the case of S^1, or the situation in Corollary 1D(iv). However in this case we no longer have a sum of positive terms. This formula is a special case of a general formula for compact Lie groups, [50], proved using harmonic analysis on such groups.

§2. General remarks about the elementary formula method and its extensions.

A. The way we were able to get a tractable formula for the heat kernel in the last section depended on a suitable choice of drift $\{Z^\lambda{}_s : 0 \le s < T + \lambda\}$ for which there were convenient cancellations after the use of the Girsanov theorem, and which gave processes with a very nice radial behaviour. In fact the choice of $Z^\lambda{}_s$ came from a general philosophy outlined in [42], which is explained below. However first it should be noted that there are various ways of getting 'bridges' from x_0 to p e.g. see [17]. The standard one is Brownian motion from x_0 conditioned to be at p at time T. This can be described as the h-transform of (space time) Brownian motion where $h_s(x) = p^0{}_{T-s}(p,x)$ for $p^0{}_t(x,y)$ the fundamental solution for M when $V \equiv 0$. This is used in [36], [80] and [104]; it is Brownian motion with drift $\nabla \log p_{T-s}(p,-)$. Writing it as $\{x_s :$

$0 \le s \le T\}$ it is immediate from the Feynman-Kac formula that the kernel with a potential V is given by

$$p_T(x_0,p) = p^0{}_T(x_0,p)\,\mathbb{E}\exp\int_0^T V(x_s)ds.$$

It has the advantage over the semi-classical bridge of symmetry in x_0, p i.e. the reversed time bridge is the bridge from p to x_0. However the radial behaviour will not be so pleasant in general.

B. Let $\{P_t : t \ge 0\}$ be the heat semigroup associated to $\frac{1}{2}\Delta + V$ on M. Suppose $g_0(x) = \exp(-S_0(x))\cdot f_0(x)$ where S_0 also are smooth functions on M with S_0 bounded below and with f_0 of compact support. The drift terms for the semi-classical bridge arose, [42], from seeking a nice expression for $P_t\, g_0$ which would exhibit its behaviour as $\lambda \downarrow 0$ when $S_0 = \lambda^{-1} R_0$ some R_0. Here is a brief description. Assume for simplicity that M is complete and V, ∇S_0 and the curvature tensor are all bounded on M.

First we associate to g_0 the classical mechanical system with trajectories $\{\Phi_t(a) : t \ge 0\}$ for each a in M, satisfying

$$D/\partial t\, \dot\Phi_t(a) = 0 \qquad (281)$$

with $\Phi_0(a) = a$ and $\dot\Phi_0(a) = \nabla S_0(a)$. Under our assumptions it is shown in [42a] that there exists $T > 0$ such that $\{\Phi_t(a)\,;\, t \ge 0\}$ is defined for all $0 \le t \le T$ and determines a diffeomorphism

$$\Phi_t : M \to M.$$

This is a '*no caustics*' assumption.

For this T we can define the *Hamiltonian-Jacobi principle function.*

$$S : [0,T] \times M \to \mathbb{R}$$

given by

$$S(t,a) = S_0(\Phi_t^{-1}(a)) + \tfrac{1}{2}\int_0^t |\dot\Phi_s \circ \Phi_t^{-1}(a)|^2\, ds \qquad (282)$$

There is then the following standard lemma, as in [42a]:

<u>Lemma 2B</u>

(i) $\dot\Phi_t(a) = \nabla S(\Phi_t(a),t) \qquad 0 \le t \le T,\ a \in M$ (283)

(ii) S *satisfies the Hamilton-Jacobi equation*

$$\tfrac{1}{2}|\nabla S(x,t)|^2 + \partial S/\partial t\,(x,t) = 0 \qquad 0 \le t \le T \tag{284}$$

with $S(x,0) = S_0(x)$

(iii) *Define* $\varphi : N \times [0,T] \to \mathbb{R}$ by

$$\varphi(x,t) = |\det T_x \Phi^{-1}{}_t|$$

(*using the Riemannian metric of* M). *Then* φ *satisfies the continuity equation*

$$\partial\varphi/\partial t\,(x,t) + \operatorname{div}(\varphi(x,t)\,\nabla S(x,t)) = 0 \tag{285}$$

Proof:

$$\nabla S(x,t) = (T\Phi^{-1}{}_t)^* \,\nabla S_0(\Phi^{-1}{}_t(x)) + \int_0^t D/\partial s\,\{T(\Phi_s \circ \Phi_t{}^{-1})^* (\dot\Phi_s \circ \Phi^{-1}{}_t(x))\}ds.$$

Integrate by parts to obtain $\nabla S(x,t) = \dot\Phi_t \circ \Phi_t{}^{-1}(x)$
yielding (i). Also

$$\partial/\partial t\, S(x,t) = dS_0(\Phi^{-1}{}_t(x)) + \tfrac{1}{2}\,|\dot\Phi_t \circ \Phi_t{}^{-1}(x)|^2 + \int_0^t \langle D/\partial s\, T\Phi_s(\dot\Phi_t{}^{-1}(x)),\, \dot\Phi_s \circ \Phi_t{}^{-1}(x)\rangle ds.$$

Integrate by parts again and use (i) together with the identity

$$T\Phi_t \circ \dot\Phi^{-1}{}_t + \dot\Phi_t \circ \Phi_t{}^{-1} = 0 \tag{286}$$

(which comes from differentiating $\Phi_t \circ \Phi_t{}^{-1} = 1d$) to obtain (ii).

For (iii) take any C^∞ function $f: M \to \mathbb{R}$ with compact support. Integrating by parts

$$\int_M \operatorname{div}(\varphi(-,t)\nabla S(-,t))(x) f(x)dx$$
$$= - \int_M \varphi(x,t)\langle \nabla S(x,t), \nabla f(x)\rangle dx$$
$$= - \int_M \langle \nabla S(\Phi_t(x),t), \nabla f(\Phi_t(x))\rangle dx$$
$$= - \int_M df(\dot\Phi_t(x))dx \qquad \text{(by (i))}$$
$$= - d/dt \int_M f(\Phi_t(x))dx = -d/dt \int_M \varphi(x,t)f(x)dx = -\int_M \partial/\partial t\, \varphi(x,t)f(x)dx$$

giving (iii). //

Now run the classical mechanical flow backwards. Take t in (0,T] and set

$$\Theta_s(a) = \Phi_{t-s}(\Phi^{-1}{}_t(a)) \qquad 0 \le s \le t,\ a \in M.$$

Then

$$\partial/\partial s\, \Theta_s(a) = - \nabla S_{t-s}(\Theta_s(a)).$$

Let $\{y_t : t \ge 0\}$ be a Brownian motion on M from x_0 with time dependent drift $\{\nabla Y_s(x) : 0 \le s \le t,\ x \in M\}$ for $Y_s(x) = - S(a,t-s)$. We can think of it as $\{\Theta_s(x_0)$:

$0 \le s \le t\}$ perturbed by white noise.

Formula A c.f. [42] For $0 \le t \le T$

$$P_t\, g_0(x_0) = \exp\{-S(x_0,t)\}\,\mathbb{E}\left[\exp\{\int_0^t V(y_s) - \tfrac{1}{2}\Delta S_{t-s}(y_s)ds\}\, f_0(y_t)\right] \quad (287)$$

Proof:

$$P_t g_0(x_0) = \mathbb{E}\exp\{\int_0^t V(x_s)ds - S_0(x_t)\} f_0(x_t).$$

Apply Girsanov's formula to obtain an expectation with respect to $\{y_s : 0 \le s \le t\}$. The exponential martingale which comes in is

$$\exp(Y_0(x_0) - Y_t(y_t) + \int_0^t (\partial/\partial s\, Y_s(y_s) + \tfrac{1}{2}|\nabla Y_s(y_s)|^2 + \tfrac{1}{2}\Delta Y_s(y_s))ds$$

i.e. $$\exp\{S_0(y_t) - S(x_0,t) - \tfrac{1}{2}\int_0^t \Delta S(y_s,t-s)ds\}$$

using the Hamilton-Jacobi equation. //

This method can be modified in various ways. To obtain information about the limiting behaviour of $P^\lambda{}_t\, g^\lambda{}_0$ as $\lambda \downarrow 0$ where $g^\lambda{}_0$ is as g_0 but with S_0 replaced by $\lambda^{-1} S_0$ and where $P^\lambda{}_t$ refers to the semigroup generated by $\tfrac{1}{2}\lambda\Delta + \lambda V$ one proceeds in essentially the same way and Formula A gives the 'W.K.B' approximation. However in this case, and for us, a slight modification gives a more useful formula, [42a]:

Formula B

$$P_t g_0(x_0) = \sqrt{\varphi_t(x_0)}\exp\{-S(x_0,t)\}\mathbb{E}[\exp\{\tfrac{1}{2}\int_0^t \varphi(z_s,t-s)^{-\frac{1}{2}}\,\Delta\varphi^{\frac{1}{2}}(z_s,t-s)ds\} f_0(z_t)] \quad (288)$$

where $\{z_s : 0 \le s \le t\}$ *is Brownian motion on* M *from* x_0 *with drift* $\{\nabla Y_s(x)\,;\, 0 \le s \le t,\, x \in M\}$ *for*

$$Y_s(a) = -S(a,t-s) + \tfrac{1}{2}\log\varphi(a,t-s),$$

assuming this process is complete.

Proof. From the continuity equation

$\Delta S(x,t) = - \partial/\partial t \log \varphi(x,t) - \langle \nabla \log \varphi(x,t), \nabla S(x,t) \rangle$

so that

$\Delta S(\Theta_s(a),t-s) = \partial/\partial s \log \varphi(\Theta_s(a), t-s)$.

If we use this as well as the Hamilton-Jacobi equation after the Girsanov transformation the formula follows. //

The reason for introducing these formulae (which have many variations) here is that to obtain the elementary formula for the heat kernel we needed the case $S_0(x) = d(x,p)^2/(2\lambda)$. For this, given that p is a pole, we have $\Phi_t(x) = (\lambda + t)\lambda^{-1}x$ in normal coordinates about p and $S_t(x) = \frac{1}{2} d(x,p)^2/(\lambda + t)$. Then

$\varphi_t(x) = (\lambda/(\lambda+t))^n \theta_p(x)^{-1} \theta_p(\lambda/(\lambda+t)x)$

in normal coordinates. To obtain the 'elementary formula' we could have used the process $z_s = z^\lambda{}_s$ of Formula B as in [42]. However the actual process $z^\lambda{}_s$ we used is easier to handle and gives the same limiting process, the semi-classical bridge, as $\lambda \downarrow 0$.

C. This very simple approach to the study of asymptotic behaviour seems to have wide applicability, applying to both the Schrodinger and the heat equations. In the former there is no Girsanov theorem, but this is made up for by unitarity of the semigroup, and the use of a transformation of semigroups: essentially an h-transform. This semigroup approach was worked out by Watling [98a] to deal with both types of equation almost simultaneously. He showed how it could be used to obtain full asymptotic expansions with exact remainders. This was extended by Ndumu [82], and here we give a brief description of how to get the asymptotics of the heat kernel $p_t(x_0,p)$ for $\frac{1}{2}\Delta + V$.

Assume that p is a pole for M, with M complete and Euclidean outside some compact region for simplicity, and that V is bounded and smooth. Consider

$$q_t(x,p) = (2\pi t)^{-n/2} \theta_p(x)^{-\frac{1}{2}} \exp\{- d(x,p)^2/(2t)\} \quad (289)$$

The first observation is that as a function of x, writing θ for θ_p it satisfies

$$(\partial/\partial t) f_t(x) = \tfrac{1}{2} \Delta f_t(x) - \tfrac{1}{2}\theta^{\frac{1}{2}}(x) \Delta \theta^{-\frac{1}{2}}(x) f_t(x) \quad (291)$$

and moreover as $t \downarrow 0$ it converges to the Dirac delta function at p. Next define the 'semi-classical' evolution $\{Q_p(t,s) : t \geq s > 0\}$ on bounded measurable functions by

$$Q_p(t,s)(f)(x) = q_t(x,p)^{-1} P_{t-s}(q_s(-,p)f)(x) \quad (292)$$

where $\{P_t : t \geq 0\}$ is the semigroup for $\frac{1}{2}\Delta + V$. Another (this time standard) computation yields for f smooth and with compact support

$$(\partial/\partial t)\, Q_p(t,s)(f)(x) = \{\tfrac{1}{2}\Delta + \nabla \log q_t(-,p) + V_{eff}\} Q_y(t,s)(f)(x)$$

where $V_{eff}(x) = V(x) + \frac{1}{2}\theta^{\frac{1}{2}}(x)\,\Delta\theta^{-\frac{1}{2}}(x)$ as usual. Consequently, now by a Feynman-Kac formula rather than a Girsanov theorem, for $t > s \geq 0$

$$Q_p(t,t-s)\,(f)(x_0) = \mathbb{E}[\exp\{\int_0^t V_{eff}(z_r)dr\}f(z_s)] \qquad (293)$$

where $\{z_s : 0 \leq s \leq t\}$ is the semi-classical bridge from x_0 to p in time t. Letting $s \uparrow t$ we obtain another proof of the 'elementary formula' (264).

To get the asymptotic expansion assume now that *each* pair of points x and y in M can be joined by a unique geodesic. Let $\gamma(x,y)$ denote this path parametrized proportionally to arc length so that $\gamma(x,y)(0) = x$ and $\gamma(x,y)(1) = y$. For $f : M \to \mathbb{R}$ and $r \geq s \geq 0$ define

$$F(r,s)(f) : M \to \mathbb{R}$$

by

$$F(r,s)(f)(x) = f(\gamma(p,x)(s/r)) = f(s/r\, x)$$

in normal coordinates at p. Then, as for (292), for smooth f of compact support

$$(\partial/\partial s)\,[Q_p(t,t-s)F(t-s,t-r)(f)](x) = Q_p(t,t-s)\mathfrak{G}\,[F(t-s,t-r)(f)](x) \qquad (294)$$

where

$$\mathfrak{G} = \tfrac{1}{2}\Delta - \tfrac{1}{2}\nabla\log\theta.\nabla + V_{eff}\,.$$

From (294) we have on integrating

$$Q_p(t,t-s)\,[F(t-s,t-r)(f)](x) - Q_p(t,t)[F(t,t-r)(f)](x)$$

$$= \int_0^s Q_p(t,t-s_1)\,\mathfrak{G}[F(t-s_1,\, t-r)(f)](x)ds_1.$$

Setting $r = s$ we get an expression for $Q_p(t,t-s)(f)$ since $F(t-s,t-s) = 1d$. This can be iterated arbitrarily many times by replacing f by $\mathfrak{G}[F(t-s,t-r)(f)]$ and substituting in the integrand, to yield a rather complicated expansion for $Q_p(t,t-s)(f)$ to arbitrarily many terms with a remainder consisting of a time integral of various iterations of the operators. Knowledge of $Q_p(t,t-s)(f)(x_0)$ gives knowledge of $p_t(x_0,p)$, c.f. (292). This way Watling's expansion [98a],

[98] is obtained, see also [82], for N = 1,2,... .

$$p_t(x_0,p) = (2\pi t)^{-n/2}\theta_p(x_0)^{-\frac{1}{2}}\exp(-d(x_0,p)^2/(2t))[1 + a_1(x_0,p)t + \dots + a_N(x_0,p)t^N] + R_{N+1}(x_0,p,t)t^{N+1} \qquad (295)$$

where

$$a_1(x_0,p) = \int_0^1 F(1, 1-r_1)(V_{eff})(x)dr_1$$

and

$$a_j(x_0,p) = \int_0^1 \int_0^{r_1} \dots \int_0^{r_{j-1}} F(1,1-r_j)\mathfrak{F}(1-r_j,1-r_{j-1}) \dots \mathfrak{F}(1-r_2,1-r_1)(V_{eff})(x)dr_j \dots dr_1$$

for $2 \le j \le N$ and

$$R_{N+1}(x_0,p,t) = \mathbb{E}[\int_0^1 \int_0^{r_1} \dots \int_0^{r_N} \{\mathfrak{F}(1-r_{N+1},1-r_N) \dots \mathfrak{F}(1-r_2, 1-r_1)(V_{eff})\}(z_{tr_{N+1}}) \exp\{\int_0^{tr_{N+1}} V_{eff}(z_s)ds\}dr_{N+1} \dots dr_1].$$

As before this gives an exact expression when M has a pole and given some additional bounds on its geometry [82], and furnishes an asymptotic expansion when $x_0 \notin Cut(p)$ for general complete M. It is easily modified to deal with the fundamental solution to $\frac{1}{2}\Delta + A + V$ where A is a first order operator (i.e. a vector field). Essentially the only differences are: (i) that $\theta_p^{-\frac{1}{2}}(x)$ is replaced by

$$\theta_p^{-\frac{1}{2}}(x) \exp\{\int_0^1 \langle\dot\gamma(s), A(\gamma(s))\rangle ds\}$$

where γ is the geodesic from x to p parametrized to take unit time, and (ii) $\frac{1}{2}\Delta$ is replaced by $\frac{1}{2}\Delta + A$ throughout; see [98].

§3. The fermionic calculus for differential forms, and the Weitzenbock formula

A. The use of creation and annihilation operations for differential forms was exploited by Witten for his approach to Morse theory [99]. The notation is very useful in stating, and proving, the Weitzenbock formula for the Laplacian on p-forms, as described in [33]. For our purposes it will enable us to give an 'elementary formula' for the heat kernel for forms especially suited to the 'supersymmetric' approach to the Gauss-Bonnet-Chern theorem which is discussed later. It would be difficult to improve on the exposition in [33] and it will be followed closely, as in [48] on which these sections are based.

B. First let us fix some notation and recall some basic facts. If V is a real finite dimensional vector space the space $A^p(V)$ of antisymmetric linear maps $\varphi : V \times \ldots \times V \to \mathbb{R}$ can be identified with the space of linear maps $\mathbb{L}(\Lambda^p V; \mathbb{R})$ i.e. $(\Lambda^p V)^*$. If $\varphi \in A^p(V)$ and $\alpha \in A^1(V)$ there is $\alpha \wedge \varphi \in A^{p+1}V$ given by

$$\alpha \wedge \varphi(v_1,\ldots,v_{p+1}) = \sum_{j=1}^{p+1} (-1)^{j+1} \alpha(v_j)\, \varphi(v_1,\ldots,\hat{v}_j,\ldots,v_{p+1}) \qquad (296)$$

where $\wedge$ indicates that the indicated term is omitted. This determines an isomorphism of $(\Lambda^p V)^*$ with $\Lambda^p V^*$, every element of the latter being representible as a linear combination of terms of the form $\alpha^1 \wedge \ldots \wedge \alpha^p$ for $\alpha^j \in V^*$. If V has an inner product there is an induced inner product on $\Lambda^p V$ and $\Lambda^p V^*$ determined by

$$\langle \alpha^1 \wedge \ldots \wedge \alpha^p, \beta^1 \wedge \ldots \wedge \beta^p \rangle = \det [\langle \alpha^i, \beta^j \rangle]_{i,j=1}^p$$

for α^i, β^j in V or V^* respectively.

For such V, given $\varphi \in \Lambda^p V^*$ and $e \in V$ define the "creation operator" $a(e)^* : \Lambda^p V^* \to \Lambda^{p+1} V^*$ by

$$a(e)^*\varphi = e^\# \wedge \varphi$$

where $e^\# \in V^*$ is dual to e (it is most convenient to formulate it this way to avoid a plethora of $^\#$'s later on). Let its adjoint be

$$a(e) : \Lambda^{p+1}V^* \to \Lambda^p V^*.$$

Then

$$a(e)(\alpha^1 \wedge \ldots \wedge \alpha^{p+1}) = \sum_{j=1}^{p+1} (-1)^{j+1}\alpha^j(e)\alpha^1 \wedge \ldots \wedge \hat{\alpha}^j \wedge \ldots \wedge \alpha^{p+1} \quad (297)$$

or as an antisymmetric linear map, for $\varphi \in A^{p+1}(V)$

$$a(e)\varphi(v_1,\ldots,v_p) = \varphi(e,v_1,\ldots,v_p) \quad (297a)$$

There is the anti-commutation relation for

$$\{a(e),a(f)^*\} := a(e)a(f)^* + a(f)^*a(e) : \wedge^p V^* \to \wedge^p V^*$$

with $e, f \in V$:if $\varphi \in \wedge^p V^*$ then, from (297)

$$\{a(e),a(f)^*\}\varphi = \langle e,f\rangle\varphi \quad (298)$$

C. A p-form φ on M gives an anti-symmetric p-linear map

$$\varphi_x : T_xM \times \ldots \times T_xM \to \mathbb{R}$$

for each $x \in M$. Thus we can consider $\varphi_x \in \wedge^p T_x{}^*M$ and consider φ as a section of the tensor bundle $\wedge^p T^*M$. Let A^p denote the space of such sections which are C^∞ and let $A = \bigoplus_p A^p$ be the space of sections of $\wedge T^*M := \bigoplus^p \wedge^p T^*M$. Supposing M is given a Riemannian structure (as we will from now on) we can use the Riemannian measure and the inner products in each $\wedge^p T^*{}_xM$ defined as above to obtain a space L^2A^p of L^2 p-forms with inner product

$$\langle\varphi,\psi\rangle_{L^2} = \int_M \langle\varphi_x, \psi_x\rangle dx.$$

Exterior differentiation $d : A \to A$ restricts to

$$d : A^p \to A^{p+1}$$

for each p with

$$(d\varphi)_x(v_1,\ldots,v_{p+1}) = \sum_{j=1}^{p+1}(-1)^{j+1}D\varphi(x)(v_j)(v_1,\ldots,\hat{v}_j,\ldots,v_{p+1})$$

in local coordinates, where D is the Fréchet derivative. Since the covariant derivative agrees with the ordinary derivative at the centre of normal coordinates for the Levi-Civita connection

$$(d\varphi)_x(v_1,\ldots,v_{p+1}) = \sum_{j=1}^{p+1}(-1)^{j+1}\nabla\varphi(v_j)(v_1,\ldots,\hat{v}_j,\ldots,v_{p+1}) \quad (299)$$

From the definition we gave of covariant differentiation by lifting to OM it is almost immediate that if $\varphi, \psi \in A$ then for $v \in TM$

$$\nabla_v(\varphi \wedge \psi) = \nabla_v\varphi \wedge \psi + \varphi \wedge \nabla_v\psi \quad (300)$$

Let $e_1,\dots,e_n$ be an orthonormal basis for T_xM then if $\varphi \in A^p$ and $v_1,\dots,v_p \in T_xM$

$$\sum_{j=1}^{n}(a(e_j)^* \nabla_{e_j}\varphi)_x(v_1,\dots,v_p) = \sum_{j=1}^{n} e_j^* \wedge \nabla_{e_j} \varphi(v_1,\dots,v_p)$$

$$= \Sigma_j \Sigma_k (-1)^{k+1}\langle e_j,v_k\rangle \nabla_{e_j}\varphi(v_1,\dots,\hat{v}_k,\dots,v_p)$$

$$= \Sigma_k (-1)^{k+1} \nabla_{v_k} \varphi (v_1,\dots,\hat{v}_k,\dots,v_p).$$

Thus from (299) the two types of differentiation are related by

$$(d\varphi)_x = \Sigma^n{}_{j=1} (a(e_j)^* \nabla_{e_j} \varphi)_x \tag{301}$$

Since $a(e_j)^*(\varphi \wedge \psi) = a(e_j)^*(\varphi) \wedge \psi = (-1)^p \varphi \wedge (a(e_j)^*\psi)$ when $\varphi \in A^p$ equations (300) and (301) immediately yield

$$d(\varphi \wedge \psi) = d\varphi \wedge \psi + (-1)^p \varphi \wedge d\psi \tag{302}$$

Consequently if $\alpha^1,\dots,\alpha^p$ are 1-forms

$$d(\alpha^1 \wedge \dots \wedge \alpha^p) = \Sigma(-1)^{j+1} \alpha_1 \wedge \dots \wedge d\alpha^j \wedge \alpha^{j+1} \wedge \dots \wedge \alpha^p \tag{303}$$

Let d^* be the formal L^2 adjoint of d so $d^* : A \to A$ restricting to $d^* : A^{p+1} \to A^p$ for each p. Thus $d^* = \delta$ in the notation of Chapter IV.

We already know, by (39) and (40), that the formal adjoint of ∇ acting on functions is minus the divergence: for a vector field A

$$\nabla^* A(x) = -\text{div } A(x) = - \Sigma_j \langle \nabla_{e_j} A(x), e_j\rangle.$$

Thus on 1-forms α

$$(d^*\alpha)_x = - \Sigma_j a(e_j) \nabla_{e_j}\alpha.$$

From (303) it follows that for $\varphi \in A$ the same formula holds:

$$(d^*\varphi)_x = - \Sigma_j a(e_j) \nabla_{e_j} \varphi \tag{304}$$

D. Let A be a section of $\mathbb{L}(TM;TM)$, so for each x we have $A_x : T_xM \to T_xM$. It has adjoint

$$A^*_x : T_x{}^*M \to T_x{}^*M$$

and can operate on A by

$$(A^\wedge (\alpha^1 \wedge \dots \wedge \alpha^p))_x = -\sum_{j=1}^{p} \alpha^1{}_x \wedge \dots \wedge A^*{}_x(\alpha^j{}_x) \wedge \dots \wedge \alpha^p{}_x \tag{305}$$

Observe that

$$A^\wedge{}_x = -\Sigma_{j,k} A^*{}_{kl}\, a(e_k)^* a(e_l) \tag{306}$$

where $A^*_{kl} = \langle e_l, Ae_k\rangle$.

For vector fields A, B the curvature tensor R determines $R(A(x), B(x)) : T_xM \to T_xM$ for each $x \in M$, which is skew symmetric. Recall from equation (83) that if V is another vector field

$$R(A(x), B(x))(V(x)) = ([\nabla_A, \nabla_B] - \nabla_{[A,B]})(V)(x).$$

It is therefore immediate from (300) that as operators on A

$$[\nabla_A, \nabla_B] - \nabla_{[A,B]} = R(A(\cdot), B(\cdot))^\wedge \tag{307}$$

Recall that the (de-Rham-Hodge) Laplace operator $\Delta : A \to A$ is defined by

$$\Delta = -(dd^* + d^*d)$$

using the sign which makes it negative definite since $d^2 = 0$: see equation (228).

Set $R_{ijkl} = R(e_i,e_j,e_k,e_l) = \langle R(e_i,e_j)e_l,e_k\rangle$, see (86). Note the sign difference from [33], [88].

<u>Proposition 3D</u> (Weitzenbock formula)

$$\Delta = \text{trace } \nabla^2 - W \tag{310}$$

where W, the Weitzenbock term, is the zero order operator given at x by

$$W_x = -\Sigma_{i,j,k,l} \; R_{ijkl} \, a(e_i)^* \, a(e_j)a(e_k)^* \, a(e_l) \tag{311}$$

<u>Proof</u> Take normal coordinates at x, and using $e_1,\dots,e_n$ as a basis for T_xM, take $E_1,\dots,E_n$ to be vector fields on M which are C^∞ with compact support and agree with the Gram-Schmidt orthonormalization of the fields $\partial/\partial x^1,\dots,\partial/\partial x^n$ at each point near x. Then for y near x, $E_1(y),\dots,E_n(y)$ forms an orthonormal base for T_yM. Moreover the covariant derivative of each e_i vanishes at x. Write a(j) for $a(E_j(\cdot))$ acting on forms by $(a(j)\varphi)_x = a(E_j(x))\varphi_x$, etc. By (301) and (304) if $\varphi \in A^p$, summing over repeated suffices and working near x

$$dd^*\varphi = -\, a(j)^* \, \nabla_j \, a(k) \, \nabla_k\varphi$$

so

$$(dd^*\varphi)_x = -a(e_j)^*a(e_k)(\nabla_j\nabla_k\varphi)_x.$$

Also

$$d^*d\varphi = -a(k)\, \nabla_k \, a(j)^* \, \nabla_j \, \varphi$$

so

$$(d^*d\varphi)_x = -a(e_k)a(e_j)^* \, (\nabla_k \, \nabla_j\varphi)_x.$$

Thus

$$(\Delta\varphi)_x = \{a(e_j)^*, a(e_k)\}\,(\nabla_j\nabla_k\varphi)_x + a(e_k)a(e_j)^*\,([\nabla_k,\nabla_j]\varphi)_x$$
$$= \text{trace}\,(\nabla^2\varphi)_x + a(e_k)a(e_j)^*\,R(e_k,e_j)\hat{}$$

by (307) since $[E_k,E_j] = 0$ near x. Thus (310) holds with

$$W = -\,a(e_i)a(e_j)^*\,R(e_i,e_j)\hat{} \tag{312}$$
$$= -a(e_i)a(e_j)^*\,\langle R(e_i,e_j)e_k,e_l\rangle a(e_k)^*a(e_l)$$

by (306), which agrees with (311) since $\{a(e_i), a(e_j)^*\} = \delta_{ij}$ and $R(e_i,e_i) = 0$. //

Let $\Delta^p : A^p \to A^p$ denote the Laplacian acting on p-forms (i.e. the restriction of Δ) and W^p the corresponding Weitzenbock term.

The following special case of the Weitzenbock formula was used in Chapter III:

Corollary 3D *For a smooth* 1-*form* φ

$$\Delta^1\varphi = \tfrac{1}{2}\,\text{trace}\,\nabla^2\varphi - \text{Ric}(\varphi^*,-),$$

Proof By (312) for $v \in T_xM$

$$(W^2\varphi)(v) = a(e_i)a(e_j)^*\,R(e_i,e_j)^*(\varphi)v$$
$$= a(e_i)\,(e_j{}^* \wedge (\varphi \circ R(e_i,e_j)(-)))\,(v)$$
$$= -\langle e_j,v\rangle\,\varphi(R(e_i,e_j)(e_i))$$
$$= -\langle R(e_i,v)(e_i),\varphi^*\rangle = \text{Ric}(\varphi^*,v). \quad //$$

§4. An elementary formula for the heat kernel on forms

A. Assume M is complete. Then the de Rham-Hodge Laplacian on C^∞ forms with compact supports is known to be essentially self-adjoint, [52], [91], [33], and so determines a semigroup $\{e^{\frac{1}{2}t\Delta} : t \geq 0\}$ on L^2A which by elliptic regularity has a kernel $k_t(x,y)$ which is C^∞ in $t > 0$, and x,y in M such that for φ in L^2A

$$(e^{\frac{1}{2}t\Delta}\,\varphi)_x = \int_M k_t\,(x,y)\varphi_y\,dy \tag{313}$$

with

$$k_t(x,y) : \Lambda T_y{}^*M \to \Lambda T_x{}^*M.$$

By the same argument described for 1-forms before the proof of Theorem 3B of Chapter IV the Weitzenbock formula implies that if W^p is bounded below then $e^{\frac{1}{2}t\Delta}$ determines a bounded map from $L^\infty A^p$ to $L^\infty A^p$ and if $\varphi \in L^2A^p$

is also bounded then

$$e^{\frac{1}{2}t\Delta}\varphi = P_t\varphi$$

where

$$P_t\varphi(v_0) = \mathbb{E}\varphi(v_t) \tag{314}$$

for $v_0 \in \Lambda^p T_{x_0}M$ with $v_t(\omega) \in \Lambda^p T_{x_t(\omega)}M$ given by

$$(D/\partial t)(v_t) = -\tfrac{1}{2}(W^p_{x_t})^*(v_t) \tag{315}$$

along the paths of the Brownian motion $\{x_t : t \geq 0\}$ from x_0. Here we must also assume that M is stochastically complete (e.g. that Ric is bounded below on M). Here $(W^p_x)^*$ is the dual of $W^p_x : (\Lambda^p T_x M)^* \to (\Lambda^p T_x M)^*$.

B. To obtain a formula for the kernel like that of §1, assume that p is a pole for M, work with q-forms (to avoid confusion!), take $\alpha \in \Lambda^q T_p{}^*M$ and choose $\varphi \in A^q$ with compact support and such that $\varphi_p = \alpha$.

Fix $\tau > 0$ and for $\lambda > 0$ define $\varphi_\lambda \in A^q$ by

$$\varphi_{\lambda,x} = (2\pi\lambda\tau)^{-n/2}\exp\{-d(x,p)^2/(2\lambda\tau)\}\varphi_x \tag{316}$$

Observe that the kernel $k^q{}_t(x,y)$ for q-forms satisfies

$$k^q{}_t(x_0,p)(\alpha)(v_0) = \lim_{\lambda\downarrow 0} P_t\varphi_\lambda(v_0) \tag{317}$$

In fact we will obtain a formula in a slightly different form to that in §1 and more adapted to describing the asymptotics as $t \downarrow 0$. For this let $\{H_t : t \geq 0\}$ be the semigroup $\{e^{t\tau\Delta/2} : t \geq 0\}$. Thus $H_t = P_{t\tau}$. Let $\{x_t : t \geq 0\}$ now have generator $\frac{1}{2}\tau\Delta^0$ (where Δ^0 is the Laplacian on functions) and let $\{v_t : t \geq 0\}$ be defined by

$$(D/\partial t)(v_t) = -\tfrac{1}{2}\tau(W_{x_t})^*(v_t) \tag{318}$$

Then

$$P_\tau\varphi_\lambda(v_0) = \mathbb{E}\varphi_\lambda(v_1) \tag{319}$$

As in §1 apply the Girsanov theorem to obtain

$$P_\tau\varphi_\lambda(v_0) = \theta(z^\lambda{}_1)^{\frac{1}{2}}\,\theta(x_0)^{-\frac{1}{2}}(2\pi\tau(1+\lambda))^{-n/2}\exp\{-d(x_0,p)^2/(2(1+\lambda)\tau)\}$$

$$\mathbb{E}\Big[\exp\{\tau\int_0^1 \tfrac{1}{2}\,\theta^{\frac{1}{2}}(z\lambda_s)\,\Delta^0\theta^{-\frac{1}{2}}(z\lambda_s)ds\}\varphi(v^\lambda{}_1)\Big] \tag{320}$$

where the processes $\{z^\lambda{}_s : 0 \leq s < 1+\lambda\}$ now have generators $\frac{1}{2}\tau\Delta^0 + \nabla Y^\lambda{}_s$ for

$$Y^\lambda{}_s(x) = -\tfrac{1}{2}\, d(x,p)^2/(\lambda+1-s) - \tfrac{1}{2}\tau \log \theta(x) \tag{321}$$

and $\{v^\lambda{}_s : 0 \le s < 1+\lambda\}$ satisfies the analogue of (318) but along the paths of $\{z^\lambda{}_s : 0 \le s < 1+\lambda\}$.

To take the limit as $\lambda \downarrow 0$ we need to know that $\lim v^\lambda{}_1$ exists, and to get a sensible answer we would like this limit to be $\lim_{s\uparrow 1} v^0{}_s$. In particular the latter should exist. For simplicity assume now that in normal coordinates about p the manifold M is Euclidean outside some compact set.

__Proposition 4A__ *For each* $v_0 \in \Lambda^p T_{x_0} M$ *the limit* $\lim_{s\uparrow 1+\lambda} v^\lambda{}_s$ *exists almost surely. Moreover in normal coordinates about* p *it exists in* L^2 *uniformly in* $0 \le \lambda \le 1$ *and* $0 < \tau \le 1$.

__Proof__ From §4E of Chapter II and the stochastic version of equation (12), in normal coordinates about p for $0 \le s \le t < 1+\lambda$

$$v^\lambda{}_t - v^\lambda{}_s = -\int_s^t \Gamma(x^\lambda{}_r)(\circ dx^\lambda{}_r)v^\lambda{}_r - \tfrac{1}{2}\tau \int_s^t (W^q{}_{x^\lambda{}_r})^*(v^\lambda{}_r)dr$$

Since W^p is bounded $|v^\lambda{}_r|$ is bounded independently of chance, and of λ, τ, r. Also $|\Gamma(x)| <$ const. $|x|$ since it vanishes at the origin and has compact support. Thus there exist constants $c_1, c_2, \ldots$ independent of s, t, λ, τ and of chance such that using the Euclidean inner product of our coordinates:

$$\begin{aligned} |v^\lambda{}_t - v^\lambda{}_s| &\le c_1 \left| \int_s^t \Gamma(x^\lambda{}_r)(\mu\, u^\lambda{}_r \circ dB_r) \right| \\ &+ c_2 \int_s^t |x^\lambda{}_r|/(1+\lambda-r)dr + c_3 \int_s^t |\nabla \log \theta(x^\lambda{}_r)| dr \\ &+ c_4(t-s) \end{aligned} \tag{322}$$

where $\mu^2 = \tau$, $\{u^\lambda{}_r : 0 \le r < \lambda+1\}$ is the horizontal lift of $\{x^\lambda{}_r : 0 \le r < \lambda+1\}$, and $\{B_r : 0 \le r < \infty\}$ is a Brownian motion on $\mathbb{R}^n$. The radial component $|x^\lambda{}_r|$ is now such that if $\rho^\lambda{}_r = \mu^{-1}|x^\lambda{}_r|$ then $\{\rho^\lambda{}_r : 0 \le r \le \lambda+1\}$ has the same law as the Euclidean Brownian bridge from $\mu^{-1} x_0$ to 0 in time $1+\lambda$, by the same argument as for the case $\mu = 1$. Thus it itself is equal in law to

$$r \to |x_0 + \mu B_r - \mu r(B_{1+\lambda} + \mu^{-1}x_0)/(1+\lambda)|$$

i.e. $$r \to |(1+\lambda-r)(1+\lambda)^{-1}x_0 + \mu(1+\lambda)^{-1}(1+\lambda-r)B_{1+\lambda} + \mu(B_r - B_{1+\lambda})|$$

Thus the second term on the right hand side of (322) can be estimated by

$$c_2 \int_s^t |(1+\lambda)^{-1}x_0 + \mu(1+\lambda)^{-1}B_{1+\lambda} + \mu(1+\lambda-r)^{-1}(B_r - B_{1+\lambda})|dr$$

$$\le c_2(t-s) + c_3 |B_{1+\lambda}||t-s| + c_4 \int_s^t |B_{1+\lambda} - B_r|(1+\lambda-r)^{-1}dr$$

$$= O(|1+\lambda-s|^{\alpha})$$

as $s \uparrow 1+\lambda$ both almost surely, and in L^2 independently of μ, λ, for any $\alpha \in (0,\frac{1}{2})$, (using the pathwise Holder continuity of Brownian paths for the almost sure case). The martingale term in (322) is equally tractable: since Γ is bounded and so is $|u^{\lambda}{}_r|$, it is a time changed Brownian motion with a bounded time change. Thus, as $s \to 1+\lambda$,

$$|v^{\lambda}{}_t - v^{\lambda}{}_s| = O(|1+\lambda-s|^{\alpha})$$

for any $\alpha \in (0,\frac{1}{2})$ both almost surely, and in L^2 uniformly in $\mu \in (0,1]$ and $\lambda \in [0,1]$. This gives the required result. //

<u>**Theorem 4B**</u> *Let* M *be a complete manifold with pole* p *such that the Weitzenbock term for* q*-forms,* W^q, *is bounded below. Let* $\{z_s : 0 \le s \le 1\}$ *be the semi-classical bridge from* x_0 *to* p *in time 1 with diffusion constant* τ: *so it has time dependent generator* $\frac{1}{2}\tau\Delta + \nabla Y^0{}_s$, $0 \le s < 1$, *for* Y^0 *given by* (321). *For* $v_0 \in \Lambda^q T_{x_0}M$ *let* $\{v_t : 0 \le t < 1\}$ *be the solution to* (318) *along the paths of* $\{z_t : 0 \le t < 1\}$. *Then*

(i) $v_1 = \lim_{t\to\infty} v_t$ *exists almost surely as an element of* $\Lambda^q T_p M$;

(ii) *the fundamental solution to the heat equation for* q*-forms is given by*

$$k^q{}_\tau(x_0,p)(\alpha)(v_0) = (2\pi\tau)^{-n/2}\, \theta_p(x_0)^{-\frac{1}{2}} \exp\{-d(x_0,p)^2/(2\tau)\}$$

$$\mathbb{E}[\exp\{\tfrac{1}{2}\tau \int_0^1 \theta_p(z_s)^{\frac{1}{2}}\Delta\theta_p{}^{-\frac{1}{2}}(z_s)ds\}\, \alpha(v_1)]. \qquad (323)$$

for $\alpha \in \Lambda^q T^*{}_p M$.

Proof Part (i) follows from the previous proposition by progressively modifying the metric of M to be Euclidean outside of larger and larger domains as described in §1B.

For (ii) take domains $\{D_i\}_{i=1}^{\infty}$ as in the proof of Theorem 1D and observe that $k^q{}_\tau(x_0,p) = \lim_{i\to\infty} k^{q,i}{}_\tau(x_0,p)$ where $k^{q,i}{}_\tau$ refers to the fundamental solution on D_i with Dirichlet boundary conditions. To compute $k^{q,i}{}_\tau$ we can assume M is Euclidean outside of a compact set, in normal coordinates about p. Use the canonical S.D.E. on OM with added drift to define $\{x^\lambda{}_s : 0 \le s < 1+\lambda\}$. Then by standard results about S.D.E. with parameters as in [57] or [90] there are versions of $\{x^\lambda{}_s : 0 \le s < t\}$ and $\{v^\lambda{}_s : 0 \le s \le t\}$ for each $t < 1$ such that $v^\lambda{}_s$ converges in L^2 (in our coordinates) to v_s uniformly in $s \in [0,t]$. By the previous proposition it follows that $v^\lambda{}_1 \to v_1$ in L^2 and so arguing as in the proof of Theorem 1D

$$k^{q,i}{}_\tau(x_0,p) = (2\pi\tau)^{-n/2}\,\theta(x_0)^{-\frac{1}{2}} \exp\{-d(x_0,p)^2/(2\tau)\}$$

$$\mathbb{E}[\chi_i \exp\{\tfrac{1}{2}\tau \int_0^1 \theta^{\frac{1}{2}}(z_s)\,\Delta\theta^{-\frac{1}{2}}(z_s)ds\}\,\alpha(v_1)]$$

where χ_i is the characteristic function of $\{\omega \in \Omega : z_s \in D_i \text{ for } 0 \le s \le 1\}$. Now take the limit as $i \to \infty$: the result follows by dominated convergence since $v_1 \in L^\infty$ and the exponential term is in L^1 by Theorem 1D. //

Example 4B (Hyperbolic space). For $M = H^n$ the Weitzenbock term $W^q{}_x$ is just multiplication by the constant $-q(n-q)$. It follows that in (323)

$$v_1 = \exp\{\tfrac{1}{2}q(n-q)\tau\}\ //v_0$$

where $//v_0$ refers to the parallel translate of v_0 along the paths of $\{z_t : 0 \le t \le 1\}$. Thus for $\alpha \in \Lambda^q T^*{}_p M$ and $v_0 \in \Lambda^q T_{x_0} M$

$$k^q{}_\tau(x_0,p)\alpha(v_0) = (2\pi\tau)^{-n/2}\,(r/\sinh r)^{\frac{1}{2}(n-1)}\,e^{-r^2/(2\tau)}e^{\frac{1}{2}q(n-q)\tau}$$

$$\mathbb{E}[\alpha(//v_0)\exp\{\tfrac{1}{2}\tau \int_0^1 \theta^{\frac{1}{2}}(z_s)\Delta\theta^{-\frac{1}{2}}(z_s)ds\}] \quad (324)$$

with $\theta^{\frac{1}{2}}(z_s)\Delta\theta^{-\frac{1}{2}}(z_s)$ given by (275), and in particular equal to -1 when $n=3$.

CHAPTER VI. THE GAUSS-BONNET-CHERN THEOREM

§1 Supertraces and the heat flow for forms

A. Let V be a real inner product space. If $B \in \mathbb{L}(\Lambda V^*; \Lambda V^*)$, with B^q its restriction to $\Lambda^q V^*$, define its *supertrace*, str B, by

$$\mathrm{str}\, B = \Sigma_q (-1)^q \,\mathrm{trace}\, B^q.$$

For a fixed orthonormal basis $e_1,\dots,e_n$ of V we have the annihilation and creation operators $a(e_i)$ and $a(e_i)^*$ defined in §3 of the previous chapter. For $I = \{i_1,\dots,i_k\}$ a naturally ordered subset of $\{1,\dots,n\}$ define

$$a^I = a(e_{i_1}) \dots a(e_{i_k}) \in \mathbb{L}(\Lambda V^*; \Lambda V^*).$$

Followers of quantum probability will recognise these and recall, e.g. from [78a] p. 221, that the collection $\{(a^I)^* a^J\}_{I,J}$ forms a basis for $\mathbb{L}(\Lambda V^*;\Lambda V^*)$. Indeed there are the correct number of them, 2^{2n}, and they act transitively on ΛV^* since given $\alpha \in \Lambda V^*$, with $\alpha \neq 0$, it can be annihilated down to a non-zero element of $\Lambda^0 V^* \approx \mathbb{R}$ by a suitable a^J and any non-zero element of ΛV^* can be created from a non-zero element of $\Lambda^0 V^*$ by a suitable $(a^I)^*$. Alternatively see [33] page 248.

A basic result, emphasized, and called the *Berezin-Patodi formula* in [33] is:

Proposition 1A. For $B = \Sigma_{I,J}\, \beta_{I,J} (a^I)^* a^J$,

$$\mathrm{str}\, B = (-1)^n \beta_{\{1,\dots,n\},\ \{1,\dots,n\}} \tag{325}$$

B. The de Rham cohomology groups, or vector spaces, $H^q(M,\mathbb{R})$ were defined by (243) in §4A of Chapter IV. As described there, when M is compact, the Hodge theorem shows that

$$\dim H^q(M;\mathbb{R}) = \dim \ker \Delta^q.$$

(The latter is finite by ellipticity of Δ^q). The *Euler characteristic* for compact M can be defined by

$$\chi(M) = \Sigma_q (-1)^q \dim H^q(M;\mathbb{R}) = \Sigma_q (-1)^q \dim \ker \Delta^q.$$

Compactness of M implies that if $P_t^q = \exp\{\tfrac{1}{2} t\Delta^q\}$ acting on $L^2 A^q$ then P_t^q

is trace class for $t > 0$ and

$$\text{trace } P_t^q = \int_M \text{trace } k_t^q(x,x)\, dx$$

e.g. see [33]. Define the *supertrace* of $P_t = \bigoplus_q P_t^q$ acting on $L^2 A$ by

$$\text{str } P_t = \Sigma_q (-1)^q P_t^q \qquad t > 0.$$

There is the following remarkable fact due to McKean and Singer:

Proposition 1B *For* M *compact and all* $t > 0$

$$\text{Str} P_t = \chi(M). \tag{326}$$

Proof Divide A into $A^+ \oplus A^-$ where $A^+ = \bigoplus_{p \text{ even}} A^p$ and $A^- = \bigoplus_{p \text{ odd}} A^p$ respectively and for $\lambda \in \mathbb{R}$ let $n_+(\lambda)$ and $n_-(\lambda)$ be the multiplicities of λ as an eigenvalue of Δ^+ and Δ^-, (the spectrum of Δ consists of a discrete set of eigenvalues increasing to ∞, see [28] for example).

Note that $\Delta = -(d + d^*)^2$ since $d^2 = 0$. Therefore if $\Delta\varphi = \lambda\varphi$ then $\Delta(d+d^*)\varphi = \lambda(d+d^*)\varphi$. Also $(d+d^*)\varphi \neq 0$ unless $d\varphi = 0$ and $d^*\varphi = 0$ i.e. unless $\Delta\varphi = 0$. Thus $n_+(\lambda) = n_-(\lambda)$ for $\lambda \neq 0$. However

$$\text{Str } P_t = \Sigma_\lambda (n_+(\lambda) - n_-(\lambda))e^{-\frac{1}{2}t\lambda}$$

Therefore

$$\text{Str } P_t = n_+(0) - n_-(0) = \chi(M)$$

as required. //

From the proposition there is the following corollary

Corollary 1B(i) *For all* $t > 0$, *when* M *is compact*

$$\chi(M) = \int_M \text{str } k_t(x,x)dx \tag{327}$$ //

§2. Proof of the Gauss-Bonnet-Chern Theorem

A. Suppose M is compact with even dimension, dim M = 2ℓ, say. The G-B-C. theorem expresses $\chi(M)$ as an integral over M of a certain function of the curvature of M. We can do this by looking at (327) as $t \downarrow 0$ using the results of §1 and the 'elementary formula' (323) for the heat kernel. This is essentially Patodi's proof as described in [33]. The difference from the treatment in [33] is simply the use of the elementary formula. The Malliavin calculus approach as in [59a] has the same structure but the cancellations take place at the level of distributions on Wiener space i.e. *before* taking expectations. Related proofs of other classical index theorems are in [18], [56], [59a], [68], [103], [104], and discussed in [33]. The approach of [104] fits in particularly well here, especially if it is simplified somewhat by using semi-classical bridges: an important technique used in [104] is a rescaling of Brownian bridges, and this seems to work equally well with semi-classical bridges. The Atiyah-Singer index theorem describes the index of an elliptic differential operator $\mathcal{E}$ (i.e. dim ker $\mathcal{E}$ - dim ker $\mathcal{E}^*$) in terms of the coefficients of $\mathcal{E}$. For the G-B-C. theorem $\mathcal{E} = d + d^* : A^+ \to A^-$. (Remember $\Delta\varphi = 0$ iff $d\varphi = d^*\varphi = 0$). The other 'classical index theorems' are for other geometrically defined operators $\mathcal{E}$. It turns out that the general result, for $\mathcal{E}$ of arbitrary order, follows from these special cases.

B. To examine the behaviour of str $k_\tau(x,x)$ as $\tau \downarrow 0$, or more generally str $k_\tau(x_0,p)$ when $x_0 \notin \mathrm{Cut}(p)$ we can argue as Corollary 1D(iii) of Chapter IV and assume that p is a pole for M and M is Euclidean outside some compact set in normal coordinates about p. (Of course we have lost the compactness of M after this modification.) Having done this, rewrite (323) as

$$k^q{}_\tau(x_0,p) = (2\pi\tau)^{-n/2}\,\theta(x_0)^{-\frac{1}{2}}\exp\{-d(x_0,p)^2/(2\tau)\}$$

$$\mathbb{E}[\exp\{\tfrac{1}{2}\tau\int_0^1 V_{eff}(z(\tau)_s)ds\}\Phi^q{}_\tau] \qquad (328)$$

where

$$\Phi^q{}_\tau : \Lambda^q T^*_p M \to \Lambda^q T^*_{x_0} M$$

is given by

$$\Phi^q{}_\tau(\alpha)(v_0) = \alpha(v_1).$$

using the notation of (323), but now we write z_s as $z(\tau)_s$ to make clear its τ-dependence. Writing Φ_τ for $\bigoplus_q \Phi^q{}_\tau$ note that $\Phi_\tau = \Phi_{\tau,1}$ where $\{\Phi_{\tau,s} : 0 \le s \le 1\}$ is the solution to

$$(D/\partial s)\,\Phi_{\tau,s} = -\tfrac{1}{2}\,\tau\,\Phi_{\tau,s}\,W_{z(\tau)_s} \qquad (329)$$

along the paths of $\{z(\tau)_s : 0 \le s \le 1\}$ with $\Phi_{\tau,0} = \mathrm{id}$. This exists by Proposition 4A of the last chapter.

Now take an orthonormal base $e_1(0),\ldots,e_n(0)$ for $T_{x_0}M$ and let $e_j{}^\tau(s) = //_s{}^\tau$

$e_j(0)$ be the parallel translate of $e_j(0)$ along $z(\tau)$ from x_0 to $z(\tau)_s$. Omitting the superscript τ unless it is needed, write

$$R_{ijkl}(s) = \langle R(e_i(s), e_j(s))\, e_l(s), e_k(s)\rangle$$

and set $a^j_s = a(e_j(s))$, a random annihilation operator. If we parallel translate $\Phi_{\tau,s}$ back to x_0 and define $H_{\tau,s} \in \mathbb{L}(\Lambda T^*_{x_0}M; \Lambda T^*_{x_0}M)$ by

$$H_{\tau,s}\,\alpha = \Phi_{\tau,s}(\alpha \circ (//_s)^{-1}),$$

then

$$\frac{d}{ds} H_{\tau,s} = -\tfrac{1}{2}\,\tau\, H_{\tau,s} \circ \mathcal{R}(s)$$

for

$$\mathcal{R}(s) = -\Sigma\, R_{ijkl}(s)(a^i)^* a^j (a^k)^* a^\ell$$

where $a^i = a^i{}_0 = a(e_i(0))$.

C. If we iterate the formula

$$H_{\tau,t} = \mathrm{Id} - \tfrac{1}{2}\,\tau \int_0^t H_{\tau,s} \circ \mathcal{R}(s)ds \tag{330}$$

by substituting the corresponding expression for $H_{\tau,s}$ back into the integrand we obtain

$$H_{\tau,1} = \mathrm{Id} + Z_1 + \dots Z_\ell + O(\tau^{\ell+1})$$

where

$$Z_\ell = (-\tfrac{1}{2}\,\tau)^\ell \int_0^1 \int_0^{s_\ell} \dots \int_0^{s_2} \mathcal{R}(s_\ell) \circ \dots \circ \mathcal{R}(s_1)ds_1 \dots ds_\ell$$

for $\ell = 2,3,\dots$, and analogously for $\ell = 1$.

Thus by the Berezin-Patodi formula (325)

$$\mathrm{str}\, H_{\tau,1} = \mathrm{str}\, Z_\ell + O(\tau^{\ell+1}) \tag{331}$$

and

$$\mathrm{str}\, Z_\ell = (-\tfrac{1}{2}\,\tau)^\ell \int_0^1 \int_0^{s_\ell} \dots \int_0^{s_2} Z^\tau(s_1,\dots,s_\ell)ds_1 \dots ds_\ell \tag{332}$$

where

$$Z^\tau(s_1,\dots,s_l) = (-1)^\ell \, \Sigma \, \mathrm{sgn}(\pi)\mathrm{sgn}(\sigma)\, R_{\pi(1)\sigma(1)\pi(2)\sigma(2)}(s_\ell)\dots$$
$$\dots R_{\pi(n-1)\sigma(n-1)\pi(n)\sigma(n)}(s_1)$$

where the sum is over all permutations π and σ of $\{1,\dots,n\}$. (This is still a random variable.) To get Z_ℓ into the form in which we could read off its supertrace by the Berezin-Patodi formula we have used the anti-commutation relations $a^i(a^j)^* + (a^j)^* a^i = \delta^{ij}$ and $a^i a^j = -a^j a^i$.

Now $\Phi_t = (//^1{}_0)^* H_{\tau,1} = H_{\tau,1} + [(//^1{}_0)^* - \mathrm{Id}]H_{\tau,1}$. We claim that $\mathrm{str}[(//^1{}_0)^*-\mathrm{Id}]H_{\tau,1} = O(\tau)$, see §E below. Then from (328), (331) and (332)

$$\mathrm{str}\, k_\tau(x_o,p) = (-4\pi)^{-\ell}\, \theta_p(x_o)^{-\frac{1}{2}} \exp\{-d(x_o,p)^2/(2\tau)\}$$

$$\mathbb{E}[\exp\{\tfrac{1}{2}\tau \int_0^1 V_{\mathrm{eff}}(z(\tau)_s)ds\} \int_0^1 \int_0^{s_\ell} \dots \int_0^{s_2} Z^\tau(s_1,\dots,s_\ell)ds_\ell\dots ds_\ell] + O(\tau) \quad (333)$$

Now let $\tau \downarrow 0$. Still with our assumptions on M we can choose versions of $\{z(\tau)_s : 0 \le s \le 1\}$ so that, almost surely, they converge uniformly on [0,1] to the geodesic from x_o to p parametrized to take unit time. (Recall from (321) that $z(\tau)$ had generator $\frac{1}{2}\tau\Delta^o + \nabla Y_s{}^o$ with

$$Y_s{}^o(x) = -\tfrac{1}{2}\, d(x,p)^2/(1-s) - \tfrac{1}{2}\tau \log \theta(x).)$$

Correspondingly by Proposition 4A of Chapter V the horizontal lifts $\{u(\tau)_s : 0 \le s \le 1\}$ will converge to that of the geodesic, and Z^τ will converge to the corresponding non-random term Z^o. In particular as $\tau \downarrow 0$ so $\mathrm{str}\, k_\tau(p,p) \to E(p)$ where

$$E(p) = (4\pi)^{-\ell} 1/(\ell!) \sum \mathrm{sgn}\,\pi\, \mathrm{sgn}\,\sigma\, R_{\pi(1)\sigma(1)\pi(2)\sigma(2)}(p)\dots$$
$$R_{\pi(n-1)\sigma(n-1)\pi(n)\sigma(n)}(p) \qquad (334)$$

for $R_{ijkl}(p) = \langle R(e_i(0), e_j(0))e_l(0), e_k(0)\rangle$.

In particular the right hand side of (334) does not depend on the basis $e_1(0),\dots,e_n(0)$ for T_pM. Note that, by equations (85) and (84),

$$R_{\pi(1)\sigma(1)\pi(2)\sigma(2)} = -R_{\sigma(1)\sigma(2)\pi(2)\pi(1)} - R_{\sigma(2)\pi(1)\pi(2)\sigma(1)}$$
$$= R_{\pi(1)\pi(2)\sigma(1)\sigma(2)} + R_{\pi(1)\sigma(2)\pi(2)\sigma(1)} \,..$$

Thus $E(p) = \dfrac{2^{-1}}{(4\pi)^\ell \ell!} \sum \mathrm{sgn}\pi\,\mathrm{sgn}\sigma\, R_{\pi(1)\pi(2)\sigma(1)\sigma(2)}(p)\, R_{\pi(3)\sigma(3)\pi(4)\sigma(4)}(p)$

$$\dots R_{\pi(n-1)\sigma(n-1)\pi(n)\sigma(n)}(p)$$

$$= \dots = \frac{2^{-\ell}}{(4\pi)^{\ell}\ell!} \sum \operatorname{sgn}\pi \operatorname{sgn}\sigma R_{\pi(1)\pi(2)\sigma(1)\sigma(2)} \cdots R_{\pi(n-1)\pi(n)\sigma(n-1)\sigma(n)}$$

which is the more standard expression for it.

D. From (327), Corollary 1B(i), we obtain:

Gauss–Bonnet–Chern Theorem. For a compact even dimensional manifold M

$\chi(M) = \int_M E(x)dx$ *where* E *is defined by* (330).

The only thing we need to be careful about is the uniformity in x of the analogue

$k_\tau(x,x) = k_\tau^D(x,x)\,(1 + O(\tau^k))$

of (271) for suitable domains D which enabled us to replace M by a manifold with x as a pole.

<u>**Special case: dim M = 2**</u> Here

$E(x) = (4\pi)^{-1}\{-R_{1221}(x) - R_{2112}\} = (2\pi)^{-1} K(x)$

where K is the Gauss curvature, see (87). Thus we have the classical Gauss-bonnet theorem $\chi(M) = (2\pi)^{-1}\int_M K(x)dx$.

E. To see that $\operatorname{str}((//^1{}_0)^*-\mathrm{Id})H_{\tau,1} = O(\tau)$ consider the expansion of $(//^1{}_0)^*-\mathrm{Id}$ in terms of a_i, $a_j{}^*$ analogous to that for $H_{\tau,1}$, using normal co-ordinates as in the proof of Proposition 4A. As an operator on $\Lambda T^*_{x_0}M$, if $u_s \equiv u(\tau)_s$ is the horizontal lift of $z(\tau)_s$, $0 \le s \le 1$, then

$$(//^1{}_0)^*-\mathrm{Id} = \int_0^1 \Gamma^k_{ji}(z(\tau)_s)(\circ dz^j(\tau)_s)\, a_i{}^* a_k +$$

$$\int_0^1\!\!\int_0^1 \Gamma^{k_1}_{j_1 i_1}(z(\tau)_{s_1})(\circ dz^{j_1}(\tau)_{s_1})\,\Gamma^{k_2}_{j_2 i_2}(z)(\tau)_{s_2})(\circ dz^{j_2}(\tau)_{s_2})\, a^*_{i_1} a_{k_1} a^*_{i_2} a_{k_2} + \dots\,.$$

If we substitute $dz(\tau)_s = \mu u(\tau)_s \circ dB_s - (z(\tau)_s/(1-s) + \tfrac{1}{2}\tau\nabla \log\theta(z(\tau)_s))ds$, and use the facts that $\Gamma(x_0) = 0$ and $\mu^{-1}|z(\tau)_s|$, $0 \le s \le 1$, is a Bessel Bridge in $\mathbb{R}^n$ from 0 to 0 it is easy to see that the pth term in this expansion is $O(\tau^p)$, $p = 1,2,\dots$. Now multiply by the expansion of $H_{\tau,1}$ and use the Berezin–Patodi formula (325). See also [59a]. //

The expansion of $(//^1{}_0)^*-\mathrm{Id}$ plays a more important role in other index theorems: [18], [59a], [104].

REFERENCES

A. Séminaire de Probabilités XVI, 1980/81, Supplément: Géométrie Différentielle Stochastique. Lecture Notes in Maths., 921, (1981).

B. Lyapunov Exponents. Proceedings, Bremen 1984. Eds. L. Arnold & V. Wihstutz. Lecture Notes in Mathematics, 1186, (1986).

C. From Local Times to Global Geometry, Control and Physics. Ed. K.D. Elworthy, Pitman Research Notes in Mathematics Series, 150, Longman and Wiley, 1986.

[1] Airault, H. (1976). Subordination de processus dans le fibré tangent et formes harmoniques. C.R. Acad. Sc. Paris, Sér. A, 282 (14 juin 1976), 1311-1314.

[2] Arnold, V.I. & Avez, A. (1968). Ergodic problems of classical mechanics. New York: Benjamin.

[3] Arnold, L. (1984). A formula connecting sample and moment stability of linear stochastic systems. SIAM J. Appl. Math., 44, 793-802.

[4] Arnold, L. & Kliemann, W. Large deviations of linear stochastic differential equations, *In* "Proceedings of the Fifth IFIP Working Conference on Stochastic Differential Systems, Eisenach 1986" ed. Engelbert, Lecture Notes in Control and Information Sciences. Springer-Verlag.

[5] Azéma, J, Kaplan-Duflo, M. & Revuz, D. (1966). Récurrence fine des processus de Markov. Ann. Inst. H. Poincaré, Sect. B, II, no. 3, 185-220.

[6] Azencott, R. (1974). Behaviour of diffusion semigroups at infinity. Bull. Soc. Math. France, 102, 193-240.

[7] Azencott, R. et al. (1981). Géodésiques et diffusions en temps petit. Séminaire de probabilités, Université de Paris VII. Astérique 84-85. Société Mathématique de France.

[8] Ballman, W., Gromov, & M. Schroeder, V. (1985). Manifolds of non positive curvature. Boston-Basel-Stuttgart: Birkhauser.

[9] Baxendale, P. (1980). Wiener processes on manifolds of maps. Proc. Royal Soc. Edinburgh, 87A, 127-152.

[10] Baxendale, P.H. (1986). Asymptotic behaviour of stochastic flows of diffeomorphisms: two case studies. Prob. Th. Rel. Fields, 73, 51-85.

[11] Baxendale, P. (1985). Moment stability and large deviations for linear stochastic differential equations. *In* Proceedings of the Taniguchi Symposium

on Probabilistic Methods in Mathematical Physics, Kyoto 1985, ed. N. Ikeda. To appear.

[12] Baxendale, P.H. (1986). The Lyapunov spectrum of a stochastic flow of diffeomorphisms. *In* [B] pp. 322-337.

[12a] Baxendale, P.H. (1986). Lyapunov exponents and relative entropy for a stochastic flow of diffeomorphisms. Preprint: University of Aberdeen.

[13] Baxendale, P.H. & Stroock, D.W. (1987). Large deviations and stochastic flows of diffeomorphisms. Preprint.

[14] Bérard, P. & Besson, G. (1987). Number of bound states and estimates on some geometric invariants. Preprint: Institut Fourier, B.P. 74, 38402, St. Martin d'Heres Cedex, France.

[15] Berthier, A.M. & Gaveau, B. (1978). Critère de convergence des fonctionnelles de Kac et applications en mécanique quantique et en géométrie. J. Funct. Anal. 29, 416-424.

[16] Besse, A.-L. (1978). Manifolds all of whose geodesics are closed. Ergebruisse der Mathematik 93, Berlin, Heidelberg, New York: Springer-Verlag.

[17] Bismut, J.-M. (1984). Large deviations and the Malliavin calculus. Progress in Mathematics, 45, Boston, Basel, Stuttgard: Birkhauser.

[18] Bismut, J.-M. (1984). The Atiyah-Singer theorems: a probabilistic approach. I & II. J. Funct. Anal. 57, 56-99 & 329-348.

[19] Bougerol, P. (1986). Comparaison des exposants de Lyapunov des processus Markoviens multiplicatifs.

[20] Carverhill, A.P. (1985). Flows of stochastic dynamical systems: Ergodic Theory. Stochastics, 14, 273-317.

[21] Carverhill, A.P. (1985). A formula for the Lyapunov numbers of a stochastic flow. Application to a perturbation theorem. Stochastics, 14, 209-226.

[22] Carverhill, A.P., Chappell, M. & Elworthy, K.D. (1986). Characteristic exponents for stochastic flows. *In* Stochastics Processes - Mathematics and Physics. Proceedings, Bielefeld 1984. Ed. S. Albeverio et al. pp. 52-72. Lecture Notes in Mathematics 1158. Springer-Verlag.

[23] Carverhill, A.P. (1986) A non-random Lyapunov spectrum for non-linear stochastic systems. Stochastics 17, 253-287.

[24] Carverhill, A.P. & Elworthy, K.D. (1986). Lyapunov exponents for a stochastic analogue of the geodesic flow. Trans. A.M.S., 295, no. 1, 85-105.

[24a] Carverhill, A.P. & Elworthy, K.D. (1983). Flows of stochastic dynamical systems: the functional analytic approach. Z. fur Wahrscheinlichkeitstheorie 65, 245-267.

[24b] Carverhill, A.P. (1987). The stochastic geodesic flow: nontriviality of the Lyapunov spectrum. Preprint: Department of Mathematics, University of North Carolina at Chapel Hill, Chapel Hill NC 27514, U.S.A.

[25] Chappell, M.J. (1986). Bounds for average Lyapunov exponents of gradient stochastic systems. *In* [B] pp. 308-321.

[26] Chappell, M.J. (1987). Lyapunov exponents for certain stochastic flows Ph.D. Thesis. Mathematics Institute, University of Warwick, Coventry CV4 7AL, England.

[27] Chappell, M.J. & Elworthy, K.D. (1987). Flows of Newtonian Diffusions. *In* Stochastic Mechanics and Stochastic Processes, ed. A. Truman. Lecture Notes in Maths. To appear.

[28] Chavel, I. (1984). Eigenvalues in Riemannian Geometry. Academic Press.

[29] Cheeger, J. and Ebin, D. (1975). Comparison Theorems in Riemannian Geometry. Amsterdam: North Holland.

[30] Cheng, S.-Y. (1975). Eigenvalue comparison theorems and its geometric applications. Math. Z., 143, 289-297.

[31] Cheng, S.Y. & Yau, S.T. (1975). Differential equations on Riemannian Manifolds and their Geometric Applications. Comm. Pure Appl. Maths., XXVIII, 333-354.

[32] Colin de Verdiere, Y., (1973) Spectre du Laplacien et longueurs des géodésiques périodiques I. Compositio Math., 27, 83-106.

[33] Cycon, H., Froese, R., Kirsch, W. & Simon, B. (1987). Schrodinger Operators with applications to quantum mechanics and global geometry. Texts and Monographs in Physics. Springer-Verlag.

[34] Darling, R.W.

[35] Davies, E.B. & Mandouvalos, N. (1987). Heat kernel bounds on hyperbolic space and Kleinian groups. Preprint: Maths Department, Kings college, The Strand, London WC2R 2LS.

[36] Debiard, A., Gaveau, B. & Mazet, E. (1976). Théorèmes de comparaison en

géométrie riemannienne. Publ. RIMS. Kyoto Univ., 12, 391-425.

[37] De Rham, G. (1955). Varietes Differentiables, Paris: Herman et Cie.

[38] Dodziuk, J. (1983). Maximum principle for parabolic inequalities and the heat flow on open manifolds. Indiana U. Math. J., 32, 703-716.

[39] Dodziuk, J. (1982). L^2 harmonic forms on complete manifolds. *In*: Seminar on Differential Geometry pp. 291-302. Princeton University Press.

[40] Donnelly, H. and Li, P (1982). Lowr bounds for the eigenvalues of Riemannian manifolds. Michigan Math. J. 29, 149-161.

[41] Doob, J.L. (1984). Classical Potential Theory and its Probabilistic Counterpart. Grund. der math. Wiss. 262. New York, Berlin, Heidelberg, Tokyo: Springer-Verlag.

[42] Elworthy, K.D. & Truman, A. (1982). The diffusion equation and classical mechanics: an elementary formula. *In* 'Stochastic Processes in Quantum Physics' ed. S. Albeverio et al. pp. 136-146. Lecture Notes in Physics 173. Springer-Verlag.

[42a] Elworthy, K.D. & Truman, A. (1981). Classical mechanics, the diffusion (heat) equation and the Schrodinger equation on a Riemannian manifold. J. Math. Phys. 22, no. 10, 2144-2166.

[43] Elworthy, K.D. (1982). Stochastic Differential Equations on Manifolds. London Math. Soc. Lecture Notes in Mathematics 70, Cambridge University Press.

[44] Elworthy, K.D. (1982). Stochastic flows and the C_0 diffusion property. Stochastics 6, no. 3-4, 233-238.

[45] Elworthy, K.D. & Stroock, D. (1984). Large deviation theory for mean exponents of stochastic flows. Appendix to [22] above.

[46] Elworthy, K.D. & Rosenberg, S. (1986). Generalized Bochner theorems and the spectrum of complete manifolds. Preprint: Boston University, M.A., U.S.A.

[47] Elworthy, K.D., Ndumu, M. & Truman, A. (1986). An elementary inequality for the heat kernel on a Riemannian manifold and the classical limit of the quantum partition function. *In* [C], pp. 84-99.

[48] Elworthy, K.D. (1987). Brownian motion and harmonic forms. To appear in proceedings of the workshop on stochastic analysis at Silivri, June 1986,

eds. H.K. Korezlioglu and A.S. Ustunel, Lecture Notes in Maths.
[49] Elworthy, K.D. (1987). The method of images for the heat kernel of S^3. Preprint, University of Warwick.
[50] Eskin, L.D. (1968). The heat equation and the Weierstrass transform on certain symmetric spaces. Amer. Math. Soc. Transl., 75, 239-254.
[51] Friedman, A. (1974). Non-attainability of a set by a diffusion process. Trans. Amer. Math. Soc., 197, 245-271.
[52] Gaffney, M.P. (1954). A special Stoke's theorem for complete Riemannian manifolds. Ann. of Math., 60, 140-145.
[53] Gaffney, M.P. (1954). The heat equation method of Milgram and Rosenbloom for open Riemannian manifolds. Annals of Mathematics 60, no. 3. 458-466.
[54] Gaveau, B. (1979). Fonctions propres et non-existence absolee d'etats liés dans certains systèmes quantiques. Comm. Math. Phys. 69, 131-169.
[55] Gaveau, B. (1984). Estimation des fonctionelles de Kac sur une variété compacte et premièr valeur propre de $\Delta + f$. Proc. Japan Acad., 60, Ser.A, 361-364.
[56] Getzler, E. (1986). A short proof of the local Atiyah-Singer Index Theorem. Topology, 25, no. 1., 111-117.
[57] Gikhman, I.I. & Skorohod, A.V. (1972). Stochastic Differential Equations. Berlin, Heidelberg, New York: Springer-Verlag.
[58] Greene, R.E. and Wu, H. (1979). Function Theory on Manifolds which Possess a Pole. Lecture Notes in Maths., 699. Berlin, Heidelberg, New York: Springer-Verlag.
[59] Ikeda, N. & Watanabe, S. (1981). Stochastic Differential Equations and Diffusion Processes. Tokyo: Kodansha. Amsterdam, New York, Oxford: North-Holland.
[59a] Ikeda, N. & Watanabe, S. (1986). Malliavin calculus of Wiener functionals and its applications. *In* [C], pp. 132-178.
[60] Ito, K. (1963). The Brownian motion and tensor fields on a Riemannian manifold. Proc. Internat. Congr. Math. (Stockholm, 1962), pp. 536-539. Djursholm: Inst. Mittag-Leffler.
[61] Kendall, W. (1987). The radial part of Brownian motion on a manifold: a semi-martingale property. Annals of Probability, 15, no.4, 1491-1500.

[62] Kifer, Yu. (1986). Ergodic Theory of Random transformations. Basel: Birkhauser.

[63a] Kifer, Y. (1987). A note on integrability of C^r-norms of stochastic flows and applications. Preprint: Institute of Mathematics, Hebrew University, Jerusalem.

[63b] Kifer, Y. & Yomdin, Y. (1987). Volume growth and topological entropy for random transformations. Preprint: Institute of Mathematics, Hebrew University, Jerusalem.

[64] Kobayashi, S. & Nomizu, K. (1963). Foundations of Differential Geometry. Volume 1. New York, London: John Wiley, Interscience.

[65] Kobayashi, S. & Nomizu, K. (1969). Foundations of differential geometry, Vol. II. As vol. I, above.

[66] Kunita, H. (1982). On backward stochastic differential equations. Stochastics, 6, 293-313.

[67] Kunita, H. (1984). Stochastic differential equations and stochastic flows of diffeomorphisms. *In* Ecole d'Eté de Probabilités de Saint-Flour XII - 1982, ed. P.L. Hennequin, pp. 143-303. Lecture Notes in Maths. 1097. Springer.

[68] Leandre, R. (1986). Sur le theoreme d'Atiyah-Singer. Preprint: Dept. de Mathematiques, Faculté des Sciences 25030 Besacon, France.

[69] Le Jan, Y. Equilibre statistique pour les produits de difféomorphismes aléatoires independants. Preprint: Laboratoire de Probabilités, Université, Paris 6.

[70] Lott, J. (1987). Supersymmetric path integrals. Commun. Math. Phys., 108, 605-629.

[71] Malliavin, P. (1977b). Champ de Jacobi stochastiques. C.R. Acad. Sc. Paris, 285, série A, 789-792.

[71] Malliavin, M.-P. & Malliavin, P. (1974). Factorisations et lois limites de la diffusion horizontale an-dessus d'un espace Riemannien symmetrique. *In* Theory du Potential et Analyse Harmonique, ed. J. Faraut, Lecture Notes in Maths. 404, Springer-Verlag.

[72] Malliavin, P. (1974). Formule de la moyenne pour les formes harmoniques. J. Funct. Anal., 17, 274-291.

[73] Malliavin, M.-P, & Malliavin, P. (1975). Holonomie stochastique au-dessus d'un espace riemannien symmétrique. C.R. Acad. Sc. Paris, 280, Série

A, 793-795.

[75] Malliavin, P. (1978). Géométrie différentielle stochastique. Séminaire de Mathématiques Supérieures. Université de Montréal.

[76] Markus, L. (1986). Global Lorentz geometry and relativistic Brownian motion. *In* [C], pp. 273-287.

[77] Meyer, P.A. (1981). Géométrie différentielle stochastique (bis). *In* [A], pp. 165-207.

[78] Meyer, P.A. (1981). Flot d'une equation différentielle stochastique. *In* Séminaire de Probabilités XV, 1979/80, eds. J. Azema and M. Yor, 103-117. Lecture Notes in Maths 860. Berlin, Heidelberg, New York: Springer-Verlag.

[78a] Meyer, P.A. (1986). Elements de probabilites quantiques *In* Séminaire de Probabilités XX, 1984/85, eds. J. Azema and M. Yor. Lecture Notes in Maths. 1204. Springer.

[79] Milnor, J. (1963). Morse Theory. Annals of Math. Studies, 51, Princeton: Princeton University Press.

[80] Molchanov, S.A., (1975). Diffusion processes and Riemannian geometry. Usp. Math. Nauk, 30, 3-59. English translation: Russian Math. Surveys, 30, 1-63.

[81] Ndumu, M.N. (1986). An elementary formula for the Dirichlet heat kernel on Riemannian manifolds. *In* [C], pp.320-328.

[82] Ndumu, M.N. Ph.D. Thesis, Maths Dept. University of Warwick. In preparation.

[83] Ndumu, M.N. (1987). The heat kernel of the standard 3-sphere and some eigenvalue problems. Submitted to Proc. Edinburgh Math. Soc.

[84] Pinsky, M. (1978). Stochastic Riemannian geometry. *In* Probabilistic Analysis and Related Topics, 1, ed. A.T. Bharucha Reid. London, New York: Academic Press.

[85] Pinsky, M.A. (1978). Large deviations for diffusion processes. *In* Stochastic Analysis, eds. Friedman and Pinsky, pp. 271-283. New York, San Francisco, London: Academic Press.

[86] Reed, M. and Simon, B. (1978). Methods of Modern Mathematical Physics IV: Analysis of Operators. New York, San Francisco, London: Academic Press.

[87] Ruelle, D. (1979). Ergodic Theory of Differentiable Dynamical Systems, Publications I.H.E.S., Bures-sur-Yvette, France.

[88] Schwartz, L. (1973). Radon Measures on Arbitrary Topological Spaces and Cylindrical Measures. Tata Institute Studies in Mathematics 6. Bombay: Oxford University Press.

[89] Schwartz, L. (1980). Semi-martingales sur des variétés et martingales conformes sur des variétés analytiques complexes. Lecture Notes in Maths., 780, Springer-Verlag.

[90] Schwartz, L. (1982). Géométrie différentielle du 2-eme ordre, semi-martingales et equations différentielles stochastique sur une variété différentielle. In [A] pp. 1-149.

[91] Strichartz, R.S. (1983). Analysis of the Laplacian on the complete Riemannian manifold, J. of Functional Anal. 52, 48-79.

[91a] Strichartz, R.S. (1986). L^p Contractive projections and the heat semigroup for differential forms. Jour. of Functional Anal., 65, 348-357.

[92] Stroock, D.W. & Varadhan, S.R.S. (1979). Multidimensional Diffusion Processes. Berlin, Heidelberg, New York: Springer-Verlag.

[93] Sullivan, D. (1987). Related aspects of positivity in Riemannian geometry. J. Differential Geometry, 25, 327-351.

[94] Sunada, T. (1982). Trace formula and heat equation asymptotics for a non-positively curved manifold. American J. Math. 104, 795-812.

[95] Van den Berg, M. & Lewis, J.T. (1985). Brownian motion on a hypersurface. Bull. London Math. Soc., 17, 144-150.

[96] Vauthier, J. (1979). Théoremes d'annulation et de finitude d'espaces de 1-formes harmoniques sur une variété de Riemann ouverte. Bull Sc. Math., 103, 129-177.

[97] Vilms, J. (1970). Totally geodesic maps. J. Differential Geometry, 4, 73-99.

[98a] Watling, K.D. (1986). Formulae for solutions to (possibly degenerate) diffusion equations exhibiting semi-classical and small time asymptotics. Ph.D. Thesis, University of Warwick.

[98] Watling, K.D. (1987). Formulae for the heat kernel of an elliptic operator exhibiting small time asymptotics. *In* Stochastic Mechanics and Stochastic Processes, ed. A. Truman. Lecture Notes in Maths. To appear.

[99] Witten, E. Supersymmetry and Morse theory, J. Diff. Geom. 17 (1982), 661-692.

[100] Yau, S.-T. (1975). Harmonic functions on complete Riemannian manifolds. Comm. Pure Appl. Math., 28, 201-228.

[101] Yau, S.-T. (1976). Some function-theoretic properties of complete Riemannian manifolds and their applications to geometry. Indiana Univ. Math. J., 25, No. 7, 659-670.

[102] Yosida, K. (1968). Functional Analysis. (Second Edition). Grundlehren der math. Wissenschaften, 123, Berlin, Heidelberg, New York: Springer-Verlag.

[103] Azencott, R. (1986) Une Approche Probabiliste du Théoréme d'Atiyah-Singer, d'après J.M. Bismut. *In* Séminaire Bourbaki, 1984-85. Astérisque, 133-134, 7-8. Société Mathématique de France.

[104] Hsu, P. (1987). Brownian motion and the Atiyah-Singer index theorem. Preprint (present address: University of Illinois at Chicago).

[105] Mañé, R. & Freire, A. (1982). On the entropy of the geodesic flow in manifolds without conjugate points. Invent. Math., 69, 375-392.

[106] Pesin Ya. B. (1981). Geodesic flows with hyperbolic behaviour of the trajectories and objects connected with them. Russian Math. Surveys, 36, no.4, 1-59.

[107] Rogers, L.C.G. & Williams, D. (1987). Diffusions, Markov processes and martingales, Vol.2: Itô calculus. Wiley series in probability and mathematical statistics. Chichester: Wiley.

NOTATION INDEX

INDEX

MARTINGALES CONTINUES

DANS LES VARIETES DIFFERENTIABLES

Michel EMERY

Originally published in: *École d'Été de Probabilités de Saint-Flour XXVIII–1998*,
Lecture Notes in Mathematics, Vol. **1738**, 3–84, DOI: 10.1007/BFb0106704,

Contents

À Françoise

> Je raconterai cette histoire en toute honnêteté ; je parviendrai peut-être ainsi à la comprendre moi-même.
>
> J. L. Borges, *Guayaquil*

INTRODUCTION

En commençant à préparer ce cours, j'espérais parvenir à y exposer les principales propriétés des martingales dans les variétés, ainsi qu'une de leurs applications ; comme application, j'hésitais entre le travail d'Arnaudon et Thalmaier [12] sur la dérivée d'une famille de martingales et sur l'estimation du gradient des applications harmoniques, et le théorème de Kendall [71] sur la régularité des applications finement harmoniques. Il est vite apparu que l'un ou l'autre de ces deux objectifs n'aurait pu être atteint en quinze heures de cours qu'au prix d'une course effrénée à travers les définitions, m'obligeant à passer rapidement sur les intégrales d'Itô sans révéler la vraie nature à l'ordre 2 du calcul stochastique intrinsèque. Je n'ai pu m'y résoudre, c'est pourquoi le cinquième chapitre est très court, ne donnant qu'une faible idée du champ des applications possibles, représentées uniquement par le joli théorème 5.5 de Kendall [65] et [66]. De mon ambition initiale, il subsiste dans ces notes, comme les inutiles os du bassin dans le corps de la baleine, l'élégant théorème 4.11 (dû à Arnaudon et Thalmaier [11]) selon lequel si des martingales convergent uniformément sur tout intervalle $[0, t]$ en probabilité, il en va de même de leurs intégrales stochastiques; ce théorème n'est pas utilisé ensuite, et a d'ailleurs été omis lors des exposés oraux.

Le chapitre 1 esquisse une présentation de quelques notions fondamentales de la géométrie différentielle (vecteurs et covecteurs, fibrés tangent et cotangent) ; puis la géométrie différentielle d'ordre 2 fait son apparition : diffuseurs et codiffuseurs, fibrés osculateur et coosculateur. Comme l'a découvert Schwartz, c'est le seul langage qui permette un calcul stochastique intrinsèque très général par rapport aux semimartingales continues dans une variété; cette géométrie au second ordre est tout aussi fondamentale mais beaucoup moins classique que la géométrie différentielle ordinaire : si les géomètres sont depuis longtemps familiers avec les variétés de jets de tous ordres, il ne semble pas que les spécificités de l'ordre 2 aient particulièrement retenu leur attention.

Le deuxième chapitre est entièrement consacré au calcul stochastique intrinsèque de Schwartz [95], [96], [101] dans une variété; l'objet fondamental est l'intégrale stochastique le long d'une semimartingale continue d'un processus coosculateur à la variété le long de cette semimartingale (théorème 2.10).

Le chapitre suivant expose la théorie des martingales dans une variété, due à Meyer [78], [79], [82] : interprétation des connexions dans le langage d'ordre 2, définition (après Duncan [38] et Bismut [15], et indépendamment de Darling [23], [27]) de l'intégrale d'Itô d'un processus cotangent à la variété le long d'une semimartingale, introduction des martingales.

Le quatrième chapitre emprunte une voie ouverte par Darling [24] et explorée par Arnaudon [6], [7], [8], [9], Arnaudon, Li et Thalmaier [10], Kendall [66], [67], [68], [69], [71], Zheng [48]: utiliser les fonctions convexes comme outil d'étude des martingales. Comme les fonctions convexes n'existent en général pas globalement, ceci oblige à quelques exercices de localisation. Les résultats sont des théorèmes de convergence (problème abordé par Darling [26], [29], He, Yan et Zheng [57], He et Zheng [58], Kendall [68], [69], Meyer [81] et Zheng [107]). Ce chapitre se termine sur le théorème 4.19 de Kendall [66], [68], [69], qui relie de façon frappante la géométrie de la variété (existence globale de fonctions convexes convenables) et la propriété de détermination des martingales par leur valeur finale. Je me suis résigné à passer sous silence les travaux sur l'existence d'une martingale de valeurs finale donnée (Arnaudon [9], Darling [32], [33], Kendall [66], Picard [86], [87], [89]).

Enfin le dernier chapitre envisage la théorie des martingales dans une variété comme un outil pour l'étude des applications harmoniques entre variétés (rien d'étonnant à cela, ces applications transformant les mouvements browniens en martingales). Faute de temps, un seul théorème est présenté (théorème 5.5, de Kendall [65], [66]) : Si toutes les fonctions réelles harmoniques bornées sur V sont constantes, toutes les applications harmoniques de V dans une autre variété W le sont aussi, pourvu que W ne soit pas trop grande.

Je suis très reconnaissant à l'École d'Été de m'avoir permis d'exposer une théorie fort belle mais trop peu connue, et aux organisateurs du séjour sanflorain, qui ont poussé la prévenance jusqu'à nous procurer du beau temps! Merci aussi aux auditeurs, qui ont su rendre vivants les exposés, ainsi qu'à ceux qui m'ont signalé des erreurs ou ont contribué à améliorer ces notes : Marc Arnaudon, Françoise Emery, Uwe Franz, Christophe Leuridan, Anthony Phan.

Chapitre 1

VARIÉTÉS, VECTEURS, COVECTEURS, DIFFUSEURS, CODIFFUSEURS

LE MAÎTRE DE PHILOSOPHIE
[...] vous savez le latin, sans doute.
MONSIEUR JOURDAIN
Oui; mais faites comme si je ne le savais pas.
MOLIÈRE, *Le Bourgeois Gentilhomme*

1. — Variétés, sous-variétés, applications C^p

Les deux propriétés fondamentales d'une variété différentiable, et dont chacune peut être utilisée comme définition, sont les suivantes : au voisinage de tout point, la variété a la même structure différentiable que $\mathbb{R}^d$, dont on aurait oublié la structure linéaire ou affine; et parmi les fonctions sur la variété, on peut distinguer les fonctions de classe C^p, qui forment une algèbre ayant de bonnes propriétés. Mettre cela sous forme rigoureuse donne malheureusement lieu à des définitions techniques assez pénibles; nous allons aridement survoler ci-dessous une telle définition, renvoyant les auditeurs aux manuels de géométrie différentielle pour les indispensables exemples, illustrations, compléments et exercices. Ceux de Berger et Gostiaux [14], de Darling [31] et le premier volume de Spivak [102], de styles très différents, sont très recommandables.

Techniquement, les variétés dans lesquelles nous allons travailler sont des variétés différentiables réelles, de dimension finie, de classe C^p (où, le plus souvent, $2 \leqslant p \leqslant \infty$), sans bord. Un tel objet est un triplet $(V, (\chi_\iota)_{\iota\in I}, d)$, où V est un espace topologique séparé et non vide, d un entier positif, appelé la dimension, et $(\chi_\iota)_{\iota\in I}$ une famille dénombrable de cartes locales sur V : chaque χ_ι est un homéomorphisme d'un ouvert D_ι de V, le domaine de la carte, sur un ouvert $\chi_\iota(D_\iota)$ de $\mathbb{R}^d$, l'image de la carte; la réunion des D_ι est V; enfin, pour tous ι et κ dans I, l'application $\chi_\kappa \circ \chi_\iota^{-1}$ est un difféomorphisme C^p entre les deux ouverts $\chi_\iota(D_\iota \cap D_\kappa)$ et $\chi_\kappa(D_\iota \cap D_\kappa)$ de $\mathbb{R}^d$. L'exemple fondamental de variété est un ouvert V de $\mathbb{R}^d$ (par exemple $\mathbb{R}^d$ lui-même), muni de l'unique carte identique de V dans lui-même. Plus généralement, un espace vectoriel de dimension finie, ou un ouvert non vide d'un tel espace, sont aussi des variétés (de même dimension que l'espace).

Comme pour bien d'autres structures mathématiques, on identifiera souvent par abus de langage l'ensemble V sous-jacent et la variété elle-même, dans des expressions telles que « un point v d'une variété V ». Par oubli de structure, une variété de classe C^p est aussi une variété de classe C^q pour tout $q < p$; par exemple, les applications de classe C^p, définies plus loin entre deux variétés de classe C^p, le sont aussi entre deux variétés de classes C^q et C^r pourvu que $q \geqslant p$ et $r \geqslant p$.

Pratiquement, les cartes locales, également appelées systèmes de coordonnées locales, sont utilisés pour repérer les points de V : pour ι fixé dans I, tout point v de

D_ι est caractérisé par le vecteur $\chi_\iota(v) \in \mathbb{R}^d$, dont nous noterons souvent $v^1, ..., v^d$ les d composantes réelles, sans préciser davantage le ι considéré.

Si $V = \left(V, (\chi_\iota)_{\iota \in I}, d\right)$ est une variété de classe C^p et si $q \leqslant p$, une application $f : V \to \mathbb{R}$ est dite de classe C^q si pour chaque ι la restriction de f à D_ι, composée avec χ_ι^{-1}, est une fonction C^q sur l'ouvert $\chi_\iota(D_\iota)$ de $\mathbb{R}^d$. En langage peut-être moins obscur : lue dans toute carte locale, la fonction devient une fonction C^q des d variables v^i. Nous commettrons souvent l'abus de langage consistant à noter encore f sa restriction à D_ι composée avec χ_ι^{-1}, et à écrire $f(v^1, ..., v^d)$ au lieu de $f(v)$. L'ensemble de toutes les fonctions C^p est noté $C^p(V, \mathbb{R})$, ou $C^p(V)$, ou tout simplement C^p. C'est une algèbre; bien plus généralement, il est stable par toutes les opérations ϕ elles-mêmes C^p, à un nombre quelconque d'arguments : pour $f_1, ..., f_n \in C^p$ et ϕ fonction C^p de n variables réelles, $\phi(f_1, ..., f_n)$ est encore dans C^p.

Une variété de classe C^p est caractérisée par son ensemble sous-jacent V et par l'ensemble $C^p(V)$; autrement dit, la véritable définition d'une variété n'est pas un triplet comme ci-dessus, mais une classe d'équivalence de triplets, deux familles différentes de cartes locales pouvant définir la même structure de variété C^p. Ainsi, dans l'exemple de la variété $\mathbb{R}^d$ évoquée ci-dessus, on oublie la structure linéaire de $\mathbb{R}^d$ pour n'en conserver que la structure C^p; on sait dire si une fonction est C^p (ou C^q pour un $q < p$), mais on ne peut plus reconnaître les fonctions linéaires, ni les polynômes... L'ensemble $C^p(V)$ joue vis-à-vis de V un rôle un peu analogue à celui du dual d'un espace vectoriel en algèbre linéaire.

La topologie dont est munie la variété, et pour laquelle les D_ι sont des ouverts et les χ_ι des homéomorphismes, rend continues les fonctions C^p. Plus précisément, elle peut être, comme toute la structure de variété, caractérisée par les fonctions C^p : c'est la topologie la moins fine qui les rende toutes continues.

Un outil fort utile pour ramener les calculs sur une variété à des calculs dans des cartes est les fonctions-plateaux : Si F_0 et F_1 sont dans V deux fermés disjoints, il existe une fonction $\phi \in C^p(V)$ telle que $0 \leqslant \phi \leqslant 1$, $\phi = 0$ sur F_0 et $\phi = 1$ sur F_1.

Si V et W sont deux variétés de classe C^p au moins, non nécessairement de même dimension, une application $\phi : V \to W$ est dite de classe C^p si $f \circ \phi$ est une fonction C^p sur V pour toute fonction f réelle C^p sur W. (Exercice : donner une définition équivalente utilisant les cartes locales au lieu des fonctions C^p, et démontrer l'équivalence.) L'ensemble de toutes ces applications C^p est noté $C^p(V, W)$. Lorsque W est la variété $\mathbb{R}$ (munie de sa structure C^p canonique), il n'y a pas d'ambiguïté, et $C^p(V, W) = C^p(V)$. Bien entendu, la composée de deux applications C^p est C^p.

On appelle difféomorphisme C^p entre deux variétés V et W toute bijection ϕ de V sur W telle que ϕ et ϕ^{-1} soient toutes deux de classe C^p; V et W sont alors nécessairement de même dimension. Les difféomorphismes transportent les structures de variétés; si ϕ est une bijection entre une variété V de classe C^p et un ensemble W, il existe sur W une structure de variété C^p et une seule telle que ϕ soit un difféomorphisme C^p.

EXERCICE. — Si V et W sont deux variétés C^p, leur produit $V \times W$ est canoniquement muni d'une structure de variété C^p; les deux projections sont des applications de classe C^p.

Un sous-ensemble W d'une variété V est une sous-variété de dimension d' si, pour tout $w \in W$, il existe un sous-espace vectoriel $E \subset \mathbb{R}^d$ de dimension d' et un difféomorphisme χ entre un voisinage D de w dans V et un ouvert $\chi(D)$ de $\mathbb{R}^d$ tels que $\chi^{-1}(E) = D \cap W$. On munit alors canoniquement W d'une structure de variété, en exigeant que les χ ci-dessus, restreints aux $D \cap W$, soient des cartes locales. La restriction à W de toute fonction C^p sur V est une fonction C^p sur W, et l'injection canonique de W dans V est C^p. Il n'est pas vrai en général que toute fonction C^p sur W soit la restriction à W d'une fonction C^p sur V, mais cela a lieu pour les fonctions sur W qui sont de classe C^p et à support compact.

La sous-variété W est dite plongée dans V si son intersection avec tout compact de V est compacte (ce qui revient à dire que toute suite dans W tendant vers l'infini tend aussi vers l'infini dans V). En ce cas, les fonctions C^p sur W sont exactement les restrictions à V des fonctions C^p sur V.

Comme exemple de sous-variété, il y a « la » sphère S^d, qui est la sphère unité de $\mathbb{R}^{d+1}$, ou toute variété qui lui est difféomorphe. Cette variété ne peut pas être décrite au moyen d'une seule carte locale, mais deux cartes suffisent (car pour tout $s \in S^d$, $S^d \setminus \{s\}$ est difféomorphe à $\mathbb{R}^d$).

Les sous-variétés de V ayant même dimension que V sont les ouverts non vides de V. La plupart des variétés que je parviens à imaginer (et absolument toutes celles que je sois tant bien que mal capable de dessiner !) sont des sous-variétés de $\mathbb{R}^3$.

L'important théorème de plongement de Whitney dit que toute variété de dimension d est difféomorphe à une sous-variété plongée dans $\mathbb{R}^{d'}$ (on peut même toujours choisir $d' = 2d$) ; on pourra se reporter par exemple à de Rham [92]. Mais on pourrait aussi prendre cette propriété comme définition, en décidant de ne considérer comme variétés que les sous-variétés des espaces $\mathbb{R}^{d'}$! Lorsque la variété n'est pas elle-même un ouvert de $\mathbb{R}^d$, qui admet d coordonnées globales (une seule carte), ce théorème permet de munir la variété d'un système de d' coordonnées, surnuméraires mais globales.

Un *fibré vectoriel* (de dimension finie) *au-dessus d'une variété* V est une variété F de classe C^p pourvue d'une application surjective $\pi \in C^p(F, V)$ vérifiant les deux propriétés suivantes :

lorsque v parcourt V, les ensembles $F_v = \pi^{-1}(\{v\}) \subset F$ (appelés *fibres*) sont tous des espaces vectoriels, de même dimension finie, soit d' ;

pour tout $v \in V$, il existe un voisinage W de v dans V et un difféomorphisme ϕ de classe C^p entre $W \times \mathbb{R}^{d'}$ et $\pi^{-1}(W) \subset F$ tel que $x \mapsto \phi(w, x)$ soit, pour chaque $w \in W$, une bijection linéaire entre $\mathbb{R}^{d'}$ et la fibre F_w.

La dimension d'un tel fibré comme variété est $d+d'$; elle doit être soigneusement distinguée de la dimension algébrique d' de chaque fibre.

Si $v = \pi(x)$, on dit aussi que *x est au-dessus de v* ; on a l'habitude de schématiser V comme un espace « horizontal » et F comme placé au-dessus de V ; et on imagine la fibre F_v comme l'intersection de F avec une verticale passant par v ; on dit également que la fibre F_v est au dessus de x.

EXERCICE. — Soit F un fibré vectoriel au-dessus de V.

a) Pour toute fonction $f \in C^p(V)$, l'application de F dans F de multiplication par le scalaire f, dont la restriction à une fibre F_v est la multiplication par le réel $f(v)$, est de classe C^p.

b) Dans la variété $F \times F$, le sous-ensemble F' formé des (x, y) tels que $\pi(x) = \pi(y)$ est une sous-variété C^p, et l'application $(x, y) \mapsto x+y$ de F' dans F est C^p.

c) On appelle section du fibré (sous-entendu : de classe C^p) toute application $A \in C^p(V, F)$ telle que $\pi \circ A = \mathrm{Id}_V$. Soit $v \in V$. Montrer qu'il existe d' sections du fibré $A_1, ..., A_{d'}$ et un voisinage ouvert W de v tels que, pour chaque $w \in W$, les vecteurs $A_1(w), ..., A_{d'}(w)$ forment une base de l'espace F_w. Pour toute section B du fibré, les fonctions $b^1, ..., b^{d'}$, définies sur W par $B(w) = \sum_i b^i(w) A_i(w)$, sont de classe C^p sur W.

Exercice. — Si F est un fibré vectoriel au-dessus de V, définir canoniquement le fibré dual F^*, dont chaque fibre F_v^* est l'espace dual de F_v. De même, si F et G sont deux fibrés *au-dessus d'une même variété* V, définir les fibrés $F \oplus G$, $F \otimes G$, $\mathrm{L}(F, G)$, qui sont, fibre par fibre, la somme directe de F et G, le produit tensoriel de F et G, l'ensemble des applications linéaires de F dans G.

Nous rencontrerons énormément de formules contenant des sommations et des dérivées partielles; c'est pourquoi il sera utile d'en alléger l'écriture. Les dérivées partielles d'une fonction f, lue dans des coordonnées locales $v^1, ..., v^d$, par rapport à ces coordonnées, seront notées $\mathrm{D}_i f$ au lieu de $\partial f / \partial v^i$; de même pour les dérivées d'ordre supérieur : $\mathrm{D}_{ijk} f$ remplace $\partial^3 f / \partial v^i \partial v^j \partial v^k$, etc. Pour alléger encore les formules, on supprime le signe $\sum$, au moyen de la convention suivante, en vigueur dans toute la suite : *lorsqu'un même indice, soit i, figure deux fois dans un même monôme, une fois en position basse et une fois en position haute, le signe* $\sum_i$ *est sous-entendu devant ce monôme.*

2. — Vecteurs et covecteurs tangents

Soit $\gamma \in C^1(\mathbb{R}, V)$ une courbe dans une variété V. À l'instant 0, γ se trouve en un point $x = \gamma(0) \in V$, mais qu'est-ce que la vitesse $\dot{\gamma}(0)$ de γ à cet instant? On peut choisir des coordonnées locales $v^1, ..., v^d$ au voisinage de x, observer les coordonnées $\gamma^i(t)$ du point $\gamma(t)$ (elles sont bien définies pour t voisin de 0), et considérer le système des d dérivées $\dot{\gamma}^i(0)$; mais comment faire apparaître ce système de façon intrinsèque (c'est-à-dire invariante par difféomorphismes)? L'une des manières possibles est la suivante. Pour toute fonction $f \in C^1(V)$, la composée $f \circ \gamma : \mathbb{R} \to \mathbb{R}$ est une fonction C^1, dont la dérivée en $t = 0$ est $\dot{\gamma}^i(0) \mathrm{D}_i f(x)$ (convention de sommation!). Ainsi, les d composantes $\dot{\gamma}^i(0)$ sont aussi les coefficients de l'opérateur différentiel $f \mapsto (f \circ \gamma)'(0)$; ces coefficients ne sont pas intrinsèques, mais l'opérateur l'est; et il est donc légitime de définir la vitesse $\dot{\gamma}(t)$ comme étant cet opérateur lui-même.

Définitions. — Soient V une variété C^p où $1 \leqslant p \leqslant \infty$, et x un point de V. Une application A de $C^p(V)$ dans $\mathbb{R}$ est un *vecteur tangent à* V *au point* x s'il existe une carte locale $(v^1, ..., v^d)$ de domaine contenant x et des réels A^1, ..., A^d tels que $Af = A^i \mathrm{D}_i f(x)$ pour toute $f \in C^p(V)$. Les A^i sont appelés les *coefficients* de A dans la carte.

Si $\gamma \in C^1(\mathbb{R}, V)$ est une courbe dans V, on appelle *vitesse de* γ *à l'instant* t, et on note $\dot{\gamma}(t)$, le vecteur $f \mapsto (f \circ \gamma)'(t)$ tangent à V au point $\gamma(t)$.

Remarques. — Si A est un vecteur tangent en x à V, les coefficients A^i tels que $Af = A^i \mathrm{D}_i f(x)$ existent pour *toute* carte dont le domaine contient x, bien qu'on ne l'ait exigé que pour une seule carte. Si (v^i) et (w^α) sont deux cartes contenant x, les coefficients A^i et A^α de A dans ces deux cartes sont liés par la *formule de changement de cartes* pour les vecteurs tangents

$$A^\alpha = A(w^\alpha) = \mathrm{D}_i w^\alpha(x)\, A^i\,,$$

qui est linéaire et fait naturellement apparaître les coefficients $\dfrac{\partial w^\alpha}{\partial v^i}$ de la matrice jacobienne liée au changement de coordonnées locales.

Tout vecteur tangent en x à V est la vitesse à l'instant 0 d'une courbe γ telle que $\gamma(0) = x$. Fixons en effet des coordonnées locales (v^i) au voisinage de x, et soient x^i les coordonnées de x et A^i les coefficients de A dans ce système. La courbe γ de coordonnées $\gamma^i(t) = x^i + A^i t$ répond à la question. (Elle n'est parfois bien définie que sur un voisinage de $t = 0$; si l'on veut une courbe définie pour tout t, on peut par exemple poser $\gamma^i(t) = x^i + a^{-1}\tanh(aA^i t)$, en choisissant a assez grand.)

Remarquons enfin que le nom de vecteurs est justifié par le fait que *les vecteurs tangents à V en x forment un espace vectoriel de dimension d, dont une base est composée des d vecteurs $f \mapsto \mathrm{D}_i f(x)$* (cette base dépend du choix des coordonnées locales au voisinage de x).

DÉFINITIONS. — Si x est un point d'une variété V de classe C^p, où $p \geqslant 1$, on appelle *espace tangent en x à V*, et l'on note $\mathrm{T}_x V$, l'espace vectoriel de tous les vecteurs tangents en x à V.

On appelle *fibré tangent à V*, et l'on note $\mathrm{T}V$, la réunion disjointe $\bigcup_{x\in V} \mathrm{T}_x V$.

Le fibré tangent $\mathrm{T}V$ est canoniquement muni d'une structure de fibré vectoriel au-dessus de V, de classe C^{p-1}, de la manière suivante : Si (v^i) est une carte locale de V, de domaine D, la réunion $\bigcup_{x\in D} \mathrm{T}_x V = \pi^{-1}(D)$ est le domaine d'une carte locale de $\mathrm{T}V$, dans laquelle les $2d$ coordonnées d'un vecteur tangent $A \in \mathrm{T}_x V$ sont les d coordonnées x^i de sa projection $x = \pi(A)$, et les d coefficients de A dans la carte locale. Le passage entre deux telles cartes, qui se fait au moyen de la formule de changement de cartes rencontrée plus haut, fait intervenir comme on l'a vu les matrices jacobiennes, dont les coefficients sont de classe C^{p-1} seulement; d'où la perte d'un ordre de différentiabilité en passant de V à $\mathrm{T}V$.

EXERCICE. — Que peut-on dire de l'espace tangent en un point à une variété produit? à une sous-variété?

DÉFINITION. — Soient V et W deux variétés de classe C^p (où $1 \leqslant p \leqslant \infty$), x un point de V, et ϕ une application C^p de V dans W. Pour chaque $A \in \mathrm{T}_x V$, l'application qui à toute $f \in \mathrm{C}^p(W)$ associe le nombre $A(f\circ\phi)$ est un vecteur tangent à W au point $\phi(x)$, noté $\phi_{*x}(A)$. L'application ϕ_{*x} ainsi définie de $\mathrm{T}_x V$ dans $\mathrm{T}_y W$ est linéaire; on l'appelle *l'application linéaire tangente à ϕ au point x*.

Si (v^i) est une carte locale au voisinage de x et (w^α) une carte locale au voisinage de $\phi(x)$, la matrice de ϕ_{*x} dans les bases D_i et D_α est la matrice $(\mathrm{D}_i\phi^\alpha)$. Les applications linéaires tangentes se composent naturellement : $(\psi\circ\phi)_{*x} = \psi_{*\phi(x)} \circ \phi_{*x}$.

EXERCICE. — L'application $\phi_{*x} : \mathrm{T}_x V \to \mathrm{T}_{\phi(x)} W$ peut aussi être définie par la propriété suivante : pour toute courbe $\gamma \in \mathrm{C}^1(\mathbb{R}, V)$ vérifiant $\gamma(0) = x$, l'image de la vitesse initiale $\dot\gamma(0)$ de γ est la vitesse initiale $(\phi\circ\gamma)\dot{}(0)$ de la courbe $\phi\circ\gamma$.

On peut d'ailleurs remarquer que le vecteur $\dot\gamma(0)$ est lui-même l'image par γ_{*0} du vecteur tangent $\frac{d}{dt} \in \mathrm{T}_0\mathbb{R}$.

Soient ϕ une application C^p d'une variété V dans une variété W (avec $p \geqslant 1$). L'*application tangente à* ϕ est l'application $\phi_* \in C^{p-1}(TV, TW)$ dont la restriction à chaque fibre T_xV est ϕ_{*x}. Plus question de linéarité, TV n'étant pas un espace vectoriel; mais la formule de composition $(\psi \circ \phi)_* = \psi_* \circ \phi_*$ subsiste. Et ϕ_* peut être caractérisée par $\phi_*(\dot\gamma(0)) = (\phi\circ\gamma)\dot{}(0)$ pour toute courbe γ dans V.

PROPOSITION 1.1 ET DÉFINITION. — *Soient V une variété C^p, où $1 \leqslant p \leqslant \infty$, et A une fonction réelle sur $V \times C^p(V)$. Pour chaque x de V, notons $A(x)$ la fonction $f \mapsto A(x, f)$ sur $C^p(V)$; pour chaque $f \in C^p(V)$, notons Af la fonction $x \mapsto A(x, f)$ sur V. Les trois conditions suivantes sont équivalentes :*

(i) *pour chaque x de V, $A(x)$ est un vecteur tangent en x à V, et l'application $x \mapsto A(x)$ ainsi définie de V dans* TV *est de classe* C^{p-1} (autrement dit, A est une section du fibré tangent)*;*

(ii) *pour toute carte locale $(v^1, ..., v^d)$, il existe des fonctions A^1, ..., A^d, définies et de classe C^{p-1} dans le domaine D de la carte, telles que, pour tous $x \in D$ et $f \in C^p(V)$, on ait $A(x, f) = A^i(x)\, D_i f(x)$;*

(iii) *$f \mapsto Af$ est une application linéaire de $C^p(V)$ dans $C^{p-1}(V)$ vérifiant pour toutes $f^1, ..., f^n$ dans $C^p(V)$ et toute ϕ dans $C^p(\mathbb{R}^n, \mathbb{R})$ la formule (dite de changement de variables)*

$$A\big(\phi\circ(f^1, ..., f^n)\big) = D_j\phi\circ(f^1, ..., f^n)\, Af^j \ .$$

Quand ces conditions sont réalisées, on dit que A est un champ de vecteurs *sur V.*

DÉMONSTRATION (sans les détails). — Les implications (i) $\Leftrightarrow$ (ii) $\Rightarrow$ (iii) sont laissées comme exercices aux auditeurs.

(iii) $\Rightarrow$ (ii). Si f est une fonction de C^p nulle au voisinage de x, il existe $g \in C^p$ telle que $g = 1$ au voisinage de x et $fg = 0$ partout. La formule de changement de variables donne $f\,Ag + g\,Af = A(fg) = 0$, d'où $Af = 0$ au voisinage de x; ceci montre que l'opérateur A est local. Étant donnés x et f, pour calculer $A(x, f)$, on se fixe une carte (v^i) au voisinage de x et, quitte à modifier les v^i et f hors d'un voisinage de x, on se ramène au cas où les v^i sont définis partout sur V et où $f = \phi\circ(v^1, ..., v^d)$, pour une $\phi \in C^p(\mathbb{R}^d)$. L'hypothèse (iii) donne alors $A(x, f) = A(x, v^i)\, D_i f(x)$. ∎

EXERCICE. — Lorsque $p = \infty$, les deux conditions qui suivent sont équivalentes à (i), (ii) et (iii) ci-dessus :

(iv) $f \mapsto Af$ est une application linéaire de $C^\infty(V)$ dans $C^\infty(V)$ vérifiant la formule (de Leibniz)

$$\forall f \in C^\infty(V) \qquad A(f^2) = 2f\, Af \ ;$$

(v) $f \mapsto Af$ est une application linéaire de $C^\infty(V)$ dans $C^\infty(V)$, on a $A1 = 0$ et, pour tous $f \in C^\infty(V)$ et $x \in V$ tels que $f(x) = 0$, $A(x, f^2) = 0$.

De même que les vecteurs tangents en un point peuvent être multipliés par des réels, les champs de vecteurs peuvent être multipliés par des fonctions, et forment ainsi un module sur l'algèbre $C^{p-1}(V)$.

La propriété fondamentale d'un champ de vecteurs est de donner lieu à un flot sur la variété : Pour $p \geqslant 1$, si A est un champ de vecteurs de classe C^{p-1} et x un point de V, il existe un intervalle ouvert I tel que $0 \in I \subset \mathbb{R}$ et une courbe $\gamma \in C^p(I, V)$ tels que $\gamma(0) = x$ et $\dot\gamma(t) = A(\gamma(t))$ pour tout $t \in I$. Lorsque $p \geqslant 2$ (ou qu'une condition de Lipschitz est satisfaite), on peut choisir I maximal, il y a unicité (deux solutions γ' et γ'' coïncident sur $I' \cap I''$) et la solution $\gamma(t)$ est fonction C^{p-1} de x (pour t fixé, l'ensemble des $x \in V$ tels que la solution $\gamma(t)$ soit définie est un ouvert, sur lequel la solution est une application C^{p-1} dans V).

DÉFINITIONS. — Soient $p \geqslant 1$ et V une variété de classe C^p. Pour $x \in V$, on appelle *espace cotangent en x à V* le dual $T_x^* V$ de l'espace vectoriel $T_x V$. Les éléments de $T_x^* V$ sont appelés *covecteurs* (ou *vecteurs cotangents*). On appelle *fibré cotangent* la réunion disjointe $T^* V = \bigcup_{x \in V} T_x^* V$; c'est un fibré vectoriel de classe C^{p-1} au-dessus de V.

Si f est une fonction C^p sur V, ou seulement sur un voisinage de x dans V, un covecteur $df(x) \in T_x^* V$ est défini par la formule $\langle df(x), A\rangle = Af$ pour tout $A \in T_x V$. Si (v^i) est une carte au voisinage de x, les d covecteurs $dv^i(x)$ forment une base de $T_x^* V$, plus précisément la base duale de la base (D_i), car $\langle dv^i(x), D_j\rangle = D_j v^i(x) = \delta_j^i$. Tout covecteur $\sigma \in T_x^* V$ s'écrit donc de façon unique $\sigma = \sigma_i\, dv^i(x)$, où σ_i sont d coefficients réels; et la dualité entre vecteurs et covecteurs s'exprime en coordonnées locales par la formule très simple

$$\langle \sigma, A\rangle = \langle \sigma_i\, dv^i(x), A^j D_j\rangle = \sigma_i A^j \,\langle dv^i(x), D_j\rangle = \sigma_i A^j\, \delta_j^i = \sigma_i\, A^i \,.$$

Les coefficients σ_i du covecteur $\sigma = df(x)$ sont bien sûr $\sigma_i = D_i f$. Tout covecteur de $T_x^* V$ est de la forme $df(x)$ pour une f bien choisie (prendre par exemple f égale à $\sigma_i v^i$ au voisinage de x si les coefficients du covecteur dans la base $dv^i(x)$ sont σ_i).

EXERCICE. — La formule de changement de cartes pour les coefficients σ_i et σ_α d'un même covecteur σ exprimé dans deux cartes (v^i) et (w^α) est $\sigma_\alpha = D_\alpha v^i\, \sigma_i$; la matrice $(D_\alpha v^i)$ qui y apparaît est l'inverse de la matrice jacobienne $(D_i w^\alpha)$.

EXERCICE. — Quelle relation y a-t-il entre $df(x)$ et l'application linéaire f_{*x} tangente à f en x?

Si $\phi : V \to W$ est une application C^p entre deux variétés, on note ϕ_x^* l'application adjointe de ϕ_{*x}, qui va de $T_{\phi(x)}^* W$ dans $T_x^* V$; elle peut être caractérisée par $\phi_x^*[df(\phi(x))] = d(f \circ \phi)(x)$ pour toute $f \in C^p(W)$.

DÉFINITION. — Sur une variété V de classe C^p, un *champ de covecteurs*[1] est une application $\sigma \in C^{p-1}(V, T^* V)$ telle que $\sigma(x) \in T_x^* V$ pour tout x de V.

EXERCICE. — Les champs de covecteurs sont les sections du fibré cotangent. On peut les identifier aux fonctions C^{p-1} sur TV, dont la restriction à chaque fibre $T_x V$ est linéaire.

L'exemple fondamental de champ de covecteurs est df, où $f \in C^p$, de valeur $df(x)$ au point x. Il n'est pas vrai que tout champ de covecteurs soit de cette forme, mais une conséquence du théorème de plongement de Whitney est l'existence de fonctions $f^1, \ldots, f^n \in C^p$, telles que tout champ de covecteur s'écrive (de façon en général non unique) $\sum_{k=1}^n g_k\, df_k$, où les g_k sont dans C^{p-1}. Remarquer que, si f est une fonction de classe C^p et γ une courbe, on a $\langle df, \dot\gamma(t)\rangle = (f \circ \gamma)'(t)$.

1. Le terme consacré est *forme différentielle de degré 1*.

Exercice. — Si ϕ est une application C^p de V dans W et σ un champ de covecteurs sur W, on peut définir un champ de covecteurs $\phi^*\sigma$ sur V. Mais si A est un champ de vecteurs sur V, on ne peut pas en général définir un champ de vecteurs $\phi_* A$ sur W !

Exercice. — L'ensemble des champs de covecteurs est un module sur l'algèbre $C^{p-1}(V)$, plus précisément le dual du module des champs de vecteurs sur V. (Indication : Tout champ de vecteurs C^{p-1} nul en un point x peut s'écrire comme une somme finie $\sum_\ell f_\ell A_\ell$, où les A_ℓ sont des champs de vecteurs C^{p-1} et les f_ℓ des fonctions C^{p-1} nulles en x.)

3. — Diffuseurs

En 1979, Schwartz a découvert que le langage qui décrit de façon intrinsèque les semimartingales dans les variétés est la géométrie différentielle d'ordre 2, dans laquelle les espaces de jets d'ordre 2 jouent un rôle aussi fondamental que les traditionnels objets tangents ou cotangents d'ordre 1 évoqués plus haut. En Géométrie et en Mécanique, pour passer à l'ordre 2 et parler par exemple de l'accélération d'une courbe, on a l'habitude de travailler dans le tangent itéré TTV (le fibré tangent construit sur la variété TV). Le point de vue agréable pour les probabilistes est un peu différent, parce que la formule de changement de variable pour les semimartingales fait appel à des objets d'ordre 2 qui ne s'expriment pas naturellement dans le cadre de TTV : il s'agit des opérateurs différentiels d'ordre 2 sans terme constant, qui jouent en calcul stochastique un rôle aussi central que les vecteurs tangents (opérateurs différentiels d'ordre 1 sans terme constant) dans le calcul différentiel ordinaire.

Définition. — Soient V une variété C^p où $2 \leqslant p \leqslant \infty$, et x un point de V. Une application L de $C^p(V)$ dans $\mathbb{R}$ est un *diffuseur au point* x s'il existe une carte locale $(v^1, ..., v^d)$ de domaine contenant x et des réels $L^1, ..., L^d$ et $L^{11}, L^{12}, ..., L^{dd}$ tels que $Lf = L^{ij}\,\mathrm{D}_{ij} f(x) + L^k \mathrm{D}_k f(x)$ pour toute $f \in C^p(V)$. Les nombres L^k et $\frac{1}{2}(L^{ij}+L^{ji})$ sont appelés les *coefficients* de L dans la carte.

Pour construire un diffuseur en x, on peut, une fois choisie la carte, se donner arbitrairement les $d + d^2$ nombres L^k et L^{ij}. Mais, en raison de la symétrie $\mathrm{D}_{ij} f(x) = \mathrm{D}_{ji} f(x)$ des dérivées secondes, on ne change pas L en symétrisant la matrice des L^{ij} ; L ne dépend donc que de ses $d + d(d+1)/2$ coefficients. Et réciproquement L détermine ses $d + d(d+1)/2$ coefficients, puisque $L^k = Lv^k$ et $L^{ij} + L^{ji} = L(\tilde{v}^i \tilde{v}^j)$, où la fonction $\tilde{v}^i \in C^p(V)$ est définie par $\tilde{v}^i(y) = v^i(y) - v^i(x)$.

En choisissant nuls les coefficients L^{ij}, on voit que tout vecteur tangent en x est aussi un diffuseur en x.

Tout comme les vecteurs, les diffuseurs au point x peuvent indifféremment être décrits dans toute carte locale entourant x : si (w^α) est une autre carte, le diffuseur L s'écrit aussi, en posant $\tilde{w}^\alpha = w^\alpha - w^\alpha(x)$,

$$L = \tfrac{1}{2} L(\tilde{w}^\alpha \tilde{w}^\beta)\,\mathrm{D}_{\alpha\beta} + L w^\gamma\,\mathrm{D}_\gamma \,.$$

Les formules de changement de cartes sont donc

$$L^\gamma = L^{ij} \mathrm{D}_{ij} w^\gamma(x) + L^k \mathrm{D}_k w^\gamma(x) \qquad L^{\alpha\beta} = L^{ij}\,\mathrm{D}_i w^\alpha(x) \mathrm{D}_j w^\beta(x) \,.$$

La première de ces formules montre que, lorsque les coefficients L^k des termes d'ordre 1 sont nuls, il n'en va pas nécessairement de même des coefficients L^γ ; la notion d'opérateur différentiel en x « purement d'ordre 2 » n'existe pas, ou plutôt n'est pas intrinsèque, car non invariante par changements non linéaires de coordonnées. Plus généralement, on ne peut pas parler de la partie d'ordre 1 d'un diffuseur, car il ne suffit pas de connaître les L^k pour savoir calculer les L^γ, il faut aussi les L^{ij}. Mais cela a un sens de parler des « diffuseurs sans termes d'ordre 2 » : ce sont exactement les vecteurs tangents.

DÉFINITION. — Si $\gamma \in \mathrm{C}^2(\mathbb{R}, V)$ est une courbe dans V, on appelle *accélération de* γ *à l'instant* t, et on note $\ddot{\gamma}(t)$, le diffuseur $f \mapsto (f\circ\gamma)''(t)$ au point $\gamma(t)$.

Ses composantes dans une carte locale sont $L^k = \ddot{\gamma}^k(t)$ et $L^{ij} = \dot{\gamma}^i(t)\dot{\gamma}^j(t)$. Remarquer que c'est précisément dans le coefficient L^k du terme d'ordre 1 que vient se nicher $\ddot{\gamma}^k(t)$, la seule information authentiquement d'ordre 2! Remarquer aussi que si l'on connaît le diffuseur $\ddot{\gamma}(t)$, on peut presque retrouver le vecteur $\dot{\gamma}(t)$, mais pas tout à fait : $\dot{\gamma}(t)$ n'est déterminé qu'à un facteur ± 1 près.

DÉFINITION. — Si x est un point d'une variété V de classe C^p avec $2 \leqslant p \leqslant \infty$, on appelle *espace osculateur en* x *à* V, et on note $\mathbb{T}_x V$, l'espace vectoriel formé de tous les diffuseurs en x.

Une fois choisie une carte locale autour de x, les opérateurs différentiels D_k et D_{ij} au point x forment, pour $1 \leqslant k \leqslant d$ et $1 \leqslant i \leqslant j \leqslant d$, une base de l'espace osculateur $\mathbb{T}_x V$.

L'espace tangent $\mathrm{T}_x V$ est un sous-espace vectoriel de $\mathbb{T}_x V$.

LEMME 1.2. — *Soient $x \in V$ et $\mathcal{C}$ l'ensemble de toutes les courbes γ de classe C^p telles que $\gamma(0) = x$. Lorsque γ décrit $\mathcal{C}$, les vecteurs $\dot{\gamma}(0)$ décrivent tout l'espace tangent $\mathrm{T}_x V$, et les diffuseurs $\ddot{\gamma}(0)$ décrivent une partie génératrice de l'espace osculateur $\mathbb{T}_x V$.*

Pour que les accélérations $\ddot{\gamma}(0)$ et $\ddot{\delta}(0)$ de deux courbes γ et δ dans $\mathcal{C}$ diffèrent d'un vecteur tangent ($\ddot{\gamma}(0) - \ddot{\delta}(0) \in \mathrm{T}_x V$), il faut et il suffit que les vitesses $\dot{\gamma}(0)$ et $\dot{\delta}(0)$ soient égales ou opposées : $\dot{\gamma}(0) = \pm\dot{\delta}(0)$. En particulier, l'accélération $\ddot{\gamma}(0)$ est dans $\mathrm{T}_x V$ si et seulement si la vitesse $\dot{\gamma}(0)$ est nulle.

Enfin, lorsque γ décrit toutes les courbes de $\mathcal{C}$ telles que $\dot{\gamma}(0) = 0$, les diffuseurs $\ddot{\gamma}(0)$ décrivent tout l'espace tangent $\mathrm{T}_x V$.

DÉMONSTRATION. — La première des quatre assertions, rappelée ici pour mémoire, a déjà été établie comme remarque, après la définition des vecteurs tangents.

Fixons une carte locale autour de x. Si une courbe γ passe en x à l'instant 0, elle est dans le domaine de la carte pour t voisin de 0, et ses coordonnées $\dot{\gamma}_i(t)$ sont définies pour t voisin de 0. Le diffuseur $\ddot{\gamma}(0)$ a pour composantes $L^k = \ddot{\gamma}^k(0)$ et $L^{ij} = \dot{\gamma}^i(0)\dot{\gamma}^j(0)$; ces nombres L^{ij} sont les coefficients d'une matrice symétrique, positive, de rang 0 ou 1. Réciproquement, étant donnés une telle matrice m et un vecteur $v \in \mathbb{R}^d$, il existe une courbe γ dans $\mathcal{C}$ telle que $\gamma(0) = x$, $\ddot{\gamma}^k(0) = v^k$ et $\ddot{\gamma}^{ij}(0) = m^{ij}$: il suffit de choisir un vecteur $w \in \mathbb{R}^d$ tel que $w^i w^j = m^{ij}$ et de poser par exemple $\gamma^i(t) = x^i + f(t)\,(w^i t + \frac{1}{2} v^i t^2)$, où f est C^∞, vaut 1 au voisinage de $t = 0$, et est portée par un compact assez petit pour que γ ne sorte pas du domaine de la carte. Les accélérations $\ddot{\gamma}(0)$ sont donc exactement les diffuseurs $L^{ij}\mathrm{D}_{ij} + L^k\mathrm{D}_k$ où les L^k sont quelconques et les L^{ij} forment une matrice symétrique positive de rang 0 ou 1. Puisque ces matrices engendrent linéairement l'espace de toutes les matrices symétriques, les accélérations $\ddot{\gamma}(0)$ engendrent linéairement $\mathbb{T}_x V$.

Pour que $\ddot{\gamma}(0) - \ddot{\delta}(0)$ soit dans $\mathrm{T}_x V$, il faut et il suffit que les d^2 nombres $\dot{\gamma}^i(0)\dot{\gamma}^j(0) - \dot{\delta}^i(0)\dot{\delta}^j(0)$ soient nuls; en fixant un indice i_0 tel que $\dot{\gamma}^{i_0}(0) \neq 0$ (s'il en existe) et en s'intéressant seulement aux couples $i_0 j$, on en déduit facilement que $\dot{\delta}(0) = \pm\,\dot{\gamma}(0)$. Et cette condition nécessaire est évidemment suffisante.

Enfin, pour $A \in \mathrm{T}_x V$, de composantes A^i dans la carte, toute courbe γ telle que $\dot{\gamma}^i(0) = 0$ et $\ddot{\gamma}^i(0) = A^i$ (nous venons de voir qu'il en existe) vérifie $\ddot{\gamma}(0) = A$. ∎

DÉFINITION. — Soient V et W deux variétés de classe C^p (où $2 \leqslant p \leqslant \infty$), x un point de V, et ϕ une application C^p de V dans W. Pour chaque $L \in \mathbb{T}_x V$, l'application qui à toute $f \in \mathrm{C}^p(W)$ associe le nombre $L(f \circ \phi)$ est un diffuseur sur W au point $\phi(x)$, noté $\phi_{*x}(L)$. Ceci définit une application linéaire de $\mathbb{T}_x V$ dans $\mathbb{T}_{\phi(x)} W$ dont la restriction à $\mathrm{T}_x V$ est l'application tangente ϕ_{*x}; on l'appelle *application osculatrice en x à ϕ*, et on la note encore ϕ_{*x}.

Les applications osculatrices se composent naturellement, comme les applications tangentes : $(\psi \circ \phi)_{*x} = \psi_{*\phi(x)} \circ \phi_{*x}$.

Si (v^i) est une carte locale au voisinage de x et (w^α) une carte locale au voisinage de $\phi(x)$, le diffuseur $M = \phi_{*x}(L)$ est donné par ses composantes $M^\alpha = L\phi^\alpha$ et $M^{\alpha\beta} = L^{ij}\, \mathrm{D}_i \phi^\alpha(x)\, \mathrm{D}_j \phi^\beta(x) = \frac{1}{2}\big(L(\phi^\alpha \phi^\beta) - \phi^\alpha L\phi^\beta - \phi^\beta L\phi^\alpha\big)$.

EXERCICES. — L'accélération initiale $\ddot{\gamma}(0)$ d'une courbe est l'image par γ_{*0} du diffuseur $\frac{d^2}{dt^2} \in \mathbb{T}_0 \mathbb{R}$.

L'application $\phi_{*x} : \mathbb{T}_x V \to \mathbb{T}_{\phi(x)} W$ est caractérisée par la propriété suivante : ϕ_{*x} est linéaire, et pour toute courbe $\gamma \in \mathrm{C}^2(\mathbb{R}, V)$ vérifiant $\gamma(0) = x$, l'image de l'accélération initiale $\ddot{\gamma}(0)$ de γ est l'accélération initiale $(\phi \circ \gamma)\ddot{}(0)$ de la courbe $\phi \circ \gamma$.

DÉFINITION. — Le *fibré osculateur* $\mathbb{T}V$ est la réunion disjointe $\bigcup_{x \in V} \mathbb{T}_x V$; c'est une variété de classe C^{p-2}.

La structure de variété de $\mathbb{T}V$ est construite comme celle du fibré tangent $\mathrm{T}V$; la perte de deux ordres de différentiabilité vient de la formule de changement de cartes pour les diffuseurs, où interviennent, on l'a vu plus haut, des dérivées secondes $\mathrm{D}_{ij} w^\alpha$, qui sont seulement $p-2$ fois différentiables.

Soient ϕ une application C^p d'une variété V dans une variété W (où $p \geqslant 2$). L'*application osculatrice à ϕ* est l'application $\phi_* \in \mathrm{C}^{p-2}(\mathbb{T}V, \mathbb{T}W)$ dont la restriction à chaque fibre $\mathbb{T}_x V$ est ϕ_{*x}. La formule de composition $(\psi \circ \phi)_* = \psi_* \circ \phi_*$ s'étend bien sûr aux applications osculatrices; et réciproquement, ϕ_* peut être caractérisée par $\phi_*\big(\ddot{\gamma}(0)\big) = (\phi \circ \gamma)\ddot{}(0)$ pour toute courbe γ dans V.

PROPOSITION 1.3 ET DÉFINITION. — *Soient V une variété C^p, où $2 \leqslant p \leqslant \infty$, et L une fonction réelle sur $V \times \mathrm{C}^p(V)$. Pour chaque x de V, notons $L(x)$ la fonction $f \mapsto L(x, f)$ sur $\mathrm{C}^p(V)$; pour chaque $f \in \mathrm{C}^p(V)$, notons Lf la fonction $x \mapsto L(x, f)$ sur V. Les trois conditions suivantes sont équivalentes :*

(i) *pour chaque x de V, $L(x)$ est un diffuseur en x, et l'application $x \mapsto L(x)$ ainsi définie de V dans $\mathbb{T}V$ est de classe C^{p-2}* (autrement dit, L est une section du fibré osculateur)*;*

(ii) *pour toute carte locale $(v^1, ..., v^d)$, il existe des fonctions L^1, ..., L^d et L^{11}, L^{12}, ..., L^{dd}, définies et de classe C^{p-2} dans le domaine D de la carte, telles* *que, pour tous $x \in D$ et $f \in \mathrm{C}^p(V)$, on ait*

$$L(x,f) = L^{ij}(x)\,\mathrm{D}_{ij}f(x) + L^k(x)\,\mathrm{D}_k f(x)\ ;$$

(iii) *$f \mapsto Lf$ est une application linéaire de $\mathrm{C}^p(V)$ dans $\mathrm{C}^{p-2}(V)$; et en posant $\Gamma(fg) = \frac{1}{2}\big[L(fg) - fLg - gLf\big]$, on a pour toutes $f^1, ..., f^n$ dans $\mathrm{C}^p(V)$ et toute ϕ dans $\mathrm{C}^p(\mathbb{R}^n, \mathbb{R})$ la formule (dite de changement de variables)*

$$L\big(\phi\circ(f^1, ..., f^n)\big) = \mathrm{D}_k\phi\circ(f^1, ..., f^n)\, Lf^k + \mathrm{D}_{ij}\phi\circ(f^1, ..., f^n)\,\Gamma(f^i, f^j)\ .$$

Lorsque ces trois conditions sont réalisées, on dit que L est un champ de diffuseurs *sur V; l'opérateur bilinéaire Γ est le* carré du champ *associé à L.*

DÉMONSTRATION (sans les détails). — Les implications (i) $\Leftrightarrow$ (ii) $\Rightarrow$ (iii) sont laissées comme exercices aux auditeurs.

(iii) $\Rightarrow$ (ii). Si f est une fonction de C^p nulle au voisinage de x, il existe $g \in \mathrm{C}^p$ telle que $g = 1$ au voisinage de x et $fg = 0$ partout. La formule de changement de variables donne $0 = L(fg^2) = fL(g^2) + 2gL(fg) - g^2Lf - 2fgLg$, d'où $Lf = 0$ au voisinage de x; ceci montre que l'opérateur L est local. Étant donnés x et f, pour calculer $L(x,f)$, on se fixe une carte (v^i) au voisinage de x et, quitte à modifier les v^i et f hors d'un voisinage de x, on se ramène au cas où les v^i sont définis partout sur V et où $f = \phi\circ(v^1, ..., v^d)$, pour une $\phi \in \mathrm{C}^p(\mathbb{R}^d)$. L'hypothèse (iii) donne alors $L(x,f) = Lv^k(x)\,\mathrm{D}_k f(x) + \Gamma(v^i, v^j)(x)\,\mathrm{D}_{ij}f(x)$. ∎

EXERCICE. — Lorsque $p = \infty$, les deux conditions qui suivent sont équivalentes à (i), (ii) et (iii) ci-dessus :

(iv) $f \mapsto Lf$ est une application linéaire de $\mathrm{C}^\infty(V)$ dans $\mathrm{C}^\infty(V)$ vérifiant la formule

$$\forall f \in \mathrm{C}^\infty(V) \qquad L(f^3) = 3f\,L(f^2) - 3f^2 Lf\ ;$$

(v) $f \mapsto Lf$ est une application linéaire de $\mathrm{C}^\infty(V)$ dans $\mathrm{C}^\infty(V)$, on a $L1 = 0$ et, pour tous $f \in \mathrm{C}^\infty(V)$ et $x \in V$ tels que $f(x) = 0$, $L(x, f^3) = 0$.

Les champs de diffuseurs forment un module sur l'algèbre $\mathrm{C}^{p-2}(V)$. Un exemple fort important de champ de diffuseurs est le composé AB de deux champs de vecteurs A et B : comme composé de deux opérateurs différentiels de degré 1, c'est un opérateur différentiel de degré au plus 2; comme il tue les fonctions constantes, il n'a pas de terme constant.

Sous des hypothèses de régularité et d'ellipticité, un champs de diffuseurs sur V est le générateur infinitésimal d'une diffusion sous-markovienne, à durée de vie éventuellement finie, unique en loi (voir Ikeda et Watanabe [60] ou Stroock et Varadhan [103]). Mais, alors qu'un champ de vecteurs s'intègre en un flot déterministe, un champ de diffuseurs L ne donne pas lieu, de façon intrinsèque, à un flot stochastique; il faut pour cela une structure plus riche, obtenue en choisissant une décomposition de L en somme de Hörmander $B_0 + \sum_i A_i^2$, où B_0 et A_i sont des champs de vecteurs.

4. — Codiffuseurs

DÉFINITIONS. — Soient $p \geqslant 2$ et V une variété de classe C^p. Pour $x \in V$, on appellera *espace coosculateur en x à V* le dual $\mathbb{T}_x^*V$ de l'espace vectoriel $\mathbb{T}_xV$. Les éléments de $\mathbb{T}_x^*V$ seront appelés *codiffuseurs. On appellera fibré coosculateur* la réunion disjointe $\mathbb{T}^*V = \bigcup_{x\in V} \mathbb{T}_x^*V$; c'est un fibré vectoriel de classe C^{p-2} au-dessus de V.

L'exemple le plus simple de codiffuseur est l'application $L \mapsto Lf$ de $\mathbb{T}_xV$ dans $\mathbb{R}$, où f est une fonction de classe C^p définie au voisinage de x. Ce codiffuseur sera noté $d^2f(x)$; cette écriture trouvera sa justification en 1.5. Il peut être caractérisé par la formule $\langle d^2f(x), \ddot\gamma(0)\rangle = (f\circ\gamma)''(0)$ pour toute courbe γ telle que $\gamma(0) = x$. Comme pour les covecteurs, il est vrai que tous les éléments de $\mathbb{T}_x^*V$ sont de la forme $d^2f(x)$; nous le verrons en 1.6.

Les codiffuseurs au point x sont donc les applications linéaires de $\mathbb{T}_xV$ dans $\mathbb{R}$. Puisque T_xV est un sous-espace vectoriel de $\mathbb{T}_xV$, chaque codiffuseur $\theta \in \mathbb{T}_x^*V$ peut être restreint à T_xV, fournissant ainsi un covecteur $\mathbf{R}\theta \in T_x^*V$, naturellement appelé la *restriction* de θ. Cette application $\mathbf{R} : \mathbb{T}_x^*V \to T_x^*V$ est linéaire et surjective (c'est l'application adjointe de l'injection canonique de T_xV dans $\mathbb{T}_xV$). Pour $f \in C^p$, on lit immédiatement sur les définitions que $\mathbf{R}\big(d^2f(x)\big) = df(x)$.

Proposition 1.4 et définition. — *On suppose V de classe C^p, où $2 \leqslant p \leqslant \infty$. Soient $\sigma \in T_x^*V$ et $\tau \in T_x^*V$ deux covecteurs en x. Il existe un unique codiffuseur $\sigma\cdot\tau \in \mathbb{T}_x^*V$ (appelé le* produit *de σ et τ) tel que pour toute courbe γ vérifiant $\gamma(0) = x$ on ait*

$$\langle \sigma\cdot\tau, \ddot\gamma(0)\rangle = \langle \sigma, \dot\gamma(0)\rangle\, \langle \tau, \dot\gamma(0)\rangle\,.$$

Le produit $\sigma\cdot\tau$ est bilinéaire, symétrique et de restriction nulle : $\mathbf{R}(\sigma\cdot\tau) = 0$. *En outre, pour toutes f et g de classe C^p, on a*

$$df(x)\cdot dg(x) = \tfrac{1}{2}\big[d^2(fg)(x) - f(x)\,d^2g(x) - g(x)\,d^2f(x)\big]\,.$$

Démonstration. — Pour établir l'existence, il suffit de choisir une carte locale au voisinage de x, d'en déduire une base (D_{ij}, D_k) de $\mathbb{T}_xV$ (où $1 \leqslant i \leqslant j \leqslant d$ et $1 \leqslant k \leqslant d$), et de poser $\langle \sigma\cdot\tau, D_{ij}\rangle = \frac{1}{2}\big(\langle\sigma, D_i\rangle\langle\tau, D_j\rangle + \langle\sigma, D_j\rangle\langle\tau, D_i\rangle\big)$ et $\langle\sigma\cdot\tau, D_k\rangle = 0$; on vérifie immédiatement que cet objet satisfait la propriété requise :

$$\begin{aligned}\langle\sigma\cdot\tau, \ddot\gamma(0)\rangle &= \langle\sigma\cdot\tau, \dot\gamma^i(0)\dot\gamma^j(0) D_{ij} + \ddot\gamma^k(0) D_k\rangle\\ &= \tfrac{1}{2}\,\dot\gamma^i(0)\dot\gamma^j(0)\,\big(\langle\sigma, D_i\rangle\langle\tau, D_j\rangle + \langle\sigma, D_j\rangle\langle\tau, D_i\rangle\big)\\ &= \tfrac{1}{2}\,\big(\langle\sigma, \dot\gamma(0)\rangle\,\langle\tau, \dot\gamma(0)\rangle + \langle\sigma, \dot\gamma(0)\rangle\,\langle\tau, \dot\gamma(0)\rangle\big) = \langle\sigma, \dot\gamma(0)\rangle\,\langle\tau, \dot\gamma(0)\rangle\,;\end{aligned}$$

Comme $\langle\sigma\cdot\tau, D_k\rangle = 0$ pour tout k, on a $\mathbf{R}(\sigma\cdot\tau) = 0$.

L'unicité découle de ce que les accélérations $\ddot\gamma(0)$ engendrent linéairement l'espace osculateur $\mathbb{T}_xV$ (lemme 1.2). De même, la bilinéarité et la symétrie, évidentes sur les accélérations $\ddot\gamma(0)$, s'étendent à tout $\mathbb{T}_xV$; et la formule pour $df(x)\cdot dg(x)$ résulte de

$$\begin{aligned}\langle df(x)\cdot dg(x), \ddot\gamma(0)\rangle &= \langle df(x), \dot\gamma(0)\rangle\,\langle dg(x), \dot\gamma(0)\rangle = (f\circ\gamma)'(0)\,(g\circ\gamma)'(0)\\ &= \tfrac{1}{2}\,\big[\big((fg)\circ\gamma\big)'' - f(x)(g\circ\gamma)'' - g(x)(f\circ\gamma)''\big](0)\\ &= \tfrac{1}{2}\big\langle d^2(fg)(x) - f(x)\,d^2g(x) - g(x)\,d^2f(x), \ddot\gamma(0)\big\rangle\,. \qquad \blacksquare\end{aligned}$$

Nous venons de voir deux opérations qui relient covecteurs et codiffuseurs, la restriction et le produit. Il y en a une troisième, la différentiation symétrique. Contrairement aux deux autres, elle n'est pas ponctuelle (bien qu'elle soit locale) : on ne peut pas la définir en restant dans des fibres au dessus de x, il faut travailler au voisinage de x (comme nous avons déjà dû le faire pour la composition des champs de vecteurs). Ceci nécessite de définir les champs de codiffuseurs.

DÉFINITION. — Un *champ de codiffuseurs* est une application $\theta \in C^{p-2}(V, \mathbb{T}^*V)$ telle que $\theta(x) \in \mathbb{T}_x^*V$ pour tout x de V.

EXERCICE. — Les champs de codiffuseurs sont les sections du fibré coosculateur; on peut les identifier aux fonctions C^{p-2} sur $\mathbb{T}V$, dont la restriction à chaque fibre $\mathbb{T}_xV$ est linéaire.

Comme exemple de champ de codiffuseurs, citons d^2f, où f est une fonction C^p; la valeur de d^2f au point x est le codiffuseur $d^2f(x)$ et son accouplement avec les champs de covecteurs est donné par $\langle d^2f, L\rangle = Lf$. Il est faux que tout champ de codiffuseurs soit de cette forme (c'est déjà faux pour les champs de covecteurs, qui ne sont pas tous de la forme df). La formule de la proposition 1.4 s'étend immédiatement aux champs de covecteurs : $df{\cdot}dg = \frac{1}{2}\big(d^2(fg) - f\,d^2g - g\,d^2f\big)$.

PROPOSITION 1.5 ET DÉFINITION. — *On suppose V de classe C^p, où $2 \leqslant p \leqslant \infty$. Si σ est un champ de covecteurs, il existe un unique champ de codiffuseurs $d\sigma$ (appelé la* différentielle symétrique *de σ) tel que pour toute courbe γ on ait*

$$\langle d\sigma, \ddot\gamma(t)\rangle = \frac{d}{dt}\langle \sigma, \dot\gamma(t)\rangle .$$

On a toujours $\mathbf{R}(d\sigma) = \sigma$ et $d(df) = d^2f$. La différentiation $\sigma \mapsto d\sigma$ est linéaire, mais n'est pas C^p-linéaire : pour $f \in C^p$, on a $d(f\sigma) = df{\cdot}\sigma + f\,d\sigma$.

Il importe de ne pas confondre ce d avec l'opérateur de différentiation extérieure, ou cobord, que nous n'utiliserons pas, et qui transforme les champs de covecteurs — ou formes différentielles de degré 1 — en formes différentielles de degré 2; celles-ci sont antisymétriques par nature, au contraire des champs de codiffuseurs.

Contrairement à la différentielle extérieure, d ne vérifie pas $d{\circ}d = 0$, puisque $d(df) = d^2f$. C'est bien sûr cette dernière formule qui justifie de noter d^2f le codiffuseur $L \mapsto Lf$.

DÉMONSTRATION DE LA PROPOSITION 1.5. — Commençons par établir l'existence et la formule $\mathbf{R}(d\sigma) = \sigma$. Si χ est une carte locale, soient σ_i les coefficients de σ dans cette carte; ce sont des fonctions définies sur le domaine D de la carte, et de classe C^{p-1} sur D. Définissons, en tout point de D, un codiffuseur θ^χ par $\langle \theta^\chi, \mathrm{D}_k\rangle = \sigma_k$ et $\langle \theta^\chi, \mathrm{D}_{ij}\rangle = \frac{1}{2}(\mathrm{D}_i\sigma_j + \mathrm{D}_j\sigma_i)$. Il vérifie $\mathbf{R}\theta^\chi = \sigma$ sur D, et pour toute courbe γ, on a, sur l'ouvert $\{t \in \mathbb{R} \,:\, \gamma(t) \in D\}$,

$$\begin{aligned}\frac{d}{dt}\langle \sigma, \dot\gamma(t)\rangle = \frac{d}{dt}\big[\sigma_j\big(\gamma(t)\big)\,\dot\gamma^j(t)\big] &= \mathrm{D}_i\sigma_j\big(\gamma(t)\big)\,\dot\gamma^i(t)\dot\gamma^j(t) + \sigma_j\big(\gamma(t)\big)\,\ddot\gamma^j(t)\\ &= \dot\gamma^i(t)\dot\gamma^j(t)\,\langle \theta^\chi, \mathrm{D}_{ij}\rangle + \ddot\gamma^k(t)\,\langle \theta^\chi, \mathrm{D}_k\rangle = \langle \theta^\chi, \ddot\gamma(t)\rangle .\end{aligned}$$

Si χ' et χ'' sont deux cartes, cette formule jointe au lemme 1.2 montre que $\theta^{\chi'} = \theta^{\chi''}$ sur l'intersection des domaines de χ' et χ''; il existe donc un champ de codiffuseurs θ tel que, pour chaque carte χ, $\theta = \theta^\chi$ sur le domaine de χ; il vérifie identiquement les formules $\mathbf{R}\theta = \sigma$ et $\langle \theta, \ddot\gamma(t)\rangle = \frac{d}{dt}\langle \sigma, \dot\gamma(t)\rangle$.

Il reste à établir l'unicité, la linéarité en σ et les formules donnant $d(df)$ et $d(f\sigma)$. L'unicité et la linéarité en σ, qu'il suffit de vérifier en un point x, résultent du lemme 1.2. La formule $d(df) = d^2f$ s'obtient de même en remarquant que

$$\langle d^2f, \ddot\gamma(t)\rangle = \frac{d^2}{dt^2}\,f{\circ}\gamma(t) = \frac{d}{dt}\,(f{\circ}\gamma)'(t) = \frac{d}{dt}\langle df, \dot\gamma(t)\rangle ;$$

enfin, la formule donnant $d(f\sigma)$ résulte de

$$\begin{aligned}\langle d(f\sigma),\ddot\gamma(t)\rangle &= \frac{d}{dt}\,\langle f\sigma,\dot\gamma(t)\rangle = \frac{d}{dt}\,\big[f\big(\gamma(t)\big)\langle\sigma,\dot\gamma(t)\rangle\big]\\ &= \frac{d}{dt}\,\big[f\big(\gamma(t)\big)\big]\,\langle\sigma,\dot\gamma(t)\rangle + f\big(\gamma(t)\big)\,\frac{d}{dt}\,\langle\sigma,\dot\gamma(t)\rangle\\ &= \langle df,\dot\gamma(t)\rangle\,\langle\sigma,\dot\gamma(t)\rangle + f\big(\gamma(t)\big)\,\langle d\sigma,\ddot\gamma(t)\rangle\\ &= \langle df\cdot\sigma,\ddot\gamma(t)\rangle + \langle f\,d\sigma,\ddot\gamma(t)\rangle\,.\end{aligned}$$

∎

La base de l'espace osculateur $\mathbb{T}_xV$ formée des $d+d(d+1)/2$ diffuseurs D_{ij} et D_k, où $1\leqslant i\leqslant j\leqslant d$ et $1\leqslant k\leqslant d$ est peu maniable; en pratique, on préfère travailler avec tous les D_{ij}, en utilisant les coefficients des diffuseurs. C'est sous cette forme que la dualité entre diffuseurs et codiffuseurs s'exprime de façon agréable.

PROPOSITION 1.6. — *Soit x un point du domaine d'une carte locale $(v^1,\dots,v^d)$ sur V. Tout codiffuseur $\theta\in\mathbb{T}_x^*V$ s'écrit de façon unique comme*

$$\theta_{ij}\,dv^i(x)\cdot dv^j(x)+\theta_k\,d^2v^k(x)\,,$$

où θ_{ij} et θ_k sont d^2+d nombres réels vérifiant $\theta_{ij}=\theta_{ji}$.

Si $L\in\mathbb{T}_xV$ est un diffuseur en x, de coefficients L^{ij} et L^k (donc tel que $L=L^{ij}\mathrm{D}_{ij}+L^k\mathrm{D}_k$ et $L^{ij}=L^{ji}$), la dualité entre $\mathbb{T}_x^*V$ et $\mathbb{T}_xV$ s'exprime par

$$\langle\theta,L\rangle=\theta_{ij}L^{ij}+\theta_kL^k\,;$$

cette formule reste d'ailleurs valable lorsque l'un seulement de θ et L est écrit sous forme symétrique en i et j.

Lorsque f parcourt les fonctions de classe C^{p-2}, le codiffuseur $d^2f(x)$ décrit tout l'espace coosculateur $\mathbb{T}_x^*V$.

DÉMONSTRATION. — Si L est un diffuseur en x, de coefficients L^{ij} et L^k, puisque

$$\langle d^2v^\ell,L\rangle=Lv^\ell=L^{ij}\mathrm{D}_{ij}v^\ell+L^k\mathrm{D}_kv^\ell=0+L^k\delta_k^\ell=L^\ell$$

et que

$$\begin{aligned}2\,\langle L,dv^\ell\cdot dv^m\rangle &= L(v^\ell v^m)-v^\ell(x)\,Lv^m-v^m(x)\,Lv^\ell\\ &= L^k\mathrm{D}_k(v^\ell v^m)+L^{ij}\mathrm{D}_{ij}(v^\ell v^m)-v^\ell(x)\,Lv^m-v^m(x)\,Lv^\ell\\ &= L^k\big(\delta_k^\ell v^m(x)+v^\ell(x)\delta_k^m\big)+L^{ij}(\delta_i^\ell\delta_j^m+\delta_i^m\delta_j^\ell)-v^\ell(x)\,Lv^m-v^m(x)\,Lv^\ell\\ &= L^{\ell m}+L^{m\ell}=2\,L^{\ell m}\,,\end{aligned}$$

les $dv^i(x)\cdot dv^j(x)$ et les $dv^k(x)$ engendrent toutes les formes linéaires sur $\mathbb{T}_xV$, c'est-à-dire le dual $\mathbb{T}_x^*V$. La formule de dualité $\langle\theta,L\rangle=\theta_{ij}L^{ij}+\theta_kL^k$ en résulte également, et ainsi que l'unicité de l'écriture de θ (pourvu que $\theta_{ij}=\theta_{ji}$) : si $\theta_{ij}\,dv^i(x)\cdot dv^j(x)+\theta_k\,d^2v^k(x)=0$, alors $\theta_{ij}L^{ij}+\theta_kL^k=0$ pour tout L, donc θ_{ij} et θ_k sont nuls.

L'extension de la formule de dualité au cas où l'une seulement des matrices (θ_{ij}) ou (L^{ij}) est symétrique est immédiate : si, par exemple, $L^{ij}=L^{ji}$, on ne change pas $\theta_{ij}L^{ij}$ en remplaçant θ_{ij} par sa symétrisée $\frac12\,(\theta_{ij}+\theta_{ji})$.

Enfin, pour $\theta=\theta_{ij}\,dv^i(x)\cdot dv^j(x)+\theta_k\,d^2v^k(x)\in\mathbb{T}_x^*V$ (écriture symétrique), il existe $f\in\mathrm{C}^{p-2}$ telle que $\mathrm{D}_{ij}f(x)=\theta_{ij}$ et $\mathrm{D}_kf(x)=\theta_k$ (on peut prendre par exemple un polynôme convenable en les v^i multiplié par une fonction C^p, égale à 1 au voisinage de x, et à support compact inclus dans le domaine de la carte); on a alors

$$\langle\theta,L\rangle=\theta_{ij}L^{ij}+\theta_kL^k=L^{ij}\mathrm{D}_{ij}f(x)+L^k\mathrm{D}_kf(x)=Lf=\langle d^2f(x),L\rangle$$

pour tout $L\in\mathbb{T}_xV$, d'où $d^2f=\theta$. ∎

PROPOSITION 1.7. — *Soit* $(v^1, ..., v^d)$ *une carte locale, de domaine* D. *Tout champ de codiffuseurs* θ *sur* V *s'écrit dans* D *de façon unique comme*

$$\theta_{ij}\, dv^i{\cdot}dv^j + \theta_k\, d^2v^k\,,$$

où θ_{ij} *et* θ_k *sont* $d^2 + d$ *fonctions sur* D *de classe* C^{p-2} *et vérifiant la condition de symétrie* $\theta_{ij} = \theta_{ji}$.

On a aussi

$$\mathbf{R}(\theta_{ij}\, dv^i{\cdot}dv^j + \theta_k\, d^2v^k) = \theta_k\, dv^k\,,$$

et, si f *et* g *sont deux fonctions et* σ *et* τ *deux champs de covecteurs qui s'écrivent* $\sigma = \sigma_i\, dv^i$ *et* $\tau = \tau_i\, dv^i$ *dans* D,

$$d\sigma = \sigma_k\, d^2v^k + \mathrm{D}_i\sigma_j\, dv^i{\cdot}dv^j\,, \qquad d^2f = \mathrm{D}_k f\, d^2v^k + \mathrm{D}_{ij} f\, dv^i{\cdot}dv^j,$$

$$\sigma{\cdot}\tau = \sigma_i\tau_j\, dv^i{\cdot}dv^j\,. \qquad df{\cdot}dg = \mathrm{D}_i f\, \mathrm{D}_j g\, dv^i{\cdot}dv^j$$

(remarquer que ces écritures des champs de codiffuseurs $d\sigma$, $\sigma{\cdot}\tau$ *et* $df{\cdot}dg$ *ne sont pas mises sous forme symétrique).*

La formule de dualité entre champs de diffuseurs et de codiffuseurs s'écrit encore

$$\langle \theta, L\rangle = \theta_{ij} L^{ij} + \theta_k L^k\,,$$

où $L = L^{ij}\mathrm{D}_{ij} + L^k\mathrm{D}_k$ *est une écriture dans la carte d'un champ de diffuseurs et où l'un au moins des systèmes de coefficients* (θ_{ij}) *et* (L^{ij}) *est symétrique.*

DÉMONSTRATION. — L'existence et l'unicité de cette écriture d'un champ de codiffuseurs, ainsi que la formule de dualité avec les champs de diffuseurs, se déduisent des énoncés analogues en un point (proposition 1.6).

La formule donnant la restriction $\mathbf{R}(\theta)$ résulte immédiatement des propriétés $\mathbf{R}(d^2f) = df$ et $\mathbf{R}(s{\cdot}\tau) = 0$ de $\mathbf{R}$. Enfin, les quatre formules donnant $d\sigma$, $\sigma{\cdot}\tau$, d^2f et $df{\cdot}dg$ se déduisent sans peine des propositions 1.4 et 1.5. ∎

Si $\phi : V \to W$ est une application C^p entre deux variétés, on note ϕ^*_x l'application adjointe de ϕ_{*x}, qui va de $\mathbb{T}^*_{\phi(x)}W$ dans $\mathbb{T}^*_xV$; elle est définie par $\langle\phi^*_x\theta, L\rangle = \langle\theta, \phi_{*x}L\rangle$ pour tout $L \in \mathbb{T}_xV$ et, grâce à 1.6, peut être caractérisée par $\phi^*_x\big[d^2f\big(\phi(x)\big)\big] = d^2(f{\circ}\phi)(x)$ pour toute $f \in \mathrm{C}^p(W)$.

Si ϕ est une application C^p de V dans W et θ un champ de codiffuseurs sur W, on peut définir un champ de codiffuseurs $\phi^*\theta$ sur V : en un point $x \in V$, poser $(\phi^*\theta)(x) = \phi^*_x\big[\theta\big(\phi(x)\big)\big]$. Le même symbole ϕ^* est donc utilisé pour deux opérations analogues, l'une sur les covecteurs, l'autre sur les codiffuseurs. L'expérience montre que ce n'est pas gênant, bien au contraire : cela ajoute à l'élégance des trois formules ci-dessous :

PROPOSITION 1.8. — *Soient* ϕ *une application* C^p *de* V *dans* W, θ *un champ de codiffuseurs sur* W, σ *et* τ *deux champs de covecteurs sur* W. *On a*

$$\phi^*(d\sigma) = d(\phi^*\sigma)\,,$$

$$\phi^*(\mathbf{R}\theta) = \mathbf{R}(\phi^*\theta) \qquad et \qquad \phi^*(\sigma{\cdot}\tau) = \phi^*\sigma\cdot\phi^*\tau\,.$$

Les deux dernières formules ont aussi lieu si θ, σ *et* τ *sont un codiffuseur et des covecteurs en un point* y *de* W *de la forme* $\phi(x)$, *en remplaçant, bien sûr,* ϕ^* *par* ϕ^*_x.

DÉMONSTRATION. — La seconde formule se vérifie séparément en chaque point x, en choisissant une fonction f sur W telle que $(d^2f)(\phi(x)) = \theta(\phi(x))$ et en écrivant, au point x,

$$\phi^*(\mathbf{R}\theta) = \phi^*(\mathbf{R}(d^2f)) = \phi^*(df) = d(f\circ\phi) = \mathbf{R}d^2(f\circ\phi) = \mathbf{R}\phi^*(d^2f)\,.$$

La troisième peut, en utilisant le lemme 1.2 et la définition du produit des covecteurs, se vérifier sur les accélérations des courbes :

$$\begin{aligned}\langle\phi^*(\sigma\cdot\tau),\ddot\gamma\rangle &= \langle\sigma\cdot\tau,\phi_*\ddot\gamma\rangle = \langle\sigma\cdot\tau,(\phi\circ\gamma)^{\cdot\cdot}\rangle = \langle\sigma,(\phi\circ\gamma)^{\cdot}\rangle\,\langle\tau,(\phi\circ\gamma)^{\cdot}\rangle\\ &= \langle\sigma,\phi_*\dot\gamma\rangle\,\langle\tau,\phi_*\dot\gamma\rangle = \langle\phi^*\sigma,\dot\gamma\rangle\,\langle\phi^*\tau,\dot\gamma\rangle = \langle\phi^*\sigma\cdot\phi^*\tau\,,\,\ddot\gamma\rangle\,.\end{aligned}$$

Pour la première formule, on écrit σ comme une somme finie de champs de covecteurs du type $f\,dg$, où f et g sont des fonctions; c'est toujours possible dans le domaine d'une carte (ça l'est aussi globalement, mais peu importe...). On peut donc supposer $\sigma = f\,dg$. On a alors $\phi^*\sigma = f\circ\phi\;\phi^*(dg) = f\circ\phi\;d(g\circ\phi)$, d'où

$$\begin{aligned}d(\phi^*\sigma) &= d\big(f\circ\phi\,d(g\circ\phi)\big) = d(f\circ\phi)\cdot d(g\circ\phi) + f\circ\phi\;d^2(g\circ\phi)\\ &= \phi^*df\cdot\phi^*dg + f\circ\phi\;\phi^*d^2g = \phi^*(df\cdot dg + f\,d^2g) = \phi^*d(f\,dg) = \phi^*d\sigma\,. \quad \blacksquare\end{aligned}$$

Comme pour les champs de vecteurs, si A est un champ de diffuseurs sur V, il n'est en général pas possible de définir un champ de diffuseurs ϕ_*A sur W.

EXERCICE. — Soient ϕ une application C^p de V dans W, x et y tels que $\phi(x) = y$ et soit (v^i) (respectivement (w^α)) un système de coordonnées locales au voisinage de x (respectivement y). Si $\theta = \theta_{\alpha\beta}\,dw^\alpha\cdot dw^\beta + \theta_\gamma\,d^2w^\gamma \in \mathbb{T}^*_yW$ est un codiffuseur au point y, établir la formule (au point x)

$$\phi^*\theta = [\theta_{\alpha\beta}\,\mathrm{D}_i\phi^\alpha\,\mathrm{D}_j\phi^\beta + \theta_\gamma\,\mathrm{D}_{ij}\phi^\gamma]\,dv^i\cdot dv^j + \theta_\gamma\,\mathrm{D}_k\phi^\gamma\,d^2v^k\,.$$

DÉFINITION. — Un codiffuseur $\theta \in \mathbb{T}^*_xV$ tel que $\mathbf{R}\theta = 0$ sera dit *purement d'ordre deux*.

Dans la dualité entre $\mathbb{T}_xV$ et $\mathbb{T}^*_xV$, le sous-espace purement d'ordre deux de $\mathbb{T}^*_xV$ est donc l'orthogonal du sous-espace « purement d'ordre un » T_xV de $\mathbb{T}_xV$.

PROPOSITION 1.9. — *Pour $x \in V$, le sous-espace vectoriel purement d'ordre deux* $\operatorname{Ker}\mathbf{R}$ *de l'espace coosculateur $\mathbb{T}^*_xV$ est linéairement engendré par les codiffuseurs de la forme $\sigma\cdot\sigma$, où σ décrit T^*_xV.*

Il existe une bijection linéaire $\mathbf{Q}$ entre le sous-espace purement d'ordre deux de $\mathbb{T}^*_xV$ et l'ensemble des formes quadratiques sur T_xV, telle que $\mathbf{Q}(\sigma\cdot\sigma)$ soit la forme quadratique $A \mapsto \langle\sigma,A\rangle^2$. La forme quadratique $\mathbf{Q}\theta$ est aussi caractérisée par la formule $\langle\theta,\ddot\gamma(0)\rangle = (\mathbf{Q}\theta)(\dot\gamma(0))$, valable pour toute courbe γ telle que $\gamma(0) = x$. Réciproquement, étant donné $\theta \in \mathbb{T}^*_xV$, s'il existe une forme quadratique q sur T_xV telle que $\langle\theta,\ddot\gamma(0)\rangle = q(\dot\gamma(0))$ pour toute telle courbe, alors θ est purement d'ordre deux et $q = \mathbf{Q}\theta$.

Autrement dit, $\mathbf{Q}(\sigma\cdot\sigma) = \sigma\otimes\sigma$ et le sous-espace purement d'ordre deux $\operatorname{Ker}\mathbf{R}$ de l'espace coosculateur s'identifie au produit tensoriel symétrique $\mathrm{T}^*_xV\odot\mathrm{T}^*_xV$.

DÉFINITION. — Un codiffuseur $\theta \in \mathbb{T}^*_xV$ purement d'ordre deux sera dit *positif* (respectivement *défini positif*) si la forme quadratique associée $\mathbf{Q}\theta$ est positive (respectivement définie positive).

DÉMONSTRATION DE LA PROPOSITION 1.9. — Utilisons des coordonnées locales au voisinage de x. Un codiffuseur $\theta \in \operatorname{Ker}\mathbf{R}$ s'écrit $\theta_{ij}\, dv^i(x){\cdot}dv^j(x)$; on établit ainsi une bijection entre l'espace $\operatorname{Ker}\mathbf{R}$ et les matrices symétriques (θ_{ij}). Pour $\sigma = \sigma_i\, dv^i(x) \in \mathrm{T}^*_x V$, la matrice correspondant à $\theta = \sigma{\cdot}\sigma$ est $\theta_{ij} = \sigma_i\sigma_j$, et $\mathbf{Q}\theta$ est caractérisée par $\mathbf{Q}(\theta)(A^i\mathrm{D}_i) = \theta_{ij}A^iA^j$.

Pour tout $\theta \in \mathbb{T}^*_x V$ et toute courbe γ telle que $\gamma(0) = x$, on a en coordonnées locales $\langle\theta, \ddot\gamma\rangle = \theta_k\ddot\gamma^k + \theta_{ij}\dot\gamma^i\dot\gamma^j$. On voit immédiatement sur cette expression que les coefficients θ_k sont nuls si et seulement si θ s'identifie à une forme quadratique agissant sur $\dot\gamma$, et qu'alors cette forme quadratique, de matrice (θ_{ij}), est égale à $\mathbf{Q}\theta$. ∎

La formule de changement de base pour les covecteurs purement d'ordre deux s'écrit

$$\theta_{\alpha\beta} = \theta_{ij}\, \mathrm{D}_\alpha v^i\, \mathrm{D}_\beta v^j\ .$$

Elle ne fait intervenir que les dérivées premières des coordonnées. Ceci traduit le caractère tensoriel de ces objets; cela montre aussi que le « fibré coosculateur purement d'ordre deux » est muni d'une structure de variété de classe C^{p-1}, donc un peu plus régulier que le fibré coosculateur, qui est de classe C^{p-2}.

DÉFINITION. — On appelle *variété riemannienne* une variété de classe C^p munie d'un champ C^{p-1} de codiffuseurs purement d'ordre deux, définis positifs.

Une structure riemannienne sur une variété munit chaque espace tangent T_xV d'une structure euclidienne; ceci permet de quantifier la vitesse des courbes, puis de parler de leur longueur, et de bien d'autres invariants. (C'est aussi ce qui permet de définir les mouvements browniens dans la variété; c'est dire s'il s'agit d'une notion intéressante!)

Chapitre 2

SEMIMARTINGALES DANS UNE VARIÉTÉ ET GÉOMÉTRIE D'ORDRE 2

Ces objets au second degré peuvent se combiner à d'autres ; le processus, au moyen de certaines abréviations, est pratiquement infini.

J. L. BORGES,
Tlön Uqbar Orbis Tertius

La théorie des intégrales stochastiques repose essentiellement sur des inégalités de martingales, c'est pourquoi, en calcul stochastique usuel (dans $\mathbb{R}$ ou $\mathbb{R}^d$), on introduit le plus souvent les martingales avant les intégrateurs plus généraux que sont les semimartingales. En géométrie différentielle stochastique, la situation est différente, parce que les martingales nécessitent une structure géométrique plus riche, et parce qu'il semble impossible de les définir autrement que comme des semimartingales ayant une propriété supplémentaire. Avant d'en venir aux martingales dans les variétés, objets de ce cours, un chapitre va être consacré aux semimartingales dans les variétés.

1. — Brefs rappels sur les semimartingales continues

Les semimartingales continues, à valeurs dans $\mathbb{R}$ ou dans un espace vectoriel de dimension finie, sont au cœur de la théorie de l'intégration stochastique, et font l'objet de nombreux ouvrages. Mes préférences vont aux tomes II et V du traité en cinq volumes [36] et [35] de Dellacherie, Maisonneuve et Meyer, véritable bible sur ce sujet. Son seul défaut serait d'être trop complet : pour le cas continu qui seul nous intéresse ici, on peut le lire en négligeant tout ce qui concerne les sauts de semimartingales. Mais bien d'autres sources fournissent aussi une excellente approche.

Un espace probabilisé $(\Omega, \mathcal{A}, \mathbb{P})$ muni d'une filtration $\mathcal{F} = (\mathcal{F}_t)_{t\geqslant 0}$ est fixé (et souvent sous-entendu) dans la suite. Les conditions habituelles sont en vigueur : la tribu $\mathcal{A}$ est complète, chaque tribu $\mathcal{F}_t$ contient tous les événements négligeables (de $\mathcal{A}$) et est égale à l'intersection $\bigcap_{\varepsilon>0} \mathcal{F}_{t+\varepsilon}$.

Si X est un processus et T un temps d'arrêt, nous noterons $X^{T]}$ le processus arrêté, défini par $X^{T]}_t = X_{t\wedge T}$.

Rappelons qu'une semimartingale est un processus réel $X = (X_t)_{t\geqslant 0}$ admettant une décomposition de la forme $X_t = X_0 + M_t + A_t$, où M est une martingale locale nulle pour $t = 0$ et A un processus adapté, dont chaque trajectoire $t \mapsto A_t(\omega)$ est une fonction nulle en 0 et à variation bornée sur tout compact de $\mathbb{R}_+$ (un tel processus A est dit *à variation finie*).

Nous ne nous intéresserons qu'à des semimartingales continues : par convention, le mot semimartingale signifiera dorénavant « semimartingale continue ». Si X est un tel processus, les processus M et A figurant dans la décomposition de X peuvent aussi être pris continus, et une telle décomposition est alors unique ; nous les choisirons toujours ainsi. (Mais si l'on remplace $\mathbb{P}$ par une probabilité équivalente, la décomposition change, bien que X reste une semimartingale.)

Théorème 2.1 (Intégration stochastique). — *Soit X une semimartingale. Il existe une unique application linéaire de l'espace des processus prévisibles localement bornés dans l'espace des semimartingales nulles en zéro, notée $H \mapsto \int H\,\mathrm{d}X$, vérifiant les deux propriétés suivantes :*

(i) *pour $s \geqslant 0$ et $A \in \mathcal{F}_s$, si $H = \mathbb{1}_A \mathbb{1}_{]s,\infty[}$ (ou encore $H = \mathbb{1}_A$ lorsque $s = 0$),*

$$\int H\,\mathrm{d}X = (X - X^{s]})\,\mathbb{1}_A\,;$$

(ii) *si $(H^n)_{n\in\mathbb{N}}$ est une suite de processus prévisibles qui converge vers une limite H, et si $\sup_n |H^n|$ est localement borné, alors $\int H^n\,\mathrm{d}X$ tend vers $\int H\,\mathrm{d}X$ (convergence uniforme sur tout compact $[0,t]$, en probabilité).*

Elle jouit également des propriétés suivantes :

(iii) *si X est une martingale locale (respectivement un processus à variation finie), il en va de même de $\int K\,\mathrm{d}X$;*

(iv) *si H et K sont deux processus prévisibles localement bornés,*

$$\int (KH)\,\mathrm{d}X = \int K\,\mathrm{d}\big(\textstyle\int H\,\mathrm{d}X\big)\,.$$

Si X et Y sont deux semimartingales, la semimartingale

$$[X,Y] = XY - X_0Y_0 - \int X\,\mathrm{d}Y - \int Y\,\mathrm{d}X$$

est à variation finie, et nulle si X (ou Y) est à variation finie. Elle dépend bilinéairement de X et Y ; on l'appelle *covariation* de X et Y. On a toujours

$$\big[\textstyle\int H\,\mathrm{d}X, \int K\,\mathrm{d}Y\big] = \displaystyle\int HK\,\mathrm{d}[X,Y]\,.$$

Le processus $[X,X]$ est appelé *variation quadratique* de X ; c'est un processus croissant, nul si et seulement si X est à variation finie.

Théorème 2.2 (Formule du changement de variable). — *Soient d semimartingales $X^1, ..., X^d$ définies sur un même espace filtré $(\Omega, \mathcal{A}, \mathbb{P}, \mathcal{F})$. Si $f : \mathbb{R}^d \to \mathbb{R}$ est une fonction de classe C^2 au moins, le processus $f(X^1, ..., X^d)$ est une semimartingale. Plus précisément, il admet l'écriture en intégrales stochastiques*

$$f(X^1,...,X^d) = f(X^1_0,...,X^d_0) + \int \mathrm{D}_i f(X^1,...,X^d)\,\mathrm{d}X^i + \tfrac{1}{2}\int \mathrm{D}_{ij} f(X^1,...,X^d)\,\mathrm{d}[X^i,X^j].$$

Cette formule peut être simplifiée en introduisant les *intégrales de Stratonovitch.* Si X et Y sont deux semimartingales, l'intégrale de Stratonovitch $\int Y\,\delta X$ est définie comme $\int Y\,\mathrm{d}X + \frac{1}{2}[Y,X]$; elle satisfait à la formule d'associativité

$$\int Z\,\delta(\textstyle\int Y\,\delta X) = \displaystyle\int (ZY)\,\delta X\ ,$$

et la formule de changement de variable devient, pour f de classe C^3,

$$f(X^1,...,X^d) = f(X_0^1,...,X_0^d) + \int \mathrm{D}_i f(X^1,...,X^d)\,\delta X^i .$$

Cette formule est encore vraie si f est C^2, en définissant $\int Y\,\delta X$ pour les processus Y de la forme $g\circ X$, où g est C^1 (ce ne sont pas nécessairement des semimartingales). La formule du changement de variables ainsi simplifiée justifie l'adage selon lequel le calcul de Stratonovitch obéit aux mêmes règles que le calcul intégro-différentiel habituel.

L'espace probabilisé $(\Omega,\mathcal{A},\mathbb{P})$ étant fixé, l'ensemble L^0 de toutes les variables aléatoires p.s. finies est pourvu d'une structure d'espace vectoriel topologique métrisable complet (e.v.t.m.c.) par la *topologie de la convergence en probabilité,* qui peut être définie par la distance $\mathrm{dist}_{\mathrm{p}}(X,Y) = \rho_{\mathrm{p}}(X-Y)$, où $\rho_{\mathrm{p}}(X) = \mathbb{E}[|X|\wedge 1]$.

L'espace filtré $(\Omega,\mathcal{A},\mathbb{P},\mathcal{F})$ étant fixé, l'ensemble des processus continus et adaptés est muni d'une structure d'e.v.t.m.c. par la *topologie de la convergence uniforme sur les compacts, en probabilité,* donnée par la distance $\mathrm{dist}_{\mathrm{cp}}(X,Y) = \rho_{\mathrm{cp}}(X-Y)$, où $\rho_{\mathrm{cp}}(X) = \sum_n 2^{-n}\rho_{\mathrm{p}}\big(\sup_{t\in[0,n]}|X_t|\big)$.

Enfin, l'espace $(\Omega,\mathcal{A},\mathbb{P},\mathcal{F})$ étant toujours fixé, l'ensemble des semimartingales est un e.v.t.m.c. pour la *topologie des semimartingales*, que l'on peut définir par $\mathrm{dist}_{\mathrm{sm}}(X,Y) = \rho_{\mathrm{sm}}(X-Y)$ où, si $X = X_0 + M + A$ est la décomposition canonique d'une semimartingale X, on a posé $\rho_{\mathrm{sm}}(X) = \rho_{\mathrm{p}}(X_0) + \rho_{\mathrm{cp}}\big([M,M]\big) + \rho_{\mathrm{cp}}\big(\int|dA|\big)$.

Sur le sous-espace formé des martingales locales, les deux topologies (semimartingales et convergence uniforme sur les compacts en probabilité) coïncident, et déterminent une structure d'e.v.t.m.c.

PROPOSITION 2.3. — *Soit* $(X^n)_{n\in\mathbb{N}}$ *une suite de semimartingales qui converge, au sens des semimartingales, vers une semimartingale* X.

Si $(Y^n)_{n\in\mathbb{N}}$ *est une suite de semimartingales qui converge, en topologie des semimartingales, vers une limite* Y, *les covariations* $[X^n,Y^n]$ *convergent, au sens des semimartingales, vers* $[X,Y]$.

Si $(f_n)_{n\in\mathbb{N}}$ *est une suite fonctions* C^2 *qui converge vers* f *au sens des fonctions* C^2 (convergence uniforme sur les compacts de la fonction et de ses dérivées jusqu'à l'ordre 2), *alors* $f_n\circ X^n$ *converge au sens des semimartingales vers* $f\circ X$.

Si $(H^n)_{n\in\mathbb{N}}$ *est une suite de processus prévisibles qui converge simplement vers un processus* H, *et si* $\sup_n H^n$ *est localement borné, alors* $\int H^n\,\mathrm{d}X^n$ *tend vers* $\int H\,\mathrm{d}X$ *au sens des semimartingales.*

Si $\mathbb{Q}$ *est une probabilité absolument continue par rapport à* $\mathbb{P}$ (par exemple $\mathbb{Q}[A] = \mathbb{P}[A|E]$, où E est un événement non négligeable), X^n *tend vers* X *en topologie des semimartingales pour la probabilité* $\mathbb{Q}$.

L'une des raisons qui rendent maniable la topologie des semimartingales est son caractère local, explicité pour référence ultérieure dans l'énoncé ci-dessous.

PROPOSITION 2.4. — *Soit* $(X^n)_{n\in\mathbb{N}}$ *une suite de semimartingales. On suppose réalisée l'une des trois hypothèses suivantes.*

(i) *Il existe une suite* $(T_k)_{k\in\mathbb{N}}$ *de temps d'arrêt tels que* $\sup_k T_k = \infty$ *et que, pour chaque* k, *la suite des semimartingales* $\mathbb{1}_{\{T_k>0\}}(X^n)^{T_k]}$ *converge au sens des semimartingales vers une limite* $Y^{(k)}$.

(ii) *La suite* $(X_0^n)_{n\in\mathbb{N}}$ *converge en probabilité vers une limite* $Y_{(0)}$ *et il existe un recouvrement ouvert prévisible dénombrable* $(A_k)_{k\in\mathbb{N}}$ *de* $[\![0,\infty[\![$, *tel que, pour chaque* k, $\int \mathbb{1}_{A_k}\,\mathrm{d}X^n$ *tende en topologie des semimartingales vers une limite* $Y^{(k)}$.

(iii) *Il existe une suite* $(E_k)_{k\in\mathbb{N}}$ *d'événements non négligeables, de réunion* Ω, *tels que, pour chaque* k, X^n *tende sur* E_k (c'est-à-dire pour la probabilité conditionnée par E_k) *au sens des semimartingales vers une limite* $Y^{(k)}$.

Alors X^n *tend au sens des semimartingales vers une limite* Y, *qui vérifie respectivement dans chacun des trois cas :*

(i) $\mathbb{1}_{\{T_k>0\}}Y^{T_k]} = Y^{(k)}$;

(ii) $Y_0 = Y_{(0)}$ *et* $\int \mathbb{1}_{A_k}\,\mathrm{d}Y = Y^{(k)}$;

(iii) *la restriction de* Y *à* E_k *est* $Y^{(k)}$.

Le point (iii), par exemple, signifie que lorsqu'on établit que X^n tend vers X au sens des semimartingales, on a le droit (comme pour les convergences en probabilité) de négliger des événements de probabilité arbitrairement petite.

Pour terminer ces rappels, deux mots sur les semimartingales jusqu'à l'infini.

DÉFINITION. — Si X est une semimartingale, de décomposition $X_0 + M + A$, et E un événement, on dit que X *est une semimartingale jusqu'à l'infini sur* E si $[M,M]_\infty + \int_0^\infty |\mathrm{d}A_t| < \infty$ presque sûrement sur E.

Il est clair que l'ensemble des E tels que X soit une semimartingale jusqu'à l'infini sur E est stable par union dénombrable; lorsque $E = \Omega$, on dit simplement que X est une semimartingale jusqu'à l'infini.

PROPOSITION 2.5. — *Soit* $a : [0,\infty] \to [0,1]$ *un homéomorphisme croissant. On définit une nouvelle filtration par* $\mathcal{F}'_{a(t)} = \mathcal{F}_t$ *et* $\mathcal{F}'_t = \mathcal{F}_\infty$ *pour* $t \geqslant 1$. *Soit* X *une semimartingale.*

Pour que X *soit une semimartingale jusqu'à l'infini, il faut et il suffit que la limite* $X_\infty = \lim_{t\to\infty} X_t$ *existe presque sûrement, et que le processus changé de temps* X', *défini par* $X'_{a(t)} = X_t$ *et* $X'_t = X_\infty$ *pour* $t \geqslant 1$, *soit une semimartingale pour la filtration changée de temps* $\mathcal{F}'$.

Plus généralement, pour que X *soit une semimartingale jusqu'à l'infini sur un événement* E, *il faut et il suffit que* X_∞ *existe presque sûrement sur* E, *et que* X' *soit une semimartingale pour* $\mathcal{F}'$ *et pour la probabilité conditionnée* $A \mapsto \mathbb{P}[A|E]$.

2. — Semimartingales dans une variété

On peut simplifier les notations du théorème 2.2 en appelant semimartingale à valeurs dans $\mathbb{R}^d$ tout processus $X = (X^1, ..., X^d)$ dont les d composantes sont des semimartingales; et le théorème dit qu'alors toutes les fonctions de classe C^2 (et pas seulement les fonctions linéaires ou affines sur $\mathbb{R}^d$) transforment X en une semimartingale réelle. On a là une propriété caractéristique des semimartingales dans $\mathbb{R}^d$, qui ne fait pas intervenir la structure linéaire de $\mathbb{R}^d$, mais seulement la structure différentiable, et que l'on peut donc étendre aux variétés.

DÉFINITION. — L'espace filtré $(\Omega, \mathcal{A}, \mathbb{P})$ est fixé. Soit V une variété de classe C^2 au moins. Un processus X à valeurs dans V est une *semimartingale dans* V si, pour toute fonction $f \in C^2(V)$, le processus $f \circ X$ est une semimartingale (réelle).

Cette définition est due à Schwartz [94]; tout ce chapitre est emprunté à Schwartz [94], [95], [96], [100] et à Meyer [78], [79], [80], [82], ainsi qu'à Arnaudon et Thalmaier [11] pour ce qui concerne la topologie des semimartingales dans les variétés.

La première chose à remarquer à propos de cette définition est qu'elle ne ne crée pas d'ambiguïté : lorsque V est l'espace $\mathbb{R}$ ou $\mathbb{R}^d$, muni de sa structure canonique de variété, les semimartingales à valeurs dans V sont exactement les semimartingales usuelles.

Dans une variété seulement de classe C^1, il n'est pas possible, en l'absence d'une structure supplémentaire,[1] de définir les semimartingales. *Dans toute la suite, le mot « variété » signifiera « variété de classe* C^2 *au moins »; et les fonctions et les champs de vecteurs, de diffuseurs, de codiffuseurs, etc. définis sur une variété auront, sauf spécification contraire, la plus grande régularité possible.* Par exemple, sur une variété C^p, champ de codiffuseurs signifiera champ de codiffuseurs de classe C^{p-2}.

LEMME 2.6. — *Soit* X *un processus à valeurs dans une variété* V. *Pour que* X *soit une semimartingale dans* V, *(il faut et) il suffit que* $f \circ X$ *soit une semimartingale pour toute fonction* f *sur* V *de classe* C^2 *et à support compact.*

DÉMONSTRATION. — Supposons cette condition réalisée. Il existe une famille dénombrable $\mathfrak{D}$ de fonctions C^2 et à supports compacts telles que, pour tout point x de V et tout voisinage compact K de x, il existe une fonction g de $\mathfrak{D}$, à support dans K et égale à 1 en x; comme chacun des processus $g \circ X$ est continu et adapté, il en va de même de X. Soit $(K_n)_{n \in \mathbb{N}}$ une suite croissante de compacts de V, de limite $\bigcup_n K_n = V$ et telle que $K_n \subset \mathring{K}_{n+1}$; les temps d'arrêt $T_n = \inf\{t : X_t \notin K_n\}$ croissent vers l'infini par continuité de X. Si f est une fonction C^2 sur V, il existe pour chaque n une fonction f_n de classe C^2, à support compact, et égale à f sur K_n, et une semimartingale réelle Y_n telle que $f \circ X^{T_n]} = Y^{T_n]}$: sur l'événement $\{X_0 \notin K_n\}$, prendre Y^n constant et égal à $f \circ X_0$, et sur $\{X_0 \in K_n\}$, poser $Y^n = f_n \circ X$. En conséquence, le processus $f \circ X$ est lui-même une semimartingale, et X est une semimartingale dans V. ∎

PROPOSITION 2.7. — *Soient* V *et* W *deux variétés et* $\phi : V \to W$ *une application de classe* C^2. *Si* X *est une semimartingale dans* V, $\phi \circ X$ *est une semimartingale dans* W.

Soient V *une sous-variété d'une variété* W *et* X *un processus à valeurs dans* V. *Pour que* X *soit une semimartingale dans* V, *il faut et il suffit qu'il soit une semimartingale dans* W.

DÉMONSTRATION. — La première assertion résulte de ce que, pour f dans $C^2(W)$, $f \circ \phi$ est dans $C^2(V)$.

---

1. L'espace des fonctions sur $\mathbb{R}^d$ qui transforment les semimartingales en semimartingales contient aussi des fonctions qui ne sont pas de classe C^2, par exemple les différences de fonctions convexes; ceci ouvre la possibilité de définir des semimartingales sur une structure plus pauvre que la structure C^2. Noter en passant que si $d \geqslant 2$, on ne sait pas si cet espace contient d'autres fonctions que les différences de convexes.

Si V est une sous-variété de W, l'injection canonique de V dans W est de classe C^p, et a fortiori C^2, et toute semimartingale dans V est aussi une semimartingale dans W.

La réciproque s'obtient à l'aide du lemme 2.6, en utilisant le fait que toute fonction C^2 et à support compact sur V est la restriction à V d'une fonction C^2 sur W. ∎

PROPOSITION 2.8. — *Soit V une variété. Il existe un sous-ensemble fini F de $C^p(V)$ ayant la propriété suivante : un processus X dans V est une semimartingale si et seulement si $f \circ X$ est une semimartingale pour toute $f \in F$.*

A fortiori, un processus X dans V est une semimartingale si et seulement si $f \circ X$ est une semimartingale pour toute $f \in C^p(V)$.

DÉMONSTRATION. — C'est une conséquence du théorème de Whitney (que nous admettons), selon lequel il existe un entier n et un plongement ϕ de classe C^p de V dans $\mathbb{R}^n$. Il suffit de prendre pour F l'ensemble des n fonctions $p \circ \phi$, où p décrit les n projections de $\mathbb{R}^n$ sur ses facteurs. En effet, la proposition 2.7 affirme que X est une sous-martingale si et seulement $\phi \circ X$ en est une, et, puisque $\phi \circ X$ est dans $\mathbb{R}^n$, cela peut être testé avec les n fonctions p.

La seconde assertion se déduit aussitôt de la première. ∎

Les auditeurs frustrés par l'usage du théorème de Whitney n'auront pas de mal à donner une autre démonstration de la dernière assertion de la propsition 2.8, par exemple à l'aide du lemme de localisation 2.9 ci-dessous (que nous démontrerons sans utiliser 2.8).

La propriété d'être une semimartingale dans V peut aussi se vérifier localement, en utilisant des coordonnées locales. On n'a alors besoin que de d fonctions, mais la caractérisation n'est valable que sur le sous-ensemble de $\mathbb{R}_+ \times \Omega$ formé des (t, ω) tels que $X_t(\omega)$ soit dans le domaine de la carte. Plus précisément, on a l'énoncé suivant :

LEMME DE LOCALISATION 2.9. — *Soit $(U_\iota)_{\iota \in I}$ un recouvrement ouvert au plus dénombrable de V tel que chaque U_ι soit relativement compact dans le domaine d'une carte locale $(v^i_\iota)_{1 \leqslant i \leqslant d}$. Soit X un processus continu adapté à valeurs dans V. Pour tout instant rationnel $s \in \mathbb{Q}_+$ et tout $\iota \in I$, on introduit le temps d'arrêt $T(s, \iota) = \inf\{t \geqslant s : X_t \notin U_\iota\}$ et les d processus réels*

$$X^{s,\iota,i}_t = \begin{cases} 0 & si\ X_s \notin U_\iota \\ v^i_\iota(X_{t \wedge T(s,\iota)}) & si\ X_s \in U_\iota, \end{cases}$$

définis pour $t \geqslant s$.

Pour que X soit une semimartingale dans V, il faut et il suffit que chaque processus $X^{s,\iota,i}$ soit une semimartingale réelle sur l'intervalle $[s, \infty[$ correspondant (pour la filtration $\mathcal{F}$ restreinte à cet intervalle).

DÉMONSTRATION DU LEMME 2.9. — La condition nécessaire est facile : remplacer dans la définition de $X^{s,\iota,i}$ la fonction v^i_ι par une fonction C^2 sur V et égale à v^i_ι sur $\overline{U}_\iota$, et utiliser les propriétés de localisation des semimartingales réelles.

Pour la réciproque, introduisons le temps d'arrêt S, supremum essentiel de l'ensemble des temps d'arrêt R tels que les processus arrêtés $X^{R]}$ soient des semimartingales dans V (il est bien défini car le processus constant $X^{0]}$ est une semimartingale dans V). Il existe une suite de temps d'arrêt (R_n) telle que $\sup_n R_n = S$ et que chaque $X^{R_n]}$ soit une semimartingale dans V. Il suffit de montrer que S est presque sûrement infini, et le caractère local des semimartingales (qui s'étend immédiatement aux variétés) permettra de conclure.

Supposons donc l'événement $\{S < \infty\}$ non négligeable. Comme X est continu, les intervalles stochastiques

$$J(s,\iota) = \begin{cases} [\![0, T(0,\iota)[\![& \text{si } s = 0 \\ ]\!]s, T(s,\iota)[\![& \text{si } s > 0 \end{cases}$$

recouvrent le produit $\mathbb{R}_+ \times \Omega$; il existe donc un s et un ι tels que l'événement $\{S \in J(s,\iota)\}$ soit non négligeable ; et il existe aussi un n tel que l'événement $A = \{R_n \in [\![s, T(s,\iota)[\![\,\}$ ne soit pas non plus négligeable.

Si f est une fonction C^2 sur V, la restriction de f à un voisinage de $\overline{U_\iota}$ est de la forme $g(v_\iota^1, ..., v_\iota^d)$ pour une fonction $g \in C^2(\mathbb{R}^d)$; en utilisant l'hypothèse du lemme, il s'ensuit que le processus réel, défini sur $[\![s, \infty[\![$, égal à $g(0)$ sur $\{X_s \notin U_\iota\}$ et à $f \circ X^{T(s,\iota)]}$ sur $\{X_s \in U_\iota\}$, est une semimartingale. Les propriétés de recollement des semimartingales réelles entraînent que, en posant $T = R_n \mathbb{1}_{A^c} + T(s,\iota)\mathbb{1}_A$, on obtient un temps d'arrêt tel que $f \circ X^{T]}$ soit une semimartingale. Comme T ne dépend pas de f, $X^{T]}$ est une semimartingale dans V. Puisque $T = T(s,\iota) > S$ sur l'événement non négligeable A, ceci est impossible. ∎

Exercice. — Si X et Y sont respectivement deux semimartingales dans des variétés V et W, le couple (X, Y) est une semimartingale dans la variété produit $V \times W$. (On pourra utiliser le lemme de localisation 2.9.)

3. — Intégration des codiffuseurs le long des semimartingales

Soit X une semimartingale à valeurs dans $\mathbb{R}^d$, ou, plus généralement, dans une variété V munie pour simplifier de coordonnées *globales* $(v^1, ..., v^d)$. En notant X^i les semimartingales réelles $v^i \circ X$ (les coordonnées de X), la formule de changement de variable 2.2 peut être écrite symboliquement

$$\mathrm{d}(f \circ X_t) = \mathrm{D}_k f \circ X_t \,\mathrm{d}X_t^k + \tfrac{1}{2}\, \mathrm{D}_{ij} f \circ X_t \,\mathrm{d}[X^i, X^j]_t \,.$$

Lorsque X est une courbe C^1, ceci se réduit à $\mathrm{D}_k f \circ X \,\dot{X}^k \,\mathrm{d}t$, c'est-à-dire à $\langle df, \dot{X} \rangle \,\mathrm{d}t$, faisant apparaître la vitesse de X et le covecteur $df(X)$ au point X. Dans le cas général, on peut se ramener à ce formalisme au moyen de l'intégrale de Stratonovitch ; en 1979, Schwartz a adopté un point de vue entièrement nouveau : accepter la présence des covariations et tenter d'interpréter cette formule comme l'action du codiffuseur $d^2 f$ au point X_t sur un diffuseur exprimant la cinématique de X. Un tel diffuseur devrait s'écrire

$$\mathrm{d}X^k \,\mathrm{D}_k + \tfrac{1}{2}\, \mathrm{d}[X^i, X^j] \,\mathrm{D}_{ij} \,;$$

pour lui donner un statut mathématique, il faudrait soit définir rigoureusement les différentielles de semimartingales $\mathrm{d}X_t^k$ et $\mathrm{d}[X^i, X^j]_t$, soit (comme nous venons de le faire avec $\mathrm{d}t$) les écrire comme absolument continues par rapport à une même différentielle de semimartingale, qui servirait de référence. Mais il n'est pas nécessaire de se lancer dans de telles complications : sans chercher à donner un sens rigoureux à $\mathrm{d}X^k \,\mathrm{D}_k + \frac{1}{2}\, \mathrm{d}[X^i, X^j] \,\mathrm{D}_{ij}$, nous allons tirer les conséquences de sa nature de diffuseur. La première d'entre elles est la possibilité d'intégrer les codiffuseurs le long des semimartingales.

DÉFINITION. — Soit V une variété. Un processus Θ à valeurs dans le fibré $\mathbb{T}^*V$ (respectivement $\mathrm{T}V$, T^*V, $\mathbb{T}V$) sera dit *localement borné* s'il existe une suite $(K_n)_{n\in\mathbb{N}}$ de compacts de $\mathbb{T}^*V$ (respectivement $\mathrm{T}V$, T^*V, $\mathbb{T}V$) et une suite $(T_n)_{n\in\mathbb{N}}$ de temps d'arrêt telles que T_n tende vers l'infini et que, presque partout sur l'événement $\{T_n > 0\}$, le processus $\Theta^{T_n]}$ soit à valeurs dans K_n.

Ceci revient à exiger que, pour toute fonction f continue sur le fibré (ou pour une fonction f continue sur le fibré et tendant vers $+\infty$ à l'infini), le processus $f\circ\Theta - f(\Theta_0)$ soit localement borné au sens usuel.

DÉFINITION. — Soit V une variété. Un processus Θ à valeurs dans $\mathbb{T}^*V$ (respectivement $\mathrm{T}V$, T^*V, $\mathbb{T}V$) sera dit *au-dessus* d'un processus X à valeurs dans V si, π désignant la projection canonique du fibré $\mathbb{T}^*V$ (respectivement $\mathrm{T}V$, T^*V, $\mathbb{T}V$) sur V, on a $X = \pi(\Theta)$.

Par exemple, dans le cas du fibré $\mathbb{T}^*V$, cela revient à dire que, pour tout (t,ω), le codiffuseur $\Theta_t(\omega)$ est dans la fibre $\mathbb{T}^*_{X_t(\omega)}V$ au-dessus du point $X_t(\omega)$.

THÉORÈME 2.10 ET DÉFINITION. *Soit X une semimartingale dans une variété V. Il existe une, et une seule, application linéaire $\Theta \mapsto \int\langle\Theta, \mathcal{D}X\rangle$ de tous les processus prévisibles à valeurs dans $\mathbb{T}^*V$, localement bornés, au-dessus de X, dans l'espace des semimartingales réelles, vérifiant les deux propriétés suivantes :*

(i) *pour toute fonction f de classe C^2 sur V,*

$$\int\langle d^2f, \mathcal{D}X\rangle = f\circ X - f(X_0)\ ;$$

(ii) *pour tout processus réel H, prévisible et localement borné,*

$$\int\langle H\Theta, \mathcal{D}X\rangle = \int H\,\mathrm{d}\big(\textstyle\int\langle\Theta, \mathcal{D}X\rangle\big)\ .$$

La semimartingale $\int\langle\Theta, \mathcal{D}X\rangle$ est appelée l'intégrale du codiffuseur Θ le long de X *; sa valeur à l'instant t est notée $\int_0^t\langle\Theta_s, \mathcal{D}X_s\rangle$. Elle est nulle pour $t = 0$ et a en outre les propriétés suivantes :*

(iii) *si Θ et Ξ sont dans $\mathbb{T}^*V$ deux processus au-dessus de X, prévisibles et localement bornés,*

$$\tfrac{1}{2}\big[\textstyle\int\langle\Theta, \mathcal{D}X\rangle, \int\langle\Xi, \mathcal{D}X\rangle\big] = \displaystyle\int\langle\mathbf{R}\Theta\cdot\mathbf{R}\Xi, \mathcal{D}X\rangle\ ;$$

(iv) *en particulier, si f et g sont deux fonctions C^2,*

$$\tfrac{1}{2}[f\circ X, g\circ X] = \int\langle df\cdot dg, \mathcal{D}X\rangle\ ;$$

(v) *si $\mathbf{R}\Theta = 0$, l'intégrale $\int\langle\Theta, \mathcal{D}X\rangle$ est à variation finie; si de plus Θ est positive (voir 1.9), cette intégrale est un processus croissant;*

(vi) *si X est à variation finie, l'intégrale $\int\langle\Theta, \mathcal{D}X\rangle$ est à variation finie et est égale, trajectoire par trajectoire, à l'intégrale de Stieltjes $\int\langle\mathbf{R}\Theta, \mathrm{d}X\rangle$; en particulier, elle ne dépend que des covecteurs $\mathbf{R}\Theta$;*

(vii) *si T est un temps d'arrêt, l'intégrale arrêtée $\big(\int\langle\Theta, \mathcal{D}X\rangle\big)^{T]}$ est égale à $\int\langle\Theta^{T]}, \mathcal{D}(X^{T]})\rangle$.*

Heuristiquement, $\mathcal{D}X$ est le diffuseur qui s'écrit $\mathrm{d}X^k\,\mathrm{D}_k + \frac{1}{2}\,\mathrm{d}[X^i,X^j]\,\mathrm{D}_{ij}$ en coordonnées locales; le processus Θ s'écrit $\theta_k\,dv^k(X_t) + \theta_{ij}\,dv^i(X_t){\cdot}dv^j(X_t)$, où les coefficients θ_k et θ_{ij} sont des processus prévisibles, et $\int\langle\Theta,\mathcal{D}X\rangle$ n'est autre que la semimartingale $\int\theta_k\,\mathrm{d}X^k + \frac{1}{2}\int\theta_{ij}\,\mathrm{d}[X^i,X^j]$.

L'ensemble $\mathbb{T}^*V$ n'étant pas un espace vectoriel mais un fibré, la linéarité en Θ n'a de sens que parce que l'on impose à Θ d'être au-dessus de X, ce qui permet l'addition dans chaque fibre.

DÉMONSTRATION DU THÉORÈME 2.10. — Nous commençons par l'existence. On choisit un recouvrement ouvert dénombrable $(U_\iota)_{\iota\in\mathbb{N}}$ de V tel que chaque U_ι soit relativement compact dans le domaine d'une carte locale $(v^i_\iota)_{1\leqslant i\leqslant d}$; pour s rationnel et $\iota\in\mathbb{N}$, on introduit les temps d'arrêt prévisibles $T(s,\iota) = \inf\{t\geqslant s\ :\ X_t\notin U_\iota\}$; et pour $n\in\mathbb{N}$, les temps d'arrêt prévisibles $T_n = \inf\{t\geqslant 0\ :\ X_t\notin U_0\cup\ldots\cup U_n\}$. Les temps T_n croissent vers l'infini. Quand (s,ι) décrit $\mathbb{Q}_+\times\{0,\ldots,n\}$, les intervalles stochastiques prévisibles $J(s,\iota) = \rrbracket s,T(s,\iota)\llbracket$ recouvrent $\rrbracket 0,T_n\llbracket$; en remplaçant chacun d'eux par un ensemble prévisible $Q(s,\iota,n)$ plus petit, on construit une partition prévisible de $\llbracket T_{n-1},T_n\llbracket\cap\rrbracket 0,T_n\llbracket$ (ce n'est pas vraiment une partition : certains $Q(s,\iota,n)$ peuvent être vides). Sur $J(s,\iota)$, et a fortiori sur $Q(s,\iota,n)$, le processus X est dans U_ι, et l'on peut donc lire les composantes θ^ι_k et θ^ι_{ij} de Θ dans la carte v_ι; comme U_ι est relativement compact dans le domaine de la carte, les processus prévisibles réels $\mathbb{1}_{\{X\in U_\iota\}}\theta^\iota_k$ et $\mathbb{1}_{\{X\in U_\iota\}}\theta^\iota_{ij}$ sont localement bornés. A fortiori, pour ι et n fixés tels que $\iota\leqslant n$, chacun des processus prévisibles

$$\sum_s \mathbb{1}_{Q(s,\iota,n)}\theta^\iota_k \qquad\text{et}\qquad \sum_s \mathbb{1}_{Q(s,\iota,n)}\theta^\iota_{ij}$$

est localement borné. Appelons w^i_ι une fonction C^2 sur V tout entière, et qui coïncide avec v^i_ι sur un voisinage de $\overline{U}_\iota$; soit $Y^{\iota,i}$ la semimartingale $\int\mathbb{1}_{\{X\in U_\iota\}}\,\mathrm{d}(w^i_\iota{\circ}X)$. Nous pouvons enfin poser

$$\int\langle\Theta,\mathcal{D}X\rangle = \sum_n\sum_{\iota=0}^{n}\Big(\int\big(\sum_s\mathbb{1}_{Q(s,\iota,n)}\theta^\iota_k\big)\,\mathrm{d}Y^{\iota,k} + \tfrac{1}{2}\int\big(\sum_s\mathbb{1}_{Q(s,\iota,n)}\theta^\iota_{ij}\big)\,\mathrm{d}[Y^{\iota,i},Y^{\iota,j}]\Big)\,.$$

Il n'y a aucun problème de convergence, puisque les termes d'indices supérieurs à n sont des semimartingales nulles sur $\llbracket 0,T_n\rrbracket$, et la somme est une semimartingale.

La linéarité en Θ est évidente sur la construction, de même que la propriété (ii); il reste à vérifier (i). Soit donc $f\in\mathrm{C}^2$. Il existe $f^\iota\in\mathrm{C}^2(\mathbb{R}^d)$ telle que, au voisinage de $\overline{U}_\iota$, on ait $f = f^\iota{\circ}(w^\iota_1,\ldots,w^\iota_d)$. Pour $\Theta = d^2f(X)$, on peut écrire $\mathbb{1}_{\{X\in U_\iota\}}\theta^\iota_k = \mathrm{D}_kf(X) = \mathrm{D}_kf^\iota(w{\circ}X)$ et $\mathbb{1}_{\{X\in U_\iota\}}\theta^\iota_{ij} = \mathrm{D}_{ij}f(X) = \mathrm{D}_{ij}f^\iota(w{\circ}X)$, d'où

$$\mathbb{1}_{Q(s,\iota,n)}\theta^\iota_k\,\mathrm{d}Y^{\iota,k} + \tfrac{1}{2}\,\mathbb{1}_{Q(s,\iota,n)}\theta^\iota_{ij}\,\mathrm{d}[Y^{\iota,i},Y^{\iota,j}] = \mathbb{1}_{Q(s,\iota,n)}\,\mathrm{d}(f{\circ}X)\,.$$

Comme les $Q(s,\iota,n)$ où $\iota\leqslant n$ forment une partition de $\rrbracket 0,\infty\llbracket$, ceci donne $\int\langle\Theta,\mathcal{D}X\rangle = \int\mathbb{1}_{\rrbracket 0,\infty\llbracket}\,\mathrm{d}(f{\circ}X) = f{\circ}X - f(X_0)$.

Pour vérifier l'unicité, nous conservons les mêmes objets U_ι, v^i_ι, w^i_ι, et nous appelons $J(\Theta)$ l'intégrale $\int\langle\Theta,\mathcal{D}X\rangle$ construite ci-dessus. Soit $I(\Theta)$ une semimartingale dépendant linéairement de Θ et vérifiant les propriétés (i) et (ii); il s'agit de montrer que $I(\Theta) = J(\Theta)$. Remarquons d'abord que la formule de la proposition 1.4

$$df(x){\cdot}dg(x) = \tfrac{1}{2}\big[d^2(fg)(x) - f(x)\,d^2g(x) - g(x)\,d^2f(x)\big]$$

jointe à la propriété (ii) fournissent

$$2I(df\cdot dg) = \int \mathrm{d}\big((fg)\circ X\big) - \int f\circ X\ \mathrm{d}(g\circ X) - \int g\circ X\ \mathrm{d}(f\circ X) = [f\circ X, g\circ X]\ .$$

Revenons à un Θ général. Sur l'ensemble $\{X \in U_\iota\}$, on a

$$\Theta = \theta^\iota_k\, d^2 w^k_\iota(X) + \theta^\iota_{ij}\, dw^i_\iota(X)\cdot dw^j_\iota(X)\ ,$$

d'où, en utilisant (i), (ii) et la formule $I(dw^i_\iota\cdot dw^j_\iota) = \frac{1}{2}[w^i_\iota\circ X, w^j_\iota\circ X]$, on obtient

$$\mathbb{1}_{\{X\in U_\iota\}}\,\mathrm{d}\big(I(\Theta)\big) = \mathbb{1}_{\{X\in U_\iota\}}\big(\theta^\iota_k\,\mathrm{d}Y^{\iota,k} + \tfrac{1}{2}\,\theta^\iota_{ij}\,\mathrm{d}[Y^{\iota,i}, Y^{\iota,j}]\big) = \mathbb{1}_{\{X\in U_\iota\}}\,\mathrm{d}\big(J(\Theta)\big)\ .$$

Il ne reste qu'à remarquer que les $\{X \in U_\iota\}$ forment un recouvrement dénombrable prévisible de $[\![0,\infty[\![$ pour obtenir $I(\Theta) = J(\Theta)$.

La nullité à l'origine ainsi que la propriété (vii) se vérifient facilement sur la formule explicite donnée plus haut pour établir l'existence. La propriété (iv) a déjà été établie pour démontrer l'unicité; (vi) peut s'obtenir en remarquant que, si X est à variation finie, $\Theta \mapsto \int\langle \mathbf{R}\Theta, \mathrm{d}X\rangle$ satisfait les deux propriétés (i) et (ii) qui caractérisent $\int\langle\Theta, \mathcal{D}X\rangle$.

Pour vérifier (iii), désignons par M et N les deux membres et par A_ι l'ensemble prévisible $\{X \in U_\iota\}$; il suffit d'établir pour chaque ι l'égalite $\int \mathbb{1}_{A_\iota}\mathrm{d}M = \int \mathbb{1}_{A_\iota}\mathrm{d}N$, c'est-à-dire encore, en utilisant (ii),

$$\tfrac{1}{2}\left[\int\langle\mathbb{1}_{A_\iota}\Theta, \mathcal{D}X\rangle, \int\langle\mathbb{1}_{A_\iota}\Xi, \mathcal{D}X\rangle\right] = \int\big\langle \mathbf{R}(\mathbb{1}_{A_\iota}\Theta)\cdot\mathbf{R}(\mathbb{1}_{A_\iota}\Xi), \mathcal{D}X\big\rangle\ .$$

En oubliant l'indice ι, on est ainsi ramené au cas où l'on a identiquement $\Theta = \theta_k\, d^2w^k(X) + \theta_{ij}\, dw^i(X)\cdot dw^j(X)$ et $\Xi = \xi_k\, d^2w^k(X) + \xi_{ij}\, dw^i(X)\cdot dw^j(X)$ pour des fonctions w^i de classe C^2 et des processus prévisibles localement bornés θ_k, θ_{ij}, ξ_k et ξ_{ij}. On écrit alors $\mathbf{R}\Theta\cdot\mathbf{R}\Xi = \theta_i\xi_j\, dw^i(X)\cdot dw^j(X)$, et il ne reste qu'à appliquer (iv) aux fonctions w^i et w^j.

Enfin, la propriété (v) se lit aussi sur la formule explicite, en utilisant, pour la croissance, une remarque sur les semimartingales vectorielles (équivalente à la formule de Kunita et Watanabe de contrôle des covariations) : *Si X est une semimartingale dans $\mathbb{R}^d$ et θ un processus prévisible, localement borné, à valeurs dans les matrices symétriques positives, alors le processus à variation finie $\int\theta_{ij}\,\mathrm{d}[X^i,X^j]$ est croissant.* Ceci peut se voir en appelant $r = (r_{ij})$ la racine carrée positive de la matrice θ; on obtient ainsi un processus prévisible localement borné parce que la racine carrée positive est une fonction continue sur les matrices symétriques positives. Et il ne reste plus qu'à poser $Y^i = \int r_{ij}\,\mathrm{d}X^j$ et à remarquer que $\int\theta_{ij}\,\mathrm{d}[X^i,X^j] = \sum_i [Y^i,Y^i]$. ∎

EXERCICE. — Réécrire la démonstration du théorème 2.10 dans le cas où il existe sur V une carte globale (supprimer les U_ι, s, n, w, ...).

PROPOSITION 2.11. — *Soient V et W deux variétés, ϕ une application C^2 de V dans W, et X une semimartingale dans V. Si Θ est un processus prévisible, localement borné, au-dessus de $\phi\circ X$, à valeurs dans $\mathbb{T}W$, le processus $\phi^*\Theta$ dans $\mathbb{T}V$ est prévisible, localement borné et au-dessus de X, et l'on a*

$$\int\langle\Theta, \mathcal{D}(\phi\circ X)\rangle = \int\langle\phi^*\Theta, \mathcal{D}X\rangle\ .$$

Cet énoncé donne, par dualité, un contenu rigoureux à la formule heuristique $\mathcal{D}(\phi\circ X) = \phi_*(\mathcal{D}X)$.

DÉMONSTRATION. — Le caractère localement borné résulte de la continuité de $\phi^* : \mathbb{T}W \to \mathbb{T}V$, et le fait que $\phi^*\Theta$ soit au-dessus de X se lit sur la définition de ϕ^*. Pour établir l'égalité, il suffit de vérifier que l'application $\Theta \mapsto I_\Theta = \int\langle\phi^*\Theta, \mathcal{D}X\rangle$ satisfait aux deux conditions

$$I_{d^2f} = f\circ(\phi\circ X) - f(\phi(X_0)) \qquad \text{et} \qquad I_{H\Theta} = \int H\,\mathrm{d}I_\Theta$$

qui, d'après 2.10 caractérisent $\int\langle\Theta, \mathcal{D}(\phi\circ X)\rangle$. La première égalité résulte de $d^2(f\circ\phi) = \phi^*(d^2f)$; la seconde de $\Phi^*(H\Theta) = H\,\phi^*\Theta$ et de 2.10.(ii). ∎

DÉFINITION. On dit qu'une semimartingale X dans V est une *semimartingale jusqu'à l'infini sur un événement* E si, pour toute fonction $f \in \mathrm{C}^2$, le processus réel $f\circ X$ est une semimartingale jusqu'à l'infini sur E. (Lorsque $E = \Omega$, on dit simplement que X est une semimartingale jusqu'à l'infini.)

PROPOSITION 2.12. — *Pour qu'une semimartingale X dans V soit une semimartingale jusqu'à l'infini sur E, il faut et il suffit que la limite $X_\infty = \lim_{t\to\infty} X_t$ existe presque sûrement sur E, et que le processus changé de temps X', défini comme dans la proposition 2.5, soit une semimartingale pour la filtration changée de temps elle aussi et la probabilité conditionnée $A \mapsto \mathbb{P}[A|E]$.*

Si X est dans V une semimartingale jusqu'à l'infini sur E, et si θ est un champ mesurable, localement borné de codiffuseurs sur V, l'intégrale $\int\langle\theta, \mathcal{D}X\rangle$ est une semimartingale jusqu'à l'infini sur E; en particulier, sur E, elle converge presque sûrement à l'infini.

DÉMONSTRATION. — La première assertion résulte aussitôt de la définition et de 2.5. La seconde s'en déduit en vérifiant, grâce aux critères 2.10.(i) et 2.10.(ii), que le changé de temps et de probabilité de l'intégrale $\int\langle\theta, \mathcal{D}X\rangle$ est égal à $\int\langle\theta, \mathcal{D}X'\rangle$, et en appliquant à nouveau la proposition 2.5. ∎

4. — Intégrales de Stratonovitch

Un champ de covecteurs peut être intégré le long des courbes déterministes (ou plus généralement à variation finie, au moyen d'une intégrale de Stieltjes); le long d'une semimartingale, nous venons de voir que ce sont les codiffuseurs qui s'intègrent bien. Pour intégrer un champ de covecteurs σ le long d'une semimartingale générale, une méthode consiste à le transformer d'abord en un champ de codiffuseurs $d\sigma$ par différentiation symétrique (voir 1.5).

DÉFINITION. — Soient X une semimartingale dans V, et σ un champ de covecteurs, de classe C^1 au moins. On appelle *intégrale de Stratonovitch* de σ le long de X la semimartingale $\int\langle d\sigma, \mathcal{D}X\rangle$.

Comme dans la théorie des semimartingales réelles, le nom d'intégrale donné à ces objets est un peu abusif, puisqu'une certaine régularité est exigée de σ, et qu'aucun théorème de convergence dominée n'est satisfait; il s'agit plutôt d'un opérateur intégro-différentiel. Remarquer que lorsque σ est le champ de covecteurs df, on obtient $\int\langle df, \delta X\rangle = \int\langle d^2f, \mathcal{D}X\rangle = f\circ X - f\circ X_0$.

Si V a une carte globale $(v^i)_{1\leqslant i\leqslant d}$, en notant σ_i les composantes de σ et X^i les coordonnées de X, la différentielle symétrique $\theta = d\sigma$ du champ σ est donnée par $\theta = \sigma_k d^2 v^k + \mathrm{D}_i\sigma_j\, dv^i{\cdot}dv^j$; l'intégrale de Stratonovitch de σ le long de X vaut donc

$$\int \sigma_k(X)\,\mathrm{d}X^k + \tfrac{1}{2}\int \mathrm{D}_i\sigma_j(X)\,\mathrm{d}[X^i,X^j] = \int \sigma_k(X)\,\mathrm{d}X^k + \tfrac{1}{2}[\sigma_k(X),X^k]\,,$$

c'est-à-dire l'intégrale de Stratonovitch $\int \sigma_k(X)\,\delta X^k$. Ceci explique le nom donné à ce processus.

PROPOSITION 2.13 ET DÉFINITION. — *Soit X une semimartingale dans une variété V de classe* C^3 *au moins. Il existe une unique application linéaire $\Sigma \mapsto \int\langle\Sigma,\delta X\rangle$ de l'ensemble des semimartingales à valeurs dans* T^*V *et au-dessus de X, dans l'espace des semimartingales réelles issues de 0, vérifiant les deux propriétés suivantes :*

(i) *si σ est un champ de covecteurs de classe* C^2, $\int\langle\sigma{\circ}X,\delta X\rangle = \int\langle d\sigma,\mathcal{D}X\rangle$;

(ii) *si Z est une semimartingale réelle,*

$$\int Z\,\delta\big(\textstyle\int\langle\Sigma,\delta X\rangle\big) = \displaystyle\int \big\langle(Z\Sigma),\delta X\big\rangle.$$

Le processus $\int\langle\Sigma,\delta X\rangle$ est appelé intégrale de Stratonovitch *de Σ le long de X. (Il n'y a pas d'ambiguïté : lorsque σ est un champ* C^1 *de covecteurs tel que $\sigma{\circ}X$ soit une semimartingale, cette définition coïncide avec la précédente.)*

Il serait possible de s'affranchir de l'hypothèse C^3 en définissant les intégrales pour des processus plus généraux que les semimartingales au-dessus de X ; mais la démonstration serait alors considérablement alourdie. Même en restant sous l'hypothèse C^3, qui est nécessaire pour que les semimartingales dans T^*V soient définies, on pourrait déjà élargir la classe des processus que l'on intègre aux sommes finies $\sum_\alpha f^\alpha{\circ}X\ \Sigma^\alpha$, où les f^α sont des fonctions C^1 sur V et les Σ^α des semimartingales au-dessus de X ; il faudrait alors en particulier établir que l'intégrale ne dépend pas de la décomposition choisie.

DÉMONSTRATION DE LA PROPOSITION 2.13. — La variété $W = \mathrm{T}^*V$ est au moins de classe C^2. Appelons π la projection canonique de $W = \mathrm{T}^*V$ sur V. Pour $x \in V$ et $\sigma \in \mathrm{T}^*_xV \subset W$, l'application $\pi_{*\sigma} : \mathrm{T}_\sigma W \to \mathrm{T}_xV$ peut être composée avec $\sigma : \mathrm{T}_xV \to \mathbb{R}$ pour définir une forme linéaire $\lambda_\sigma = \sigma{\circ}\pi_{*\sigma}$ sur $\mathrm{T}_\sigma W$; ceci définit un élément canonique λ_σ dans $\mathrm{T}^*_\sigma W$, et l'application $\sigma \mapsto \lambda_\sigma$ est un champ de covecteurs canonique sur W (appelé la forme de Liouville). En coordonnées locales, v^i sont les coordonnées de x, σ s'écrit $\sigma_i\,dv^i$, et, au point de W de coordonnées σ_i et v^i (il y a $2d$ coordonnées sur W), λ est simplement $\sigma_i\,dv^i$; le champ de covecteurs λ sur W est donc de classe C^{p-1}. Remarquer que si σ est maintenant un champ de covecteurs sur V, c'est une application de V dans W vérifiant $\pi{\circ}\sigma = \mathrm{Id}$, et le champ de covecteurs $\sigma^*\lambda$ sur V n'est autre que σ, comme cela se vérifie immédiatement : $\sigma^*\lambda = \lambda{\circ}\sigma_* = \sigma{\circ}\pi_*{\circ}\sigma_* = \sigma{\circ}(\pi{\circ}\sigma)_* = \sigma{\circ}\mathrm{Id} = \sigma$.

Pour toute semimartingale Σ dans W, on peut définir l'intégrale de Stratonovitch $\int\langle\lambda,\delta\Sigma\rangle = \int\langle d\lambda,\mathcal{D}\Sigma\rangle$ de λ le long de Σ ; pour démontrer la proposition, il suffira de vérifier que cette intégrale satisfait les deux conditions (i) et (ii), et est la seule à les satisfaire.

Si l'on a une application linéaire $\Sigma \mapsto I(\Sigma)$ vérifiant (i) et (ii), pour montrer $I(\Sigma) = \int\langle\lambda,\delta\Sigma\rangle$, il suffit de le vérifier sur les intervalles $[\![s,T_s[\![$ durant lesquels

X reste dans le domaine d'une carte locale $(v^i)_{1\leqslant i\leqslant d}$. Sur un tel intervalle, on peut définir pour chaque i une semimartingale Y^i au-dessus de X dans $W = \mathrm{T}^*V$ par $Y^i = (dv^i)(X)$, et toute semimartingale Σ au-dessus de X s'écrit $\Sigma = \Sigma_i Y^i$, où les Σ_i, qui sont les composantes de Σ dans le système de coordonnées, sont d semimartingales réelles. Sur le même intervalle, on définit des semimartingales réelles X^i par $X^i = v^i \circ X$. Enfin, toujours sur cet intervalle, on a $\int\langle\lambda, \delta\Sigma\rangle = \int \Sigma_i\, \delta X^i$ en raison de la formule explicite de λ dans les coordonnées locales de W.

Le (i) appliqué au covecteur dv^i donne $I(Y^i) = \int\langle d^2v^i, \mathcal{D}X\rangle = X^i - X^i_0$, puis le (ii) appliqué à Σ_i donne $I(\Sigma) = I(\Sigma_i Y^i) = \int \Sigma_i\, \delta\big(I(Y^i)\big) = \int \Sigma_i\, \delta X^i = \int\langle\lambda, \delta\Sigma\rangle$.

Et inversement, vérifier que $\int \Sigma_i\, \delta X^i$ satisfait aux conditions (i) et (ii) est un jeu d'enfant. ∎

PROPOSITION 2.14. — *Soit $\phi : V \to W$ une application C^p entre deux variétés de classe au moins C^3. Si X est une semimartingale dans V et Σ une semimartingale dans T^*W au dessus de $\phi\circ X$, on a $\int\langle\Sigma, \delta(\phi\circ X)\rangle = \int\langle\phi^*\Sigma, \delta X\rangle$.*

DÉMONSTRATION. — On vérifie sans difficulté, en utilisant 1.8, que $\int\langle\phi^*\Sigma, \delta X\rangle$ satisfait aux deux conditions 2.13.(i) et 2.13.(ii) qui caractérisent le membre de gauche. ∎

5. — Topologie des semimartingales dans une variété

DÉFINITION. Étant donnés $(\Omega, \mathcal{A}, \mathbb{P}, \mathcal{F})$ et V, on dit qu'une suite $(X^n)_{n\in\mathbb{N}}$ de semimartingales dans V converge *au sens des semimartingales* vers une semimartingale X dans V si $f\circ X^n$ tend vers $f\circ X$ au sens des semimartingales réelles pour toute fonction f de classe C^2 sur V.

On pourrait aussi, comme Arnaudon et Thalmaier [11], utiliser un plongement propre de V dans un espace vectoriel et vérifier que la topologie ne dépend pas du plongement propre choisi. On obtiendrait ainsi un ensemble *fini* de fonctions-test C^p pour la convergence des semimartingales.

De façon analogue, en considérant toutes les fonctions continues sur V (ou seulement les fonctions C^p, ou en plongeant proprement V dans un espace vectoriel), on peut définir la convergence *uniforme sur tout compact de $\mathbb{R}_+$ en probabilité* pour les processus continus adaptés à valeurs dans V.

Comme pour les semimartingales réelles, la convergence au sens des semimartingales est plus forte que la convergence uniforme sur les compacts en probabilité (pour laquelle, d'ailleurs, les semimartingales ne forment pas un fermé).

Dans la définition de la topologie des semimartingales, comme d'ailleurs dans celle de la convergence uniforme sur les compacts en probabilité, on peut restreindre la classe des fonctions-test en exigeant que leurs supports soient compacts. Ce n'est pas tout à fait immédiat; suivant Arnaudon et Thalmaier [11], nous allons le démontrer à l'aide d'un argument diagonal.

PROPOSITION 2.15. — *Dans V, soit $(X^n)_{n\in\mathbb{N}}$ une suite de processus continus adaptés (respectivement de semimartingales) et X un processus continu adapté (respectivement une semimartingale). Pour que X^n tende vers X uniformément sur les compacts en probabilité (respectivement au sens des semimartingales), il suffit que, pour toute fonction f de classe C^p et à support compact, $f\circ X^n$ tende vers $f\circ X$ uniformément sur les compacts en probabilité (respectivement au sens des semimartingales).*

DÉMONSTRATION. — Supposant la condition satisfaite, il s'agit de montrer que pour $f \in C^p$, la suite $f \circ X^n$ converge vers $f \circ X$ pour la topologie considérée. On peut se restreindre à ne le démontrer que pour une sous-suite. Soit $(K_m)_{m \in \mathbb{N}}$ une suite croissante de compacts de V, telle que $K_m \subset \mathring{K}_{m+1}$ et que $\bigcup_n K_n = V$; pour chaque m, soit g_m une fonction C^p égale à 1 sur K_m et à 0 sur le complémentaire de K_{m+1}. Fixons $t > 0$. Pour chaque m, la suite de variables aléatoires $\sup_{[0,t]} |g_m \circ X^n - g_m \circ X|$ tend vers zéro en probabilité quand n tend vers l'infini ; en en extrayant une sous-suite convenable, on obtient la convergence presque sûre. Grâce au procédé diagonal de Cantor, on peut trouver une même sous-suite qui convient à la fois pour tous les m ; on a donc une sous-suite $(Y^n)_{n \in \mathbb{N}}$ de la suite $(X^n)_{n \in \mathbb{N}}$ telle que

$$\forall m \;\; \exists N(m,\omega) \;\; \forall n \geqslant N(m,\omega) \quad \sup_{[0,t]} |g_m \circ Y^n - g_m \circ X| < \tfrac{1}{2} .$$

Ainsi, pour tout $n \geqslant N(m,\omega)$, on a l'inclusion $Y^n\big([0,t]\big) \subset K_{m+1}$ sur l'événement $E_m = \big\{X\big([0,t]\big) \subset K_m\big\}$.

Soit f une fonction C^p. La fonction $f_m = f g_{m+1}$ est C^p, à support compact, et égale à f sur K_{m+1}. Sur l'événement $F_{m,\ell} = E_m \cap \{N(\omega,m) \leqslant \ell\}$, en convenant d'arrêter tous les processus à t, on a à la fois

$$f \circ X = f_m \circ X \qquad \text{et} \qquad \forall n \geqslant \ell \;\; f \circ Y^n = f_m \circ Y^n \;;$$

donc, en appliquant l'hypothèse à f_m, $f \circ Y^n$ tend vers $f \circ X$ sur $F_{m,\ell}$ uniformément sur $[0,t]$ en probabilité (respectivement au sens des semimartingales sur $[0,t]$). Il ne reste qu'à remarquer que la réunion en m et ℓ des $F_{m,\ell}$ est Ω pour obtenir, grâce à 2.4.(iii) dans le cas des semimartingales, la convergence sur $[0,t]$. On conclut par le caractère local de la topologie des semimartingales 2.4.(i). ∎

Remarquer que la proposition 2.15 serait en défaut si l'on demandait seulement que chaque $f \circ X^n$ converge, sans préciser la limite (prendre par exemple des constantes $X^n = x^n$ qui tendent vers l'infini dans V). (Cette remarque ne vaut que pour les fonctions à support compact ; si l'on utilise toutes les fonctions C^p, il n'y a aucun problème.)

Voici un résultat général de stabilité des intégrales de codiffuseurs, un peu technique, mais parfois bien utile. Pour l'énoncer, nous nous donnons une norme continue ν sur le fibré coosculateur $\mathbb{T}^*V$, c'est à dire une fonction continue sur $\mathbb{T}^*V$ dont la restriction à chaque espace vectoriel $\mathbb{T}^*_x V$ est une norme. L'existence de telles normes continues est facile à établir (par exemple en utilisant une partition de l'unité sur V subordonnée à un atlas) ; on vérifie sans difficultés que l'hypothèse de majoration dans l'énoncé ci-dessous ne dépend pas du choix de ν.

PROPOSITION 2.16. — *Soit $(X^n)_{n \in \mathbb{N}}$ une suite de semimartingales dans V, convergeant pour la topologie des semimartingales vers une limite X. Pour chaque n, soit Θ^n un processus prévisible de codiffuseurs au-dessus de X^n. On suppose que la suite des Θ^n converge simplement ; sa limite Θ est un processus prévisible au-dessus de X. On suppose aussi que, pour une norme continue ν sur $\mathbb{T}^*V$, le processus $\sup_n \nu(\Theta^n)$ est localement borné. L'intégrale $\int \langle \Theta^n, \mathcal{D}X^n \rangle$ converge vers $\int \langle \Theta, \mathcal{D}X \rangle$ pour la topologie des semimartingales.*

DÉMONSTRATION. — On recouvre V par une suite d'ouverts U, chacun relativement compact dans le domaine d'une carte (v^i). Les ouverts prévisibles $\{X \in U\}$ recouvrent $\mathbb{R}_+ \times \Omega$; en raison du caractère local de la topologie des semimartingales, il suffit de montrer que $\int \mathbb{1}_{\{X\in U\}}\langle\Theta^n,\mathcal{D}X^n\rangle$ converge pour U fixé vers $\int \mathbb{1}_{\{X\in U\}}\langle\Theta,\mathcal{D}X\rangle$ au sens des semimartingales.

Le compact $\overline{U}$ admet un voisinage ouvert U' relativement compact dans le domaine de la carte (v^i). On écrit

$$\int \mathbb{1}_{\{X\in U\}}\langle\Theta^n,\mathcal{D}X^n\rangle = \int \mathbb{1}_{\{X\in U\}}\mathbb{1}_{\{X^n\notin U'\}}\langle\Theta^n,\mathcal{D}X^n\rangle + \int \mathbb{1}_{\{X\in U\}}\mathbb{1}_{\{X^n\in U'\}}\langle\Theta^n,\mathcal{D}X^n\rangle\,.$$

Le premier terme converge vers zéro pour la topologie des semimartingales; en effet, puisque X^n converge vers X pour la topologie uniforme sur les compacts en probabilité, et puisque U est relativement compact dans U', les temps d'arrêt $T_n = \inf\{t : X_t\in U \text{ et } X_t^n \notin U'\}$ convergent en probabilité vers l'infini; or le premier terme est une semimartingale identiquement nulle avant T_n.

Pour le second terme, on peut utiliser des fonctions $w^i \in \mathrm{C}^p(V)$ telles que $w^i = v^i$ sur U'; les semimartingales réelles $\xi^{n,i} = w^i\circ X^n$ convergent au sens des semimartingales vers $\xi^i = w^i\circ X$. En écrivant Θ^n et Θ à l'aide des coordonnées v^i, on a pour chaque n

$$\int \mathbb{1}_{\{X\in U, X^n\in U'\}}\langle\Theta^n,\mathcal{D}X^n\rangle = \int \big(\Theta_k^n\,\mathrm{d}\xi^{n,k} + \tfrac{1}{2}\,\Theta_{ij}^n\,\mathrm{d}[\xi^{n,i},\xi^{n,j}]\big)$$

avec des coefficients prévisibles Θ_k^n et Θ_{ij}^n nuls hors de l'ensemble $\{X\in U \text{ et } X^n\in U'\}$, et qui tendent vers Θ_k et Θ_{ij}. Il existe une fonction continue c définie sur le domaine de la carte (donc bornée sur U') telle que $|\theta_k|$ et $|\theta_{ij}|$ sont bornés par $c(x)\,\nu(\theta)$ pour tous x dans le domaine et $\theta \in \mathbb{T}_x^*V$. Les processus $|\Theta_k^n|$ et $|\Theta_{ij}^n|$ sont donc contrôlés par le processus prévisible localement borné $\sup_{U'} c\,\sup_n \nu(\Theta^n)$, et l'intégrale converge pour la topologie des semimartingales vers

$$\int \big(\Theta_k\,\mathrm{d}\xi^k + \tfrac{1}{2}\,\Theta_{ij}\,\mathrm{d}[\xi^i,\xi^j]\big) = \int \mathbb{1}_{\{X\in U\}}\langle\Theta,\mathcal{D}X\rangle\,. \qquad\blacksquare$$

COROLLAIRE 2.17. — *Soit $(X^n)_{n\in\mathbb{N}}$ une suite de semimartingales dans V, qui converge au sens des semimartingales vers une limite X. Pour chaque n, soit Θ^n un processus prévisible de codiffuseurs au-dessus de X^n. On suppose que la suite des Θ^n converge simplement vers un processus Θ, nécessairement prévisible et au-dessus de X. S'il existe dans le fibré coosculateur $\mathbb{T}^*V$ des compacts K_q tels que les temps d'arrêt $T_q = \inf\{t : \exists n\ \Theta_t^n \notin K_q\}$ tendent vers l'infini, l'intégrale $\int\langle\Theta^n,\mathcal{D}X^n\rangle$ converge vers $\int\langle\Theta,\mathcal{D}X\rangle$ pour la topologie des semimartingales.*

DÉMONSTRATION. — Choisir n'importe quelle norme continue; elle est bornée sur chaque K_q, et l'hypothèse de la proposition 2.16 est donc satisfaite. ∎

PROPOSITION 2.18. — *Soit θ un champ de codiffuseurs sur V, non nécessairement C^{p-2}, mais mesurable et localement borné. L'application $X \mapsto \int\langle\theta,\mathcal{D}X\rangle$, de l'ensemble des semimartingales dans V vers l'espace des semimartingales réelles, est continue pour les topologies des semimartingales dans V et dans $\mathbb{R}$.*

DÉMONSTRATION. — Il suffit de vérifier que si une suite $(X^n)_{n\in\mathbb{N}}$ converge vers X au sens des semimartingales, les intégrales $\int\langle\theta,\mathcal{D}X^n\rangle$ tendent vers $\int\langle\theta,\mathcal{D}X\rangle$, toujours au sens des semimartingales. Soit $(K_q)_{q\in\mathbb{N}}$ une suite de compacts recouvrant V et tels que $K_q \subset \mathring{K}_{q+1}$. Puisque X^n tend vers le processus continu X uniformément sur les compacts en probabilité, les temps d'arrêt $T_q = \inf\{t : \exists n\ X_t^n \notin K_q\}$ tendent vers l'infini en probabilité. En extrayant des sous-suites, on se ramène à la convergence presque sûre, et il ne reste qu'à appliquer le corollaire 2.17 à des compacts $L_q \subset \mathbb{T}^*V$ tels que $\theta(K_q) \subset L_q$. ∎

Chapitre 3

CONNEXIONS ET MARTINGALES

> Il n'y a que des connexions *régulières* qui soient *pensables*.
>
> L. WITTGENSTEIN,
> *Tractatus Logico-Philosophicus*

1. — Connexions et géodésiques

La structure générale de variété que nous avons rencontrée jusqu'ici ne permet pas de décomposer une semimartingale X en somme d'une partie martingale (locale) et d'une partie à variation finie, tout simplement parce que l'on ne peut pas additionner des points d'une variété. Nous allons être moins ambitieux et chercher une décomposition non pas de X_t, mais de son accroissement infinitésimal $\mathcal{D}X_t$; cela ne permettra pas de décomposer X en général, mais au moins de dire, au vu de cette décomposition, si X est une martingale (locale) ou au contraire possède une composante à variation finie. Heuristiquement, en coordonnées locales, $\mathcal{D}X$ est le diffuseur $\mathrm{d}X^k\mathrm{D}_k + \frac{1}{2}\,\mathrm{d}[X^i,X^j]\mathrm{D}_{ij}$. En écrivant $X^k = M^k + A^k$, $\mathcal{D}X$ se décompose en un terme de martingale, $\mathrm{d}M^k\mathrm{D}_k$, et une partie à variation finie $\mathrm{d}A^k\mathrm{D}_k + \frac{1}{2}\,\mathrm{d}[X^i,X^j]\mathrm{D}_{ij}$, où se mélangent les termes de dérive et les termes de crochet. Pour reconnaître quand X est une martingale, il faudrait savoir dire quand les termes de dérive sont nuls, donc savoir les séparer des termes de crochet. Géométriquement, le problème est donc d'écrire un diffuseur $L \in \mathbb{T}_xV$ comme somme d'une partie d'ordre 1 (un élément du sous-espace T_xV) et d'une partie qui soit, en un sens à préciser, purement d'ordre 2.

Ceci est facile lorsque $V = \mathbb{R}^d$, ou, plus généralement lorsque V possède une structure d'espace vectoriel ou affine : utiliser la base canonique de $\mathbb{R}^d$ (ou un repère linéaire ou affine) pour écrire les diffuseurs sous la forme $L^{ij}\mathrm{D}_{ij} + L^k\mathrm{D}_k$ et décréter que $L^{ij}\mathrm{D}_{ij}$ est la partie purement d'ordre 2 et $L^k\mathrm{D}_k$ la partie d'ordre 1. Ceci est invariant par un changement linéaire ou affine de repère, et règle donc la question, mais en mettant à contribution la structure vectorielle ou affine. On peut aussi l'habiller de façon un peu plus élégante : dans un espace vectoriel ou affine, on sait définir les mouvements uniformes; et la partie d'ordre 2 de l'accélération d'une courbe γ à l'instant t_0 est la différence $\ddot{\gamma}(t_0) - \ddot{g}(t_0)$, où g est le mouvement uniforme tangent à γ à l'instant t_0, c'est-à-dire vérifiant $g(t_0) = \gamma(t_0)$ et $\dot{g}(t_0) = \dot{\gamma}(t_0)$. Or les géomètres connaissent depuis longtemps l'analogue dans une variété des mouvements uniformes dans $\mathbb{R}^d$: ce sont les géodésiques, dont la définition fait intervenir une structure géométrique supplémentaire, la connexion. Bien sûr, puisque les traités élémentaires de géométrie différentielle ignorent les espaces osculateurs, la définition des connexions qui y figure est exprimée à l'aide d'autres structures, et nous devrons donc commencer par la traduire dans notre langage. Voici, en suivant Meyer [78], [79] et [80], ce que cela donne.

DÉFINITION. Soient V une variété (de classe C^2 au moins) et x un point de V. Une *connexion au point* x est une application linéaire de l'espace osculateur $\mathbb{T}_xV$ dans l'espace tangent T_xV, dont la restriction au sous-espace $\mathrm{T}_xV \subset \mathbb{T}_xV$ est l'identité.

Une telle application linéaire Γ est une projection, elle est donc caractérisée par son noyau $\operatorname{Ker}\Gamma$, qui est un sous-espace de $\mathbb{T}_xV$ supplémentaire de T_xV; et $\mathbb{T}_xV$ est somme directe de $\operatorname{Ker}\Gamma$ et de T_xV, la décomposition s'écrivant $L = (L - \Gamma L) + \Gamma L$.

Si $(v^1, ..., v^d)$ est une carte au voisinage de x, les D_k en x forment une base de T_xV, et une connexion Γ au point x est complètement déterminée par le choix des coefficients Γ^k_{ij} tels que $\Gamma(\mathrm{D}_{ij}) = \Gamma^k_{ij}\mathrm{D}_k$. Ces coefficients répondent au joli nom de *symboles de Christoffel* de la connexion. Puisque D_{ij} est symétrique en i et j, il en va de même des symboles de Christoffel Γ^k_{ij}.

Lorsque V est un espace vectoriel ou affine, la *connexion plate* au point x est celle qui consiste à choisir la décomposition naturelle $\Gamma(L^{ij}\mathrm{D}_{ij} + L^k\mathrm{D}_k) = L^k\mathrm{D}_k$ dans toute carte formée de fonctions linéaires ou affines; dans une telle carte, les symboles de Christoffel de cette connexion sont donc tous nuls.

Un exemple très important de connexion concerne le cas d'une sous-variété V d'un espace vectoriel (ou affine) euclidien E. Soit x un point de V. On peut munir V d'une connexion au point x de la façon suivante (qui dépend de l'injection canonique $i : V \to E$ et de la structure euclidienne de E) : Pour $L \in \mathbb{T}_xV$, $i_{*x}L$ est dans $\mathbb{T}_xE$; on peut donc prendre sa partie d'ordre 1 (pour la connexion plate de E au point x) $\Gamma_E(i_{*x}L)$, qui est dans l'espace tangent T_xE. Elle n'est pas nécessairement dans T_xV, mais on utilise alors la structure euclidienne de l'espace tangent T_xE pour projeter orthogonalement $\Gamma_E(i_{*x}L)$ sur le sous-espace T_xV. Cette opération est linéaire, et il est clair qu'elle respecte T_xV; c'est donc une connexion au point x, appelée la connexion induite par i et par la structure euclidienne.

[Les connexions que l'on rencontre en géométrie sont un peu plus générales que les nôtres; elles sont déterminées par des symboles de Christoffel non nécessairement symétriques en i et j. Celles que nous utilisons sont appelées *connexions sans torsion* par les géomètres; comme nous n'utiliserons pas les connexions tordues, il n'y a pas d'inconvénient à appeler ici simplement connexions les connexions sans torsion.]

EXERCICE. — Si (v^i) et (w^α) sont deux cartes locales au voisinage de x, la formule de changement de cartes pour les symboles de Christoffel d'une connexion au point x est

$$\Gamma^\gamma_{\alpha\beta} = \mathrm{D}_k w^\gamma \left(\mathrm{D}_\alpha v^i\, \mathrm{D}_\beta v^j\, \Gamma^k_{ij} + \mathrm{D}_{\alpha\beta} v^k\right) .$$

EXERCICE. — L'ensemble des connexions en x est un espace affine, mais n'est pas un espace vectoriel. (La somme de deux connexions en x n'est pas une connexion, mais la demi-somme en est une.) La dimension de cet espace est $d^2(d{+}1)/2$. (La symétrie en i et j est la seule contrainte sur les symboles de Christoffel.)

Une connexion $\Gamma : \mathbb{T}_xV \to \mathrm{T}_xV$ au point x transforme les diffuseurs en vecteurs, et vérifie $\Gamma\circ i = \mathrm{Id}_{\mathrm{T}_xV}$ (où i désigne l'injection canonique de T_xV dans $\mathbb{T}_xV$). Dualement, l'application adjointe Γ^* transforme les covecteurs en codiffuseurs et vérifie $\mathbf{R}\circ\Gamma^* = \mathrm{Id}_{\mathrm{T}^*_xV}$; son image $\operatorname{Im}\Gamma^*$ est un sous-espace de $\mathbb{T}^*_xV$ isomorphe à T^*_xV et supplémentaire à $\operatorname{Ker}\mathbf{R}$; elle donne lieu à une décomposition de $\mathbb{T}^*_xV$ en somme directe, s'écrivant $\theta = (\theta - \Gamma^*\mathbf{R}\theta) + \Gamma^*\mathbf{R}\theta$: le premier terme est dans

Ker $\mathbf{R}$, le second dans Im Γ^*. En coordonnées locales, pour $\sigma = \sigma_i\, dv^i(x) \in \mathrm{T}_x^* V$ et $\theta = \theta_k\, d^2v^k(x) + \theta_{ij}\, dv^i(x){\cdot}dv^j(x) \in \mathbb{T}_x^* V$, on a

$$\Gamma^*\sigma = \sigma_k\left(d^2v^k(x)+\Gamma_{ij}^k\, dv^i(x){\cdot}dv^j(x)\right) \quad \text{et} \quad \theta-\Gamma^*\mathbf{R}\theta = (\theta_{ij} - \theta_k\Gamma_{ij}^k)\, dv^i(x){\cdot}dv^j(x)\,.$$

Puisque (proposition 1.6) tout codiffuseur $\theta \in \mathbb{T}_x^* V$ est de la forme $d^2f(x)$ pour une fonction $f \in \mathrm{C}^2(V)$, la connexion au point x est aussi caractérisée par l'application $f \mapsto d^2f(x) - \Gamma^* df(x)$.

DÉFINITION. — Soit Γ une connexion au point x. Pour $f \in \mathrm{C}^2(V)$, le codiffuseur $d^2f(x) - \Gamma^* df(x) \in \mathbb{T}_x^* V$ est appelé la *hessienne* de f au point x (sous-entendu : relativement à Γ) et noté Hess $f(x)$.

Remarquer que Hess $f(x)$ est purement d'ordre deux : $\mathbf{R}$ Hess $f(x) = 0$. En coordonnées locales, Hess $f(x) = (\mathrm{D}_{ij} - \Gamma_{ij}^k \mathrm{D}_k) f(x)\, dv^i(x){\cdot}dv^j(x)$. L'action de Hess $f(x)$ sur les diffuseurs en x est donnée par $\langle \text{Hess}\, f(x), L\rangle = (\mathrm{Id}-\Gamma)Lf(x)$; elle consiste à faire agir sur f la partie purement du second ordre $(\mathrm{Id}-\Gamma)L$ de L. Si V est un espace vectoriel et Γ la connexion plate, on a en coordonnées linéaires Hess $f(x) = \mathrm{D}_{ij} f(x)\, dv^i(x){\cdot}dv^j(x)$, ce qui justifie le nom de hessienne.

[La définition habituelle d'une connexion en géométrie consiste, comme nous le verrons très bientôt, à introduire une dérivation covariante ∇. L'objet ici appelé Hess $f(x)$ est, à un isomorphisme canonique près, la dérivée covariante seconde $\nabla df(x)$ de la géométrie usuelle ; l'isomorphisme est l'identification de l'espace des codiffuseurs purement d'ordre deux à $\mathrm{T}_x^* V \odot \mathrm{T}_x^* V$ par la bijection $\mathbf{Q}$ vue en 1.9.]

DÉFINITION. — Une *connexion* sur une variété V de classe au moins C^2 est la donnée, pour tout x de V, d'une connexion au point x.

Les symboles de Christoffel d'une connexion sont donc des fonctions, définies sur tout le domaine d'une carte ; nous leur demanderons la plus grande régularité possible, en exigeant qu'elles soient de classe C^{p-2}. (Mais on rencontre parfois aussi des connexions qui sont seulement continues, voire boréliennes...)

En faisant agir la connexion simultanément en chaque point, on peut la considérer comme une machine C^{p-2}-linéaire qui transforme tout champ de diffuseur en un champ de vecteur, et préserve les champs de vecteurs. Dualement, Γ^* est une opération C^{p-2}-linéaire transformant les champs de covecteurs en champs de codiffuseurs, et vérifiant $\mathbf{R}{\circ}\Gamma^* = \mathrm{Id}$.

En particulier, si A et B sont deux champs de vecteurs, leur composé AB (au sens de la composition des opérateurs différentiels) est un champ de diffuseurs, et $\Gamma(AB)$ est à nouveau un champ de vecteurs ; les géomètres l'appellent *dérivée covariante de B selon A* et le notent $\nabla_A B$. Leurs livres définissent une connexion comme une opération $(A, B) \mapsto \nabla_A B$ sur les champs de vecteurs vérifiant certaines propriétés.[1]

1. Techniquement, le point de vue des espaces osculateurs présente parfois certains avantages. Par exemple, le défaut d'affinité d'une courbe γ est le vecteur $\Gamma\ddot{\gamma}$, d'un maniement aisé. Le géomètre traditionnel utilisera plus naturellement $\nabla_{\dot{\gamma}}\dot{\gamma}$, mais cette quantité, égale à $\mathbb{1}_{\{\dot{\gamma}\neq 0\}}\,\Gamma\ddot{\gamma}$, n'est en général pas continue (prenez l'exemple de la courbe $\gamma(t) = t^2$ dans $\mathbb{R}$ muni de la connexion plate). Ceci est source de complications, voire d'erreurs : certains livres affirment — et démontrent ! — que l'équation du transport parallèle est $\nabla_{\dot{\gamma}} u = 0$, alors que cette condition ne suffit pas si la courbe γ a des intervalles de constance ; l'équation $\Gamma(u') = 0$, où u' désigne le diffuseur tel que $\langle d^2f, u'\rangle = \frac{\mathrm{d}}{\mathrm{d}t}\langle df, u(t)\rangle$, est, elle, nécessaire et suffisante.

Bien entendu, si V est un espace affine, la connexion plate sur V est celle qui est plate en chaque point; elle opère sur les champs de diffuseurs en gardant seulement la partie d'ordre 1 (en coordonnées affines).

Si V est une sous-variété d'un espace affine euclidien E, la connexion induite sur V par l'injection et par la structure euclidienne est définie, comme plus haut, en chaque point. Cet exemple de connexion est tout à fait fondamental. (Les auditeurs ayant un peu fréquenté les variétés riemanniennes vérifieront sans peine que la connexion ainsi construite sur V n'est autre que la connexion de Levi-Civita asssociée à la structure riemannienne induite sur V par E. Ceci resterait d'ailleurs vrai si l'on remplaçait E lui-même par une variété riemannienne.)

DÉFINITION. — Soit V une variété munie d'une connexion Γ. Une courbe $\gamma : I \to V$ de classe C^2 au moins et définie sur un intervalle ouvert $I \subset \mathbb{R}$ est une *géodésique* si l'on a $\Gamma\ddot{\gamma}(t) = 0$ pour tout $t \in I$.

Lorsque Γ est la connexion plate sur un espace affine, les géodésiques sont les mouvements uniformes. Lorsque Γ est la connexion induite sur une sous-variété V d'un espace affine euclidien E, γ est une géodésique si et seulement si son vecteur accélération dans E (au sens usuel de la cinématique : c'est un vecteur et non un diffuseur) reste à tout instant t orthogonal à l'espace tangent $T_{\gamma(t)}V$.

En coordonnées locales, l'équation des géodésiques $\Gamma\ddot{\gamma} = 0$ s'écrit

$$\ddot{\gamma}^k(t) + \Gamma^k_{ij}(\gamma(t))\,\dot{\gamma}^i(t)\,\dot{\gamma}^j(t) = 0 \qquad \text{pour tout } k.$$

Si l'on pose $u^k = \dot{\gamma}^k$, on obtient le système différentiel d'ordre 1 à $2d$ composantes

$$\begin{cases} \dfrac{\mathrm{d}u^k}{\mathrm{d}t} = -\Gamma^k_{ij}(\gamma^1, \dots, \gamma^d)\, u^i\, u^j \\ \dfrac{\mathrm{d}\gamma^k}{\mathrm{d}t} = u^k . \end{cases}$$

Pour pouvoir le résoudre, nous ferons, jusqu'à la fin de cette section, l'hypothèse que *V est de classe C^3 au moins;* ainsi Γ est au moins C^1 et en particulier localement lipschitzienne. Ceci assure l'existence locale et l'unicité de la solution si l'on se donne les $2d$ nombres $\gamma^k(0)$ et $u^k(0)$. Ainsi, pour tout $x \in V$ et tout vecteur $A \in T_xV$, il existe une géodésique telle que $\dot{\gamma}(0) = A$; elle est unique, au sens où deux telles géodésiques, soient γ' et γ'', respectivement définies sur des intervalles ouverts I' et I'' de $\mathbb{R}$, coïncident sur l'intersection $I' \cap I''$. Il existe donc une unique géodésique maximale (c'est-à-dire définie sur un intervalle ouvert maximal) de vitesse initiale $\dot{\gamma}(0)$ donnée dans TV.

Remarquer que si γ est une géodésique et a une application affine de $\mathbb{R}$ dans $\mathbb{R}$, $\gamma \circ a$ est encore une géodésique. En particulier, si γ est la géodésique maximale telle que $\dot{\gamma}(0)$ soit un vecteur donné A, alors $t \mapsto \gamma(\lambda t)$ est la géodésique maximale de vitesse initiale λA, ceci pour tout réel λ.

EXERCICE. — La variété $\mathbb{R}^2$ est munie des coordonnées globales (x, y) et de la connexion de classe C^0 ainsi définie : Tous les symboles de Christoffel sont nuls sauf un, $\Gamma^2_{11}(x, y) = -6\sqrt[3]{y}$. Vérifier que les courbes

$$\begin{cases} x(t) = x_0 + t \\ y(t) = 0 \end{cases} \qquad \text{et} \qquad \begin{cases} x(t) = x_0 + t \\ y(t) = t^3 \end{cases}$$

sont des géodésiques différentes ayant mêmes position et vitesse initiales.

EXERCICE. — Sur la variété $\mathbb{R}$, il existe une connexion C^∞ pour laquelle les géodésiques sont les courbes $\gamma(t) = \ln(at+b)$; leurs intervalles maximaux de définition sont donc des demi-droites. Sur la variété compacte $\mathbb{R}/\mathbb{Z}$, il existe une connexion C^∞ pour laquelle les géodésiques sont les images modulo 1 des précédentes. Comment se comportent-elles lorsque $t \to -b/a$?

DÉFINITION. — On appelle *application exponentielle en un point* x l'application $\exp_x$ définie par $\exp_x(u) = \gamma(1)$, où u est dans T_xV et γ est la géodésique maximale vérifiant $\dot\gamma(0) = u$.

Elle est définie seulement pour les u tels que 1 soit dans l'intervalle (maximal) I de définition de γ. Comme l'application $u \mapsto \sup I$ est semi-continue inférieurement, ces u forment un ouvert de T_xV.

PROPOSITION 3.1. — *Soit x un point d'une variété de classe C^p, où $p \geqslant 3$. Il existe un voisinage U de l'origine dans T_xV et un voisinage W de x dans V tels que $\exp_x$ soit un difféomorphisme de classe C^{p-2} de U sur W.*

DÉMONSTRATION. — Puisque les symboles de Christoffel qui apparaissent dans l'équation des géodésiques en coordonnées locales sont de classe C^{p-2}, le théorème de régularité des solutions des équations différentielles permet d'affirmer que $\phi = \exp_x$ est de classe C^{p-2} sur l'ouvert où elle est définie. Sa différentielle ϕ_{*0} à l'origine est l'application identique de T_xV dans lui-même (en identifiant l'espace tangent en un point à un espace vectoriel avec cet espace vectoriel). En effet, si A est un vecteur de T_xV et γ la géodésique de V de vitesse initiale A, la courbe $c(t) = tA$ dans T_xV vérifie $\phi\circ c = \gamma$, donc $\phi_{*0}(A) = \phi_{*0}\dot c(0) = \dot\gamma(0) = A$. Comme $p-2 \geqslant 1$, la proposition résulte immédiatement du théorème des fonctions implicites (voir par exemple [16]). ∎

DÉFINITION. Soit x un point d'une variété C^3 au moins. On appelle *carte normale* en x toute carte v de la forme $b\circ\exp_x^{-1}$, où b est un isomorphisme linéaire entre T_xV et $\mathbb{R}^d$, et où le domaine D de la carte est tel que $\exp_x^{-1}$ soit un difféomorphisme de D sur un voisinage de l'origine dans T_xV. Le point x est appelé le *centre* de la carte.

Une telle carte transforme les géodésiques passant par le centre en mouvements uniformes passant par l'origine. Mais en général, les géodésiques ne passant pas par le centre sont transformées en mouvements non uniformes!

PROPOSITION 3.2. — *Les symboles de Christoffel associés à une carte normale sont nuls au centre de cette carte.*

DÉMONSTRATION. — Appelons x le centre de la carte normale. Soient $a^1, ..., a^d$ des coefficients; soit γ la géodésique telle que $\gamma(0) = x$ et $\dot\gamma^i(0) = a^i$ (lecture de $\dot\gamma$ dans la carte). On a $\gamma^k(t) = a^k t$ pour tout t assez petit; l'équation des géodésiques entraîne $\Gamma^k_{ij}\big(\gamma(t)\big)\, a^i a^j = 0$ pour tout k et tout t. En particulier, pour $t = 0$, $\Gamma^k_{ij}(x)\, a^i a^j = 0$. Les a^i étant arbitraires et les Γ^k_{ij} symétriques en i et j, on a $\Gamma^k_{ij}(x) = 0$. ∎

DÉFINITION. — On appelle *application exponentielle* l'application exp qui à un vecteur $u \in TV$ associe le couple $\big(x, \exp_x(u)\big) \in V\times V$, où $x = \pi(u)$ est le point de V tel que $u \in T_xV$.

PROPOSITION 3.3. — *Soit V une variété de classe C^p avec $p \geqslant 3$. Il existe dans TV un voisinage D de l'ensemble des vecteurs nuls, et dans $V\times V$ un voisinage E de la diagonale, tels que la restriction à D de l'application exponentielle soit un difféomorphisme C^{p-2} de D sur E.*

DÉMONSTRATION. — Soient x un point de V et 0_x le vecteur nul de T_xV. L'équation des géodésiques écrite dans une carte locale autour de x, jointe au théorème de régularité des solutions d'équations différentielles, montre (comme dans la proposition 3.1) que l'application exponentielle est bien définie et de classe C^{p-2} sur un voisinage de 0_x dans $\mathrm{T}V$. Nous allons montrer que c'est un difféomorphisme sur un voisinage ouvert U_x de 0_x ; la proposition en découlera en prenant $D = \bigcup_{x\in V} U_x$. Pour vérifier cette propriété de difféomorphisme, il suffit par le théorème d'inversion locale d'établir que l'application linéaire tangente $\exp_{*0_x}$ est une bijection entre les espaces tangents en 0_x à $\mathrm{T}V$ et en (x,x) à $V\times V$. Les dimensions de $\mathrm{T}V$ et $V\times V$ étant les mêmes $(2d)$, il suffit déjà de montrer la surjectivité. Lorsque γ décrit les géodésiques telles que $\gamma(0) = x$, les courbes $t \mapsto t\dot\gamma(0)$ et $t \mapsto 0_{\gamma(t)}$ sont dans $\mathrm{T}V$ et passent en 0_x à l'instant 0. Leurs images par exp sont les courbes de la forme $\big(x,\gamma(t)\big)$ et de la forme $\big(\gamma(t),\gamma(t)\big)$; donc les vecteurs $\big(0,\dot\gamma(0)\big)$ et $\big(\dot\gamma(0),\dot\gamma(0)\big)$ de $\mathrm{T}_xV\times\mathrm{T}_xV = \mathrm{T}_{(x,x)}V\times V$ sont dans l'espace image de $\exp_{*0_x}$. Comme ils en forment une partie génératrice, cette image est l'espace $\mathrm{T}_{(x,x)}V\times V$ tout entier. ∎

2. — Intégrales d'Itô et martingales

Symboliquement, si X est une semimartingale dans V, $\mathcal{D}X$ est le diffuseur $\mathrm{d}X^k\mathrm{D}_k + \frac{1}{2}\,\mathrm{d}[X^i,X^j]\mathrm{D}_{ij}$. Disposant d'une connexion Γ sur la variété, nous pouvons élaguer la partie purement d'ordre 2, pour ne garder que la partie d'ordre 1 $\Gamma\mathcal{D}X = (\mathrm{d}X^k + \frac{1}{2}\,\Gamma_{ij}^k(X_t)\,\mathrm{d}[X^i,X^j])\mathrm{D}_k$; c'est — toujours symboliquement — un vecteur tangent, soumis à la brave formule *linéaire* de changements de cartes dans $\mathrm{T}V$, et pour lequel une décomposition en parties martingale et partie à variation finie $\mathrm{d}M+\mathrm{d}A$ sera donc invariante par changement de cartes, c'est-à-dire intrinsèque ($\mathrm{d}M$ et $\mathrm{d}A$ sont dans $\mathrm{T}_{X_t}V$; ni M ni A n'existent). Plutôt que de raisonner sur l'objet formel $\mathcal{D}X$, il est plus agréable, et plus conforme aux bonnes mœurs mathématiques, de dire tout cela de façon rigoureuse, en utilisant le langage officiel pour parler de $\mathcal{D}X$, celui des intégrales de codiffuseurs le long de X. Cela nous mène aux intégrales d'Itô dans une variété. Introduites et étudiées par Meyer [78] et [80], elles avaient auparavant déjà été considérées par Duncan [38] dans le cas riemannien (comme limites de sommes de Riemann!) et par Bismut [15] dans le cas des diffusions (c'est lui qui, le premier, a identifié la connexion comme étant la structure géométrique permettant leur existence). La méthode d'approximation de Duncan a été ultérieurement redécouverte par Darling [23] et [27].

DÉFINITION. — Soit X une semimartingale dans une variété V pourvue d'une connexion Γ. Soit Σ un processus prévisible, à valeurs dans T^*V, localement borné et au-dessus de X. On appelle *intégrale d'Itô* de Σ le long de X, et l'on note $\int\langle\Sigma,\mathrm{d}_\Gamma X\rangle$, la semimartingale réelle $\int\langle\Gamma^*\Sigma,\mathcal{D}X\rangle$.

Pour donner un sens à cette définition, il faut remarquer que lorsque Σ est un tel processus de covecteurs, le processus de codiffuseurs $\Gamma^*\Sigma$ est prévisible, localement borné et au-dessus de X. Formellement, la différentielle d'Itô $\mathrm{d}_\Gamma X_t$ n'est autre que la partie d'ordre un $\Gamma\mathcal{D}X_t = (\mathrm{d}X_t^k + \frac{1}{2}\,\Gamma_{ij}^k(X_t)\,\mathrm{d}[X^i,X^j]_t)\mathrm{D}_k$ du diffuseur infinitésimal $\mathcal{D}X_t$.

PROPOSITION 3.4. — *Soient X une semimartingale dans une variété V pourvue d'une connexion, et Σ et T deux processus prévisibles, à valeurs dans* T^*V, *localement bornés et au-dessus de X. La covariation des deux intégrales d'Itô est donnée par*

$$\tfrac{1}{2}\left[\int\langle\Sigma,\mathrm{d}_\Gamma X\rangle,\int\langle T,\mathrm{d}_\Gamma X\rangle\right]=\int\langle\Sigma{\cdot}T,\mathcal{D}X\rangle\,.$$

Si H est un processus prévisible réel localement borné, on a

$$\int\langle H\Sigma,\mathrm{d}_\Gamma X\rangle=\int H\,\mathrm{d}\big(\int\langle\Sigma,\mathrm{d}_\Gamma X\rangle\big)\,.$$

DÉMONSTRATION. — La première formule résulte aussitôt de $\mathbf{R}\Gamma^*\Sigma=\Sigma$ et de 2.10.(iii); la seconde de $\Gamma^*(H\Sigma)=H\,\Gamma^*\Sigma$ et de 2.10.(ii). ∎

Par conséquent, en coordonnées locales, si Σ s'écrit $\sigma_i\,dv^i$, l'intégrale d'Itô de Σ n'est autre que $\int\sigma_k(\mathrm{d}X^k+\frac{1}{2}\,\Gamma^k_{ij}(X)\mathrm{d}[X^i,X^j])$. À l'aide des intégrales d'Itô, on peut très facilement écrire la formule d'Itô dans V :

PROPOSITION 3.5. — *Soit X une semimartingale dans V.*

Pour toute fonction $f\in\mathrm{C}^2(V)$, on a

$$f\circ X=f(X_0)+\int\langle df,\mathrm{d}_\Gamma X\rangle+\int\langle\mathrm{Hess}\,f,\mathcal{D}X\rangle\,.$$

DÉMONSTRATION. — Immédiat à l'aide des définitions $\int\langle df,\mathrm{d}_\Gamma X\rangle=\int\langle\Gamma^*df,\mathcal{D}X\rangle$ et $\mathrm{Hess}\,f=d^2f-\Gamma^*df$, et de l'égalité $f\circ X-f(X_0)=\int\langle d^2f,\mathcal{D}X\rangle$. ∎

DÉFINITION. — Une semimartingale X dans une variété V munie d'une connexion Γ est une *martingale* si, pour tout processus prévisible Σ à valeurs dans T^*V, localement borné et au-dessus de X, l'intégrale d'Itô $\int\langle\Sigma,\mathrm{d}_\Gamma X\rangle$ est une martingale locale.

Heuristiquement, X est une martingale si $\mathcal{D}X$ peut se décomposer en une différentielle de martingale (d'ordre un) et une partie purement d'ordre deux, c'est-à-dire dans le noyau de Γ.

Ces êtres ne sont pas l'analogue dans V des martingales continues dans $\mathbb{R}^d$, mais des *martingales locales* continues dans $\mathbb{R}^d$; et quand V est la variété $\mathbb{R}^d$ et Γ la connexion plate, cette définition crée une ambiguïté : les martingales dans V sont les martingales *locales* (continues) usuelles. Malgré cela, nous préférons le terme de martingale pour trois raisons : il est plus simple que martingale locale; dans une variété générale, il n'existe pas d'objets qui correspondent aux vraies martingales (non locales); enfin, l'expérience montre que cette ambiguïté n'est pas gênante. Les auteurs anglo-saxons emploient le terme de « Γ-martingale », qui a le double avantage de supprimer toute ambiguïté et de faire figurer explicitement la connexion.

La définition ci-dessus d'une martingale dans une variété est empruntée à Meyer [78] et [79]; une autre approche, par les fonctions convexes, est due à Darling [23] et [24] et fera l'objet du prochain chapitre.

PROPOSITION 3.6. — *Pour qu'une semimartingale X dans V soit une martingale, (il faut et) il suffit que, pour toute fonction f de classe C^p et à support compact, la différence $f\circ X-\int\langle\mathrm{Hess}\,f,\mathcal{D}X\rangle$ soit une martingale locale.*

DÉMONSTRATION. — Utilisons un recouvrement ouvert dénombrable $(U_\iota)_{\iota\in I}$ de V tel que chaque U_ι soit relativement compact dans le domaine d'une carte locale $(v^i_\iota)_{1\leqslant i\leqslant d}$. Soient w^i_ι des fonctions C^p à support compact, telles que $w^i_\iota=v^i_\iota$ sur U_ι.

Si Σ est un processus prévisible dans T^*V, localement borné et au-dessus de X, il s'agit de montrer que $M = \int \langle \Sigma, \mathrm{d}_\Gamma X \rangle$ est une martingale locale.

Puisque les ensembles prévisibles $A_\iota = \{X \in U_\iota\}$ recouvrent $[\![0, \infty[\![$, il suffit de vérifier que, pour un ι (fixé dans la suite), $\int \mathbb{1}_{A_\iota} \mathrm{d}M$ est une martingale locale. Définissons des processus prévisibles σ_i par la formule $\Sigma = \sigma_i \, dv^i_\iota(X)$ sur A_ι et par $\sigma_i = 0$ sur A^c_ι ; ils sont localement bornés parce que U_ι est relativement compact dans le domaine de la carte v_ι. En remarquant que $\mathbb{1}_{A_\iota} \Sigma = \sigma_i dw^i_\iota(X)$ et en utilisant 3.4, on peut écrire

$$\int \mathbb{1}_{A_\iota} \mathrm{d}M = \int \langle \mathbb{1}_{A_\iota} \Sigma, \mathrm{d}_\Gamma X \rangle = \int \sigma_i \, \mathrm{d}\big(\textstyle\int \langle dw^i_\iota, \mathrm{d}_\Gamma X \rangle\big) ;$$

et c'est fini, puisque la formule d'Itô 3.5 et l'hypothèse assurent que l'intégrale d'Itô

$$\int \langle dw^i_\iota, \mathrm{d}_\Gamma X \rangle = w^i_\iota \circ X - w^i_\iota(X_0) - \int \langle \operatorname{Hess} w^i_\iota, \mathcal{D}X \rangle$$

est une martingale locale. ∎

Exercice. — a) Si $f^1, ..., f^q$ sont des fonctions C^2 sur (V, Γ) et si $\phi : \mathbb{R}^q \to \mathbb{R}$ est aussi C^2, la formule de changement de variable pour les hessiennes s'écrit

$$\operatorname{Hess}\,[\phi \circ (f^1, ..., f^q)] = \mathrm{D}_k \phi(f^1, ..., f^q) \operatorname{Hess} f^k + \mathrm{D}_{ij} \phi(f^1, ..., f^q) \, df^i \!\cdot\! df^j \,.$$

b) On suppose donné un plongement propre de V dans $\mathbb{R}^q$ (ceci entraîne que toute fonction C^p sur V est restriction à V d'une fonction C^p définie sur $\mathbb{R}^q$). La connexion Γ sur V est quelconque, et n'a a priori rien a voir avec le plongement. Soient $f^1, ..., f^q$ les fonctions C^p sur V obtenues en composant les coordonnées de $\mathbb{R}^q$ par le plongement. Montrer qu'une semimartingale X dans V est une martingale pour Γ si et seulement si chaque $f^k \circ X - \int \langle \operatorname{Hess} f^k, \mathcal{D}X \rangle$ est une martingale locale.

Pour rendre plus concrète la notion de martingale, voici trois situations dans lesquelles les martingales sont faciles à caractériser. La première est le cas où la variété admet un système de coordonnées globales.

Proposition 3.7. — *On suppose V pourvue d'une carte globale $(v^i)_{1 \leqslant i \leqslant d}$; on note Γ^k_{ij} les symboles de Christoffel de la connexion pour cette carte. Soit X une semimartingale dans V, de coordonnées $X^k = v^k \circ X$. Pour que X soit une martingale, il faut et il suffit que chacun des d processus réels*

$$M^k = X^k + \tfrac{1}{2} \int \Gamma^k_{ij}(X) \, \mathrm{d}[X^i, X^j]$$

soit une martingale locale.

Si l'on se donne des martingales locales (continues) $M^1, ..., M^d$, tout processus X dans V, dont les coordonnées X^k vérifient

$$X^k = M^k - \tfrac{1}{2} \int \Gamma^k_{ij}(X) \, \mathrm{d}[M^i, M^j] \,,$$

est une martingale.

Ainsi, dès que la connexion est suffisamment régulière pour que l'équation différentielle stochastique ci-dessus ait toujours une unique solution, les martingales dans V sont en correspondance avec les martingales locales continues dans $\mathbb{R}^d$ (à des problèmes de durée de vie près).

DÉMONSTRATION DE LA PROPOSITION 3.7. — Puisque $\operatorname{Hess} v^k = -\Gamma^k_{ij}\, dv^i{\cdot}dv^j$, la quantité $M^k = X^k + \frac{1}{2}\int \Gamma^k_{ij}(X)\,\mathrm{d}[X^i,X^j]$ n'est autre que l'intégrale d'Itô $\int\langle dv^k, \mathrm{d}_\Gamma X\rangle$; si X est une martingale, M^k est donc une martingale locale.

Réciproquement, si chaque M^k est une martingale locale, la formule de changement de variable

$$d(f{\circ}X) = \mathrm{D}_k f{\circ}X\,\big(\mathrm{d}X^k{+}\tfrac{1}{2}\Gamma^k_{ij}(X)\,\mathrm{d}[X^i,X^j]\big) + \tfrac{1}{2}(\mathrm{D}_{ij}{-}\Gamma^k_{ij}\mathrm{D}_k)f{\circ}X\,\mathrm{d}[X^i,X^j]$$

montre que pour toute $f \in \mathrm{C}^2$, le processus $f{\circ}X - \int\langle \operatorname{Hess} f, \mathcal{D}X\rangle$ est une martingale locale, et X est une martingale d'après 3.6.

Si l'on se donne des martingales locales continues M^k, tout processus X tel que $X^k = M^k - \frac{1}{2}\int\Gamma^k_{ij}(X)\mathrm{d}[M^i,M^j]$ vérifiera $[X^i,X^j] = [M^i,M^j]$; on aura donc $M^k = X^k + \frac{1}{2}\int\Gamma^k_{ij}(X)\,\mathrm{d}[X^i,X^j]$ et X sera une martingale par la première partie de la proposition. ∎

La seconde situation où les martingales se décrivent simplement est le cas des diffusions. Une diffusion est une martingale si et seulement si son générateur est purement d'ordre deux:

PROPOSITION 3.8. — *Sur la variété V, soit L un champ de diffuseurs, non nécessairement continu, mais borélien et localement borné. Soit aussi X une semimartingale dans V, telle que, pour toute $f \in \mathrm{C}^2(V)$,*

$$f{\circ}X_t - \int_0^t Lf(X_s)\,ds$$

soit une martingale locale.

Alors X est une martingale dans V si et seulement si le temps passé par X dans l'ensemble $\{x \in V : \Gamma L(x) {\neq} 0\}$ est nul. En particulier, lorsque cet ensemble est ouvert (par exemple si L est continu), X est une martingale si et seulement si presque toutes ses trajectoires sont à valeurs dans le fermé $\{\Gamma L {=} 0\}$.

Si $\Gamma L = 0$, le processus X est toujours une martingale dans V.

DÉMONSTRATION. — Notons $\overset{\mathrm{m}}{=}$ l'égalité modulo les martingales locales : $Y \overset{\mathrm{m}}{=} Z$ signifiera que la différence entre les deux processus réels Y et Z est une martingale locale. Notons aussi $\int H\,\mathrm{d}t$ le processus $\int H\,\mathrm{d}A$ où $A_t \equiv t$. Pour tout Θ prévisible, localement borné et au-dessus de X dans $\mathbb{T}^*V$, on a $\int\langle\Theta, \mathcal{D}X\rangle \overset{\mathrm{m}}{=} \int\langle\Theta, L\rangle\,\mathrm{d}t$. C'est en effet vrai par hypothèse quand $\Theta = d^2 f(X)$, cela s'étend sans peine au cas où $\Theta = H\,d^2 f(X)$, où H est prévisible réel localement borné, puis à $\Theta = H\,df{\cdot}dg$ en écrivant $df{\cdot}dg = \frac{1}{2}\big(d^2(fg) - f\,d^2 g - g\,d^2 f\big)$, et enfin au cas général comme dans 3.6, par localisation dans des cartes et écriture de Θ sous la forme $H_k\,d^2 v^k + H_{ij}\,dv^i{\cdot}dv^j$.

Pour tout processus de covecteurs Σ, prévisible, localement borné et au-dessus de X, on peut écrire

$$\int\langle\Sigma, \mathrm{d}_\Gamma X\rangle = \int\langle\Gamma^*\Sigma, \mathcal{D}X\rangle \overset{\mathrm{m}}{=} \int\langle\Gamma^*\Sigma, L\rangle(X)\,\mathrm{d}t = \int\langle\Sigma, \Gamma L\rangle(X)\,\mathrm{d}t\,.$$

Pour que X soit une martingale, il faut et il suffit que pour tout Σ, le membre de gauche soit une martingale locale; ou encore que pour tout Σ, le processus à variation finie $\int\langle\Sigma, \Gamma L\rangle(X)\,\mathrm{d}t$ soit identiquement nul. Cette condition est toujours satisfaite si le temps passé par X dans l'ensemble $U = \{\Gamma L {\neq} 0\}$ est nul. Réciproquement, si elle est satisfaite, soit σ un champ de covecteurs borélien, localement borné, tel que $\langle\sigma, \Gamma L\rangle > 0$ sur U. En prenant $\Sigma = \sigma{\circ}X$, on obtient $\int \mathbb{1}_{\{X\in U\}}\,\mathrm{d}t = 0$. ∎

La troisième situation où les martingales sont faciles à caractériser est le cas où V est une sous-variété de $\mathbb{R}^q$ munie de la connexion induite.

PROPOSITION 3.9. — *Soit V une sous-variété d'un espace vectoriel euclidien E, munie de la connexion induite ; appelons p_x la projection orthogonale de T_xE sur T_xV, et identifions chaque T_xE à E. Soit X une semimartingale dans V ; appelons A la partie à variation finie de la décomposition canonique de X dans E* (c'est le processus à variation finie, adapté, continu et issu de l'origine, tel que $X - A$ soit une martingale locale dans E).

Pour tout processus Σ de covecteurs sur V, prévisible, localement borné et au-dessus de X, l'intégrale d'Itô $\int\langle\Sigma, \mathrm{d}_\Gamma X\rangle$ est l'intégrale stochastique usuelle $\int \Sigma\circ p_X\,(\mathrm{d}X)$ dans E, et sa la partie à variation finie est donc $\int \Sigma\circ p_X\,(\mathrm{d}A)$.

Pour que X soit une martingale dans V, il faut et il suffit qu'il existe un processus réel croissant, continu, adapté C et un processus prévisible H à valeurs dans E tels que l'on ait

$$A = \int H\,\mathrm{d}C \qquad et \qquad H_t \perp \mathrm{T}_{X_t}V\,.$$

En langage moins rigoureux mais plus direct, X est une martingale dans V si et seulement si $\mathrm{d}A_t$ reste orthogonal dans E au sous-espace $\mathrm{T}_{X_t}V$. L'analogie avec le comportement des géodésiques, caractérisées par l'orthogonalité entre leur accélération (dans E) et l'espace tangent à V, n'est nullement fortuite!

DÉMONSTRATION. — Pour plus de précision, nous appellerons i l'injection canonique de V dans E, ce qui permet de distinguer un point x de V de son image ix dans E, et le processus X de son image $Y = i\circ X$. Nous noterons Γ_V la connexion sur V et Γ_E la connexion plate sur E; la définition de Γ_V est $\Gamma_V L = p_*\,\Gamma_E\, i_*\, L$ pour $L \in \mathbb{T}_xV$.

Si Σ est un processus de covecteurs sur V, prévisible, localement borné et au-dessus de X, la formule $T = \Gamma_E^*(\Sigma\circ p)$ définit un processus T de codiffuseurs sur E, prévisible, localement borné et au-dessus de Y, tel que $\int\langle i^*T, \mathcal{D}X\rangle = \int\langle T, \mathcal{D}Y\rangle$ par la proposition 2.11. Ceci permet d'écrire

$$\begin{aligned}\int\langle\Sigma, \mathrm{d}_{\Gamma_V}X\rangle &= \int\langle\Gamma_V^*\Sigma, \mathcal{D}X\rangle = \int\langle i^*\Gamma_E^*(\Sigma\circ p_X), \mathcal{D}X\rangle \\ &= \int\langle\Gamma_E^*(\Sigma\circ p_X), \mathcal{D}Y\rangle = \int\langle\Sigma\circ p_X, \mathrm{d}_{\Gamma_E}Y\rangle\end{aligned}$$

où les intégrales de la première ligne sont dans V et celles de la seconde dans E. L'intégrale d'Itô finale est écrite pour la connexion plate Γ_E sur E; c'est donc l'intégrale usuelle $\int \Sigma\circ p_X\,(\mathrm{d}Y)$, et la première partie de l'énoncé est établie.

Si A peut s'écrire $\int H\,\mathrm{d}C$, où C est croissant continu, et H_t est prévisible dans E et normal à $\mathrm{T}_{X_t}V$, alors $p_X(H) = 0$, et pour tout Σ,

$$\int \Sigma\circ p_X\,(\mathrm{d}A) = \int \Sigma\circ p_X\,(H\,\mathrm{d}C) = \int\langle\Sigma, p_X(H)\rangle\,\mathrm{d}C = 0\,;$$

X est donc une martingale pour Γ_V.

Réciproquement, si X est une martingale, soient A^i les composantes de A dans une base de E (coordonnées linéaires!), $C = \sum_i \int |\mathrm{d}A^i|$, et H un processus prévisible borné dans E tel que $\mathrm{d}A = H\,\mathrm{d}C$. En identifiant $\mathrm{T}_{X_t}V$ et $\mathrm{T}^*_{X_t}V$ au moyen de la structure euclidienne, on peut définir un processus prévisible borné dans T^*V au dessus de X par $\Sigma = p(H)$; puisque X est une martingale,

$$0 = \int \Sigma \circ p_X(\mathrm{d}A) = \int \langle \Sigma, p_X(H) \rangle \, \mathrm{d}C = \int \| p_X(H) \|^2 \, \mathrm{d}C \, .$$

Ceci montre que, quitte à modifier H sur un ensemble négligeable pour $\mathrm{d}C$, on a $p_X(H) = 0$, c'est-à-dire $H_t \perp T_{X_t}V$. ∎

La formule d'Itô 3.5 n'a été énoncée que pour les fonctions ; elle s'étend immédiatement aux codiffuseurs :

PROPOSITION 3.10. — *Soient X une semimartingale dans V et Θ un processus cooscillateur prévisible, localement borné, au-dessus de X. On a toujours l'identité*

$$\int \langle \Theta, \mathcal{D}X \rangle = \int \langle \mathbf{R}\Theta, \mathrm{d}_\Gamma X \rangle + \int \langle (\Theta - \Gamma^* \mathbf{R}\Theta), \mathcal{D}X \rangle \, .$$

Lorsque X est une martingale, ceci est la décomposition canonique de $\int \langle \Theta, \mathcal{D}X \rangle$ en parties martingale et à variation finie.

DÉMONSTRATION. — La formule se réduit à la trivialité $\Theta = \Gamma^* \mathbf{R}\Theta + (\Theta - \Gamma^* \mathbf{R}\Theta)$. Comme $\mathbf{R}\Gamma^*$ est l'identité sur les covecteurs, $(\Theta - \Gamma^* \mathbf{R}\Theta)$ est dans le noyau de $\mathbf{R}$, et l'intégrale $\int \langle (\Theta - \Gamma^* \mathbf{R}\Theta), \mathcal{D}X \rangle$ est toujours à variation finie d'après 2.10.(v). Si de plus X est une martingale, l'intégrale d'Itô est une martingale locale réelle, et la formule ci-dessus coïncide donc avec la décomposition canonique de $\int \langle \Theta, \mathcal{D}X \rangle$. ∎

3. — Applications affines ; connexion produit

DÉFINITION. — Soient Γ_V et Γ_W deux connexions sur des variétés V et W respectivement. Si x est un point de V, une application $\phi \in C^2(V, W)$ est *affine au point* x si l'on a $\phi_{**x}(\Gamma_V L) = \Gamma_W(\phi_{**x} L)$ pour tout $L \in \mathbb{T}_x V$, ou encore, de façon équivalente, $\phi_x^*(\Gamma_W^* \sigma) = \Gamma_V^*(\phi_x^* \sigma)$ pour tout $\sigma \in T^*_{\phi(x)} W$. Elle est *affine* si elle est affine en tout point x de V.

Il n'existe en général pas d'applications affines non constantes d'une variété dans une autre. Une importante exception est le cas où V est $\mathbb{R}$ ou un intervalle de $\mathbb{R}$: une courbe à valeurs dans W est une application affine (l'intervalle de définition étant muni de la connexion plate) si et seulement si c'est une géodésique.

Même dans le cas où V est une sous-variété de $W = \mathbb{R}^q$ et où Γ_V est la connexion induite par l'inclusion i et une structure euclidienne sur W, l'application i n'est en général pas affine. En effet, elle ne transforme pas les géodésiques de V en mouvements uniformes dans W, alors que, comme nous allons le voir, ce serait une condition nécessaire (et suffisante) d'affinité.

Plus généralement, si l'on se donne ϕ et Γ_W, il n'existe en général pas de connexion Γ_V rendant ϕ affine.

EXERCICE 3.11. — Pour que $\phi \in C^2(V, W)$ soit affine, il faut et il suffit que l'on ait $\mathrm{Hess}_V(f \circ \phi) = \phi^*(\mathrm{Hess}_W f)$ pour toute $f \in C^2(W)$.

LEMME 3.12. — *Soient I un intervalle ouvert de $\mathbb{R}$ et $\gamma : I \to V$ une courbe dans V telle que $\gamma \circ M$ soit une martingale dans V pour toute martingale locale réelle M à valeurs dans I. La courbe γ est une géodésique.*

DÉMONSTRATION. — Soit σ un champ de covecteurs sur V ; $\tau = \gamma^*\Gamma^*\sigma$ est un champ de codiffuseurs sur I, que l'on peut écrire $\tau = a(t)\,d^2t + b(t)\,dt{\cdot}dt$, où les fonctions a et b sur I sont données par $a = \langle \tau, \frac{\partial}{\partial t}\rangle$ et $b = \langle \tau, \frac{\partial^2}{\partial t^2}\rangle$. Pour toute martingale locale M dans I,

$$\int \big(a(M)\,\mathrm{d}M + \tfrac{1}{2}\,b(M)\,\mathrm{d}[M,M]\big) = \int \langle \tau, \mathcal{D}M\rangle = \int \langle \gamma^*\Gamma^*\sigma, \mathcal{D}M\rangle$$
$$= \int \langle \Gamma^*\sigma, \mathcal{D}(\gamma\circ M)\rangle = \int \langle \sigma, \mathrm{d}_\Gamma(\gamma\circ M)\rangle$$

est par hypothèse une martingale locale, donc $\int b(M)\,\mathrm{d}[M,M] = 0$. En prenant pour M un mouvement brownien changé de temps de façon à quitter tout compact de I quand t tend vers l'infini, on obtient $\int b(M)\,\mathrm{d}t = 0$, et, b étant continu, $b = 0$ sur I. Ceci s'écrit $\langle \tau, \frac{\partial^2}{\partial t^2}\rangle = 0$, ou encore $\langle \sigma, \Gamma\ddot\gamma\rangle = 0$ puisque $\gamma_*(\frac{\partial^2}{\partial t^2}) = \ddot\gamma$. Comme σ est arbitraire, $\Gamma\ddot\gamma$ est nul, et γ est une géodésique. ∎

PROPOSITION 3.13. — *Pour qu'une application soit affine, il faut et il suffit qu'elle transforme les géodésiques (respectivement martingales) de V en géodésiques (respectivement martingales) de W.*

DÉMONSTRATION. — En trois étapes. Dans un premier temps, nous allons vérifier que les applications affines transforment les martingales en martingales. Soit ϕ affine. Si X est une semimartingale dans V, et si Σ est un processus prévisible, localement borné de covecteurs sur W au-dessus de $\phi\circ X$, on a, en utilisant la définition de l'intégrale d'Itô et la proposition 2.11,

$$\int \langle \Sigma, \mathrm{d}_{\Gamma_W}(\phi\circ X)\rangle = \int \langle \Gamma_W^*\Sigma, \mathcal{D}(\phi\circ X)\rangle = \int \langle \phi^*\Gamma_W^*\Sigma, \mathcal{D}X\rangle$$
$$= \int \langle \Gamma_V^*\phi^*\Sigma, \mathcal{D}X\rangle = \int \langle \phi^*\Sigma, \mathrm{d}_{\Gamma_V}X\rangle\ ;$$

si X est une martingale dans V, l'intégrale de droite est une martingale, et l'on en déduit que $\phi\circ X$ est une martingale dans W.

Ensuite, nous allons établir que si ϕ transforme les martingales en martingales, elle transforme aussi les géodésiques en géodésiques. Soit γ une géodésique de V, définie sur un intervalle ouvert I. Comme γ est affine de I dans V, l'étape précédente montre que $\gamma\circ M$ est une martingale dans V pour toute martingale locale M dans I. En utilisant l'hypothèse sur ϕ, on obtient que $\phi\circ\gamma\circ M$ est une martingale dans W ; et d'après le lemme 3.12, la courbe $\phi\circ\gamma$ est une géodésique de W.

Enfin, si ϕ transforme les géodésiques en géodésiques, elle est affine. Pour le montrer, il suffit grâce au lemme 1.2 de vérifier que $\phi_{*x}\Gamma_V\ddot c(0) = \Gamma_W\phi_{*x}\ddot c(0)$ pour tout x de V et toute courbe c dans V telle que $c(0) = x$. Mais il existe une géodésique γ telle que $\gamma(0) = x$ et $\dot\gamma(0) = \dot c(0)$. Puisque les courbes c et γ ont même vitesse en $t = 0$, le lemme 1.2 dit que leurs accélérations $\ddot c(0)$ et $\ddot\gamma(0)$ diffèrent d'un vecteur : il existe $A \in \mathrm{T}_xV$ tel que $\ddot c(0) = \ddot\gamma(0) + A$. Comme γ est une géodésique, on a

$$\phi_{*x}\Gamma_V\ddot c(0) = \phi_{*x}\Gamma_V\big(\ddot\gamma(0) + A\big) = \phi_{*x}\Gamma_V\ddot\gamma(0) + \phi_{*x}A = \phi_{*x}A\ ;$$

et de même, en utilisant le fait que $\phi\circ\gamma$ est une géodésique,

$$\Gamma_W\phi_{*x}\ddot c(0) = \Gamma_W\phi_{*x}\big(\ddot\gamma(0) + A\big) = \Gamma_W\phi_{*x}\ddot\gamma(0) + \Gamma_W\phi_{*x}A$$
$$= \Gamma_W(\phi\circ\gamma)\ddot{}(0) + \phi_{*x}A = \phi_{*x}A\ .$$

L'égalité annoncée est ainsi établie. ∎

Remarque. — En prenant $V = W$ et $\phi = \mathrm{Id}$ dans cette proposition, on voit qu'*une connexion est caractérisée par ses géodésiques (respectivement ses martingales).*

Définition. — Soit W une sous-variété de V ; V est munie d'une connexion Γ. Appelons i l'injection canonique de W dans V. On dit que la sous-variété W est *totalement géodésique* si pour tout vecteur A tangent à W, il existe une géodésique γ de V telle que $\dot\gamma(0) = i_* A$ et que $\gamma(t) \in W$ pour tout t assez voisin de 0.

Exercice. — Décrire toutes les sous-variétés totalement géodésiques de $\mathbb{R}^d$ (muni de la connexion plate).

Proposition 3.14. — *Une sous-variété W de V est totalement géodésique si et seulement si il existe sur W une connexion qui rende affine l'injection canonique $i : W \to V$. Cette connexion est alors unique.*

Démonstration. — Supposons d'abord l'existence d'une connexion Γ_W sur W rendant i affine. Pour $A \in \mathrm{T}W$, il existe une courbe γ dans W, géodésique pour Γ_W, telle que $\dot\gamma(0) = A$. Comme i est affine, la courbe $\delta = i\circ\gamma$ est une géodésique de V à valeurs dans iW et vérifiant $\dot\delta(0) = i_* A$, et W est donc totalement géodésique.

Réciproquement, supposons W totalement géodésique. Une connexion Γ_W rend i affine si et seulement on a $i_{*x}\Gamma_W L = \Gamma i_{*x} L$ pour tout $x \in W$ et tout $L \in \mathbb{T}_x W$. Comme i_{*x} est une injection de $\mathrm{T}_x W$ dans $\mathrm{T}_{ix} V$, l'unicité est évidente, et l'existence sera assurée à condition que $\Gamma i_{*x} L$ veuille bien se trouver dans l'espace image $i_{*x}\mathrm{T}_x W$. Par le lemme 1.2, il suffit de vérifier ceci quand $L = \ddot c(0)$ où c est une courbe dans W telle que $c(0) = x$. Puisque W est totalement géodésique, il existe une géodésique δ de V, vérifiant $\dot\delta(0) = i_{*x}\dot c(0)$, et de la forme $i\circ\gamma$ pour une courbe γ dans W. On a donc $\dot\gamma(0) = \dot c(0)$, et le lemme 1.2 dit que $A = \ddot c(0) - \ddot\gamma(0)$ est dans $\mathrm{T}_x W$. Pour vérifier que $\Gamma i_{*x}\ddot c(0)$ est dans $i_{*x}\mathrm{T}_x W$, il ne reste qu'à écrire $\Gamma i_{*x}\ddot c(0) = \Gamma i_{*x}\ddot\gamma(0) + \Gamma i_{*x} A = \Gamma\ddot\delta(0) + i_{*x} A = i_{*x} A$. ∎

Proposition 3.15 et définition. — *Soient V_1 et V_2 deux variétés munies de connexions respectives Γ_1 et Γ_2. Appelons $p_1 : V_1\times V_2 \to V_1$ et $p_2 : V_1\times V_2 \to V_2$ les projections canoniques. On définit une connexion sur $V_1\times V_2$, appelée la* connexion produit *de Γ_1 et Γ_2 et notée $\Gamma_1\times\Gamma_2$, par la formule*

$$\forall x_1 \in V_1 \quad \forall x_2 \in V_2 \quad \forall L \in \mathbb{T}_{(x_1,x_2)}(V_1\times V_2)$$

$$(\Gamma_1\times\Gamma_2)L = (\Gamma_1 p_{1*}L, \Gamma_2 p_{2*}L) \in \mathrm{T}_{x_1}V_1\times\mathrm{T}_{x_2}V_2 = \mathrm{T}_{(x_1,x_2)}(V_1\times V_2)\,.$$

Elle possède les six propriétés suivantes :

(i) *les projections p_1 et p_2 sont des applications affines ;*

(ii) *si $\gamma = (\gamma_1, \gamma_2)$ est une courbe dans $V_1\times V_2$,*

$$(\Gamma_1\times\Gamma_2)\ddot\gamma(t) = \big(\Gamma_1\ddot\gamma_1(t), \Gamma_2\ddot\gamma_2(t)\big)\;;$$

(iii) *si X est une semimartingale dans $V_1\times V_2$, de composantes $X_1 = p_1 X$ et $X_2 = p_2 X$, et si Σ est un processus prévisible, localement borné de covecteurs au-dessus de X, de composantes Σ_1 et Σ_2 (de sorte que $\Sigma = p_1^*\Sigma_1 + p_2^*\Sigma_2$),*

$$\int\langle\Sigma, \mathrm{d}_{\Gamma_1\times\Gamma_2}X\rangle = \int\langle\Sigma_1, \mathrm{d}_{\Gamma_1}X_1\rangle + \int\langle\Sigma_2, \mathrm{d}_{\Gamma_2}X_2\rangle\;:$$

(iv) *les géodésiques de $V_1\times V_2$ sont les courbes $\gamma = (\gamma_1, \gamma_2)$ telles que γ_1 soit une géodésique de V_1 et γ_2 une géodésique de V_2 ;*

(v) *les martingales dans* $V_1 \times V_2$ *sont les processus* $X = (X_1, X_2)$ *tels que* X_1 *soit une martingale de* V_1 *et* X_2 *une martingale de* V_2 *;*

(vi) *si* $V_1 = V_2$ $(= V)$, *la diagonale du produit* $V \times V$ *est une sous-variété totalement géodésique dans* $V \times V$ *muni de la connexion produit; la connexion dont elle est munie d'après* (3.14) *est l'image de la connexion* Γ *sur* V *par le difféomorphisme canonique entre* V *et la diagonale.*

DÉMONSTRATION. — Il s'agit bien d'une connexion, car si le diffuseur L est un vecteur, $p_{1*}L$ et $p_{2*}L$ en sont aussi, et $(\Gamma_1 \times \Gamma_2)L = (p_{1*}L, p_{2*}L) = L$.

(i) Pour un vecteur $A = (A_1, A_2) \in \mathrm{T}_{(x_1,x_2)}V = \mathrm{T}_{x_1}V_1 \times \mathrm{T}_{x_2}V_2$, on a $p_{1*}A = A_1$ et $p_{2*}A = A_2$; l'affinité des projections résulte donc immédiatement de la définition de $\Gamma_1 \times \Gamma_2$.

(ii) Puisque $\gamma_1 = p_1 \circ \gamma$, $\ddot{\gamma}_1 = p_{1*}\ddot{\gamma}$; de même pour γ_2.

(iii) Puisque p_1 est affine, on a $(\Gamma_1 \times \Gamma_2)^* p_1^* \sigma_1 = p_1^* \Gamma_1 \sigma_1$ pour $\sigma_1 \in \mathrm{T}^*V_1$; d'où, en utilisant 2.11,

$$\int \langle p_1^*\Sigma_1, \mathrm{d}_{\Gamma_1 \times \Gamma_2} X \rangle = \int \langle (\Gamma_1 \times \Gamma_2)^* p_1^* \Sigma_1, \mathcal{D}X \rangle = \int \langle p_1^* \Gamma_1^* \Sigma_1, \mathcal{D}X \rangle$$
$$= \int \langle \Gamma_1^* \Sigma_1, \mathcal{D}(p_1 \circ X) \rangle = \int \langle \Sigma_1, \mathrm{d}_{\Gamma_1} X_1 \rangle .$$

(iv) Une courbe γ est une géodésique si et seulement si $\Gamma_1 \times \Gamma_2 \ddot{\gamma} = 0$; par (ii), cela revient à dire que $\Gamma_1 \ddot{\gamma}_1$ et $\Gamma_2 \ddot{\gamma}_2$ sont nuls, c'est-à-dire que γ_1 et γ_2 sont des géodésiques.

(v) Si X est une martingale dans $V_1 \times V_2$, ses composantes sont des martingales par (i) et 3.13. Réciproquement, si X_1 et X_2 sont des martingales, X est une semimartingale et toutes les intégrales d'Itô $\int \langle \Sigma, \mathrm{d}_{\Gamma_1 \times \Gamma_2} X \rangle$ sont des martingales locales en raison de (iii) ; X est donc une martingale.

(vi) Nous laissons aux auditeurs le soin de vérifier que la diagonale est une sous-variété de $V \times V$, difféomorphe à V par l'application $(x, x) \leftrightarrow x$. Si γ est une géodésique de V, (γ, γ) est une géodésique dans $V \times V$ par (iv) ; l'injection canonique de la diagonale (identifiée à V) dans $V \times V$ est donc affine, et la diagonale est totalement géodésique d'après 3.14. ∎

EXERCICE. — 1) Contrairement au cas des vecteurs tangents, les images $p_{1*}L$ et $p_{2*}L$ d'un diffuseur osculateur à une variété produit ne caractérisent pas ce diffuseur.

2) Si X et Y sont deux semimartingales réelles, décrire la différence entre le couple de « diffuseurs » $(\mathcal{D}X, \mathcal{D}Y) \in \mathbb{T}\mathbb{R} \times \mathbb{T}\mathbb{R}$ et le « diffuseur » $\mathcal{D}(X, Y) \in \mathbb{T}(\mathbb{R} \times \mathbb{R})$.

EXERCICE. — Chacune des propriétés (i) à (v) de la proposition 3.15 caractérise la connexion produit. De plus, le (iv) peut être ainsi généralisé : une application $\phi : W \to V_1 \times V_2$ est affine si et seulement si ses deux composantes $p_1 \circ \phi$ et $p_2 \circ \phi$ le sont.

Chapitre 4

FONCTIONS CONVEXES

ET COMPORTEMENT DES MARTINGALES

C'est en cherchant des preuves
que j'ai trouvé des difficultés.
D. DIDEROT,
Pensées philosophiques

Les fonctions convexes jouent un rôle central dans l'étude des martingales pour deux raisons. D'une part, l'existence de fonctions à la fois convexes au voisinage d'un point et affines en ce point supplée l'absence de fonctions affines sur une variété non plate, et permet une caractérisation locale des martingales à l'aide des fonctions convexes ; d'autre part, le comportement global des martingales (convergence à l'infini, non-confluence, existence quand la valeur finale est donnée) est étroitement lié à l'existence de fonctions convexes ayant certaines propriétés. Malheureusement, il ne sera pas toujours possible de travailler uniquement avec des fonctions convexes de classe C^2, et nous devrons dans le théorème 4.19 nous accommoder de fonctions peu régulières. Afin de faire agir sur les martingales des fonctions convexes non nécessairement C^2, il nous faudra connaître la structure de ces fonctions ; pour éviter de passer trop de temps sur des détails techniques sans grand intérêt pour les probabilistes, nous serons conduits à admettre des propriétés géométriques des fonctions convexes.

1. — Fonctions convexes et convergence à l'infini des martingales

DÉFINITION. Soit V une variété munie d'une connexion. Une fonction $f : V \to \mathbb{R}$ est *convexe* si, pour toute géodésique γ dans V, $f\circ\gamma$ est une fonction convexe sur l'intervalle où γ est définie.

Cette définition n'exige aucune régularité de la fonction. On peut démontrer que, comme dans $\mathbb{R}^d$, toute fonction convexe est en fait continue ; nous donnerons un énoncé plus précis (mais que nous ne démontrerons pas) en 4.12.

Lorsque V est un ouvert convexe de $\mathbb{R}^d$ muni de la connexion plate, cette définition coïncide avec la définition usuelle des fonctions convexes de plusieurs variables.

PROPOSITION 4.1. — *Soient f une fonction C^2 sur V et X une martingale dans V.*

a) *Pour que f soit convexe, il faut et il suffit que le codiffuseur purement d'ordre deux* Hess f *soit positif* (voir 1.9).

b) *Si tel est le cas, $f\circ X$ est une sous-martingale locale.*

c) *Plus généralement, que f soit convexe ou non,* $\int \mathbb{1}_{\{\mathrm{Hess}\, f(X)\geqslant 0\}}\, \mathrm{d}(f\circ X)$ *est toujours une sous-martingale locale.*

Comme c'est déjà le cas dans $\mathbb{R}^d$, il est vrai en toute généralité que $f \circ X$ est une sous-martingale locale pour toute martingale X et toute fonction convexe f, que f soit C^2 ou non. C'est pour le démontrer, en 4.13, qu'il nous faudra connaître la structure d'une fonction convexe générale.

DÉMONSTRATION DE LA PROPOSITION 4.1. — a) Puisque $\mathrm{Hess} f = d^2 f - \Gamma^* df$ est purement d'ordre deux, en utilisant 1.9 on a pour toute géodésique γ

$$\begin{aligned}(f \circ \gamma)'' = \langle d^2 f, \ddot{\gamma} \rangle &= \langle \mathrm{Hess}\, f + \Gamma^* df, \ddot{\gamma} \rangle = \langle \mathrm{Hess}\, f, \ddot{\gamma} \rangle + \langle \Gamma^* df, \ddot{\gamma} \rangle \\ &= (\mathbf{Q}\, \mathrm{Hess}\, f)(\dot{\gamma}) + \langle df, \Gamma \ddot{\gamma} \rangle = (\mathbf{Q}\, \mathrm{Hess}\, f)(\dot{\gamma}) .\end{aligned}$$

Si $\mathbf{Q}\, \mathrm{Hess}\, f$ est positif, on a $(f \circ \gamma)''(t) \geqslant 0$ pour toute géodésique γ, et f est donc convexe.

Réciproquement, si f est convexe, pour $A \in \mathrm{T}V$, il existe une géodésique γ telle que $\dot{\gamma}(0) = A$, et l'on a $(\mathbf{Q}\, \mathrm{Hess}\, f)(A) = (f \circ \gamma)''(0) \geqslant 0$, ce qui montre que $\mathbf{Q}\, \mathrm{Hess}\, f$ est positif.

c) Si f est C^2 et si X est une martingale, la formule d'Itô 3.5 entraîne que la partie à variation finie de la semimartingale réelle $f \circ X$ est $\int \langle \mathrm{Hess}\, f, \mathcal{D}X \rangle$. La partie à variation finie de $\int \mathbb{1}_{\{\mathrm{Hess}\, f(X) \geqslant 0\}}\, \mathrm{d}(f \circ X)$ est donc $\int \mathbb{1}_{\{\mathrm{Hess}\, f(X) \geqslant 0\}} \langle \mathrm{Hess}\, f, \mathcal{D}X \rangle$; c'est un processus croissant en raison de 2.10.(v).

Enfin b) est un cas particulier de c). ∎

EXERCICE. — Soient U un ouvert de $\mathbb{R}^d$, $f : U \to \mathbb{R}$ une fonction de classe C^p, et $V \subset \mathbb{R}^{d+1}$ le graphe de f, muni de sa structure de sous-variété de $\mathbb{R}^{d+1}$ et de la connexion Γ induite par la structure euclidienne habituelle de $\mathbb{R}^{d+1}$. La projection de V sur U est un difféomorphisme entre V et U et une carte globale de V. Montrer que les symboles de Christoffel de Γ dans cette carte sont

$$\Gamma_{ij}^k = \frac{1}{1 + \|\nabla f\|^2}\, \mathrm{D}_{ij} f\, \mathrm{D}_k f .$$

Soit $\tilde{f} : V \to \mathbb{R}$ la projection sur la dernière composante : pour $u \in U$, $\tilde{f}$ envoie le point $(u, f(u)) \in V$ sur $f(u) \in \mathbb{R}$. Montrer que la hessienne de $\tilde{f}$ pour Γ est donnée, toujours dans la même carte, par

$$\mathrm{Hess}_{ij}\, \tilde{f} = \frac{1}{1 + \|\nabla f\|^2}\, \mathrm{D}_{ij} f .$$

En déduire que $\tilde{f}$ est convexe (respectivement définie-convexe; voir ci-dessous) sur V munie de Γ si et seulement si f l'est sur U muni de la connexion plate.

DÉFINITION. — Une fonction f, définie sur une variété munie d'une connexion, sera dite *définie-convexe* si f est de classe C^2 et si le codiffuseur purement d'ordre deux $\mathrm{Hess}\, f$ est partout défini positif.

Comme l'a montré Kendall [68], la seule existence d'une fonction définie-convexe et bornée sur une variété implique pour les martingales des propriétés de convergence analogues à celles que l'on observe dans les ouverts bornés de $\mathbb{R}^d$.

PROPOSITION 4.2. — *La variété V étant munie d'une connexion, soient U un ouvert de V et $f : U \to \mathbb{R}$ une fonction définie-convexe et bornée.*

(i) *Si X est une martingale dans U, $f \circ X$ est une semimartingale jusqu'à l'infini.*

(ii) *Si X est une martingale dans V, X est une semimartingale jusqu'à l'infini sur l'événement*

$$\{\omega \in \Omega \ : \ \text{il existe un compact } K(\omega) \subset U \text{ et un instant } s(\omega) \geqslant 0 \\ \text{tels que } X_t(\omega) \in K(\omega) \text{ pour tout } t \geqslant s(\omega)\} .$$

(iii) *Toute martingale à valeurs dans U est p.s. convergente dans le compactifié d'Alexandrov $U \cup \{\infty\}$ de U.*

(iv) *Toute martingale à valeurs dans un compact de U converge p.s.*

Ce critère de Kendall est vraiment précis : même si U est relativement compact dans V, on ne peut pas remplacer « dans un compact de U » par « dans U » dans (iv). Si par exemple V est la sphère d'équation $x^2 + y^2 + z^2 = 1$ dans $\mathbb{R}^3$, munie de la connexion induite par la structure euclidienne habituelle de $\mathbb{R}^3$, et si U est l'hémisphère ouvert formé des points de V tels que $z < 0$, la fonction z est définie-convexe et bornée sur U (ceci résulte de l'exercice qui suit la proposition 4.1). Cependant, il existe des martingales à valeurs dans U et qui ne convergent pas dans V quand $t \to \infty$. La construction d'une telle martingale est laissée en exercice aux auditeurs. (Indication : chercher une martingale de la forme $(X_t, Y_t, Z_t) = (\cos\Theta_t \cos\Lambda_t, \sin\Theta_t \cos\Lambda_t, \sin\Lambda_t)$, où Θ est un mouvement brownien réel et Λ un processus déterministe.)

On remarquera que le (iv) de la proposition 4.2 reste vrai même lorsque f n'est pas supposée bornée; cela se voit en appliquant le (iv) à la variété W, où W est à la fois un voisinage ouvert du compact considéré, et une partie relativement compacte de V (de sorte que la restriction de f à W est nécessairement bornée).

DÉMONSTRATION DE LA PROPOSITION 4.2. — (i) Écrivons la formule d'Itô 3.5 : $f \circ X - f \circ X_0 = M + \int \langle \operatorname{Hess} f, \mathcal{D}X \rangle$, où M est une martingale locale. Le membre de gauche est borné, et la partie à variation finie $\int \langle \operatorname{Hess} f, \mathcal{D}X \rangle$ est croissante et positive, donc minorée. Par différence, M est majorée, donc p.s. convergente et c'est une semimartingale jusqu'à l'infini. Par différence encore, le processus croissant $\int \langle \operatorname{Hess} f, \mathcal{D}X \rangle$ est convergent, c'est donc aussi une semimartingale jusqu'à l'infini.

(ii) Soit $(K_n)_{n \in \mathbb{N}}$ une suite de compacts tels que $\mathring{K}_n \nearrow U$. Il suffit d'établir que toute martingale X dans V est une semimartingale jusqu'à l'infini sur l'événement $E_n = \{\forall t \geqslant n \ \ X_t(\omega) \in K_n\}$; car X sera alors une semimartingale jusqu'à l'infini sur la réunion en n des E_n, or tout compact de U est inclus dans l'un des K_n.

Sur l'événement E_n, la sous-martingale locale $\int \mathbb{1}_{\{X \in K_n\}} \, \mathrm{d}(f \circ X)$ est p.s. bornée, sa partie martingale est donc p.s. majorée, donc convergente, et son compensateur, le processus croissant $\int \mathbb{1}_{\{X \in K_n\}} \langle \operatorname{Hess} f, \mathcal{D}X \rangle$, p.s. borné, donc convergent à l'infini.

Soit $g \in \mathrm{C}^2(V)$; n est fixé; nous devons montrer que $g \circ X$ est une semimartingale jusqu'à l'infini sur E_n. Puisque les codiffuseurs purement d'ordre deux $\operatorname{Hess} f$ et $\operatorname{Hess} g$ sont continus, et puisque $\operatorname{Hess} f$ est par hypothèse défini positif, il existe une constante c telle que l'on ait $-c \operatorname{Hess} f \leqslant \operatorname{Hess} g \leqslant c \operatorname{Hess} f$ sur K_n (inégalités au sens de la positivité des codiffuseurs purement d'ordre deux). Écrivons la formule d'Itô : il existe une martingale locale N telle que $g \circ X - g \circ X_0 = N + \int \langle \operatorname{Hess} g, \mathcal{D}X \rangle$. Sur E_n, la variation totale $\int_n^\infty |\langle \operatorname{Hess} g, \mathcal{D}X \rangle|$ du processus $\int \langle \operatorname{Hess} g, \mathcal{D}X \rangle$ est contrôlée par $c \int_n^\infty \mathbb{1}_{\{X \in K_n\}} \langle \operatorname{Hess} f, \mathcal{D}X \rangle$, qui est p.s. fini comme nous venons de le voir; $\int \langle \operatorname{Hess} g, \mathcal{D}X \rangle$ est donc une semimartingale jusqu'à l'infini sur E_n. Toujours sur E_n, le processus $g \circ X$ est p.s. borné, ainsi que la martingale locale N par différence; elle est donc aussi une semimartingale jusqu'à l'infini sur E_n.

(iii) Si X est une martingale dans U, pour montrer que X converge presque sûrement dans $U \cup \{\infty\}$, il suffit de vérifier que $g \circ X$ converge p.s. pour toute fonction $g \in C^2(U)$ à support compact dans U. Sur U, une telle fonction vérifie globalement $-c \operatorname{Hess} f \leqslant \operatorname{Hess} g \leqslant c \operatorname{Hess} f$ pour une constante c; comme ci-dessus, on en déduit que $\int \langle \operatorname{Hess} g, \mathcal{D}X \rangle$ est p.s. convergente. Il ne reste qu'à écrire la formule d'Itô $g \circ X - g \circ X_0 = N + \int \langle \operatorname{Hess} g, \mathcal{D}X \rangle$ et à remarquer que, g étant bornée, la partie martingale N est p.s. bornée, donc p.s. convergente.

(iv) C'est un corollaire de (ii). ∎

COROLLAIRE 4.3. — *Dans une variété V munie d'une connexion, tout point a un voisinage ouvert U tel que toute martingale X dans V soit une semimartingale jusqu'à l'infini sur l'événement $\{\exists s(\omega)\ \forall t \geqslant s(\omega)\ X_t(\omega) \in U\}$.*

DÉMONSTRATION. — Pour $x \in V$, soit (v^i) une carte locale de domaine D contenant x et telle que $v^i(x) = 0$ pour tout i. La fonction $f = \sum_i (v^i)^2$ définie sur D est C^2, et vérifie $\operatorname{Hess}_{ij} f(x) = 2\delta_{ij} > 0$. Il suffit de choisir un voisinage U de x relativement compact dans $U' = D \cap \{\operatorname{Hess} f > 0\} \cap \{f < 1\}$, et d'appliquer 4.2.(ii) à U'. ∎

COROLLAIRE 4.4. — *Soit X une martingale dans une variété V munie d'une connexion. Sur l'événement $\{\lim_{t\to\infty} X_t$ existe dans $V\}$, X est une semimartingale jusqu'à l'infini.*

DÉMONSTRATION. — On recouvre V à l'aide d'une famille dénombrable $(U_\iota)_{\iota \in I}$ d'ouverts qui vérifient la propriété du corollaire 4.3. Si X est une martingale dans V, c'est une semimartingale jusqu'à l'infini sur chacun des événements $E_\iota = \{\exists s(\omega)\ \forall t \geqslant s(\omega)\ X_t(\omega) \in U_\iota\}$, donc aussi sur leur union. Or cette union contient $\{\lim_{t\to\infty} X_t$ existe dans $V\}$. ∎

Ce résultat a été initialement obtenu par Zheng [107], sans utiliser les fonctions convexes sur la variété. Une autre méthode est proposée par He, Yan et Zheng [57].

COROLLAIRE 4.5. — *Sur une variété V munie d'une connexion, soit θ un champ de codiffuseurs mesurable et localement borné. Si X est une martingale dans V, l'intégrale $\int \langle \theta, \mathcal{D}X \rangle$ est une semimartingale jusqu'à l'infini (et en particulier elle converge) sur l'événement $\{\lim_{t\to\infty} X_t$ existe dans $V\}$.*

DÉMONSTRATION. — Conséquence immédiate de 4.4 et de 2.12. ∎

Un cas particulier de ce corollaire, également dû à Zheng [107], utilise le langage qui sera introduit juste avant la proposition 4.14; il s'énonce ainsi : Si une martingale X à valeurs dans une variété riemannienne est p.s. convergente, sa variation quadratique riemannienne totale est p.s. finie.

2. — Caractérisation des martingales par les fonctions convexes

Les martingales locales dans un espace vectoriel sont caractérisées par l'action des formes linéaires ou affines, qui en font des martingales locales réelles. Sur une variété munie d'une connexion, il n'y a en général pas de fonctions affines non constantes, ni même de fonctions convexes non constantes; mais, un point étant donné, il existe beaucoup de fonctions convexes au voisinage de ce point et affines en ce point (c'est un exercice facile de vérifier que $\operatorname{Hess}(h^y)(y) = 0$ dans le lemme ci-dessous). Ceci a été mis à profit par Darling [23] et [24] pour définir les martingales comme les processus localement transformés en sous-martingales par les fonctions convexes, et étudier leurs propriétés à partir de cette définition.

LEMME 4.6. — *Soit $f \in \mathrm{C}^p(V)$. Pour tout $x \in V$, il existe un ouvert U contenant x et une fonction h sur $U \times U$, continue, bornée et jouissant des propriétés suivantes : Pour tout $y \in U$, la fonction h^y définie sur U par $h^y(z) = h(y,z)$ est convexe et de classe C^2 sur U, et vérifie $h^y(y) = 0$ et $d^2(h^y)(y) = \Gamma df(y)$; en outre, le codiffuseur $d^2(h^y)(z) \in \mathbb{T}_z^* V$ dépend continûment de (y,z) et est à valeurs dans un compact de $\mathbb{T}^* V$.*

DÉMONSTRATION. — Avant de commencer, remarquons que si $\rho :]0,\infty[\to]0,\infty[$ est une fonction qui tend vers zéro à l'origine, il existe une fonction concave $g : [0,\infty[\to [0,\infty[$, nulle en 0, C^1 sur $]0,\infty[$, et vérifiant $g \geqslant \rho$ près de 0 ; on a en outre pour t non nul et assez proche de 0 l'encadrement $0 \leqslant tg'(t) \leqslant g(t)$ qui résulte de la concavité. La fonction $G(t) = \int_0^t g(s)\,ds$ est C^2 sur $]0,\infty[$ et vérifie $G(0) = G'(0) = 0$, $G'(t) \geqslant \rho(t)$ et $0 \leqslant tG''(t) \leqslant G'(t)$ pour t proche de 0.

Si G est une telle fonction, la fonction de d variables

$$\phi(u_1, ..., u_d) = G\big(\tfrac{1}{2}(u_1^2 + ... + u_d^2)\big)$$

a pour dérivées partielles

$$\mathrm{D}_i\phi(u_1, ..., u_d) = u_i\, G'(...) \qquad \text{et} \qquad \mathrm{D}_{ij}\phi(u_1, ..., u_d) = u_i u_j G''(...) + \delta_{ij} G'(...) \,;$$

ces formules montrent que la fonction ϕ est de classe C^2 sur $\mathbb{R}^d$, avec des dérivées partielles d'ordre un et deux nulles à l'origine.

Revenons à notre variété. Quitte à se restreindre à un voisinage de x, on peut supposer l'existence d'une carte globale $v = (v^i)_{1 \leqslant i \leqslant d}$, dans laquelle $\mathrm{D}_k f$ sont les coefficients de df et Γ_{ij}^k les symboles de Christoffel. Posons

$$u^i(y,z) = v^i(z) - v^i(y) \,; \qquad r^2(y,z) = \sum_i \big(u^i(y,z)\big)^2 \,;$$

$$h(y,z) = \mathrm{D}_k f(y)\, \big[u^k(y,z) + \tfrac{1}{2}\Gamma_{ij}^k(y)\, u^i(y,z)\, u^j(y,z)\big] + G\big(\tfrac{1}{2} r^2(y,z)\big) \,,$$

où G est du type ci-dessus, pour une fonction ρ qui sera précisée plus tard. La fonction h est continue sur $U \times U$ et ses sections h^y sont de classe C^2 ; il n'est pas difficile d'expliciter leurs dérivées partielles et leur hessienne :

$$\begin{aligned}
\mathrm{D}_i h^y(z) &= \mathrm{D}_i f(y) + \mathrm{D}_k f(y) \Gamma_{ij}^k(y) u^j + u^i G'(\tfrac{1}{2} r^2) \\
\mathrm{D}_{ij} h^y(z) &= \mathrm{D}_k f(y) \Gamma_{ij}^k(y) + \delta_{ij} G'(\tfrac{1}{2} r^2) + u^i u^j G''(\tfrac{1}{2} r^2) \\
\mathrm{Hess}_{ij}\, h^y(z) &= \mathrm{D}_k f(y)\, \big[\Gamma_{ij}^k(y) - \Gamma_{ij}^k(z) - \Gamma_{ij}^\ell(z) \Gamma_{\ell m}^k(y) u^m\big] \\
&\qquad + \big[\delta_{ij} - \sum_k \Gamma_{ij}^k(z) u^k\big] G'(\tfrac{1}{2} r^2) + u^i u^j G''(\tfrac{1}{2} r^2)
\end{aligned}$$

(j'ai abrégé $u^i(y,z)$ en u^i et $r^2(y,z)$ en r^2). Les deux propriétés $h^y(y) = 0$ et $d^2 h^y(y) = \Gamma^* df(y)$ se lisent facilement sur ces expressions, ainsi que la continuité de $(y,z) \mapsto d^2(h^y)(z)$; la propriété de compacité en résulte, quitte à diminuer un peu U. Il ne reste qu'à établir la convexité de h^y. Les d^2 fonctions de (y,z) $H_{ij}(y,z) = \mathrm{D}_k f(y)\, \big[\Gamma_{ij}^k(y) - \Gamma_{ij}^k(z) - \Gamma_{ij}^\ell(z) \Gamma_{\ell m}^k(y) u^m(y,z)\big]$ qui apparaissent dans la hessienne sont continues et nulles sur la diagonale ; quitte à se restreindre à un voisinage relativement compact de x, il existe une fonction ρ, tendant vers zéro à l'origine, telle que $|H_{ij}(y,z)| \leqslant (2d)^{-1} \rho\big(\tfrac{1}{2} r^2(y,z)\big)$ (en effet, sur l'ensemble $\{|H_{ij}| \geqslant \varepsilon\}$, la fonction $\tfrac{1}{2} r^2$ est minorée par compacité par une quantité $\delta(\varepsilon) > 0$). Choisissons G comme expliqué plus haut, à partir de cette fonction ρ ; on a

$|H_{ij}| \leqslant (2d)^{-1}G'(\frac{1}{2}r^2)$ pour r assez petit, donc sur tout $U\times U$ en restreignant encore U si nécessaire. De même, on peut supposer que les quantités $\left|\sum_k \Gamma_{ij}^k(z)u^k\right|$ sont bornées par $(2d)^{-1}$. En négligeant le terme $u^iu^jG''(\frac{1}{2}r^2)$, qui est de type positif, la matrice hessienne de h^y s'écrit $(\delta_{ij}+\varepsilon_{ij})G'(\frac{1}{2}r^2)$, où chaque coefficient ε_{ij} est borné en module par $1/d$. Une telle matrice est de type positif, et c'est terminé. ∎

LEMME 4.7. — *Tout point de V a un voisinage ouvert U tel que, pour tout processus X à valeurs dans U, X est une martingale si et seulement si, pour toute fonction f définie au voisinage de $\bar{U}$, de classe C^2 et convexe, $f\circ X$ est une sous-martingale locale (réelle et continue).*

DÉMONSTRATION. — Soit w une carte définie au voisinage de x. Pour une constante c assez grande, les d fonctions $v^i(y) = w^i(y) + c\sum_j \left(w^j(y)-w^j(x)\right)^2$ sont convexes au voisinage de x ; comme la matrice jacobienne $\partial v/\partial w$ au point x est l'identité, les v^i forment, sur un voisinage de x, une carte locale faite de fonctions convexes. Sur un voisinage ouvert U' de x, le lemme 4.6 a lieu pour chacune des $2d$ fonctions $f = v^i$ et $f = -v^i$. Choisissons un ouvert U contenant x et relativement compact dans U'.

Soit X un processus à valeurs dans U. Par la proposition 4.1, nous savons déjà que si X est une martingale dans U et g une fonction convexe et C^2 au voisinage de $\bar{U}$, $g\circ X$ est une sous-martingale locale ; il reste à montrer que si toutes les fonctions convexes sur U transforment X en sous-martingale locale, X est une martingale. Remarquons d'abord que puisque nos coordonnées globales v^i sur U sont convexes, chaque $v^i\circ X$ est une sous-martingale locale, donc une semimartingale, et X est une semimartingale. Pour établir que X est bien une martingale, nous allons établir que, si f est l'une quelconque des $2d$ fonctions v^i et $-v^i$, l'intégrale d'Itô $\int\langle df, d_\Gamma X\rangle$ est une sous-martingale locale. En changeant f en $-f$, on en déduira que c'est en fait une martingale locale, et l'on sait par la proposition 3.7 que cela suffit pour que X soit une martingale. La fonction f est donc fixée, ainsi que la fonction h du lemme 4.6.

Rappelons que $h(y,z)$ est bornée, continue en (y,z), et convexe en z ; chaque processus $h(y,X)$ est une sous-martingale bornée. Pour chaque $s \geqslant 0$, le processus $t \mapsto h(X_s, X_t)$ est aussi une sous-martingale sur l'intervalle $[s,\infty[$; cela peut se voir en approchant X_s dans U par des variables aléatoires mesurables pour $\mathcal{F}_s$ et ne prenant qu'un nombre fini de valeurs ; l'inégalité des sous-martingales passe à la limite par convergence dominée (tout est borné).

Discrétisons l'axe des temps, en posant $t_k = k2^{-q}$ et $\tau(t) = t_k$ pour $t \in\,]t_k, t_{k+1}]$. Le processus Z_t^q, défini pour $t \in [t_k, t_{k+1}]$ par

$$Z_t^q = \sum_{\ell<k} h(X_{t_\ell}, X_{t_{\ell+1}}) + h(X_{t_k}, X_t)\,,$$

est une sous-martingale (continue), que l'on peut écrire plus agréablement

$$Z^q = \int \langle d^2(h^{X_{\tau(t)}}), \mathcal{D}X_t\rangle.$$

Faisons tendre q vers l'infini. Pour t et ω fixés, $\tau(t)$ tend vers t, $X_{\tau(t)}$ vers X_t, et $d^2(h^{X_{\tau(t)}})(X_t)$ vers $d^2(h^{X_t})(X_t)$ (continuité de $d^2(h^y)(z)$). Puisque tous les $d^2(h^y)(z)$ sont dans un même compact de $\mathbb{T}^*V$, la sous-martingale Z^q tend vers $\int\langle d^2(h^X), \mathcal{D}X\rangle$ au sens des semimartingales grâce au corollaire 2.17 ; cette limite est donc une sous-martingale locale. Mais puisque $d^2(h^y)(y) = \Gamma^* df(y)$, cette sous-martingale locale n'est autre que $\int\langle \Gamma^* df, \mathcal{D}X\rangle$, c'est à dire l'intégrale d'Itô $\int\langle df, d_\Gamma X\rangle$, et c'est fini. ∎

THÉORÈME 4.8. — *La variété V admet un recouvrement dénombrable $(U_\iota)_{\iota\in I}$ formé d'ouverts relativement compacts possédant la propriété suivante : Pour qu'un processus X dans V, continu et adapté soit une martingale, il faut et il suffit que, pour tout rationnel positif s, tout $\iota \in I$, et toute fonction $f \in \mathrm{C}^2(V)$, à support compact, convexe au voisinage de $\overline{U}_\iota$, en posant $T(s,\iota) = \inf\{t \geqslant s : X_t \notin U_\iota\}$, le processus $f\circ X^{T(s,\iota)]}$ soit une sous-martingale sur l'intervalle $[s,\infty[$.*

Ce théorème est dû à Darling [23] et [27], qui l'énonce de façon différente, mais équivalente : prenant cette propriété caractéristique comme définition des martingales, il en déduit que les intégrales d'Itô $\int\langle\sigma, \mathrm{d}_\Gamma X\rangle$ sont des martingales locales; sa définition des intégrales d'Itô diffère d'ailleurs aussi de la nôtre, puisqu'il les construit comme limites de certaines sommes de Riemann définies à l'aide de cartes exponentielles.

DÉMONSTRATION DU THÉORÈME 4.8. — Choisissons un recouvrement $(U_\iota)_{\iota\in I}$ tel que chaque U_ι ait la propriété du lemme 4.7.

Si X est une martingale, en se restreignant à l'intervalle $[s,\infty[$ et en arrêtant X à $T(s,\iota)$, on obtient une martingale Y (pour la filtration $\mathcal{F}^s = (\mathcal{F}_t)_{t\geqslant s}$), dont chaque trajectoire est constante ou contenue dans $\overline{U}_\iota$. Pour toute fonction f dans $\mathrm{C}^2(V)$ et convexe au voisinage de $\overline{U}_\iota$, le processus $(f\circ Y_t)_{t\geqslant s}$ est donc une sous-martingale.

Réciproquement, soit X continu, adapté, et vérifiant la condition de l'énoncé. Les intervalles stochastiques $]\!]s, T(s,\iota)[\![$ et $[\![0, T(0,\iota)[\![$ forment un recouvrement dénombrable de $[\![0,\infty[\![$; on les ordonne en une suite $(J_n)_{n\in\mathbb{N}}$ et on appelle S_n le début de $(J_0\cup\ldots\cup J_n)^{\mathrm{c}}$. Le lemme 4.7 et le choix des U_ι entraînent que chaque $X^{S_n]}$ est une semimartingale; comme le recouvrement est ouvert, les S_n croissent vers l'infini et X est aussi une semimartingale. Soient σ un champ de covecteurs et M l'intégrale d'Itô $\int\langle\sigma, \mathrm{d}_\Gamma X\rangle$. Chaque intégrale $\int \mathbb{1}_{]\!]s,T(s,\iota)[\![}\,\mathrm{d}M$ étant une martingale locale, c'est aussi vrai de M; ainsi, X est une martingale. ∎

Le théorème 4.8, caractérisation des martingales, a un analogue pour les suites de processus : il s'agit d'un théorème d'Arnaudon et Thalmaier [11] qui montrent que, comme pour les processus scalaires, les topologies de la convergence compacte en probabilité et des semimartingales coïncident sur l'ensemble des martingales dans une variété. Nous allons voir cela tout de suite, juste après deux petits lemmes préparatoires.

LEMME 4.9. — *Soient K un compact de V et U un voisinage de K. Si une suite $(X^n)_{n\in\mathbb{N}}$ de processus continus adaptés dans V converge uniformément sur les compacts en probabilité vers une limite Y, les temps d'arrêt*

$$T'_n = \inf\{t :\ Y_t \notin U \text{ et } X^n_t \in K\} \quad \text{et} \quad T''_n = \inf\{t :\ X^n_t \notin U \text{ et } Y_t \in K\}$$

tendent vers l'infini en probabilité.

DÉMONSTRATION. — Par plongement de V dans $\mathbb{R}^n$ (ou à l'aide d'une structure riemannienne), on définit une distance dist sur V, compatible avec la topologie de V, et telle que, pour chaque t, la suite des variables aléatoires $S^n_t = \sup_{s\leqslant t} \mathrm{dist}(X^n_s, Y_s)$ tende vers 0 en probabilité quand n tend vers l'infini.

Puisque K est compact, la distance $\mathrm{dist}(K, U^{\mathrm{c}})$ n'est pas nulle; appelons-la a. Si $Y_s \notin U$ et $X^n_s \in K$, on a $\mathrm{dist}(X^n_s, Y_s) \geqslant a$; d'où

$$\{T'_n \leqslant t\} \subset \{\exists s\leqslant t\ \mathrm{dist}(X^n_s, Y_s) \geqslant a\} \subset \{S^n_t \geqslant a\}\,,$$

et $\mathbb{P}[T'_n \leqslant t] \to 0$ pour chaque t.

L'argument pour T''_n est exactement le même. ∎

LEMME 4.10. *Tout point de V a un voisinage ouvert U jouissant de la propriété suivante : Si une suite de martingales à valeurs dans U converge, dans U, uniformément sur tout compact en probabilité, vers une martingale, la convergence a lieu pour la topologie des semimartingales.*

DÉMONSTRATION. — Soit $(v^k)_{1\leqslant k\leqslant d}$ une carte au voisinage de x, telle que $v^k(x) = 0$ pour tout k.

La fonction $u = \sum_k (v^k)^2$, qui est définie dans le domaine de la carte, vérifie $\mathrm{Hess}_{ij}\, u(x) = 2\delta_{ij}$; comme $\mathrm{Hess}\, u$ est continue, la matrice $\mathrm{Hess}_{ij}\, u(y) - \delta_{ij}$ est positive pour y assez voisin de x. Choisissons un ouvert U relativement compact dans le domaine de la carte, et tel que $\mathrm{Hess}_{ij}\, u(y) - \delta_{ij}$ soit positive sur U; les coordonnées $v^k(y)$ et les symboles de Christoffel $\Gamma^k_{ij}(y)$ sont des fonctions bornées sur U, par une constante c. (Nous rencontrerons d'autres constantes ne dépendant que de la carte; nous les noterons toutes indistinctement c, par abus de langage.) La fonction u est convexe sur U, et, pour toute semimartingale X dans U, de coordonnées $X^k = v^k\circ X$, on a $\frac{1}{2}\sum_k [X^k, X^k] \leqslant \int \langle \mathrm{Hess}\, u, \mathcal{D}X\rangle$.

Si X est une martingale dans U, on a d'après 3.7

$$\mathrm{d}X^k = \mathrm{d}L^k - \tfrac{1}{2}\Gamma^k_{ij}(X)\,\mathrm{d}[L^i, L^j] = \mathrm{d}L^k + \mathrm{d}A^k,$$

où les L^k sont d martingales locales et les A^k sont d processus à variation finie. Le processus $u\circ X$ est une sous-martingale positive bornée; sa partie à variation finie $\int \langle \mathrm{Hess}\, u, \mathcal{D}X\rangle$ est minorée par $\frac{1}{2}\sum_k [X^k, X^k] = \frac{1}{2}\sum_k [L^k, L^k]$. En conséquence, $\mathbb{E}[u\circ X_t] \geqslant \frac{1}{2}\sum_k \mathbb{E}\big[[L^k, L^k]_t\big]$, et il existe donc une constante c (la même pour toutes les martingales X) telle que $\mathbb{E}\big[[L^k, L^k]_\infty\big] \leqslant c$. Remarquant ensuite que $\mathrm{d}A^k = -\frac{1}{2}\Gamma^k_{ij}(X)\,\mathrm{d}[L^i, L^j]$ où les Γ^k_{ij} sont bornés, on en tire $\mathbb{E}\big[\int_0^\infty |\mathrm{d}A^k|\big] \leqslant c$.

Soit $(X^n)_{n\in\mathbb{N}}$ une suite de martingales dans U qui converge u.c.p. dans U vers une martingale Y ; nous allons établir que les X^n tendent vers Y au sens des semimartingales. Ce qui précède s'applique aux décompositions canoniques

$$\mathrm{d}X^{n,k} = \mathrm{d}L^{n,k} + \mathrm{d}A^{n,k} \qquad \text{et} \qquad \mathrm{d}Y^k = \mathrm{d}M^k + \mathrm{d}B^k$$

des coordonnées de X^n et Y. Fixons l'indice k et définissons des semimartingales réelles Z^n par $Z^n = X^{n,k} - Y^k$. Par différence, leurs décompositions canoniques $\mathrm{d}Z^n = \mathrm{d}N^n + \mathrm{d}C^n$ vérifient aussi $\mathbb{E}\big[[N^n, N^n]_\infty\big] \leqslant c$ et $\mathbb{E}\big[\int_0^\infty |\mathrm{d}C^n|\big] \leqslant c$; ces estimations sont uniformes en n. Faisons maintenant tendre n vers l'infini dans la formule

$$(Z^n_t)^2 = (Z^n_0)^2 + 2\int_0^t Z^n_s\,\mathrm{d}N^n_s + 2\int_0^t Z^n_s\,\mathrm{d}C^n_s + [N^n, N^n]_t\,.$$

Les Z^n sont bornés et, par hypothèse, tendent vers zéro uniformément sur tout compact en probabilité. Les deux intégrales par rapport à N^n et C^n aussi, parce que la variation quadratique de $\int Z^n\,\mathrm{d}N^n$ vaut $\int (Z^n)^2\,\mathrm{d}[N^n, N^n]$ et la variation totale de $\int Z^n\,\mathrm{d}C^n$ vaut $\int |Z^n|\,|\mathrm{d}C^n|$. Par différence, $[N^n, N^n]$ tend vers zéro u.c.p., et les martingales $L^{n,k}$ tendent donc vers M^k en topologie des semimartingales. Ceci ayant lieu pour chaque k, on en déduit que $A^{n,k} = \int -\frac{1}{2}\Gamma^k_{ij}(X^n)\,\mathrm{d}[L^{n,i}, L^{n,j}]$ tend vers $B^k = \int -\frac{1}{2}\Gamma^k_{ij}(Y)\,\mathrm{d}[M^i, M^j]$ en variation totale, et que $X^{n,k}$ tend vers Y^k au sens des semimartingales. ∎

THÉORÈME 4.11. — *Si une suite de martingales dans V converge uniformément sur tout compact en probabilité, sa limite est une martingale et la convergence a lieu au sens des semimartingales.*

DÉMONSTRATION. — Soit $(X^n)_{n\in\mathbb{N}}$ une suite de martingales dans V, qui converge vers une limite Y uniformément sur les compacts en probabilité. Pour établir que Y est une martingale, nous allons utiliser le critère de Darling 4.8. Nous fixons donc un s, un U_ι et une fonction C^2, convexe sur un voisinage ouvert U'' de $\bar{U}_\iota$; en posant $T(s,\iota) = \inf\{t \geqslant s : Y_t \notin U_\iota\}$, nous devons vérifier que $f\circ Y^{T(s,\iota)]}$ est une sous-martingale sur $[s,\infty[$. Par arrêt à $T(s,\iota)$ et restriction à $[s,\infty[$, on se ramène au cas où les trajectoires de Y sont toutes dans $\bar{U}_\iota$ ou constantes; en conditionnant par l'événement $\{T(s,\iota) > s\}$ qui est dans $\mathcal{F}_s$, on peut supposer Y à valeurs dans $\bar{U}_\iota$.

Soit U' un ouvert tel que $\bar{U}_\iota \subset U' \subset \bar{U}' \subset U''$. La suite des temps d'arrêt $T''_n = \inf\{t : Y_t \in \bar{U}_\iota \text{ et } X^n_t \notin U'\}$ tend vers l'infini en probabilité d'après 4.9; par extraction d'une sous-suite, on peut supposer que la convergence a lieu presque sûrement, et les temps $R_m = \inf_{n\geqslant m} T''_n$ tendent donc aussi vers l'infini. Par arrêt à R_m, on est ramené au cas où tous les X^n sont à valeurs dans $\bar{U}'$. Par 4.8, les $f\circ X^n$ sont pour $n \geqslant m$ des sous-martingales locales, uniformément bornées; la propriété de sous-martingale passe à la limite, et $f\circ Y$ est une sous-martingale.

Sachant maintenant que Y est une martingale, nous allons prouver que $f\circ X^n$ tend vers $f\circ Y$ au sens des semimartingales pour toute f de classe C^2 et à support compact; la proposition 2.15 montrera alors que X^n tend vers Y en topologie des semimartingales. En écrivant f comme une somme finie, on se ramène au cas où le support K de f est non vide et inclus dans un ouvert U ayant la propriété du lemme 4.10.

Il existe des compacts K_1, K_2 et K_3 tels que

$$K \subset \mathring{K}_1 \subset K_1 \subset \mathring{K}_2 \subset K_2 \subset \mathring{K}_3 \subset K_3 \subset U\,;$$

en posant pour s rationnel $T_s = \inf\{t \geqslant s : Y_t \notin \mathring{K}_2\}$, on obtient un recouvrement dénombrable de $[\![0,\infty[\![$ par les ouverts prévisibles $]\!]s,T_s[\![$, $[\![0,T_0[\![$ et $\{Y \notin K_1\}$. La proposition 2.4.(ii) dit qu'il suffit établir séparément les convergences

$$\int \mathbb{1}_{\{Y\notin K_1\}}\,\mathrm{d}(f\circ X^n) \to 0 \qquad \text{et} \qquad \int \mathbb{1}_{]\!]s,T_s[\![}\,\mathrm{d}(f\circ X^n) \to \int \mathbb{1}_{]\!]s,T_s[\![}\,\mathrm{d}(f\circ Y)$$

au sens des semimartingales. Pour la première, il suffit de remarquer que les temps d'arrêt $S_n = \inf\{t : \int \mathbb{1}_{\{Y\notin K_1\}}\,\mathrm{d}(f\circ X^n) \neq 0\}$ sont respectivement minorés par $T'_n = \inf\{t : Y_t \notin K_1 \text{ et } X^n_t \in K\}$, qui tendent vers l'infini en probabilité d'après 4.9. Pour la deuxième, s étant fixé, pour établir que $Z^n = \int \mathbb{1}_{]\!]s,T_s[\![}\,\mathrm{d}(f\circ X^n)$ tend vers $Z = \int \mathbb{1}_{]\!]s,T_s[\![}\,\mathrm{d}(f\circ Y)$, on se ramène par arrêt à T_s et conditionnement par un événement de $\mathcal{F}_s$ au cas où Y est à valeurs dans K_2. On observe, toujours par 4.9, que les temps d'arrêt $T''_n = \inf\{t : X^n_t \notin K_3\} = \inf\{t : X^n_t \notin K_3 \text{ et } Y_t \in K_2\}$ tendent vers l'infini en probabilité. Il suffira donc de montrer que $(Z^n)^{T''_n]}$ tend au sens des semimartingales vers Z; en effet, l'erreur commise est une semimartingale nulle sur $[\![0,T''_n]\!]$, donc tendant vers zéro pour la topologie des semimartingales. Mais l'intégrale $(Z^n)^{T''_n]}$ ne fait intervenir que le processus arrêté $(X^n)^{T''_n]}$, qui est à valeurs dans K_3 donc dans U; on est finalement ainsi ramené au cas où tous les X^n et X sont dans U, et il ne reste plus qu'à laisser le lemme 4.10 faire le travail. ∎

3. — Détermination des martingales par leurs valeurs finales

Une propriété fort importante des martingales réelles est la possibilité, pour $s \leqslant t$, d'exprimer X_s à partir de X_t (comme une espérance conditionnelle). Pour étendre cette propriété aux variétés, nous devrons limiter la taille de la variété (déjà, dans le cas réel, cette propriété est fausse pour les martingales locales non bornées) et imposer des contraintes de nature géométrique à la variété, c'est-à-dire en fait à la connexion. Le résultat principal de cette section est le théorème 4.19, emprunté à Kendall [66], [68] et [69]. Pour y parvenir, nous aurons besoin de nous appuyer sur l'action des fonctions convexes sur les martingales, et sur un critère de tension pour les suites de martingales. Nous commencerons donc par ces résultats auxiliaires.

PROPOSITION 4.12. — *Soit f une fonction convexe sur une variété V de classe* C^3 *au moins.*

Elle est continue ; plus précisément, lue dans une carte locale, elle devient localement lipschitzienne.

Pour $x \in V$ et $u \in T_xV$, notons $\delta f_x(u)$ la dérivée à droite en 0 de la fonction convexe d'une variable $t \mapsto f \circ \exp_x(tu)$ définie au voisinage de l'origine. La fonction δf_x est positivement homogène et convexe sur l'espace vectoriel T_xV, et l'on a $f(\exp_x(u)) \geqslant f(x) + \delta f_x(u)$ pour tout u dans le domaine de définition de $\exp_x$.

Nous admettrons cet énoncé de régularité des fonctions convexes; on peut le trouver dans [48], sous l'hypothèse que la variété est C^∞. La démonstration proposée dans [48] s'étend au cas C^3 en utilisant la propoosition 3.3. Elle consiste essentiellement à vérifier que le réseau des géodésiques est structuré de façon à permettre, comme dans le cas vectoriel, d'exploiter l'hypothèse de convexité sur chaque géodésique.

PROPOSITION 4.13. — *Soient V une variété de classe C^3 au moins, f une fonction convexe sur V et X une martingale dans V. Le processus réel $f \circ X$ est une sous-martingale locale — et donc en particulier une semimartingale.*

DÉMONSTRATION. — En considérant le supremum essentiel de l'ensemble des temps d'arrêt tels que $f \circ X$ arrêté soit une sous-martingale locale, on se ramène à établir que V peut être recouverte par une famille dénombrable d'ouverts U tels que, pour toute martingale Y à valeurs dans U, le processus $f \circ Y$ soit une sous-martingale. Ceci permet de supposer que V est une boule de $\mathbb{R}^d$, que f est globalement h-lipschitzienne, pour une constante h, et, en prenant $U \times U$ inclus dans l'ensemble D de la proposition 3.3, que tout point de la variété est le centre d'une carte normale globale.

Pour tout $x \in V$, les vecteurs $D_i \in T_xV$ forment une base de T_xV; pour $y \in V$, le vecteur $\exp_x^{-1}(y) \in T_xV$ s'écrit donc sous la forme $\exp_x^{-1}(y) = e^i(x,y)\, D_i$, pour des fonctions e^i de classe C^{p-2} sur $V \times V$ (voir 3.3 ; p est bien sûr l'ordre de diffétentiabilité de V). Nous noterons $e^i_j(x,y)$ les dérivées partielles $\frac{\partial e^i}{\partial y^j}(x,y)$, où y^j sont les coordonnées au sens usuel de y (c'est-à-dire dans $\mathbb{R}^d$, et non dans la carte normale $e^i(x,.)$). Appelons $\Gamma^k_{ij}(x,y)$ les symboles de Christoffel de la connexion Γ dans la carte normale $e^i(x,.)$; on a $\Gamma(x,x) = 0$ par 3.2. Quitte à restreindre V encore un peu, on peut supposer les fonctions $\Gamma^k_{ij}(x,y)$ uniformément continues et les fonctions $e^i_j(x,y)$ bornées (par une constante c) sur $V \times V$.

Pour $u \in \mathrm{T}_x V$, assez voisin de 0_x pour que son exponentielle existe, $\delta f_x(u)$ est la limite pour t tendant vers zéro de $\big(f(\exp_x(tu) - f(x)\big)/t$; comme f est h-lipschitzienne, $|\delta f_x(u)|$ est majoré par la limite supérieure de $(h/t)\,\|\exp_x(tu) - x\|$, où la norme et la différence sont dans $\mathbb{R}^d$. Mais le vecteur $(\exp_x(tu) - x)/t$ tend dans $\mathbb{R}^d$ vers le vecteur de composantes $e^i\big(x, \exp_x(u)\big)$, ce qui donne l'estimation $|\delta f_x(u)| \leqslant h\|u\|_x$, où $\|\ \|_x$ est la norme euclidienne sur $\mathrm{T}_x V$ pour laquelle la base (D_i) est orthonormée.

Soit X une martingale dans V pour la connexion Γ. Pour montrer que $f \circ X$ est une sous-martingale locale, on peut par arrêt supposer que le processus croissant $C_t = \sum_{ij} \int_0^t |\mathrm{d}[X^i, X^j]_s|$ est borné.

La proposition 3.7 permet d'écrire

$$
\begin{aligned}
e^k(x, X_t) &= e^k(x, X_s) + N_t - N_s - \tfrac{1}{2} \int_s^t \Gamma^k_{ij}(x, X_u)\, \mathrm{d}\big[e^i(x, X_u), e^j(x, X_u)\big] \\
&= e^k(x, X_s) + N_t - N_s - \tfrac{1}{2} \int_s^t \Gamma^k_{ij}(x, X_u)\, e^i_\ell(x, X_u)\, e^j_m(x, X_u)\, \mathrm{d}\big[X^\ell, X^m\big]_u
\end{aligned}
$$

où N est une martingale locale dépendant de x et k; comme tous les autres termes sont bornés, N aussi, et c'est donc une martingale bornée. Si S et T sont deux temps d'arrêt tels que $S \leqslant T$, on obtient, en remplaçant x par X_S (qui est mesurable pour $\mathcal{F}_S$)

$$
\mathbb{E}[e^k(X_S, X_T) | \mathcal{F}_S] = -\tfrac{1}{2}\, \mathbb{E}\big[\textstyle\int_S^T (\Gamma^k_{ij} e^i_\ell e^j_m)(X_S, X_t)\, \mathrm{d}[X^\ell, X^m]_t \,\big|\, \mathcal{F}_S\big] \;;
$$

cette formule va bientôt nous servir.

Pour montrer que $f \circ X$ est une sous-martingale, il suffit de vérifier que, si S et T sont deux temps d'arrêt tels que $S \leqslant T$, on a $\mathbb{E}[f(X_T)] \geqslant \mathbb{E}[f(X_S)]$. Pour $\varepsilon > 0$, définissons une suite croissante de temps d'arrêt entre S et T par

$$
R_0 = S\;; \qquad R_{n+1} = T \wedge \inf\big\{t \geqslant R_n \;:\; \sum_{ijk} |\Gamma^k_{ij}(X_{R_n}, X_t)| \geqslant \varepsilon\big\}\,.
$$

Comme les fonctions Γ^k_{ij} sont nulles sur la diagonale et uniformément continues, les temps R_n croissent vers T, et, f étant bornée (parce que globalement lipschitzienne), la proposition 4.12 donne

$$
\begin{aligned}
\mathbb{E}\big[f(X_T) - f(X_S)\big] &= \sum_n \mathbb{E}\big[f(X_{R_{n+1}}) - f(X_{R_n})\big] \\
&\geqslant \sum_n \mathbb{E}\big[\delta f_{X_{R_n}}\big(\exp^{-1}_{X_{R_n}}(X_{R_{n+1}})\big)\big] \\
&= \sum_n \mathbb{E}\big[\mathbb{E}\big[\delta f_{X_{R_n}}\big(\exp^{-1}_{X_{R_n}}(X_{R_{n+1}})\big)\,\big|\,\mathcal{F}_{R_n}\big]\big] \\
&\geqslant \sum_n \mathbb{E}\big[\delta f_{X_{R_n}}\big(\mathbb{E}[\exp^{-1}_{X_{R_n}}(X_{R_{n+1}}) | \mathcal{F}_{R_n}]\big)\big]
\end{aligned}
$$

(la première minoration vient de $\delta f_x \leqslant f \circ \exp_x - f(x)$ et la seconde de la convexité de δf_x sur l'espace tangent $\mathrm{T}_x V$). En utilisant l'estimation $|\delta f_x(u)| \leqslant h\|u\|_x$, on continue par

$$
\mathbb{E}\big[f(X_T) - f(X_S)\big] \geqslant -h \sum_n \mathbb{E}\big[\big\|\mathbb{E}[\exp^{-1}_{X_{R_n}}(X_{R_{n+1}}) | \mathcal{F}_{R_n}]\big\|_{X_{R_n}}\big]\,.
$$

Dans la base (D_i) au point X_{R_n}, les coordonnées du vecteur $\exp^{-1}_{X_{R_n}}(X_{R_{n+1}})$ sont $e^i(X_{R_n}, X_{R_{n+1}})$; en conséquence les coordonnées de son espérance conditionnelle sont $\mathbb{E}[e^i(X_{R_n}, X_{R_{n+1}})|\mathcal{F}_{R_n}]$. Notre minoration devient

$$\mathbb{E}[f(X_T) - f(X_S)] \geqslant -h \sum_n \mathbb{E}\Big[\sum_k \big|\mathbb{E}[e^k(X_{R_n}, X_{R_{n+1}})|\mathcal{F}_{R_n}]\big|\Big] .$$

C'est le moment d'utiliser la formule vue plus haut, pour écrire

$$\mathbb{E}[e^k(X_{R_n}, X_{R_{n+1}})|\mathcal{F}_{R_n}] = -\tfrac{1}{2}\,\mathbb{E}\Big[\int_{R_n}^{R_{n+1}} (\Gamma^k_{ij} e^i_\ell e^j_m)(X_{R_n}, X_{R_{n+1}})\,\mathrm{d}[X^\ell, X^m]_t \,\Big|\, \mathcal{F}_{R_n}\Big] ;$$
$$\big|\mathbb{E}[e^k(X_{R_n}, X_{R_{n+1}})|\mathcal{F}_{R_n}]\big| \leqslant \tfrac{1}{2}\, d^2 \varepsilon\, c^2\, \mathbb{E}[C_{R_{n+1}} - C_{R_n} | \mathcal{F}_{R_n}] .$$

En sommant en k et en prenant l'espérance, on en déduit

$$\mathbb{E}\Big[\sum_k \big|\mathbb{E}[e^k(X_{R_n}, X_{R_{n+1}})|\mathcal{F}_{R_n}]\big|\Big] \leqslant \tfrac{1}{2}\, d^3 \varepsilon\, c^2\, \mathbb{E}[C_{R_{n+1}} - C_{R_n}] ,$$

puis, en sommant maintenant en n,

$$\mathbb{E}[f(X_T) - f(X_S)] \geqslant -\tfrac{1}{2}\, h\, d^3 \varepsilon\, c^2\, \mathbb{E}[C_T - C_S] .$$

Puisque ε est arbitraire, on a $\mathbb{E}[f(X_T) - f(X_S)] \geqslant 0$, et c'est fini. ∎

Nous venons de voir que les fonctions convexes transforment les martingales dans V en sous-martingales locales. Il est vrai également, mais nous n'en parlerons pas ici, qu'elles transforment toutes les semimartingales dans V en semimartingales réelles (voir [48]).

Outre l'action des fonctions convexes, il nous faudra un autre outil pour pouvoir lire les travaux de Kendall. Il s'agit d'un critère de tension pour des suites de martingales dans une variété riemannienne. Mais auparavant, quelques notions sur les martingales dans une variété riemannienne nous seront utiles.

Rappelons qu'une structure riemannienne sur une variété V est la donnée d'un champ g de codiffuseurs purement d'ordre deux, définis positifs, de classe C^{p-1}. Nous ne postulons aucune relation entre g et la connexion Γ sur V.[1] Il existe toujours des structures riemanniennes sur une variété donnée; lorsque la variété admet une carte globale $(v^i)_{1\leqslant i\leqslant d}$, on peut par exemple poser $g = \delta_{ij}\, dv^i{\cdot}dv^j$; dans le cas général, on peut plonger V dans une variété ayant une carte globale (et donc une structure riemannienne h) et poser $g = \phi^* h$, où ϕ désigne le plongement. On peut généraliser aux variétés riemanniennes la variation quadratique euclidienne des semimartingales dans $\mathbb{R}^d$:

DÉFINITION. Si X est une semimartingale dans une variété riemannienne (V, g), on appelle *variation quadratique riemannienne* le processus croissant $2\int\langle g, \mathcal{D}X\rangle$.

Si V est muni d'une carte globale $(v^i)_{1\leqslant i\leqslant d}$, dans laquelle g s'écrit $g_{ij}\, dv^i{\cdot}dv^j$, la variation quadratique riemannienne de X vaut $\int g_{ij}{\circ}X\, \mathrm{d}[v^i{\circ}X, v^j{\circ}X]$. En particulier, lorsque V est un espace vectoriel euclidien (par exemple $\mathbb{R}$), la variation quadratique riemannienne de X coïncide avec sa variation quadratique euclidienne. (C'est à cela que sert le coefficient 2 dans la définition.)

---

1. En géométrie riemannienne, l'objet fondamental est g, et on montre comment construire une connexion à partir de g ; ici, la connexion est donnée, et nous utiliserons une structure riemannienne à titre d'outil technique auxiliaire, comme on utilise une distance sur un espace topologique métrisable.

PROPOSITION 4.14. — *La variété V étant munie d'une connexion Γ et d'une structure riemannienne g, soient X une martingale dans V (pour Γ) et A sa variation quadratique riemannienne.*

(i) *Si S et T sont deux temps d'arrêt tels que $S \leqslant T$, le processus X est constant sur l'intervalle $[\![S,T]\!]$ si et seulement le processus A l'est aussi.*

(ii) *Sur l'événement $\{A_\infty < \infty\}$, le processus X converge, dans le compactifié d'Alexandrov $V \cup \{\infty\}$, vers une limite X_∞.*

(iii) *Définissons des temps d'arrêt par $T_t = \inf\{s : A_s > t\} \leqslant \infty$, une nouvelle filtration $\mathcal{G}$ par $\mathcal{G}_t = \mathcal{F}_{T_t}$, et un processus Y par $Y_t = X_{T_t}$ (on pose $Y_t = X_\infty$ sur $\{t \geqslant A_\infty\}$). La variable aléatoire $A_\infty \leqslant \infty$ est un temps d'arrêt de $\mathcal{G}$, et, sur l'intervalle $[\![0, A_\infty[\![$, le processus Y est pour $\mathcal{G}$ une martingale dans V. Si θ est un champ mesurable, localement borné, de codiffuseurs sur V, on a l'égalité $\int_0^t \langle \theta, \mathcal{D}Y_s \rangle = \int_0^{T_t} \langle \theta, \mathcal{D}X_s \rangle$ sur $[\![0, A_\infty[\![$; en particulier, la variation quadratique riemannienne de Y est la restriction à $[\![0, A_\infty[\![$ du processus t.*

(iv) *Si de plus X est à valeurs dans un compact de V, Y est une martingale dans V sur tout l'intervalle $[\![0, \infty[\![$, l'intégrale $\int_0^t \langle \theta, \mathcal{D}Y_s \rangle$, définie sur tout cet intervalle, est constante sur $[\![A_\infty, \infty[\![$, et la variation quadratique riemannienne de Y est le processus $t \mapsto t \wedge A_\infty$.*

Dû à Darling [26], le (ii) est, historiquement, le premier théorème de convergence des martingales dans les variétés.

DÉMONSTRATION DE LA PROPOSITION 4.14. — (i) Si une semimartingale X dans V est constante sur $[\![S,T]\!]$, on a $\int \langle \Theta, \mathcal{D}X \rangle = \int \langle \mathbb{1}_{]\!]S,T]\!]} \Theta, \mathcal{D}X \rangle$ parce que le second membre satisfait les propriétés 2.10.(i) et 2.10.(ii) qui caractérisent le premier membre; en particulier, $\int \langle g, \mathcal{D}X \rangle$ est constante sur $[\![S,T]\!]$.

Réciproquement, si une martingale X est constante sur $[\![S,T]\!]$, soit f une fonction C^p à support compact. Par continuité et compacité, il existe une constante c telle que l'on ait $-cg \leqslant \operatorname{Hess} f \leqslant cg$ et $-cg \leqslant df{\cdot}df \leqslant cg$ sur tout le support de f, donc partout; les deux intégrales $\int \langle \operatorname{Hess} f, \mathcal{D}X \rangle$ et $\int \langle df{\cdot}df, \mathcal{D}X \rangle$ ont donc une variation totale nulle sur $[\![S,T]\!]$, et sont constantes sur cet intervalle. Les formules 3.5 et 3.4 permettent d'écrire $f \circ X = f \circ X_0 + M + \int \langle \operatorname{Hess} f, \mathcal{D}X \rangle$ où M est une martingale locale telle que $\frac{1}{2}[M,M] = \int \langle df{\cdot}df, \mathcal{D}X \rangle$, donc constante sur $[\![S,T]\!]$; finalement, $f \circ X$ est constante sur cet intervalle, et X aussi.

(ii) Si f est une fonction C^p à support compact, le même argument que ci-dessus montre que $f \circ X = f \circ X_0 + M + B$, où $[M,M]_\infty + \int_0^\infty |dB| \leqslant c\, A_\infty$. Sur $\{A_\infty < \infty\}$, la limite $(f \circ X)_\infty$ existe, et, f étant arbitraire, X_∞ existe dans $V \cup \{\infty\}$.

(iii) Les temps d'arrêt $T_t = \inf\{s : A_s > t\}$ sont croissants et continus à droite en t, donc $\mathcal{G}$ est une filtration. Posons $S_t = \inf\{s : A_s \geqslant t\}$; on a $S_t \leqslant T_t$ et A est constant sur $[\![S_t, T_t]\!]$. Le processus Y est lui aussi continu à droite, et a pour limites à gauche $Y_{t-} = X_{S_t}$; il est continu d'après (i). Pour $f \in C^p$, le processus $f \circ Y$ est pour $\mathcal{G}$ une semimartingale continue, et Y est une semimartingale dans V. L'égalité $\int_0^t \langle \theta, \mathcal{D}Y_s \rangle = \int_0^{T_t} \langle \theta, \mathcal{D}X_s \rangle$ résulte de ce que le membre de droite vérifie les propriétés 2.10.(i) et 2.10.(ii) qui caractérisent celui de gauche. En particulier, pour $\theta = \Gamma^* \sigma$, on voit que les intégrales d'Itô par rapport à Y proviennent par changement de temps de celles par rapport à X, et Y est une martingale.

(iv) C'est une conséquence du (iii), en remarquant que, sur $\{A_\infty < \infty\}$, X_∞ existe dans V d'après (ii), et X est une semimartingale jusqu'à l'infini d'après 4.4. ∎

Comme c'est déjà le cas pour les martingales locales dans $\mathbb{R}^d$, si X est une martingale dans V pour une certaine filtration, c'est aussi une martingale pour sa filtration naturelle; cela se vérifie immédiatement sur la définition. En conséquence, sur l'espace canonique $\mathrm{C}(\mathbb{R}_+, V)$, muni comme d'habitude de la filtration engendrée par les coordonnées, le processus canonique est une martingale dans V pour la loi $\mathbb{P}_X = \mathbb{P}\circ X^{-1}$ de X. (Rappelons que $\mathrm{C}(\mathbb{R}_+, V)$ est un espace polonais, dont la topologie est celle de la convergence uniforme sur les compacts de $\mathbb{R}_+$.) Le critère de tension ci-dessous, que je recopie de Kendall [68], étend aux variétés des résultats bien connus dans le cas vectoriel (voir par exemple Rebolledo [91]).

PROPOSITION 4.15. — *Soit K un compact d'une variété V munie d'une connexion et d'une structure riemannienne g. Considérons toutes les martingales X dans V, à valeurs dans K, et dont la variation quadratique riemannienne vérifie*

$$2\int_s^t \langle g, \mathcal{D}X\rangle \leqslant t-s \quad \textit{pour tous } s \textit{ et } t \textit{ tels que } s \leqslant t.$$

L'ensemble des lois de ces martingales est tendu sur l'espace canonique $\mathrm{C}(\mathbb{R}_+, V)$.

DÉMONSTRATION. — On commence par plonger V dans un espace euclidien $\mathbb{R}^n$. [Le théorème de Whitney n'est pas ici nécessaire : il suffit de plonger un voisinage U de K ; or on peut recouvrir U par un nombre fini q d'ouverts, chacun relativement compact dans le domaine d'une carte, et il est dès lors facile de plonger U dans $\mathbb{R}^{qd}$.] Appelons $i : V \to \mathbb{R}^n$ un tel plongement. Appelons « bonne martingale » toute martingale X dans V, à valeurs dans K, et de variation quadratique riemannienne $2\langle g, \mathcal{D}X_t\rangle$ majorée par dt. Pour vérifier que l'ensemble des lois des bonnes martingales X est tendu sur $\mathrm{C}(\mathbb{R}_+, V)$, il suffit de vérifier que l'ensemble des lois des $i\circ X$ est tendu sur $\mathrm{C}(\mathbb{R}_+, \mathbb{R}^n)$. À cet effet, nous allons appliquer le critère 1.4.6 de Stroock et Varadhan [103]. Selon ce critère, il suffit d'établir que pour toute f de classe C^∞ et à support compact sur $\mathbb{R}^n$, il existe une constante C telle que, pour tout $u \in \mathbb{R}^n$, le processus $f(u+(i\circ X)) + C\,t$ soit une sous-martingale.

Appelons v^k les n coordonnées usuelles sur $\mathbb{R}^n$; par compacité et continuité, il existe une constante c telle que, sur K, on ait $d(v^k\circ i)\cdot d(v^k\circ i) \leqslant c\,g$ et $-c\,g \leqslant \mathrm{Hess}(v^k\circ i) \leqslant c\,g$ pour tout $k \in \{1, ..., n\}$. Pour toute bonne martingale X, la décomposition canonique $v^k\circ i(X_0) + M^k + B^k$ de $v^k\circ i(X)$ vérifie

$$\tfrac{1}{2}\,[M^k, M^k] = \int \langle d(v^k\circ i)\cdot d(v^k\circ i), \mathcal{D}X\rangle \qquad \text{et} \qquad B^k = \int \langle \mathrm{Hess}(v^k\circ i), \mathcal{D}X\rangle\,,$$

donc aussi $\mathrm{d}[M^k, M^k] \leqslant c\,\mathrm{d}t$ et $|\mathrm{d}B^k| \leqslant c\,\mathrm{d}t$. Soit f de classe C^∞ et à support compact dans $\mathbb{R}^n$. Il existe un nombre $\alpha < \infty$ tel que l'on ait $|\mathrm{D}_k f(y)| \leqslant \alpha$ et $|\mathrm{D}_{ij} f(y)| \leqslant \alpha$ pour tous i, j et k et pour tout y dans $\mathbb{R}^n$. Si X est une bonne martingale, la semimartingale

$$f(u+iX) = f(u+iX_0) + \int \mathrm{D}_k f(u+iX)\,\mathrm{d}M^k + \int \mathrm{D}_k f(u+iX)\,\mathrm{d}B^k + \tfrac{1}{2}\int \mathrm{D}_{ij} f(u+iX)\,\mathrm{d}[M^i, M^j]$$

a pour partie à variation finie $R = \int \mathrm{D}_k f(u+iX)\,\mathrm{d}B^k + \frac{1}{2}\int \mathrm{D}_{ij} f(u+iX)\,\mathrm{d}[M^i, M^j]$, qui vérifie $|\mathrm{d}R| \leqslant n\alpha\,c\,\mathrm{d}t + \frac{1}{2}\,n^2\alpha\,c\,\mathrm{d}t$. Il suffit donc de poser $C = (n+\frac{1}{2}\,n^2)\,\alpha\,c$ pour que $f(u+iX) + Ct$ soit une sous-martingale locale, donc aussi une sous-martingale (elle est bornée sur tout intervalle $[0, t]$). ∎

Ce critère permettra de construire des processus comme limites en loi de suites de martingales; son utilité vient du fait que de telles limites sont nécessairement des martingales, comme l'affirme la proposition ci-dessous, également empruntée à Kendall [68].

PROPOSITION 4.16. — *Sur l'espace canonique* $\mathrm{C}(\mathbb{R}_+, V)$, *l'ensemble des probabilités qui font du processus canonique une martingale dans* V *est fermé pour la convergence vague.*

En d'autres termes, si une suite $(X^n)_{n\in\mathbb{N}}$ de martingales dans V (définies chacune sur son propre espace probabilisé filtré) converge en loi vers une limite X, alors X est elle-même une martingale pour sa filtration naturelle. La convergence en loi est la convergence vague des lois des X^n, l'espace canonique étant muni de sa structure polonaise.

DÉMONSTRATION DE LA PROPOSITION 4.16. — Nous utiliserons une distance dist sur V obtenue par plongement propre de V dans un espace euclidien (ou donnée par une structure riemannienne; toutes ces distances sont uniformément équivalentes sur les compacts de V).

Soit $(X^n)_{n\in\mathbb{N}}$ une suite de martingales dans V qui converge en loi vers une limite X; par un argument classique (théorème de Skorokhod, voir par exemple Dudley [37]), on peut supposer que tous les X^n sont définis sur le même espace probabilisé (mais dont la filtration varie avec n) et que $\sup_{s\leqslant t} \mathrm{dist}(X^n_s, X_s)$ tend vers zéro p.s. pour chaque t.

Pour montrer que X est une martingale (dans sa filtration naturelle), nous allons appliquer la caractérisation de Darling 4.8; nous avons donc un ouvert relativement compact $U \subset V$, une fonction C^2 et à support compact, convexe au voisinage de $\overline{U}$, et un instant s; nous posons $T = \inf\{t \geqslant s \;:\; X_s \notin U\}$ et il s'agit de démontrer que $f\circ X^{T]}$ est une sous-martingale sur $[s, \infty[$.

Gardant s et f fixés, nous allons tout d'abord remplacer U par un ouvert un peu plus gros. Pour $r > 0$ assez petit, l'ouvert $U_r = \{x \in V \;:\; \mathrm{dist}(x, U) < r\}$ vérifie les mêmes propriétés que U; les temps d'arrêt $T_r = \inf\{t \geqslant s \;:\; X_t \notin U_r\}$ croissent avec r et la fonction $r \mapsto \mathbb{E}[\exp(-T_r)]$ est décroissante. Nous choisissons pour r un point de continuité de cette fonction; ceci entraîne la continuité à droite presque sûre $T_r = \inf_{\rho>0} T_{r+\rho}$ (la continuité à gauche résulte de la définition de T_r). Nous démontrerons que le processus $f\circ X^{T_r]}$ est une sous-martingale, le cas de $f\circ X^{T]}$ s'en déduira par arrêt.

Posons $Y = X^{T_r]}$, $\mathrm{T}^n_r = \inf\{t \geqslant s : X^n_s \notin U_r\}$ et $Y^n = (X^n)^{T^N_r]}$. Presque sûrement, Y^n tend vers Y uniformément sur tout compact : cela se vérifie ω par ω, en utilisant la propriété de continuité de T_r et le fait que la trajectoire $X^n(\omega)$ converge vers $X(\omega)$ uniformément sur tout compact. Pour $s \leqslant u \leqslant v$, pour tous $u_1, ..., u_q \in [0, u]$ et pour toute fonction h continue et bornée sur V^q, la sous-martingale $f\circ Y^n$ vérifie

$$\mathbb{E}\big[h(X^n_{u_1}, ..., X^n_{u_q}) f(Y^n_v)\big] \geqslant \mathbb{E}\big[h(X^n_{u_1}, ..., X^n_{u_q}) f(Y^n_u)\big] \;;$$

passant à la limite en n, on en tire par convergence dominée l'inégalité

$$\mathbb{E}\big[h(X_{u_1}, ..., X_{u_q}) f(Y_v)\big] \geqslant \mathbb{E}\big[h(X_{u_1}, ..., X_{u_q}) f(Y_u)\big]$$

qui montre que $f\circ Y$ est une sous-martingale pour la filtration naturelle de X. ∎

Tous les ingrédients sont en place; nous commençons l'étude de la détermination des martingales par leurs valeurs finales.

DÉFINITION. — Soit V une variété munie d'une connexion. On appellera *séparante sur* V toute fonction ϕ de $V\times V$ dans $\mathbb{R}_+$, convexe pour la connexion produit, et telle que, pour tous points x et y de V, on ait $\phi(x,y)=0$ si $x=y$ et $\phi(x,y)>0$ si $x\neq y$.

Une séparante est donc une distance, dans laquelle on a remplacé l'axiome du triangle par la convexité. C'est cette convexité qui justifie le nom de séparante : si ϕ est une séparante et si γ' et γ'' sont deux géodésiques, (γ',γ'') est une géodésique de $V\times V$ par 3.15, et $\phi\big(\gamma'(t),\gamma''(t)\big)$ est une fonction convexe de t; en d'autres termes, vues par ϕ, les géodésiques tendent à se séparer. De même, si X' et X'' sont deux martingales dans V, (X',X'') est une martingale dans $V\times V$ par 3.15, et $\phi(X',X'')$ est une sous-martingale locale par 4.1 si ϕ est au moins C^2, et par 4.13 si V est au moins C^3; vues par ϕ, les martingales aussi tendent à se séparer. Ces propriétés sont la clé de l'utilisation des séparantes; il est bon de leur donner un numéro :

LEMME 4.17. — *Soit ϕ une séparante sur V. Si γ' et γ'' sont deux géodésiques de V, la fonction $t\mapsto\phi\big(\gamma'(t),\gamma''(t)\big)$ est convexe.*

On suppose maintenant ϕ de classe C^2 ou V de classe C^3. Si X' et X'' sont deux martingales dans V (pour la même filtration), $\phi(X',X'')$ est une sous-martingale locale.

Nous allons être conduits à nous intéresser à l'existence d'une séparante sur une variété donnée. On peut montrer (voir [45] p. 52) que, localement, il en existe toujours. Kendall a montré dans [67] que si V est un hémisphère ouvert (à un nombre quelconque de dimensions) muni de sa connexion riemannienne (les géodésiques sont les arcs de grands cercles, parcourus à vitesse angulaire constante), alors V n'a pas de séparante mais tout ouvert relativement compact de V en a une; et plus généralement que si V est une « boule géodésique régulière » dans une variété riemannienne, les ouverts relativement compacts de V ont une séparante. J'avais conjecturé dans [47] que si deux points quelconques de V sont toujours liés par une géodésique et une seule, alors tout ouvert relativement compact de V a une séparante. Cette conjecture est fausse; elle est réfutée par un superbe exemple de Kendall [70].

Dans les deux définitions ci-dessous, l'axe des temps $\mathbb{R}_+$ est remplacé par $[0,1]$; les processus X, X^n et Y sont définis pour $t\in[0,1]$ seulement et les variables aléatoires X_1, X_1^n, Y_1 sont les *valeurs finales* de ces processus.

DÉFINITION. — On dira que la variété V a la *propriété de détermination finale* si pour tout espace filtré $\big(\Omega,\mathcal{A},\mathbb{P},(\mathcal{F}_t)_{t\in[0,1]}\big)$ et toutes martingales X et Y dans V définies sur cet espace filtré et ayant (p.s.) même valeur finale $X_1=Y_1$, on a l'égalité entre processus $X=Y$.

DÉFINITION. — On dira que la variété V a la *propriété robuste de détermination finale* si pour tout espace filtré $\big(\Omega,\mathcal{A},\mathbb{P},(\mathcal{F}_t)_{t\in[0,1]}\big)$, pour toute martingale Y dans V définie sur cet espace filtré, et pour toute suite $(X^n)_{n\in\mathbb{N}}$ de martingales dans V définies sur cet espace filtré, dont les valeurs finales X_1^n convergent en probabilité vers Y_1, les processus X^n convergent vers Y uniformément en probabilité (et, donc, par 4.11, au sens des semimartingales).

La propriété robuste de détermination finale est plus forte que la propriété de détermination finale (prendre $X^n = X$ pour tout n). J'ignore si elle est strictement plus forte; mais nous verrons très bientôt (théorème 4.19) que, sous une hypothèse de convergence des martingales, les deux propriétés sont équivalentes.

Alors que, pour les martingales réelles ou vectorielles, on peut retrouver X_0 à partir de X_1 et de $\mathcal{F}_0$ seulement, la propriété de détermination finale dans une variété est un peu plus faible et demande que l'on puisse retrouver X_0 à partir de X_1 et de toute la filtration.

PROPOSITION 4.18. — *Soit ϕ une séparante bornée sur V. Si ϕ est de classe C^2 ou si V est de classe C^3, V a la propriété de détermination finale.*

DÉMONSTRATION. — Nous avons vu en 4.17 que $\phi(X,Y)$ est une sous-martingale locale; elle est en outre positive et bornée par $\sup\phi$, c'est donc une vraie sous-martingale. Sa valeur finale $\phi(X_1,Y_1)$ étant nulle, elle est identiquement nulle, et, ϕ étant séparante, $X = Y$. ∎

Le théorème qui suit rassemble en un seul énoncé plusieurs résultats de Kendall [66], [68] et [69].

THÉORÈME 4.19. — *La variété V étant au moins de classe C^3, les trois conditions suivantes sont équivalentes :*

(i) *tout ouvert relativement compact de V a une séparante;*

(ii) *tout ouvert relativement compact de V a la propriété robuste de détermination finale.*

(iii) *tout ouvert relativement compact de V a la propriété de détermination finale, et toute martingale à valeurs dans un compact de V converge à l'infini.*

Observer que la première condition est purement géométrique alors que les deux autres concernent le comportement des martingales.

Remarquer aussi que dans (iii) la propriété de détermination finale est relative à des martingales indexées par le fermé $[0,1]$, alors que la convergence à l'infini fait intervenir des martingales définies sur $\mathbb{R}_+$ (ou, par changement de temps, sur l'intervalle semi-ouvert $[0,1[$).

DÉMONSTRATION DU THÉORÈME 4.19. — (i) ⇒ (ii). Soit U un ouvert relativement compact de V; supposant (i), nous allons montrer que U possède la propriété robuste de détermination finale. Il existe un ouvert relativement compact U' tel que $\overline{U} \subset U' \subset V$. L'hypothèse (i) dit que U' admet une séparante ϕ; elle est continue sur $U' \times U'$ par 4.12, donc bornée sur le compact $\overline{U} \times \overline{U}$. Soient X^n et Y des martingales dans U (indexées par $[0,1]$ et pour une même filtration) telles que $X_1^n \to Y_1$ en probabilité. Pour chaque n, le processus $Z^n = \phi(X^n, Y)$ est une sous-martingale locale. Les Z^n forment une suite uniformément bornée de sous-martingales positives telles que Z_1^n tend vers 0 en probabilité, donc dans L^2. L'inégalité de Doob $\|\sup_t Z_t^n\|_{\mathrm{L}^2} \leqslant 2\,\|Z_1^n\|_{\mathrm{L}^2}$ implique que $\sup_t Z_t^n$ tend vers zéro dans L^2.

Pour vérifier que X^n tend vers Y uniformément sur $[0,1]$ en probabilité, il suffit d'établir que, si f est une fonction C^p sur V, $\sup_t |f(X_t^n) - f(Y_t)|$ tend vers zéro en probabilité. Soit donc $\varepsilon > 0$. Continue et strictement positive sur le compact

$\{(y,z) \in \overline{U}\times\overline{U} : |f(y)-f(z)| \geqslant \varepsilon\}$, la fonction ϕ y est minorée par un $\delta > 0$. Ceci permet d'écrire

$$\mathbb{P}\big[\sup_{t\in[0,1]} |f(X_t^n)-f(Y_t)| \geqslant \varepsilon\big] \leqslant \mathbb{P}\big[\sup_{t\in[0,1]} \phi(X_t^n, Y_t) \geqslant \delta\big]$$

et il ne reste qu'à remarquer que le membre de droite tend vers zéro quand n tend vers l'infini.

(ii) $\Rightarrow$ (iii). Puisque la propriété robuste entraîne la propriété non robuste, il suffit d'établir que si K est un compact de V et X une martingale (dans V) à valeurs dans K, la limite X_∞ existe. Par compacité, le fermé aléatoire

$$C = \bigcap_t \overline{X([t,\infty[)}$$

des points limites de X est presque sûrement non vide; il s'agit de démontrer que $|C| = 1$ p.s. Munissons V d'une distance par plongement propre dans un espace euclidien; la notation $B(x,r)$ désignera la boule ouverte de rayon r. Nous allons envisager deux cas.

1er cas. Pour tous x et y de V tels que $x \neq y$, il existe $r(x,y) > 0$ tel que

$$\mathbb{P}\big[C \text{ rencontre } B\big(x,r(x,y)\big) \text{ et } B\big(y,r(x,y)\big)\big] = 0\,.$$

En ce cas, $\mathbb{P}\big[C\times C \text{ rencontre } B\big(x,r(x,y)\big) \times B\big(y,r(x,y)\big)\big] = 0$. Mais les produits $B\big(x,r(x,y)\big) \times B\big(y,r(x,y)\big)$ forment un recouvrement ouvert de $K\times K$ privé de la diagonale Δ; comme cet ensemble est une union dénombrable de compacts, il a un sous-recouvrement dénombrable, et il existe donc des suites $(x_n)_{n\in\mathbb{N}}$ et $(y_n)_{n\in\mathbb{N}}$ dans K telles que $x_n \neq y_n$ et

$$\bigcup_n \big[B\big(x_n,r(x_n,y_n)\big) \times B\big(y_n,r(x_n,y_n)\big)\big] \supset (K\times K)\setminus\Delta\,.$$

Puisque $\mathbb{P}\big[C\times C \text{ rencontre } B\big(x_n,r(x_n,y_n)\big) \times B\big(y_n,r(x_n,y_n)\big)\big] = 0$ pour chaque n, on en déduit $\mathbb{P}[C\times C \text{ rencontre } (K\times K)\setminus\Delta] = 0$; donc $C\times C$ est inclus dans la diagonale, et C est un singleton : c'est terminé.

(L'analogie avec la démonstration par Doob de la convergence des martingales réelles en contrôlant le nombre des montées n'est évidemment pas fortuite; dans le cas où $V = \mathbb{R}$, l'existence de $r(x,y)$ pour tous x et y dit exactement que le nombre de montées de X sur tout intervalle est p.s. fini.)

2e cas. Il existe deux points distincts x et y tels que, pour tout $\varepsilon > 0$, l'événement

$$A_\varepsilon = \big\{C \text{ rencontre } B(x,\varepsilon) \text{ et } B(y,\varepsilon)\big\}$$

vérifie $\mathbb{P}[A_\varepsilon] > 0$. Nous allons montrer que dans ce cas, l'hypothèse (ii) est violée; comme les deux cas épuisent toutes les possiblités, ceci achèvera la démonstration de (ii) $\Rightarrow$ (iii). Fixons ε. La martingale $M_t = \mathbb{P}[A_\varepsilon|\mathcal{F}_t]$ converge vers $\mathbb{1}_{A_\varepsilon}$; il existe donc un instant s tel que $\mathbb{P}[M_s{>}1{-}\varepsilon] > 0$. Introduisons le temps d'arrêt

$$T = \inf\{t \geqslant s :\ X_t \in B(x,\varepsilon)\}\,.$$

Si l'on avait $M_T \leqslant 1{-}\varepsilon$, on en déduirait $M_s = \mathbb{E}[M_T|\mathcal{F}_s] \leqslant 1{-}\varepsilon$, ce qui contredirait la définition de s; ainsi l'événement $B = \{M_T{>}1{-}\varepsilon\}$ n'est pas négligeable. Sur $\{T{=}\infty\}$, on a $M_\infty = \mathbb{1}_{A_\varepsilon} = 0$, d'où $M_T = 0$; on a donc $T < \infty$ sur B.

Le processus $X'_t = X_{T+t}$ est une martingale pour la filtration $\mathcal{G}_t = \mathcal{F}_{T+t}$ et pour la loi $\mathbb{Q} = \mathbb{P}[\ |B]$. De l'inégalité

$$\mathbb{Q}[A_\varepsilon] = \frac{\mathbb{E}[\mathbb{P}[A_\varepsilon \cap B|\mathcal{F}_T]]}{\mathbb{P}[B]} = \frac{\mathbb{E}[\mathbb{1}_B \mathbb{P}[A_\varepsilon|\mathcal{F}_T]]}{\mathbb{P}[B]} = \frac{\mathbb{E}[\mathbb{1}_B M_T]}{\mathbb{P}[B]} > 1-\varepsilon\,,$$

on tire $\mathbb{Q}[\exists t\ X'_t \in B(y,\varepsilon)] > 1-\varepsilon$; le temps d'arrêt $T' = \inf\{t:\ X'_t \in B(y,\varepsilon)\}$ vérifie donc $\mathbb{Q}[T' < \infty] > 1-\varepsilon$, et $\mathbb{Q}[T' < u] > 1-2\varepsilon$ pour un réel u convenable. Pour la filtration $\mathcal{G}'_t = \mathcal{G}_{ut}$ et la probabilité $\mathbb{Q}$, le processus $Y_t = X'_{ut\wedge T'}$ est une martingale dans K, vérifiant $Y_0 \in B(x,\varepsilon)$ et $\mathbb{Q}[Y_1 \in B(y,\varepsilon)] > 1-2\varepsilon$. Tout ceci, processus, filtration, probabilité, dépend de ε; prenant $\varepsilon = 1/n$, nous avons une suite de martingales Y^n dans K, chacune définie sur son propre espace probabilisé filtré, et telles que, en loi, Y_0^n tend vers x et Y_1^n vers y quand n tend vers l'infini.

Sur un espace probabilisé convenable, considérons une suite indépendante $(Z^n)_{n\in\mathbb{N}}$ de processus ayant respectivement les lois de Y^n. Chacun d'eux est une martingale dans K pour sa filtration naturelle, donc aussi, par grossissement indépendant, pour la filtration engendrée par tous les Z^n. Les variables aléatoires Z_0^n (respectivement Z_1^n) convergent en loi vers x (respectivement y); ces limites étant déterministes, les convergences ont lieu en probabilité. Mais il existe une martingale M telle que $M_1 = y$ et $M_0 \neq x$, la martingale constante égale à y. La condition (ii) n'est donc pas satisfaite.

(iii) $\Rightarrow$ (i). Soit U un ouvert relativement compact de V; sous l'hypothèse (iii), nous devons construire une séparante sur U. Pour x et y dans U, posons

$$\phi(x,y) = \inf_{\substack{X \text{ et } Y \text{ martingales} \\ X_0=x\,;\ Y_0=y}} \mathbb{P}[X_1 \neq Y_1]\,.$$

Dans cette formule, l'infimum porte sur tous les $(\Omega, \mathcal{A}, \mathbb{P}, \mathcal{F}, X, Y)$ tels que X et Y soient pour $\mathcal{F}$ des martingales à valeurs dans U, vérifiant $X_0 = x$ et $Y_0 = y$. Nous allons montrer que ϕ est une séparante sur U. En considérant des martingales constantes, on voit immédiatement que $\phi(x,x) = 0$. Pour vérifier la convexité, considérons une géodésique γ dans le produit $U\times U$, définie sur un intervalle contenant $[0,1]$; nous devons établir pour $0 \leqslant \lambda \leqslant 1$ l'inégalité

$$\phi\big(\gamma(\lambda)\big) \leqslant (1-\lambda)\phi\big(\gamma(0)\big) + \lambda\phi\big(\gamma(1)\big)\,.$$

Soit Z^0 une martingale dans $U\times U$, issue du point $\gamma(0)$, et qui réalise à ε près l'inf dans la définition de $\gamma(0)$; la probabilité pour que Z_1^0 soit sur la diagonale Δ est $\phi\big(\gamma(0)\big)$ à ε près. De même, soit Z^1 une martingale dans $U\times U$, issue de $\gamma(1)$, telle que $\mathbb{P}[Z_1^1 \in \Delta] \leqslant \phi\big(\gamma(1)\big) + \varepsilon$. Soit enfin M une martingale continue à valeurs dans $[0,1]$, telle que $M_0 = \lambda$ et $M_1 \in \{0,1\}$; par exemple, si B est un mouvement brownien issu de λ et arrêté au premier instant où il atteint $\{0,1\}$, le processus $M_t = B_{t/(1-t)}$ convient. Les trois processus Z^0, Z^1 et M ont été définis en loi; on peut les choisir indépendants.

Le processus égal à $\gamma\circ M$ sur l'intervalle $[0,1]$ est une martingale dans $U\times U$; sa valeur au temps 1 est $\gamma(0)$ avec probabilité $1-\lambda$ et $\gamma(1)$ avec probabilité λ. En le prolongeant sur l'intervalle $[1,2]$ par Z_{t-1}^0 si $M_1 = 0$ et par Z_{t-1}^1 si $M_1 = 1$, on obtient une martingale continue W dans $U\times U$, issue de $\gamma(\lambda)$, indexée par $[0,2]$, telle que

$$\mathbb{P}[W_2 \in \Delta] \leqslant (1-\lambda)\ \big[\phi\big(\gamma(0)\big) + \varepsilon\big] + \lambda\,\big[\phi\big(\gamma(1)\big) + \varepsilon\big]\,.$$

L'existence de ce processus W, et la définition de $\phi\big(\gamma(\lambda)\big)$, fournissent, à ε près, l'inégalité de convexité annoncée.

Il reste à vérifier que ϕ ne s'annule que sur la diagonale; c'est ici que nous allons utiliser l'hypothèse (iii).

Soit $(x,y) \in U\times U$ tel que $\phi(x,y) = 0$; nous voulons montrer que $x = y$. Fixons une structure riemannienne g de classe C^{p-1} sur $V\times V$ et notons dist la distance associée (g et dist proviennent par exemple d'un plongement propre de $V\times V$ dans $\mathbb{R}^q$). Puisque $\phi(x,y) = 0$, il existe une suite de martingales Z^n dans $U\times U$, chacune avec son propre Ω et sa filtration, telles que $Z_0^n = (x,y)$ et que $\mathbb{P}[Z_1^n \in \Delta] \to 1$. Pour chaque n, soit A^n la variation quadratique riemannienne $2\int \langle g, \mathcal{D}Z^n\rangle$; les variations totales sont les v. a. A_1^n, presque sûrement finies. La proposition 4.14 fournit, par changement de temps à partir de Z^n, une martingale M^n, constante sur $[\![A_1^n,\infty[\![$, et de variation quadratique riemannienne $t\wedge A_1^n$; en outre $\mathbb{P}[M^n_{A_1^n} \in \Delta] \to 1$. C'est le moment d'appliquer le critère de tension 4.15 : puisque toutes les martingales M^n prennent leurs valeurs dans le compact $\bar U\times \bar U$, la proposition 4.16 permet, quitte à extraire une sous-suite, de supposer que de plus les M^n sont définies sur un même espace probabilisé (mais pas nécessairement pour la même filtration!) et convergent vers une limite M, au sens où $\sup_{s\leqslant t}\operatorname{dist}(M_s^n, M_s) \to 0$ presque sûrement pour chaque t.

Puisque les lois des M^n sont tendues, et puisque les variables aléatoires A_1^n sont à valeurs dans le compact $[0,\infty]$, donc de lois tendues, les lois des couples (M^n, A_1^n) sont tendues elles aussi, et, quitte à extraire encore une sous-suite, on peut supposer que la suite de variables aléatoires A_1^n a une limite presque sûre $B \leqslant \infty$. Sur $\{B < t\}$, $A_1^n < t$ pour tout n assez grand, donc $M_t^n = M_\infty^n$ pour tout n assez grand, puis $M_t = M_\infty$; ainsi, M est constante sur $[\![B,\infty[\![$.

Nous allons maintenant établir que B est presque sûrement finie. Pour tout $z \in \bar U\times\bar U$, appelons h^z la fonction $\operatorname{dist}^2(z,\,.\,)$; pour $\varepsilon > 0$ assez petit (fixé dans la suite), il existe une constante $c > 0$ telle que, pour tout z dans le compact $\bar U\times \bar U$, la minoration $c\operatorname{Hess} h^z \geqslant 2g$ ait lieu sur toute la boule ouverte $B(z,\varepsilon)$. Posons $\sigma_s^n = A_1^n\wedge s$ et $\tau_s^n = A_1^n \wedge \inf\{t\geqslant s \,:\, \operatorname{dist}(M_s^n, M_t^n)\geqslant \varepsilon\}$. En prenant l'espérance des deux côtés de l'inégalité

$$\tau_s^n - \sigma_s^n = \int_{\sigma_s^n}^{\tau_s^n} 2\langle g, \mathcal{D}M_u^n\rangle \leqslant c\int_{\sigma_s^n}^{\tau_s^n} \langle \operatorname{Hess} h^{M^n_{\sigma_s^n}}, \mathcal{D}M_u^n\rangle\,,$$

on obtient

$$\mathbb{E}[\tau_s^n - \sigma_s^n] \leqslant c\,\mathbb{E}\big[\textstyle\int_{\sigma_s^n}^{\tau_s^n} \langle \operatorname{Hess} h^{M^n_{\sigma_s^n}}, \mathcal{D}M_u^n\rangle\big] = c\,\mathbb{E}[h^{M^n_{\sigma_s^n}}(M^n_{\tau_s^n})] \leqslant c\varepsilon^2\,.$$

On en déduit $\mathbb{P}[\tau_s^n > s+c] \leqslant \mathbb{P}[\tau_s^n > \sigma_s^n + c] \leqslant c\varepsilon^2/c = \varepsilon^2$. Introduisant la variable aléatoire $S_s^n = \sup_{t\in[s,s+c]} \operatorname{dist}(M_s^n, M_t^n)$, on peut écrire

$$\begin{aligned}\mathbb{P}[A_1^n > s+c] &\leqslant \mathbb{P}[A_1^n > s+c \ \text{ et } \ S_s^n < \varepsilon] + \mathbb{P}[S_s^n \geqslant \varepsilon]\\ &\leqslant \mathbb{P}[\tau_s^n > s+c] + \mathbb{P}[S_s^n \geqslant \varepsilon] \leqslant \varepsilon^2 + \mathbb{P}[S_s^n \geqslant \varepsilon]\,.\end{aligned}$$

Par ailleurs, lorsque n tend vers l'infini, S_s^n converge presque sûrement vers $S_s = \sup_{s\leqslant t\leqslant s+c}\operatorname{dist}(M_s, M_t)$. L'hypothèse (iii) de convergence des martingales dans $\bar U$, appliquée aux deux composantes de M dans $\bar U\times\bar U$, entraîne que M converge; donc S_s tend vers zéro quand s tend vers l'infini, et en choisissant s assez grand, on aura $\mathbb{P}[S_s \geqslant \frac12\varepsilon] \leqslant \frac12\varepsilon$. Pour tout n assez grand, on a par conséquent $\mathbb{P}[S_s^n \geqslant \varepsilon] \leqslant \varepsilon$; reportant ceci dans la majoration ci-dessus, on a établi

$$\forall\varepsilon \text{ assez petit } \exists c\ \exists s\ \exists n_0\ \forall n\geqslant n_0 \quad \mathbb{P}[A_1^n > s+c] \leqslant \varepsilon^2 + \varepsilon\,.$$

Il en résulte que $B = \lim_n A_1^n$ est presque sûrement finie.

Pour chaque t, sur l'événement $\{B<t\}$, on a $A_1^n < t$ pour n assez grand; sur cet événement, $M_\infty^n = M_t^n$ tend en probabilité vers $M_t = M_\infty$. Puisque B est p.s. fini, ceci établit que M_∞^n converge en probabilité vers M_∞, et la propriété $\mathbb{P}[M_\infty^n \in \Delta] \to 1$ devient à la limite $\mathbb{P}[M_\infty \in \Delta] = 1$. Comme M est une semimartingale jusqu'à l'infini (corollaire 4.4), on peut par un changement de temps déterministe ramener ∞ en 1, et on a ainsi une martingale N dans $\bar{U} \times \bar{U}$ telle que $N_0 = (x,y)$ et $N_1 \in \Delta$. La propriété (iii) de détermination finale, appliquée dans un voisinage de $\bar{U}$, implique $x = y$. ∎

Chapitre 5

MOUVEMENTS BROWNIENS
ET APPLICATIONS HARMONIQUES

> [...] il a découvert la science de l'harmonie et les rapports harmoniques.
>
> JAMBLIQUE, *Vie de Pythagore*

Ce court chapitre présente en 5.5 un exemple, très élémentaire mais typique, d'application des martingales à une question d'analyse dans les variétés ; il s'agit du comportement des applications harmoniques (ce sont les solutions d'une certaine équation aux dérivées partielles) d'une variété dans une autre.

1. — Variétés riemanniennes et mouvements browniens

Rappelons qu'une variété riemannienne est une variété équipée d'un champ g de codiffuseurs purement d'ordre deux, définis positifs. Dans une carte locale $(v^i)_{1\leqslant i\leqslant d}$, g s'écrit $g_{ij}\,dv^i{\cdot}dv^j$, où les fonctions g_{ij} sont définies dans le domaine de la carte, de classe C^{p-1}, et forment en chaque point du domaine une matrice symétrique définie positive.

Partant d'une variété riemannienne, la première chose que font les géomètres, c'est la munir d'une connexion (dite connexion canonique, ou encore connexion de Levi-Civita ; c'est l'unique connexion sans torsion pour laquelle $\nabla g = 0$). Ce serait indispensable si l'on voulait explorer les propriétés géométriques liées à g, mais tel n'est pas notre propos, et nous ne le ferons pas : nous nous donnerons sur V une structure riemannienne g et une connexion Γ *sans postuler aucune relation entre ces deux structures.* Comme nous utiliserons très peu la géométrie liée à g, ceci sera sans conséquence ; mais les auditeurs devront toutefois se rappeler que *les mouvements browniens, fonctions harmoniques, applications harmoniques définis dans ce chapitre diffèrent un peu de ceux que l'on considère habituellement :* pour retrouver la définition usuelle (qui est la seule raisonnable), il faut se restreindre au cas où la connexion dont on munit V est la connexion canoniquement associée à g.

Étant donnée une structure riemannienne g sur une variété V, chacun des espaces tangents T_xV est pourvu par la forme quadratique $Qg(x)$ (voir 1.9) d'une structure d'espace euclidien (espace de Hilbert réel, de dimension finie) ; ceci permet d'identifier T_xV et son dual T_x^*V, et d'identifier TV et T^*V (cette identification respecte leurs structures de variétés de classe C^{p-1}). Si f est une fonction sur V, le vecteur tangent correspondant au covecteur $df(x)$ est appelé *gradient de f en x*, et noté $\nabla f(x)$. Si A et B sont dans T_xV, leur produit scalaire euclidien sera noté $\langle A|B\rangle$, et la norme euclidienne $\sqrt{\langle A|A\rangle}$ de A sera notée $\|A\|$. La structure euclidienne de T_xV permet aussi de parler de la trace de toute forme bilinéaire ou quadratique sur T_xV ; si θ est un codiffuseur en x purement d'ordre deux (c'est-à-dire tel que $\mathbf{R}\theta = 0$), nous noterons $\mathrm{Tr}\,\theta$ la trace de la forme quadratique associée à θ par la proposition 1.9. Dans une carte locale $(v^i)_{1\leqslant i\leqslant d}$, si l'on note g^{ij} les coefficients de la matrice inverse de la matrice formée par les g_{ij}, le produit scalaire s'écrit $\langle A|B\rangle = g_{ij}A^iB^j$, le gradient ∇f vaut $g^{ij}\mathrm{D}_i f\,\mathrm{D}_j$ et la trace de $\theta = \theta_{ij}\,dv^i{\cdot}dv^j$ est $\mathrm{Tr}\,\theta = g^{ij}\theta_{ij}$.

Une convention de notation nous sera utile dans tout ce chapitre : Si U est un processus, nous noterons $\int U\,\mathrm{d}t$ le processus dont la valeur à l'instant t est $\int_0^t U_s\,\mathrm{d}s$; en d'autres termes, avec les notations de 2.1 et en appelant I l'application identique de $\mathbb{R}_+$ dans lui-même, $\int U\,\mathrm{d}t$ n'est autre que $\int U\,\mathrm{d}I$.

LEMME 5.1 ET DÉFINITION. — *Soit X une semimartingale à valeurs dans une variété riemannienne (V,g). Il y a équivalence entre :*

(i) *pour toute fonction f dans $\mathrm{C}^p(V)$,*

$$[f{\circ}X, f{\circ}X] = \int \|\nabla f\|^2{\circ}X\,\mathrm{d}t\,;$$

(ii) *pour toutes fonctions f et h dans $\mathrm{C}^p(V)$,*

$$[f{\circ}X, h{\circ}X] = \int \langle\nabla f|\nabla h\rangle{\circ}X\,\mathrm{d}t\,;$$

(iii) *pour tout processus Θ de codiffuseurs purement d'ordre deux, au-dessus de X, prévisible et localement borné,*

$$\int\langle\Theta, \mathcal{D}X\rangle = \tfrac{1}{2}\int \mathrm{Tr}\,\Theta\,\mathrm{d}t\,.$$

Lorsque ces conditions sont satisfaites, on dit que la semimartingale X est normale.

Lorsque V est l'espace $\mathbb{R}^d$ muni de sa structure riemannienne canonique, une semimartingale X est normale si et seulement si $[X^i, X^j]_t = \delta^{ij}t$ pour tout t. Plus généralement, si V a une carte globale $(v^i)_{1\leqslant i\leqslant d}$, X est normale si et seulement si $[v^i{\circ}X, v^j{\circ}X] = \int g^{ij}{\circ}X\,\mathrm{d}t$.

DÉMONSTRATION. — (iii) $\Rightarrow$ (i) s'obtient en prenant $\Theta = (df{\cdot}df){\circ}X$; (i) $\Rightarrow$ (ii) résulte de la formule de polarisation $2\,df{\cdot}dh = d(f+h){\cdot}d(f+h) - df{\cdot}df - dh{\cdot}dh$, et de la formule analogue pour les crochets de semimartingales.

(ii) $\Rightarrow$ (iii). Si la formule (iii) est vraie pour Θ, elle est aussi vraie pour $H\Theta$, où H est n'importe quel processus réel, prévisible et localement borné. Cette remarque, jointe à la linéarité en Θ, permet de se ramener au cas où Θ est nul quand X est hors d'un compact inclus dans le domaine d'une carte locale. Dans ce cas, il suffit d'écrire $\Theta = \Theta_{ij}\,dv^i{\cdot}dv^j$, où les processus Θ_{ij} sont prévisibles et localement bornés, et d'appliquer l'hypothèse (ii) à v^i et v^j. ∎

EXERCICE. — La variation quadratique riemannienne d'une semimartingale normale vaut $d{\times}t$ (où d est la dimension) ; si $d = 1$, la réciproque est vraie : toute semimartingale de variation quadratique riemannienne t est normale.

PROPOSITION 5.2 ET DÉFINITION. — *Soit V une variété munie d'une structure riemannienne g et d'une connexion Γ. Si X est une semimartingale dans V, les deux conditions suivantes sont équivalentes :*
(i) *X est une martingale (pour Γ) et X est normale (pour g);*
(ii) *pour toute fonction $f \in \mathrm{C}^2(V)$, le processus $f\circ X - f(X_0) - \frac{1}{2}\int \mathrm{Tr\,Hess}\, f\circ X\,\mathrm{d}t$ est une martingale locale.*

Les semimartingales vérifiant ces conditions sont appelées des mouvements browniens.

Lorsque Γ est la connexion canoniquement associée à g, l'opérateur différentiel $f \mapsto \mathrm{Tr\,Hess}\, f$ est appelé laplacien sur (V,g), ou opérateur de Laplace-Beltrami sur (V,g), et traditionnellement noté Δ. Mais dans le cadre moins contraignant où nous nous plaçons, il est préférable de le laisser sous la forme Tr Hess, pour rappeler que la connexion est arbitraire, et aussi pour bien mettre en évidence les rôles de g (via la trace) et de Γ (via la hessienne) dans sa définition. En coordonnées locales, cet opérateur s'écrit bien sûr $g^{ij}(\mathrm{D}_{ij}-\Gamma^k_{ij}\mathrm{D}_k)$. C'est un opérateur elliptique, et la théorie des diffusions, ou un argument d'équations différentielles stochastiques, permet de démontrer l'existence (sur un espace filtré convenable) et l'unicité en loi du mouvement brownien issu d'un point donné, mais avec une très importante restriction : le temps d'arrêt prévisible ζ où le processus quitte tout compact de V peut être fini, et le mouvement brownien n'est défini que sur l'intervalle $[\![0,\zeta[\![$ (penser par exemple au cas où V est un ouvert strict de $\mathbb{R}^d$).

DÉMONSTRATION DE LA PROPOSITION 5.2. — (i) $\Rightarrow$ (ii). Puisque X est une martingale, l'intégrale d'Itô $\int \langle df, \mathrm{d}_\Gamma X\rangle$ est une martingale locale, et la formule d'Itô 3.5 s'écrit

$$f\circ X - f(X_0) = \text{martingale locale} + \int \langle \mathrm{Hess}\, f, \mathcal{D}X\rangle\,.$$

Puisque X est normale, 5.1.(iii) donne $\int\langle \mathrm{Hess}\, f, \mathcal{D}X\rangle = \frac{1}{2}\int \mathrm{Tr\,Hess}\, f\circ X\,\mathrm{d}t$, d'où (ii).

(ii) $\Rightarrow$ (i). Pour toute fonction f,

$$\mathrm{Tr\,Hess}(f^2) = \mathrm{Tr}\left(2f\ \mathrm{Hess}\, f + 2\,df\cdot df\right) = 2\,f\ \mathrm{Tr\,Hess}\, f + 2\,\|\nabla f\|^2\,;$$

on en tire

$$f^2\circ X - f^2(X_0) = \text{martingale locale} + \int (f\ \mathrm{Tr\,Hess}\, f)\circ X\,\mathrm{d}t + \int \|\nabla f\|^2\circ X\,\mathrm{d}t\,.$$

Mais par ailleurs

$$\begin{aligned} f^2\circ X - f^2(X_0) &= 2\int (f\circ X)\,\mathrm{d}(f\circ X) + [f\circ X, f\circ X] \\ &= \text{martingale locale} + \int (f\circ X)(\mathrm{Tr\,Hess}\, f\circ X)\,\mathrm{d}t + [f\circ X, f\circ X]\,; \end{aligned}$$

comparant ces deux formules, on obtient l'égalité entre processus croissants

$$\int \|\nabla f\|^2\circ X\,\mathrm{d}t = [f\circ X, f\circ X]$$

qui montre que X est normale. L'égalité 5.1.(iii) fournit

$$\int \langle \mathrm{Hess}\, f, \mathcal{D}X\rangle = \frac{1}{2}\int \mathrm{Tr\,Hess}\, f\circ X\,\mathrm{d}t\,,$$

et X est une martingale d'après 3.6. ∎

2. — Applications harmoniques

DÉFINITION. — Soient (V, g, Γ) une variété munie d'une structure riemannienne et d'une connexion, et $(W, \overline{\Gamma})$ une variété munie d'une connexion. Une application $h \in \mathrm{C}^2(V, W)$ est *harmonique* si l'on a

$$\operatorname{Tr}\left[h^* \overline{\operatorname{Hess}} f\right] = \operatorname{Tr}\operatorname{Hess}(f \circ h)$$

pour toute $f \in \mathrm{C}^2(W)$, où le symbole $\overline{\operatorname{Hess}}$ désigne la hessienne sur W pour la connexion $\overline{\Gamma}$, Tr et Hess provenant de g et Γ.

En comparant cette formule avec 3.11, on voit que toute application affine de (V, Γ) dans $(W, \overline{\Gamma})$ est harmonique (pour n'importe quelle g), mais la réciproque est fausse (sauf si V est unidimensionnelle). Alors qu'il n'existe en général pas, même localement, d'application affine non constante de V dans W, il n'en va pas de même pour les applications harmoniques : si l'on se fixe un point x dans V, un point y dans W et une application linéaire ϕ de $\mathrm{T}_x V$ dans $\mathrm{T}_y W$, il existe toujours au moins une (et souvent une infinité d') application harmonique h définie au voisinage de x, telle que $h(x) = y$ et que $h_{*x} = \phi$.

Le cas qui suscite le plus d'intérêt de la part des géomètres est celui où V et W sont toutes deux riemanniennes, et munies de leurs connexions canoniques ; les applications harmoniques sont alors, localement, les extrémales d'une certaine fonctionnelle d'énergie.

EXERCICE. — En coordonnées locales (v^i sur V, w^α sur W), et en posant $h^\alpha = w^\alpha \circ h$, l'équation des applications harmoniques est

$$g^{ij}\left(\mathrm{D}_{ij} h^\alpha - \Gamma_{ij}^k \, \mathrm{D}_k h^\alpha + \overline{\Gamma}_{\alpha\beta}^\gamma \circ h \, \mathrm{D}_i h^\alpha \, \mathrm{D}_j h^\beta\right) = 0 \, ;$$

remarquer le terme non-linéaire lié à la connexion $\overline{\Gamma}$. Lorsque W est la droite $\mathbb{R}$ pourvue de la connexion plate, $\overline{\Gamma}_{\alpha\beta}^\gamma = 0$, ce terme non-linéaire disparaît, et h est harmonique si et seulement si $\operatorname{Tr}\operatorname{Hess} h = 0$. Vérifier directement cette propriété sur la définition de l'harmonicité, sans passer en coordonnées.

PROPOSITION 5.3. — *Soient V une variété munie d'une structure riemannienne g et d'une connexion Γ, et W une variété munie d'une connexion $\overline{\Gamma}$. Une application $h \in \mathrm{C}^2(V, W)$ est harmonique si et seulement si, pour tout mouvement brownien X dans V, défini sur un intervalle stochastique prévisible $[\![0, \zeta[\![$, la semimartingale $h \circ X$ est une martingale sur $[\![0, \zeta[\![$.*

REMARQUE. — Nous n'avons pas rigoureusement introduit les notions de semimartingales, intégrales stochastiques, martingales, définies seulement sur un intervalle prévisible $[\![0, \zeta[\![$ (la démonstration de 2.10 est déjà bien assez pénible comme ça!) ; mais toute la théorie s'étend sans difficulté à cette situation. Pour éviter d'avoir à tout réécrire, le plus simple est de ramener le cas ζ quelconque au cas $\zeta \equiv \infty$ par un changement de temps. Pour référence ultérieure, en voici un énoncé formel (nous admettrons ce résultat de théorie générale des processus).

LEMME 5.4. — *Sur un espace filtré $\left(\Omega, \mathcal{A}, \mathbb{P}, (\mathcal{F}_t)_{t \geqslant 0}\right)$, soit ζ un temps d'arrêt prévisible strictement positif. Il existe un processus croissant (adapté) continu A, à valeurs dans $[0, \infty]$, fini et strictement croissant sur $[\![0, \zeta[\![$, issu de 0 et tel que $\lim_{t \uparrow\uparrow \zeta} A_t = \infty$.*

Bien entendu, les mouvements browniens ne sont pas stables par changement de temps, et, pour utiliser ce lemme, il faudra travailler simultanément dans les deux échelles de temps : l'échelle « vraie », dans laquelle sont définis les semimartingales normales et les mouvements browniens, et une échelle « fictive », dans laquelle le temps d'explosion ζ est repoussé à l'infini. Nous verrons un exemple de multiples allers-retours entre ces deux échelles dans la démonstration de 5.5.

Démonstration de la proposition 5.3. — Remarquons tout d'abord que si X est un mouvement brownien dans V, défini sur $[\![0,\zeta[\![$, et si f est une fonction C^2 sur W, en posant $Y = h\circ X$, on a toujours sur $[\![0,\zeta[\![$

$$\tfrac{1}{2}\int \mathrm{Tr}(h^* \,\overline{\mathrm{Hess}}\, f)\circ X \,\mathrm{d}t = \int \langle h^* \,\overline{\mathrm{Hess}}\, f, \mathcal{D}X\rangle = \int \langle \overline{\mathrm{Hess}}\, f, \mathcal{D}Y\rangle\,,$$

où la première égalité n'est autre que 5.1.(iii) et la seconde vient de 2.11.

Si maintenant h est harmonique, et si X est un brownien dans V avec temps d'explosion ζ, soit $f \in \mathrm{C}^2(W)$. La semimartingale $f\circ Y = (f\circ h)\circ X$ sur $[\![0,\zeta[\![$ a pour partie à variation finie

$$\tfrac{1}{2}\int \mathrm{Tr}\,\mathrm{Hess}(f\circ h)\circ X \,\mathrm{d}t = \tfrac{1}{2}\int \mathrm{Tr}(h^* \,\overline{\mathrm{Hess}}\, f)\circ X \,\mathrm{d}t = \int \langle \overline{\mathrm{Hess}}\, f, \mathcal{D}Y\rangle\ ;$$

prenant la différence avec $f\circ Y$ et appliquant la formule d'Itô 3.5, on voit que l'intégrale d'Itô $\int \langle df, \mathrm{d}_\Gamma Y\rangle$ est une martingale locale, et Y est une martingale sur $[\![0,\zeta[\![$ par la proposition 3.6.

Réciproquement, si h transforme les mouvements browniens en martingales, soient x un point de V et X un mouvement brownien issu de x, défini sur $[\![0,\zeta[\![$. Pour toute fonction $f \in \mathrm{C}^2(W)$,

$$\tfrac{1}{2}\int \mathrm{Tr}(h^* \,\overline{\mathrm{Hess}}\, f)\circ X \,\mathrm{d}t = \int \langle \overline{\mathrm{Hess}}\, f, \mathcal{D}Y\rangle$$

est sur $[\![0,\zeta[\![$ la partie à variation finie de la semimartingale $f\circ Y$, c'est-à-dire de $(f\circ h)\circ X$, d'où

$$\tfrac{1}{2}\int \mathrm{Tr}(h^* \,\overline{\mathrm{Hess}}\, f)\circ X \,\mathrm{d}t = \tfrac{1}{2}\int \mathrm{Tr}\,\mathrm{Hess}(f\circ h)\circ X \,\mathrm{d}t \qquad \text{sur } [\![0,\zeta[\![\,.$$

En posant $g = \mathrm{Tr}\,\big(h^* \,\overline{\mathrm{Hess}}\, f - \mathrm{Hess}(f\circ h)\big)$, ceci devient $\int g\circ X \,\mathrm{d}t = 0$ sur $[\![0,\zeta[\![$. Pour presque tout ω, on a donc $\int_0^t g(X_s)\,\mathrm{d}s = 0$ pour tout t assez petit. Fixant un tel ω et dérivant en $t = 0$, on obtient par continuité $g(x) = 0$; comme x est arbitraire, h est harmonique. ∎

Voici un exemple de résultat non probabiliste obtenu à l'aide de la théorie des martingales dans les variétés. C'est un théorème de Kendall [65] et [66], qui montre comment une hypothèse de nature potentialiste (toutes les fonctions harmoniques bornées sur V sont constantes) a des conséquences sur les applications harmoniques de V dans une autre variété.

Théorème 5.5. — *Soit V une variété pourvue d'une structure riemannienne g et d'une connexion Γ. On suppose que les fonctions $u : V \to \mathbb{R}$ harmoniques* (c'est à dire vérifiant $\mathrm{Tr}\,\mathrm{Hess}\, u = 0$) *et bornées sont constantes.*

Soit W une variété munie d'une connexion $\overline{\Gamma}$. On suppose que pour tout $y \in W$, il existe une fonction C^2 et convexe $\phi : W \to [0,1]$ telle que $\{\phi = 0\} = \{y\}$. On suppose aussi que toutes les martingales à valeurs dans W convergent p.s.

Toute application harmonique de V dans W est constante.

Remarques. — a) En taxant de potentialiste l'hypothèse de constance des fonctions harmoniques bornées sur V, j'exagère un peu. En effet, ce qui sera utilisé dans la démonstration, c'est que toutes les fonctions réelles bornées qui transforment les mouvements browniens sur V en martingales (appelons ces fonctions « finement harmoniques ») sont constantes, qu'elles soient ou non C^2. Cela est en réalité sans conséquence, car il est vrai que ces fonctions sont automatiquement C^p. Mais, si l'auditeur ne désire pas admettre ce résultat, le plus simple est sans doute de remplacer simplement « harmoniques » par « finement harmoniques » dans l'hypothèse sur V, qui devient alors de nature probabiliste, et en apparence plus forte, bien qu'en fait équivalente.

b) De même, et pour la même raison, on peut renforcer la conclusion, en y remplaçant « application harmonique » par « application finement harmonique », c'est-à-dire application non nécessairement C^2, mais transformant les mouvements browniens en martingales. Comme dans le cas des fonctions réelles, on n'a en réalité rien gagné, car les applications finement harmoniques sont C^p, et la proposition 5.3 entraîne alors qu'elles sont harmoniques. Ce théorème de régularité des applications finement harmoniques est dû à Kendall [71] ; pour une démonstration entièrement probabiliste, voir aussi Arnaudon, Li et Thalmaier [10].

c) L'hypothèse selon laquelle chaque point de W est l'unique minimum d'une fonction convexe bornée est toujours localement réalisée : dans une variété avec connexion, tout point a un voisinage ouvert W ayant cette propriété. Cette hypothèse est une façon d'exiger que la variété W ne soit pas trop grande; par exemple, Kendall établit dans [67] que cette condition est satisfaite lorsque W est un ouvert relativement compact dans un hémisphère de dimension d, mais ne l'est pas si W est un hémisphère ouvert de dimension d. Plus généralement, il établit que dans une variété riemannienne pourvue de sa connexion canonique, toute boule $B(x,r)$ ne rencontrant pas le cut-locus de x et sur laquelle toutes les courbures sectionnelles κ vérifient $\kappa r < \frac{1}{2}\pi$, remplit cette condition d'existence de fonctions convexes. C'est le cas, par exemple, de tout ouvert W relativement compact dans une variété de Cartan-Hadamard.

Il est clair que cette hypothèse est toujours vérifiée si W admet une séparante bornée ψ (poser alors $\phi(z) = \psi(y,z)$); on peut se demander si la réciproque est vraie.

d) Enfin, la seconde hypothèse sur W, la convergence des martingales, est presque une conséquence de la première : selon la proposition 4.2.(iv), la convergence des martingales a lieu dès qu'il existe une fonction définie-convexe sur une variété dans laquelle W est relativement compacte.

Démonstration du théorème 5.5. — Soit h une application harmonique de V dans W.

À tout point x de V, on peut associer un mouvement brownien X à valeurs dans V, issu de x, défini jusqu'à son temps d'explosion ζ; la loi du couple (ζ, X) ne dépend que de x. Le processus $M = h \circ X$ est défini sur l'intervalle $[\![0,\zeta[\![$ et est une martingale dans W sur cet intervalle. L'hypothèse de convergence des martingales dans W permet d'affirmer que la limite $M_\zeta = \lim_{t \uparrow\uparrow \zeta} M_t$ existe p.s. (il suffit de renvoyer ζ à l'infini à l'aide du lemme 5.4).

Si l'on fixe un borélien A de W, la probabilité $\mathbb{P}[M_\zeta \in A]$ ne dépend que de la loi de (ζ, X); c'est donc une fonction de x, que nous noterons $u^A(x)$.

Si T est un temps d'arrêt tel que $T < \zeta$, la propriété forte de Markov pour la diffusion X donne $u^A \circ X_T = \mathbb{P}[M_\zeta \in A | \mathcal{F}_T]$. Ceci entraîne que $\mathbb{E}[u^A \circ X_T] = u^A(x)$, donc $u^A \circ X$ est une martingale locale sur $[\![0, \zeta[\![$ (rappelons qu'un processus adapté N sur $[\![0, \infty[\![$ est une martingale si $\mathbb{E}[N_S]$ est constante lorsque S décrit les temps d'arrêt bornés; on se ramène à ce critère par le changement de temps 5.4). En conséquence, la fonction u^A est harmonique; l'hypothèse faite sur V entraîne qu'elle est constante.

Ceci a deux conséquences. D'abord, la loi de M_ζ ne dépend pas de x; ensuite, pour $T < \zeta$, $\mathbb{P}[M_\zeta \in A | \mathcal{F}_T] = \mathbb{P}[M_\zeta \in A]$; en prenant une suite de temps d'arrêt qui annonce ζ, on obtient à la limite $\mathbb{1}_A \circ M_\zeta = \mathbb{P}[M_\zeta \in A]$, et la variable aléatoire M_ζ est déterministe. Il existe donc un point y de W tel que $M_\zeta = y$ p.s.; et cet y ne dépend pas de x.

Nous savons qu'il existe sur W une fonction ϕ convexe, C^2, bornée, nulle au point y et strictement positive sur $W \setminus \{y\}$. Le processus $\phi \circ M$ est d'après 4.1.b) une sous-martingale locale positive sur $[\![0, \zeta[\![$, de limite $M_\zeta = \phi(y) = 0$. Le changement de temps du lemme 5.4 le transforme en une sous-martingale bornée, positive et de limite nulle, donc identiquement nulle. Sa valeur initiale, $\phi\big(h(x)\big)$ est zéro; comme ϕ ne s'annule qu'en y, on en tire $h(x) = y$, et h est constante. ∎

RÉFÉRENCES

Et tout le reste est littérature.
P. VERLAINE, *Jadis et naguère*

La liste ci-dessous contient bien sûr tous les renvois du cours, mais aussi d'autres références : j'ai essayé d'y faire figurer tous les travaux utilisant, d'une façon ou d'une autre, le formalisme de la géométrie différentielle d'ordre 2, ainsi que tous ceux où interviennent des martingales à valeurs dans des variétés. Une telle prétention à l'exhaustivité est évidemment chimérique, et j'espère que l'on ne me tiendra pas rigueur des inévitables omissions dues à l'ignorance ou à l'oubli.

En revanche, je n'ai pas cherché à y inclure les ouvrages ou articles traitant des mouvements browniens dans une variété riemannienne (sauf les renvois du cours et ceux qui utilisent le langage d'ordre 2 ou les martingales dans les variétés); cela aurait certainement décuplé la longueur de la liste!

[1] D. Applebaum & S. Cohen. Stochastic parallel transport along Lévy flows of diffeomorphisms. *J. Math. Anal. Appl. 207*, 496–505, 1997.

[2] M. Arnaudon. Connexions et martingales dans les groupes de Lie. *Sém. de Prob. XXVI, LNM 1526*, Springer, 1992.

[3] M. Arnaudon. Caractéristiques locales des semi-martingales et changements de probabilités. *Ann. Inst. Henri Poincaré 29*, 251–267, 1993.

[4] M. Arnaudon. Semi-martingales dans les espaces homogènes. *Ann. Inst. Henri Poincaré 29*, 269–288, 1993.

[5] M. Arnaudon. Dédoublement des variétés à bord et des semi-martingales. *Stochastics and Stochastics Reports 44*, 43–63, 1993.

[6] M. Arnaudon. Propriétés asymptotiques des semi-martingales à valeurs dans les variétés à bord continu. *Sém. de Prob. XXVII, LNM 1557*, Springer, 1993.

[7] M. Arnaudon. Espérances conditionnelles et $\mathcal{C}$-martingales dans les variétés. *Sém. de Prob. XXVIII, LNM 1583*, Springer, 1994.

[8] M. Arnaudon. Barycentres convexes et approximations des martingales continues dans les variétés. *Sém. de Prob. XXIX, LNM 1613*, Springer, 1995.

[9] M. Arnaudon. Differentiable and analytic families of continuous martingales in manifolds with connection. *Probability Theory and Related Fields 108*, 219–257, 1997.

[10] M. Arnaudon, X.-M. Li & A. Thalmaier. Manifold-valued martingales, change of probabilities, and smoothness of finely harmonic maps. Prépublication.

[11] M. Arnaudon & A. Thalmaier. Stability of stochastic differential equations in manifolds. *Sém. de Prob. XXXII, LNM 1686*, Springer, 1998.

[12] M. Arnaudon & A. Thalmaier. Complete lifts of connections and stochastic Jacobi fields. *J. Math. Pures et Appliquées 77*, 283–315, 1998.

[13] Y. Belopolskaya & Y. Dalecky. Stochastic Equations and Differential Geometry. Kluwer Academic Publisher, 1990.

[14] M. Berger et B. Gostiaux. Géométrie différentielle. Armand Colin, 1972.

[15] J.-M. Bismut. Mécanique aléatoire. *LNM 866*, Springer, 1981.

[16] H. Cartan. Calcul différentiel. Hermann, 1967.

[17] P. J. Catuogno. Second order connections and stochastic calculus. Prépublication, Instituto de Matemática, Universidade Estadual de Campinas, Brésil.

[18] S. Cohen. Some Markov properties of stochastic differential stochastic equations with jumps. *Sém. de Prob. XXIX, LNM 1613*, Springer, 1995.

[19] S. Cohen. Géométrie différentielle stochastique avec sauts. I. *Stochastics and Stochastics Reports 56*, 179–203, 1996.

[20] S. Cohen. Géométrie différentielle stochastique avec sauts. II. Discrétisation et applications des EDS avec sauts. *Stochastics and Stochastics Reports 56*, 205–225, 1996.

[21] J. M. Corcuera & W.S. Kendall. Riemannian barycentres and geodesic convexity. Preprint, Warwick University, 1998.

[22] M. Cranston, W.S. Kendall & Y. Kifer. Gromov's hyperbolicity and Picard's little theorem for harmonic maps. *Stochastic Analysis and Applications. Proceedings of the Fifth Gregynog Symposium*. World Scientific, 1996.

[23] R.W.R. Darling. Martingales on Manifolds and Geometric Itô Calculus. Ph. D. Thesis, University of Warwick, 1982.

[24] R.W.R. Darling. Martingales in manifolds — Definition, examples and behaviour under maps. *Sém. de Prob. XVI bis, LNM 921*, Springer, 1982.

[25] R.W.R. Darling. A martingale on the imbedded torus. *Bull. London Math. Soc. 15*, 221–225, 1983.

[26] R.W.R. Darling. Convergence of martingales on a Riemannian manifold. *Publ. R.I.M.S. Kyoto University 19*, 753–763, 1983.

[27] R.W.R. Darling. Approximating Itô integrals of differential forms and geodesic deviation. *Z. Wahrscheinlichkeitstheorie verw. Gebiete 65*, 563–572, 1984.

[28] R.W.R. Darling. On the convergence of Gangolli processes to Brownian motion on a manifold. *Stochastics 12*, 277–301, 1984. Correction, *Stochastics 15*, 247, 1985.

[29] R.W.R. Darling. Convergence of martingales on manifolds of negative curvature. *Ann. Inst. Henri Poincaré 21,157–175*, 1985.

[30] R.W.R. Darling. Exit probability estimates for martingales in geodesic balls. *Probability Theory and Related Fields 93*, 137–152, 1992.

[31] R.W.R. Darling. Differential Forms and Connections. Cambridge University Press, 1994.

[32] R.W.R. Darling. Constructing gamma-martingales with prescribed limit, using backward SDE. *Ann. Prob. 23*, 1234–1261, 1995.

[33] R.W.R. Darling. Martingales on noncompact manifolds: maximal inequalities and prescribed limits. *Ann. Inst. Henri Poincaré 32*, 1–24, 1996.

[34] R.W.R. Darling. Intrinsic location parameter of a diffusion process. Preprint, Berkeley, 1997.

[35] C. Dellacherie, B. Maisonneuve & P. A. Meyer. Probabilités et Potentiel. Volume 5. Hermann, 1992.

[36] C. Dellacherie & P. A. Meyer. Probabilités et Potentiel. (4 volumes.) Hermann, 1975, 1980, 1983 et 1987.

[37] R.M. Dudley. Distances of probability measures and random variables. *Ann. Math. Statist. 39*, 1563–1572, 1968.

[38] T.E. Duncan. Stochastic integrals in Riemannian manifolds. *J. Multivariate Anal. 6*, 397–413, 1976.

[39] T.E. Duncan. Some geometric methods for stochastic integration in manifolds. *Geometry and Identification 63–72, Lie Groups: Hist., Frontiers and Appl. Ser B, 1*, Math. Sci. Press, Brookline, 1983.

[40] K.D. Elworthy. Geometric aspects of diffusions on manifolds. *École d'Été de Probabilités de Saint-Flour XV–XVII, 1985–87, LNM 1362*, Springer, 1988.

[41] K.D. Elworthy. Stochastic Differential Equations on Manifolds. *L. M. S. Lecture Notes Series 70*, Cambridge University Press, 1982.

[42] M. Émery. En marge de l'exposé de Meyer : "Géométrie différentielle stochastique". *Sém. de Prob. XVI bis, LNM 921*, Springer, 1982.

[43] M. Émery. Convergence des martingales dans les variétés. *Colloque en l'honneur de Laurent Schwartz, Volume 2, Astérisque 132*, Société Mathématique de France, 1985.

[44] M. Émery. En cherchant une caractérisation variationnelle des martingales. *Sém. de Prob. XXII, LNM 1321*, Springer, 1988.

[45] M. Émery. Stochastic Calculus in Manifolds. With an appendix by P. A. Meyer. *Universitext*, Springer, 1989.

[46] M. Émery. On two transfer principles in stochastic differential geometry. *Sém. de Prob. XXIV, LNM 1426*, Springer, 1990. (Corrigendum dans le *Sém. de Prob. XXVI, LNM 1526*, Springer, 1992.)

[47] M. Émery & G. Mokobodzki. Sur le barycentre d'une probabilité dans une variété. *Sém. de Prob. XXV, LNM 1485*, Springer, 1991. (Addendum dans le *Sém. de Prob. XXVI, LNM 1526*, Springer, 1992.)

[48] M. Émery & W.A. Zheng. Fonctions convexes et semimartingales dans une variété. *Sém. de Prob. XVIII, LNM 1059*, Springer, 1984.

[49] A. Estrade. Calcul stochastique discontinu sur les groupes de Lie. *Thèse de Doctorat*, Université d'Orléans, 1990.

[50] A. Estrade. Exponentielle stochastique et intégrale stochastique discontinues. *Ann. Inst. Henri Poincaré 28*, 107–129, 1992.

[51] R.E. Greene & H. Wu. On the subharmonicity and plurisubharmonicity of geodesically convex functions. *Indiana University Math. J. 22*, 641–653, 1973.

[52] A. Grorud & M. Pontier. Calcul anticipatif d'ordre deux. *Stochastics and Stochastics Reports 42*, 1–23, 1993.

[53] A. Grorud & M. Pontier. Calcul stochastique d'ordre deux et équation différentielle anticipative sur une variété. *Japan J. Math. 21*, 441–470, 1995.

[54] A. Grorud & M. Pontier. Équation différentielle anticipative sur une variété et approximations. *Mathematics and Computers in Simulation 38*, 51–61, 1995.

[55] W. Hackenbroch & A. Thalmaier. Stochastische Analysis. Eine Einführung in die Theorie der stetigen Semimartingale. Teubner, 1994.

[56] M. Hakim-Dowek & D. Lépingle. L'exponentielle stochastique des groupes de Lie. *Sém. de Prob. XX, LNM 1204*, Springer, 1986.

[57] S.W. He, J.A. Yan & W.A. Zheng. Sur la convergence des semimartingales continues dans $\mathbb{R}^n$ et des martingales dans les variétés. *Sém. de Prob. XVII, LNM 986*, Springer, 1983.

[58] S.W. He & W.A. Zheng. Remarques sur la convergence des martingales dans les variétés. *Sém. de Prob. XVIII, LNM 1059*, Springer, 1984.

[59] H. Huang & W.S. Kendall. Correction note to "Martingales on manifolds and harmonic maps". *Stochastics and Stochastics Reports 37*, 253-257, 1991.

[60] N. Ikeda & S. Watanabe. Stochastic Differential Equations and Diffusion Processes. North-Holland, 1981.

[61] W.S. Kendall. Stochastic differential geometry, a coupling property, and harmonic maps. *J. London Math. Soc. 33*, 554-566, 1986.

[62] W.S. Kendall. Nonnegative Ricci curvature and the Brownian coupling property. *Stochastics 19*, 111–129, 1986

[63] W.S. Kendall. Stochastic differential geometry. *Proceedings of the First World Congress of the Bernoulli Society, Vol. 1*, 515–524, VNU Sci. Press, Utrecht, 1987.

[64] W.S. Kendall. Stochastic differential geometry: an introduction. *Acta Appl. Math. 9*, 29–60, 1987.

[65] W.S. Kendall. Martingales on manifolds and harmonic maps. *Geometry of random motion, Contemp. Math. 73*, 121–157, 1988.

[66] W.S. Kendall. Probability, convexity, and harmonic maps with small images. I. Uniqueness and fine existence. *Proc. London Math. Soc. 61*, 371–406, 1990.

[67] W.S. Kendall. Convexity and the hemisphere. *J. London Math. Soc. 43*, 567–576, 1991.

[68] W.S. Kendall. Convex geometry and nonconfluent Γ-martingales. I. Tightness and strict convexity. *Stochastic Analysis, L.M.S. Lecture Notes Series 167*, Cambridge University Press, 1991.

[69] W.S. Kendall. Convex geometry and nonconfluent Γ-martingales. II. Well-posedness and Γ-martingale convergence. *Stochastics and Stochastics Reports 38*, 135–147, 1992.

[70] W.S. Kendall. The propeller: a counterexample to a conjectured criterion for the existence of certain harmonic functions. *J. London Math. Soc. 46*, 364–374, 1992.

[71] W.S. Kendall. Probability, convexity, and harmonic maps with small images. II. Smoothness via probabilistic gradient inequalities. *J. Funct. Anal. 126*, 228–257, 1994.

[72] W.S. Kendall. The radial part of a Γ-martingale and a non-implosion theorem. *Ann. Prob. 23*, 479–500, 1995.

[73] S. Kobayashi & K. Nomizu. Foundations of Differential Geometry. (2 volumes.) Wiley, 1963 et 1969.

[74] H. Kunita. Lectures on Stochastic Flows and Applications. Springer, 1986.

[75] J.T. Lewis. Brownian motion on a submanifold of Euclidean space. *Bull. London Math. Soc. 18*, 616–620, 1986.

[76] P. Malliavin. Géométrie différentielle intrinsèque. Hermann, 1972.

[77] P. A. Meyer. Un cours sur les intégrales stochastiques. *Sém. de Prob. X, LNM 511*, Springer, 1976.

[78] P. A. Meyer. Géométrie stochastique sans larmes. *Sém. de Prob. XV, LNM 850*, Springer, 1981.

[79] P. A. Meyer. A differential geometric formalism for the Itô calculus. *Stochastic Integrals, Proceedings of the L.M.S. Durham Symposium, LNM 851*, Springer, 1981.

[80] P. A. Meyer. Géométrie différentielle stochastique (bis). *Sém. de Prob. XVI bis, LNM 921*, Springer, 1982.

[81] P. A. Meyer. Le théorème de convergence des martingales dans les variétés riemanniennes, d'après R.W. Darling et W.A. Zheng. *Sém. de Prob. XVII, LNM 986*, Springer, 1983.

[82] P. A. Meyer. Géométrie différentielle stochastique. *Colloque en l'honneur de Laurent Schwartz, Volume 1, Astérisque 131*, Société Mathématique de France, 1985.

[83] P. A. Meyer. Qu'est-ce qu'une différentielle d'ordre n? *Exposition. Math. 7*, 249–264, 1989.

[84] J.R. Norris. A complete differential formalism for stochastic calculus in manifolds. *Sém. de Prob. XXVI, LNM 1526*, Springer, 1992.

[85] X. Pennec. L'incertitude dans les problèmes de reconnaissance et de recalage. Application en imagerie médicale et biologie moléculaire. Thèse, École Polytechnique, 1996.

[86] J. Picard. Martingales sur le cercle. *Sém. de Prob. XXIII, LNM 1372*, Springer, 1989.

[87] J. Picard. Martingales on Riemannian manifolds with prescribed limits. *J. Funct. Anal. 99*, 223–261, 1991.

[88] J. Picard. Calcul stochastique avec sauts sur une variété. *Sém. de Prob. XXV, LNM 1485*, Springer, 1991.

[89] J. Picard. Barycentres et martingales sur une variété. *Ann. Inst. Henri Poincaré 30*, 647–702, 1994.

[90] M. Pontier & A. Estrade. Relèvement horizontal d'une semimartingale càdlàg. *Sém. de Prob. XXVI, LNM 1526*, Springer, 1992.

[91] R. Rebolledo. La méthode des martingales appliquée à la convergence en loi des processus. *Mémoire S.M.F. 62*, 1979.

[92] G. de Rham. Variétés différentiables; formes, courants, formes harmoniques. Hermann, 1960.

[93] L.C.G. Rogers & D. Williams. Diffusions, Markov Processes, and Martingales. Volume 2: Itô Calculus. Wiley, 1987.

[94] L. Schwartz. Semi-martingales sur des variétés et martingales conformes sur des variétés analytiques complexes. *LNM 780*, Springer, 1980.

[95] L. Schwartz. Géométrie différentielle du 2e ordre, semimartingales et équations différentielles stochastiques sur une variété différentielle. *Sém. de Prob. XVI bis, LNM 921*, Springer, 1982.

[96] L. Schwartz. Semimartingales and their Stochastic Calculus on Manifolds. Presses de l'Université de Montréal, 1984.

[97] L. Schwartz. Construction directe d'une diffusion sur une variété. *Sém. de Prob. XIX, LNM 1123*, Springer, 1985.

[98] L. Schwartz. Les gros produits tensoriels en analyse et en probabilités. *Aspects of Mathematics and its Applications*, Collected Papers in Honour of Leopoldo Nachbin, 689–725, 1986.

[99] L. Schwartz. Compléments sur les martingales conformes. *Osaka J. Math. 23*, 77–116, 1986.

[100] L. Schwartz. Les différentielles de semimartingales vraies, sections de fibrés vectoriels. *J. Geom. Phys. 5*, 137–148, 1988.

[101] L. Schwartz. Calcul infinitésimal stochastique. *Analyse mathématique et applications. Contributions en l'honneur de Jacques-Louis Lions*. Gauthier-Villars, 1988.

[102] M. Spivak. A Comprehensive Introduction to Differential Geometry (5 volumes). Second edition. Publish or Perish Inc., 1979.

[103] D.W. Stroock & S.R.S. Varadhan. Multidimensional Diffusion Processes. Springer, 1979.

[104] A. Thalmaier. Martingales on Riemannian manifolds and the nonlinear heat equation. *Stochastic Analysis and Applications. Proceedings of the Fifth Gregynog Symposium*. World Scientific, 1996.

[105] A. Thalmaier. Brownian motion and the formation of singularities in the heat flow for harmonic maps. *Probability Theory and Related Fields 105*, 335–367, 1996.

[106] K. Yano & S. Ishihara. Tangent and Cotangent Bundles. Marcel Dekker Inc., 1973.

[107] W.A. Zheng. Sur le théorème de convergence des martingales dans une variété riemannienne. *Z. Wahrscheinlichkeitstheorie verw. Gebiete 63*, 511–515, 1983.

STOCHASTIC DIFFERENTIAL EQUATIONS

AND

STOCHASTIC FLOWS OF DIFFEOMORPHISMS

PAR H. KUNITA

Originally published in: *École d'Été de Probabilités de Saint-Flour XII-1982*,
Lecture Notes in Mathematics, Vol. **1097**, 143–303, DOI: 10.1007/BFb0099433,

INTRODUCTION

This course presents recent results on the stochastic flow of diffeomorphisms generated by a stochastic differential equation and develop a differential geometric analysis for the stochastic flow of diffeomorphims. Main tools are stochastic integrals and differentials of Itô's.

We begin with recalling the relationship between a vector field and a (deterministic) flow of diffeomorphisms, which is basic to the differential geometry. For a moment we restrict the attention to Euclidean space R^d. Let $X(x) = (X^1(x),\dots,X^d(x))$ be a Lipschitz continuous R^d valued function (or vector field on R^d), and let $\phi_t(x)$ be the solution of the ordinary differential equation starting from $x \in R^d$ at time 0.

$$\frac{d\phi_t}{dt} = X(\phi_t), \qquad \phi_0 = x.$$

It is easily checked that the solution has the following properties.

(a) For each t, the map $\phi_t \; ; R^d \longrightarrow R^d$ is a homeomorphisms.

(b) $\phi_s \circ \phi_t = \phi_{s+t}$ for each s,t,

(c) $(t,x) \longrightarrow \phi_t(x)$ gives a continuous map from $R \times R^d$ onto R^d.

This $\{\phi_t\}$ is called a flow of homeomorphisms generated by the vector field X.

A central subject of this course is to establish the similar relationship between a stochastic differential equation (SDE) and a stochastic flow of diffeomorphisms under a reasonable mild condition. Let $X_0(t,x)$, $\dots, X_m(t,x)$, $t \in [0,a]$, $x \in R^d$ be R^d valued functions, continuous in (t,x) and Lipschitz continuous in x. Let $B_t = (B_t^1,\dots,B_t^m)$ be an m-dimensional Brownian motion. Consider an SDE on R^d:

$$d\xi_t = X_0(t,\xi_t)dt + \sum_{k=1}^{m} X_k(t,\xi_t)dB_t^k \; .$$

A rigorous definition, an existence and the uniqueness of the solution will be given at Chapter II. Let $\xi_{s,t}(x)$, $t \in [s,a]$ be the solution with the initial condition $\lim_{t \downarrow s} \xi_{s,t}(x) = x$ a.s. The problem we will be concerned is that whether the map $\xi_{s,t}$; $R^d \longrightarrow R^d$ induces a stochastic flow of homeomorphisms of R^d or not. The answer is yes but the verification is by no means simple, compared with the deterministic case. Perhaps, a reason is that the backward or the backward-forward calculus of stochastic differential equations is not so easy as the calculus of the ordinary differential equation.

Approaches to the above problem could be summarized by the following three types, so far:

(a) We switch the equation on R^d (or on manifold) to that on a Hilbert manifold consisting of diffeomorphisms (or homeomorphisms) and solve the equation directly to get a stochastic flow of diffeomorphisms. The approach is specially efficient if the underlying manifold is compact. See Elworthy [7] and Baxendale [1].

(b) We approximate to the equation a sequence of ordinary differential equations, replacing the Brownian paths by piecewise smooth curves. Then each approximating equation generates a flow of diffeomorphisms and the limit of the approximating flows will be the desired one. See Malliavin [30], Ikeda-Watanabe [13] and Bismut [2].

(c) We get several L^p estimates for quantities like $\xi_{s,t}(x) - \xi_{s',t'}(x')$ making use of stochastic calculus, and then apply Kolmogorov's criterion of the continuity of the random field to show the homeomorphic property of $\xi_{s,t}$. See Kunita [23], [25] [26] and Meyer [36].

In this course we will adopt the approach (c). An advantage of the last approach might be that the stochastic flow of hemeomorphisms can be obtained under a quite mild assumption on vector fields. In fact, global

Lipschitz conditions to vector fields $X_0,\ldots,X_m$ are sufficients. In case that global Lipschitz condition is not assumed to vector fields, we will obtain a necessary and sufficient condition for this, assuming some smoothness conditions to vector fields. Main results are found in Theorems 4.3, 4.4. 6.1 and 9.3 in Chapter II.

This course consists of three chapters. Chapter I deals with the stochastic calculus connected with continuous semimartingales, which will furnish a basic tool for various stochastic analysis in Chapters II and III. We will present a quick expositon of stochastic integrals and differentials, restricting our attention to continuous processes. The prerequisites are some classical theorems on martingales such as Doob's inequality and Doob's optional sampling theorem, while we will not require Meyer's decomposition theorem of supermartingales. Instead, we will discuss the quadratic variation of continuous (local) martingales in details in four beginning sections.

Stochastic integrals by continuous semimartingales are defined in a standard manner as Kunita-Watanabe [28] or Meyer [34]. Then we will establish a differential rule for the composition of two continuous semimartingales. It is a generalization of Itô's formula which states the differential rule for change of variables. The formula is particularly useful for the analysis of the stochastic flow of diffeomorphisms.

In Chapter II, we prove that a stochastic differential equation generates a flow of homeomorphisms or diffeomorphisms in various situations. The contents can be divided into three parts. The first part (Sections 1-4) discusses the case that the equation is defined on a Euclidean sapce, whose coefficients are globally Lipschitz continuous. In addition to the homeomorphic property of the map $\xi_{s,t} : R^d \longrightarrow R^d$, the smoothness of $\xi_{s,t}(x)$ will be studied: The solution $\xi_{s,t}(x)$ is k-th continuously differentiable and its k-th derivatives are locally Hölder continuous of order β less than α for any $s < t$ a.s. if coefficients $X_0,\dots,X_m$ are k-th continuously differentiable and their k-th derivatives are Hölder continuous of order α.

The second part (Sections 5-7) deals with SDE on R^d whose coefficients are locally Lipschitz continuous. Generally, if the solution is (strictly) conservative, the map $\xi_{s,t}$; $R^d \longrightarrow R^d$ is an injection a.s. We will obtain a necessary and sufficient condition that the map $\xi_{s,t}$ is a surjection, assuming that coefficients are C^2 (C^1 and their derivatives are locally Lipschitz continuous). The condition will be stated in terms of the adjoint equation.

The third part (Sections 8 and 9) studies SDE on manifold. We will consider Stratonovich SDE rather than Itô SDE, since the former is more adapted to the differential geometry. We will again obtain a necessary and sufficient condition that the solution defines a stochastic flow of homeomorphisms a.s. The result is very close to the case of Euclidean space.

Chapter III concerns the stochastic differential geometry related to stochastic flow of diffeomorphisms. The flow $\xi_{s,t}$ acts naturally on tensor fields. In Section 3 we will obtian Itô's formula for $\xi_{s,t}$ acting on vector fields, where the Lie derivatives play an important role. As an application, we decompose the equation to two simpler ones and get the solution as the composition of solutions corresponding to these two equations. An aim of the decomposition is to represent the solution by means of Brownian motion explicitly. The complexity of the representation depends on the structure of the Lie algebra generated by coefficients $X_0,\dots,X_m$ of the SDE. The case that Lie algebra is solvable will be studied in details in Section 3.

Itô's formula for $\xi_{s,t}$ acting on general tensor fields will be obtained at Section 4. The formula can be used in some case to determine the possible diffeomorphisms that the flow $\xi_{s,t}$ can take. It will be carried out in several examples in Section 5. Stochastic parallel displacement of tensor field will give us another Itô's formula, where the covariant derivatives play an important role. See Section 6.

Another subject of Chapter III is the backward calculus of stochastic flow. In Section 1, a differential rule of $\xi_{s,t}$ for the backward variables will be obtained. The formula is helpful for solving some type of the second order parabolic partial differential equation. See Section 7.

Acknowledgement. It is my pleasure to thank Professor Hennequin and the École d'Été for giving me the opportunity to present the lecture. I received many valuable comments from audiences, which encouraged me to rewrite the first version of this note. Finally I wish to express my hearty gratitude to Miss Setsuko Okabe for her surperb typing.

CHAPTER I

STOCHASTIC CALCULUS FOR CONTINUOUS SEMIMARTINGALES

1. PRELIMINARIES

Let $(\Omega, \underline{\underline{F}}, P)$ be a complete probability space equipped with a family of sub σ-fields $\{\underline{\underline{F}}_t, t \in [0,a]\}$ with following properties, where a is a finite positive constant:

(i) Each $\underline{\underline{F}}_t$ contains all null sets of $\underline{\underline{F}}$.

(ii) $\{\underline{\underline{F}}_t\}$ is increasing, i.e., $\underline{\underline{F}}_t \supset \underline{\underline{F}}_s$ if $t \geq s$.

(iii) $\{\underline{\underline{F}}_t\}$ is right continuous, i.e., $\bigcap_{\varepsilon > 0} \underline{\underline{F}}_{t+\varepsilon} = \underline{\underline{F}}_t$ for any $t < a$.

The probability space $(\Omega, \underline{\underline{F}}, P; \underline{\underline{F}}_t)$ will be fixed throughout this chapter.

Let X_t, $t \in [0,a]$ be a stochastic process with values in $R = (-\infty, \infty)$. We will assume, unless otherwise mentioned, that it is $(\underline{\underline{F}}_t)$-adapted, i.e., X_t is $\underline{\underline{F}}_t$-measurable for any $t \in [0,a]$. The process X_t is called continuous if $X_t(\omega)$ is a continuous function of t for almost all ω.

Let $\underline{\underline{L}}_c$ be the linear space consisting of all continuous stochastic processes. We introduce the metric ρ by

$$\rho(X-Y) = \rho(X,Y) = E\left[\frac{\sup_t |X_t - Y_t|^2}{1+\sup_t |X_t - Y_t|^2}\right]^{\frac{1}{2}} .$$

It is equivalent to the topology of the uniform convergence in probability: A sequence $\{X^n\}$ of $\underline{\underline{L}}_c$ is a Cauchy sequence if and only if for any $\varepsilon > 0$,

$$P(\sup_t |X_t^n - X_t^m| > \varepsilon) \xrightarrow[n,m \to \infty]{} 0.$$

Obviously $\underline{\underline{L}}_c$ is a complete metric space.

We introduce the norm $\| \quad \|$ by $\|X\| = E[\sup_t |X_t|^2]^{\frac{1}{2}}$ and denote by $\underline{\underline{L}}_c^2$ the set of all elements in $\underline{\underline{L}}_c$ with finite norms. We may say that the topology of $\underline{\underline{L}}_c^2$ is the uniform convergence in L^2. Since $\rho(X) \leq \|X\|$, the topology by $\| \quad \|$ is stronger than that by ρ. It is easy to see that $\underline{\underline{L}}_c^2$ is a dense subset of $\underline{\underline{L}}_c$.

1.1. Definition. Let X_t, $t \in [0,a]$ be a continuous $(\underline{\underline{F}}_t)$-adapted process.

(i) It is called a martingale if $E|X_t| < \infty$ for any t and satisfies $E[X_t | \underline{\underline{F}}_s] = X_s$ for any $t > s$.

(ii) It is called a local martingale if there is an increasing sequence of stopping times[1)] $\{T_n\}$ such that $T_n \uparrow \infty$ and each stopped process $X_t^{T_n} \equiv X_{t \wedge T_n}$ is a martingale.

(iii) It is called an increasing process if $X_t(\omega)$ is an increasing function of t a.s.

(iv) It is called a process of bounded variation if it is written as the difference of two increasing processes.

(v) It is called a semimartingale if it is written as the sum of a local martingale and a process of bounded variation.

We will quote two famous results of Doob's concerning martingales without giving proofs.

1.2. Theorem Let X_t, $t \in [0,a]$ be a martingale.

---

1) A random variable T is called a stopping time if it takes values in $[0,a] \cup \{\infty\}$ and satisfies $\{\omega | T(\omega) \leq t\} \in \underline{\underline{F}}_t$ for any $t \in [0,a]$.

(i) Optional sampling theorem. Let S and T be stopping times with values in $[0,a]$. Then X_S is integrable and satisfies $E[X_S|\underline{\underline{F}}_T] = X_{S\wedge T}$.[1)]

(ii) Inequality.[2)] Suppose $E[|X_a|^p] < \infty$ with $p > 1$. Then $E[\sup_s |X_s|^p] \le q^p E[|X_a|^p]$ where q is the conjugate of p.

Remark. Let S be a stopping time. If X_t is a martingale, the stopped process X^S is also a martingale. In fact, by Doob's optional sampling theorem, we have for $t \ge s$ $E[X_t^S|\underline{\underline{F}}_s] = X_{t\wedge S\wedge s} = X_{S\wedge s} = X_s^S$. Similarly if X is a local martingale, the stopped process X^S is a local martingale.

A martingale is a local martingale, obviously. The following theorem gives us a criterion that a local martingale is a martingale.

1.3. Theorem. Let X_t be a continuous local martingale.

(i) If $E[\sup_t |X_t|] < \infty$, then X is a martingale.

(ii) Let $p > 1$. Then X is an L^p-martingale if and only if $E[\sup_t |X_t|^p] < \infty$.

Proof. Let $T_n \uparrow \infty$ be a sequence of stopping times such that each stopped process X^{T_n} is a martingale. Then for each t, $X_t^{T_n}$ converges to X_t a.s. and further $|X_t^{T_n} - X_t| \le 2\sup_s |X_s|$. Hence if $\sup_s |X_s|$ is integrable, $E|X_t^{T_n} - X_t|$ tends to 0. This implies that X_t is a martingale, because $E[X_t|\underline{\underline{F}}_s] = \lim_{n\to\infty} E[X_t^{T_n}|\underline{\underline{F}}_s] = \lim_{n\to\infty} X_s^{T_n} = X_s$. The second assertion (ii) is immediate from Doob's inequality and the first assertion.

---

1) $\underline{\underline{F}}_T = \{A \in \underline{\underline{F}}_a \,;\, A \cap \{T \le t\} \in \underline{\underline{F}}_t$ holds for any $t \in [0,a]\}$.

2) The inequality is valid to positive submartingales, too.

Remark. Let X be a local martingale. Then there is an increasing sequence of stopping times $S_k \uparrow \infty$ such that each stopped process X^{S_k} is a bounded martingale. In fact, define S_k by

$$S_k = \inf\{t > 0 \ ; \ |X_t| \geq k\} \qquad (= \infty \ \text{ if } \ \{\dots\} = \phi).$$

Then $S_k \uparrow \infty$ and it holds $\sup_t |X_t^{S_k}| \leq k$, so that each X^{S_k} is a martingale.

Let $\underline{\underline{M}}_c$ be the set of all square integrable martingales X_t with $X_0 = 0$. Because of Doob's inequality, the norm $\|X\|$ is finite for any X of $\underline{\underline{M}}_c$. Hence $\underline{\underline{M}}_c$ is a subset of $\underline{\underline{L}}_c^2$. We denote by $\underline{\underline{M}}_c^{loc}$ the set of all continuous local martingales X_t such that $X_0 = 0$. It is a subset of $\underline{\underline{L}}_c$.

1.4. Theorem. $\underline{\underline{M}}_c$ is a closed subspace of $\underline{\underline{L}}_c^2$. $\underline{\underline{M}}_c^{loc}$ is a closed subspace of $\underline{\underline{L}}_c$. Furthermore, $\underline{\underline{M}}_c$ is dense in $\underline{\underline{M}}_c^{loc}$.

Proof. The first assertion is obvious. Let $\{X^n\}$ be a Cauchy sequence in $\underline{\underline{M}}_c^{loc}$ converging to X of $\underline{\underline{L}}_c$ by the topology ρ. Choosing a subsequence if necessary, we may assume that X^n converges to X uniformly a.s. Set $A_t = \sup_n \sup_s |X_s^n|$. Then it is a continuous increasing process. Define for k=1,2,..., $T_k = \inf\{t > 0 \ ; \ A_t \geq k\}$ $(= \infty$ if $\{\dots\} = \phi)$. Then it holds $\sup_t |X_t^{n,T_k}| \leq k$ for all n. Therefore, for each k, $\{X_t^{n,T_k}\}$ is a sequence of martingales converging to $X_t^{T_k}$ boundedly. Therefore X^{T_k} is a martingale for each k, proving that X is an element of $\underline{\underline{M}}_c^{loc}$. The last assertion is immediate from the remark after Theorem 1.3.

2. QUADRATIC VARIATIONS OF CONTINUOUS SEMIMARTINGLES

This section is devoted to the study of the quadratic variation of a continuous stochastic process $X_t, t \in [0,a]$. Let Δ be a partition of the interval $[0,a]$: $\Delta = \{0 = t_0 < \dots < t_n = a\}$ and let $|\Delta| = \max(t_{i+1} - t_i)$. Associated with the partition Δ, we define a continuous process $\langle X\rangle_t^\Delta$ as

$$\langle X\rangle_t^\Delta = \sum_{i=0}^{k-1} (X_{t_{i+1}} - X_{t_i})^2 + (X_t - X_{t_k})^2,$$

where k is the number such that $t_k \leq t < t_{k+1}$. We call it the quadratic variation of X_t associated with the partition Δ.

Now let $\{\Delta_m\}$ be a sequence of partitions such that $|\Delta_m| \to 0$. If the limit of $\langle X\rangle_t^{\Delta_m}$ exists in probability and it is independent of the choice of sequences $\{\Delta_m\}$ a.s., it is called the quadratic variation of X_t and is denoted by $\langle X\rangle_t$.

The quadratic variation is not well defined to any continuous stochastic process. We will see in the sequel that a natural class of processes where quadratic variations are well defined is that of continuous semimartingales.

We begin the discussion with a process of bounded variation.

2.1. Lemma. Let X be a continuous process of bounded variation. Then the quadratic variation exists and equals 0 a.s.

Proof. Let $|X|_t(\omega)$ be the total variation of the function $X_s(\omega)$, $0 \leq s \leq t$. Then it holds

$$\langle X\rangle_t^{\Delta} \le \left(\sum_{j=0}^{k-1} |X_{t_{j+1}} - X_{t_j}| + |X_t - X_{t_k}|\right)\max_i |X_{t_{i+1}} - X_{t_i}|$$

$$\le |X|_t \max_i |X_{t_{i+1}} - X_{t_i}|$$

The right hand side converges to 0 as $|\Delta| \to 0$ a.s.

We next consider the quadratic variation of a bounded continuous martingale.

2.2. Theorem. Let M be a bounded continuous martingale. Let $\{\Delta_n\}$ be a sequence of partitions such that $|\Delta_n| \to 0$. Then $\langle M\rangle_t^{\Delta_n}$, $t \in [0,a]$ converges uniformly to a continuous increasing process $\langle M\rangle_t$ in L^2-sense, i.e.,

$$\lim_{n\to\infty} E[\sup_t |\langle M\rangle_t^{\Delta_n} - \langle M\rangle_t|^2] = 0.$$

Before the proof, we prepare two lemmas for a bounded continuous martingale.

2.3. Lemma. For any $t > s$, it holds

$$E[\langle M\rangle_t^{\Delta} | \underline{\underline{F}}_s] - \langle M\rangle_s^{\Delta} = E[(M_t - M_s)^2 | \underline{\underline{F}}_s] = E[M_t^2 | \underline{\underline{F}}_s] - M_s^2.$$

In particular, $M_t^2 - \langle M\rangle_t^{\Delta}$ is a continuous martingale.

Proof. Choose t_ℓ and t_k of Δ such that $t_\ell \le s < t_{\ell+1}$ and $t_k \le t < t_{k+1}$. Then a simple computation yields

$$\langle M\rangle_t^{\Delta} - \langle M\rangle_s^{\Delta} = (M_t - M_{t_k})^2 + \dots + (M_{t_{\ell+1}} - M_s)^2 + 2(M_{t_{\ell+1}} - M_s)(M_s - M_{t_\ell}).$$

Take the conditional expectation relative to $\underline{\underline{F}}_s$ to each of the above. Clearly the conditional expectation of the last member is 0. Note the conditional orthogonality property such as

$$E[(M_t-M_{t_k})(M_{t_k}-M_{t_{k-1}})|\underline{\underline{F}}_s] = E[E[M_t-M_{t_k}|\underline{\underline{F}}_{t_k}](M_{t_k}-M_{t_{k-1}})|\underline{\underline{F}}_s]$$

$$= 0 .$$

Then we get

$$E[\langle M\rangle_t^\Delta|\underline{\underline{F}}_s] - \langle M\rangle_s^\Delta = E[(M_t-M_s)^2|\underline{\underline{F}}_s]$$

$$= E[M_t^2 - 2M_tM_s + M_s^2|\underline{\underline{F}}_s]$$

$$= E[M_t^2|\underline{\underline{F}}_s] - M_s^2.$$

This proves the lemma.

2.4. Lemma. It holds $\lim_{n,m\to\infty} E[|\langle M\rangle_a^{\Delta_n} - \langle M\rangle_a^{\Delta_m}|^2] = 0.$

Proof. Given two partitions Δ, Δ' of $[0,a]$, we denote by $\Delta\cup\Delta' = \{0 = s_0 <\ldots< s_N = a\}$ the joint partition of Δ and Δ'. We will write $\langle M\rangle_t^\Delta$ as A_t^Δ for convenience. Consider the quadratic variation of the process $A_t^\Delta - A_t^{\Delta'}$ associated with the partition $\Delta\cup\Delta'$. Since $A_t^\Delta - A_t^{\Delta'}$ is a martingale, we have from Lemma 2.3

$$E[|A_a^\Delta - A_a^{\Delta'}|^2] = E[\langle A^\Delta - A^{\Delta'}\rangle_a^{\Delta\cup\Delta'}].$$

It holds

$$\langle A^\Delta - A^{\Delta'}\rangle_a^{\Delta\cup\Delta'} \leq 2\{\langle A^\Delta\rangle_a^{\Delta\cup\Delta'} + \langle A^{\Delta'}\rangle_a^{\Delta\cup\Delta'}\}.$$

It is sufficient to prove that $E[\langle A^\Delta\rangle_a^{\Delta\cup\Delta'}]$ converges to 0 as $|\Delta| + |\Delta'| \to 0$. Given s_k, s_{k+1} of $\Delta\cup\Delta'$, choose t_ℓ of Δ such that $t_\ell \leq s_k < s_{k+1} \leq t_{\ell+1}$. Then, since $A_{s_{k+1}}^\Delta - A_{s_k}^\Delta = (M_{s_{k+1}} - M_{t_\ell})^2 - (M_{s_k} - M_{t_\ell})^2$, we get

$$A_{s_{k+1}}^\Delta - A_{s_k}^\Delta = (M_{s_{k+1}} - M_{s_k})\{(M_{s_{k+1}} - M_{s_k}) + 2(M_{s_k} - M_{t_\ell})\}.$$

Therefore,

$$\langle A^{\Delta}\rangle_a^{\Delta\cup\Delta'} \leq \sup_k |M_{s_{k+1}} + M_{s_k} - 2M_{t_\ell}|^2 \bullet A_a^{\Delta\cup\Delta'}.$$

By Schwarz's inequality

$$E[\langle A^{\Delta}\rangle_a^{\Delta\cup\Delta'}] \leq E[\sup_k |M_{s_{k+1}} + M_{s_k} - 2M_{t_\ell}|^4]^{\frac{1}{2}} \cdot E[(A_a^{\Delta\cup\Delta'})^2]^{\frac{1}{2}}.$$

The first member of the right hand side converges to 0 as $|\Delta| + |\Delta'| \to 0$. We will prove that the second member is dominated by a constant independent of partitions: then $E[\langle A^{\Delta}\rangle_a^{\Delta\cup\Delta'}]$ would tend to 0 and the lemma will follow.

Observe the relation

$$(A_a^{\Delta})^2 = 2\sum_{k=1}^{n} (A_a^{\Delta} - A_{t_k}^{\Delta})(A_{t_k}^{\Delta} - A_{t_{k-1}}^{\Delta}) + \sum_{k=1}^{n} (M_{t_k} - M_{t_{k-1}})^4.$$

From Lemma 2.3, it holds $E[(A_a^{\Delta} - A_{t_k}^{\Delta})|\underline{F}_{t_k}] = E[(M_a - M_{t_k})^2|\underline{F}_{t_k}]$.

Therefore,

$$E[(A_a^{\Delta})^2] = 2\sum_{k=1}^{n} E[(M_a - M_{t_k})^2(A_{t_k}^{\Delta} - A_{t_{k-1}}^{\Delta})] + \sum_{k=1}^{n} E[(M_{t_k} - M_{t_{k-1}})^4]$$

$$\leq E[\{2\sup_k |M_a - M_{t_k}|^2 + \sup_k |M_{t_k} - M_{t_{k-1}}|^2\} A_a^{\Delta}].$$

Since $|M_t|$ is dominated by a constant, say C, the last member of the above is dominated by $12C^2 E[A_a^{\Delta}] \leq 48C^4$.

<u>Proof</u> of Theorem 2.2. By Doob's inequality for martingales, it holds

$$E[\sup_t |\langle M\rangle_t^{\Delta_n} - \langle M\rangle_t^{\Delta_m}|^2] \leq 4E[|\langle M\rangle_a^{\Delta_n} - \langle M\rangle_a^{\Delta_m}|^2].$$

Choosing a subsequence if necessary, $\langle M\rangle_t^{\Delta_n}$ converges uniformly a.s. Denote the limit as $\langle M\rangle_t$. It is a continuous process. We will prove that $\langle M\rangle_t$ is increasing in t a.s. Taking joint partitions if necessary, we may and do assume that Δ_{n+1} is a refined partition of Δ_n for each n and the set $\bigcup_n \Delta_n$ is dense in $[0,T]$. Let $s < t$ be two points in $\bigcup_n \Delta_n$. There is a natural number n_0 such that $s,t \in \Delta_{n_0}$. Then $\langle M\rangle_t^{\Delta_n} \geq \langle M\rangle_s^{\Delta_n}$ is satisfied for all $n \geq n_0$. Therefore $\langle M\rangle_t \geq \langle M\rangle_s$ is satisfied. The inequality is then satisfied for any real numbers $s < t$, since $\langle M\rangle_t$ is continuous in t a.s.

We next consider the quadratic variation of a local martingale. This time the quadratic variations associated with partitions do not converge in L^2 in general, but they converge in probability. In fact, we have the following theorem.

2.5. Theorem. Let M_t be a continuous local martingale. Then there is a continuous increasing process $\langle M\rangle_t$ such that $\langle M\rangle_t^{\Delta}$ converges uniformly to $\langle M\rangle_t$ in probability.

Proof. Let $\{T_n\}$ be a sequence of stopping times such that $T_n \uparrow \infty$ and each stopped process $M_t^n \equiv M_t^{T_n}$ is a bounded martingale (See Remark after Theorem 1.3). Then it holds $\langle M^n\rangle_{t\wedge T_m} = \langle M^m\rangle_t$ if $m \leq n$, because $\langle M^n\rangle^{\Delta}_{t\wedge T_m} = \langle M^m\rangle^{\Delta}_t$ is satisfied. Hence we can define a continuous increasing process $\langle M\rangle_t$ such that $\langle M\rangle_{t\wedge T_n} = \langle M^n\rangle_t$ holds for $t < T_n$. This $\langle M\rangle_t$ satisfies

$$\rho(\langle M\rangle^{\Delta} - \langle M\rangle)^2 \leq \rho(\langle M\rangle^{\Delta,T_n} - \langle M\rangle^{T_n})^2 + P(T_n < a).$$

For any $\varepsilon > 0$ choose n so large as $P(T_n < a) < \varepsilon$ and let $|\Delta|$ tend to 0. Then we have $\lim_{|\Delta|\to 0} \rho(\langle M\rangle^{\Delta} - \langle M\rangle) < \varepsilon$. The proof is complete.

Remark. Let M_t be a continuous local martingale and let T be a stopping time. Then it holds $\langle M^T\rangle_t = \langle M\rangle_t^T$ for all t a.s. In fact, it is easy to see that $\langle M^T\rangle_t^\Delta = (\langle M\rangle^\Delta)_t^T$ holds for any partition Δ. Letting $|\Delta|$ tend to 0, we get the desired relation.

2.6. <u>Corollary.</u> $M_t^2 - \langle M\rangle_t$ is a local martingale if M_t is a continuous local martingale.

<u>Proof.</u> Suppose that M_t is a bounded martingale. Then $M_t^2 - \langle M\rangle_t^\Delta$ is an L^2-martingale by Lemma 2.3. It converges to $M_t^2 - \langle M\rangle_t$ in L^2-sense as $|\Delta| \to 0$ by Theorem 2.2. Therefore, the limit $M_t^2 - \langle M\rangle_t$ is an L^2-martingale. Now let M_t be an arbitrary continuous local martingale and let $\{S_k\}$ be a sequence of stopping times such that $S_k \uparrow \infty$ and each stopped process $M_t^{S_k}$ is a bounded martingale. Then $(M^2 - \langle M\rangle)_t^{S_k} = (M_t^{S_k})^2 - \langle M^{S_k}\rangle_t$ is a martingale for each k. This proves that $M_t^2 - \langle M\rangle_t$ is a local martingale.

2.7. <u>Corollary.</u> An element M of $\underline{\underline{M}}_c^{loc}$ belongs to $\underline{\underline{M}}_c$ if and only if $\langle M\rangle_a$ is integrable. In this case, $M_t^2 - \langle M\rangle_t$ is a martingale.

<u>Proof.</u> Let $M_t \in \underline{\underline{M}}_c^{loc}$ and $\{S_k\}$ be a sequence of stopping times mentioned above. Suppose that $\langle M\rangle_a$ is integrable. Then

$$E[\sup_t |M_t|^2] = E[\lim_{k\to\infty} \sup_t |M_t^{S_k}|^2] \leq \underline{\lim}_{k\to\infty} E[\sup_t |M_t^{S_k}|^2]$$

$$\leq 4 \underline{\lim}_{k\to\infty} E[|M_a^{S_k}|^2] = 4 \lim_{k\to\infty} E[\langle M\rangle_a^{S_k}] = 4E[\langle M\rangle_a] \quad \infty .$$

Therefore M_t is an L^2-martingale. Furthermore, $(M_t^{S_k})^2 - \langle M\rangle_t^{S_k}$ is dominated by an integrable random variable $\sup_t |M_t|^2 + \langle M\rangle_a$ for each t and k. Hence the sequence of martingales $(M_t^{S_k})^2 - \langle M\rangle_t^{S_k}$, k=1, 2,... converges to $M_t^2 - \langle M\rangle_t$ in L^1-sense. This proves that $M_t^2 - \langle M\rangle_t$ is a martingale.

Conversely if M_t is an L^2-martingale, then

$$E[\sup_t |M_t|^2] \geq E[\sup_t |M_t^{S_k}|^2] \geq E[|M_a^{S_k}|^2] = E[\langle M\rangle_a^{S_k}].$$

Therefore $E[\langle M\rangle_a] \leq E[\sup_t |M_t|^2] < \infty$. The proof is complete.

The following characterization of the quadratic variation is sometimes useful for finding the quadratic variation of a given local martingale, explicitly.

2.8. Theorem. Let M_t be a continuous local martingale. A continuous increasing process A_t satisfying $A_0 = 0$ coincides with the quadratic variation of M_t if and only if $M_t^2 - A_t$ is a local martingale.

Proof. "Only if" is clear from Corollary 2.6. Suppose that $M_t^2 - A_t$ is a local martingale. Then $\langle M\rangle_t - A_t$ is a continuous local martingale of bounded variation, whose quadratic variation is 0. Therefore by Corollary 2.7, $\langle M\rangle_t - A_t$ is an L^2-martingale and $(\langle M\rangle_t - A_t)^2$ is an L^1-martingale. This proves $E[(\langle M\rangle_t - A_t)^2] = 0$, and we get $\langle M\rangle_t = A_t$.

Remark. Corollary 2.7 indicates that the submartingale M_t^2 is decomposed into the sum of martingale $N_t = M_t^2 - \langle M\rangle_t$ and increasing process $\langle M\rangle_t$. The decomposition is known as the Doob-Meyer decomposition of the submartingale. Note that we did not use the decomposition theorem for the proof of Theorem 2.2. If one knows the theorem and apply it, then one can prove the theorem more easily. See Meyer [34] for this direction.

We will finally consider the quadratic variation of a continuous semimartingale. Let X_t be a continuous semimartingale and let $X_t = M_t + A_t$ be the decomposition to the local martingale M_t and a process of bounded variation A_t. The quadratic variation $\langle X\rangle_t^\Delta$ associated with the partition Δ satisfies

$$|\langle X\rangle_t^\Delta - \langle M\rangle_t^\Delta - \langle A\rangle_t^\Delta| \leq 2\{\langle M\rangle_t^\Delta \langle A\rangle_t^\Delta\}^{\frac{1}{2}}.$$

$\langle M\rangle_t^\Delta$ converges uniformly to $\langle M\rangle_t$ in probability and $\langle A\rangle_t^\Delta$ converges uniformly to 0 a.s. Therefore $\langle X\rangle_t^\Delta$ converges uniformly to $\langle M\rangle_t$ in probability. We then have the following theorem.

2.9. <u>Theorem.</u> Let X_t be a continuous semimartingale. Then $\langle X\rangle_t^\Delta$ converges uniformly to $\langle M\rangle_t$ in probability as $|\Delta| \to 0$, where M_t is the local martingale part of X_t.

3. CONTINUITY OF QUADRATIC VARIATIONS IN $\underline{\underline{M}}_c$ AND $\underline{\underline{M}}_c^{loc}$ –

Quadratic variations are continuous in the space $\underline{\underline{M}}_c$ and $\underline{\underline{M}}_c^{loc}$ in their topologies.

3.1. <u>Theorem.</u> (1) Let $\{M^n\}$ be a sequence in $\underline{\underline{M}}_c$. It converges to M of $\underline{\underline{M}}_c$ if and only if $\{\langle M^n - M\rangle_a\}$ converges to 0 in L^1-norm.

(2) Let $\{M^n\}$ be a sequence in $\underline{\underline{M}}_c^{loc}$. It converges to M of $\underline{\underline{M}}_c^{loc}$ if and only if $\{\langle M^n - M\rangle_a\}$ converges to 0 in probability.

<u>Proof.</u> The first assertion (1) is immediate from the relation

$$\|M^n - M\|^2 \geq E[\,|M_a^n - M_a|^2] = E[<M^n - M>_a] \geq \frac{1}{4}\,\|M^n - M\|^2.$$

Suppose next that $\{M^n\}$ of $\underline{\underline{M}}_c^{loc}$ converges to M of $\underline{\underline{M}}_c^{loc}$. If $\{<M^n - M>_a\}$ does not converge to 0 in probability, there are $\varepsilon > 0$ and a subsequence $\{M^{n_i}\}$ such that $\overline{\lim_{i\to\infty}} P(<M^{n_i} - M>_a > \varepsilon) > 0$. Choose a subsequence of $\{M^{n_i}\}$ denoted by $\{M^{n_i'}\}$ converging to M uniformly a.s. Then there is a sequence of stopping times $\{T_k\} \uparrow \infty$ such that stopped processes $M_{t\wedge T_k}^{n_i'}$ are in $\underline{\underline{M}}_c$ and converge to $M_{t\wedge T_k}$ in the space $\underline{\underline{M}}_c$ as $n_i' \to \infty$. See the proof of Theorem 1.3. Then $\{<M^{n_i'} - M>_{a\wedge T_k}\}$ converges to 0 in L^1-norm. Since it is valid for any T_k, $\{<M^{n_i'} - M>_a\}$ converges to 0 in probability. This is a contradiction. We have thus shown that $<M^n - M>_a$ converges to 0 in probability.

Conversely suppose that $\{<M^n - M>_a\}$ converges to 0 in probability. If $\{M^n\}$ does not converge to M in $\underline{\underline{M}}_c^{loc}$, there are $\varepsilon > 0$ and a subsequence $\{M^{n_i}\}$ such that $\overline{\lim_{i\to\infty}} P(\sup_t |M_t^{n_i} - M_t| > \varepsilon) > 0$. Choose a subsequence of $\{M^{n_i}\}$ denoted by $\{M^{n_i'}\}$ such that $<M^{n_i'} - M>_a$ converges to 0 a.s. Then $\{<M^{n_i'}>_t\}$ converges uniformly a.s., because

$$\sup_t |<M^{n_i'}>_t^{\frac{1}{2}} - <M>_t^{\frac{1}{2}}| \leq <M^{n_i'} - M>_a^{\frac{1}{2}}.$$

Now set $B_t = \sup_i <M^{n_i'}>_t$. It is a continuous increasing process. For a positive integer k, define $S_k = \inf\{t > 0\,;\, B_t \geq k\}$ ($=\infty$ if $\{\dots\} = \phi$). Then $<M^{n_i'}>_{t\wedge S_k} \leq k$, so that we have

$$<M^{n_i'} - M>_{t\wedge S_k} \leq 2(<M^{n_i'}>_{t\wedge S_k} + <M>_{t\wedge S_k}) \leq 2k$$

for all n_i', t. Therefore $<M^{n_i'} - M>_{t\wedge S_k}$ converges to 0 in L^1-norm. Consequently, $\{M_{t\wedge S_k}^{n_i'},\ i = 1, 2, \dots\}$ is in $\underline{\underline{M}}_c$ and converges to $M_{t\wedge S_k}$ in $\underline{\underline{M}}_c$ by the assertion (1). Hence $\{M_t^{n_i'}\}$ converges to M_t uniformly in probability. This is a contradiction. We have thus shown that $\{M^n\}$ converges to M in $\underline{\underline{M}}_c^{loc}$.

3.2. Theorem. (1) Let $\{M^n\}$ be a sequence in $\underline{\underline{M}}_c$ converging to M of $\underline{\underline{M}}_c$. Then it holds

$$\sup_\Delta E[\sup_t \langle M^n - M\rangle_t^\Delta] \xrightarrow[n\to\infty]{} 0.$$

(2) Let $\{M^n\}$ be a sequence in $\underline{\underline{M}}_c^{loc}$ converging to M of $\underline{\underline{M}}_c^{loc}$. Then it holds for any $\varepsilon > 0$

$$\sup_\Delta P[\sup_t \langle M^n - M\rangle_t^\Delta > \varepsilon] \xrightarrow[n\to\infty]{} 0.$$

Proof. The first assertion is obvious since

$$E[\sup_t \langle M^n - M\rangle_t^\Delta] \le 17E[\,|M_a^n - M_a|^2].$$

For the proof of (2), suppose on the contrary that the assertion is not valid. Then for some $\varepsilon > 0$ there is a sequence $n_1 < n_2 < \ldots$ and $\Delta_{n_1}, \Delta_{n_2}, \ldots$ such that $\varliminf_{i\to\infty} P(\sup_t \langle M^{n_i} - M\rangle_t^{\Delta_{n_i}} > \varepsilon) > 0$. Choose a subsequence denoted by $\{M^{n_i'}\}$ converging to M uniformly a.s. There is an increasing sequence of stopping times $\{T_k\} \uparrow \infty$ such that $M_{t\wedge T_k}^{n_i'}$ converges to $M_{t\wedge T_k}$ in $\underline{\underline{M}}_c$ as $n_i' \to \infty$ for each k. Then $E[\langle M^{n_i'} - M\rangle_{a\wedge T_k}] \longrightarrow 0$ as $n_i' \to \infty$ by Theorem 3.1. Therefore,

$$\begin{aligned} P(\sup_t \langle M^{n_i'} - M\rangle_t^{\Delta_{n_i'}} > \varepsilon) &\le P(\sup_t \langle M^{n_i'} - M\rangle_{t\wedge T_k}^{\Delta_{n_i'}} > \varepsilon,\ T_k > a) + P(T_k \le a) \\ &\le \frac{1}{\varepsilon} E[\sup_t \langle M^{n_i'} - M\rangle_{t\wedge T_k}^{\Delta_{n_i'}}] + P(T_k \le a) \\ &\le \frac{4}{\varepsilon} E[\langle M^{n_i'} - M\rangle_{a\wedge T_k}] + P(T_k \le a) \\ &\longrightarrow 0,\quad n_i' \longrightarrow \infty,\ k \longrightarrow \infty. \end{aligned}$$

This is a contradiction. The proof is complete.

4. JOINT QUADRATIC VARIATIONS.

Let M and N be elements of $\underline{\underline{M}}_c^{loc}$. The joint quadratic variation of M, N associated with the partition $\Delta = \{0 = t_0 < \dots < t_n = a\}$ is defined by

$$\langle M,N\rangle_t^\Delta = \sum_{i=0}^{k-1} (M_{t_{i+1}} - M_{t_i})(N_{t_{i+1}} - N_{t_i}) + (M_t - M_{t_k})(N_t - N_{t_k}),$$

where k is the number such that $t_k \le t < t_{k+1}$.

4.1. Theorem. $\langle M,N\rangle^\Delta$ converges uniformly to a continuous process of bounded variation $\langle M,N\rangle$ in probability as $|\Delta| \to 0$.

Proof is immediate from

$$\langle M,N\rangle_t^\Delta = \frac{1}{4}\{\langle M+N\rangle_t^\Delta - \langle M-N\rangle_t^\Delta\}$$

and Theorem 2.5.

Remark. $\langle M,M\rangle = \langle M\rangle$.

The following is immediate from Theorem 2.8.

4.2. Corollary. Given M, N of $\underline{\underline{M}}_c^{loc}$, a continuous process of bounded variation A[1] coincides with the joint quadratic variation $\langle M,N\rangle$ if and only if $MN - A$ is a local martingale.

4.3. Theorem. Joint quadratic variations have the following properties.

(1) bilinear: $\langle aM^1 + bM^2, N\rangle = a\langle M^1,N\rangle + b\langle M^2,N\rangle$ holds for any

1) $A_0 = 0$ a.s. is assumed.

M^1, M^2, N of $\underline{\underline{M}}_c^{loc}$ and real numbers a, b.

(ii) <u>symmetric:</u> $\langle M,N\rangle = \langle N,M\rangle$ for any M, N of $\underline{\underline{M}}_c^{loc}$.

(iii) <u>positive definite:</u> $\langle M\rangle_t - \langle M\rangle_s \geq 0$ holds for any $t \geq s$ and the equality holds a.s. if and only if $M_r = M_s$ holds for all $r \in [s,t]$ a.s.

(iv) <u>Schwarz's inequality:</u>

$$|\langle M,N\rangle_t - \langle M,N\rangle_s| \leq (\langle M\rangle_t - \langle M\rangle_s)^{\frac{1}{2}}(\langle N\rangle_t - \langle N\rangle_s)^{\frac{1}{2}}.$$

(v) <u>extended Schwarz's inequality:</u> Let f_u, g_u, $u \in [0,a]$ be processes measurable with respect to the smallest σ-field on $[0,a]\times\Omega$ for which all continuous stochastic processses are measurable. Suppose

$$\int_0^t |f_u|^2 d\langle M\rangle_u < \infty, \quad \int_0^t |g_u|^2 d\langle N\rangle_u < \infty.$$

Then

$$\left|\int_0^t f_u g_u d\langle M,N\rangle_u\right| \leq \left(\int_0^t |f_u|^2 d\langle M\rangle_u\right)^{\frac{1}{2}}\left(\int_0^t |g_u|^2 d\langle N\rangle_u\right)^{\frac{1}{2}}.$$

<u>Proof.</u> Properties (i) - (iii) are obvious. The property (iv) follows immediately from (i) - (iii). We will prove (v). Suppose that f_u and g_u are step functions: there are a partition $\Delta = \{0 = t_0 < \ldots < t_n = t\}$ of $[0,t]$ and bounded random variables f_i and g_i such that $f_u = f_i$, $g_u = g_i$ if $t_i \leq u < t_{i+1}$. Then

$$\left|\int_0^t f_u g_u d\langle M,N\rangle_u\right|$$

$$= \left|\sum_{i=0}^{n-1} f_i g_i [\langle M,N\rangle_{t_{i+1}} - \langle M,N\rangle_{t_i}]\right|$$

$$\leq \sum_{i=0}^{n-1} |f_i||g_i| [\langle M\rangle_{t_{i+1}} - \langle M\rangle_{t_i}]^{\frac{1}{2}} [\langle N\rangle_{t_{i+1}} - \langle N\rangle_{t_i}]^{\frac{1}{2}}$$

$$\leq \{\sum_{i=0}^{n-1} |f_i|^2 [\langle M\rangle_{t_{i+1}} - \langle M\rangle_{t_i}]\}^{\frac{1}{2}} \{\sum_{i=0}^{n-1} |g_i|^2 [\langle N\rangle_{t_{i+1}} - \langle N\rangle_{t_i}]\}^{\frac{1}{2}}$$

$$\leq \{\int_0^t |f_u|^2 d\langle M\rangle_u\}^{\frac{1}{2}}\{\int_0^t |g_u|^2 d\langle N\rangle_u\}^{\frac{1}{2}} .$$

Extensions to general f and g will be clear.

Joint quadratic variations are continuous in $\underline{\underline{M}}_c$ and $\underline{\underline{M}}_c^{loc}$ in their topologies.

4.4. Theorem. (1) Let $\{M^n\}$ be a sequence of $\underline{\underline{M}}_c$ converging to M. Then it holds for any N of $\underline{\underline{M}}_c$,

$$\lim_{n\to\infty} E[\sup_t |\langle M^n - M, N\rangle_t|] = 0 ,$$

$$\lim_{n\to\infty} \sup_\Delta E[\sup_t |\langle M^n - M, N\rangle_t^\Delta|] = 0.$$

(2) Let $\{M^n\}$ be a sequence of $\underline{\underline{M}}_c^{loc}$ converging to M. Then it holds for any $\varepsilon > 0$ and N of $\underline{\underline{M}}_c^{loc}$,

$$\lim_{n\to\infty} P(\sup_t |\langle M^n - M, N\rangle_t| > \varepsilon) = 0,$$

$$\lim_{n\to\infty} \sup_\Delta P(\sup_t |\langle M^n - M, N\rangle_t^\Delta| > \varepsilon) = 0.$$

Proof is immediate from Theorems 3.1 and 3.2.

Finally we will mention the joint quadratic variations of continuous semimartingales. Let X and Y be continuous semimartingales. The joint quadratic variation associated with the partition Δ is defined as before and is written as $\langle X,Y\rangle^\Delta$. The following theorem is immediate.

4.5. Theorem. $\langle X,Y\rangle^\Delta$ converges uniformly in prabability to a continuous process of bounded variation $\langle X,Y\rangle_t$. If M and N are local martingale parts of X and Y, respectively, then $\langle X,Y\rangle$ coincides with $\langle M,N\rangle$.

5. STOCHASTIC INTEGRALS.

Let M_t be a continuous local martingale and let f_t be a continuous $(\underline{F}_t)$-adapted process. We will define the stochastic integral of f_t by the differential dM_t. Here, the differential does not mean a signed measure, since the sample function of a continuous local martingale is not of bounded variation, except a trivial martingale $M_t \equiv$ constant a.s. Nevertheless, the integral is well defined if the integrand f_t is $(\underline{F}_t)$-adapted: Our discussion will be based on the properties of martingales, specially those of quadratic variations.

Let $\Delta = \{0 = t_0 < \dots < t_n = a\}$ be a partition of the interval $[0,a]$. For any $t \in [0,a]$, choose t_k of Δ such that $t_k \le t < t_{k+1}$ and define

$$(1) \quad L_t^\Delta = \sum_{i=0}^{k-1} f_{t_i}(M_{t_{i+1}} - M_{t_i}) + f_{t_k}(M_t - M_{t_k}).$$

It is easy to see that L_t^Δ is a continuous local martingale. The quadratic variation is computed directly as

$$(2) \quad \langle L^\Delta \rangle_t = \sum_{i=0}^{k-1} f_{t_i}^2(\langle M \rangle_{t_{i+1}} - \langle M \rangle_{t_i}) + f_{t_k}^2(\langle M \rangle_t - \langle M \rangle_{t_k})$$

$$= \int_0^t |f_s^\Delta|^2 d\langle M \rangle_s,$$

where f_s^Δ is a step process defined from f_s by $f_s^\Delta = f_{t_k}$ if $t_k \le s < t_{k+1}$.

Let Δ' be another partition of $[0,a]$. We define $L_t^{\Delta'}$ similarly using the same f_s and M_s. Then it holds

$$\langle L^\Delta - L^{\Delta'} \rangle_t = \int_0^t |f_s^\Delta - f_s^{\Delta'}|^2 d\langle M \rangle_s.$$

Now let $\{\Delta_n\}$ be a sequence of partitions of $[0,a]$ such that $|\Delta_n| \to 0$. Then $<L^{\Delta_n} - L^{\Delta_m}>_a$ converges to 0 in probability as $n, m \to \infty$. Hence $\{L^{\Delta_n}\}$ is a Cauchy sequence in $\underline{\underline{M}}_c^{loc}$ by Theorem 3.1. We denote the limit as L_t.

5.1. <u>Definition.</u> The above L_t is called the <u>Itô integral of</u> f_t <u>by</u> dM_t and is denoted by $\int_0^t f_s dM_s$.

The Itô integral can be defined to more general class of stochastic processes called predictable ones. Here the <u>predictable</u> σ-<u>field</u> is, by definition, the least σ-field on the product space $[0,a] \times \Omega$ for which all continuous $(\underline{\underline{F}}_t)$-adapted processes $f_t(\omega)$ are measurable. A <u>predictable process</u> is, by definition, a process measurable to the predictable σ-field. A continuous $(\underline{\underline{F}}_t)$-adapted process is predictable, obviously.

Now let M_t be a continuous local martingale and let $<M>_t$ be the quadratic variation. We denote by $L^2(<M>)$ the set of all predictable processes f_t such that $\int_0^a |f_s|^2 d<M>_s < \infty$ a.s. Then the set of continuous $(\underline{\underline{F}}_t)$-adapted processes is dense in $L^2(<M>)$, i.e., for any f of $L^2(<M>)$, there is a sequence of continuous $(\underline{\underline{F}}_t)$-adapted processes f_t^n such that $\int_0^a |f_s^n - f_s|^2 d<M>_s$ converges to 0 a.s. Then the sequence of stochastic integrals $\int_0^t f_s^n dM_s$, $n=1,2,\ldots$ forms a Cauchy sequence in $\underline{\underline{M}}_c^{loc}$. Denote the limit as $\int_0^t f_s dM_s$ and call it the Itô integral of f_t by dM_t.

5.2. <u>Theorem.</u> (i) Let $M \in \underline{\underline{M}}_c^{loc}$ amd $f \in L^2(<M>)$. Then Itô integral satisfies the following relation

(3) $$<\int fdM, N>_t = \int_0^t f_s d<M,N>_s, \qquad \forall N \in \underline{\underline{M}}_c^{loc}.$$

(ii) Conversely suppose that L of $\underline{\underline{M}}_c^{loc}$ satisfies

$$(4) \quad \langle L,N\rangle_t = \int_0^t f_s d\langle M,N\rangle_s, \qquad \forall N \in \underline{\underline{M}}_c^{loc}.$$

Then L is the Itô integral of f_t by dM_t, i.e., Itô integral is characterized as the unique element L in $\underline{\underline{M}}_c^{loc}$ satisfying (4).

Proof. If f is a step process, the relation (3) is direct from the computation of the joint quadratic variation. If f is an arbitrary one in $L^2(\langle M\rangle)$, we may choose a sequence of step processes f^n converging to f in $L^2(\langle M\rangle)$ a.s. Then, noting the continuity of the joint quadratic variation, we see that (3) is valid for this f. Now, for the proof of the second assertion, set $L'_t = \int_0^t f_s dM_s$. Then $\langle L - L',N\rangle_t = 0$ is satisfied for all N of $\underline{\underline{M}}_c^{loc}$ because of (3) and (4). Hence $\langle L - L'\rangle_t = 0$, proving $L_t = L'_t$. The proof is complete.

5.3. Corollary. It holds

$$\langle \int f dM\rangle_t = \int_0^t f_s^2 d\langle M\rangle_s.$$

We will list a few properties of Itô integrals.

5.4. Theorem. Let M be an element of $\underline{\underline{M}}_c^{loc}$.

(i) If f, g are in $L^2(\langle M\rangle)$ and a, b are constants, then $af + bg$ is in $L^2(\langle M\rangle)$ and satisfies

$$\int_0^t (af_s + bg_s) dM_s = a\int_0^t f_s dM_s + b\int_0^t g_s dM_s.$$

(ii) Let $f \in L^2(\langle M\rangle)$ and $L_t = \int_0^t f_s dM_s$. Let g_s be a predictable process such that $\int_0^a f_s^2 g_s^2 d\langle M\rangle_s < \infty$ a.s. Then g is in $L^2(\langle L\rangle)$ and

(5) $\int_0^t g_s dL_s = \int_0^t g_s f_s dM_s$.

(iii) Let T be a stopping time. Then it holds

$$\int_0^{t\wedge T} f_s dM_s = \int_0^t f_s dM_s^T = \int_0^{t\wedge T} f_s dM_s^T .$$

5.5. Definition. Let X be a continuous semimartingale decomposed to the sum of a continuous local martingale M and a continuous process of bounded variation A. Let f be a predictable process such that $f \in L^2(\langle M\rangle)$ and $\int_0^a |f_s| d|A|_s < \infty$. Then the Itô integral of f by dX_t is defined as

$$\int_0^t f_s dX_s \equiv \int_0^t f_s dM_s + \int_0^t f_s dA_s .$$

We will define another stochastic integral by the differential $\circ dX_t$:

$$\int_0^t f_s \circ dX_s$$
$$= \lim_{|\Delta|\to 0} \{ \sum_{i=0}^{k-1} \tfrac{1}{2}(f_{t_{i+1}} + f_{t_i})(X_{t_{i+1}} - X_{t_i}) + \tfrac{1}{2}(f_t + f_{t_k})(X_t - X_{t_k})\}$$

5.6. Definition. If the above limit exists, it is called the Stratonovich integral of f by dX_s.

5.7. Theorem. If f is a continuous semimartingale, the Stratonovich integral is well defined and satisfies

$$\int_0^t f_s \circ dX_s = \int_0^t f_s dX_s + \tfrac{1}{2}\langle f, X\rangle_t .$$

Proof is immediate from the relation

$$\sum_{i=0}^{k-1} \tfrac{1}{2}(f_{t_{i+1}} + f_{t_i})(X_{t_{i+1}} - X_{t_i}) + \tfrac{1}{2}(f_t + f_{t_k})(X_t - X_{t_k})$$

$$= \sum_{i=0}^{k-1} f_{t_i}(X_{t_{i+1}} - X_{t_i}) + f_{t_k}(X_t - X_{t_k}) + \frac{1}{2}\langle f, X\rangle_t^{\Delta} .$$

6. STOCHASTIC INTEGRALS OF VECTOR VALUED PROCESSES

Let B a separable reflexive Banach space and let f_s be a B-valued process. Let M be a real valued continuous local martingale. In this and the next section, we will discuss the stochastic integral of the form $\int_0^t f_s dM_s$, which is to be a B-valued local martingale.

We begin with introducing conditional expectations for Banach space valued random variables. Let B be a separable reflexive Banach space with norm $\| \ \|$, and let $\underline{\underline{B}}$ be the topological Borel field of B. We denote by B' the dual space of B. Let $f(\omega)$ be a mapping from Ω into B. It is called a B-valued random variable if it is a measurable mapping from $(\Omega, \underline{\underline{F}})$ into $(B, \underline{\underline{B}})$. This is equivalent to saying that (f, Φ) is a real valued random variable for any Φ of B', where (,) is the canonical bilinear form on $B \times B'$.

Remark. If f is a B-valued random variable, then the norm $\|f\|$ is a real random variable. In fact, let $\underline{\underline{C}}$ be a countable dense subset of the unit ball $\{\Phi \in B' ; \|\Phi\| \leq 1\}$. Then it holds $\|f\| = \sup_{\Phi \in \underline{\underline{C}}} |(f, \Phi)|$, which is clearly measurable.

6.1. Definition. Let $\underline{\underline{G}}$ be a sub σ-field of $\underline{\underline{F}}$. A measurable mapping $g ; (\Omega, \underline{\underline{G}}) \longrightarrow (B, \underline{\underline{B}})$ is called a conditional expectation of f with respect to $\underline{\underline{G}}$ if

(1) $(g, \Phi) = E[(f, \Phi) \mid \underline{\underline{G}}]$

is satisfied a.s. for any Φ of B'.

6.2. Lemma. Suppose that $||f||$ is integrable. Then a conditional expectation exists uniquely.

Proof. Suppose that there are two g_1, g_2 satisfying (1). The it holds $(g_1 - g_2, \Phi) = 0$ a.s. for any Φ of B'. This implies $||g_1 - g_2|| = 0$ a.s. Hence the conditional expectation is at most unique.

We will prove the existence. Let $\underline{\underline{E}}$ be the linear space $\{\Sigma_{k=1}^{n} \alpha_k \Phi_k,\ n=1,2,\ldots\}$ where α_k are rational numbers and $\{\Phi_k\}$ is a dense subset of B'. Then for almost all ω, we can associate a linear form G_ω on $\underline{\underline{E}}$ such that

a) $G_\omega(\Phi)$ is $\underline{\underline{G}}$-measurable for any Φ of $\underline{\underline{E}}$,

b) $G_\omega(\Phi) = E[(f,\Phi)|\underline{\underline{G}}](\omega)$ a.s. for any Φ of $\underline{\underline{E}}$,

c) $|G_\omega(\Phi)| \leq E[\,||f||\,|\underline{\underline{G}}](\omega)||\Phi||$ for all $\Phi \in \underline{\underline{E}}$ a.s.

Obviously the linear form G_ω can be extended uniquely to a continuous linear form on B'. Hence by Riesz's theorem, there is an element $g(\omega)$ of $B'' = B$ such that $G_\omega(\Phi) = (g(\omega), \Phi)$ holds for all Φ of $\underline{\underline{E}}$. Then it holds

$$(g(\omega), \Phi) = E[(f,\Phi)|\underline{\underline{G}}](\omega) \quad \text{a.s.} \quad \text{for any } \Phi.$$

Therefore $g(\omega)$ is a B-valued random variable and in fact the conditional expectation of f with respect to $\underline{\underline{G}}$.

6.3. Definition. The conditional expectation of f with respect to $\underline{\underline{G}}$ is denoted by $E[f|\underline{\underline{G}}]$.

Remark. For any $p \geq 1$, it holds $E[\,||E[f|\underline{\underline{G}}]||^p] \leq E[\,||f||^p]$. In fact, from (1) we have $|(E[f|\underline{\underline{G}}], \Phi)| \leq E[\,||f||\,|\underline{\underline{G}}]$ for any $\Phi \in B'$ such that $||\Phi|| \leq 1$. This implies $||E[f|\underline{\underline{G}}]|| \leq E[\,||f||\,|\underline{\underline{G}}]$ and the assertion follows.

The following lemma corresponds to Doob's convergence theorem of a real L^p martingale.

6.4. Lemma. Let f be a B-valued random variable such that $E[\|f\|^p] < \infty$ for some $p \geq 1$. Let $\underline{\underline{G}}_n$, $n=1,2,\ldots$ be an increasing sequence of σ-fields such that $\bigvee_n \underline{\underline{G}}_n = \underline{\underline{F}}$. Set $f_n = E[f|\underline{\underline{G}}_n]$. Then it holds $E[\|f - f_n\|^p] \longrightarrow 0$ as $n \to \infty$.

Proof. Let $\underline{\underline{C}}_n$ be the set of all $\underline{\underline{G}}_n$-measurable B-valued random variables f such that $E[\|f\|^p] < \infty$. Set $\underline{\underline{C}} = \bigcup_n \underline{\underline{C}}_n$. The assertion is clearly true for any f of $\underline{\underline{C}}$. Let f be an arbitrary B-valued random variable such that $E[\|f\|^p] < \infty$. Then we may choose a sequence $\{g_m\}$ of $\underline{\underline{C}}$ converging to f in the sense $E[\|f - g_m\|^p] \longrightarrow 0$. Then

$$E[\|f - f_n\|^p]^{\frac{1}{p}} \leq E[\|f - g_m\|^p]^{\frac{1}{p}} + E[\|g_m - E[g_m|\underline{\underline{G}}_n]\|^p]^{\frac{1}{p}}$$
$$+ E[\|E[g_m - f|\underline{\underline{G}}_n]\|^p]^{\frac{1}{p}} .$$

Note the relation in the remark after Definition 6.3. Then the last member is dominated by $E[\|g_m - f\|^p]^{1/p}$. Therefore, making n tend to infinity, we have

$$\overline{\lim_{n\to\infty}} E[\|f - f_n\|^p]^{\frac{1}{p}} \leq 2E[\|f - g_m\|^p]^{\frac{1}{p}}.$$

The right hand side converges to 0 as $m \to \infty$. Thererfore we have $\lim_{n\to\infty} E[\|f - f_n\|^p]^{1/p} = 0$. The proof is complete.

B-valued martingale adapted to σ-fields $(\underline{\underline{F}}_t)$ is defined by means of B-valued conditional expectations. Let L_t, $t \in [0,a]$ be a B-valued,

$(\underline{F}_t)$-adapted, measurable process. It is called a martingale if $E[\|L_t\|] < \infty$ for any t and $E[L_t | \underline{F}_s] = L_s$ holds a.s. for any $t > s$. It is a local martingale if there is an increasing sequence of stopping times T_n such that $T_n \uparrow \infty$ and each stopped process $L_t^{T_n} = L_{t \wedge T_n}$ is a martingale. If L_t is a (local) martingale then (L_t, Φ) is a real valued (local) martingale for any Φ of B'.

6.5. Definition. Let M_t be a real continuous local martingale and let f_s be a B-valued predictable process such that

$$(2) \qquad \int_0^a \|f_s\|^2 d\langle M\rangle_s < \infty \qquad \text{a.s.}$$

A B-valued local martingale L_t is called the stochastic integral of f_t by dM_t if it satisfies

$$(3) \qquad (L_t, \Phi) = \int_0^t (f_s, \Phi) dM_s$$

for any Φ of B'. If it exists, we denote it by $\int_0^t f_s dM_s$.

It is obvious that stochastic integral is at most one. The existence is easily seen if f_t is a step process, i.e., $f_t = f_{t_i}$ holds for all $t \in (t_i, t_{i+1}]$, where $0 = t_0 < t_1 < \ldots < t_n = a$. In fact,

$$(4) \qquad L_t \equiv \sum_{i=0}^{k-1} f_{t_i}(M_{t_{i+1}} - M_{t_i}) + f_{t_k}(M_t - M_{t_k}), \quad t_k \le t < t_{k+1}$$

is a B-valued local martingale satisfying (3). However, it is not an easy problem to show in general the existence of stochastic integrals of any B-valued predictable processes satisfying (2). In this lecture, we will prove it in two cases. The first is the case that B is a Hilbert space, which will be discussed at the remainder of this section: The second is the case that B is a Sobolev space, which will be discussed at the next section.

In the sequel, we assume that B is a Hilbert space. Then stochastic integrals can be defined similarly as the case of real valued process. Key points are the following two lemmas.

6.6. <u>Lemma.</u> Suppose that the step process f_t satisfies $E[\int_0^a \|f_s\|^2 d\langle M\rangle_s] < \infty$. Then L_t defined by (4) is a martingale and satisfies

(5) $$E[\|L_t\|^2] = E[\int_0^t \|f_s\|^2 d\langle M\rangle_s], \qquad \forall t \in [0,a].$$

<u>Proof.</u> We will only prove the case that M_t is a square integrable martingale. From (4), it holds

$$\begin{aligned} E[\|L_t\|^2] &= \sum_{i,j} E[(L_{t_{i+1}} - L_{t_i}, L_{t_{j+1}} - L_{t_j})] \\ &= \sum_{i,j} E[(f_{t_i}, f_{t_j})(M_{t_{i+1}} - M_{t_i})(M_{t_{j+1}} - M_{t_j})]. \end{aligned}$$

If $i < j$, then

$$E[(f_{t_i}, f_{t_j})(M_{t_{i+1}} - M_{t_i})(M_{t_{j+1}} - M_{t_j})] = 0,$$

since $(f_{t_i}, f_{t_j})(M_{t_{i+1}} - M_{t_i})$ is $\underline{\underline{F}}_{t_j}$-adapted. If $i = j$, then it holds

$$E[\|f_{t_i}\|^2 (M_{t_{i+1}} - M_{t_i})^2] = E[\|f_{t_i}\|^2 (\langle M\rangle_{t_{i+1}} - \langle M\rangle_{t_i})],$$

since $E[(M_{t_{i+1}} - M_{t_i})^2 | \underline{\underline{F}}_{t_i}] = E[\langle M\rangle_{t_{i+1}} - \langle M\rangle_{t_i} | \underline{\underline{F}}_{t_i}]$ holds. Therefore we have

$$E[\|L_t\|^2] = \sum_i E[\|f_{t_i}\|^2 (\langle M\rangle_{t_{i+1}} - \langle M\rangle_{t_i})] = E[\int_0^t \|f_s\|^2 d\langle M\rangle_s].$$

The proof is complete.

6.7. Lemma. Let f_t be a predictable B-valued process such that

(6) $$E[\int_0^a \|f_s\|^2 d\langle M\rangle_s] < \infty.$$

Then there is a sequence of B-valued step processes f_t^n such that

(7) $$E[\int_0^a \|f_s - f_s^n\|^2 d\langle M\rangle_s] \xrightarrow[n\to\infty]{} 0.$$

Proof. Let us define an increasing sequence of σ-fields on $[0,a]\times\Omega$ by

$$\underline{\underline{B}}_n = \sigma\{(\frac{ka}{2^n}, \frac{(k+1)a}{2^n}] \times A \; ; \; A \in \underline{\underline{F}}_{\frac{ka}{2^n}}, \quad k=0,\ldots,2^n\}.$$

Then it holds $\bigvee_n \underline{\underline{B}}_n = \underline{\underline{P}}$. Define a measure $\widetilde{P}$ on the predictable σ-field $\underline{\underline{P}}$:

$$\widetilde{P}(A) = E[\int_0^a I_A(s,\omega) d\langle M\rangle_s], \qquad A \in \underline{\underline{P}},$$

where I_A is the indicator function of the set A. Then it holds

$$\widetilde{E}[\|f\|^2] = E[\int_0^a \|f_s\|^2 d\langle M\rangle_s].$$

Consider a sequence of conditional expectations $f^n = \widetilde{E}[f|\underline{\underline{B}}_n]$. Then each f^n is a step process such that $f^n(t,\omega) = f^n(\frac{ka}{2^n},\omega)$ if $\frac{ka}{2^n} < t \leq \frac{(k+1)a}{2^n}$. It converges to f in the sense $\widetilde{E}[\|f - f^n\|^2] \longrightarrow 0$ by Lemma 6.4. This shows (7). The proof is complete.

6.8. Theorem. For any predictable Hilbert space valued process f_t satisfying (2), the stochastic integral $\int_0^t f_s dM_s$ is well defined. Furthermore, it is a strongly continuous Hilbert space valued local martingale.

Proof. Suppose that f_t satisfies (6). Let f^n be a sequence of step processes converging to f in the sense of (7). Then by Lemma 6.6 and

Doob's inequality of positive submartingale, we have

$$E[\sup_{t\le a}\|L_t^n - L_t^m\|^2] \le 4E[\|L_a^n - L_a^m\|^2] = 4E[\int_0^a \|f_s^n - f_s^m\|^2 d\langle M\rangle_s] \longrightarrow 0$$

as $n,m \to \infty$. Therefore there is a strongly continuous B-valued process L_t such that $E[\sup_{t\le a}\|L_t - L_t^n\|]$ tends to 0. This L_t satisfies (3) obviously.

Next suppose f_t satisfy (2). Define an increasing sequence of stopping times T_k by $\inf\{t>0\,;\int_0^t \|f_s\|^2 d\langle M\rangle_s \ge k\}$ ($=\infty$ if $\{\dots\} = \phi$). For each k, there is a strongly continuous B-valued martingale $L_t^{(k)}$ such that $(L_t^{(k)},\Phi) = \int_0^{t\wedge T_k}(f_s,\Phi)dM_s$ holds for any Φ of B'. If $k<k'$, it holds $(L_t^{(k)},\Phi) = (L_{t\wedge T_k}^{(k')},\Phi) = \int_0^{t\wedge T_k}(f_s,\Phi)dM_s$. Therefore we have $L_t^{(k)} = L_{t\wedge T_k}^{(k')}$ if $k<k'$. Hence we may define a strongly continuous B-valued process L_t, $t\in[0,a]$ by $L_t = L_t^{(k)}$ if $t<T_k$. Then L_t satisfies (3) and is a strongly continuous B-valued local martingale. The proof is complete.

7. REGULARITY OF INTEGRALS WITH RESPECT TO PARAMETERS

Let $f_s(\lambda)$ be a real valued predictable process with parameter $\lambda\in\Lambda$ and let M_t be a continuous local martingale. If $\int_0^a |f_s(\lambda)|^2 d\langle M\rangle_s < \infty$ a.s. for any λ, Itô's stochastic integral $\int_0^t f_s(\lambda)dM_s$ is well defined except for a null set for each λ. However, the exceptional set may depend on the parameter λ. Therefore, in order to discuss the regularity of the integral with respect to the parameter, we have to choose a good modification of the integrals so that the exceptional set does not depend on λ. For this purpose, we shall consider that $f_s(\lambda)$ is a Sobolev space valued process and we shall define the integral as a Sobolev space valued local martingale.

Let us introduce some notations concerning Sobolev space. The parameter space Λ is assumed to be a bounded domain in R^d. Let $\lambda = (\lambda_1,\ldots,\lambda_d) \in \Lambda$ and $k = (k_1,\ldots,k_d)$ be a multi-index of non-negative integers. We denote by D^k the differential operator $(\frac{\partial}{\partial\lambda_1})^{k_1}, \ldots (\frac{\partial}{\partial\lambda_d})^{k_d}$. Let p be a real number greater than 1 and m be a nonnegative integer. A Sobolev space of type p,m, denoted by W_p^m, is the set of all L_p functions ϕ on Λ such that derivatives $D^k\phi$, $|k|$ $(=k_1+\ldots+k_d) \leq m$ in the distributional sense are all L_p functions. For $\phi \in W_p^m$, we define the norm $\| \ \|_{p,m}$ by

$$\|\phi\|_{p,m} = \Big| \sum_{|k|\leq m} \int_\Lambda |D^k\phi(\lambda)|^p d\lambda \Big|^{\frac{1}{p}} .$$

Then W_p^m is a separable reflexive Banach space.

Now let C_b^m be the set of all m-times continuously differentiable functions whose derivatives up to m are all bounded. For $\phi \in C_b^m$, we define the norm

$$\|\phi\|_{\infty,m} = \sum_{|k|\leq m} \sup_\lambda |D^k\phi(\lambda)| .$$

Then C_b^m is a separable Banach space.

A fundamental result concerning Sobolev space is the following.

7.1. <u>Sobolev's embedding theorem.</u> Let ℓ be a nonnegative integer less than $m - \frac{d}{p}$. Then it holds $W_p^m \subset C_b^\ell$ and there is a positive constant $K_{p,m}^\ell$ such that

$$\|\phi\|_{\infty,\ell} \leq K_{p,m}^\ell \|\phi\|_{p,m} , \qquad \forall \phi \in W_p^m .$$

In the following, we will fix p,m and omit it from the notation of the norm.

We shall now define the stochastic integral of W_p^m-valued process. If f_t is a predictable W_p^m-valued step process, the stochastic integral was defined by (4) in the previous section. In order to define the integral for more general class of f_t, we need a lemma analogous to Lemma 6.6.

7.2. Lemma. Let $p \geq 2$. There exists a positive constant C such that

(1) $$E[\|L_t\|^p] \leq CE[(\int_0^t \|f_s\|^p d\langle M\rangle_s)\langle M\rangle_t^{\frac{p}{2}-1}], \qquad \forall t \in [0,a]$$

holds for any step process f_t.

For the proof, we require Burkholder's inequality, which will be proved at the next section.

7.3. Theorem. (Burkholder's inequality). Let $p \geq 2$. Then there is a positive constant $C^{(p)}$ such that

(2) $$E[|M_t|^p] \leq C^{(p)}E[\langle M\rangle_t^{\frac{p}{2}}] \qquad \forall t \in [0,a]$$

holds for any $M \in \underline{\underline{M}}_c$ such that $E[|M_a|^p] < \infty$.

Proof of Lemma 7.2. It holds

$$\|L_t\|^p = \sum_{|k|\leq m} \int_\Lambda |\int_0^t D^k f_s(\lambda) dM_s|^p d\lambda.$$

By Burkholder's inequality and Hölder's inequality, we have

$$E[\|L_t\|^p] = \sum_{|k|\leq m} \int_\Lambda E[|\int_0^t D^k f_s(\lambda) dM_s|^p] d\lambda$$

$$\leq C^{(p)} \sum_{|k|\leq m} \int_\Lambda E[|\int_0^t |D^k f_s(\lambda)|^2 d\langle M\rangle_s|^{\frac{p}{2}}] d\lambda$$

$$\leq C^{(p)} \sum_{|k|\leq m} \int_\Lambda E[(\int_0^t |D^k f_s(\lambda)|^p d\langle M\rangle_s)\langle M\rangle_t^{\frac{p}{2}-1}]d\lambda$$

$$\leq C^{(p)} E[(\int_0^t ||f_s||^p d\langle M\rangle_s)\langle M\rangle_t^{\frac{p}{2}-1}].$$

This proves the lemma.

7.4. Lemma. Let $p \geq 2$. Let f_t be a predictable process such that

$$E[(\int_0^a ||f_s||^p d\langle M\rangle_s)\langle M\rangle_a^{\frac{p}{2}-1}] < \infty.$$

Then there is a sequence of step processes f_t^n such that

$$E[(\int_0^a ||f_s - f_s^n||^p d\langle M\rangle_s)\langle M\rangle_a^{\frac{p}{2}-1}] \longrightarrow 0$$

Proof is similar to that of Lemma 6.7. Define a measure $\hat{P}$ on $([0,a]\times\Omega, \underline{\underline{P}})$ by

$$\hat{P}(A) = E[(\int_0^a I_A(s,\omega)d\langle M\rangle_s)\langle M\rangle_a^{\frac{p}{2}-1}]$$

and $f^n = \hat{E}[f|\underline{\underline{B}}_n]$, where $\underline{\underline{B}}_n$, $n=1,2,\ldots$ are σ-fields defined in the proof of Lemma 6.7. Then $\hat{E}[||f-f^n||^p] \longrightarrow 0$ by Lemma 6.4. This proves the lemma.

We can now prove the following theorem similarly as that of Theorem 6.8.

7.5. Theorem. Let $p \geq 2$. Let f_t be a predictable W_p^m-valued process satisfying

(3) $$\int_0^a ||f_s||^p d\langle M\rangle_s < \infty \quad \text{a.s.}$$

Then the stochastic integral $\int_0^t f_s dM_s$ is well defined. It is a strongly continuous W_p^m-valued local martingale.

We shall apply the above theorem to the regularity problem of the real valued stochastic integral $\int_0^t f_s(\lambda)dM_s$ with parameter λ.

7.6. Theorem. Suppose $p \geq 2$ and $mp > d$. Let $f_s(\lambda)$, $\lambda \in \Lambda$ be a predictable C_b^m-valued process satisfying

$$\text{(4)} \qquad \int_0^a \|f_s\|_{\infty,m}^p \, d\langle M\rangle_s < \infty \qquad \text{a.s.}$$

Then the real valued stochastic integral $\int_0^t f_s(\lambda)dM_s$ with parameter λ has a modification $L_t(\lambda)$ which satisfies the following properties.

(i) $L_t(\lambda)$ is continuous in (t,λ) and ℓ-times continuously differentiable[1)] in λ where $\ell < m - \frac{d}{p}$.

(ii) If $|k| < m - \frac{d}{p}$, then $D^k L_t(\lambda)$ is continuous in (t,λ) and satisfies

$$\text{(5)} \qquad D^k L_t(\lambda) = \int_0^t D^k f_s(\lambda)dM_s, \quad \forall t \quad \text{a.s.}$$

for any λ.

Proof. We will consider f_t as a W_p^m-valued process. Since it holds $\|f_s\| \leq K\|f_s\|_{\infty,m}$ with some positive constant K, f_t satisfies condition (3). Therefore stochastic integral $L_t = \int_0^t f_s dM_s$ is well defined as a W_p^m-valued strongly continuous local martingale. Then by Sobolev's embedding theorem, L_t is a C_b^ℓ-valued strongly continuous process where $\ell < m - \frac{d}{p}$. This means that $L_t = L_t(\lambda)$ is continuous in (t,λ) and ℓ-times continuous differentiable in λ.

We shall show that $L_t(\lambda)$ is a modification of the real valued stochastic

---

1) Derivatives are continuous in (t,λ).

integral $\int_0^t f_s(\lambda)dM_s$ with parameter λ. Note that L_t satisfies

$$(L_t,\Phi) = \int_0^t (f_s,\Phi)dM_s$$

for any Φ of $(W_p^m)'$. Take the Dirac measure δ_λ concentrated at λ as an element of $(W_p^m)'$. Then the above implies

$$L_t(\lambda) = \int_0^t f_s(\lambda)dM_s$$

immediately. Next take $D^k\delta_\lambda$ as an element of $(W_p^m)'$, where $|k| < m - \frac{d}{p}$. Then we have

$$(-1)^{|k|}(L_t,D^k\delta_\lambda) = \int_0^t (-1)^{|k|}(f_s,D^k\delta_\lambda)dM_s$$

which implies

$$(D^kL_t,\delta_\lambda) = \int_0^t (D^kf_s,\delta_\lambda)dM_s.$$

This proves (5). The proof is complete.

We shall next consider the convergence of sequence of W_p^m-valued stochastic integrals.

7.7. Theorem. Suppose that $mp > d$ and $p \geq 2$. Let $\{f_s^n\}$ be a sequence of predictable W_p^m-valued processes such that $\int_0^a ||f_s - f_s^n||^p d\langle M\rangle_s$ converges to 0 in probability. Let $L_t^n = \int_0^t f_s^n dM_s$. Then $\sup_t ||L_t^n - L_t||$ converges to 0 in probability as $n \to \infty$.

Proof is similar to that of Theorem 3.1. It is omitted.

Let f_s be a strongly continuous W_p^m-valued process. Associated with the partition $\Delta = \{0 = t_0 < \ldots < t_n = a\}$, we define the step process f_s^Δ

by f_{t_i} if $t_i \leq s < t_{i+1}$. Then, $\int_0^t \|f_s - f_s^\Delta\|^p d\langle M\rangle_s$ converges to 0 a.s. as $|\Delta| \to 0$. Therefore, we have the following.

7.8. Corollary. Suppose that f_s is a predictable strongly continuous W_p^m-valued process. Then there is a sequence of partitions Δ_n of $[0,a]$ with $|\Delta_n| \longrightarrow 0$ such that

$$\sup_t \left\| \int_0^t f_s dM_s - \int_0^t f_s^{\Delta_n} dM_s \right\| \longrightarrow 0 \quad \text{a.s.}$$

If $\ell < m - \frac{d}{p}$, then $\int_0^t f_s^{\Delta_n}(\lambda) dM_s$ converges to $\int_0^t f_s(\lambda) dM_s$ by the norm $\| \quad \|_{\infty,\ell}$ a.s.

7.9. Corollary. Let Y be a Λ-valued $\underline{\underline{F}}_0$-measurable random variable. If $f_s(\lambda)$ is continuous in (s,λ) and continuously differentiable in λ, then it holds

$$\int_0^t f_s(\lambda) dM_s \Big|_{\lambda=Y} = \int_0^t f_s(Y) dM_s.$$

Proof. Let $\{\Delta_n\}$ be a sequence of partitions of Corollary 7.8. Then the assertion is valid for each $f_s^{\Delta_n}$ since it is a step process. Let n tend to infinity. Then we see that the equality is valid for the above f_s.

Finally we shall consider the regularity of the Stratonovich integrals.

7.10. Theorem. Let $f_t(\lambda)$ be a continuous random field satisfying the following properties.

(i) It is m+1-times continuously differentiable in λ a.s.

(ii) For each λ, $f_t(\lambda)$ is a continuous semimartingale represented as

$$f_t(\lambda) = f_0(\lambda) + \sum_{j=1}^n \int_0^t g_s^j(\lambda) dN_s^j,$$

where $N_t^1,\dots,N_t^n$ are continuous semimartingales, $g_s^j(\lambda)$ are continuous random fields satisfying

(a) $g_s^j(\lambda)$ is m+1-times continuously differentiable a.s.,

(b) For each λ, it is $\underline{\underline{F}}_t$-adapted.

Then the Stratonovich integral $\int_0^t f_s(\lambda)\circ dM_s$ has a modification which is continuous in (t,λ) and m-times continuously differentiable in λ. Furthermore, it holds for any k such that $|k| \le m$,

$$D^k\int_0^t f_s(\lambda)\circ dM_s = \int_0^t D^k f_s(\lambda)\circ dM_s.$$

Proof. It holds

$$\int_0^t f_s(\lambda)\circ dM_s = \int_0^t f_s(\lambda)dM_s + \frac{1}{2}\sum_j\int_0^t g_s^j(\lambda)d\langle N^j,M\rangle_s \qquad \text{a.s.}$$

for any λ. The right hand side has a modification which is continuous in (t,λ) and m-times continuously differentiable by Theorem 7.6. Hence the Stratonovich integral has a modification with the same property, too. Furthermore,

$$D^k\int_0^t f_s(\lambda)\circ dM_s = \int_0^t D^k f_s(\lambda)dM_s + \frac{1}{2}\sum_j\int_0^t D^k g_s^j(\lambda)d\langle N^j,M\rangle_s.$$

On the other hand, since $D^k f_t(\lambda) = D^k f_0(\lambda) + \sum_j\int_0^t D^k g_s^j(\lambda)dN_s^j$ holds for $|k| \le m$, we have

$$\int_0^t D^k f_s(\lambda)\circ dM_s = \int_0^t D^k f_s(\lambda)dM_s + \frac{1}{2}\sum_j\int_0^t D^k g_s^j(\lambda)d\langle N^j,M\rangle_s.$$

This proves (6). The proof is complete.

8. ITÔ'S FORMULA

One of the fundamental tool for studying stochastic differential equations is so called Itô's formula, which describes the differential rule for change of variables or compositon of functions. We present here a differential rule for the composition of two stochastic processes, which is a generalization of the well known Itô's formula.

8.1. <u>Theorem.</u> Let $F_t(x)$, $t \in [0,a]$, $x \in R^d$ be a random field continuous in (t,x) a.s., satisfying

(i) $F_t(x)$ is twice continuously differentiable in x.[1)]

(ii) For each x, $F_t(x)$ is a continuous semimartingale and it satisfies

$$(1) \quad F_t(x) = F_0(x) + \sum_{j=1}^{m} \int_0^t f_s^j(x)\,dY_s^j,^{2)} \qquad \forall x \in R^d$$

a.s., where $Y_s^1, \ldots, Y_s^m$ are continuous semimartingales, $f_s^j(x)$, $s \in [0,a]$, $x \in R^d$ are random fields which are continuous in (s,x) and satisfy

(a) $f_s^j(x)$ are twice continuously differentiable in x.

(b) For each x, $f_s^j(x)$ are adapted processes.

Let now $X_t = (X_t^1, \ldots X_t^d)$ be continuous semimartingales. Then we have

$$(2) \quad F_t(X_t) = F_0(X_0) + \sum_{j=1}^{m} \int_0^t f_s^j(X_s)\,dY_s^j + \sum_{i=1}^{d} \int_0^t \frac{\partial F_s}{\partial x_i}(X_s)\,dX_s^i$$
$$+ \sum_{i=1}^{d} \sum_{j=1}^{m} \int_0^t \frac{\partial f_s^j}{\partial x_i}(X_s)\,d\langle Y^j, X^i\rangle_s$$
$$+ \frac{1}{2} \sum_{i,j=1}^{d} \int_0^t \frac{\partial^2 F_s}{\partial x_i \partial x_j}(X_s)\,d\langle X^i, X^j\rangle_s .$$

Observe that the above formula is not like the classical formula for the differential of composite functions, where the last two temrs do not appear. We will see later that if we replace Itô integrals by Stratonovich integrals, then we have a rule similar to the classical rule. See Theorem 8.3.

---

1) Derivatives are continuous in (t,x).

2) Modifications continuous in x. See Theorem 7.6.

If we take $F_t(x)$ as a C^2 function $F(x)$ in the thoerem, we obtain a well known Itô's formula.

8.2. Corollary. Let $F : R^d \longrightarrow R^1$ be a C^2 function and let $X_t = (X_t^1, \dots, X_t^d)$ be continuous semimartingales. Then we have

$$F(X_t) = F(X_0) + \sum_{i=1}^{d} \int_0^t \frac{\partial F}{\partial x_i}(X_s) dX_s^i$$

$$+ \frac{1}{2} \sum_{i,j=1}^{d} \int_0^t \frac{\partial^2 F}{\partial x_i \partial x_j}(X_s) d\langle X^i, X^j \rangle_s .$$

For the proof of the theorem, take a partition $\Delta_n = \{0 = t_0 < \dots < t_n = t\}$ and divide $F_t(X_t) - F(X_0)$ into the sum of small differences $F_{t_{k+1}}(X_{t_{k+1}}) - F_{t_k}(X_{t_k})$. Then,

$$F_t(X_t) - F_0(X_0)$$

$$= \sum_{k=0}^{n-1} \{F_{t_{k+1}}(X_{t_k}) - F_{t_k}(X_{t_k})\} + \sum_{k=0}^{n-1} \{F_{t_{k+1}}(X_{t_{k+1}}) - F_{t_{k+1}}(X_{t_k})\}$$

$$= \sum_{k=0}^{n-1} \sum_{j=1}^{m} \int_{t_k}^{t_{k+1}} f_s^j(x) dY_s^j \Big|_{x = X_{t_k}}$$

$$+ \sum_{k=0}^{n-1} \sum_{i=1}^{d} \left(\frac{\partial}{\partial x_i} F_{t_{k+1}}(X_{t_k}) - \frac{\partial}{\partial x_i} F_{t_k}(X_{t_k})\right)(X_{t_{k+1}}^i - X_{t_k}^i)$$

$$+ \sum_{k=0}^{n-1} \sum_{i=1}^{d} \frac{\partial}{\partial x_i} F_{t_k}(X_{t_k})(X_{t_{k+1}}^i - X_{t_k}^i)$$

$$+ \frac{1}{2} \sum_{i,j=1}^{d} \sum_{k=0}^{n-1} \frac{\partial^2}{\partial x_i \partial x_j} F_{t_{k+1}}(\xi_k)(X_{t_{k+1}}^i - X_{t_k}^i)(X_{t_{k+1}}^j - X_{t_k}^j)$$

$$= I_1^{(n)} + I_2^{(n)} + I_3^{(n)} + I_4^{(n)},$$

where ξ_k are random variables such that $|\xi_k - X_{t_k}| \le |X_{t_{k+1}} - X_{t_k}|$. We will prove in the sequel

$$(3)\quad \lim_{n\to\infty} I_1^{(n)} = \sum_{j=1}^{m}\int_0^t f_s^j(X_s)dY_s^j,$$

$$(4)\quad \lim_{n\to\infty} I_2^{(n)} = \sum_{i=1}^{d}\sum_{j=1}^{m}\int_0^t \frac{\partial f_s^j}{\partial x_i}(X_s)d\langle Y^j,X^i\rangle_s,$$

$$(5)\quad \lim_{n\to\infty} I_3^{(n)} = \sum_{i=1}^{d}\int_0^t \frac{\partial F_s}{\partial x_i}(X_s)dX_s^i ,$$

$$(6)\quad \lim_{n\to\infty} I_4^{(n)} = \frac{1}{2}\sum_{i,j=1}^{d}\int_0^t \frac{\partial^2}{\partial x_i \partial x_j} F_s(X_s)d\langle X^i,X^j\rangle_s.$$

Then the formula of the theorem will follow.

<u>Proof</u> of (3) <u>and</u> (5). If Y_t^j is a process of bounded variation, the assertion is obvious. So we will consider the case that Y_t^j is a continuous local martingale. Set $\overset{\Delta}{X_s}{}^n = X_{t_k}$ if $t_k \le s < t_{k+1}$. Then it holds by Corollary 7.9

$$I_1^{(n)} = \sum_{j=1}^{m}\int_s^t f_s^j(\overset{\Delta}{X_s}{}^n)dY_s^j.$$

Since

$$\int_0^t |f_s^j(\overset{\Delta}{X_s}{}^n) - f_s^j(X_s)|^2 d\langle Y^j\rangle_s \xrightarrow[n\to\infty]{} 0 \quad \text{in probability},$$

assertion (3) follows from Theorem 3.1. The proof of (5) is immediate.

<u>Proof</u> of (4). It holds by Theorem 7.6

$$\frac{\partial}{\partial x_i} F_{t_{k+1}}(x) - \frac{\partial}{\partial x_i} F_{t_k}(x) = \sum_{j=1}^{m}\int_{t_k}^{t_{k+1}} \frac{\partial f_s^j}{\partial x_i}(x)dY_s^j$$

a.s. for each x. Since $\frac{\partial f_s^j}{\partial x_i}(x)$ is continuous in (s,x) and continuously differentiable in x, it holds by Corollary 7.9 [1)]

1) $\int_0^t \frac{\partial f_s^j}{\partial x_i}(x)dY_s^j$ is understood as a modification in W_p^1 with $p > d$.

$$\frac{\partial}{\partial x_i} F_{t_{k+1}}(X_{t_k}) - \frac{\partial}{\partial x_i} F_{t_k}(X_{t_k}) = \sum_{j=1}^{m} \int_{t_k}^{t_{k+1}} \frac{\partial f_s^j}{\partial x_i}(X_{t_k}) dY_s^j .$$

Now, setting for convenience

$$L_t^{ij}(\Delta_n) = \int_0^t \frac{\partial f_s^j}{\partial x_i}(X_s^{\Delta_n}) dY_s^j,$$

$I_2^{(n)}$ is written as the sum of joint quadratic variations $\langle L^{ij}(\Delta_n), X^i\rangle_t^{\Delta_n}$ associated with the partition Δ_n. Thus it is enough to prove that each $\langle L^{ij}(\Delta_n), X^i\rangle_t^{\Delta_n}$ converges to $\langle L^{ij}, X^i\rangle_t$ where

$$L_t^{ij} = \int_0^t \frac{\partial f_s^j}{\partial x_i}(X_s) dY_s^j .$$

We will show this in case where X^i, Y^j are local martingales. It holds

$$|\langle L^{ij}(\Delta_n), X^i\rangle_t^{\Delta_n} - \langle L^{ij}, X^i\rangle_t|$$

$$\leq |\langle L^{ij}, X^i\rangle_t^{\Delta_n} - \langle L^{ij}, X^i\rangle_t| + |\langle L^{ij}(\Delta_n) - L^{ij}, X^i\rangle_t^{\Delta_n}| .$$

The first member of the right hand side converges to 0 as $n \to \infty$. The second member converges to 0 as $n \to \infty$ by Theorem 4.4. The proof is complete.

<u>Proof</u> of (6). Set $h_s(x) = \frac{\partial^2 F_s}{\partial x_i \partial x_j}(x)$ and

$$K_t = \int_0^t h_s(X_s) dX_s^i , \qquad K_t^n = \int_0^t h_s^{\Delta_n}(X_s^{\Delta_n}) dX_s^i .$$

Then $\langle K^n, X^j\rangle_t^{\Delta_n}$ converges to $\langle K, X^j\rangle_t$ as $n \to \infty$, which can be shown quite similarly as the proof of (4). On the other hand, it holds

$$|\langle K^n, X^j\rangle_t^{\Delta_n} - \sum_{k=0}^{n-1} h_{t_{k+1}}(\xi_k)(X_{t_{k+1}}^i - X_{t_k}^i)(X_{t_{k+1}}^j - X_{t_k}^j)|$$

$$\leq \sup_k |h_{t_k}(X_{t_k}) - h_{t_{k+1}}(\xi_k)| \{\langle X^i\rangle_t^{\Delta_n} \langle X^j\rangle_t^{\Delta_n}\}^{\frac{1}{2}} .$$

This converges to 0 as $|\Delta_n| \longrightarrow 0$. Therefore we have

$$\sum_{k=0}^{n-1} h_{t_{k+1}}(\xi_k)(X^i_{t_{k+1}} - X^i_{t_k})(X^j_{t_{k+1}} - X^j_{t_k}) \xrightarrow[n\to\infty]{} \int_0^t h_s(X_s)d\langle X^i, X^j\rangle_s.$$

The proof is complete.

In applications it is sometimes useful to rewrite the above formula using Stratonovich integral. The new formula is close to the classical formula for the differential rule of composite function. We need, however, additional assumption for processes.

8.3. <u>Theorem.</u> Let $F_t(x)$, $t \in [0,a]$, $x \in R^d$ be a random field continuous in (t,x) a.s., satisfying

(i) For each t, $F_t(\cdot)$ is a C^3-map from R^d into R^1 a.s. ω

(ii) For each x, $F_t(x)$ is a continuous semimartingale and it satisfies

$$(7) \quad F_t(x) = F_0(x) + \sum_{j=1}^m \int_0^t f^j_s(x)\circ dY^j_s, \qquad \forall x \in R^d \quad \text{a.s.},$$

where $Y^1_s, \ldots, Y^m_s$ are continuous semimartingales, $f^j_t(x)$ are random fields satisfying conditions (i) and (ii) of Theorem 8.1.

Let now $X_t = (X^1_t, \ldots, X^d_t)$ be continuous semimartingales. Then we have

$$(8) \quad F_t(X_t) = F_0(X_0) + \sum_{j=1}^m \int_0^t f^j_s(X_s)\circ dY^j_s + \sum_{i=1}^d \int_0^t \frac{\partial F_s}{\partial x_i}(X_s)\circ dX^i_s.$$

<u>Proof.</u> We will write the form of $f^j_t(x)$ explicitly:

$$f^j_t(x) = f^j_0(x) + \sum_{k=1}^{\ell} \int_0^t g^{jk}_s(x)dZ^k_s,$$

where Z^k are continuous semimartingales and $g^{jk}_s(x)$ are continuous in (s,x) satisfying conditions (a) and (b) of Theorem 8.1. Then using Itô integral, $F_t(x)$ of (7) is written as

$$(9) \quad F_t(x) = F_0(x) + \sum_{j=1}^m \int_0^t f^j_s(x)dY^j_s + \frac{1}{2}\sum_{j,k} \int_0^t g^{jk}_s(x)d\langle Z^k, Y^j\rangle_s.$$

Hence by Theorem 8.1.

$$(10)\quad F_t(X_t) = F_0(X_0) + \sum_j \int_0^t f_s^j(X_s)dY_s^j + \frac{1}{2}\sum_{j,k}\int_0^t g_s^{jk}(X_s)d\langle Z^k,Y^j\rangle_s$$
$$+ \sum_i \int_0^t \frac{\partial F_s}{\partial x_i}(X_s)dX_s^i + \sum_{i,j}\int_0^t \frac{\partial f_s^j}{\partial x_i}(X_s)d\langle Y^j,X^i\rangle_s$$
$$+ \frac{1}{2}\sum_{i,j}\int_0^t \frac{\partial^2 F_s}{\partial x_i \partial x_j}(X_s)d\langle X^i,X^j\rangle_s .$$

We shall apply Theorem 8.1 to $f_t^j(x)$ in the place of $F_t(x)$. Then we see that $f_t^j(X_t)$ is a continuous semimartingale satisfying

$$f_t^j(X_t) = f_0^j(X_0) + \sum_{k=1}^{\ell}\int_0^t g_s^{jk}(X_s)dZ_s^k + \sum_{i=1}^{d}\int_0^t \frac{\partial f_s^j}{\partial x_i}(X_s)dX_s^i$$

+ a process of bounded variation.

Therefore,

$$\langle f^j(X),Y^j\rangle_t = \sum_k \int_0^t g_s^{jk}(X_s)d\langle Z^k,Y^j\rangle_s + \sum_i \int_0^t \frac{\partial f_s^j}{\partial x_i}(X_s)d\langle X^i,Y^j\rangle_s .$$

Consequently, the Stratonovich integral $\sum_j \int_0^t f_s^j(X_s)\circ dY_s^j$ coincides with the sum of the second, the third and half of the fifth term of the right hand side of (10).

Next we shall apply Theorem 8.1 to $\frac{\partial F_t}{\partial x_i}(x)$ in place of $F_t(x)$. Noting the relation (9), we see that $\frac{\partial F_t}{\partial x_i}(X_t)$ is again a continuous semimartingale and satisfies

$$\langle \frac{\partial F}{\partial x_i}(X),X^i\rangle_t = \sum_j \int_0^t \frac{\partial f_s^j}{\partial x_i}(X_s)d\langle Y^j,X^i\rangle_s + \sum_j \int_0^t \frac{\partial^2 F_s}{\partial x_i\partial x_j}(X_s)d\langle X^i,X^j\rangle_s .$$

Therefore the Stratonovich integral $\sum_i \int_0^t \frac{\partial F_s}{\partial x_i}(X_s)\circ dX_s^i$ coincides with the sum of the fourth, half of the fifth and the sixth terms. The proof is complete.

8.4. <u>Corollary.</u> Let $F ; R^d \longrightarrow R^1$ be a C^3-class function and let

$X_t = (X_t^1, \dots, X_t^d)$ be continuous semimartingales. Then we have

$$F(X_t) = F(X_0) + \sum_{i=1}^{d} \int_0^t \frac{\partial F}{\partial x_i}(X_s) \circ dX_s^i.$$

We are now able to prove Burkholder's inequality.

Proof of Theorem 7.3. We shall apply Corollary 8.2 by setting $F(x) = |x|^p$ $(p > 2)$ and $X_t = M_t$. Then

$$|M_t|^p = p \int_0^t |M_s|^{p-1} \operatorname{sign}(M_s) dM_s^{1)} + \frac{1}{2} p(p-1) \int_0^t |M_s|^{p-2} d\langle M\rangle_s.$$

Taking the expectation, we have

$$\begin{aligned} E[\,|M_t|^p] &\leq \frac{1}{2} p(p-1) E[\int_0^t |M_s|^{p-2} d\langle M\rangle_s] \\ &\leq \frac{1}{2} p(p-1) E[\sup_{0 \leq s \leq t} |M_s|^{p-2} \langle M\rangle_t] \\ &\leq \frac{1}{2} p(p-1) E[\sup_{0 \leq s \leq t} |M_s|^p]^{\frac{p-2}{p}} E[\langle M\rangle_t^{\frac{p}{2}}]^{\frac{2}{p}} \\ &\leq \frac{1}{2} p(p-1) q^{p-2} E[\,|M_t|^p]^{\frac{p-2}{p}} E[\langle M\rangle_t^{\frac{p}{2}}]^{\frac{2}{p}}. \end{aligned}$$

Here we have used Hölder's inequality and Doob's inequality of martingales. The assertion of Theorem 7.3 follows immediately.

Remark. Burkholder's inequality for L^p-martingale was used for the proof of the regularity of stochastic integral with respect to parameters. The latter property was then used in the proof of Theorem 8.1 to show equalities (3) and (4). However if we look at the special case of Itô's formula such as Corollary 8.2, Theorem 7.6 and Corollary 7.9 are not needed since the terms corresponding to $I_2^{(n)}$ is identically 0. That is to say, Corollary 8.2 is proved without using Burkholder's

---

1) sign $(x) = 1$ if $x \geq 0$ and $= -1$ if $x < 0$.

inequality.

9. BROWNIAN MOTIONS AND STOCHASTIC INTEGRALS.

Let $B_t = (B_t^1, \ldots, B_t^m)$ be an m-dimensional standard Brownian motion defined on $(\Omega, \underline{\underline{F}}, P; \underline{\underline{F}}_t)$. We will call it an $(\underline{\underline{F}}_t)$-Brownian motion if it is $(\underline{\underline{F}}_t)$-adapted and the future of Brownian motion $B_u - B_t$; $u \geq t$ and the past σ-field $\underline{\underline{F}}_t$ are independent for any t. The following theorem characterizes $(\underline{\underline{F}}_t)$-Brownian motion by martingales and their joint quadratic variations.

9.1. Theorem. Let $B_t = (B_t^1, \ldots, B_t^m)$ be an m-dimensional $(\underline{\underline{F}}_t)$-adapted continuous stochastic process. It is an $(\underline{\underline{F}}_t)$-Brownian motion if and only if each $B_t^1, \ldots, B_t^m$ are square integrable martingales such that $\langle B^i, B^j \rangle_t = \delta_{ij} t$.

Proof. Suppose that $B_t = (B_t^1, \ldots, B_t^m)$ is an $(\underline{\underline{F}}_t)$-Brownian motion. Then it is square integrable. Since $B_t - B_s$ is independent of $\underline{\underline{F}}_s$,

$$E[B_t^i - B_s^i | \underline{\underline{F}}_s] = E[B_t^i - B_s^i] = 0$$

holds for any $s < t$. Hence B_t^i are square integrable martingales. It holds

$$E[(B_t^i)^2 - (B_s^i)^2 | \underline{\underline{F}}_s] = E[(B_t^i - B_s^i)^2] = t - s,$$

$$E[B_t^i B_t^j - B_s^i B_s^j | \underline{\underline{F}}_s] = E[(B_t^i - B_s^i)(B_t^j - B_s^j)] = 0 \quad \text{if } i \neq j.$$

Therefore $B_t^i B_t^j - \delta_{ij} t$ is a martingale, proving $\langle B^i, B^j \rangle_t = \delta_{ij} t$.

Conversely suppose that B_t^i are square integrable martingales satisfying $\langle B^i, B^j \rangle_t = \delta_{ij} t$. We will apply Itô's formula (Corollay 8.2) to $F(t,x)=\exp\{i(\alpha,x)+\frac{1}{2}|\alpha|^2 t\}$ and $M_t = (t,B_t)$ where $\alpha=(\alpha_1,\ldots,\alpha_m)$ and $i=\sqrt{-1}$. Then, we have

$$F(t,B_t)$$
$$=1+\int_0^t \frac{\partial F}{\partial s}(s,B_s)ds+\sum_{k=1}^m\int_0^t \frac{\partial F}{\partial x_k}(s,B_s)dB_s^k+\frac{1}{2}\sum_{k,\ell}\int_0^t \frac{\partial^2 F}{\partial x_k\partial x_\ell}(s,B_s)d\langle B^k,B^\ell\rangle_s$$
$$=1+i\sum_{k=1}^m \alpha_k\int_0^t F(s,B_s)dB_s^k,$$

since the sum of the second and the fourth terms is 0. This shows that $F(t,B_t)$ is a martingale with mean 1. Therefore,

$$E[F(t,B_t)F(s,B_s)^{-1}|\underline{\underline{F}}_s]=1,$$

from which we have

$$E[e^{i(\alpha,B_t-B_s)}|\underline{\underline{F}}_s]=e^{-\frac{1}{2}|\alpha|^2|t-s|}.$$

Consequently, $B_t - B_s$ is Gaussian with mean 0, covariance $(t-s)I$ and further it is independent of $\underline{\underline{F}}_s$. Therefore, B_t is an $(\underline{\underline{F}}_t)$-Brownian motion. The proof is complete.

Continuous local martingale can be transformed to a Brownian motion via time-change if the quadratic variation is a strictly increasing process. Let M_t, $t\in[0,a]$ be a continuous local martingale. Assume that the quadratic variation $\langle M\rangle_t(\omega)$ is a strictly increasing function of t a.s. and $\lim_{t\uparrow a}\langle M\rangle_t=\infty$ a.s. Let $\tau_t(\omega)$ be the inverse function of $\langle M\rangle_t$:

$$\tau_s(\omega)=\sup\{r\le s\ ;\ \langle M\rangle_r\le s\}.$$

Then it is a strictly increasing function of s and moreover, for each s, it is an $(\underline{\underline{F}}_t)$-stopping time. Then by Doob's optional sampling theorem, the time-changed process $X_s = M_{\tau_s}$, $s \in [0,\infty)$ is a continuous martingale relative to $(\hat{\underline{F}}_s) = (\underline{F}_{\tau_s})$. The quadratic variation of X_s is $\langle X\rangle_s = \langle M\rangle_{\tau_s} = s$. Therefore X_s is an $(\hat{\underline{F}}_s)$-Brownian motion. A similar property is valid for multidimensional local martingales.

9.2. Theorem. Let $M_t = (M_t^1,\dots,M_t^m)$ be a continuous local martingale. Suppose that there is a strictly increasing process A_t with $\lim_{t\uparrow a} A_t = \infty$ a.s. such that $\langle M^i, M^j\rangle_t = \delta_{ij}A_t$. Let τ_s be the inverse function of A_t. Then the time-changed process $\hat{M}_s = (M^1_{\tau_s},\dots,M^m_{\tau_s})$ is a standard Brownian motion..

Remark. In case A_t is strictly increasing but $\lim_{t\uparrow\infty} A_t = A_\infty$ is not infinite a.s., the quadratic variation of $\hat{M}$ is

$$\langle \hat{M}^i, \hat{M}^j\rangle_s = \delta_{ij} A_\infty \wedge s.$$

Therefore $\hat{M}_s$ is a stopped Brownian motion at time A_∞.

Now let us define Itô integral by 1-dimensional Brownian motion B_t. Let $f(t)$ be a predictable process such that $\int_0^t f(r)^2 dr < \infty$ a.s., then Itô integral $\int_0^t f(r)dB_r$ is well defined and it is a continuous local martingale. If $f(r)$ is square integrable, $E[\int_0^t f(r)^2 dr] < \infty$, then $\int_0^t f(r)dB_r$ is a square integrable martingale. It holds

(1) $E[\int_0^t f(r)dB_r] = 0$,

(2) $E[|\int_0^t f(r)dB_r|^2] = E[\int_0^t f(r)^2 dr]$,

(3) $E[|\int_0^t f(r)dB_r|^p] \le (\frac{1}{2}p(p-1)q^{p-2})^{\frac{p}{2}} E[|\int_0^t f(r)^2 dr|^{\frac{p}{2}}]$

$$\le (\tfrac{1}{2}p(p-1)q^{p-2})^{\frac{p}{2}} t^{\frac{p}{2}-1} E[\int_0^t |f(r)|^p dr].$$

The last inequality follows from Burkholder's inequality and Hölder's inequality.

The <u>Stratonovich integral</u> by dB_t is well defined for continuous semimartingale $f(r)$. It holds

$$\int_0^t f(r)\circ dB_r = \int_0^t f(r)dB_r + \frac{1}{2}\langle f,B\rangle_t .$$

We denote by $\underline{\underline{F}}_{s,t}$ the least complete σ-field for which $B_u - B_v$; $s \le u \le v \le t$ are measurable. Then it is increasing in t and is decreasing in s, i.e. $\underline{\underline{F}}_{s,t} \subset \underline{\underline{F}}_{s',t'}$ is satisfied if $t < t'$ and $s' < s$.

Let t be a fixed time in $[0,a]$ and let $f(r)$, $r \in [0,t]$ be a continuous stochastic process which is $\underline{\underline{F}}_{r,t}$-measurable for each r. The <u>Itô backward integral</u> is defined as

$$\int_s^t f(r)\hat{d}B_r \equiv \lim_{|\Delta|\to 0} \sum_{k=0}^{n-1} f(t_{k+1})(B_{t_{k+1}} - B_{t_k}).$$

If $f(r)$ is square integrable $E[\int_s^t f(r)^2 dr] < \infty$, then the integral is a square integrable backward martingale, i.e. $Y_s = \int_s^t f(r)\hat{d}B_r$ is $\underline{\underline{F}}_{s,t}$-measurable and satisfies $E[Y_u | \underline{\underline{F}}_{s,t}] = Y_s$ if $u < s$. The following properties are obvious.

$$E[\int_s^t f(r)\hat{d}B_r] = 0,$$

$$E[|\int_s^t f(r)\hat{d}B_r|^2] = E[\int_s^t f(r)^2 dr].$$

Itô's backward integral can be defined for backward predictable process $f(r)$ such that $\int_s^t f(r)^2 dr < \infty$ a.s.

The <u>Stratonovich backward integral</u> is defined similarly. Let $f(r)$, $r \in [0,t]$ be a continuous backward semimartingale relative to $\underline{\underline{F}}_{r,t}$, where t is fixed. Then the Stratonovich backward integral is defined by

$$\int_s^t f(r)\circ\hat{d}B_r = \lim_{|\Delta|\to 0} \sum_{k=0}^{n-1} \frac{1}{2}(f(t_{k+1}) + f(t_k))(B_{t_{k+1}} - B_{t_k}).$$

10. APPENDIX. KOLMOGOROV'S THEOREM

We shall introduce a criterion for the Hölder continuity of random fields, which is a generalization of the well known Kolmogorov's criterion for the continuity of stochstic processes. It will provide us another method of deriving the regularity of stochastic integrals with respect to the parameter.

10.1. Theorem. Let $X_\lambda(\omega)$ be a real valued random field with parameter $\lambda = (\lambda_1, \ldots, \lambda_d) \in \Lambda = [0,1]^d$. Suppose that there are constants $\gamma > 0$, $\alpha_i > d$, $i=1,\ldots,d$ and $C > 0$ such that

$$(1) \qquad E[|X_\lambda - X_\mu|^\gamma] \le C \sum_{i=1}^d |\lambda_i - \mu_i|^{\alpha_i}, \qquad \forall \lambda, \mu \in \Lambda.$$

Then X_λ has a continuous modification $\widetilde{X}_\lambda$.

Let β_i, $i=1,\ldots,d$ be arbitrary positive numbers less than $\alpha_i(\alpha_0 - d) \times \alpha_0^{-1}\gamma^{-1}$, $i=1,\ldots,d$ respectively, where $\alpha_0 = \min_i \alpha_i$. Then for almost all ω, there is a positive integer $m_0(\omega)$ and positive constant K such that

$$(2) \qquad |\widetilde{X}_\lambda(\omega) - \widetilde{X}_\mu(\omega)| \le K \sum_{i=1}^d |\lambda_i - \mu_i|^{\beta_i}$$

holds for any λ, μ of Λ such that $\sum_i |\lambda_i - \mu_i|^{\beta_i} \le 2^{-m_0(\omega)}$.

Before the proof, we introduce some terminologies. Let q be a positive number less than 1. A positive number represented by $\Sigma_{i \ge 1} a_i q^i$ (finite sum) where a_i are nonnegative integers less than q^{-1} is called a q-adic number. The set of all q-adic numbers less than 1 is dense in $[0,1]$.

Now let β_i, $i=1,\ldots,d$ be positive numbers stated in the theorem. Set $\beta_0 = \min_i \beta_i$ and $q_i = 2^{-\beta_0\beta_i^{-1}}$, $i=1,\ldots,d$. Then $\frac{1}{2} \le q_i < 1$. Define $\underline{q} = (q_1, \ldots, q_d)$. A vector $\lambda = (\lambda_1, \ldots, \lambda_d)$ of Λ is called q-adic if each λ_i is a q_i-adic number. The set of all $\underline{q}$-adic numbers in Λ

is denoted by Δ. Δ_m is defined by the subset of Δ such that each component λ_i is written as $\Sigma_{k\leq m} a_k q_i^k$. It holds $\bigcup_m \Delta_m = \Delta$. Note that the number of elements in Δ_m is at most 2^{md}, since a_k of the above takes values 0 or 1 only. Two points λ, μ of Δ_m are called <u>neighbors in</u> Δ_m if $|\lambda_i - \mu_i| = 0$ or q_i^m for any $i=1,\ldots,d$.

<u>Proof of Theorem.</u> Suppose that λ, μ are neighbors in Δ_m. Then by Chebischev's inequality and inequality (1),

$$\begin{aligned} P(|X_\lambda - X_\mu| > 2^{-m\beta_0}) &\leq 2^{m\beta_0\gamma} E|X_\lambda - X_\mu|^\gamma \\ &\leq C 2^{m\beta_0\gamma} \sum_i |\lambda_i - \mu_i|^{\alpha_i} \\ &\leq C 2^{m\beta_0\gamma} \sum_i 2^{-\beta_0\beta_i^{-1} m\alpha_i} \\ &\leq C \sum_i 2^{m\beta_0(\gamma - \beta_i^{-1}\alpha_i)}. \end{aligned}$$

Set

$$A_m = \{\omega \mid |X_\lambda(\omega) - X_\mu(\omega)| > 2^{-m\beta_0} \text{ for some neighbors } \lambda, \mu \text{ in } \Delta_m\}.$$

Since the number of the pair (λ,μ) which is neighbor in Δ_m is at most $3^d 2^{md}$, we have

$$P(A_m) \leq 3^d \sum_i 2^{m\{\beta_0(\gamma - \beta_i^{-1}\alpha_i) + d\}}.$$

It suffices to consider the case that β_i, $i=1,\ldots,d$ satisfy $(\alpha_0 - d)\gamma^{-1}(1+\varepsilon)^{-1} < \beta_i < \alpha_i(\alpha_0 - d)\{\alpha_0\gamma(1 + d\alpha_0^{-1}\varepsilon)\}^{-1}$ for some $\varepsilon > 0$. Then it holds $\beta_i > (\alpha_0 - d)\gamma^{-1}(1+\varepsilon)^{-1}$, $i=1,\ldots,d$ and we have $\beta_0(\gamma - \beta_i^{-1}\alpha_i) + d < 0$. Then by Borel-Cantelli's lemma, we have $P(\underline{\lim}\, A_m^c) = 1$.

Let $\omega \in \underline{\lim}\, A_m^c$. Then there is a positive integer $m_0(\omega)$ such that for any $m \geq m_0(\omega)$,

(3) $|X_\lambda(\omega) - X_\mu(\omega)| \leq 2^{-\beta_0 m}$ for any neighbors λ, μ of Δ_m.

We will fix the above ω and show that

(4) $$|X_\lambda(\omega) - X_\mu(\omega)| \leq K \sum_i |\lambda_i - \mu_i|^{\beta_i}$$

for any λ, μ of Δ such that $\sum_i |\lambda_i - \mu_i|^{\beta_i} \leq 2^{-m_0\beta_0}$. Given λ, μ of the above property, choose a positive integer k greater than or equal to m_0 such that $2^{-(k+1)\beta_0} < \Sigma_i |\lambda_i - \mu_i|^{\beta_i} \leq 2^{-k\beta_0}$. Then it holds $|\lambda_i - \mu_i| \leq 2^{-k\beta_0\beta_i^{-1}} = q_i^k$ for any i. Now let $\lambda = \lambda^{(k)} + A_{k+1}\underline{q}^{(k+1)} + A_{k+2}\underline{q}^{(k+2)} + \ldots$ be the $\underline{q}$-adic expansion of λ, where $\lambda^{(k)} \in \Delta_k$ and $A_{k+1}\underline{q}^{(k+1)} = (a^1_{k+1}q_1^{k+1}, \ldots, a^d_{k+1}q_d^{k+1})$. Similarly let $\mu = \mu^{(k)} + B_{k+1}\underline{q}^{(k+1)} + B_{k+2}\underline{q}^{(k+2)} + \ldots$ be the $\underline{q}$-adic expansion of μ. Then $\lambda^{(k)}$ and $\mu^{(k)}$ are neighbors in Δ^k. Therefore we have $|X_{\lambda^{(k)}} - X_{\mu^{(k)}}| \leq 2^{-k\beta_0}$ by (3). We define $\lambda^{(k+1)} = \lambda^{(k)} + A_{k+1}\underline{q}^{(k+1)}, \ldots, \lambda^{(k+n)} = \lambda^{(k+n-1)} + A_{k+n}\underline{q}^{(k+n)}$ etc. Then for each n, $\lambda^{(k+n)}$ and $\lambda^{(k+n-1)}$ are neighbors in Δ_{k+n}. Therefore,

$$|X_\lambda - X_{\lambda^{(k)}}| \leq \sum_{k=1}^{\infty} |X_{\lambda^{(k+n)}} - X_{\lambda^{(k+n-1)}}| \leq \sum_{n=1}^{\infty} 2^{-\beta_0(k+n)}$$
$$\leq \frac{1}{1-2^{-\beta_0}} 2^{-\beta_0(k+1)} .$$

By the same reasoning, we see that $|X_\mu - X_{\mu^{(k)}}|$ is dominated by the same quantity. Therefore,

$$|X_\lambda - X_\mu| \leq (2^{\beta_0} + \frac{2}{1-2^{-\beta_0}}) 2^{-\beta_0(k+1)}$$
$$\leq (2^{\beta_0} + \frac{2}{1-2^{-\beta_0}}) \sum_i |\lambda_i - \mu_i|^{\beta_i}.$$

This proves (4).

Now inequality (4) shows that $X_\lambda(\omega)$ is uniformly continuous on $\underline{q}$-adic numbers Δ. Hence it has a unique continuous extension $\widetilde{X}_\lambda(\omega)$.

It is a modification of X_λ for any λ since X_λ is continuous in probability. It is clear that $\tilde{X}_\lambda$ satisfies (2). The proof is complete.

10.2. Definition. The random field satisfying (2) is called $(\beta_1, \ldots, \beta_d)$-Hölder continuous.

If we apply Theorem 10.1, we can improve the regularity of stochastic integral with respect to parameters discussed at Section 7. The next theorem indicates that if the integrand is Hölder continuous with respect to the parameter, the same property is valid for the integral.

10.3. Theorem. Let $f_s(\lambda)$, $(s,\lambda) \in [0,a] \times \Lambda$ be a measurable random field satisfying the following properties.

(i) For each λ, $f_s(\lambda)$ is predicable.

(ii) For any $p > 2$, there is a positive constant $C_1^{(p)}$ such that

$$\int_0^a E[\,|f_s(\lambda)|^p]ds \leq C_1^{(p)} \quad \text{for any } \lambda.$$

(iii) For any $p > 2$, there is a positive constant $C_2^{(p)}$ such that

$$\int_0^a E[\,|f_s(\lambda) - f_s(\mu)|^p]ds \leq C_2^{(p)} |\lambda - \mu|^{\alpha p},$$

where $0 < \alpha \leq 1$. Let M_t be a continuous local martingale such that $\langle M\rangle_t - \langle M\rangle_s \leq t - s$ holds for any $t > s$ a.s. Then there is a modification of the stochastic integral $\int_0^t f_s(\lambda)dM_s$ which is continuous in (t,λ). Furthermore it is (β_1, β_2)-Hölder continuous in (t,λ), where β_1 is an arbitrary positive number less than half and β_2 is the one less than α.

Proof. Applying Burkholder's inequality, we have if $s < t$,

$$E[\,|\int_0^t f_r(\lambda)dM_r - \int_0^s f_r(\mu)dM_r|^p]$$

$$\le 2^p\{E[|\int_s^t f_r(\lambda)dM_r|^p] + E[|\int_0^s (f_r(\lambda)-f_r(\mu))dM_r|^p]\}$$

$$\le 2^p C^{(p)}\{E[|\int_s^t |f_r(\lambda)|^2 d\langle M\rangle_r|^{\frac{p}{2}}] + E[|\int_0^s |f_r(\lambda)-f_r(\mu)|^2 d\langle M\rangle_r|^{\frac{p}{2}}]\}$$

$$\le 2^p C^{(p)}\{E[|\int_s^t |f_r(\lambda)|^2 dr|^{\frac{p}{2}}] + E[|\int_0^s |f_r(\lambda)-f_r(\mu)|^2 dr|^{\frac{p}{2}}]\}$$

$$\le 2^p C^{(p)}\{|t-s|^{\frac{p}{2}-1} E[\int_s^t |f_r(\lambda)|^p dr] + |s|^{\frac{p}{2}-1} E[\int_0^s |f_r(\lambda)-f_r(\mu)|^p dr]\}$$

$$\le 2^p C^{(p)}\{C_1^{(p)}|t-s|^{\frac{p}{2}-1} + C_2^{(p)}|s|^{\frac{p}{2}-1}|\lambda-\mu|^{\alpha p}\}.$$

Take p greater than $(d+1)(\frac{1}{2}\wedge\alpha)^{-1}+2$. Then both of $\frac{p}{2}-1$ and αp are greater than $d+1$. Then by Theorem 10.1, $X(t,\lambda)=\int_0^t f_r(\lambda)dM_r$ has a continuous modification. Furthermore, it is (β_1,β_2)-Hölder continuous in (t,λ), where $\beta_1 < (\frac{1}{2}-\frac{1}{p})[1-(d+1)\{(\frac{p}{2}-1)\wedge\alpha p\}^{-1}]$ and $\beta_2 < \alpha[1-(d+1)\{(\frac{p}{2}-1)\wedge\alpha p\}^{-1}]$. Making p tend to infinity, we see that the Hölder continuity is valid for any β_1 less than half and β_2 less than α. The proof is complete.

Remark. If M_t is a general continuous local martingale, assumptions required to the integrand f_t should be followings.

(ii)' For any $p>2$, there is a positive constant $C_1^{(p)}$ such that

$$E[\int_0^a |f_s(\lambda)|^p(d\langle M\rangle_s + ds)] \le C_1^{(p)} \qquad \forall\lambda\in\Lambda$$

(iii)' For any $p>2$, there is a positive constant $C_2^{(p)}$ such that

$$E[\int_0^a |f_s(\lambda)-f_s(\mu)|^p(d\langle M\rangle_s + ds)] \le C_2^{(p)}|\lambda-\mu|^{\alpha p}.$$

Then the integral has a modification continuous in (t,λ). For the proof, we proceed as follows. Let $\tau_t(\omega)$ be the inverse time of the strictly increasing process $A_t \equiv \langle M\rangle_t + t$. Set $\widetilde{M}_t = M_{\tau_t}$, $\widetilde{\underline{F}}_t = \underline{F}_{\tau_t}$, $\widetilde{f}_t = f_{\tau_t}$. Then, by Doob's optional sampling theorem, $\widetilde{M}_t$ is a local martingale relative to

$(\widetilde{\underline{F}}_t)$, and satisfies $\langle\widetilde{M}\rangle_t = \langle M\rangle_{\tau_t}$. Hence it holds $\langle\widetilde{M}\rangle_t - \langle\widetilde{M}\rangle_s \leq t - s$. Further, the process $\widetilde{f}_t$ satisfies

$$E[\int_0^{A_a} |\widetilde{f}_s(\lambda)|^p ds] \leq C_1^{(p)}, \qquad E[\int_0^{A_a} |\widetilde{f}_s(\lambda) - \widetilde{f}_s(\mu)|^p ds] \leq C_2^{(p)} |\lambda - \mu|^{\alpha p}.$$

Therefore $\int_0^t \widetilde{f}_s d\widetilde{M}_s$ has a modification continuous in (t,λ). This implies the continuity (modification) of the integral $\int_0^t f_s(\lambda) dM_s$ because of the relation

$$\int_0^{A_t} \widetilde{f}_s(\lambda) d\widetilde{M}_s = \int_0^t f_s(\lambda) dM_s .$$

We may replace assumptions (ii) and (iii) of Theorem 10.3 by a "local" assumption.

10.4. Theorem. Let $f_s(\lambda)$, $(s,\lambda) \in [0,a] \times \Lambda$ be a measurable random field satisfying (i) of Theorem 10.3 and followings.

(ii") For any $p > 1$, $\sup_\lambda \int_0^a |f_s(\lambda)|^p ds < \infty$,

(iii") There are $0 < \alpha \leq 1$ and $C_s(\lambda,\mu) > 0$ such that

$$|f_s(\lambda) - f_s(\mu)| \leq C_s(\lambda,\mu) |\lambda - \mu|^\alpha, \qquad \forall \lambda, \mu \in \Lambda$$

where $C_s(\lambda,\mu)$ satisfies

$$\sup_{\lambda,\mu} \int_0^a |C_s(\lambda,\mu)|^p ds < \infty, \qquad \forall p > 1.$$

Let M_t be a continuous local martingale such that $\langle M\rangle_t - \langle M\rangle_s \leq t - s$ holds for any $t > s$ a.s. Then the stochastic integral $\int_0^t f_s(\lambda) dM_s$ has a continuous modification, which satisfies the same Hölder continuity as that of Theorem 10.3.

Proof. Define a sequence of stopping times T_n;

$$T_n = \inf\{t > 0 : \sup_{\lambda} \int_0^t |f_s(\lambda)|^p ds + \sup_{\lambda,\mu} \int_0^t |C_s(\lambda,\mu)|^p ds \geq n\}$$

($= \infty$ if $\{\dots\} = \phi$). For each n, it holds

$$\sup_{\lambda} E[\int_0^{a \wedge T_n} |f_s(\lambda)|^p ds] \leq n, \quad E[\int_0^{a \wedge T_n} |f_s(\lambda) - f_s(\mu)|^p ds] \leq n |\lambda - \mu|^{\alpha p}.$$

Therefore $\int_0^{t \wedge T_n} f_s(\lambda) dM_s$ has a continuous modification which is Hölder continuous by Theorem 10.3. Therefore $\int_0^t f_s(\lambda) dM_s$ has also a Hölder continuous modification.

10.5. Corollary. If $f_s(\lambda)$ is continuous in (s, λ) and continuously differentiable in λ, then the stochastic integral has a continuous modification which is (β_1, β_2)-Hölder continuous in (t, λ), where β_1 is arbitrary positive number less than half and β_2 the one less than 1.

Proof. The condition (ii") is obviously satisfied. By the mean value theorem, we have $|f_s(\lambda) - f_s(\mu)| \leq C_s(\lambda,\mu) |\lambda - \mu|$, where

$$C_s(\lambda, \mu) = (\sum_i |\frac{\partial}{\partial \lambda_i} f_s(\mu + \theta(\lambda - \mu))|^2)^{\frac{1}{2}}.$$

Therefore the condition (iii") is satisfied with $\alpha = 1$. Then the assertion follows from the theorem.

We will next consider the differentiability of the integral with respect to the parameter.

10.6. Theorem. Let $f_s(\lambda)$ be a measurable random field satisfying (1) of Theorem 10.3 and the following.

(iv) $f_s(\lambda)$ is m-times continuously differentiable in λ for all s, a.s. and derivatives $D^k f_s(\lambda)$, $|k| \leq m$ satisfy conditions (ii) and (iii) of Theorem 10.3 or conditions (ii") and (iii") of Theorem 10.4.

Let M_t be a continuous local martingale such that $\langle M\rangle_t - \langle M\rangle_s \leq t-s$ for any $t > s$ a.s. Then there is a modification of the integral which is continuous in (t,λ) and m-times continuously differentiable. Furthermore, it holds

$$D^k \int_0^t f_s(\lambda) dM_s = \int_0^t D^k f_s(\lambda) dM_s$$

for any D^k such that $|k| \leq m$.

<u>Proof.</u> We prove the case $m = 1$, assuming that $\partial_\ell f_s$, $\ell=1,\dots,d$ satisfy conditions (ii) and (iii) of Theorem 10.3. Let $e_\ell = (0,\dots,0,1,0,\dots,0)$ (1 is the ℓ-th component) be a unit vector in R^d. For $y \in R^1 - \{0\}$ such that $\lambda + ye_\ell \in \Lambda$, set

$$N_t(\lambda,y) = \frac{1}{y}\{\int_0^t f_s(\lambda+ye_\ell)dM_s - \int_0^t f_s(\lambda)dM_s\}.$$

In order to prove the continuous differentiability of $\int_0^t f_s(\lambda)dM_s$ with respect to λ, it is enough to show that $N_t(\lambda,y)$ has a continuous extension at $y = 0$. We will prove this by applying Kolmogorov theorem.

For this purpose, we have to make an L^p-estimate of $N_t(\lambda,y) - N_{t'}(\lambda',y')$. Suppose $t < t'$. Since $N_t(\lambda,y)$ is written as

$$(5) \qquad N_t(\lambda,y) = \int_0^t \{\int_0^1 \partial_\ell f_s(\lambda + vye_\ell)dv\}dM_s,$$

we have

$$(6) \qquad E[\,|N_t(\lambda,y) - N_{t'}(\lambda',y')|^p]$$

$$\leq 2^p E[\,|\int_0^t \{\int_0^1 (\partial_\ell f_s(\lambda + vye_\ell) - \partial_\ell f_s(\lambda' + vy'e_\ell))dv\}dM_s|^p]$$

$$+ 2^p E[\,|\int_t^{t'} \{\int_0^1 \partial_\ell f_s(\lambda' + vy'e_\ell)dv\}dM_s|^p].$$

Using Burkholder's inequality and Hölder's inequality, the first member of the right hand side is dominated by

$$2^p C(p) E\Big[\,\Big|\int_0^t \Big|\int_0^1 (\ \dots\ )dv\Big|^2 d\langle M\rangle_s\Big|^{\frac{p}{2}}\Big]$$

$$\le 2^p C(p) E\Big[\int_0^t \Big|\int_0^1 (\ \dots\ )dv\Big|^p d\langle M\rangle_s \langle M\rangle_t^{\frac{p}{2}-1}\ \Big]$$

$$\le 2^p C(p) t^{\frac{p}{2}-1} \int_0^1\int_0^t E[\,|(\ \dots\ )|^p]\,ds\,dv.$$

Here $(\ \dots\ ) = (\partial_\ell f_s(\lambda + vye_\ell) - \partial_\ell f_s(\lambda' + vy'e_\ell))$. From the assumption (iii), $\int_0^t E[\,|(\ \dots\ )|^p]ds$ is dominated by a constant times $(|\lambda - \lambda'| + v|y - y'|)^{\alpha p}$. Therefore, the first member of the right hand side of (6) is dominated by $\text{const.}\times(|y - y'|^{\alpha p} + |\lambda - \lambda'|^{\alpha p})$.

On the other hand, the second member of the right hand side of (6) is dominated by

$$2^p C(p) E\Big[\,\Big|\int_t^{t'} |\{\ \dots\ \}|^2 d\langle M\rangle_s\Big|^{\frac{p}{2}}\Big]$$

$$\le 2^p C(p) E\Big[\int_t^{t'} |\{\ \dots\ \}|^p d\langle M\rangle_s (\langle M\rangle_{t'} - \langle M\rangle_t)^{\frac{p}{2}-1}\ \Big]$$

$$\le 2^p C(p)\,|t' - t|^{\frac{p}{2}-1} \int_t^{t'} E[\,|\{\ \dots\ \}|^p]\,ds$$

where $\{\ \dots\ \} = \int_0^1 \partial_\ell f_s(\lambda' + vy'e_\ell)dv$. By the assumption (ii) for $\partial_\ell f_s(\lambda)$, we see that $\int_t^{t'} E[\,|\{\ \dots\ \}|^p]ds$ is bounded.

Summing up the above two estimates, we arrive at

$$E[\,|N_t(\lambda,y) - N_{t'}(\lambda',y')|^p] \le \text{const.}\times(|y - y'|^{\alpha p} + |\lambda - \lambda'|^{\alpha p} + |t' - t|^{\frac{p}{2}-1}).$$

Choose p greater than $(d+2)(\frac{1}{2}+\alpha)^{-1} + 2$. Then both of αp and $\frac{p}{2} - 1$ are greater than $d + 2$, so that $N_t(\lambda,y)$ has a continuous extension at any $(t,\lambda,0)$. This means that $\int_0^t f_s(\lambda)dM_s$ is continuously differentiable in λ and the derivative $\partial_\ell\int_0^t f_s(\lambda)dM_s$ is continuous in (t,λ). Further, letting y tend ot 0 in (5), we have $N_t(\lambda,0) = \int_0^t \partial_\ell f_s(\lambda)dM_s$. This proves

$$\partial_\ell \int_0^t f_s(\lambda)\,dM_s = \int_0^t \partial_\ell f_s(\lambda)\,dM_s \qquad \forall (t,\lambda) \quad \text{a.s.}$$

The proof is complete in case $m = 1$.

10.7. Corollary. Suppose $f_s(\lambda)$ is continuous in (s,λ) and $m+1$-times continuously differentiable in λ. Then $\int_0^t f_s(\lambda)\,dM_s$ is continuous in (t,λ) and m-times continuously differentiable in λ. Furthermore, the m-th derivatives $D^k \int_0^t f_s(\lambda)\,dM_s$, $|k| = m$ are β-Hölder continuous in λ for any β less than 1.

In the next chapter, the Kolmogorov's criterion will be used extensively for deriving the smoothness of the solutions of stochastic differential equations.

BIBLIOGRAPHICAL NOTES

Doob's inequality and the optional sampling theorem for martingales (Theorem 1.2) are in any text book on martingales. See the book by Doob, Meyer or Neveu. The optional sampling theorem stated in Theorem 1.2 is a slight generalization of Doob's theorem.

A topology is introduced to the space $\underline{\underline{M}}_c^{loc}$ of continuous local martingale so that the quadratic variation is continuous in $\underline{\underline{M}}_c^{loc}$. Emery [8] introduced a topology to the space of semimartingales, which is equivalent to our topology.

Stochastic integrals by continuous semimartingales are adapted from Kunita-Watanabe [28], Meyer [34], and Ikeda-Watanabe [13]. Theorem 5.2, Corollary 8.2, Theorem 9.1 and 9.2 can be found in the above literatures.

Itô's formula (Theorem 8.1 and 8.3) are in Kunita [24]. A special case of Theorem 8.1 is studied in Ventcel [42] and Rozovsky [38]. Bismut [2] contains a similar formula. A recent work by A-S, Sznitman, "Martingales dépendant d'un paramètre: une formula d'Itô", Z.W. 60 (1982) discusses a similar formula. The author is indebted to T. Salisbury for Theorem 10.1.

CHAPTER II

STOCHASTIC DIFFERENTIAL EQUATIONS AND STOCHASTIC FLOWS OF HOMEOMORPHISMS

1. STOCHASTIC DIFFERENTIAL EQUATION WITH LIPSCHITZ CONTINUOUS COEFFICIENTS

A primitive and intuitive way of expressing a stochastic differential equation could be

$$\frac{d\xi_t}{dt} = X_0(t,\xi_t) + \sum_{k=1}^{m} X_k(t,\xi_t)\dot{B}_t^k ,$$

where $\dot{B}_t^k$, $k=1,\ldots,m$ are independent white noises. It is intended to describe the motion of a particle driven by random forces or the motion perturbed by random noises. However, the equation fails to have a rigorous meaning, since $X_k(t,\xi_t)\dot{B}_t^k$ are not well defined. For the rigorous argument, we will introduce Itô's stochastic differential equation.

Let $B_t = (B_t^1,\ldots,B_t^m)$, $t\in[0,a]$ be an m-dimensional Brownian motion defined on a probability space $(\Omega,\underline{\underline{F}},P)$. For a pair s, t of $[0,a]$ such that $s < t$, we denote by $\underline{\underline{F}}_{s,t}$ the least complete σ-field for which all $B_u - B_v$; $s \leq v \leq u \leq t$ are measurable. Then the family of σ-fields $\{\underline{\underline{F}}_{s,t}\}$ is increasing in t, decreasing in s; $\underline{\underline{F}}_{s,t} \subset \underline{\underline{F}}_{s',t'}$ if $s' \leq s$ and $t \leq t'$. Then $B_t - B_s$, $t \geq s$ is an $\underline{\underline{F}}_{s,t}$-martingale for any s.

Given continuous mappings $X_k(t,x)$, $k=0,\ldots,m$; $[0,a]\times R^d \longrightarrow R^d$, we shall consider an <u>Itô's stochastic differential equation (SDE)</u>

(1) $$d\xi_t = \sum_{k=1}^{m} X_k(t,\xi_t)dB_t^k + X_0(t,\xi_t)dt.$$

1.1. <u>Definition</u>. Given a time $s \in [0,a]$ and a state $x \in R^d$, a continuous stochastic process ξ_t, $t \in [s,a]$ with values in R^d is called a solution of (1) with the initial condition $\xi_s = x$, if it is $(\underline{\underline{F}}_{s,t})$-adapted for each $t \geq s$ and satisfies

(2) $$\xi_t = x + \sum_{k=1}^{m} \int_s^t X_k(r,\xi_r)dB_r^k + \int_s^t X_0(r,\xi_r)dr.$$

For the convenience of notations, we will often write dt as dB_t^0 and write SDE (2) as

(3) $$\xi_t = x + \sum_{k=0}^{m} \int_s^t X_k(r,\xi_r)dB_r^k.$$

In this section we will show following Itô [16] that equation (3) has a unique solution for any initial condition if coefficients $X_0,\dots,X_m$ are globally Lipschitz continuous, i.e., there is a positive constant L such that

(4) $$|X_k(t,x) - X_k(t,y)| \leq L|x-y|$$

holds for all $t \in [0,a]$ and $x,y \in R^d$.

1.2. <u>Theorem.</u> Suppose that coefficients $X_0,\dots,X_m$ of equation (3) are globally Lipschitz continuous. Then the equation has a unique solution for any given initial condition. Further it is in L^p for any $p \geq 1$.

<u>Proof.</u> We shall construct a solution starting from x at time s, by the method of successive approximation. Define a sequence of $(\underline{\underline{F}}_{s,t})$-adapted continuous stochastic processes by induction:

$$\xi_t^0 = x$$

$$\xi_t^n = x + \sum_{k=0}^{m} \int_s^t X_k(r, \xi_r^{n-1}) dB_r^k, \qquad n \geq 1.$$

Then it holds

$$\xi_t^{n+1} - \xi_t^n = \sum_{k=0}^{m} \int_s^t \{X_k(r, \xi_r^{n-1}) - X_k(r, \xi_r^{n-1})\} dB_r^k.$$

Therefore we have for $p \geq 2$,

$$E[\sup_{s \leq u \leq t} |\xi_u^{n+1} - \xi_u^n|^p]$$

$$\leq (m+1)^p \sum_{k=0}^{m} E[\sup_{s \leq u \leq t} |\int_s^u \{X_k(r, \xi_r^{n-1}) - X_k(r, \xi_r^n)\} dB_r^k|^p].$$

By Doob's inequality and Burkholder's inequality, each term corresponding to $k \geq 1$ is dominated by

$$q^p E[|\int_s^t \{\dots\} dB_r^k|^p] \leq q^p C^{(p)} |t-s|^{\frac{p}{2}-1} E[\int_s^t |\{\dots\}|^p dr]$$

$$\leq q^p C^{(p)} |t-s|^{\frac{p}{2}-1} L^p E[\int_s^t |\xi_r^n - \xi_r^{n-1}|^p dr].$$

The term corresponding to $k = 0$ is dominated by

$$|t-s|^{\frac{p}{q}} L^p E[\int_s^t |\xi_r^n - \xi_r^{n-1}|^p dr].$$

Therefore we get

$$(5) \qquad E[\sup_{s \leq u \leq t} |\xi_u^{n+1} - \xi_u^n|^p] \leq c_1 E[\int_s^t |\xi_r^n - \xi_r^{n-1}|^p dr].$$

Denote the left hand side by $\rho_t^{(n)}$. Then the above implies $\rho_t^{(n)} \leq c_1 \int_s^t \rho_r^{(n-1)} dr$. By iteration, we get $\rho_t^{(n)} \leq \frac{c_1^n}{n!} a^n \rho_t^{(0)}$. Then

$$\sum_{n=0}^{\infty} E[\sup_{s \leq u \leq t} |\xi_u^{n+1} - \xi_u^n|^p]^{\frac{1}{p}} \leq \sum_{n=0}^{\infty} \{\frac{c_1^n}{n!} a^n \rho_t^{(0)}\}^{\frac{1}{p}} < +\infty,$$

since $\rho_t^{(0)} < \infty$. Therefore, $\{\xi_t^n\}$ converges uniformly in $[s,t]$ a.s. and in L^p-norm. Denote the limit as ξ_t. It is a continuous $(\underline{F}_{s,t})$-adapted process. Furthermore, $\int_s^t X_k(r,\xi_r^n)dB_r^k$ converges to $\int_s^t X_k(r,\xi_r)dB_r^k$ in L^p-norm, since the quadratic variation of $\int_s^t \{X_k(r,\xi_r^n) - X_k(r,\xi_r)\}dB_r^k$ converges to 0 in L^p-norm. The convergence is valid for $k = 0$, obviously. Consequenctly ξ_t is a solution of equation (3).

We will next prove the uniqueness of the solution. Let ξ_t and $\tilde{\xi}_t$ be solutions of equation (3). Define $T_n = \inf\{t > 0 ; |\xi_t| \geq n$ or $|\tilde{\xi}_t| \geq n\}$ ($= \infty$ if $\{\dots\} = \phi$). Then it holds

$$\xi_t^{T_n} - \tilde{\xi}_t^{T_n} = \sum_{k=0}^n \int_s^{t\wedge T_n} \{X_k(r,\xi_r^{T_n}) - X_k(r,\tilde{\xi}_r^{T_n})\}dB_r^k .$$

Then by a similar calculation as the above, we obtain

$$E[\sup_{s\leq u\leq t} |\xi_u^{T_n} - \tilde{\xi}_u^{T_n}|^p] \leq c_1 E[\int_s^{t\wedge T_n} |\xi_r^{T_n} - \tilde{\xi}_r^{T_n}|^p dr].$$

Set $\rho_t = E[\sup_{s\leq u\leq t} |\xi_u^{T_n} - \tilde{\xi}_u^{T_n}|^p]$, where n is fixed. Then we get $\rho_t \leq c_1\int_s^t \rho_r dr$. By Gronwall's lemma, we get $\rho_t \equiv 0$. This proves $\xi_t^{T_n} = \tilde{\xi}_t^{T_n}$. Since $T_n \uparrow \infty$, we have $\xi_t = \tilde{\xi}_t$. The proof is complete.

1.3. <u>Definition.</u> The unique solution is denoted by $\xi_{s,t}(x)$.

The solution $\xi_{s,t}(x)$ has many properties analogous to those of ordinary differential equation. Instead of (3), consider a control system of ordinary differential equation on R^d;

$$\text{(6)}\qquad \frac{d\phi_t}{dt} = X_0(t,\phi_t) + \sum_{k=0}^m X_k(t,\phi_t)u_t^k ,$$

where $u_t = (u_t^1,\dots,u_t^m)$ is a piecewise smooth function. We denote the solution starting from (s,x) as $\phi_{s,t}(x)$. It is a well known fact that if coefficients $X_0,\dots,X_m$ are globally Lipschitz continuous, $\phi_{s,t}$ defines a flow of hemoemorphisms:

(E.1) $\phi_{s,t}(x)$ is Lipschitz continuous in (s,t,x),

(E.2) For $r < s < t$, $\phi_{r,t}(x) = \phi_{s,t} \circ \phi_{r,s}(x)$,

(E.3) For each $s < t$, $\phi_{s,t}$; $R^d \longrightarrow R^d$ is a homeomorphism.

In the subsequent sections we will prove the similar property for the solution $\xi_{s,t}(x)$ of equation (3). In Section 2, we will prove the Hölder continuity of $\xi_{s,t}(x)$ in (s,t,x). In Section 3, more smoothness of the solution with respect to x will be shown under additional smoothness assumptions for coefficients $X_0,\ldots,X_m$. The homeomorphic property of the map $\xi_{s,t}$; $R^d \longrightarrow R^d$ will be shown at Section 4.

We will introduce some notations for a class of smooth functions.

1.4. Definition. Let k be a nonnegative integer and let α be a number such that $0 < \alpha \leq 1$. A real function f on R^d is called a $C^{k,\alpha}$ function if it is k-th continuously differentiable and the k-th derivatives are locally Hölder continuous of order α. If the k-th derivatives are globally Hölder continuous we will call it a $C^{k,\alpha}_g$ function. In particular if $k=0$, $C^{0,\alpha}$ (or $C^{0,\alpha}_g$) function is a locally (or globally) Hölder continuous function.

The $C^{k,\alpha}$ map from a C^∞ manifold M into a C^∞ manifold N is defined similarly.

2. CONTINUITY OF THE SOLUTION WITH RESPECT TO THE INITIAL DATA

Let $\xi_{s,t}(x)$ be the solution of Itô's stochastic differential equation with globally Lipschitz continuous coefficients starting from (s,x);

$$(1) \quad \xi_{s,t}(x) = x + \sum_{k=0}^{m} \int_s^t X_k(r,\xi_{s,r}(x))dB_r^k.$$

The purpose of this section is to prove that there is a continuous modification of the solution $\xi_{s,t}(x)$ and Itô integrals $\int_s^t X_k(r,\xi_{s,r}(x))dB_r^k$ with respect to three variables (s,t,x) so that the equation (1) is satisfied for all (s,t,x) a.s. Our argument is based on the following L^p-estimate of the solution.

2.1. Theorem. For any p greater than 2, there is a positive constant $C_1^{(p)}$ such that

$$(2)\quad E|\xi_{s,t}(x)-\xi_{s',t'}(x')|^p \leq C_1^{(p)}\{|x-x'|^p+(1+|x|^p+|x'|^p)(|t-t'|^{\frac{p}{2}}+|s-s'|^{\frac{p}{2}})\}$$

holds for all (s,t,x) and (s',t',x') such that $s<t$ and $s'<t'$.

Remark. If coefficients $X_0,\dots,X_m$ of equation (1) are bounded functions, we have an estimate

$$E|\xi_{s,t}(x)-\xi_{s',t'}(x')|^p \leq C_2^{(p)}\{|x-x'|^p+|t-t'|^{\frac{p}{2}}+|s-s'|^{\frac{p}{2}}\}.$$

C.f. Blagovescensky-Fleidlin [4], Funaki [10].

The following will be immediate from the above, applying Kolmogorov's theorem. (See Appendix in Chap. I).

2.2. Theorem. There are modifications of the solution and the stochastic integrals in (1) with following properties. $\xi_{s,t}(x)$ and $\int_s^t X_k(r,\xi_{s,r}(x))dB_r^k$, $k=0,\dots,m$ are continuous in (s,t,x) and the equality (1) holds for any s,t,x a.s.

Furthermore, the solution $\xi_{s,t}(x)$ is (β,β,α)-Hölder continuous in (s,t,x), where β is an arbitrary number less than $\frac{1}{2}$ and α is an arbitrary number less than 1.

The rest of this section is devoted to the proof of Theorem 2.1. We will consider the case $s < s' < t < t'$ only. Other cases will be treated quite similarly. Since

$$\xi_{s',t'}(x') = x' + \sum_{k=0}^{m}\int_{s'}^{t} X_k(r,\xi_{s',r}(x'))dB_r^k + \sum_{k=0}^{m}\int_{t}^{t'} X_k(r,\xi_{s',r}(x'))dB_r^k,$$

$$\xi_{s,t}(x) = \xi_{s,s'}(x) + \sum_{k=0}^{m}\int_{s'}^{t} X_k(r,\xi_{s,r}(x))dB_r^k,$$

we have

$$|\xi_{s,t}(x) - \xi_{s',t'}(x')|^p \le (2m+3)^p\{\sum_{k=0}^{m}|\int_{t}^{t'} X_k(r,\xi_{s',r}(x'))dB_r^k|^p$$

$$+ |\xi_{s,s'}(x) - x'|^p + \sum_{k=0}^{m}|\int_{s'}^{t}\{X_k(r,\xi_{s,r}(x)) - X_k(r,\xi_{s',r}(x'))\}dB_r^k|^p\}.$$

Consequently it is sufficient to prove the following three estimates:

(3) $$E[|\int_{t}^{t'} X_k(r,\xi_{s',r}(x'))dB_r^k|^p] \le C_3|t'-t|^{\frac{p}{2}}(1+|x'|^p),$$

(4) $$E|\xi_{s,s'}(x) - x'|^p \le C_4\{|x-x'|^p + |s-s'|^{\frac{p}{2}}(1+|x|^p)\},$$

(5) $$E[|\int_{s'}^{t}\{X_k(r,\xi_{s,r}(x)) - X_k(r,\xi_{s',r}(x'))\}dB_r^k|^p]$$
$$\le C_5\{|x-x'|^p + |s-s'|^{\frac{p}{2}}(1+|x|^p)\}.$$

For the proofs of (3) and (4), we claim a lemma.

2.3. Lemma. Let p be any real number and $\varepsilon > 0$. Then there is a positive constant $C_6^{(p,\varepsilon)}$ such that

$$E[(\varepsilon + |\xi_{s,t}(x)|^2)^p] \le C_6^{(p,\varepsilon)}(\varepsilon + |x|^2)^p$$

holds for all $s,t \in [0,a]$ and $x \in R^d$.

Proof. Set $f(x) = (\varepsilon + |x|^2)$ and apply Itô's formula (Corollary 8.2

in Chap. I) to $F(x) = f(x)^p$ and $M_t = \xi_t = \xi_{s,t}(x)$, where (s,x) is fixed. Set $x = (x_1,\dots,x_d)$ and observe

$$\frac{\partial F}{\partial x_i}(x) = 2pf(x)^{p-1}x_i,$$

$$\frac{\partial^2 F}{\partial x_i \partial x_j}(x) = 2pf(x)^{p-2}\{f(x)\delta_{ij} + 2(p-1)x_i x_j\}.$$

By setting $X_k(r,x) = (X_k^1(r,x),\dots,X_k^d(r,x))$ and $\xi_t = (\xi_t^1,\dots,\xi_t^d)$,

$$\begin{aligned}(6)\quad & F(\xi_t) - F(x) \\ &= 2p \sum_{i,k\geq 1}\int_s^t f(\xi_r)^{p-1}\xi_r^i X_k^i(r,\xi_r)dB_r^k \\ &+ 2p\sum_{i\geq 1}\int_s^t f(\xi_r)^{p-1}\xi_r^i X_0^i(r,\xi_r)dr \\ &+ p\sum_{i,j\geq 1}\int_s^t f(\xi_r)^{p-2}\{f(\xi_r)\delta_{ij} + 2(p-1)\xi_r^i\xi_r^j\}\Big(\sum_{k\geq 1} X_k^i(r,\xi_r)X_k^j(r,\xi_r)\Big)dr.\end{aligned}$$

Here we have used the relation

$$\begin{aligned} d\langle \xi^i, \xi^j\rangle_t &= \sum_{k,\ell\geq 1} X_k^i(t,\xi_t)X_\ell^j(t,\xi_t)d\langle B^k, B^\ell\rangle_t \\ &= \sum_{k\geq 1} X_k^i(t,\xi_t)X_k^j(t,\xi_t)dt.\end{aligned}$$

The first member of the right hand side of (6) is of mean 0. Observe the inequalities $|X_k^i(r,x)| \leq Cf(x)^{1/2}$, $|x^i| \leq f(x)^{1/2}$ etc. Then we see that the second and the third members are dominated by a constant times $\int_0^t F(\xi_r)dr$. Therefore, taking expectations in (6), we have

$$E[F(\xi_t)] - F(x) \leq C_7^{(p,\varepsilon)}\int_s^t E[F(\xi_r)]dr,$$

where $C_7^{(p,\varepsilon)}$ is a positive constant. By Gronwall's lemma, we get $E[F(\xi_t)] \leq F(x)\exp C_7^{(p,\varepsilon)}(t-s)$. The proof is complete.

Proof of (3). Let $k \geq 1$. By Burkholder's inequality (see (2) of

Section 7, Chap. I), we have

$$E[|\int_t^{t'} X_k(r,\xi_{s',r}(x'))dB_r^k|^p] \le C_0^{(p)}|t'-t|^{\frac{p}{2}-1}\int_t^{t'} E[|X_k(r,\xi_{s',r}(x'))|^p]dr.$$

Since it holds $|X_k(r,x)| \le C(1+|x|)$ with some positive constant C, Lemma 2.3 implies inequality (3) immediately. The case $k=0$ can be proved similarly.

Proof of (4). Since

$$\xi_{s,s'}(x) - x' = x - x' + \sum_{k=0}^{m}\int_s^{s'} X_k(r,\xi_{s,r}(x))dB_r^k,$$

we have, using (3),

$$\begin{aligned} E[|\xi_{s,s'}(x)-x'|^p] &\le (m+2)^p\{|x-x'|^p + \sum_{k=0}^{m} E[|\int_s^{s'} X_k(r,\xi_{s,r}(x))dB_r^k|^p]\} \\ &\le (m+2)^p\{|x-x'|^p+(m+1)C_3|s'-s|^{\frac{p}{2}}(1+|x|^p)\}. \end{aligned}$$

This proves (4).

For the proof of estimate (5), we require a lemma.

2.4. Lemma. For any real number p, there is a positive constant $C_8^{(p)}$ not depending on $\varepsilon > 0$ such that

(7) $$E[(\varepsilon+|\xi_{s,t}(x)-\xi_{s,t}(y)|^2)^p] \le C_8^{(p)}(\varepsilon+|x-y|^2)^p$$

holds for all $s < t$ and x,y.

Proof. Apply Itô's formula to $F(x) = f(x)^p$, $f(x) = \varepsilon+|x|^2$ and $M_t = \eta_t = \xi_{s,t}(x)-\xi_{s,t}(y)$, where s,x,y are fixed. Since

$$\eta_t = x-y+\sum_{k=0}^{m}\int_s^t \{X_k(r,\xi_{s,r}(x))-X_k(r,\xi_{s,r}(y))\}dB_r^k,$$

we have

$$(8)\quad F(\eta_t) - F(\eta_s)$$

$$= 2p \sum_{i,k} \int_s^t f(\eta_r)^{p-1} \eta_r^i \{X_k^i(r,\xi_{s,r}(x)) - X_k^i(r,\xi_{s,r}(y))\} dB_r^k$$

$$+ p \sum_{i,j} \int_s^t f(\eta_r)^{p-2} (f(\eta_r)\delta_{ij} + 2(p-1)\eta_r^i \eta_r^j)$$

$$\times \{ \sum_{k \geq 1} (X_k^i(r,\xi_{s,r}(x)) - X_k^i(r,\xi_{s,r}(y)))(X_k^j(r,\xi_{s,r}(x)) - X_k^j(r,\xi_{s,r}(y))) \} dr.$$

The expectation of the first of the right hand side is 0 except for the term corresponding to k=0. Observe $|\eta_r^i| \leq f(\eta_r)^{1/2}$ and

$$|X_k^i(r,\xi_{s,r}(x)) - X_k^j(r,\xi_{s,r}(y)| \leq L|\eta_r| \leq Lf(\eta_r)^{\frac{1}{2}}$$

by the Lipschitz condition. Then the expectation of the term $\int \ldots dB_r^0$ plus that of the last member in (8) is dominated by $C_9 \int_s^t E[F(\eta_r)]dr$. Then we get

$$E[F(\eta_t)] - F(x-y) \leq C_9 \int_s^t E[F(\eta_r)]dr.$$

The assertion follows from Gronwall's lemma.

Remark. Let ε tend to 0 in Lemma 2.4. Then we have

$$(9)\quad E[\,|\xi_{s,t}(x) - \xi_{s,t}(y)|^{2p}] \leq C_8^{(p)} |x-y|^{2p}$$

for any $s < t$ and $x, y \in R^d$. Observe the inequality in case $p < 0$. If $x \neq y$, then $\xi_{s,t}(x) \neq \xi_{s,t}(y)$ a.s. for any $s < t$. We will see at Section 4 a stronger property: The map $\xi_{s,t}(\cdot,\omega);\ R^d \longrightarrow R^d$ is one to one for any $s < t$ a.s.

Inequality (9) is a special case of inequality (2). By Kolmogorov's theorem, there is a modification of the solution which is continuous in x a.s. for any $s < t$. Further, stochastic integral $\int_s^t X_k(r,\xi_{s,r}(x))dB_r^k$ has also a modification which is continuous in x. In fact, by Burkholder's inequality and (9),

$$E[|\int_s^t X_k(r,\xi_{s,r}(x))dB_r^k - \int_s^t X_k(r,\xi_{s,r}(y))dB_r^k|^p]$$

$$\leq C_0^{(p)}|t-s|^{\frac{p}{2}-1}\int_s^t E[|X_k(r,\xi_{s,r}(x)) - X_k(r,\xi_{s,r}(y))|^p]dr$$

$$\leq C_0^{(p)}L^p|t-s|^{\frac{p}{2}-1}\int_s^t E[|\xi_{s,r}(x) - \xi_{s,r}(y)|^p]dr$$

$$\leq C_0^{(p)}C_8^{(\frac{p}{2})}|t-s|^{\frac{p}{2}}|x-y|^p.$$

Taking this continuous modification, the equality

$$\xi_{s,t}(x) = x + \sum_{k=0}^{m}\int_s^t X_k(r,\xi_{s,r}(x))dB_r^k$$

holds for all x a.s. for any $s < t$.

Now let $s_0 < s$ and substitute $\xi_{s_0,s}(x)$ in the place of x. Then we have

$$\xi_{s,t}(\xi_{s_0,s}(x)) = \xi_{s_0,s}(x) + \sum_{k=0}^{m}\int_s^t X_k(r,\xi_{s,r}(\xi_{s_0,s}(x)))dB_r^k.$$

Define $\hat{\xi}_{s_0,t}$ by

$$\hat{\xi}_{s_0,t}(x) = \begin{cases} \xi_{s_0,t}(x) & \text{if } t \leq s \\ \xi_{s,t}(\xi_{s_0,s}(x)) & \text{if } t \geq s. \end{cases}$$

Then it satisfies

$$\hat{\xi}_{s_0,t}(x) = x + \sum_{k=0}^{m}\int_{s_0}^t X_k(r,\hat{\xi}_{s_0,r}(x))dB_r^k.$$

By the uniqueness of the solution, we obtain $\xi_{s_0,t}(x) = \xi_{s,t}(\xi_{s_0,s}(x))$ for all x a.s. for any $s_0 < s < t$.

<u>Proof</u> of (5). By Burkholder's inequality, we have

$$(10)\quad E\Big[\Big|\int_{s'}^{t}\{X_k(r,\xi_{s,r}(x)) - X_k(r,\xi_{s',r}(x'))\}dB_r^k\Big|^p\Big]$$

$$\le C_0^{(p)}|t-s'|^{\frac{p}{2}-1}\int_{s'}^{t} E[\,|X_k(r,\xi_{s,r}(x)) - X_k(r,\xi_{s',r}(x'))|^p]dr$$

$$\le C_0^{(p)}L^p|t-s'|^{\frac{p}{2}-1}\int_{s'}^{t} E[\,|\xi_{s,r}(x) - \xi_{s',r}(x')|^p]dr.$$

Note that $\xi_{s,r}(x) = \xi_{s',r}\circ\xi_{s,s'}(x)$ and that $\xi_{s',r}(y)$ and $\xi_{s,s'}(x)$ are independent. Apply Lemma 2.4 and estimate (4). Then we have

$$E[\,|\xi_{s,r}(x) - \xi_{s',r}(x')|^p] = \int E[\,|\xi_{s',r}(y) - \xi_{s',r}(x')|^p]P(\xi_{s,s'}(x)\in dy)$$

$$\le C_8^{(p)}\int |y-x'|^p P(\xi_{s,s'}(x)\in dy)$$

$$\le C_8^{(p)}E[\,|\xi_{s,s'}(x) - x'|^p]$$

$$\le C_8^{(p)}C_4\{|x-x'|^p+|s'-s|^{\frac{p}{2}}(1+|x|^p)\}.$$

Substitute the above inequality to (10), we get the estimate (5).

<u>Proof</u> of Theorem 2.2. If (2) is satisfied, then by Kolmogorov's theorem, $\xi_{s,t}(x)$ has a modification which is locally (β,β,α)-Hölder continuous with respect to (s,t,x), where $\beta < p^{-1}(\frac{p}{2} - d)$ and $\alpha < 2p^{-1}(\frac{p}{2} - d)$. Since p is arbitrary, β can take any value less than half and α can take any value less than 1.

We will next prove the continuity of the integral $\int_s^t X(r,\xi_{s,r}(x))dB_r^k$. Since the case $k = 0$ is obvious, we will consider the case $k \ge 1$. Suppose $s < s' < t < t'$ as before. Then

$$\int_s^t X_k(r,\xi_{s,r}(x))dB_r^k - \int_{s'}^{t'} X_k(r,\xi_{s',r}(x'))dB_r^k$$

$$= \int_s^{s'} X_k(r,\xi_{s,r}(x))dB_r^k + \int_{s'}^t \{X_k(r,\xi_{s,r}(x)) - X_k(r,\xi_{s',r}(x'))\}dB_r^k$$

$$- \int_t^{t'} X_k(r,\xi_{s',r}(x'))dB_r^k .$$

L_p-estimates of the first and the third terms of the right hand side have been given in (3). L_p-estimate of the second term is given by (5). Therefore, L^p-norm of the left hand side is again dominated by a quantity like the right hand side of (2). Therefore the stochastic integrals $\int_s^t X_k(r,\xi_{s,r}(x))dB_r^k$, $k=1,\dots,m$ have the same kind of continuity as that of $\xi_{s,t}(x)$.

Other properties of the theorem will be obvious from the above.

3. SMOOTHNESS OF THE SOLUTION WITH RESPECT TO THE INITIAL DATA

We have seen in the previous section that the solution $\xi_{s,t}(x)$ of a SDE is locally Hölder continuous of order $\alpha < 1$, provided that coefficients of the SDE are Lipschitz continuous. In this section we will see more smoothness of the solution under additional smoothness assumption for coefficients.

3.1. Theorem. Suppose that coefficients $X_0,\dots,X_m$ of an Itô SDE are $C_g^{1,\alpha}$ functions for some $\alpha > 0$ and their first derivatives are bounded. Then the solution $\xi_{s,t}(x)$ is a $C^{1,\beta}$ function of x for any β less than α for each $s < t$ a.s. Furthermore, the derivative $\partial_\ell \xi_{s,t}(x) = (\frac{\partial \xi_{s,t}(x)}{\partial x_\ell})$ satisfies the following SDE

$$(1) \qquad \partial_\ell \xi_{s,t}(x) = e_\ell + \sum_{k=0}^m \int_s^t X_k'(r,\xi_{s,r}(x))\partial_\ell \xi_{s,r}(x)dB_r^k$$

for all (s,t,x) a.s., where $X_k'(r,x)$ is a matrix valued function $(\frac{\partial X_k^i(r,x)}{\partial x_j})_{i,j=1,\dots,d}$ and e_ℓ is the unit vector $(0,\dots,0,1,0,\dots,0)$ (1 is the ℓ-th component).

For $y \in R - \{0\}$, define

(2) $$\eta_{s,t}(x,y) = \frac{1}{y}\{\xi_{s,t}(x+ye_\ell) - \xi_{s,t}(x)\}.$$

Then the existence of the partial derivative $\frac{\partial \xi_{s,t}(x)}{\partial x_\ell}$ for any s,t,x, a.s. can be assured if $\eta_{s,t}(x,y)$ has a continuous extension at $y = 0$ for any s,t,x a.s. This follows from the following lemma and Kolmogorov's theorem.

3.2. Lemma. For any $p > 2$, there is a positive constant $C_{10}^{(p)}$ such that

(3) $$E|\eta_{s,t}(x,y) - \eta_{s',t'}(x',y')|^p$$
$$\le C_{10}^{(p)}\{|x-x'|^{\alpha p} + |y-y'|^{\alpha p} + (1+|x|+|x'|)^{\alpha p}(|s-s'|^{\frac{\alpha p}{2}} + |t-t'|^{\frac{\alpha p}{2}})\}.$$

Proof. We first show the boundedness of $E|\eta_{s,t}(x)|^p$. By the mean value theorem, it holds

(4) $$\eta_{s,t}(x,y) = e_\ell + \sum_{k=0}^{m}\int_s^t\{\int_0^1 X_k'(r,\xi_{s,r}(x) + v(\xi_{s,r}(x+ye_\ell) - \xi_{s,r}(x)))dv\} \times \eta_{s,r}(x,y)dB_r^k.$$

Therefore we have

(5) $$E|\eta_{s,t}(x,y)|^p \le (m+2)^p\{1 + \sum_{k=0}^{m} E[|\int_s^t(\int_0^1 X_k'(\ldots)dv)\eta_{s,r}(x,y)dB_r^k|^p]\}.$$

Using Burkholder's inequality, we have for $k \ge 1$,

$$E[|\int_s^t(\int_0^1 X_k'(\ldots)dv)\eta_{s,r}(x,y)dB_r^k|^p]$$
$$\le C_{11}^{(p)}|t-s|^{\frac{p}{2}-1} E[\int_s^t|\int_0^1 X_k'(\ldots)dv\eta_{s,r}(x,y)|^p dr]$$
$$\le C_{11}^{(p)}|t-s|^{\frac{p}{2}-1}\|X_k'\|\int_s^t E|\eta_{s,r}(x,y)|^p dr.$$

Here $||X'_k|| = \sup_{(r,x)} |X'_k(r,x)|$ and $|A|$ denotes the norm of the matrix $A = (a_{ij})$ defined by $|A| = \sqrt{\Sigma_{i,j} a_{ij}^2}$. Similar estimate is valid for $k = 0$. Then from (5), we obtain

$$E|\eta_{s,t}(x,y)|^p \le C_{12}^{(p)} + C_{13}^{(p)} \int_s^t E|\eta_{s,r}(x,y)|^p dr,$$

where constants $C_{12}^{(p)}$ and $C_{13}^{(p)}$ do not depend on s,t,x,y. Therefore by Gronwall's inequality, we see that $E|\eta_{s,t}(x,y)|^p$ is bounded.

We next show (3) in case $t = t'$. We assume $s < s' \le t$. Other cases will be treated similarly. Note that $\eta_{s,t}(x,y) - \eta_{s',t}(x',y')$ is a sum of the following terms:

$$(6) \qquad \int_s^{s'} \left(\int_0^1 X'_k(r, \xi_{s,r}(x) + v(\xi_{s,r}(x+ye_\ell) - \xi_{s,r}(x)))dv\right)\eta_{s,r}(x,y)dB_r^k$$

$$(7) \qquad \int_{s'}^t [\left(\int_0^1 X'_k(r, \xi_{s,r}(x) + v(\xi_{s,r}(x+ye_\ell) - \xi_{s,r}(x)))dv\right)\eta_{s,r}(x,y)$$

$$- \left(\int_0^1 X'_k(r, \xi_{s',r}(x') + v(\xi_{s',r}(x'+y'e_\ell) - \xi_{s',r}(x')))dv\right)\eta_{s',r}(x',y')]dB_r^k.$$

Using Burkholder's inequality, the expectation of the p-th power of (6) is estimated in case $k \ge 1$ as

$$E[|\int_s^{s'} \left(\int_0^1 X'_k(\ldots)dv\right)\eta_{s,r}(x,y)dB_r^k|^p]$$

$$\le C_{14}^{(p)} |s'-s|^{\frac{p}{2}-1} E[\int_s^{s'} |\left(\int_0^1 X'_k(\ldots)dv\right)\eta_{s,r}(x,y)|^p dr]$$

$$\le C_{14}^{(p)} ||X'_k||^p |s'-s|^{\frac{p}{2}-1} \int_s^{s'} E|\eta_{s,r}(x,y)|^p dr,$$

which is dominated by $C_{15}^{(p)}|s-s'|^{p/2}$ by the argument of the previous paragraph.

We will calculate the expectation of the p-th power of (7). Note that the integrant [...] in (7) is estimated as

$|$integrant $[\ldots]|$

$$\leq \int_0^1 |X_k'(r,\xi_{s,r}(x)+vy\eta_{s,r}(x,y))|dv\cdot|\eta_{s,r}(x,y)-\eta_{s',r}(x',y')|$$

$$+\int_0^1 |X_k'(r,\xi_{s,r}(x)+vy\eta_{s,r}(x,y))-X_k'(r,\xi_{s',r}(x')+vy'\eta_{s',r}(x',y'))|dv\cdot|\eta_{s',r}(x',y')|$$

$$\leq \|X_k'\|\,|\eta_{s,r}(x,y)-\eta_{s',r}(x',y')|$$

$$+L\int_0^1 \{(1-v)^\alpha|\xi_{s,r}(x)-\xi_{s',r}(x')|^\alpha+v^\alpha|\xi_{s,r}(x+ye_\ell)-\xi_{s',r}(x'+y'e_\ell)|^\alpha\}dv\cdot|\eta_{s',r}(x',y')|$$

$$\leq \|X_k'\|\,|\eta_{s,r}(x,y)-\eta_{s',r}(x',y')|+L|\xi_{s,r}(x)-\xi_{s',r}(x')|^\alpha\cdot|\eta_{s',r}(x',y')|$$

$$+L|\xi_{s,r}(x+ye_\ell)-\xi_{s',r}(x'+y'e_\ell)|^\alpha\cdot|\eta_{s',r}(x',y')|.$$

Here L is a Hölder constant; $|X_k'(r,x)-X_k'(r,x')|\leq L|x-x'|^\alpha$. Therefore, by Burkholder's inequality,

$$C(p)^{-1}E[|\int_{s'}^t[\ldots]dB_r^k|^p]$$

$$\leq |t-s'|^{\frac{p}{2}-1}\int_{s'}^t E[|[\ldots]|^p]dr$$

$$\leq |t-s'|^{\frac{p}{2}-1}3^p\{\|X_k'\|^p\int_{s'}^t E[|\eta_{s,r}(x,y)-\eta_{s',r}(x',y')|^p]dr$$

$$+L^p(\int_{s'}^t E[|\xi_{s,r}(x)-\xi_{s',r}(x')|^{2\alpha p}]^{\frac{1}{2}}E[|\eta_{s',r}(x',y')|^{2p}]^{\frac{1}{2}}dr$$

$$+\int_{s'}^t E[|\xi_{s,r}(x+ye_\ell)-\xi_{s',r}(x'+y'e_\ell)|^{2\alpha p}]^{\frac{1}{2}}E[|\eta_{s',r}(x',y')|^{2p}]^{\frac{1}{2}}dr\}.$$

Apply Theorem 2.1 to $E|\xi_{s,r}(x)-\xi_{s',r}(x')|^{\alpha p}$ etc. Then the above is dominated by

$$C_{15}\{(1+|x|+|x'|)^{\alpha p}|s-s'|^{\frac{\alpha p}{2}}+|x-x'|^{\alpha p}+|y-y'|^{\alpha p}\}$$

$$+C_{16}\int_{s'}^t E[|\eta_{s,r}(x,y)-\eta_{s',r}(x',y')|^p]dr.$$

Summing up these calculations for (6) and (7), we arrive at

$$E[|\eta_{s,t}(x,y) - \eta_{s',t}(x',y')|^p]$$

$$\leq C_{17}\{|s-s'|^{\frac{p}{2}} + (1+|x|+|x'|)^{\alpha p}|s-s'|^{\frac{\alpha p}{2}} + |x-x'|^{\alpha p} + |y-y'|^{\alpha p})\}$$

$$+ C_{18}\int_{s'}^{t} E[|\eta_{s,r}(x,y) - \eta_{s',r}(x',y')|^p]dr.$$

By Gronwall's inequality, we have

$$E[|\eta_{s,t}(x,y) - \eta_{s',t}(x',y')|^p]$$

$$\leq C_{17}\{(1+|x|+|x'|)^{\alpha p}|s-s'|^{\frac{\alpha p}{2}} + |x-x'|^{\alpha p} + |y-y'|^{\alpha p}\}\exp C_{18}(t-t').$$

This proves (3) in case $t=t'$.

It remains to prove (3) in case $t \neq t'$. Assuming $t < t'$, we have

$$\eta_{s,t}(x,y) - \eta_{s',t'}(x',y')$$

$$= \eta_{s,t}(x,y) - \eta_{s',t}(x',y') - \sum_{k=0}^{m}\int_{t}^{t'}\Big(\int_{0}^{1} X'_k(\ldots)dv\Big)\eta_{s',r}(x',y')dB_r^k.$$

It holds

$$C^{(p)^{-1}}E\Big[\Big|\int_{t}^{t'}\Big(\int_{0}^{1} X'_k(\ldots)dv\Big)\eta_{s',r}(x',y')dB_r^k\Big|^p\Big]$$

$$\leq |t'-t|^{\frac{p}{2}-1} E\Big[\int_{t}^{t'}\Big|\Big(\int_{0}^{1} X'_k(\ldots)dv\Big)\eta_{s',r}(x',y')\Big|^p dr\Big]$$

$$\leq |t'-t|^{\frac{p}{2}-1}\|X'_k\|^p\int_{t}^{t'} E|\eta_{s',r}(x',y')|^p dr$$

$$\leq C_{19}|t'-t|^{\frac{p}{2}}.$$

Therefore we get the desired estimation (3). The proof is complete.

<u>Proof of Theorem 3.1.</u> By Kolmogorov's theorem, $\eta_{s,t}(x,y)$ has a

continuous extension at $y=0$ for all $s<t$ and $x \in R^d$ a.s. This means that $\xi_{s,t}(x)$ is continuously differentiable in the domain $\{(s,t,x) \mid s<t, x \in R^d\}$ and the derivative $\partial_\ell \xi_{s,t}(x)$ is β-Hölder continuous for any $\beta < \alpha$. Let y tend to 0 in (4). Then we obtain (1). The proof is complete.

3.3. Theorem. Let k be a positive integer and α be $0<\alpha \le 1$. Suppose that coefficients $X_0,\dots,X_m$ are $C_g^{k,\alpha}$ functions of x for some α and their derivatives up to k-th order are bounded. Then the solution $\xi_{s,t}(x)$ is a $C^{k,\beta}$ function of x for any β less than α.

Proof. We will consider the case $k=2$. Let $y \in R - \{0\}$ and set

$$\zeta_{s,t}(x,y) = \frac{1}{y}\{\partial_i \xi_{s,t}(x+ye_\ell) - \partial_i \xi_{s,t}(x)\}.$$

Then similarly as the proof of Lemma 3.2, we obtain an estimate

$$E[\,|\zeta_{s,t}(x,y) - \zeta_{s',t'}(x',y')|^p]$$
$$\le C_{20}\{|x-x'|^{\alpha p} + |y-y'|^{\alpha p} + (1+|x|+|x'|)^{\alpha p}(|s-s'|^{\frac{\alpha p}{2}} + |t-t'|^{\frac{\alpha p}{2}})\}$$

for all $s<t$, $s'<t'$, $x,x' \in R^d$, $y,y' \in R-\{0\}$. This implies the existence of the partial derivative $\partial_\ell \partial_i \xi_{s,t}(x)$ for all $s<t$ and x a.s. and the partial derivative is β-Hölder continuous for any $\beta<\alpha$.

4. STOCHASTIC FLOW OF HOMEOMORPHISMS (I). CASE OF GLOBALLY LIPSCHITZ CONTINUOUS COEFFICIENTS

In section 2, we saw that if coefficients of an Itô SDE are globally Lipschitz continuous, then there is a modification of the solution $\xi_{s,t}(x)$ which is continuous in three variables (s,t,x) a.s. Then for any $s < t$, $\xi_{s,t}(\cdot,\omega)$ defines a continuous map $R^d \longrightarrow R^d$ for almost all ω. We will prove in this section that the map is actually a homeomorphism of R^d onto itself a.s.

We will first consider the "one to one" property of the map $\xi_{s,t}(\cdot,\omega)$. Lemma 2.4 implies the inequality

$$(1) \quad E[\,|\xi_{s,t}(x)-\xi_{s,t}(y)|^{2p}] \le C_8^{(p)}|x-y|^{2p}$$

for negative p. This shows that if $x \neq y$, then $\xi_{s,t}(x) \neq \xi_{s,t}(y)$ a.s. for any $s < t$. But this does not imply immediately that the map $\xi_{s,t}(\cdot,\omega)$ is one to one a.s. To prove the latter assertion, we require a lemma.

4.1. Lemma. Set

$$\eta_{s,t}(x,y) = \frac{1}{|\xi_{s,t}(x)-\xi_{s,t}(y)|}.$$

Then for any $p > 2$, there is a constant $C_{21}^{(p)}$ such that for any $\delta > 0$

$$E[\,|\eta_{s,t}(x,y)-\eta_{s',t'}(x',y')|^p]$$
$$\le C_{21}^{(p)}\delta^{-2p}\{|x-x'|^p+|y-y'|^p+(1+|x|^p+|x'|^p+|y|^p+|y'|^p)(|t-t'|^{\frac{p}{2}}+|s-s'|^{\frac{p}{2}})\}$$

holds for all $s < t$ and x,y,x',y' such that $|x-y| \ge \delta$ and $|x'-y'| \ge \delta$.

Proof. A simple computation yields

$$|\eta_{s,t}(x,y)-\eta_{s',t'}(x',y')|^p$$
$$\le 2^p\eta_{s,t}(x,y)^p\eta_{s',t'}(x',y')^p\{|\xi_{s,t}(x)-\xi_{s',t'}(x')|^p+|\xi_{s,t}(y)-\xi_{s',t'}(y')|^p\}.$$

Take expectations for both sides and use Hölder's inequality. Then,

$$E[\,|\eta_{s,t}(x,y)-\eta_{s',t'}(x',y')|^p]$$

$$\leq 2^p E[\,|\eta_{s,t}(x,y)|^{4p}]^{\frac{1}{4}} E[\,|\eta_{s',t'}(x',y')|^{4p}]^{\frac{1}{4}}$$

$$\times \{E[\,|\xi_{s,t}(x)-\xi_{s',t'}(x')|^{2p}]^{\frac{1}{2}} + E[\,|\xi_{s,t}(y)-\xi_{s',t'}(y')|^{2p}]^{\frac{1}{2}}\}.$$

It holds by (1)

$$E[\,|\eta_{s,t}(x,y)|^{4p}]^{\frac{1}{4}} \leq C_{22}|x-y|^{-p} \leq C_{22}\delta^{-p},$$

where $|x-y| \geq \delta$. Also by Theorem 2.1,

$$E[\,|\xi_{s,t}(x)-\xi_{s',t'}(x')|^{2p}]^{\frac{1}{2}} \leq C_{23}\{|x-x'|^p+(1+|x|^p+|x'|^p)(|t-t'|^{\frac{p}{2}}+|s-s'|^{\frac{p}{2}})\}.$$

Therefore we get the lemma.

We can prove the "one to one" property of the map $\xi_{s,t}$. Take p as large as $\frac{p}{2} > 2(d+1)$ in Lemma 4.1. Kolmogorov's theorem states that $\eta_{s,t}(x,y)$ is continuous in (s,t,x,y) in the domain $\{(s,t,x,y) \mid s < t, |x-y| \geq \delta\}$. Since δ is arbitrary, it is also continuous in the domain $\{(s,t,x,y) \mid s < t,\ x \neq y\}$. This proves that the map $\xi_{s,t}\,;\ R^d \longrightarrow R^d$ is one to one for any $0 < s < t < a$ a.s.

We will next consider the onto property of the map $\xi_{s,t}$. We claim a lemma.

4.2. <u>Lemma.</u> Let $\hat{R}^d = R^d \cup \{\infty\}$ be the one point campactification of R^d. Set $\hat{x} = |x|^{-2}x$ and define

$$\eta_{s,t}(\hat{x}) = \frac{1}{1+|\xi_{s,t}(x)|} \quad \text{if } \hat{x}\in R^d, \quad = 0 \quad \text{if } \hat{x} = 0.$$

Then for any positive p, there is a constant $C_{24}^{(p)}$ such that

$$E[\,|\eta_{s,t}(\hat{x}) - \eta_{s',t'}(\hat{x}')|^p] \leq C_{24}^{(p)}\{|\hat{x}-\hat{x}'|^p + |t-t'|^{\frac{p}{2}} + |s-s'|^{\frac{p}{2}}\}.$$

Proof. Since

$$|\eta_{s,t}(\hat{x}) - \eta_{s',t'}(\hat{x}')|^p \le \eta_{s,t}(\hat{x})^p \eta_{s',t'}(\hat{x}')^p |\xi_{s,t}(x) - \xi_{s',t'}(x')|^p,$$

we have by Hölder's inequality

$$E[|\eta_{s,t}(\hat{x}) - \eta_{s',t'}(\hat{x}')|^p] \le E[|\eta_{s,t}(\hat{x})|^{4p}]^{\frac{1}{4}} E[|\eta_{s',t'}(\hat{x}')|^{4p}]^{\frac{1}{4}}$$
$$\times E[|\xi_{s,t}(x) - \xi_{s',t'}(x')|^{2p}]^{\frac{1}{2}}.$$

Apply Lemma 2.3 and Theorem 2.1. Then the right hand side is dominated by

$$C_{25}(1+|x|)^{-p}(1+|x'|)^{-p}\{|x-x'|^p + (1+|x|+|x'|)^p(|t-t'|^{\frac{p}{2}} + |s-s'|^{\frac{p}{2}})\}$$
$$\le C_{25}\{|\hat{x}-\hat{x}'|^p + |t-t'|^{\frac{p}{2}} + |s-s'|^{\frac{p}{2}}\},$$

if x and x' are finite. Here we have used the inequality $(1+|x|)^{-1} \times (1+|x'|)^{-1}|x-x'| \le |\hat{x}-\hat{x}'|$. In case $x = \infty$, we have

$$E[|\eta_{s',t'}(\hat{x}')|^p] \le C_{26}(1+|x'|)^{-p} \le C_{26}|\hat{x}'|^p.$$

Therefore the inequality of the lemma follows.

The "onto" property of the map $\xi_{s,t}$ follows from Lemma 4.2. Take p greater than $2(d+3)$. Then by Kolmogorov's theorem, $\eta_{s,t}(\hat{x})$ is continuous at $\hat{x} = 0$. Therefore, $\xi_{s,t}(\cdot,\omega)$ can be extended to a continuous map from $\hat{R}^d$ into itself for any $s<t$ a.s. The extension $\tilde{\xi}_{s,t}(x,\omega)$ is continuous in (s,t,x) a.s. We will fix such ω. The map $\tilde{\xi}_{s,t}(\cdot,\omega)$; $\hat{R}^d \longrightarrow \hat{R}^d$ is then homotopic to the identity map $\tilde{\xi}_{s,s}(\cdot,\omega)$, so that it is an onto map by a well known theorem of homotopic theory. The restriction of $\tilde{\xi}_{s,t}(\cdot,\omega)$ to R^d is again an "onto" map since $\tilde{\xi}_{s,t}(\infty,\omega) = \infty$.

The map $\xi_{s,t}(\cdot,\omega)$; $R^d \longrightarrow R^d$ is one to one and onto. Hence the inverse map $\xi_{s,t}^{-1}(\cdot,\omega)$; $R^d \longrightarrow R^d$ is also one to one and onto. It is continuous. Indeed, the inverse map $\tilde{\xi}_{s,t}^{-1}(\cdot,\omega) ; \hat{R}^d \longrightarrow \hat{R}^d$ is continuous since $\tilde{\xi}_{s,t}(\cdot,\omega)$ is a one to one, continuous map from the compact space $\hat{R}^d$ into itself.

We will summarize the result.

4.3. Theorem. Suppose that coefficients of an Itô SDE are globally Lipschitz continuous. Then there is a modification of the solution, denoted by $\xi_{s,t}(x,\omega)$ which satisfies the following properties.

(F.1) For each $s<t$ and x, $\xi_{s,t}(x,\cdot)$ is $(\underline{\underline{F}}_{s,t})$-measurable.

(F.2) For almost all ω, $\xi_{s,t}(x,\omega)$ is continuous in (s,t,x) and satisfies $\lim_{t\downarrow s} \xi_{s,t}(x,\omega) = x$.

(F.3) For almost all ω, $\xi_{s,t+u}(x,\omega) = \xi_{t,t+u}(\xi_{s,t}(x,\omega),\omega)$ is satisfied for all $s<t$ and $u>0$.

(F.4) For almost all ω, the map $\xi_{s,t}(\cdot,\omega)$; $R^d \longrightarrow R^d$ is an onto homeomorphism for all $s<t$.

4.4. Theorem. Let k be a positive integer. Suppose that coefficients of an Itô equation are $C_g^{k,\alpha}$ functions for some $\alpha>0$ and their derivatives up to k-th order are bounded. Then the map $\xi_{s,t}(\cdot,\omega)$; $R^d \longrightarrow R^d$ is a C^k-diffeomorphism for all $s<t$ a.s.

Proof. Smoothness of the map $\xi_{s,t}$; $R^d \longrightarrow R^d$ was shown in Theorem 3.3. It is enough to show that the Jacobian matrix $\partial\xi_{s,t}(x) = (\frac{\partial \xi_{s,t}(x)}{\partial x})$ is nonsingular for any x a.s. If it were shown then the implicit function theorem states that the inverse map is again of C^k-class. Now by Theorem 3.1, the Jacobian matrix satisfies following linear SDE;

$$\partial \xi_{s,t} = I + \sum_{k=0}^{m} \int_s^t X_k'(r,\xi_{s,r}(x))\partial \xi_{s,r} dB_r^k .$$

Consider an adjoint equation of the above:

$$K_{s,t}(x) = I - \sum_{k=0}^{m}\int_s^t K_{s,r}(x)X'_k(r,\xi_{s,r}(x))dB_r^k$$
$$- \sum_{k=1}^{m}\int_s^t K_{s,r}(x)X'_k(r,\xi_{s,r}(x))^2 dr.$$

Obviously it has unique matrix solution $K_{s,t}(x)$. We can prove similarly as before

$$E[\,|K_{s,t}(x) - K_{s',t'}(x')|^p] \le C_{27}^{(p)}\{|x-x'|^{\alpha p} + (1+|x|+|x'|)^{\alpha p}(|s'-s|^{\frac{\alpha p}{2}} + |t'-t|^{\frac{\alpha p}{2}})\}.$$

Hence $K_{s,t}(x)$ is continuous in (s,t,x) a.s. By Itô's formula, it holds

$$K_{s,t}(x)\partial\xi_{s,t}(x) = I + \int_s^t (dK_{s,r}(x))\partial\xi_{s,r}(x) + \int_s^t K_{s,r}(x)d\partial\xi_{s,r}(x) + \langle K(x),\xi(x)\rangle_t$$
$$= I.$$

Therefore $\partial\xi_{s,t}(x)$ has the inverse matrix $K_{s,t}(x)$ for any (s,t,x), proving $\partial\xi_{s,t}(x,\omega)$ is nonsingular for any (s,t,x) a.s.

5. SDE WITH LOCALLY LIPSCHITZ CONTINUOUS COEFFICIENTS

In Sections 1-4 we have considered SDE's whose coefficients are globally Lipschitz continuous. In the sequel, we will not assume the global Lipschitz condition for the equation. Then, as in the case of ordinary differential equation, the equation may not have a global solution; the explosion may occur at a finite time.

In this section we shall construct the solution up to the explosion time. Let $X_0(t,x),\dots,X_m(t,x)$, $t\in[0,a]$, $x\in R^d$ be R^d valued continuous functions. We assume that these are locally Lipschitz continuous, i.e., Lipschitz conditions are satisfied on any bounded domain of R^d. Consider an Itô's SDE on R^d:

$$(1)\qquad d\xi_t = \sum_{k=0}^{m} X_k(t,\xi_t)dB_t^k,$$

where $(B_t^1,\dots,B_t^m)$ is an m-dimensional Brownian motion and $B_t^0 \equiv t$ as before.

5.1. Definition. Let $\xi_{s,t}(x)$, $x \in R^d$, $0 < s < t < T(s,x,\omega) \wedge a$ be a random field with values in R^d. It is called a local solution of (1) with the initial condition $\xi_s = x$ if the following four conditions are satisfied.

(i) $T(s,x,\omega)$ is a measurable accessible $(\underline{F}_{s,t})$-stopping time[1], strictly greater than s, where $(\underline{F}_{s,t}) = \sigma(B_u - B_v\ ;\ s \le u \le v \le t)$.

(ii) $\xi_{s,t}(x)$ is continuous in (s,t,x)[2].

(iii) $\xi_{s,t}(x)$ is an $(\underline{F}_{s,t})$-semimartingale for each (s,x).

(iv) For $s < t < T(s,x)$,

$$(2) \qquad \xi_{s,t}(x) = x + \sum_{k=0}^{m} \int_s^t X_k(r, \xi_{s,r}(x))\, dB_r^k .$$

Furthermore, if $\lim_{t \uparrow T(s,x)} \xi_{s,t}(x) = \infty$ is satisfied if $T(s,x) < \infty$ a.s., then $\xi_{s,t}$ is called a maximal solution and $T(s,x)$ is called the explosion time.

5.2. Theorem. Suppose that coefficients $X_0,\dots,X_m$ of equation (1) are locally Lipschitzian. Then the maximal solution exists uniquely.

Proof. For each natural number N, we may choose globally Lipschitz continuous R^d-valued functions $X_k^N(t,x)$, $k=0,\dots,m$ such that $X_k(t,x) = X_k^N(t,x)$, $t \in [0,a]$ and $|x| \le N$. Then equation (2) corresponding to coefficients $\{X_k^N\}$ has a unique solution, which we will denote as $\xi_{s,t}^N(x)$. Let $T_N(s,x)$ be the hitting time for the set $\{x\,;|x| \ge N\}$ of the process $\xi_{s,t}^N(x)$; $T_N(s,x) = \inf\{t < a; |\xi_{s,t}^N(x)| \ge N\}$ $(= \infty$ if $\{\dots\} = \phi)$.

---

1) There is an increasing sequence of stopping times $T_N(s,x)$, $N=1,2,\dots$ which are measurable in (s,x) such that $T_N(s,x) < T(s,x)$ and $T_N(s,x) \uparrow T(s,x)$ hold for any s,x a.s.

2) Each stopped process $\xi_{s,t}^{T_N(s,x)}(x)$ is a semimartingale.

Then it is an $(\underline{F}_{s,t})$-stopping time for each (s,x). For $t \leq T_N(s,x)$ it holds

$$\xi^N_{s,t}(x) = x + \sum_{k=0}^{m} \int_s^t X_k(r, \xi^N_{s,r}(x)) dB^k_r .$$

Then by the uniqueness of the solution, we have $\xi^N_{s,t}(x) = \xi^M_{s,t}(x)$ for $t < T_N(s,x)$ if $N < M$. Set $T(s,x) = \lim_{N\to\infty} T_N(s,x)$ and define $\xi_{s,t}(x)$ for $s \leq t < T(s,x)$ by $\xi_{s,t}(x) = \xi^N_{s,t}(x)$ if $s \leq t < T_N(s,x)$. Then the process $\xi_{s,t}$ with the explosion time $T(s,x)$ is a desired solution. The uniqueness will be obvious.

Stopping times $T_N(s,x)$ are lower semicontinuous in x a.s., i.e., $\{x ; T_N(s,x) > c\}$ is open for any $c > 0$. In fact if x_0 belongs to the set, it holds $|\xi^N_{s,t}(x_0)| < N$ for all $t \leq c$. Then the same inequality holds for x belonging to a suitable neighborhood of x_0. Now $T(s,x)$ is also lower semicontinuous since $T_N(s,x) \uparrow T(s,x)$. Consequently, the set

$$D_{s,t} = D_{s,t}(\omega) = \{x \mid T(s,x) > t\}$$

is an open set for any $s < t$ a.s. We may regard that $\xi_{s,t}(\cdot,\omega)$ is a continuous map from $D_{s,t}(\omega)$ into R^d for each $s < t$ a.s. We denote by $R_{s,t} = R_{s,t}(\omega)$ the range of the map $\xi_{s,t}$;

$$R_{s,t} = R_{s,t}(\omega) = \{\xi_{s,t}(x,\omega) \mid x \in D_{s,t}(\omega)\}.$$

5.3. Theorem. (i) Both of $D_{s,t}(\omega)$ and $R_{s,t}(\omega)$ are open for any $s < t$ a.s. The map $\xi_{s,t}(\cdot,\omega) ; D_{s,t}(\omega) \longrightarrow R_{s,t}(\omega)$ is a homeomorphism for any $s < t$ a.s.

(ii) It holds $D_{s,t} \subset D_{s,r}$ and $\{\xi_{s,r}(x) ; x \in D_{s,t}\} \subset D_{r,t}$ for any $s < r < t$.

The map $\xi_{s,t}$ satisfies $\xi_{s,t} = \xi_{r,t} \circ \xi_{s,r}$ on $D_{s,t}$ for any $s < r < t$ a.s.

Proof. Set $D^N_{s,t} = \{x \mid T^N(s,x) > t\}$. It is an open set and $\bigcup_N D^N_{s,t} = D_{s,t}$. Since $\xi_{s,t}(\cdot,\omega) = \xi^N_{s,t}(\cdot,\omega)$ holds on $D^N_{s,t}(\omega)$, the map $\xi_{s,t}(\cdot,\omega)$; $D^N_{s,t}(\omega) \longrightarrow R^d$ is an into homeomorphism by Theorem 4.3. Therefore the map is a homeomorphism from $D_{s,t}$ into R^d. The range $R_{s,t}$ then becomes an open set by the theorem of the invariance of the domain.

It holds $\xi_{s,t} = \xi_{r,t} \circ \xi_{s,r}$ on $D^N_{s,t}$ for any $s < r < t$ a.s., since $\xi_{s,t} = \xi^N_{s,t}$, $\xi_{r,t} = \xi^N_{r,t}$ and $\xi_{s,r} = \xi^N_{s,r}$ are satisfied. See (F.3) of Theorem 4.3. The assertion (ii) follows immediately.

5.4. Theorem. Suppose that coefficients $X_0, \ldots, X_m$ are $C^{k,\alpha}$ functions of x for $k \geq 1$ and $0 < \alpha < 1$. Then the solution $\xi_{s,t}(x)$ is a $C^{k,\beta}$ function for any β less than α for any $s < t$ a.s. Furthermore, the map $\xi_{s,t}$; $D_{s,t} \longrightarrow R_{s,t}$ is a C^k diffeomorphism for any $s < t$ a.s.

The above smoothness property is valid for each $\xi^N_{s,t}$ because of Theorem 3.4. Hence the property is also valid for $\xi_{s,t}$.

5.5. Definition. The maximal solution $\xi_{s,t}(x)$ is called conservative if $P(T(s,x) = \infty) = 1$ holds for all (s,x). It is called strictly conservative if $P(T(s,x) = \infty$ for all $(s,x)) = 1$ is satisfied.

If $\xi_{s,t}$ is conservative, then $D_{s,t}(\omega)$ is an open dense subset of R^d a.s. for any $s < t$. If $\xi_{s,t}$ is strictly conservative, then $D_{s,t}(\omega) = R^d$ holds for any $s < t$ a.s.

The conservativeness does not imply the strict conservativeness in general. A counter example was given by Elworthy [7]. Although the example is stated in terms of manifold, we will refer it here for better understanding.

5.6. <u>Example.</u> Let $M = R^d - \{0\}$ be the punctured space. Let B_t be a d-dimensional Brownian motion and let $\xi_{s,t}(x) = B_t - B_s + x$. It is conservative for any s,x since it does not hit the origin with probability 1. However, it is not strictly conservative. In fact, for any ω, $T(s,x,\omega) < a$ holds for some x, since for any $t \in [0,a]$, there is x such that $B_t(\omega) - B_s(\omega) + x = 0$.

On the other hand, in case of one dimensional SDE, the conservativeness implies the strict conservativeness to be shown below. Let $\xi_{s,t}(x)$, $x \in R^1$, $s < t < T(s,x)$ be a solution of one dimensional SDE. Then $D_{s,t}(\omega)$ is an open interval for any $s < t$ a.s. In fact if $y_1, y_2 \in D_{s,t}(\omega)$, $\xi_{s,t}(y_1) < \xi_{s,t}(y) < \xi_{s,t}(y_2)$ is satisfied for any y of (y_1, y_2) a.s., since $\xi_{s,t}$; $D_{s,t}(\omega) \longrightarrow R^1$ is a homeomorphism for any $s < t$ a.s. Therefore $(y_1, y_2) \subset D_{s,t}(\omega)$ if $y_1, y_2 \in D_{s,t}(\omega)$. Now suppose that the process is conservative for all (s,x). Then $D_{s,t}(\omega) = R^1$ holds a.s. for any $s < t$ since $D_{s,t}(\omega)$ is an open dense interval. Noting the continuity of $\xi_{s,t}(x)$ in (s,t,x), we see that $D_{s,t}(\omega) = R^1$ holds for any $s < t$ a.s.

A necessary and sufficient condition for conservativeness of one dimensional SDE was given by W. Feller, in case that coefficients do not depend on time t. Consider a one dimensional SDE

(3) $\quad d\xi_t = b(\xi_t)dt + \sigma(\xi_t)dB_t,$

where $\sigma(x) \neq 0$ is assumed. Set $c(x) = \exp 2\int_0^x \frac{b(s)}{\sigma(s)^2} ds$ and define

(4) $$K(x) = \int_0^x \frac{2}{c(r)} \int_0^r \frac{c(s)}{\sigma(s)^2} ds dr.$$

5.7. Theorem. The solution $\xi_{s,t}$ of (3) is strictly conservative if and only if $K(+\infty) = K(-\infty) = \infty$.

Proof. We follow Ikeda-Watanabe [13], p. 365. Set

$$Lu = \frac{1}{2}\sigma^2 u'' + bu'.$$

Then there is a solution of equation $(L-1)u = 0$ satisfying $u(0) = 1$ $1+K(x) \le u(x) \le \exp K(x)$. By Itô's formula,

$$e^{-(t-s)}u(\xi_{s,t}(x)) = u(x) + \int_s^t e^{-(r-s)}u'(\xi_{s,r}(x))\sigma(\xi_{s,r}(x))dB_r.$$

Hence $e^{-(t-s)}u(\xi_{s,t}(x))$ is a positive martingale. Therefore $e^{-(T(s,x)-s)}\lim_{t\uparrow T(s,x)} u(\xi_{s,t}(x))$ exists and is finite a.s. If $K(+\infty) = K(-\infty) = \infty$, then $\lim_{t\uparrow T(s,x)} u(\xi_{s,t}(x)) = \infty$, so that we have $e^{-(T(s,x)-s)} = 0$ a.s. This proves $P(T(s,x) = \infty) = 1$ for any s,x.

Next suppose $K(+\infty) < \infty$. Let $x > 0$ and $\tau = \tau(s,x)$ be the hitting time of $\xi_{s,t}(x)$ to the interval $(-\infty,0]$. Since $u(+\infty) \le \exp K(\infty) < \infty$, $e^{-(t\wedge\tau-s)}u(\xi_{s,t\wedge\tau}(x))$ is a bounded martingale by Doob's optional sampling theorem. Therefore

$$E[e^{-(T(s,x)\wedge\tau-s)}\lim_{t\uparrow T(s,x)} u(\xi_{s,t\wedge\tau}(x))] = u(x) > 0.$$

If $P(T(s,x) = \infty) = 1$ is satisfied, then we have $E[e^{-(\tau-s)}u(0)] = u(x)$ and $u(0) > u(x)$, which is a contradiction. We have thus proved $P(T(s,x) < \infty) > 0$ if $K(+\infty) < +\infty$. The proof is complete.

5.8. Definition. The point $+\infty$ or $-\infty$ is called a non-exit boundary point if $K(+\infty) = \infty$ or $K(-\infty) = \infty$ is satisfied respectively.

6. STOCHASTIC FLOW OF HOMEOMORPHISMS (II). A NECESSARY AND SUFFICIENT CONDITION

In the previous section we have seen that the map $\xi_{s,t} ; R^d \longrightarrow R^d$ is an into homeomorphism provided that the solution is strictly conservative. This section concerns the "onto" property of the map $\xi_{s,t}$. A global Lipschitz condition for the coefficients is sufficient for this as we have seen in Section 4. However, it is not a necessary condition. We will obtain a necessary and sufficient condition, assuming some additional smoothness assumption to coefficients.

6.1. Theorem. Consider an Itô SDE such that coefficients $X_1, \dots, X_m$ are $C^{2,\alpha}$ functions of x and X_0 is a $C^{1,\alpha}$ function for some $\alpha > 0$. Suppose that the solution is strictly conservative.

Then for almost all ω the solution $\xi_{s,t}(\cdot,\omega)$ defines a flow of $C^{1,\beta}$-diffeomorphisms of R^d for any β less than α if and only if the following SDE is also strictly conservative:

$$(1) \quad d\eta_t = - \sum_{k=1}^{m} X_k(t,\eta_t)dB_t^k - \hat{X}_0(t,\eta_t)dt,$$

where

$$(2) \quad \hat{X}_0(t,x) = X_0(t,x) - \sum_{k=1}^{m} \sum_{j=1}^{d} X_k^j(t,x)\frac{\partial}{\partial x_j} X_k(t,x).$$

Furthermore, if $\xi_{s,t}(\cdot,\omega)$ defines a flow of diffeomorphisms, then the inverse map $\xi_{s,t}^{-1}(x,\cdot)$ satisfies the following backward SDE

$$(3) \quad \xi_{s,t}^{-1}(x) = x - \sum_{k=1}^{m} \int_s^t X_k(r,\xi_{r,t}^{-1}(x))\hat{d}B_r^k - \int_s^t \hat{X}_0(r,\xi_{r,t}^{-1}(x))dr.$$

The backward stochastic integral with respect to Brownian motion was defined in Chapter I. Before we proceed to the proof of the theorem, we give two formulas concerning the inverse map $\xi_{s,t}^{-1}$ and the backward integrals. Let $R_{s,t}(\omega)$ be the image of R^d of the map $\xi_{s,t}(\cdot,\omega)$. It holds $R_{s,t}(\omega)\subset R_{r,t}(\omega)$ if $s<r<t$ a.s., because $\xi_{s,t}(x,\omega) = \xi_{r,t}(\xi_{s,r}(x,\omega),\omega)$.

6.2. Lemma. (1) Let $g(r,x)$ be a continuous function of (r,x). Then

$$(4)\qquad \int_s^t g(r,\xi_{s,r}(y))dr\Big|_{y=\xi_{s,t}^{-1}(x)} = \int_s^t g(r,\xi_{r,t}^{-1}(x))dr$$

holds on $\{\omega \mid x\in R_{s,t}(\omega)\}$.

(2) Suppose that $g(r,x)$ is a C^1 function of x. If $k\geq 1$, then it holds on $\{\omega|x\in R_{s,t}(\omega)\}$

$$(5)\qquad \int_s^t g(r,\xi_{s,r}(y))dB_r^k\Big|_{y=\xi_{s,t}^{-1}(x)}$$

$$= \int_s^t g(r,\xi_{r,t}^{-1}(x))\hat{d}B_r^k - \int_s^t X_k(r)g(r,\xi_{r,t}^{-1}(x))dr,$$

where $X_k(r)$ is the first order differential operator defined by

$$(6)\qquad X_k(r) = \sum_{i=1}^d X_k^i(r,x)\frac{\partial}{\partial x_i}.$$

Proof. Let $\Delta = \{s = t_0 < \dots < t_n = t\}$ be partitions of $[s,t]$. Then

$$\int_s^t g(r,\xi_{s,r}(y))dr\Big|_{y=\xi_{s,t}^{-1}(x)} = \lim_{|\Delta|\to 0}\sum_{i=0}^{n-1} g(t_i,\xi_{s,t_i}(y))(t_{i+1}-t_i)\Big|_{y=\xi_{s,t}^{-1}(x)}$$

$$= \lim_{|\Delta|\to 0}\sum_{i=0}^{n-1} g(t_i,\xi_{t_i,t}^{-1}(x))(t_{i+1}-t_i)$$

$$= \int_s^t g(r,\xi_{r,t}^{-1}(x))dr.$$

We will next prove (5) assuming that $g(r,x)$ is a C^1-function of t and a C^2 function of x. By Corollary 7.8, Chapter I, there is a sequence of partitions $\{\Delta_n\}$ with $|\Delta_n|\to 0$ such that

$$\int_s^t g(r,\xi_{s,r}(y))dB_r^k = \lim_{n\to\infty}\int_s^t g(r,\xi_{s,r}(y))^{\Delta_n} dB_r^k$$

holds for all y a.s. Here, $g(r,\xi_{s,r}(y))^{\Delta_n}$ is a step process defined by $g(t_i,\xi_{s,t_i}(y))$ if $t_i \le r < t_{i+1}$, where $\Delta_n = \{s=t_0<\dots<t_n=t\}$. (We omit the index n from $t_i^{(n)}$ etc.). Then it holds

$$(7)\quad \int_s^t g(r,\xi_{s,r}(y))dB_r^k\Big|_{y=\xi_{s,t}^{-1}(x)}$$
$$= \lim_{n\to\infty}\sum_{i=0}^{n-1} g(t_i,\xi^{-1}_{t_{i+1},t}(x))(B^k_{t_{i+1}}-B^k_{t_i})$$
$$- \lim_{n\to\infty}\sum_{i=0}^{n-1}\{g(t_i,\xi^{-1}_{t_{i+1},t}(x)) - g(t_i,\xi^{-1}_{t_i,t}(x))\}(B^k_{t_{i+1}}-B^k_{t_i}).$$

The first member of the right hand side exists and equals the backward Itô integral $\int_0^t g(r,\xi^{-1}_{r,t}(x))\hat{d}B_r^k$. The second member is written, using Stratonovich integral, as

$$-2\Big(\int_s^t g(r,\xi_{s,r}(y))\circ dB_r^k - \int_s^t g(r,\xi_{s,r}(y))dB_r^k\Big)\Big|_{y=\xi^{-1}_{s,t}(x)}$$
$$= \langle g(t,\xi_{s,t}(y)),B_t^k - B_s^k\rangle\Big|_{y=\xi^{-1}_{s,t}(x)}.$$

By Itô's formula, we have

$$g(t,\xi_{s,t}(y)) = g(s,y) + \sum_{k=1}^m\int_s^t X_k(r)g(r,\xi_{s,r}(y))dB_r^k + \text{process of bounded variation.}$$

Therefore, we have

$$\langle g(t,\xi_{s,t}(y)),B_t^k - B_s^k\rangle = \int_s^t X_k(r)g(r,\xi_{s,r}(y))dr.$$

Substitute $y=\xi^{-1}_{s,t}(x)$ to the above and apply the formula (4). Then we find that the second member of the right hand side of (7) equals

$$-\int_s^t X_k(r)g(r,\xi_{r,t}^{-1}(x))dr.$$

Therefore the formula (5) is valid if $g(r,x)$ is smooth enough.

It remains to prove (5) for general g. Choose a sequence of smooth functions $g_n(r,x)$ such that $g_n(r,x) \longrightarrow g(r,x)$ and $\frac{\partial}{\partial x_i} g_n(r,x) \longrightarrow \frac{\partial}{\partial x_i} g(r,x)$ locally uniformly. Then formulas (5) are valid to all g_n. Making n tend to infinity, we get the formula (5) for this g by Theorem 7.7 of Chapter I. The proof is complete.

Proof of Theorem. Let us first prove that the inverse $\xi_{s,t}^{-1}(x)$ satisfies (3) on the set $\{\omega | x \in R_{s,t}(\omega)\}$. Substitute $y = \xi_{s,t}^{-1}(x)$ to the equation

$$\xi_{s,t}(y) = y + \sum_{k=1}^{m} \int_s^t X_k(r,\xi_{s,r}(y))dB_r^k + \int_s^t X_0(r,\xi_{s,r}(y))dr$$

and apply Lemma 6.2. Then,

$$x = \xi_{s,t}^{-1}(x) + \sum_{k=1}^{m} \int_s^t X_k(r,\xi_{r,t}^{-1}(x))\hat{d}B_r^k - \sum_{k=1}^{m} \int_s^t X_k(r)X_k(r,\xi_{r,t}^{-1}(x))dr$$
$$+ \int_s^t X_0(r,\xi_{r,t}^{-1}(x))dr,$$

where

$$X_k(r)X_k^i(r,x) = \sum_{j=1}^{d} X_k^j(r,x)\frac{\partial}{\partial x_j} X_k^i(r,x).$$

Therefore we have (3).

Now if $\xi_{s,t}$ are onto maps a.s. then equation (3) is satisfied for all x a.s. This means that equation (1) is strictly conservative.

Suppose conversely that (1) is strictly conservative. Then the solution of the following backward equation is also strictly conservative:

$$\hat{\xi}_{s,t}(x) = x - \sum_{k=1}^{m} \int_s^t X_k(r,\hat{\xi}_{r,t}(x))\hat{d}B_r^k - \int_s^t \hat{X}_0(r,\hat{\xi}_{r,t}(x))dr.$$

Clearly it is an extension of $\xi_{s,t}^{-1}$, i.e. $\hat{\xi}_{s,t}(x) = \xi_{s,t}^{-1}(x)$ holds on $x \in R_{s,t}(\omega)$. Now in order to prove the onto property of the map $\xi_{s,t}$, it is sufficient to prove that $R_{s,t}(\omega)$ is closed, since $R_{s,t}(\omega)$ is a non-void open set from Theorem 5.3. Let $\overline{R_{s,t}(\omega)}$ be the closure of $R_{s,t}(\omega)$ and let $y \in \overline{R_{s,t}(\omega)}$. Choose a sequence $\{y_n\}$ from $R_{s,t}(\omega)$ converging to y. Then it holds

$$y_n = \xi_{s,t} \circ \xi_{s,t}^{-1}(y_n) = \xi_{s,t} \circ \hat{\xi}_{s,t}(y_n)$$

for all n. Making n tend to infinity, we see $y = \xi_{s,t} \circ \hat{\xi}_{s,t}(y)$, since $\hat{\xi}_{s,t}(\cdot,\omega);\ R^d \longrightarrow R^d$ is a continuous map. Therefore $y \in R_{s,t}(\omega)$. The map $\xi_{s,t}^{-1}$ is also $C^{1,\beta}$ because of (3). The proof is complete.

7. STRATONOVICH STOCHASTIC DIFFERENTIAL EQUATIONS

In this section we shall consider SDE's described in terms of Stratonovich integrals. As we will see soon, the Stratonovich SDE can be rewritten as an Itô SDE. Hence most properties of the Stratonovich SDE can be derived from those of Itô equation. A reason that we consider Stratonovich SDE's is that formulas involving Stratonovich integrals take forms similar to those of ordinary differential equations. Actually, we will see in Theorem 7.3 that the backward Stratonovich SDE governing the inverse $\xi_{s,t}^{-1}$ is simpler than the backward Itô SDE stated in Theorem 6.1 and it is close to the case of ordinary differential equation.

Let $X_0(t,x),\dots,X_m(t,x)$ be continuous d-vector functions on $[0,a] \times R^d$. We assume that $X_1,\dots,X_m$ are C^1 functions of t and C^2 functions of x, and X_0 is a C^1 function of x. A Stratonovich SDE takes the form

$$(1) \qquad d\xi_t = \sum_{k=0}^{m} X_k(t,\xi_t) \circ dB_t^k ,$$

where $\circ\, dB_t^k$ denotes the Stratonovich integral and $dB_t^0 = dt$ as before.

7.1. Definition. A random field $\xi_{s,t}(x)$, $x \in R^d$, $s \le t < T(s,x,\omega)$ is called a local solution of (1) with the initial condition $\xi_s = x$ if it satisfies (i)-(iii) of Definition 5.1 and the following (iv)': It holds

$$\text{(2)} \qquad \xi_{s,t}(x) = x + \sum_{k=0}^{m} \int_s^t X_k(r, \xi_{s,r}(x)) \circ dB_r^k$$

for any $s < t < T(s,x,\cdot)$. A maximal solution is defined similarly.

The existence and uniqueness of the solution (1) is reduced to those of an Itô equation. In fact, consider an Itô equation

$$\text{(3)} \qquad d\xi_t = \sum_{k=1}^{m} X_k(t,\xi_t) dB_t^k + X_0^*(t,\xi_t)dt,$$

where

$$\text{(4)} \qquad X_0^*(t,x) = X_0(t,x) + \frac{1}{2} \sum_{k=1}^{m} \sum_{i=1}^{d} X_k^i(t,x) \frac{\partial}{\partial x_i} X_k(t,x).$$

Then $X_0^*, X_1, \ldots, X_m$ are all C^1 functions of x. Hence it has a unique maximal solution $\xi_{s,t}(x)$ by Theorem 5.2. It is a continuous $(\underline{\underline{F}}_{s,t})$-adapted semimartingale. Then $X_k(r,\xi_{s,r}(x))$ is also a continuous semimartingale by Itô's formula. The local martingale part is given by Itô's formula as

$$\sum_{j=1}^{m} \int_s^t \sum_{i=1}^{d} X_j^i(r,\xi_{s,r}(x)) \frac{\partial X_k}{\partial x_i}(r,\xi_{s,r}(x)) dB_r^j .$$

Therefore, the Stratonovich integral $\int_s^t X_k(r,\xi_{s,r}(x)) \circ dB_r^k$ is well defined and equals

$$\begin{aligned} &\int_s^t X_k(r,\xi_{s,r}(x)) dB_r^k + \frac{1}{2} \sum_{i,j} \int_s^t X_j^i(r,\xi_{s,r}(x)) \frac{\partial X_k}{\partial x_i}(r,\xi_{s,r}(x)) d\langle B^j, B^k\rangle_r \\ &= \int_s^t X_k(r,\xi_{s,r}(x)) dB_r^k + \frac{1}{2} \int_s^t \sum_{i=1}^{d} X_k^i(r,\xi_{s,r}(x)) \frac{\partial}{\partial x_i} X_k(r,\xi_{s,r}(x)) dr, \end{aligned}$$

because $\langle B^j, B^k\rangle_t = \delta_{jk} t$. Therefore the solution of Itô equation (3) satisfies Stratonovich equation (2).

The uniqueness of the solution of the Stratonovich equation is also reduced to that of the Itô equation. Hence the Stratonovich equation (2) has a unique maximal solution $\xi_{s,t}(x)$, $x \in R^d$, $s < t < T(s,x)$.

A Stratonovich version of Itô's formula is as follows.

7.2. Theorem. Let $\xi_{s,t}$ be the solution of a Stratonovich equation (1). Let $F ; R^d \longrightarrow R^1$ be a C^3 function. Then it holds

$$(5) \quad F(\xi_{s,t}(x)) - F(x) = \sum_{k=0}^{m} \int_s^t X_k(r)F(\xi_{s,r}(x)) \circ dB_r^k$$

$$(6) \quad F(\xi_{s,t}(x)) - F(x) = \sum_{k=1}^{m} \int_s^t X_k(r)F(\xi_{s,r}(x)) dB_r^k$$

$$+ \int_s^t (\frac{1}{2} \sum_{k=0}^{m} X_k(r)^2 + X_0(r))F(\xi_{s,r}(x))dr.$$

Proof. The first formula (5) is immediate from Corollary 8.4 in Chapter I. We shall derive (6) from (5). The process $X_k(r)F(\xi_{s,r}(x))$ is a continuous semimartingale with respect to $\underline{\underline{F}}_{s,r}$ for each s. The martingale part is obtained from Itô's formula: It is

$$\sum_{j=1}^{m} \int_s^r X_j(u)X_k(u)F(\xi_{s,u}(x))dB_u^j.$$

Therefore,

$$\int_s^t X_k(r)F(\xi_{s,r}(x)) \circ dB_r^k = \int_s^t X_k(r)F(\xi_{s,r}(x))dB_r^k$$

$$+ \frac{1}{2} \sum_{j=1}^{m} \int_s^t X_j(r)X_k(r)F(\xi_{s,r}(x))d\langle B^j, B^k\rangle_r.$$

Since $d\langle B^k, B^j\rangle_r = \delta_{kj}dr$, the last member of the above is $\frac{1}{2}\int_s^t X_k(r)^2 \times F(\xi_{s,r}(x))dr$. Thus the formula (6) follows from (5).

We will next obtain a necessary and sufficient condition that the Stratonovich equation induces a stochastic flow of homeomorphisms. The condition is stated simpler than the case of Itô equation. Indeed, we have the following.

7.3. Theorem. Suppose that coefficients $X_1,\dots,X_m$ (or X_0) of the Stratonovich equation (2) are $C^{k+1,\alpha}$ (or $C^{k,\alpha}$) functions for some $k\geq 1$ and $\alpha>0$. Then the maximal solution defines a $C^{k,\beta}$ diffeomorphism from $D_{s,t}=\{x\,;\,T(s,x)>t\}$ into R^d for any β less than α.

Suppose further that the solution is strictly conservative. Then the solution defines a stochastic flow of homeomorphisms if and only if the following adjoint equation is strictly conservative

$$(7)\qquad d\eta_t = -\sum_{k=0}^{m} X_k(t,\eta_t)\circ dB_t^k .$$

Furthermore, if the solution $\xi_{s,t}$ defines a flow of homeomorphisms, the inverse map $\xi_{s,t}^{-1}$ satisfies the following Stratonovich backward equation

$$(8)\qquad \xi_{s,t}^{-1}(x) = x - \sum_{k=0}^{m}\int_s^t X_k(r,\xi_{r,t}^{-1}(x))\circ\hat{d}B_r^k .$$

Proof. Theorem 6.1 tells us that the solution $\xi_{s,t}$ of Itô's equation (3) defines a flow of homeomorphisms if and only if the following adjoint equation is strictly conservative:

$$(9)\qquad d\eta_t = -\sum_{k=1}^{m} X_k(t,\eta_t)dB_t^k - \hat{X}_0(t,\eta_t)dt,$$

where

$$(10)\qquad \hat{X}_0(t,x) = X_0^*(t,x) - \sum_{i,j} X_j^i(t,x)\frac{\partial}{\partial x_i}X_j(t,x)$$

$$= X_0(t,x) - \frac{1}{2}\sum_{i,j} X_j^i(t,x)\frac{\partial}{\partial x_i}X_j(t,x).$$

Obviously Itô equation (9) with coefficient (10) is equal to Stratonovich equation (7). Therefore the assertion follows from Theorem 6.1.

Remark. It is worth mentioning that

$$\int_s^t g(r,\xi_{s,r}(y))\circ dB_r^k \Big|_{y=\xi_{s,t}^{-1}(x)} = \int_s^t g(r,\xi_{r,t}^{-1}(x))\circ \hat{d}B_r^k$$

is satisfied if $g(r,x)$ is a C^2 function of x. In fact, by Lemma 6.2, the left hand side is written as

$$\int_s^t g(r,\xi_{s,r}(y))dB_r^k + \frac{1}{2}\int_s^t X_k(r)g(r,\xi_{s,r}(y))dr \Big|_{y=\xi_{s,t}^{-1}(x)}$$

$$= \int_s^t g(r,\xi_{r,t}^{-1}(x))\hat{d}B_r^k - \frac{1}{2}\int_s^t X_k(r)g(r,\xi_{r,t}^{-1}(x))dr.$$

This coincides with the right hand side.

7.4. <u>Example.</u> One dimensional SDE. Consider

(9) $$d\xi_t = b(\xi_t)dt + \sigma(\xi_t)\circ dB_t$$

$$= \{b(\xi_t) + \frac{1}{2}\sigma(\xi_t)\sigma'(\xi_t)\}dt + \sigma(\xi_t)dB_t.$$

The solution is strictly conservative if $K(+\infty) = K(-\infty) = \infty$, where K is defined by (4) in Section 5 using

$$c(x) \equiv \exp\left(\int_0^x \frac{(2b(s)+\sigma(s)\sigma'(s))}{\sigma(s)^2}ds\right) = \frac{\sigma(x)}{\sigma(0)}\exp\left(\int_0^x \frac{2b(s)}{\sigma(s)^2}ds\right).$$

Consider next, the adjoint equation

$$d\hat{\xi}_t = -b(\hat{\xi}_t)dt - \sigma(\hat{\xi}_t)\circ dB_t$$

$$= (-b(\hat{\xi}_t) + \frac{1}{2}\sigma(\hat{\xi}_t)\sigma'(\hat{\xi}_t))dt - \sigma(\hat{\xi}_t)dB_t.$$

The solution is strictly conservative if $\hat{K}(+\infty) = \hat{K}(-\infty) = \infty$, where $\hat{K}$ is is defined by (4) in Section 5 using

$$\hat{c}(x) = \exp\left(\int_0^x \frac{-2b(s)+\sigma(s)\sigma'(s)}{\sigma(s)^2} ds\right) = \frac{\sigma(x)}{\sigma(0)} \exp\left(-\int_0^x \frac{2b(s)}{\sigma(s)^2} ds\right)$$
$$= \frac{\sigma(x)^2}{\sigma(0)^2} c(x)^{-1} .$$

Hence $\hat{\xi}_t$ is strictly conservative if and only if

$$\int_0^\infty \frac{c(r)}{\sigma(r)^2} \int_0^r \frac{1}{c(s)} ds\, dr = \infty, \qquad \int_{-\infty}^0 \frac{c(r)}{\sigma(r)^2} \int_0^r \frac{1}{c(r)} ds dr = \infty.$$

The above condition states that $+\infty$ and $-\infty$ are non-entrance boundary points of ξ_t, according to W. Feller. Therefore, the solution of (9) defines a flow of homeomorphisms if and only if $+\infty$ and $-\infty$ are natural (non-exit and non-entrance) boundary points.

8. STOCHASTIC DIFFERENTIAL EQUATIONS ON MANIFOLD

We shall define stochastic differential equations (SDE) on manifolds. Let M be a connected, paracompact C^∞-manifold of dimension d. Suppose we are given $m+1$-vector fields on M with parameter $t \in [0,a]$; $X_0(t)$, $\ldots, X_m(t)$. We assume that $X_1, \ldots, X_m$ are C^2-vector fields continuously differentiable in t, i.e., with a local coordinate $(x_1, \ldots, x_d)$, these vector fields are expressed as

$$(1) \qquad X_k(t) = \sum_{i=1}^d X_k^i(t,x) \frac{\partial}{\partial x_i} ,$$

where $X_k^i(t,x)$, $i=1,\ldots,d$, $k=1,\ldots,m$ are C^1 functions of t and C^2 functions of x. As to vector field X_0, we assume that $X_0^i(t,x)$ are continuous in t continuously differentiable in x.

Let $B_t = (B_t^1, \ldots, B_t^m)$ be an m-dimensional standard Brownian motion defined on the probability space $(\Omega, \underline{\underline{F}}, P)$. We consider a Stratonovich SDE on the manifold M:

$$(2)\quad d\xi_t = \sum_{k=1}^{m} X_k(t,\xi_t)\circ dB_t^k + X_0(t,\xi_t)dt.$$

For the convenience we will write dt as dB_t^0. Then the above is written as

$$(2')\quad d\xi_t = \sum_{k=0}^{m} X_k(t,\xi_t)\circ dB_t^k.$$

8.1. Definition. A random field $\xi_{s,t}(x)$, $x\in M$, $s \le t < T(s,x,\omega)\wedge a$ with values in M is called a local solution of equation (2) with the initial condition $\xi_s = x$, if it satisfies following conditions.

(i) $T(s,x,\omega)$ is (s,x,ω)-measurable and for any fixed (s,x), it is an $\underline{\underline{F}}_{s,t}$-stopping time, where $\underline{\underline{F}}_{s,t} = \sigma(B_u - B_v\ ;\ s \le u \le v \le t)$.

(ii) $\xi_{s,t}(x)$ is continuous in (s,t,x).

(iii) For any C^3 function F, $F(\xi_{s,t}(x))$ is a continuous $(\underline{\underline{F}}_{s,t})$-semimartingale and satisfies for all $t < T(s,x)\wedge a$

$$(3)\quad F(\xi_{s,t}(x)) = F(x) + \sum_{k=0}^{m}\int_s^t X_k(r)F(\xi_{s,r}(x))\circ dB_r^k .$$

The solution is called maximal if $T(s,x) = \infty$ for all x a.s. for any s in case M is compact, or if $\lim_{t\uparrow T(s,x)} \xi_{s,t}(x) = \infty$ holds for $T(s,x) < \infty$ a.s. in case M is non-compact. Here ∞ is the infinity of M adjoined as one point compactification.

Let us express equation (2) or (3) using a local coordinate. Let $(x_1, \dots, x_d)$ be a local coordinate in a coordinate neighborhood U. Set $F(x) = x_i$. Then it holds $X_k(r)F(x) = X_k^i(r,x)$. Therefore if $\xi_{s,t}$ satisfies (3), then $\xi_{s,t}^i(x) \equiv x_i(\xi_{s,t}(x))$ satisfies

$$(4)\quad \xi_{s,t}^i(x) = x_i + \sum_{k=0}^{m}\int_s^t X_k^i(r,\xi_{s,r}(x))\circ dB_r^k$$

for $t < T_U\wedge a$, where $T_U = \inf\{t > s \mid \xi_{s,t}(x)\notin U\}$ ($=\infty$ if $\{\dots\} = \phi$).

Conversely, by solving equation (4) we can construct a solution of equation (3) in each coordinate neighborhood. Consider the SDE (4), where $\xi_{s,r}(x) = (\xi^1_{s,r}(x),\ldots,\xi^d_{s,r}(x))$. It has a unique solution up to the time $T_U(s,x)$. It is continuous in (s,t,x). See Section 7. By Itô's formula (5) in Section 7, the solution satisfies (3) for any C^3 function F.

8.2. Lemma. The solution of equation (4) does not depend on the choice of local coordinates.

Proof. Let $(\bar{x}_1,\ldots,\bar{x}_d)$ be another local coordinate in the same neighborhood U. Then vector fields $X_k(t)$ are written as

$$X_k(t) = \sum_{i=1}^{d} \bar{X}^i_k(t,x)\frac{\partial}{\partial \bar{x}_i}.$$

Coefficients $X^i_k(t,x)$ and $\bar{X}^i_k(t,x)$ are related by

$$X^i_k(t,x) = \sum_{j=1}^{d} \bar{X}^j_k(t,x)\frac{\partial x_i}{\partial \bar{x}_j}, \qquad i=1,\ldots,d \tag{5}$$

for each $k=0,\ldots,m$. Let $\bar{\xi}_{s,t}(x) = (\bar{\xi}^1_{s,t}(x),\ldots,\bar{\xi}^d_{s,t}(x))$ be the solution of equation (4) with coefficients $\bar{X}^i_k(t,x)$. Apply Itô's formula to $F(\bar{x}_1,\ldots,\bar{x}_d) = x_i(\bar{x}_1,\ldots,\bar{x}_d)$. Then we have

$$x_i(\bar{\xi}_{s,t}) = x_i + \sum_{k=0}^{m}\int_s^t \sum_j \frac{\partial x_i}{\partial \bar{x}_j}(\bar{\xi}_{s,r})\bar{X}^j_k(r,\bar{\xi}_{s,r})\circ dB^k_r$$

$$= x_i + \sum_{k=0}^{m}\int_s^t X^i_k(r,\bar{\xi}_{s,r})\circ dB^k_r.$$

Therefore $x_i(\bar{\xi}_{s,t})$ coincides with $\xi^i_{s,t}$. The proof is complete.

8.3. Theorem. There is a unique maximal solution.

Proof. Let $\{U_i\}$, $\{V_i\}$ and $\{W_i\}$ be countable families of coordinate neighborhoods of M satisfying the following properties. For each i, U_i, V_i and W_i are balls with a same center with radius ε, 2ε, 3ε, respectively, where ε is a sufficiently small positive number; $\{U_i\}$ is a covering of M, i.e., $\bigcup_i U_i = M$. Then for each i, there is a unique solution $\xi^{(i)}_{s,t}(x)$ of equation (3) starting at $x \in W_i$ up to time $t < T_{W_i}(s,x) \wedge a$, where $T_{W_i}(s,x)$ is the first leaving time of $\xi_{s,t}(x)$ from W_i. If $W_i \cap W_j \neq \phi$, then $\xi^{(i)}_{s,t}(x) = \xi^{(j)}_{s,t}(x)$ holds for $x \in W_i \cap W_j$ and $t < T_{W_i}(s,x) \wedge T_{W_j}(s,x) \wedge a$.

Define $\xi_{s,t}(x)$, $x \in M$, $s \leq t \leq T_1(s,x)$ by

(6) $\quad T_1(s,x) = T_{V_j}(s,x) \qquad$ if $\; x \in U_j - \bigcup_{i<j} U_i$,

(7) $\quad \xi_{s,t}(x) = \xi^{(j)}_{s,t}(x) \qquad$ if $\; x \in U_j - \bigcup_{i<j} U_i$ and $t \leq T_1(s,x)$.

Clearly it is a local solution of equation (2).

We will prolong the solution so as to get a maximal solution. Define a process $\xi_{s,t}(x)$, $x \in M$, $s \leq t < T_\infty(s,x)$ by induction as follows.

(8) $\quad \xi_{s,t}(x) = \xi_{T_1(s,x),t} \circ \xi_{s,T_1(s,x)}(x) \qquad$ if $\; T_1(s,x) \wedge a \leq t \leq T_2(s,x) \wedge a$

where $T_2(s,x) = T_1(T_1(s,x), \xi_{s,T_1(s,x)}(x))$

$= \xi_{T_{n-1}(s,x),t} \circ \xi_{s,T_{n-1}(s,x)}(x)$ if $T_{n-1}(s,x) \wedge a \leq t \leq T_n(s,x) \wedge a$

where $T_n(s,x) = T_1(T_{n-1}(s,x), \xi_{s,T_{n-1}(s,x)}(x))$

and $T_\infty(s,x) = \lim_{n\to\infty} T_n(s,x)$.

We will show that it is continuous in (s,t,x) a.s. Let $\widetilde{\Omega}$ be the set of all ω which satisfies the followings. (a) $\xi_{s,t}(x)$ is continuous in $\{(s,t,x) \,;\, x \in M, s \leq t \leq T_1(s,x)\}$ and (b) $\xi_{r,t}(\xi_{s,r}(x,\omega),\omega) = \xi_{s,t}(x,\omega)$ holds for all (s,r,t,x) such that $s < r < t < T_1(s,x)$. Then it holds $P(\widetilde{\Omega}) = 1$. From the definition (8), the property (b) is valid for all (s,r,t,x)

such that $s < r < t < T_\infty(s,x)$. Now take $\omega \in \tilde{\Omega}$ and consider the trajectory $\{\xi_{s_0,r}(x_0,\omega)\ ;\ r \in [s_0,t_0]\}$ where $t_0 < T_\infty(s_0,x_0,\omega)$. We may choose a chain of coordinate neighborhoods $V_{i_1},\ldots,V_{i_n}$ from $\{V_i\}$ and a partition $s_0 = t_1 < \ldots < t_{n+1} = t_0$ such that the trajectory $\{\xi_{s_0,r}(x_0,\omega) \mid r \in [t_k,t_{k+1}]\}$ is included in V_{i_k} for each $k=1,\ldots,n$. Obviously it holds $\xi_{s_0,t_0}(x_0,\omega) = \xi_{t_n,t_{n+1}} \circ \xi_{t_{n-1},t_n} \circ \ldots \circ \xi_{t_1,t_2}(x_0,\omega)$ and each $\xi_{t_{i_k},t_{i_{k+1}}}(x,\omega)$ is a continuous map of $x \in V_{i_k}$ since it is defined on a coordinate neighborhood. Therefore $\xi_{s,t}(x,\omega)$ is continuous in (s,t,x) at a suitable neighborhood of (s_0,t_0,x_0).

We will next prove that $\xi_{s,t}(x)$ of (8) is a maximal solution in case where M is non compact. Let F be a C^3 function with compact support. Then it holds for $s < t < T_\infty(s,x)$

$$F(\xi_{s,t}(x)) = F(x) + \sum_{j=1}^{m}\int_s^t X_j(r)F(\xi_{s,r}(x))\,dB_r^j + \int_s^t \Big(\frac{1}{2}\sum_{j=1}^{m} X_j(r)^2 + X_0(r)\Big)F(\xi_{s,r}(x))\,dr.$$

Let t tend to $T_\infty(s,x)\wedge a$. Then each term of the right hand side has a limit a.s. by the martingale convergence theorem. Therefore the limit of $F(\xi_{s,t}(x))$ as $t \uparrow T_\infty(s,x)\wedge a$ exists a.s. for each s,x. Now take a countable family $\{F_n\}$ of such functions separating any two points of M. Then we see that the following alternative holds. (a) $\exists \lim \xi_{s,t}(x) = \infty$ as $t \uparrow T_\infty(s,x)\wedge a$, or (b) $\exists \lim \xi_{s,t}(x) \in M$ as $t \uparrow T_\infty(s,x)\wedge a$. But (b) implies $T_\infty(s,x) = \infty$. Indeed, suppose on the contrary that $T_\infty(s,x) < \infty$ and $\xi_{s,T_\infty(s,x)}(x) \equiv \lim \xi_{s,t}(x)$ as $t \uparrow T_\infty(s,x)$ exists in M. Then there are positive integers j and n such that $\xi_{s,t}(x) \in U_j - \bigcup_{i<j} U_i$ for all $t \geq T_n(s,x)$. This implies $T_{n+1}(s,x) = \infty$ which is a contradiction. We have thus seen that only (a) can occur if $T_\infty(s,x) < \infty$. This proves that the solution is maximal.

If the manifold M is compact, the above argument shows actually that $T_\infty(s,x) = \infty$ a.s. for any s,x, i.e., the solution is conservative. We will prove that it is strictly conservative. For this we will define the solution in a different manner.

Suppose now that M is a compact manifold. We may assume that the number of coordinate neighborhoods $\{U_j\}$ which covers M is finite, say $\{U_j\}_{j=1}^m$. We define vector fields $X_j(t)$ for $t \geq a$ by $X_j(t) = X_j(a)$. Set

$$T_1(s) = \inf_{x\in \bar{U}_1} T_{V_1}(s,x) \wedge \inf_{x\in \overline{U_2 - U_1}} T_{V_2}(s,x) \wedge \cdots \wedge \inf_{x\in \overline{U_m - \bigcup_{j<m} U_j}} T_{V_m}(s,x)$$

$$T_n(s) = T_1(T_{n-1}(s)).$$

Then $\{T_n\}$ is an increasing sequence of stopping times. Denote the limit by $T_\infty(s)$.

We shall prove $P(T_\infty(s) = \infty) = 1$ for any s. Observe first that $T_1(s) - s$ is strictly positive and lower semicontinuous in s, a.s. Indeed, for $\omega \in \tilde{\Omega}$ it holds

$$\{s \,;\, T_1(s) > b\} = \bigcap_{j=1}^m \{s \,|\, \{\xi_{s,t}(x) \,;\, s \leq t \leq b,\, x \in \overline{U_j - \bigcup_{i<j} U_i}\} \subset V_j\},$$

so that the set $\{s \,;\, T_1(s) > b\}$ is open for any b. Then there is s_0 of $[0,a]$ such that $\inf_{s\in[0,a]} T_1(s) - s \geq T_1(s_0) - s_0$. This implies $\inf_{s\in[0,a]} E[T_1(s) - s] = c > 0$. If $s > a$, the value $E[T_1(s) - s]$ does not depend on s, so that we have $\inf_{0\leq s<\infty} E[T_1(s) - s] = c$. Next observe that $T_1(s) - s, T_2(s) - T_1(s), \ldots, T_n(s) - T_{n-1}(s), \ldots$ are independent random variables and

$$E[T_n(s) - T_{n-1}(s)] = \int E[T_1(t) - t] P(T_{n-1}(s) \in dt) \geq c > 0.$$

Therefore, by the law of large numbers, we have

$$T_\infty(s) = \sum_{n=1}^\infty (T_n(s) - T_{n-1}(s)) = \infty \qquad \text{a.s.}$$

We will define $\hat{\xi}_{s,t}(x)$, $t\in[s,\infty)$ by

$$\hat{\xi}_{s,t}(x) = \xi_{s,t}(x) \quad \text{if} \quad s \leq t \leq T_1(s)$$

$$= \xi_{T_{n-1}(s),t} \circ \xi_{s,T_{n-1}(s)} \quad \text{if} \quad T_{n-1}(s) \leq s \leq T_n(s).$$

Then $\hat{\xi}_{s,t}$ is a solution of (2), which is strongly conservative. The proof is complete.

Remark. If we want to consider an Itô equation on a manifold, we should not regard coefficients of the equation as vector fields. Let us consider an Itô SDE with local coordinate $(x_1,\dots,x_d)$.

$$(7) \qquad \xi^i_{s,t}(x) = x_i + \sum_{k=0}^{m} \int_s^t X^i_k(r, \xi_{s,r}(x))dB^k_r .$$

Then by Itô's formula it satisfies for any C^2-function F,

$$(8) \qquad F(\xi_{s,t}(x)) = F(x) + \sum_{k=1}^{m} \int_s^t X_k(r)F(\xi_{s,r}(x))dB^k_r + \int_s^t L(r)F(\xi_{s,r}(x))dr,$$

where

$$X_k(r)F = \sum_{i=1}^{d} X^i_k(r,x)\frac{\partial F}{\partial x_i}$$

$$L(r)F = \sum_i X^i_0(r,x)\frac{\partial F}{\partial x_i} + \frac{1}{2}\sum_{i,j}\Big(\sum_k X^i_k(r,x)X^j_k(r,x)\Big)\frac{\partial^2 F}{\partial x_i \partial x_j} .$$

Now let $(\bar{x}_1,\dots,\bar{x}_d)$ be another coordinate and consider another Itô SDE:

$$(9) \qquad \bar{\xi}^i_{s,t}(x) = \bar{x}_i + \sum_{k=0}^{m} \int_s^t \bar{X}^i_k(r, \bar{\xi}_{s,r}(x))dB^k_r .$$

In order that (7) and (9) define the same equation, coefficients X^i_k and $\bar{X}^i_k$ should be related by

$$(10) \qquad \bar{X}^i_k(t,x) = \sum_{j=1}^{d} X^j_k(t,x)\frac{\partial \bar{x}_i}{\partial x_j} \qquad \text{for } k=1,\dots,m,$$

$$(11) \qquad \bar{X}^i_0(t,x) = \sum_{j=1}^{d} X^j_0(t,x)\frac{\partial \bar{x}_i}{\partial x_j} + \frac{1}{2}\sum_{j,\ell=1}^{d}\Big(\sum_{k=1}^{m} X^j_k(t,x)X^\ell_k(t,x)\Big)\frac{\partial^2 \bar{x}_i}{\partial x_j \partial x_\ell} .$$

Indeed, apply Itô's formula (8) to $F(x_1,\dots,x_d) = \bar{x}_i(x_1,\dots,x_d)$ and

$\xi_{s,t}$. Then

$$\bar{x}_i(\xi_{s,t}) = \bar{x}_i + \sum_{k=1}^{m} \int_s^t \sum_j X_k^j(r,\xi_{s,r}(x)) \frac{\partial \bar{x}_i}{\partial x_j}(r,\xi_{s,r}(x))dB_r^j$$

$$+ \int_s^t (\sum_j X_0^j \frac{\partial \bar{x}_i}{\partial x_j} + \frac{1}{2} \sum_{j,\ell} (\sum_k X_k^j X_k^\ell) \frac{\partial^2 \bar{x}_i}{\partial x_j \partial x_\ell}(\xi_{s,r}(x))dr.$$

Therefore, $\bar{\xi}_{s,t}$ and $\bar{x}(\xi_{s,t})$ satisfy the same equation if (10) and (11) are satisfied.

9. STOCHASTIC FLOW OF HOMEOMORPHISMS (III). CASE OF MANIFOLD

Let $\xi_{s,t}(x)$, $x \in M$, $s \leq t < T(s,x) \wedge a$ be the maximal solution of the SDE (2) of the preceding section defined on the manifold M. For each $s < t$, $\xi_{s,t}(\cdot,\omega)$ may be considered as a continuous map from M into itself. We shall denote the domain and the range of $\xi_{s,t}$ by $D_{s,t}$ and $R_{s,t}$, respectively:

9.1. Theorem. (i) Both of $D_{s,t}$ and $R_{s,t}$ are open subsets of M for any $s < t$ a.s. The map $\xi_{s,t}(\cdot)$; $D_{s,t} \longrightarrow R_{s,t}$ is a homeomorphism for any $s < t$ a.s.

(ii) The maps $\xi_{s,t}$, $\xi_{r,t}$ and $\xi_{s,r}$ satisfy $\xi_{s,t} = \xi_{r,t} \circ \xi_{s,r}$ on $D_{s,t}$ for any $s < r < t$ a.s.

Proof. We shall first prove that the explosion time $T(s,x,\omega)$ is lower semicontinuous in (s,x). Let $\{G_n\}$ be a sequence of open subsets of M with compact closure such that $\bar{G}_n \subset G_{n+1}$ and $\bigcup_n G_n = M$. Let $T_n(s,x)$ be the first hitting time for the set G_n^c. Then $T_n(s,x)$ is lower semicontinuous for each n and the sequence $\{T_n(s,x)\}$ is increasing. Thus $T(s,x) = \lim_{n\to\infty} T_n(s,x)$ is lower semicontinuous. A consequence is that

$D_{s,t}(\omega)$ is open.

The "one to one" of the map $\xi_{s,t}(\cdot,\omega)$ is a rather local property as we will see below. Let U_n, n=1,2,... be coordinate neighborhoods of M such that $\bigcup_n U_n = M$. Let S_m, m=1,2,... be a set of open time intervals generating all open sets in (s,a). We denote by $N_{n,m}$ the set of all ω such that there are x, y ($x \neq y$) of M and $\sigma(\omega) \in S_m$ such that $\xi_{s,t}(x) = \xi_{s,t}(y)$ for $t \geq \sigma(\omega)$, $\xi_{s,t}(x) \neq \xi_{s,t}(y)$ for $t < \sigma(\omega)$ and $\xi_{s,\sigma}(x) = \xi_{s,\sigma}(y)$ is in U_n. In the coordinate neighborhood, we see by Theorem 5.3 that $N_{n,m}$ is a null set. Therefore, $\bigcup_{n,m} N_{n,m}$ is a null set. Note that if $\xi_{s,t}(\cdot,\omega)$ is not a one to one map for some t, then ω belongs to some $N_{n,m}$.

We will next prove the local homeomorphism of the map. Consider a trajectory $\{\xi_{s,r}(x_0,\omega),\ r \in [s,t]\}$, where (s,t,x_0) is fixed. We may choose a chain of coordinate neighborhoods $V_0,\ldots,V_n$ such that $x_0 \in V_0$ and for any i=1,...,n

$$\bigcup_{x \in V_0} \{\xi_{s,r}(x) \mid r \in [t_i, t_{i+1}]\} \subset V_i,$$

where $t_i = \frac{i}{n}(t-s)$. Then since

$$\text{(1)} \qquad \xi_{s,t} = \xi_{t_{n-1},t} \circ \xi_{t_{n-2},t_{n-1}} \circ \cdots \circ \xi_{s,t_1}$$

and each ξ_{t_{i-1},t_i} defines a local homeomorphism in V_i, we see that $\xi_{s,t}(\cdot,\omega)$ is a local homeomorphism.

We have thus seen that $\xi_{s,t}\ ;\ D_{s,t} \longrightarrow R_{s,t}$ is a homeomorphism for any $s < t$ a.s. This implies $R_{s,t}$ is open. The assertion (ii) can be proved easily. The proof is complete.

9.2. <u>Theorem.</u> Suppose that coefficients $X_1,\ldots,X_m$ of the Stratonovich equation are $C^{k+1,\alpha}$ vector fields for $k \geq 1$ and $\alpha > 0$. Suppose further that coefficients X_0 is a $C^{k,\alpha}$ vector field. Then the map $\xi_{s,t} ; D_{s,t} \longrightarrow R_{s,t}$ is a $C^{k,\beta}$ diffeomorphism for any β less than α for any $s < t$.

Further suppose that the solution is strictly conservative. Then the solution defines a flow of $C^{k,\beta}$ diffeomorphisms of M if and only if the solution of the following adjoint equation is strictly conservative

$$(2) \quad d\hat{\xi}_t = - \sum_{k=0}^{m} X_k(t, \hat{\xi}_t) \circ dB_t^k .$$

Furthermore, if $\xi_{s,t}$ is a diffeomorphism, the inverse $\xi_{s,t}^{-1}(x)$ coincides with the solution of the backward equation

$$(3) \quad \hat{d}\hat{\xi}_s = \sum_{k=0}^{m} X_k(s, \hat{\xi}_s) \circ \hat{d}B_s^k$$

with the terminal condition $\hat{\xi}_t = x$.

<u>Proof.</u> Consider the composition (1) of $\xi_{s,t}$. Each $\xi_{t_{i-1},t_i}(x)$ is a local $C^{k,\beta}$-diffeomorphism for any β less than α in each coordinate neighborhood V_i by Theorem 7.3. Then the composite map $\xi_{s,t}$ is a local $C^{k,\beta}$ diffeomorphism. This together with Theorem 9.1 implies the first assertion.

Suppose next that the solution is strictly conservative. Then $\xi_{s,t}(\cdot,\omega)$ is a $C^{k,\beta}$-diffeomorphism from M to $R_{s,t}(\omega)$ for any $s<t$ a.s. We shall obtain a backward equation for the inverse $\xi_{s,t}^{-1}$. Let F be a C^2 function. Then

$$F(\xi_{s,t}(y)) - F(y) = \sum_{k=1}^{m} \int_s^t (X_k(r)F)(\xi_{s,r}(y))dB_r^k$$
$$+ \int_s^t (L(r)F)(\xi_{s,r}(y))dr.$$

Substitute $y = \xi_{s,t}^{-1}(x)$ and apply Lemma 6.2. Then we get

$$(4)\qquad F(\xi_{s,t}^{-1}(x)) - F(x) = -\sum_{k=1}^{m}\int_s^t X_k(r)F(\xi_{r,t}^{-1}(x))\hat{d}B_r^k$$
$$-\int_s^t (X_0(r) - \frac{1}{2}\sum_{k=1}^{m} X_k(r)^2)F(\xi_{r,t}^{-1}(x))dr$$

on the set $\{\omega \mid x \in R_{s,t}(\omega)\}$ a.s. The backward martingale part of $X_k(r)F(\xi_{r,t}^{-1}(x))$ is

$$-\sum_{j=1}^{m}\int_r^t X_j(u)X_k(u)F(\xi_{u,t}^{-1}(x))\hat{d}B_u^j$$

by the above formula. Therefore we have

$$\int_s^t X_k(r)F(\xi_{r,t}^{-1}(x))\circ\hat{d}B_r^k = \int_s^t X_k(r)F(\xi_{r,t}^{-1}(x))\hat{d}B_r^k - \frac{1}{2}\int_s^t X_k(r)^2F(\xi_{r,t}^{-1}(x))dr.$$

Formula (4) is then written as

$$(5)\qquad F(\xi_{s,t}^{-1}(x)) - F(x) = -\sum_{k=0}^{m}\int_s^t X_k(r)F(\xi_{r,t}^{-1}(x))\circ\hat{d}B_r^k .$$

Now let $\hat{\xi}_{s,t}$ be the solution of the backward equation

$$\hat{d}\xi_s = \sum_{k=0}^{m} X_k(s,\xi_s)\circ\hat{d}B_s^k$$

with the terminal condition $\hat{\xi}_t = x$. Then it holds

$$F(\hat{\xi}_{s,t}(x)) - F(x) = -\sum_{k=0}^{m}\int_s^t X_k(r)F(\hat{\xi}_{r,t}(x))\circ\hat{d}B_r^k .$$

Hence $\hat{\xi}_{s,t}(x)$ is an extension of $\xi_{s,t}^{-1}(x)$. We can then prove the theorem similarly as Theorem 6.1.

The following is immediate from the above theorem and Theorem 8.3.

9.3. <u>Corollary.</u> If M is a compact manifold, the solution defines a flow of homeomorphisms of M a.s.

BIBLIOGRAPHICAL NOTES

Estimates similar to Theorem 2.1 are studied in several literatures. Blagovescenskii-Freidlin [4] announce an estimate in case $s = s'$ and coefficients are bounded. Proofs are found in Stroock-Varadhan [41], Bismut [3] etc. The present estimate is close to Funaki [10].

Theorems 2.1 and 3.1 stating the continuity and the differentiability of the solution with respect to the initial data, are certain refinement of [4], where they showed that the solution $\xi_{s,t}(x)$ is a $C^{k,0}$ function if coefficients are $C^{k+1,0}$ functions. Ikeda-Watanabe [13] and Bismut [3] employ different methods for proving the similar results.

Section 4 is adapted from Kunita [23]. He is indebted to S. R. Varadhan for Theorem 4.3. Sections 6 and 9 are adapted from Kunita [26]. Consult Baxendale [1], Bismut [3], Elworthy [7], Ikeda-Watanabe [13], Malliavin [30] for different approaches to the problem of stochastic flows of diffeomorphisms.

CHAPTER III

DIFFERENTIAL GEOMETRIC ANALYSIS OF STOCHASTIC FLOWS

1. ITÔ'S FORWARD AND BACKWARD FORMULA FOR STOCHASTIC FLOWS

As in Chapter II, we shall consider an Itô SDE on R^d;

$$(1)\qquad d\xi_t = \sum_{k=0}^{m} X_k(t,\xi_t)dB_t^k$$

where $B_t = (B_t^1,\ldots,B_t^m)$, $t\in[0,a]$ is an m-dimensional Brownian motion and $B_t^0 \equiv t$. $X_0(t,x),\ldots,X_m(t,x)$ are d-vector functions, continuous in (t,x) and locally Lipschitz continuous in x. The solution starting from x at time s is denoted by $\xi_{s,t}(x)$, $s \le t < T(s,x)\wedge a$, where $T(s,x)$ is the explosion time. It is continuous in (s,t,x). The solution is said to be strictly conservative if $P(T(s,x)=\infty$ for all $(s,x)) = 1$ is satisfied.

In Chapter I, we obtained Itô's formula for continuous semimartingales. If we apply Corollary 8.2, Chapter I to the solution $\xi_{s,t}(x)$, regarding it as a continuous semimartingale, we obtain the following: Let $F(x)$, $x\in R^d$ be a C^2 function. Then it holds

$$(2)\qquad F(\xi_{s,t}(x)) - F(x) = \sum_{k=1}^{m}\int_s^t X_k(r)F(\xi_{s,r}(x))dB_r^k + \int_s^t L(r)F(\xi_{s,r}(x))dr$$

for any (s,t,x) satisfying $s \le t < T(s,x)\wedge a$, where

$$X_k(r) = \sum_{i=1}^{d} X_k^i(r,x)\frac{\partial}{\partial x_i},$$

$$L(r)=\frac{1}{2}\sum_{i,j}\{\sum_{k=1}^{m} X_k^i(r,x)X_k^j(r,x)\}\frac{\partial^2}{\partial x_i\partial x_j}+\sum_{i=1}^{d} X_0^i(r,x)\frac{\partial}{\partial x_i}.$$

The above formula describes the differential rule of $\xi_{s,t}$ for the forward variable t. In this section, we will give a differential rule of $\xi_{s,t}$ for the backward variable s. The backward formula will require some additional smoothness assumption to coefficients $X_0,\dots,X_m$, so that the solution $\xi_{s,t}(\cdot,\omega)$ defines a C^2-map of R^d.

1.1. Theorem. Suppose that coefficients $X_0,\dots,X_m$ are $C^{2,\alpha}$ functions for some $\alpha>0$. Let $F\,;\,R^d\longrightarrow R^1$ be a C^2 function. Then it holds

$$(3)\qquad F(\xi_{s,t}(x))-F(x)=\sum_{k=1}^{m}\int_s^t X_k(r)(F\circ\xi_{r,t})(x)\hat{d}B_r^k+\int_s^t L(r)(F\circ\xi_{r,t})(x)dr$$

for any $x\in D_{s,t}=\{x\,|\,T(s,x)>t\}$.

Proof. We shall consider the case where the first and the second derivatives of coefficients $X_0,\dots,X_m$ together with those of the function F are all bounded: The general case can be easily reduced to this. The solution $\xi_{s,t}$ is then strictly conservative and it defines a stochastic flow of C^2-diffeomorphisms of R^d by Theorem 4.4 and Theorem 5.4 in Chapter II.

We will fix the forward variable t and write $\xi_{r,t}$ as ξ_r. Let $\Delta=\{0=s_0<\dots<s_n=t\}$ be partitions of $[0,t]$. Let $s\in[0,t]$. We may and do assume that s is contained in Δ, say $s=s_\ell\in\Delta$. Then

$$F(\xi_{s,t}(x))-F(x)=\sum_{k=\ell}^{n-1}(F\circ\xi_{s_{k+1}}\circ\xi_{s_k,s_{k+1}}-F\circ\xi_{s_{k+1}})(x)$$

$$=\sum_{i=1}^{d}\sum_{k=\ell}^{n-1}\frac{\partial}{\partial x_i}(F\circ\xi_{s_{k+1}})(x)(\xi^i_{s_k,s_{k+1}}(x)-x_i)$$

$$+\frac{1}{2}\sum_{i,j}\sum_{k=\ell}^{n-1}\frac{\partial^2}{\partial x_i \partial x_j}(F\circ\xi_{s_{k+1}})(x+\eta_k)(\xi^i_{s_k,s_{k+1}}(x)-x_i)(\xi^j_{s_k,s_{k+1}}(x)-x_j),$$

where η_k are random variables such that $|\eta_k|\le|\xi_{s_k,s_{k+1}}(x)-x|$. In the sequel we will prove the following convergences;

$$(4)\quad \sum_{k=\ell}^{n-1}\frac{\partial}{\partial x_i}(F\circ\xi_{s_{k+1}})(x)(\xi^i_{s_k,s_{k+1}}(x)-x_i)$$

$$\xrightarrow[|\Delta|\to 0]{}\sum_{j=0}^{m}\int_s^t X^i_j(r,x)\frac{\partial}{\partial x_i}(F\circ\xi_{r,t})(x)\hat{d}B^j_r .$$

$$(5)\quad \sum_{k=\ell}^{n-1}\frac{\partial^2}{\partial x_i\partial x_j}(F\circ\xi_{s_{k+1}})(x)(\xi^i_{s_k,s_{k+1}}(x)-x_i)(\xi^j_{s_k,s_{k+1}}(x)-x_j)$$

$$\xrightarrow[|\Delta|\to 0]{}\int_s^t(\sum_{k=1}^{m}X^i_k(r,x)X^j_k(r,x))\frac{\partial^2}{\partial x_i\partial x_j}(F\circ\xi_{r,t})(x)dr.$$

$$(6)\quad \sum_{k=\ell}^{n-1}\{\frac{\partial^2}{\partial x_i\partial x_j}(F\circ\xi_{s_{k+1}})(x+\eta_k)-\frac{\partial^2}{\partial x_i\partial x_j}(F\circ\xi_{s_{k+1}})(x)\}$$

$$\times(\xi^i_{s_k,s_{k+1}}(x)-x_i)(\xi^j_{s_k,s_{k+1}}(x)-x_j)$$

$$\xrightarrow[|\Delta|\to 0]{} 0.$$

The formula (3) will follow immediately from the above.

<u>Proof</u> of (4). The left hand side is written as

$$(7)\quad \sum_{j=0}^{m}\{\sum_{k=\ell}^{n-1}\frac{\partial}{\partial x_i}(F\circ\xi_{s_{k+1}})(x)\int_{s_k}^{s_{k+1}}X^i_j(r,\xi_{s_k,r}(x))dB^j_r\}.$$

The 0-th term (j=0) converges to $\int_s^t X^i_0(r,x)\frac{\partial}{\partial x_i}(F\circ\xi_{r,t})(x)dr$. To see the convergence of the j-th ($j\ge 1$) term, we will extend it to a continuous backward martingale, by setting for $r\in[0,t]$

$$I^\Delta_r=\sum_{k=p+1}^{n-1}\frac{\partial}{\partial x_i}(F\circ\xi_{s_{k+1}})(x)\int_{s_k}^{s_{k+1}}X^i_j(u,\xi_{s_k,u}(x))dB^j_u$$

$$+\frac{\partial}{\partial x_i}(F\circ\xi_{s_{p+1}})(x)\int_r^{s_{p+1}}\mu^x_{s_p,r}(X^i_j(u,\xi_{r,u}))dB^j_u$$

where s_p is the number of Δ such that $s_p \le r < s_{p+1}$ and $\mu^x_{s_p,r}$ is the distribution of $\xi_{s_p,r}(x)$ and $\mu^x_{s_p,r}(X^i_j(u,\xi_{r,u}))$ is the integral of $X^i_j(u,\xi_{r,u}(y))$ by the measure $\mu^x_{s_p,r}(dy)$. If $r = s_\ell$, it coincides with the j-th term of (7). One can check directly that I^Δ_r is a continuous square integrable backward martingale.

Define another square integrable backward martingale L^Δ_r by

$$L^\Delta_r = \sum_{k=p+1}^{n-1} \frac{\partial}{\partial x_i}(F\circ\xi_{s_{k+1}})(x)X^i_j(s_{k+1},x)(B^j_{s_{k+1}}-B^j_{s_k})$$

$$+ \frac{\partial}{\partial x_i}(F\circ\xi_{s_{p+1}})(x)X^i_j(s_{p+1},x)(B^j_{s_{p+1}}-B^j_r).$$

We may compute the quadratic variation of $L^\Delta_r - I^\Delta_r$ associated with the the partition Δ. It is

$$\langle L^\Delta - I^\Delta\rangle^\Delta_t = \sum_{k=0}^{n-1} \left|\frac{\partial}{\partial x_i}(F\circ\xi_{s_{k+1}})(x)\right|^2\left(\int_{s_k}^{s_{k+1}} (X^i_j(r,\xi_{s_k,r}(x)) - X^i_j(r,x)^\Delta)dB^j_r\right)^2.$$

This converges to 0 in L^1-norm as $|\Delta|\to 0$. Then $\{L^\Delta_r - I^\Delta_r\}$ converges to 0 uniformly in L^2-norm as $|\Delta|\to 0$. On the other hand, L^Δ_r converges to

$$L_r = \int_r^t \frac{\partial}{\partial x_i}(F\circ\xi_u)(x)X^i_j(u,x)\hat{d}B^j_u.$$

Therefore I^Δ_r converges to L_r for any r. Summing up these convergences for $j=0,\dots,m$, we obtain (4).

<u>Proof</u> of (5). We use the same notation as the proof of (4). Define continuous backward semimartingales J^Δ_r and K^Δ_r by

$$(8) \quad J^\Delta_r = \sum_{k=p+1}^{n-1} \frac{\partial^2}{\partial x_i \partial x_j}(F\circ\xi_{s_{k+1}})(x)(\xi^i_{s_k,s_{k+1}}(x) - x_i)$$

$$+ \frac{\partial^2}{\partial x_i\partial x_j}(F\circ\xi_{s_{p+1}})(x)(\mu^x_{s_p,r}(\xi^i_{r,s_{p+1}}) - x_i),$$

$$(9) \quad K^\Delta_r = \sum_{k=p+1}^{n-1} (\xi^j_{s_k,s_{k+1}}(x) - x_j) + (\mu^x_{s_p,r}(\xi^j_{r,s_{p+1}}) - x_j).$$

Then the left hand side of (5) is written as $\langle J^{\Delta},K^{\Delta}\rangle_t^{\Delta}-\langle J^{\Delta},K^{\Delta}\rangle_s^{\Delta}$.
From (4), we know that J_s^{Δ} and K_s^{Δ} converges as $|\Delta|\to 0$ to J_s and K_s, respectively, where

$$J_s = \sum_{\ell=0}^{m}\int_s^t X_\ell^i(r,x)\frac{\partial^2}{\partial x_i\partial x_j}(F\circ\xi_{r,t})(x)\hat{d}B_r^{\ell},$$

$$K_s = \sum_{\ell=0}^{m}\int_s^t X_\ell^j(r,x)\hat{d}B_r^{\ell}\ .$$

Denote the martingale part of J_r^{Δ} etc. by $\hat{J}_r^{\Delta}$ etc. Then both of $\langle J^{\Delta},K^{\Delta}\rangle_t^{\Delta}$ and $\langle\hat{J}^{\Delta},\hat{K}^{\Delta}\rangle_t^{\Delta}$ converge to the same process. We will prove that it is $\langle\hat{J},\hat{K}\rangle_t$. It holds

$$|\langle\hat{J}^{\Delta},\hat{K}^{\Delta}\rangle_t^{\Delta}-\langle\hat{J},\hat{K}\rangle_t| \le |\langle\hat{J}^{\Delta},\hat{K}^{\Delta}\rangle_t^{\Delta}-\langle\hat{J},\hat{K}\rangle_t^{\Delta}|+|\langle\hat{J},\hat{K}\rangle_t^{\Delta}-\langle\hat{J},\hat{K}\rangle_t|.$$

The last member converges to 0 as $|\Delta|\to 0$. The first member of the right hand side is dominated by

$$(\langle\hat{J}^{\Delta}-\hat{J}\rangle_t^{\Delta}\langle\hat{K}_t^{\Delta}\rangle_t^{\Delta})^{\frac{1}{2}}+(\langle\hat{K}^{\Delta}-\hat{K}\rangle_t^{\Delta}\langle\hat{J}\rangle_t^{\Delta})^{\frac{1}{2}}.$$

This converges to 0 by Theorem 3.2 of Chap. I. The proof is complete.

<u>Proof</u> of (6). Write K_r^{Δ} of (9) as $K_r^{\Delta}(j)$. Then the right hand side of (6) is dominated by the following, which converges to 0 as $|\Delta|\to 0$.

$$\sup_k\left|\frac{\partial^2}{\partial x_i\partial x_j}(F\circ\xi_{s_{k+1}})(x+\eta_k)-\frac{\partial^2}{\partial x_i\partial x_j}(F\circ\xi_{s_{k+1}})(x)\right|\{\langle K^{\Delta}(i)\rangle_t^{\Delta}\langle K^{\Delta}(j)\rangle_t^{\Delta}\}^{\frac{1}{2}}.$$

We shall next consider a Stratonovich SDE on manifold. Let M be a connected, paracompact C^∞ manifold of dimension d. Let $X_1(t),\dots,X_m(t)$, $t\in[0,a]$ be C^2 vector fields with parameter t. With a local coordinate $(x_1,\dots,x_d)$, these are represented as the first order partial differential operators

$$X_k(t) = \sum_{i=1}^{d} X_k^i(t,x)\frac{\partial}{\partial x_i}$$

at each coordinate neighborhood, where $X_k^i(t,x)$ is assumed to be C^1 function of t and C^2 funciton of x. Let $X_0(t)$ be another vector field such that $X_0^i(t,x)$ is continuous in t and a C^1 function of x. The solution of the Stratonovich equation

$$(10)\quad d\xi_t = \sum_{k=0}^{m} X_k(t,\xi_t)\circ dB_t^k$$

with the initial condition $\xi_s = x$ was defined in Chapter II, §8 via Itô's formula:

$$(11)\quad F(\xi_{s,t}(x)) - F(x) = \sum_{k=0}^{m}\int_s^t X_k(r)F(\xi_{s,r}(x))\circ dB_r^k,$$

where $F ; M \longrightarrow R^1$ is a C^3-map. Using Itô integral, it is equivalent to

$$(12)\quad F(\xi_{s,t}(x)) - F(x) = \sum_{k=1}^{m}\int_s^t X_k(r)F(\xi_{s,r}(x))dB_r^k + \int_s^t L(r)F(\xi_{s,r}(x))dr,$$

where $L(r)$ is the second order operator defined by

$$(13)\quad L(r) = \frac{1}{2}\sum_{k=1}^{m} X_k(r)^2 + X_0(r).$$

The existence and uniqueness of the (maximal) solution $\xi_{s,t}(x)$, $s \le t < T(s,x)\wedge a$ was shown in Theorem 8.3, Chapter II.

We will obtain the backward formula.

1.2. Theorem. Suppose that coefficients $X_1,\dots,X_m$ of Stratonovich SDE are $C^{3,\alpha}$ vector fields for some $\alpha > 0$ and that X_0 is a $C^{2,\alpha}$ vector field for some $\alpha > 0$. Let $F ; M \longrightarrow R^1$ be a C^2-class fucntion. Then it holds

$$(14)\quad F(\xi_{s,t}(x)) - F(x) = \sum_{k=1}^{m}\int_s^t X_k(r)(F\circ\xi_{r,t})(x)\hat{d}B_r^k$$

$$+\int_s^t \left(\frac{1}{2}\sum_{k=1}^m X_k(r)^2 + X_0(r)\right)(F\circ\xi_{r,t})(x)dr$$

for $x \in D_{s,t} = \{x \mid T(s,x) > t\}$ a.s.

<u>Proof.</u> We shall first consider the SDE on R^d: Using Itô integral, the equation (1) is written as

$$d\xi_t = \sum_{k=1}^m X_k(t,\xi_t)dB_t^k + X_0^*(t,\xi_t)dt,$$

where

$$X_0^*(t,x) = X_0(t,x) + \frac{1}{2}\sum_{i,j} X_j^i(t,x)\frac{\partial}{\partial x_i}X_j(t,x).$$

Coefficients $X_0^*, X_1, \ldots, X_m$ satisfies conditions of Theorem 1.1. Consequently, Itô's backward formula (3) is valid, where

$$L(r) = \frac{1}{2}\sum_{i,j}\left\{\sum_{k=1}^m X_k^i(r,x)X_k^j(r,x)\right\}\frac{\partial^2}{\partial x_i \partial x_j} + \sum_{i=1}^d X_0^{*i}(r,x)\frac{\partial}{\partial x_i}$$

$$= \frac{1}{2}\sum_{k=1}^m X_k(r)^2 + X_0(r).$$

We shall next consider the case of manifold. At each coordinate neighborhood, the formula (14) is valid by the above argument. Let $\{U_n\}$ be a countable set of coordinate neighborhoods covering M. Fix the time t and define a sequence of backward stopping times $\tau_n(x)$ as

$$\tau_1(x) = \sup\{r < t\ ;\ \xi_{r,t}(x) \notin U_1\}\quad (= 0 \text{ if } \{\ldots\} = \phi),$$

$$\tau_n(x) = \sup\{r < t\ ;\ \xi_{r,t}(x) \notin U_1 \cup \ldots \cup U_n\}\quad (= 0 \text{ if } \{\ldots\} = \phi).$$

Let $s_0 < t$ be a fixed time. The formula (14) is valid for any s of $(\tau_1(x) \vee s_0, t)$. We can show by induction that (14) is valid for any s of $(\tau_n(x) \vee s_0, t)$. Since $\lim_{n\to\infty} \tau_n(x) \le s_0$ holds for $x \in D_{s_0,t} = D_{s_0,t}(\omega)$, the formula (14) is valid for any s of (s_0, t). This proves the theorem.

If coefficients $X_0,\dots,X_m$ satisfy additional smoothness assumptions, we can rewrite the formula (14) using Stratonovich integral.

1.3. Theorem. Suppose that $X_1,\dots,X_m$ are $C^{4,\alpha}$ vector fields with some $\alpha > 0$ and X_0 is a $C^{3,\alpha}$ vector field with the same α. Let F ; $R^d \longrightarrow R^1$ be a C^3 function. Then it holds

$$(15)\quad F(\xi_{s,t}(x)) - F(x) = \sum_{k=0}^{m} \int_s^t X_k(r)(F\circ\xi_{r,t})(x)\circ \hat{d}B_r^k .$$

Proof. In order that the right hand side is well defined, we have to check that $X_k(r)(F\circ\xi_{r,t})(x)$ is a backward semimartingale. Note that $\xi_{u,t}(x)$ is a C^3 function of x. (See Theorem 9.2 in Chapter II). We shall operate $\partial_i = \frac{\partial}{\partial x_i}$ to (14). Then, by Theorem 7.6, Chapter I,

$$\partial_i(F\circ\xi_{r,t})(x) - \partial_i F(x) = \sum_{j=1}^{m} \int_r^t \partial_i (X_j(u)(F\circ\xi_{u,t}))(x)\hat{d}B_u^j$$
$$+ \int_r^t \partial_i (L(u)(F\circ\xi_{u,t}))(x)dr.$$

Therefore $\partial_i(F\circ\xi_{r,t})(x)$ is a backward semimartingale as we desired.

The backward martingale part of $X_k(r)(F\circ\xi_{r,t})(x)$ is

$$\sum_{j=1}^{m} \int_r^t X_k(u)X_j(u)(F\circ\xi_{u,t})(x)\hat{d}B_u^j .$$

Therefore we have

$$\int_s^t X_k(r)(F\circ\xi_{r,t})(x)\circ\hat{d}B_r^k$$
$$= \int_s^t X_k(r)(F\circ\xi_{r,t})(x)\hat{d}B_r^k + \frac{1}{2}\int_s^t X_k(r)^2(F\circ\xi_{r,t})(x)dr.$$

The formula (14) then leads to the formula (15). The proof is complete.

Remark. We have seen in Chapter II, Section 9 that the inverse map $\xi_{s,t}^{-1}$ satisfies the backward equation

$$(16)\quad F(\xi_{s,t}^{-1}(x)) - F(x) = -\sum_{k=1}^{m}\int_s^t X_k(r)F(\xi_{r,t}^{-1}(x))\hat{d}B_r^k + \int_s^t \left(\frac{1}{2}\sum_{k=1}^{m} X_k(r)^2 - X_0(r)\right)F(\xi_{r,t}^{-1}(x))dr$$

$$(17)\quad = -\sum_{k=0}^{m}\int_s^t X_k(r)F(\xi_{r,t}^{-1}(x))\circ\hat{d}B_r^k .$$

Apply previous theorem to $\xi_{s,t}^{-1}$, we get the following Itô's forward formula.

$$(18)\quad F(\xi_{s,t}^{-1}(x)) - F(x) = -\sum_{k=1}^{m}\int_s^t X_k(r)(F\circ\xi_{s,r}^{-1})(x)dB_r^k + \int_s^t \left(\frac{1}{2}\sum_{k=1}^{m} X_k(r)^2 - X_0(r)\right)(F\circ\xi_{s,r}^{-1})(x)\,dr$$

$$(19)\quad = -\sum_{k=0}^{m}\int_s^t X_k(r)(F\circ\xi_{s,r}^{-1})(x)\circ dB_r^k .$$

2. ITÔ'S FORMUMA FOR $\xi_{s,t}$ ACTING ON VECTOR FIELDS

The stochastic flow of diffeomorphisms determined by an SDE on a manifold acts naturally on tensor fields and defines a stochastic process with values in tensor fields. We shall be concerned with the SDE or Itô's formula governing the tensor field valued process. In this section, we will mainly deal with vector fields; the case of general tensor fields will be discussed at Section 4.

We begin with introducing the differential of the map. Let ϕ be a diffeomorphism of the manifold M. The differential ϕ_{*x} of the map ϕ is by definition the linear map from the tangent space $T_x(M)$ to the tangent space $T_{\phi(x)}(M)$ such that

$$\phi_{*x}X_x f = X_x(f\circ\phi) \qquad \forall X_x \in T_x(M).$$

Given a vector field X on M, we denote by X_x the restriction of X at the point x. We define a new vector field $\phi_* X$ by

$$(\phi_* X)_x = \phi_{*\phi^{-1}(x)} X_{\phi^{-1}(x)} .$$

Then it holds

$$\phi_* X f(x) = X(f \circ \phi)(\phi^{-1}(x)), \qquad \forall x \in M$$

for any f of $C^\infty(M)$ = the space of all C^∞ functions.

We shall express $\phi_* X$ using a local coordinate $(x_1, \ldots, x_d)$. Let $X = \Sigma X^i(x) \frac{\partial}{\partial x_i}$ be the coordinate expression. Then $\phi_* X$ is expressed as $\phi_* X = \Sigma (\phi_* X)^i(x) \frac{\partial}{\partial x_i}$, where

$$(\phi_* X)^i(x) = \sum_j X^j(\phi^{-1}(x)) \frac{\partial \phi^i}{\partial x_j} (\phi^{-1}(x))$$

and $\phi^i(x) = x_i(\phi(x))$. This follows immediately by setting $f(x) = x^i(x)$. Thus denoting the d-vector $(X^1, \ldots, X^d)$ by X and Jacobian matrix $(\frac{\partial \phi^i}{\partial x_j})$ by $D\phi(x)$, the vector $\phi_* X(x)$ with components $(\phi_* X)^i(x)$ satisfies $\phi_* X(x) = D\phi(\phi^{-1}(x)) X(\phi^{-1}(x))$.

Let Y be a vector field and ϕ_t the flow of Y, i.e., the local one parameter group of local transformations of M generated by Y:

$$\frac{d}{dt}(f \circ \phi_t)(x) \Big|_{t=0} = Yf(x), \qquad \forall f \in C^\infty(M).$$

The Lie derivative of the vector field X with respect to Y is the vector field $L_Y X$ defined by

$$(L_Y X)_x = -\lim_{t \to 0} \frac{1}{t} \{(\phi_{t*} X)_x - X_x\} = -\lim_{t \to 0} \frac{1}{t} \{\phi_{t*\phi_t^{-1}(x)} X_{\phi_t^{-1}(x)} - X_x\}.$$

The relation $L_Y X = [Y, X] \equiv YX - XY$ is well known.

Now let $\xi_{s,t}(x)$ be the solution of the Stratonovich SDE (1) of Section 1. We shall assume that it defines a stochastic flow of diffeomorphisms.

Then differential $\xi_{s,t*}$ is well defined for any $s < t$ a.s.

2.1. <u>Theorem.</u> Assume that coefficients $X_1,\dots,X_m$ of the equation are $C^{4,\alpha}$ vector fields for some $\alpha > 0$ and X_0 is a $C^{3,\alpha}$ vector field for the same α. Then $\xi_{s,t*}$ satisfies the following formula for any C^2 vector field X.

$$\xi_{s,t*}X - X = -\sum_{k=1}^{m}\int_s^t L_{X_k(r)}\xi_{s,r*}X dB_r^k + \int_s^t (\frac{1}{2}\sum_{k=1}^{m} L^2_{X_k(r)} - L_{X_0(r)})\xi_{s,r*}X dr \tag{1}$$

$$= -\sum_{k=1}^{m}\int_s^t \xi_{r,t*}L_{X_k(r)}X\hat{d}B_r^k + \int_s^t \xi_{r,t*}(\frac{1}{2}\sum_{k=1}^{m} L^2_{X_k(r)} - L_{X_0(r)})X dr. \tag{2}$$

Further, the inverse $\xi^{-1}_{s,t*}$ satisfies

$$\xi^{-1}_{s,t*}X - X = \sum_{k=1}^{m}\int_s^t \xi^{-1}_{s,r*}L_{X_k(r)}X dB_r^k + \int_s^t \xi^{-1}_{s,r*}(\frac{1}{2}\sum_{k=1}^{m} L^2_{X_k(r)} + L_{X_0(r)})X dr \tag{3}$$

$$= \sum_{k=1}^{m}\int_s^t L_{X_k(r)}\xi^{-1}_{r,t*}X\hat{d}B_r^k + \int_s^t (\frac{1}{2}\sum_{k=1}^{m} L^2_{X_k(r)} + L_{X_0(r)})\xi^{-1}_{r,t*}X dr. \tag{4}$$

With additional assumptions on coefficients, the formulas (1)-(4) can be written using Stratonovich integrals.

2.2. <u>Theorem.</u> Suppose that $X_1,\dots,X_m$ are $C^{5,\alpha}$ vector fields for some $\alpha > 0$ and X_0 is a $C^{4,\alpha}$ vector field for the same α. Then $\xi_{s,t*}X$ satisfies the following formula for any C^3-vector field X.

$$(5)\quad \xi_{s,t*}X - X = -\sum_{k=0}^{m}\int_s^t L_{X_k(r)}\xi_{s,r*}X\circ dB_r^k$$

$$(6)\quad = -\sum_{k=0}^{m}\int_s^t \xi_{r,t*}L_{X_k(r)}X\circ \hat{d}B_r^k .$$

Further, $\xi_{s,t*}^{-1}$ satisfies the following formula.

$$(7)\quad \xi_{s,t*}^{-1}X - X = \sum_{k=0}^{m}\int_s^t \xi_{s,r*}^{-1}L_{X_k(r)}X\circ dB_r^k$$

$$(8)\quad = \sum_{k=0}^{m}\int_s^t L_{X_k(r)}\xi_{r,t*}^{-1}X\circ \hat{d}B_r^k .$$

Proof of Theorem 2.1 and 2.2 can be carried over by similar methods. We will give here the proof of Theorem 2.2 only, since the computation involved is simpler than that of Theorem 2.1.

<u>Proof of Theorem 2,2.</u> We shall first prove (5). Let $f\in C^\infty(M)$. Then it holds

$$\xi_{s,t*}Xf(x) = X(f\circ\xi_{s,t})(\xi_{s,t}^{-1}(x)).$$

Set $F_t(x) = X(f\circ\xi_{s,t})(x)$ and $M_t = \xi_{s,t}^{-1}(x) = (\xi_{s,t}^{-11}(x),\dots,\xi_{s,t}^{-1d}(x))$ (expression by local coordinate). By Itô's formula (Theorem 8.3 in Chapter I), it holds

$$d(F_t\circ M_t) = (dF_t)(M_t) + \sum_{i=1}^{d}\frac{\partial F_t}{\partial x_i}(M_t)\circ dM_t^i .$$

We have from (11) of Section 1,

$$dF_t(x) = \sum_{k=0}^{m} X(X_k(t)f\circ\xi_{s,t})(x)\circ dB_t^k .$$

Consequently

$$(dF_t)(M_t) = \sum_{k=0}^{m} X(X_k(t)f\circ\xi_{s,t})(\xi_{s,t}^{-1}(x))\circ dB_t^k$$
$$= \sum_{k=0}^{m}\xi_{s,t*}XX_k(t)f(x)\circ dB_t^k .$$

From (19) of Section 1, we have

$$dM_t^i = d\xi_{s,t}^{-1i} = -\sum_{k=0}^{m} X_k(t)(\xi_{s,t}^{-1i})(x)\circ dB_t^k$$
$$= -\sum_{k=0}^{m} \xi_{s,t*}^{-1}X_k(t)^i(\xi_{s,t}^{-1}(x))\circ dB_t^k .$$

Therefore,

$$\sum_{i=1}^{d} \frac{\partial F_t}{\partial x_i}(M_t)\circ dM_t^i = -\sum_{k=0}^{m} \xi_{s,t*}^{-1}X_k(t)\cdot X(f\circ\xi_{s,t})(\xi_{s,t}^{-1}(x))\circ dB_t^k$$
$$= -\sum_{k=0}^{m} X_k(t)\xi_{s,t*}Xf(x)\circ dB_t^k .$$

Therefore we have

$$d(F_t\circ M_t) = -\sum_{k=0}^{m} L_{X_k(t)}\xi_{s,t*}Xf(x)\circ dB_t^k .$$

This proves (5).

For the proof of (6), we will use Itô's backward formula. Set $F_s(x) = X(f\circ\xi_{s,t})(x)$ where t is fixed. It holds from Theorem 1.3,

$$\hat{d}F_s(x) = -\sum_{k=0}^{m} X\{X_k(s)(f\circ\xi_{s,t})\}(x)\circ\hat{d}B_s^k .$$

It holds from (3) of Section 9, Chapter II,

$$\hat{d}_s\xi_{s,t}^{-1i} = \sum_{k=0}^{m} X_k^i(s,\xi_{s,t}^{-1}(x))\circ\hat{d}B_s^k .$$

Therefore,

$$\sum_i \frac{\partial F_s}{\partial x_i}(\xi_{s,t}^{-1}(x))\circ\hat{d}_s\xi_{s,t}^{-1i}(x) = \sum_{k=0}^{m} X_k(s)\{X(f\circ\xi_{s,t})\}(\xi_{s,t}^{-1}(x))\circ\hat{d}B_s^k .$$

Consequently,

$$\hat{d}_s(F_s\circ\xi_{s,t}^{-1})(x) = (\hat{d}F_s)(\xi_{s,t}^{-1}(x)) + \sum_i \frac{\partial F_s}{\partial x_i}(\xi_{s,t}^{-1}(x))\circ\hat{d}_s\xi_{s,t}^{-1i}(x)$$
$$= \sum_{k=0}^{m} (X_k(s)X - XX_k(s))(f\circ\xi_{s,t})(\xi_{s,t}^{-1}(x))\circ\hat{d}B_s^k$$
$$= \sum_{k=0}^{m} \xi_{s,t*}[X_k(s),X]f(x)\circ\hat{d}B_s^k$$

$$= \sum_{k=0}^{m} \xi_{s,t*} L_{X_k(s)} Xf(x) \circ \hat{d}B_s^k .$$

This proves (6).

The proofs of (7) and (8) are similar. It is omitted.

3. COMPOSITION AND DECOMPOSITION OF THE SOLUTION

Consider two SDE's on the same manifold. Let $\xi_{s,t}(x)$, $s \leq t < T(s,x)$ and $\eta_{s,t}(x)$, $s \leq t < S(s,x)$ be solutions of equations,

(1) $$d\xi_t = \sum_{k=0}^{m} X_k(t,\xi_t) \circ dB_t^k ,$$

(2) $$d\eta_t = \sum_{k=0}^{m} Y_k(t,\eta_t) \circ dB_t^k ,$$

where $T(s,x)$ and $S(s,x)$ are explosion times of $\xi_{s,t}(x)$ and $\eta_{s,t}(x)$ respectively. We shall assume that vector fields $X_1,\dots,X_m$ (resp. $Y_1, \dots, Y_m$) are $C^{4,\alpha}$ (resp. $C^{2,\alpha}$) and X_0 (resp. Y_0) is a $C^{3,\alpha}$ (resp. $C^{1,\alpha}$) vector fields for some $\alpha > 0$.

We shall obtain an SDE governing the composite process $\zeta_{s,t}(x) = \xi_{s,t} \circ \eta_{s,t}(x)$, $s \leq t < U(s,x)$, where

$$U(s,x) = \inf\{t > s \ ; \ \eta_{s,t}(x) \notin D_{s,t}\} \wedge S(s,x)$$

and $D_{s,t} = \{x \ ; \ T(s,x) > t\}$.

3.1. Theorem. $\zeta_{s,t}(x)$, $s \leq t < U(s,x)$ is the solution of the following SDE.

(3) $$d\zeta_t = \sum_{k=0}^{m} X_k(t,\zeta_t) \circ dB_t^k + \sum_{k=0}^{m} \xi_{s,t*} Y_k(t,\zeta_t) \circ dB_t^k .$$

Proof. We shall apply Itô's formula (Theorem 8.3 in Chapter I) to

$F_t(x) = f\circ\xi_{s,t}(x)$ and $M_t = (\eta^1_{s,t}, \dots, \eta^d_{s,t})$, where $f ; M \longrightarrow R^1$ is a C^3-function and $(\eta^1_{s,t}, \dots, \eta^d_{s,t})$ is the coordinate expression of $\eta_{s,t}$. Then we have

$$
\begin{aligned}
d(F_t\circ M_t) &= (dF_t)(M_t) + \Sigma \frac{\partial F_t}{\partial x_i}(M_t)\circ dM^i_t \\
&= \sum_{k=0}^{m} X_k(t) f(\xi_{s,t}\circ\eta_{s,t})\circ dB^k_t \\
&\quad + \sum_{k=0}^{m} Y_k(t)(f\circ\xi_{s,t})(\eta_{s,t})\circ dB^k_t \\
&= \sum_{k=0}^{m} X_k(t) f(\zeta_{s,t})\circ dB^k_t + \sum_{k=0}^{m} \xi_{s,t*}Y_k(t) f(\zeta_{s,t})\circ dB^k_t
\end{aligned}
$$

This proves (3).

Now, Theorem 2.1 tells us that $\xi_{s,t*}Y_k(t) = Y_k(t)$ holds if and only if $L_{X_j(r)}Y_k(t) = 0$ holds for any $r\in[s,t]$ and $j=0,\dots,m$. Therefore we have the following.

3.2. <u>Corollary.</u> Suppose that each $Y_k(t)$ commutes with all $X_j(r)$, $j=0,\dots,m$, $r\in[s,t]$. Then the composite process $\zeta_{s,t} = \xi_{s,t}\circ\eta_{s,t}$ satisfies the following SDE

$$
(4) \qquad d\zeta_t = \sum_{k=0}^{m} (X_k(t) + Y_k(t))(\zeta_t)\circ dB^k_t .
$$

We shall next consider the problem of decomposing the solution of equation (1).

3.3. <u>Theorem.</u> Let $Y_k(t)$, $Z_k(t)$, $k=0,\dots,m$, $t\in[0,a]$ be vector fields satisfying the same smoothness condition as $X_k(t)$. Let $\eta_{s,t}(x)$ be the solution of the equation corresponding to $Y_k(t)$, $k=0,\dots,m$. Let $\kappa_{s,t}$ be the solution of

$$d\kappa_t = \sum_{k=0}^{m} \eta_{s,t*}^{-1} Z_k(t,\kappa_t)\circ dB_t^k .$$

Suppose that $X_k(t) = Y_k(t) + Z_k(t)$, $k=0,\dots,m$. Then $\xi_{s,t} = \eta_{s,t}\circ\kappa_{s,t}$ is the solution of equation (1).

<u>Proof.</u> We shall apply Itô's formula to $F_t(x) = f\circ\eta_{s,t}(x)$ and $M_t = (\kappa_{s,t}^1,\dots,\kappa_{s,t}^d)$ (coordinate expression). Then we have

$$\begin{aligned} d(F_t\circ M_t) &= (dF_t)(M_t) + \sum_i \frac{\partial F_t}{\partial x_i}(M_t)\circ dM_t^i \\ &= \sum_{k=0}^{m} Y_k(t) f(\eta_{s,t}\circ\kappa_{s,t}(x))\circ dB_t^k + \sum_{k=0}^{m} \eta_{s,t*}^{-1} Z_k(t)(f\circ\eta_{s,t})(\kappa_{s,t}(x))\circ dB_t^k . \end{aligned}$$

Since $\eta_{s,t*}^{-1} Z_k(t)(f\circ\eta_{s,t})(\kappa_{s,t}(x)) = Z_k(t) f(\eta_{s,t}\circ\kappa_{s,t}(x))$, we get

$$d(f\circ\eta_{s,t}\circ\kappa_{s,t}) = \sum_{k=0}^{m} X_k(t) f(\eta_{s,t}\circ\kappa_{s,t})\circ dB_t^k .$$

This proves that $\xi_{s,t} = \eta_{s,t}\circ\kappa_{s,t}$ is the solution of equation (1).

In Chapter II, we obtained a backward SDE for the inverse map $\xi_{s,t}^{-1}$. Here we shall obtain the forward SDE for it, applying the previous theorem. Let $\kappa_{s,t}(x)$ be the solution of

$$d\kappa_t = -\sum_{k=0}^{m} \xi_{s,t*}^{-1} X_k(t,\kappa_t)\circ dB_t^k .$$

Then $\xi_{s,t}\circ\kappa_{s,t}(x) = x$ is satisfied by the previous theorem. Therefore we have $\kappa_{s,t} = \xi_{s,t}^{-1}$.

3.4. <u>Corollary.</u> The inverse $\xi_{s,t}^{-1}$ satisfies the following forward equation

$$(5)\qquad d_t\xi_{s,t}^{-1} = -\sum_{k=0}^{m} \xi_{s,t*}^{-1} X_k(t,\xi_{s,t}^{-1})\circ dB_t^k$$

3.5. Example. Let $X_0, \dots, X_m$ be commutative complete vector fields, not depending on t. Then the solution of equation (1) is represented as

(6) $$\xi_{s,t}(x) = \operatorname{Exp}(t-s)X_0 \circ \operatorname{Exp}(B_t^1 - B_s^1)X_1 \circ \dots \circ \operatorname{Exp}(B_t^m - B_s^m)X_m,$$

where $\operatorname{Exp} tX_k$ is the one parameter group of transformations generated by the vector field X_k.

We shall prove first that $\xi_{s,t}^{(k)} \equiv \operatorname{Exp}(B_t^k - B_s^k)X_k$ is the solution of $d\xi_t^{(k)} = X_k(\xi_t^{(k)}) \circ dB_t^k$ starting from (s,x). Set $F^{(k)}(t) = f \circ \operatorname{Exp} tX_k$. Then by Itô's formula

$$\begin{aligned} F^{(k)}(B_t^k - B_s^k) &= F^{(k)}(0) + \int_s^t \frac{\partial F^{(k)}}{\partial r}(B_r^k - B_s^k) \circ dB_r^k \\ &= F^{(k)}(0) + \int_s^t X_k f \circ \operatorname{Exp}(B_r^k - B_s^k)X_k \circ dB_r^k . \end{aligned}$$

Therefore, $\xi_{s,t}^{(k)}$ is the solution. Then the expression (6) follows from Corollary 3.2.

3.6. Example. Consider a linear SDE on R^d:

(7) $$d\xi_t = A\xi_t dt + BdW_t,$$

where A is a $d \times d$-matrix, B is a $d \times m$-matrix and W_t is an m-dimensional Wiener process. The equation is decomposed to

$$d\zeta_t = A\zeta_t dt, \quad d\eta_t = \zeta_{t*}^{-1}(B) dW_t,$$

i.e., if $\zeta_t(x)$ and $\eta_t(x)$ are solutions of the above equations starting at $(0,x)$, then $\xi_t \equiv \zeta_t \circ \eta_t$ is a solution of (7). It holds $\zeta_t(x) = e^{At}x$ so that $\zeta_{t*}^{-1}(B) = e^{-At}B$. Therefore $\eta_t(x) = x + \int_0^t e^{-As} BdW_s$. Hence we have the decomposition

$$\xi_t(x) = e^{At}(x + \int_0^t e^{-As} B dW_s)$$

In the system theory or the control theory, $B_t^1, \ldots, B_t^m$ in equation (1) are called inputs and the solution ξ_t is called the output. It is an important problem in applications that we can compute the output from the input explicitly. The above two examples show the way of calculating outputs. We shall consider the problem in a general framework.

The complexity of expressing the solution by the inputs depends on the structure of the Lie algebra generated by vector fields defining the equation. For simplicity we assume that vector fields $X_0, \ldots, X_m$ of equation (1) do not depend on time t. The real vector space spanned by all vector fields of the form

$$[\ldots[X_{i_1}, X_{i_2}], \ldots,], X_{i_n}], \qquad i_1, \ldots, i_n \in \{0, 1, \ldots, m\}$$

is called the Lie algebra generated by $X_0, \ldots, X_m$ and denoted by $\underline{\underline{L}}(X_0, \ldots, X_m)$ or simply by $\underline{\underline{L}}$.

We shall define a chain of subalgebras of $\underline{\underline{L}}$:

$$\underline{\underline{G}}_1 = [\underline{\underline{L}}, \underline{\underline{L}}] = \{[X, Y] \ ; \ X, Y \in \underline{\underline{L}}\}$$

$$\underline{\underline{G}}_2 = [\underline{\underline{G}}_1, \underline{\underline{G}}_1], \ldots, \underline{\underline{G}}_n = [\underline{\underline{G}}_{n-1}, \underline{\underline{G}}_{n-1}].$$

The Lie algebra $\underline{\underline{L}}$ is called <u>solvable</u> if $\underline{\underline{G}}_m = \{0\}$ for some m. If $\underline{\underline{L}}$ is a finite dimensional solvable Lie algebra, then by Lie's theorem there is a basis of $\underline{\underline{L}}$ denoted by $\{Y_1, \ldots, Y_n\}$ with following property: There is a chain of subspaces $\underline{\underline{L}}_k$, $k=0, \ldots, n$,

$$\underline{\underline{L}} = \underline{\underline{L}}_0 \supset \underline{\underline{L}}_1 \supset \ \cdots \ \supset \underline{\underline{L}}_n = \{0\}$$

such that $\{Y_{i+1}, \ldots, Y_n\}$ is a basis of $\underline{\underline{L}}_i$ and each $\underline{\underline{L}}_{i+1}$ is an ideal of $\underline{\underline{L}}_i$. On the other hand, consider another chain of subalgebras of $\underline{\underline{L}}$:

$$\underline{\underline{G}}^1 = [\underline{\underline{L}},\underline{\underline{L}}],\ \underline{\underline{L}}^2 = [\underline{\underline{L}},\underline{\underline{L}}^1],\ldots \underline{\underline{L}}^n = [\underline{\underline{L}},\underline{\underline{L}}^{n-1}].$$

If $\underline{\underline{G}}^n = \{0\}$ for some n, the Lie algebra $\underline{\underline{L}}$ is called <u>nilpotent.</u> Nilpotent Lie algebra is solvable, obviously.

3.7. <u>Theorem.</u> Suppose that $X_0,\ldots,X_m$ are all complete vector fields and generate a finite dimensional solvable Lie algebra $\underline{\underline{L}}$. Let $\{Y_1,\ldots,Y_n\}$ be a basis of $\underline{\underline{L}}$ mentioned above. Then the solution $\xi_{0,t} = \xi_t$ of (1) is represented as

$$\xi_t(x) = \operatorname{Exp} N_t^1 Y_1 \circ \operatorname{Exp} N_t^2 Y_2 \circ \ldots \circ \operatorname{Exp} N_t^n Y_n(x), \tag{8}$$

where $N_t^1,\ldots,N_t^n$ are continuous semimartingales constructed from $B_t^0, \ldots, B_t^m$ through finite repetition of the following elementary calculations.

(i) linear sums and products of $B_t^0,\ldots,B_t^m$.

(ii) Stratonovich integrals based on $B_t^0,\ldots,B_t^m$.

(iii) substitution to the exponential function e^x.

Furthermore, if $\underline{\underline{L}}$ is nilpotent $N_t^1,\ldots,N_t^n$ are constructed via (i) and (ii) only.

Remark. The algorithm of calculating $N_t^1,\ldots,N_t^n$ will be found in the proof of the theorem. It is determined by the structure constants of Lie algebra $\underline{\underline{L}}$ relative to the basis $\{Y_1,\ldots,Y_n\}$.

Before going to the proof, we remark a preliminary fact on solvable Lie algebra. Let $\{Y_1,\ldots,Y_n\}$ be the basis of $\underline{\underline{L}}$ mentioned above. Let Z be in $\underline{\underline{L}}_{k-1}$. Then $L_Z Y_i = [Z,Y_i]$ is in $\underline{\underline{L}}_k$ for any $i \geq k$ so that it is written as $\sum_{j \geq k+1} c_{ij} Y_j$ if $i \geq k$. Setting $c_{ij} = 0$ if $j = k$, we denote the $(n-k+1)\times(n-k+1)$ matrix $(c_{ij})_{i,j=k,\ldots,n}$ by ad_Z. Then the matrix $\exp \mathrm{ad}'_Z$ is written as

$$(9)\quad \exp \mathrm{ad}'_Z = \begin{pmatrix} 1 & 0 & \dots & \dots & 0 \\ * & \dots & \dots & \dots & * \\ * & \dots & \dots & \dots & * \end{pmatrix},$$

where ad'_Z is the transpose of ad_Z.

<u>Proof.</u> Vector fields $X_0, \dots, X_r$ are written as linear sums of $Y_1, \dots, Y_n$, say $X_j = \sum_k a_{jk} Y_k$. Then SDE (1) is written as $d\xi_t = \sum_{k=1}^n Y_k(\xi_t) \circ dM_t^k$, where $M_t^k = \sum_j a_{jk} B_t^j$, $k=1,\dots,n$.

Consider two SDE's :

$$(10)\quad d\zeta_t^{(1)} = Y_1(\zeta_t^{(1)}) \circ dM_t^1 ,$$

$$(11)\quad d\eta_t^{(1)} = \sum_{j=2}^n (\zeta_{t*}^{(1)})^{-1} Y_j(\eta_t^{(1)}) \circ dM_t^j .$$

The solution of (10) is written as $\zeta_t^{(1)}(x) = \operatorname{Exp} M_t^1 Y_1(x)$. By Theorem 3.3 it holds $\xi_t = \zeta_t^{(1)} \circ \eta_t^{(1)}$. Furthermore, we have by Theorem 2.2,

$$(\zeta_{t*}^{(1)})^{-1} = I + \int_0^t (\zeta_{s*}^{(1)})^{-1} \mathrm{ad}_{Y_1} \circ dM_s^1 .^{1)}$$

This leads $(\zeta_{t*}^{(1)})^{-1} = \exp M_t^1 \mathrm{ad}_{Y_1}$.

With vector notations $Y = (Y_1, \dots, Y_n)$, $\hat{M}_t = (0, M_t^2, \dots, M_t^n)$ and inner product $(\ ,\ )$, equation (11) is written as

$$(12)\quad d\eta_t^{(1)} = ((\zeta_{t*}^{(1)})^{-1} Y, \circ d\hat{M}_t) = (Y, \exp M_t^1 \mathrm{ad}'_{Y_1} \circ d\hat{M}_t).$$

Define n-vector continuous semimartingale by

$$M_t^{(1)} = \int_0^t \exp M_s^1 \mathrm{ad}'_{Y_1} \circ d\hat{M}_s .$$

Since $\exp M_s^1 \mathrm{ad}'_{Y_1}$ is of the form (9), the first component of the vector $M_t^{(1)}$ is 0. Hence setting $M_t^{(1)} = (0, M_t^{(1)2}, \dots, M_t^{(1)n})$, (12) becomes

$$(13)\quad d\eta_t^{(1)} = (Y, \circ dM_t^{(1)}) = \sum_{j=2}^n Y_j(\eta_t^{(1)}) \circ dM_t^{(1)j} .$$

1) The linear map $(\zeta_t^{(1)})^{-1}$ on $\underline{\underline{L}}$ may be regarded as an n×n-matrix since the basis $\{Y_1, \dots, Y_n\}$ is fixed.

We shall next decompose the equation (13). Set

(14) $d\zeta_t^{(2)} = Y_2(\zeta_t^{(2)}) \circ dM_t^{(1)2}$,

(15) $d\eta_t^{(2)} = \sum_{j=3}^{n} (\zeta_{t*}^{(2)})^{-1} Y_j(\eta_t^{(2)}) \circ dM_t^{(1)j}$.

Then it holds $\eta_t^{(1)} = \zeta_t^{(2)} \circ \eta_t^{(2)}$. We have as before that $\zeta_t^{(2)} = \mathrm{Exp}\, M_t^{(1)2} Y_2$, and equation (15) is expressed as

(16) $d\eta_t^{(2)} = \sum_{j=3}^{n} Y_j(\eta_t^{(2)}) \circ dM_t^{(2)j}$.

Here $M_t^{(2)}$ is an n-1 vector continuous semimartingale defined by

(17) $M_t^{(2)} = \int_0^t \exp M_s^{(1)2} \mathrm{ad}'_{Y_2} \circ d\hat{M}_s^{(1)}$,

where $\hat{M}_t^{(1)} = (0, M_s^{(1)3}, \ldots, M_t^{(1)n})$.

We can next decompose $\eta_t^{(2)}$ as $\zeta_t^{(3)} \circ \eta_t^{(3)}$, and repeating the above argument inductively we arrive at

(18) $\xi_t = \zeta_t^{(1)} \circ \ldots \circ \zeta_t^{(n)}$

$= \mathrm{Exp}\, M_t^1 Y_1 \circ \mathrm{Exp}\, M_t^{(1)2} Y_2 \circ \ldots \circ \mathrm{Exp}\, M_t^{(n-1)n} Y_n$.

Clearly $M_t^1, M_t^{(1)2}, \ldots, M_t^{(n-1)n}$ are constructed from $B_t^0, \ldots, B_t^m$ via (i) - (iii) of the theorem.

In case where $\underline{\underline{L}}$ is a nilpotent Lie algebra, matrices ad_{Y_i} are nilpotent. Therfore any component of matrix $\exp(M_s^{(i-1)i} \mathrm{ad}'_{Y_i})$ is a polynomial of $M_t^{(i-1)i}$, not containing exponential functions. Therefore, $M_t^{(i)i+1}$ are constructed from $B_t^0, \ldots, B_t^m$ via operations (i) and (ii) only. The proof is complete.

Remark. In case that the Lie algebra $\underline{\underline{L}}$ is nilpotent, the assertion of the theorem states that $N_t^1, \ldots, N_t^n$ in the expression (8) are linear sums of multiple Wiener integrals of the form

$$\int_0^t \cdots \int_0^{t_{m-1}} \circ dB_{t_1}^{i_1} \circ \cdots \circ dB_{t_m}^{i_m}.$$

4. ITÔ'S FORMULA FOR $\xi_{s,t}$ ACTING ON TENSOR FIELDS

In Section 2, we obtained Itô's formula for $\xi_{s,t}$ acting on vector fields. In this section, we will obtain a similar formula for $\xi_{s,t}$ acting on general tensor fields.

We begin with 1-form. Let ϕ be a diffeomorphism of M and let ϕ_{x*} be the differential of ϕ, which is a linear map from $T_x(M)$ into $T_{\phi(x)}(M)$. We denote the dual map by ϕ_x^*: It is a linear map from $T_{\phi(x)}(M)^*$ (cotangent space) to $T_x(M)^*$ such that $\langle\theta_{\phi(x)},\phi_{x*}X_x\rangle = \langle\phi_x^*\theta_{\phi(x)},X_x\rangle$ holds for any $\theta_{\phi(x)} \in T_{\phi(x)}(M)^*$ and $X_x \in T_x(M)$. Given a 1-form θ, we denote by $\phi^*\theta$ a 1-form such that $(\phi^*\theta)_x = \phi_x^*\theta_{\phi(x)}$. Then it holds $\langle\phi^*\theta,X\rangle_x = \langle\theta,\phi_*X\rangle_{\phi(x)}$. Let X be a complete vector field and let ϕ_t be the one parameter group of transformations generated by X. The Lie derivative of 1-form θ is defined by

$$L_X\theta = \lim_{t\to 0} \frac{1}{t}\{\phi_t^*\theta - \theta\}.$$

The following relation is well known.

$$(1)\qquad \langle L_X\theta,Y\rangle + \langle\theta,L_XY\rangle = X(\langle\theta,Y\rangle).$$

4.1. Theorem. Assume the same smoothness condition for vector fields $X_0(t),\ldots,X_m(t)$ as that of Theorem 2.1. Then $\xi_{s,t}^*$ satisfies the following formula for any C^2 1-form θ.

(2) $$\xi^*_{s,t}\theta-\theta = \sum_{k=1}^{m}\int_s^t \xi^*_{s,r}L_{X_k(r)}\theta dB_r^k + \int_s^t \xi^*_{s,r}(\frac{1}{2}\sum_{k=1}^{m} L^2_{X_k(r)} + L_{X_0(r)})\theta dr$$

(3) $$= \sum_{k=1}^{m}\int_s^t L_{X_k(r)}\xi^*_{r,t}\theta \hat{d}B_r^k + \int_s^t (\frac{1}{2}\sum_{k=1}^{m} L^2_{X_k(r)} + L_{X_0(r)})\xi^*_{r,t}\theta dr.$$

Further $\xi^{-1*}_{s,t}$ satisfies

(4) $$\xi^{-1*}_{s,t}\theta-\theta = -\sum_{k=1}^{m}\int_s^t L_{X_k(r)}\xi^{-1*}_{s,r}\theta dB_r^k + \int_s^t (\frac{1}{2}\sum_{k=1}^{m} L^2_{X_k(r)} - L_{X_0(r)})\xi^{-1*}_{s,r}\theta dr$$

(5) $$= -\sum_{k=1}^{m}\int_s^t \xi^{-1*}_{r,t}L_{X_k(r)}\theta \hat{d}B_r^k + \int_s^t \xi^{-1*}_{r,t}(\frac{1}{2}\sum_{k=1}^{m} L^2_{X_k(r)} - L_{X_0(r)})\theta dr.$$

4.2. Theorem. Assume the same smoothness conditions for vector fields $X_0(t),\ldots,X_m(t)$ as that of Theorem 2.2. Then $\xi^*_{s,t}$ satisfies the following formula for any C^3 1-form θ.

(6) $$\xi^*_{s,t}\theta - \theta = \sum_{k=0}^{m}\int_s^t \xi^*_{s,r}L_{X_k(r)}\theta\circ dB_r^k$$

(7) $$= \sum_{k=0}^{m}\int_s^t L_{X_k(r)}\xi^*_{r,t}\theta\circ \hat{d}B_r^k$$

and

(8) $$\xi^{-1*}_{s,t}\theta - \theta = -\sum_{k=0}^{m}\int_s^t L_{X_k(r)}\xi^{-1*}_{s,r}\theta\circ dB_r^k$$

(9) $$= -\sum_{k=0}^{m}\int_s^t \xi^{-1*}_{r,t}L_{X_k(r)}\theta\circ \hat{d}B_r^k .$$

Proof. We shall prove (6) only. Other formulas will be proved by similar methods. From (5) in Section 2 it holds

$$\langle\theta,\xi_{s,t*}Y\rangle_y - \langle\theta,Y\rangle_y = -\sum_{k=0}^{m}\int_s^t \langle\theta,L_{X_k(r)}\xi_{s,r*}Y\rangle_y\circ dB_r^k .$$

Substitute $y=\xi_{s,t}(x)$ and apply Itô's formula. Then we get

(10) $$\langle\xi^*_{s,t}\theta,Y\rangle_x - \langle\theta,Y\rangle_x = -\sum_{k=0}^{m}\int_s^t \langle\theta,L_{X_k(r)}\xi_{s,r*}Y\rangle_{\xi_{s,r}(x)}\circ dB^k_{r-}$$

$$+ \sum_{k=0}^{m} \int_s^t X_k(r) \langle \theta, L_{X_k(r)} \xi_{s,r*} Y \rangle_{\xi_{s,r}(x)} \circ dB_r^k$$

$$= \sum_{k=0}^{m} \int_s^t \langle \xi_{s,r}^* L_{X_k(r)} \theta, Y \rangle_x \circ dB_r^k .$$

The last equality follows from (1) and the relation $\langle \phi^* \theta, X \rangle_x = \langle \theta, \phi_* X \rangle_{\phi(x)}$.

A <u>tensor field</u> K <u>of type</u> (p,q) is, by definition, an assignment of a tensor K_x of $T_q^p(x)$ to each point x of M, where

$$T_q^p(x) = T_x(M) \otimes \dots \otimes T_x(M) \otimes T_x(M)^* \otimes \dots \otimes T_x(M)^*$$

($T_x(M)$; p times and $T_x(M)^*$; q times). Hence for each x, K_x is a multilinear form on the product space

$$T_x(M)^* \times \dots \times T_x(M)^* \times T_x(M) \times \dots \times T_x(M).$$

Thus, for given 1-forms $\theta^1, \dots, \theta^p$ and vector fileds $Y_1, \dots, Y_q$,

$$K_x(\theta^1, \dots, \theta^p, Y_1, \dots, Y_q) \; (\equiv K_x(\theta_x^1, \dots, \theta_x^p, Y_{1x}, \dots, Y_{qx}))$$

is a scalar field. In the sequel, we assume that it is a C^2 function.

Let ϕ be a diffeomorphism of M. Given a tensor field K of type (p,q), we define a tensor field $\phi^* K$ by the relation

(11) $$(\phi^* K)_x(\theta^1, \dots, \theta^p, Y_1, \dots, Y_q)$$

$$= K_{\phi(x)}(\phi^{*-1}\theta^1, \dots, \phi^{*-1}\theta^p, \phi_* Y_1, \dots, \phi_* Y_q).$$

Then if K is a vector field, it holds $\phi^* K = \phi_*^{-1} K$ and if K is a 1-form, it coincides with $\phi^* K$ defined before.

Remark. The definition of the above ϕ^* is not equal to that of $\tilde{\phi}$ in Kobayashi-Nomizu [19], p. 28. The relation of these is $\tilde{\phi}^{-1} = \phi^*$ or $\tilde{\phi} = (\phi^{-1})^*$.

Let X be a complete vector field and ϕ_t, $t \in (-\infty,\infty)$ be the one parameter group of transformations generated by X. The Lie derivative of tensor field K with respect to X is defined by

$$\text{(12)} \qquad L_X K = \lim_{t \downarrow 0} \frac{1}{t}\{\phi_t^* K - K\}.$$

If K is a tensor field of type (p,q), then it holds

$$\text{(13)} \qquad (L_X K)_x(\theta^1,\ldots,\theta^p,Y_1,\ldots,Y_q) = X(K_x(\theta^1,\ldots,\theta^p,Y_1,\ldots,Y_q))$$
$$- \sum_{k=1}^{p} K_x(\theta^1,\ldots,L_X\theta^k,\ldots,\theta^p,Y_1,\ldots,Y_q)$$
$$- \sum_{\ell=1}^{q} K_x(\theta^1,\ldots,\theta^p,Y_1,\ldots,L_X Y_\ell,\ldots,Y_q).$$

We can now state Itô's formula for $\xi^*_{s,t}$ acting on tensor field.

4.3. Theorem. Assume that coefficients $X_1,\ldots,X_m$ of the equation are $C^{4,\alpha}$ vector fields for some $\alpha > 0$ and X_0 is a $C^{3,\alpha}$ vector field for the same $\alpha > 0$. Then $\xi^*_{s,t}$ satisfies the following formula for any C^2 tensor field K

$$\text{(14)} \qquad \xi^*_{s,t}K - K = \sum_{k=1}^{m}\int_s^t \xi^*_{s,r} L_{X_k(r)} K dB_r^k + \int_s^t \xi^*_{s,r}\left(\frac{1}{2}\sum_{k=1}^{m} L^2_{X_k(r)} + L_{X_0(r)}\right)K dr$$

$$\text{(15)} \qquad = \sum_{k=1}^{m}\int_s^t L_{X_k(r)}\xi^*_{r,t} K \hat{d}B_r^k + \int_s^t \left(\frac{1}{2}\sum_{k=1}^{m} L^2_{X_k(r)} + L_{X_0(r)}\right)\xi^*_{r,t} K dr.$$

Assume further that coefficients $X_1,\ldots,X_m$ are $C^{5,\alpha}$ for some $\alpha > 0$ and X_0 is $C^{4,\alpha}$ for the same α. Let K be a C^3 tensor field of type (p,q). Then it holds

$$\text{(16)} \qquad \xi^*_{s,t}K - K = \sum_{k=0}^{m}\int_s^t \xi^*_{s,r} L_{X_k(r)} K \circ dB_r^k$$

$$\text{(17)} \qquad = \sum_{k=0}^{m}\int_s^t L_{X_k(r)}\xi^*_{r,t} K \circ \hat{d}B_r^k .$$

Proof. We shall first prove (16). We will write $\xi_{s,t}$ as ξ_t for convenience. Apply Itô's formula to the multilinear form K. Then, using Theorem 2.2 and 4.2,

$$K_x(\xi_t^{*-1}\theta^1,\dots,\xi_t^{*-1}\theta^p,\xi_{t*}Y_1,\dots,\xi_{t*}Y_q) - K_x(\theta^1,\dots,\theta^p,Y_1,\dots,Y_q)$$

$$= -\sum_{j=0}^{m}\{\sum_{k=1}^{p}\int_s^t K_x(\xi_r^{*-1}\theta^1,\dots,L_{X_j(r)}\xi_r^{*-1}\theta^k,\dots,\xi_{r*}Y_1,\dots,\xi_{r*}Y_q)\circ dB_r^j$$

$$-\sum_{\ell=1}^{q}\int_s^t K_x(\xi_r^{*-1}\theta^1,\dots,\xi_{r*}Y_1,\dots,L_{X_j(r)}\xi_{r*}Y_\ell,\dots,\xi_{r*}Y_q)\circ dB_r^j\}.$$

Set

$$F_t(x) = K_x(\xi_t^{*-1}\theta^1,\dots,\xi_t^{*-1}\theta^p,\xi_{t*}Y_1,\dots,\xi_{t*}Y_q)$$

and apply Itô's formula to $F_t(\xi_t(x))$. Then

(18) $$F_t(\xi_t(x)) - F_s(x)$$

$$= \sum_{j=0}^{m}\{\int_s^t X_j(r)F_r(\xi_r(x))\circ dB_r^j$$

$$-\sum_{k=1}^{p}\int_s^t K_{\xi_r(x)}(\xi_r^{*-1}\theta^1,\dots,L_{X_j(r)}\xi_r^{*-1}\theta^k,\dots,\xi_{r*}Y_1,\dots,\xi_{r*}Y_q)\circ dB_r^j$$

$$-\sum_{\ell=1}^{q}\int_s^t K_{\xi_r(x)}(\xi_r^{*-1}\theta^1,\dots,\xi_{r*}Y_1,\dots,L_{X_j(r)}\xi_{r*}Y_\ell,\dots,\xi_{r*}Y_q)\circ dB_r^j\}.$$

Noting the relation (13), we wee that the right hand side of (18) is

$$\sum_{j=0}^{m}\int_s^t \xi_r^* L_{X_j(r)}K(\theta^1,\dots,\theta^p,Y_1,\dots,Y_q)\circ dB_r^j .$$

We have thus proved (16).

Now the martingale part of $\xi_{s,r}^* L_{X_j(r)}K$ is

$$\sum_{k=1}^{m}\int_s^r \xi_{s,u}^* L_{X_k(u)}L_{X_j(u)}K dB_u^k$$

by the above formula (16). Therfore we have

$$\int_s^t \xi_{s,r}^* L_{X_j(r)}K\circ dB_r^j = \int_s^t \xi_{s,r}^* L_{X_j(r)}K dB_r^j + \frac{1}{2}\int_s^t \xi_{s,r}^* L_{X_j(r)}^2 K dr.$$

The formula (14) follows from this.

It is possible to prove (15) under a weaker condition as is stated in the theorem, by applying Theorem 2.1 and 4.1. Details are omitted.

5. SUPPORTS OF STOCHASTIC FLOW OF DIFFEOMORPHISMS

The stochastic flow of diffeomorphisms generated by SDE on the manifold M does not take all the diffeomorphism of M in general. The possible subset of diffeomorphisms that the flow can take depends on the structure of the Lie group generated by vector fields $X_0,\dots,X_m$ defining the SDE.

Assume that $X_0,\dots,X_m$ defining the SDE do not depend on t and that each is a complete vector field. In case that $X_0,\dots,X_m$ are commutative, i.e., $[X_i,X_j] = 0$, $i,j=0,\dots,m$, we have seen in Example 3.5 that the solution $\xi_{s,t}$ takes values in the commutative Lie group consisting of diffeomorphisms $\mathrm{Exp}\, t_0X_0\circ\dots\circ\mathrm{Exp}\, t_mX_m$. In case that the Lie algebra $\underline{\underline{L}}$ generated by $X_0,\dots,X_m$ is solvable, and finite dimensional, then $\xi_{s,t}$ takes values in the finite dimensional Lie group whose element is written as $\mathrm{Exp}\, s_1Y_1\circ\dots\circ\mathrm{Exp}\, s_nY_n$, where $\{Y_1,\dots,Y_n\}$ is a basis of $\underline{\underline{L}}$ introduced in Section 3. Generally, if the Lie algebra generated by $X_0,\dots,X_m$ is finite dimensional, then we can describe the possible diffeomorphisms that $\xi_{s,t}$ can take.

In order to see this, we need a fact from the differential geometry. Let $\underline{\underline{L}}$ be a finite dimensional Lie algebra whose elements are complete vector fields. Then there exists a Lie group G with properties (i) - (iii) below.

(i) G is a Lie transformation group of M, i.e., there exists a C^∞-map ϕ from the product manifold $G\times M$ into M such that

(a) for each g, $\phi(g,\cdot)$ is a diffeomorphism of M and

(b) $\phi(e,\cdot) = \text{identity}$, $\phi(gh,\cdot) = \phi(g,\phi(h,\cdot))$ for any g,h of G.

(ii) The map $g \longrightarrow \phi(g,\cdot)$ is an isomorphism from G into the group of all diffeomorphisms of M.

(iii) Let $\underline{\underline{G}}$ be the Lie algebra of G (= right invariant vector fields on G). For any X of $\underline{\underline{L}}$ there exists $\hat{X}$ of $\underline{\underline{G}}$ such that

(1) $\hat{X}(f\circ\phi_x)(g) = Xf(\phi(g,x))$

holds for any C^∞-function f on M. Here $f\circ\phi_x$ is a C^∞-function on G such that $f\circ\phi_x(g) = f\circ\phi(g,x)$. We will call G the Lie(transformation) group associated with $\underline{\underline{L}}$.

5.1. Theorem. Suppose that $X_0,\dots,X_m$ defining the SDE are complete C^∞-vector fields not depending on t and that the Lie algebra $\underline{\underline{L}}$ generated by $X_0,\dots,X_m$ is of finite dimension. Let G be the Lie group associated with the Lie algebra $\underline{\underline{L}}$. Then the solution $\xi_{s,t}$ takes values in the set of diffeomorphisms $\{\phi(g,\cdot)\ ;\ g\in G\}$.

Proof. We shall define an SDE on G. Let $\hat{X}_0,\dots,\hat{X}_m$ be right invariant vector fields of G related to $X_0,\dots,X_m$ by the formula (1), respectively. Consider an SDE on G:

$$d\hat{\xi}_t = \sum_{k=0}^{m} \hat{X}_k(\hat{\xi}_t)\circ dB_t^k .$$

The solution $\hat{\xi}_t(e)$ starting at e at time 0 is called a Brownian motion on G. It is actually conservative. Indeed, for an open neighborhood of e, define a sequence of stopping times T_n by induction:

$$T_1 = \inf\{t>0\ ;\ \hat{\xi}_t(e)\notin U\} \quad (=\infty \ \text{ if } \{\dots\}=\phi)$$

$$T_n = \inf\{t > T_{n-1};\ \hat{\xi}^{-1}_{T_{n-1}}(e)\hat{\xi}_t(e) \notin U\} \quad (= \infty \text{ if } \{\dots\} = \phi).$$

Then $T_1, T_2-T_1, \dots, T_n-T_{n-1}$ are independent identically distributed random variables such that $E[T_1] > 0$. Therefore T_n diverges to $+\infty$ as $n \to \infty$ by the law of large numbers. This shows that $\hat{\xi}_t(e)$ is conservative.

Set now $\xi_t(x,\omega) = \phi(\hat{\xi}_t(e,\omega),x)$. Then we have

$$\begin{aligned} f(\xi_t(x)) &= f\circ\phi(\hat{\xi}_t(e),x) \\ &= f\circ\phi(e,x) + \sum_{k=0}^{m}\int_0^t \hat{X}_k(f\circ\phi_x)(\hat{\xi}_s(e))\circ dB_s^k \\ &= f(x) + \sum_{k=0}^{m}\int_0^t X_k f(\xi_s(x))\circ dB_s^k. \end{aligned}$$

Therefore $\xi_t(x)$ is the solution of the given SDE. The proof is complete.

If the Lie algebra $\underline{\underline{L}}$ is of infinite dimension, the Lie transformation group associated with $\underline{\underline{L}}$ is not well defined except the case that the underlying manifold M is compact. So we shall look the support of diffeomorphisms from another aspect making use of Itô's formula for tensor fields. We first establish the following.

5.2. Theorem. Let K be a C^2 tensor field of type (p,q). Under the same smoothness condition for $X_0,\dots,X_m$ as that of Theorem 4.3, it holds $\xi^*_{s,t}K = K$ a.s. if and only if $L_{X_k(r)}K = 0$, $r \in [s,t]$, $k=0,\dots,m$.

Proof. If $L_{X_k(r)}K = 0$, $r\in[s,t]$, $k=0,\dots,m$, the relation $\xi^*_{s,t}K = K$ is clear from Theorem 4.3. Conversely suppose $\xi^*_{s,t}K = K$ is satisfied. Then it holds from (14) of Section 4,

$$(2) \qquad \sum_{k=1}^{m}\int_s^t (\xi^*_{s,r}L_{X_k(r)}K)(\theta^1,\dots,\theta^p,Y_1,\dots,Y_q)dB_r^k$$
$$= -\int_s^t \xi^*_{s,r}\Big(\frac{1}{2}\sum_{k=1}^{m} L^2_{X_k(r)} + L_{X_0(r)}\Big)K(\theta^1,\dots,\theta^p,Y_1,\dots,Y_q)dr.$$

Since the left hand side is a continuous (local) martingale and the right hand side is a process of the bounded variation, both should be 0. This implies that the quadratic variation of the right hand side is 0, i.e.,

$$\sum_{k=1}^{m}\int_s^t |\xi^*_{s,r}L_{X_k(r)}K(\theta^1,\dots,\theta^p,Y_1,\dots,Y_q)|^2 dr = 0$$

holds for any $\theta^1,\dots,\theta^p \in T_x(M)^*$ and $Y_1,\dots,Y_q \in T_x(M)$. This implies $\xi^*_{s,r}L_{X_k(r)}K = 0$, so that we have $L_{X_k(r)}K = 0$, $r \in [s,t]$, $k=1,\dots,m$. Then $L_{X_0(r)}K$ should be 0, too, since the right hand side of (2) is also 0.

As an application of the above theorem, we give here four examples, characterizing the support of diffeomorphisms.

5.3. Example. Let M be a Riemannian manifold with the metric g. A vector field X on M is called a Killing vector field or an infinitesimal motion if

$$X(g(Y,Z)) = g([X,Y],Z) + g(Y,[X,Z])$$

is satisfied for any vector fields Y, Z. Considering that g is a tensor of type $(0,2)$, the above is equivalent to $L_X g = 0$ by the formula (13) in Section 4. Now a diffeomorphism ϕ of M is called a motion of M if $g(Y,Z) = g(\phi_* Y,\phi_* Z)$ (isometry) is satisfied for any vector fields Y and Z. It is equivalent to $\phi^*g = g$.

Now let $\xi_{s,t}$ be a stochastic flow of diffeomorphisms determined by an SDE. Then it follows from Theorem 5.2 that $\xi_{s,t}$ is a motion for any $s < t$ a.s., if and only if $X_j(r)$, $r \in [s,t]$, $j=0,\dots,m$ are all Killing vector fields.

5.4. Example. Let Ω be a positive differential form of order d. (volume element). A diffeomorphism ϕ ; $M \longrightarrow M$ is called volume preserving if $\phi^*\Omega = \Omega$. The solution $\xi_{s,t}$ is volume preserving if and only if $L_{X_k(r)}\Omega = 0$ for any $r \in [s,t]$ and $k=0,\dots,m$.

If $X_0(r),\dots,X_m(r)$ are Killing vector fields, then the solution $\xi_{s,t}$ is volume preserving since it is a motion.

5.5. Example. Let M be a manifold where a linear connection is defined. A diffeomorphism ϕ is called affine if it maps each parallel vector field along each curve τ of M into a parallel vector field along the curve $\phi(\tau)$. A vector field X is called an infinitesimal affine transformation of M if for each $x \in M$, a local one parameter group of local transformations ϕ_t of a neighborhood U is affine for each t. We can prove similarly as the above that $\xi_{s,t}$ is an affine transformation for any $s < t$ a.s. if and only if $X_0(r),\dots,X_m(r)$, $r \in [s,t]$, $k=0,\dots,m$ are all infinitesimal affine transformations.

5.6. Example. Let M be a complex manifold. A map $\phi : M \longrightarrow M$ is called holomorphic if $f \circ \phi$ is a holomorphic function on M for any holomorphic function f on M. Let J be the almost complex structure. Then a map $\phi : M \longrightarrow M$ is holomorphic if and only if $J(\phi_* Y) = \phi_* JY$ holds for any vector field Y.

Let X be a real vector field. It is called analytic if it is written as

$$X = \sum_{i=1}^{d} X^i \frac{\partial}{\partial z_i} + \sum_{i=1}^{d} \bar{X}^i \frac{\partial}{\partial \bar{z}_i},$$

where $X^i(z)$, $i=1,\dots,d$ are holomorphic functions and $(z_1,\dots,z_d)$, $z_i = x_i + \sqrt{-1}y_i$ is a holomorphic coordinate. Here $\bar{X}^i$ means the complex conjugate of X^i. Then X is analytic if and only if $JL_X = L_X J$.

Let X be a complete vector field and let ϕ_t be the one parameter group of transformations generated by X. Then it is known that ϕ_t is holomorphic for each t if and only if X is an analytic vector field. We will show the similar fact for SDE.

5.7. Theorem. Suppose that the solution $\xi_{s,t}$ defines a flow of diffeomorphisms. It is holomorphic for any $s < t$ a.s. if and only if $X_0,\dots,X_m$ are analytic vector fields.

Proof. By Theorem 2.2, it holds

$$(3)\quad J(\xi_{s,t*}Y) = JY - \sum_{k=0}^{m}\int_s^t JL_{X_k(r)}\xi_{s,r*}Y \circ dB_r^k$$

$$(4)\quad \xi_{s,t*}JY = JY - \sum_{k=0}^{m}\int_s^t L_{X_k(r)}\xi_{s,r*}JY \circ dB_r^k .$$

If $\xi_{s,t}$ is holomorphic, then $\xi_{s,t*}JY = J\xi_{s,t*}Y$, so that we have

$$\sum_{k=0}^{m}\int_s^t (JL_{X_k(r)} - L_{X_k(r)}J)\xi_{s,r*}Y \circ dB_r^k = 0.$$

This implies $JL_{X_k(r)} = L_{X_k(r)}J$, $r \in [s,t]$, $k=0,\dots,m$. (See the proof of Theorem 5.2). Therefore $X_k(r)$, $r \in [s,t]$, $k=0,\dots,m$ are analytic vector fields.

Conversely suppose that $X_k(r)$ are analytic. Set $\Phi_{s,t}(Y) =$

$J(\xi_{s,t*}Y) - \xi_{s,t*}JY$. Then (3), (4) and the relation $L_{X_k(r)}J = JL_{X_k(r)}$ implies

$$\Phi_{s,t}(Y) = -\sum_{k=0}^{m}\int_s^t L_{X_k(r)}\Phi_{s,r}(Y)\circ dB_r^k .$$

The above linear SDE has a unique solution $\Phi_{s,t}(Y)$, which should be identically 0. This proves that $\xi_{s,t}$ is holomorphic.

6. ITÔ'S FORMULA FOR STOCHASTIC PARALLEL DISPLACEMENT OF TENSOR FIELDS

This section concerns an Itô's formula for stochastic parallel displacement of tensor field along curves governed by a stochastic differential equation. Stochastic parallel displacement along Brownian curves on Riemannian manifold was introduced by K. Itô [17], [18]. Our definition is close to [18].

We shall prepare some facts on parallel displacement needed later. Let M be connected, paracompact C^∞-manifold of dimension d where an affine connection is defined. Suppose we are given a one parameter family of into homeomorphisms ϕ_t ; $M \longrightarrow M$, $t \in [0,a]$, such that $\lim_{t\downarrow 0} \phi_t(x) = x$ for any x. Let u_t be a tangent vector belonging to $T_{\phi_t(x)}(M)$. We denote by u_0 the parallel displacement of u_t along the curve $\phi_s(x)$, $0 \leq s \leq t$ from the point $\phi_t(x)$ to x. Then the map $\pi_{t,x} : u_t \longmapsto u_0$ defines an isomorphism from $T_{\phi_t(x)}(M)$ to $T_x(M)$. Now, given a vector field Y on M, we define a vector field $\pi_t Y$ by $(\pi_t Y)_x = \pi_{t,x} Y_{\phi_t(x)}$, $\forall x \in M$. The one parameter family of vector fields $\pi_t Y$, $t \geq 0$ satisfies

(1) $\quad \dfrac{d}{dt}(\pi_t Y)_x = (\pi_t \nabla_{\dot\phi} Y)_x, \qquad \forall x \in M,$

where $\nabla_{\dot\phi} Y$ is the covariant derivative of Y along the curve ϕ_t. If $\phi_t(x)$ is a solution of an ordinary differential equation:

$$\dot\phi_t = \sum_{j=1}^{r} X_j(\phi_t)v_j(t), \qquad \phi_0 = x,$$

where $X_1,\dots,X_r$ are vector fields on M and $v_1(t),\dots,v_r(t)$ are smooth scalar functions, then equation (1) becomes

$$\text{(2)} \quad \frac{d}{dt}(\pi_t Y)_x = \sum_{j=1}^{r} (\pi_t \nabla_{X_j} Y)_x v_j(t).$$

The inverse map $\pi_{t,x}^{-1}$ defines another vector field $\pi_t^{-1} Y$ by $(\pi_t^{-1} Y)_x = \pi^{-1}_{t,\phi_t^{-1}(x)} Y_{\phi_t^{-1}(x)}$, which is the parallel displacement of $Y_{\phi_t^{-1}(x)}$ along the curve ϕ_s, $0 \le s \le t$ from $\phi_t^{-1}(x)$ to x. It holds

$$\text{(3)} \quad \frac{d}{dt}(\pi_t^{-1} Y)_x = -\sum_{j=1}^{r} (\nabla_{X_j} \pi_t^{-1} Y)_x v_j(t).$$

Let $T_x(M)^*$ be the cotangent space at x (dual of $T_x(M)$). The dual $\pi^*_{t,x}$ is an isomorphism from $T_x(M)^*$ to $T_{\phi_t(x)}(M)^*$ such that $\langle \pi^*_{t,x}\theta, Y\rangle = \langle \theta, \pi_{t,x} Y\rangle$ holds for any $\theta \in T_x(M)^*$ and $Y \in T_{\phi_t(x)}(M)$. Given a 1-form θ (covariant vector field), $\pi_t^*\theta$ is a 1-form defined by $(\pi_t^*\theta)_x = \pi^*_{t,\phi_t^{-1}(x)} \theta_{\phi_t^{-1}(x)}$. The 1-form $\pi_t^{*-1}\theta$ is defined similarly.

The <u>parallel displacement</u> $\pi_t K$ <u>of the tensor field</u> K <u>of type</u> (p,q) <u>along the curve</u> ϕ_s is defined by the relation

$$\text{(4)} \quad (\pi_t K)_x(\theta^1,\dots,\theta^p, Y_1,\dots,Y_q) = K_{\phi_t(x)}(\pi_t^*\theta^1,\dots,\pi_t^*\theta^p, \pi_t^{-1}Y_1,\dots,\pi_t^{-1}Y_q).$$

If K is a vector field, it coincides clearly with the parallel displacement mentioned above. If K is a 1-form, it coincides with $\pi_t^{*-1}K$. Hence we can write the above relation as

$$\text{(4')} \quad (\pi_t K)_x(\theta^1,\dots,\theta^p, Y_1,\dots,Y_q) = K_{\phi_t(x)}(\pi_t^{-1}\theta^1,\dots,\pi_t^{-1}\theta^p, \pi_t^{-1}Y_1,\dots,\pi_t^{-1}Y_q).$$

Let X be a complete vector field and ϕ_t, the one parameter group of transformations generated by X. Then the covariant derivative of the tensor field K is defined by

$$(5)\quad (\nabla_X K)_x(\theta^1,\ldots,\theta^p,Y_1,\ldots,Y_q) = \frac{d}{dt}(\pi_t K)_x(\theta^1,\ldots,\theta^p,Y_1,\ldots,Y_q)\Big|_{t=0}.$$

The following relation is easily checked.

$$(6)\quad (\nabla_X K)_x(\theta^1,\ldots,\theta^p,Y_1,\ldots,Y_q)$$
$$= X(K_x(\theta^1,\ldots,\theta^p,Y_1,\ldots,Y_q))$$
$$- \sum_{k=1}^{p} K_x(\theta^1,\ldots,\nabla_X\theta^k,\ldots,\theta^p,Y_1,\ldots,Y_q)$$
$$- \sum_{\ell=1}^{q} K_x(\theta^1,\ldots,\theta^p,Y_1,\ldots,\nabla_X Y_\ell,\ldots,Y_q).$$

Now let $\xi_{s,t}(x)$ be the solution of the SDE

$$d\xi_t = \sum_{k=0}^{m} X_k(t,\xi_t)\circ dB_t^k,$$

where $X_1(t),\ldots,X_m(t)$ are $C^{4,\alpha}$ vector fields for some $\alpha > 0$ and $X_0(t)$ is a $C^{3,\alpha}$ vector field. We shall assume that the solution is conservative. In the sequel we shall define the parallel displacement of a vector field from $\xi_{s,t}(x)$ to x along the curve $\xi_{s,r}(x)$, $r\in[s,t]$. Since the curve $\xi_{s,r}(x)$, $s \le r \le t$ are not smooth a.s., the definition of the parallel displacement mentioned above is not applied directly. We shall define the stochastic parallel displacement following the idea of Itô [18].

A stochastic analogue of equation (2) is this:

$$(7)\quad (\pi_{s,t}Y)_x = Y_x + \sum_{k=0}^{m}\int_s^t (\pi_{s,r}\nabla_{X_k(r)}Y)_x\circ dB_r^k, \qquad \forall x\in M.$$

Here, $\pi_{s,t}$ is a stochastic linear map acting on the space of vector fields such that $\pi_{s,t}(fY)_x = f(\xi_{s,t}(x))(\pi_{s,t}Y)_x$ for scalar function f. The existence and uniqueness of the solution $\pi_{s,t}$ can be shown as follows. Let $(x_1,\dots,x_d)$ be a local coordinate. Set $\partial_j = \frac{\partial}{\partial x_j}$. Then equation (7) is written as

$$(8)\qquad (\pi_{s,t}\partial_j)_x = (\partial_j)_x + \sum_k \sum_{\alpha,\ell} \int_s^t X_k^\alpha(\xi_{s,r}(x))\Gamma_{\alpha j}^\ell(\xi_{s,r}(x))(\pi_{s,r}\partial_\ell)_x \circ dB_r^k$$

$$j=1,\dots,d,$$

where $X_k = \sum_\alpha X_k^\alpha \partial_\alpha$ and $\Gamma_{\alpha j}^\ell$ is the Christoffel symbol. It may be considered as an equation on the tangent space $T_x(M)$. It has clearly a unique solution $(\pi_{s,t}\partial_j)_x$, $j=1,\dots,d$ for each x. Define $(\pi_{s,t}Y)_x = \sum_j Y^j(\xi_{s,t}(x))(\pi_{s,t}\partial_j)_x$ if $Y = \sum Y^j\partial_j$. Then it is the desired solution of (7).

We shall call $(\pi_{s,t}Y)_x$ the <u>parallel displacement of</u> $Y_{\xi_{s,t}(x)}$ <u>along the curve</u> $\xi_{s,r}(x)$, $s \le r \le t$. We can show similarly as the proof of Theorem 3.1, Chapter II that $(\pi_{s,t}Y)_x$ is a C^3-vector field provided that Y is a C^3 vector field.

6.1. <u>Theorem.</u> The solution $\pi_{s,t}$ of (7) satisfies the following backward equation

$$(9)\qquad (\pi_{s,t}Y)_x = Y_x + \sum_{k=0}^m \int_s^t (\nabla_{X_k(r)}\pi_{r,t}Y)_x \circ \hat{d}B_r^k .$$

<u>Proof.</u> Let us introduce the matrix valued process $\Pi_{s,t} = (\pi_{s,t}^{ij})$ and $P_k = (P_k^{j\ell})$ by

$$(\pi_{s,t}\partial_i)_x = \sum_j \pi_{s,t}^{ij}(\partial_j)_x, \qquad P_k^{j\ell}(t,x) = \sum_\alpha X_k^\alpha(t,x)\Gamma_{\alpha j}^\ell(x).$$

From (8), the matrix $\Pi_{s,t}$ satisfies

$$(10)\qquad \Pi_{s,t}(x) = I + \sum_{k=0}^{m}\int_s^t P_k(r,\xi_{s,r}(x))\Pi_{s,r}(x)\circ dB_r^k .$$

We denote by $\Pi_{s,t}(x,A)$ the solution of (10) where the initial state I is replaced by the matrix A. Then the joint process $(\xi_{s,t}(x),\Pi_{s,t}(x,A))$ is governed by a system of SDE on the product manifold $M\times GL(d)$, where $GL(d)$ is the Lie group consisting of all non-singular $d\times d$-matrices. Set $F(x,A) = A$ and apply Itô's backward formula to $\Pi_{s,t}(x,A)$. Then after a simple computation, we arrive at

$$\Pi_{s,t}(x,A) = A + \sum_{k=0}^{m}\int_s^t \{\Pi_{r,t}(x,A)P_k(r,x) + (X_k(r)\Pi_{r,t})(x,A)\}\circ\hat{d}B_r^k .$$

In case $A = I$, $\Pi_{s,t}(x) \equiv \Pi_{s,t}(x,I)$ satisfies

$$\Pi_{s,t}(x) = I + \sum_{k=0}^{m}\int_s^t \{\Pi_{r,t}(x)P_k(r,x) + (X_k(r)\Pi_{r,t})(x)\}\circ\hat{d}B_r^k .$$

Then the component $\pi_{s,t}^{ij}$ satisfies

$$\pi_{s,t}^{ij} = \delta_{ij} + \sum_{k=0}^{m}\int_s^t \sum_{\alpha} X_k^{\alpha}(r)\{\sum_{\ell}\Gamma_{\alpha\ell}^{j}\pi_{r,t}^{i\ell} + \partial_{\alpha}(\pi_{r,t}^{ij})\}\circ\hat{d}B_r^k .$$

This proves

$$(\pi_{s,t}\partial_i)_x = (\partial_i)_x + \sum_{k=0}^{m}\int_s^t (\nabla_{X_k(r)}\pi_{r,t}\partial_i)_x\circ\hat{d}B_r^k .$$

The formula (9) follows immediately.

We will denote the linear map $Y_{\xi_{s,t}(x)} \longrightarrow (\pi_{s,t}Y)_x$ as $\pi_{s,t,x}$. Then it is an isomorphism from $T_{\xi_{s,t}(x)}(M)$ to $T_x(M)$. Given a vector field Y, we denote by $(\pi_{s,t}^{-1}Y)_x$ the stochastic parallel displacement of Y along $\xi_{s,r}$, $s \le r \le t$ from $\xi_{s,t}^{-1}(x)$ to x, which is defined by $(\pi_{s,t}^{-1}Y)_x = \pi^{-1}_{s,t,\xi_{s,t}^{-1}(x)} Y_{\xi_{s,t}^{-1}(x)}$.

6.2. <u>Theorem.</u> It holds

$$(11)\qquad (\pi^{-1}_{s,t}Y)_x = Y_x - \sum_{k=0}^{m}\int_s^t (\nabla_{X_k(r)}\pi^{-1}_{s,r}Y)_x \circ dB^k_r$$

$$(12)\qquad = Y_x - \sum_{k=0}^{m}\int_s^t (\pi^{-1}_{r,t}\nabla_{X_k(r)}Y)_x \hat{\circ dB}^k_r .$$

Proof. Let $\Sigma_{s,t}(x) = (\sigma^{ij}_{s,t}(x))$ be the inverse matrix of $\Pi_{s,t}(x)$ of (10). Then it holds

$$\pi^{-1}_{s,t}(\partial_j)_x = \sum_{\ell} \sigma^{j\ell}_{s,t}(\xi^{-1}_{s,t}(x))(\partial_\ell)_x .$$

We shall compute $\sigma^{j\ell}_{s,t}(\xi^{-1}_{s,t}(x))$ using Itô's formula. It is easy to see that the inverse $\Sigma_{s,t}$ satisfies

$$\Sigma_{s,t}(x) = I - \sum_{k=0}^{m}\int_s^t \Sigma_{s,r}(x)P_k(r,\xi_{s,r}(x))\circ dB^k_r$$

(c.f. Proof of Theorem 4.4, Chapter II). On the other hand, it holds

$$d_t\xi^{-1}_{s,t} = -\sum_{k=0}^{m} \xi^{-1}_{s,t*}X_k(t)(\xi^{-1}_{s,t})\circ dB^k_t .$$

Consequently,

$$d_t(\Sigma_{s,t}(\xi^{-1}_{s,t})) = (d_t\Sigma_{s,t})(\xi^{-1}_{s,t}) - \sum_{\alpha} \frac{\partial \Sigma_{s,t}}{\partial x_\alpha}(\xi^{-1}_{s,t})(\xi^{-1}_{s,t*}X_k(t))^{\alpha}\circ dB^k_t$$

$$= -\sum_{k=0}^{m} \Sigma_{s,t}(\xi^{-1}_{s,t})P_k(t)\circ dB^k_t$$

$$- \sum_{k=0}^{m} (\xi^{-1}_{s,t*}X_k(t)\Sigma_{s,t})(\xi^{-1}_{s,t})\circ dB^k_t .$$

Therefore $K_{s,t}(x) = \Sigma_{s,t}\circ\xi^{-1}_{s,t}(x)$ satisfies

$$d_tK_{s,t} = -\sum_{k=0}^{m} \{K_{s,t}P_k(t) + X_k(t)K_{s,t}\}\circ dB^k_t .$$

The component $\kappa^{ij}_{s,t} = \sigma^{ij}_{s,t}\circ\xi^{-1}_{s,t}$ is then written as

$$\kappa^{ij}_{s,t} = \delta_{ij} - \sum_{k=0}^{m}\int_s \sum_{\alpha} X^{\alpha}_k(\sum_{\beta} \Gamma^j_{\alpha\beta}\kappa^{i\beta}_{s,r} + \partial_\alpha(\kappa^{ij}_{s,r}))\circ dB^k_r .$$

This proves (11). The formula (12) can be proved similarly as that of Theorem 6.1.

The dual $\pi^*_{s,t}$ of $\pi_{s,t}$ is defined as before. It is acting on 1-forms. It holds $\langle \pi^*_{s,t}\theta, Y\rangle_{\xi_{s,t}(x)} = \langle \theta, \pi_{s,t}Y\rangle_x$ for any 1-form θ and vector field Y. We shall obtain equations for $\pi^*_{s,t}\theta$ and $\pi^{*-1}_{s,t}\theta$.

6.3. Theorem. It holds

(13) $$(\pi^*_{s,t}\theta)_x = \theta_x - \sum_{k=0}^{m}\int_s^t (\nabla_{X_k(r)}\pi^*_{s,r}\theta)_x \circ dB^k_r ,$$

(14) $$= \theta_x - \sum_{k=0}^{m}\int_s^t (\pi^*_{r,t}\nabla_{X_k(r)}\theta)_x \circ \hat{d}B^k_r .$$

(15) $$(\pi^{*-1}_{s,t}\theta)_x = \theta_x + \sum_{k=0}^{m}\int_s^t (\pi^{*-1}_{s,r}\nabla_{X_k(r)}\theta)_x \circ dB^k_r ,$$

(16) $$= \theta_x + \sum_{k=0}^{m}\int_s^t (\nabla_{X_k(r)}\pi^{*-1}_{r,t}\theta)_x \circ \hat{d}B^k_r .$$

Proof is similar to that of Theorem 4.2. It is omitted.

The stochastic parallel displacement of tensor field K of type (p,q) is defined by

(17) $$(\pi_{s,t}K)_x(\theta^1,\dots,\theta^p,Y_1,\dots,Y_q)$$
$$= K_{\xi_{s,t}(x)}(\pi^*_{s,t}\theta^1,\dots,\pi^*_{s,t}\theta^p,\pi^{-1}_{s,t}Y_1,\dots,\pi^{-1}_{s,t}Y_q).$$

6.4. Theorem. It holds

(18) $$\pi_{s,t}K = K + \sum_{k=0}^{m}\int_s^t \pi_{s,r}\nabla_{X_k(r)}K \circ dB^k_r$$

(19) $$= K + \sum_{k=1}^{m}\int_s^t \pi_{s,r}\nabla_{X_k(r)}K dB^k_r + \int_s^t \pi_{s,r}\Big(\frac{1}{2}\sum_{k=1}^{m}\nabla^2_{X_k(r)} + \nabla_{X_0(r)}\Big)K dr$$

$$(20) \qquad = K + \sum_{k=0}^{m} \int_s^t \nabla_{X_k(r)} \pi_{r,t} K \circ \hat{d}B_r^k$$

$$(21) \qquad = K + \sum_{k=1}^{m} \int_s^t \nabla_{X_k(r)} \pi_{r,t} K \hat{d}B_r^k + \int_s^t \left(\frac{1}{2} \sum_{k=1}^{m} \nabla_{X_k(r)}^2 + \nabla_{X_0(r)}\right) \pi_{r,t} K dr$$

Proof can be carried over similarly to that of Theorem 4.3, making use of the formula (6) instead of (13) in Section 4. We omit the details.

7. APPLICATION TO PARABOLIC PARTIAL DIFFERENTIAL EQUATIONS

It is a well known fact that some parabolic partial differential equations of the second order can be solved via stochastic method: The solution can be expressed by the expected value of some function of the solution of a suitable SDE. In this section, we will see that Itô's backward formula is helpful for solving some parabolic partial differential equations.

Consider the Cauchy problem of the second order parabolic partial differential equation on $[0,a] \times R^d$:

$$(1) \qquad \frac{\partial u_t(x)}{\partial t} = \frac{1}{2} \sum_{i,j=1}^{d} a_{ij}(t,x) \frac{\partial^2}{\partial x_i \partial x_j} u_t(x) + \sum_{i=1}^{d} b^i(t,x) \frac{\partial}{\partial x_i} u_t(x),$$

where $a_{ij}(t,x)$ and $b_i(t,x)$ are written as

$$(2) \qquad a_{ij}(t,x) = \sum_{k=1}^{m} X_k^i(t,x) X_k^j(t,x),$$

$$b_i(t,x) = X_0^i(t,x),$$

making use of d-vector functions $X_k(t,x) = (X_k^1(t,x), \ldots, X_k^d(t,x))$. We shall construct the solution of equation (1) by a probabilistic method.

Consider Itô's backward SDE on R^d:

$$(3) \qquad \hat{d}\hat{\xi}_s = -X_0(s, \hat{\xi}_s) ds - \sum_{k=1}^{m} X_k(s, \hat{\xi}_s) \hat{d}B_s^k$$

We denote by $\hat{\xi}_{s,t}(x)$, $s < t$ the solution of equation (3) with the terminal condition $\hat{\xi}_t = x$, i.e.

$$\hat{\xi}_{s,t}(x) = x - \int_s^t X_0(r,\hat{\xi}_{r,t}(x))dr - \sum_{k=1}^m \int_s^t X_k(r,\hat{\xi}_{r,t}(x))\hat{d}B_r^k .$$

7.1. Theorem. Suppose that coefficients $X_0,\dots,X_m$ of equation (3) are $C_g^{2,\alpha}$ functions for some $\alpha > 0$ and their derivatives up to the second order are bounded. Let f be a $C_g^{2,\alpha}$ function such that $|f|$, $|f'_{x_i}|$, $|f''_{x_ix_j}|$ are bounded. For a given t_0, define $u_t(x)$, $t \ge t_0$ by

(4) $\quad u_t(x) = E[f(\hat{\xi}_{t_0,t}(x))]$.

Then it is a C^1 function of t, $C_g^{2,\alpha}$ function of x. Further it is a solution of (2) with the initial condition $\lim_{t\downarrow t_0} u_t(x) = f(x)$.

Proof. The map $\hat{\xi}_{s,t}\ ;\ R^d \longrightarrow R^d$ is $C^{2,\beta}$ for any $\beta < \alpha$. Hence $E[f(\hat{\xi}_{t_0,t}(x))]$ is a C^2 function of x. It holds

$$(5)\quad \partial_i\partial_j E[f(\hat{\xi}_{s,t}(x))] = \sum_{k,\ell} E[\partial_\ell\partial_k f(\hat{\xi}_{s,t}(x))\partial_i\hat{\xi}^\ell_{s,t}(x)\partial_j\hat{\xi}^k_{s,t}(x)] + \sum_k E[\partial_k f(\hat{\xi}_{s,t}(x))\partial_i\partial_j\hat{\xi}^k_{s,t}(x)].$$

We shall estimate $\partial_i\partial_j E[f(\hat{\xi}_{s,t}(x))] - \partial_i\partial_j E[f(\hat{\xi}_{s,t}(y)]$. It holds

$$(6)\quad |E[\partial_k f(\hat{\xi}_{s,t}(x))\partial_i\partial_j\hat{\xi}^k_{s,t}(x)] - E[\partial_k f(\hat{\xi}_{s,t}(y))\partial_i\partial_j\hat{\xi}^k_{s,t}(y)]|$$

$$\le E[|\partial_k f(\hat{\xi}_{s,t}(x)) - \partial_k f(\hat{\xi}_{s,t}(y))||\partial_i\partial_j\hat{\xi}^k_{s,t}(x)|]$$

$$+ E[|\partial_i\partial_j\hat{\xi}^k_{s,t}(x) - \partial_i\partial_j\hat{\xi}^k_{s,t}(y)||\partial_k f(\hat{\xi}_{s,t}(y))|]$$

$$\le LE[|\hat{\xi}_{s,t}(x) - \hat{\xi}_{s,t}(y)|^2]^{\frac{1}{2}} E[|\partial_i\partial_j\hat{\xi}^k_{s,t}(x)|^2]^{\frac{1}{2}}$$

$$+ E[|\partial_i\partial_j\hat{\xi}^k_{s,t}(x) - \partial_i\partial_j\hat{\xi}^k_{s,t}(y)|^2]^{\frac{1}{2}} E[|\partial_k f(\hat{\xi}_{s,t}(y))|^2]^{\frac{1}{2}},$$

where L is a Lipschitz constant of $\partial_k f$. We have the estimation

$$E[|\hat{\xi}_{s,t}(x) - \hat{\xi}_{s,t}(y)|^2]^{\frac{1}{2}} \le C_1|x - y|$$

$$E[|\partial_i\partial_j\hat{\xi}^k_{s,t}(x) - \partial_i\partial_j\hat{\xi}^k_{s,t}(y)|^2]^{\frac{1}{2}} \le C_2|x - y|^\alpha.$$

See Sections 2 and 3 of Chapter II. Therefore (6) is dominated by $C_3|x - y|^\alpha$ with some positive C_3. We can prove the similar estimation for the first term of the right hand side of (5). Consequently, $\partial_i\partial_j E[f(\hat{\xi}_{s,t}(x))]$ is Hölder continuous of order α.

Now, let us apply Itô's backward formula to the function $f(x)$ and the process $\hat{\xi}_{s,t}(x)$, interchanging the forward and backward variables. Then,

$$f(\hat{\xi}_{s,t}(x)) - f(x) = \sum_{k=1}^{m}\int_s^t X_k(r)(f\circ\hat{\xi}_{s,r})(x)dB_r^k + \int_s^t L(r)(f\circ\hat{\xi}_{s,r})(x)dr.$$

Take the expectation of each term. The expectation of the first term of the right hand side is 0. We then have

$$u_t(x) - u(x) = \int_{t_0}^t E[L(r)(f\circ\hat{\xi}_{t_0,r})(x)]dr.$$

Interchanging the order of the integral E and the differential $L(r)$, we get

$$u_t(x) = u(x) + \int_{t_0}^t L(r)u_r(x)dr.$$

This proves immediately that $u_t(x)$ is a C^1 function of t and $\frac{\partial u_t}{\partial t} = L(t)u_t(x)$. The proof is complete.

We can solve the parabolic partial differential equation on the manifold by the same way, obviously. Even a suitable parabolic equation for tensor field can be handled similarly. Let $X_0(t),\dots,X_m(t)$ be $C^{4,\alpha}$ vector fields on M for some $\alpha > 0$. Let $X_0(t)$ be a $C^{3,\alpha}$ vector field on M. Let $\hat{\xi}_{s,t}(x)$ be the solution of the backward equation of the form

$$d\hat{\xi}_s = -\sum_{k=0}^{m} X_k(X,\hat{\xi}_s)\circ d\hat{B}_s^k$$

with the terminal condition $\hat{\xi}_t = x$. For a C^2 tensor field of type (p,q), we define tensor fields K_t with the parameter t;

$$K_{t,x}(\theta^1,\dots,\theta^p,Y_1,\dots,Y_q) = E[(\hat{\xi}^*_{t_0,t}K)_x(\theta^1,\dots,\theta^p,Y_1,\dots,Y_q)].$$

Then we have the following.

7.2. Theorem. If K has a compact support, then K_t defined above is the solution of the equation.

$$\begin{cases} \dfrac{\partial K_t}{\partial t} = \left(\dfrac{1}{2}\displaystyle\sum_{k=1}^{m} L^2_{X_k(t)} + L_{X_0(t)}\right)K_t \\ \displaystyle\lim_{t\downarrow t_0} K_t = K \end{cases}$$

Proof. We shall omit $\theta^1,\dots,\theta^p,Y_1,\dots,Y_q$ for simplicity. Apply Itô's formula for tensor field (15) in Theorem 4.3, interchanging the forward and backward variables. Then

$$\hat{\xi}^*_{t_0,t}K - K = \sum_{k=1}^{m}\int_{t_0}^{t} L_{X_k(r)}\hat{\xi}^*_{t_0,r}K\,dB_r^k + \int_{t_0}^{t}\left(\frac{1}{2}\sum_{k=1}^{m} L^2_{X_k(r)} + L_{X_0}\right)\xi^*_{t_0,r}K\,dr.$$

Taking the expectation of each of the above, we get

$$\begin{aligned} K_t - K &= \int_{t_0}^{t} E\left[\left(\frac{1}{2}\sum_{k=1}^{m} L^2_{X_k(r)} + L_{X_0}\right)\xi^*_{t_0,r}K\right]dr \\ &= \int_{t_0}^{t}\left(\frac{1}{2}\sum_{k=1}^{m} L^2_{X_k(r)} + L_{X_0}\right)K_r\,dr. \end{aligned}$$

This proves the theorem.

Let $\hat{\pi}_{s,t}K$ be the parallel displacement of the tensor field K along the path $\{\hat{\xi}_{r,t}, s \leq r \leq t\}$. We shall define an another tensor field $\tilde{K}_t$ with parameter t by $\tilde{K}_t = E[\hat{\pi}_{t_0,t}K]$, i.e.,

$$\tilde{K}_t(\theta^1,\ldots,\theta^p,Y_1,\ldots,Y_q) = E[\hat{\pi}_{t_0,t}K(\theta^1,\ldots,\theta^p,Y_1,\ldots,Y_q)].$$

Then we have the following.

7.3. Theorem. If K is of compact support, then $\tilde{K}_t$ defined above is the solution of the following equation.

$$\begin{cases} \dfrac{\partial \tilde{K}_t}{\partial t} = (\dfrac{1}{2}\sum_{k=1}^{m} \nabla^2_{X_k(t)} + \nabla_{X_0(t)})\tilde{K}_t \\ \lim_{t\downarrow t_0} \tilde{K}_t = K. \end{cases}$$

Proof is carried over similarly as Theorem 7.2, applying Itô's formula (Theorem 6.4) for the parallel displacement.

BIBLIOGRAPHICAL NOTES

Itô's backward formula is announced in S. Watanabe [43]. The proof presented at Section 1 is adapted from Kunita [25]. Itô's formula for tensor fields is studied in Watanabe [43], Kunita [24] and Bismut [3] in various settings. The present proof is adapted from [24].

Most materials of Section 3 are adapted from Kunita [23]. The proof of Theorem 3.7 contained errors in [23], which is corrected here. A result analogous to Theorem 3.7 was first obtained by Yamato [45] when the Lie algebra generated by coefficients of SDE is nilpotent. Problems of representing solutions of SDE are studied in Kunita [22]. Krener-Lobry [20] and Fliess-Normand-Cyrot [9] discuss similar problems from different stand points, employing Baker-Campbell-Hausdorff formula or formal series of K. T. Chen.

Bismut [3] and Ikeda-Watanabe [14] contain some other interesting examples where the supports of stochastic flows are characterized.

Itô's formula for stochastic parallel displacement is adapted from Kunita [24]. Shigekawa [39] proposes a different approach to the formula.

REFERENCES

[1] P. Baxendale, Wiener processes on manifolds of maps, Proc. Royal Soc. Edinburgh, 87A (1980), 127-152.

[2] J. M. Bismut, A generalized formula of Itô and some other properties of stochastic flows, Z. W. 55 (1981), 331-350.

[3] J. M. Bismut, Mécanique aléatoire, Lecture Notes in Math. 866 (1981).

[4] Yu. N. Blagovescenskii-M. I. Freidlin, Certain properties of diffusion processes depending on a parameter, Soviet Math. Dokl. 2 (1961), 633-636.

[5] K. T. Chen, Decomposition of differential equations, Math. Annalen 146 (1962), 263-278.

[6] J. L. Doob, Stochastic processes, John Wiley and Sons, New York, 1953.

[7] K. D. Elworthy, Stochastic dynamical system and their flows, Stochastic analysis ed. by A. Friedman and M. Pinsky, 79-95, Academic Press, New York, 1978.

[8] M. Emery, Une topologie sur l'espace des semimartingales, Séminaire de Prob. XIII, Lecture Notes in Math. 721 (1979), 260-280.

[9] M. Fliess-D. Normand-Cyrot, Algébres de Lie nilpotents, formule de Baker-Campbell-Hausdorff et intégrales iterées de K. T. Chen, Séminaire de Prob. XVI, Lecture Notes in Math., to appear.

[10] T. Funaki, Construction of a solution of random transport equation with boundary condition, J. Math. Soc. Japan 31 (1979), 719-744.

[11] N. Ikeda-S. Manabe, Stochastic integral of differential forms and its applications, Stochastic Analysis ed. by A. Friedman and M. Pinsky, 175-185, New York, 1978.

[12] N. Ikeda-S. Manabe, Integral of differential forms along the path of diffusion processes, Publ. RIMS, Kyoto Univ. 15 (1979), 827-852.

[13] N. Ikeda-S. Watanabe, Stochastic differential equations and diffusion processes, North Holland-Kodansha, 1981.

[14] N. Ikeda-S. Watanabe, Stochastic flow of diffeomorphisms, to appear.

[15] K. Itô, Stochastic differential equations in a differentiable manifold (1), Nagoya Math. J. 1 (1950), 35-37, (2), Mem. Coll. Sci. Univ. Kyoto Math. 28 (1953), 81-85.

[16] K. Itô, Lectures on stochastic processes, Tata Institute of Fundamental Research, Bombay, 1960.

[17] K. Itô, The Brownian motion and tensor fields on Riemannian manifold, Proc. Intern. Congr. Math. Stockholm, 536-539, 1963.

[18] K. Itô, Stochastic parallel displacement, Probabilistic methods in differential equations, Lecture Notes in Math. 451 (1975), 1-7.

[19] S. Kobayashi-K. Nomizu, Fundations of differential geometry I, John Wiley and Sons, New York, 1963.

[20] A. J. Krener-C. Lobry, The complexity of solutions of stochastic differential equations, Stochastics 4 (1981), 193-203.

[21] N. V. Krylov-B. L. Rozovsky, On the first integrals and Liouville equations for diffusion processes, Proc. Third Conf. Stoch. Diff. System, Lecture Notes in Control and Information Science, to appear.

[22] H. Kunita, On the representation of solutions of stochastic differential equations, Séminaire des Probabilités XIV, Lecture Notes in Math. 784 (1980), 282-303.

[23] H. Kunita, On the decomposition of solutions of stochastic differential equations, Proc. Durham Conf. Stoch. Integrals, Lecture Notes in Math. 851 (1981), 213-255.

[24] H. Kunita, Some extensions of Itô's formula, Séminaire de Probabilités, XV, Lecture Notes in Math. 850 (1981), 118-141.

[25] H. Kunita, On backward stochastic differential equations, Stochastics 6 (1982), 293-313.

[26] H. Kunita, Stochastic differential equations and stochastic flows of homeomorphisms, to appear.

[27] H. Kunita, Stochastic partial differential equations connected with non-linear filtering, to appear in the Proceedings of C.I.M.E. Session on Stochastic control and filtering, Cortona, 1981.

[28] H. Kunita-S. Watanabe, On square integrable martingales, Nagoya Math. J. 30 (1967), 209-245.

[29] P. Malliavin, Un principe de transfert et son application au calcul de variations, C. R. Acad. Sci. Paris, 284, Serie A (1977), 187-189.

[30] P. Malliavin, Stochastic calculus of variation and hypoelliptic operators, Proc. Intern Symp. SDE Kyoto 1976 (ed. by K. Itô) 195-263, Kinokuniya, Tokyo.

[31] P. Malliavin, Géométrie differentielle stochastique, Les Presses de l'Université de Montréal, Montréal, 1978.

[32] Y. Matsushima, Differentiable manifolds, Marcel Dekker, New York, 1972.

[33] P. A. Meyer, Probability and potentials, Blaisdel, Waltham, Massachusetts, 1966.

[34] P. A. Meyer, Integrales stochastiques I-IV, Séminaire de Prob. I, Lecture Notes in Math. 39 (1967), 72-162.

[35] P. A. Meyer, Geometrie stochastique sans larmes, Séminaire de Prob. XV, Lecture Notes in Math. 850 (1981), 44-102.

[36] P. A. Meyer, Flot d'une equation differentielle stochastique, Séminaire de Prob. XV, Lecture Notes in Math. 850 (1981), 103-117.

[37] J. Neveu, Bases mathématiques du calcul des probabilités, Masson et Cie., Paris, 1964.

[38] B. L. Rozovsky, On the Itô-Ventzel formula, Vestnik of Moscow University, N. 1 (1973), 26-32. (In Russian).

[39] I. Shigekawa, On stochastic horizontal lifts, Z. W. 59 (1982), 211-222.

[40] D. W. Stroock-S. R. S. Varadhan, On the support of diffusion processes with application to the strong maximum principle, Proc. Sixth Berkeley Symp. Math. Statist. Prob. III, 333-359, Univ. California Press, Berkeley, 1972.

[41] D. W. Stroock-S. R. S. Varadhan, Multidimensional diffusion processes, Springer-Verlag, Berlin, 1979.

[42] A. D. Ventcel', On equations of the theory of conditional Markov processes, Theory of Prob. Appl. 10 (1965), 357-361.

[43] S. Watanabe, Flow of diffeomorphisms difined by stochastic differential equation on manifolds and their differentials and variations (in Japanese), Suriken Kokyuroku 391 (1980), 1-23.

[44] T. Yamada-Y. Ogura, On the strong comparison theorems for solutions of stochastic differetial equations, Z. W. 56 (1981), 3-19.

[45] Y. Yamato, Stochastic differential equations and nilpotent Lie algebra, Z. W. 47 (1979), 213-229.